普通高等教育系列教材

精密测量理论与技术基础

主　编　孙长库　胡晓东
参　编　王　鹏　钟　莹
张福民　徐临燕

机 械 工 业 出 版 社

本书包括精密测量基础理论和精密测量技术两部分内容。其中，精密测量基础理论主要论述测量的基本原理与方法、测量系统及其特性、测量信号的分析与处理、测量误差与测量不确定度、测量数据的处理方法；精密测量技术主要讲述长度、角度、速度和加速度、力和压力、温度和流量等物理量在工程实践中常用的测量方法、关键技术及典型的测量仪器和系统。

本书可作为高等院校仪器、机械、自动化、信息等专业本科生和研究生的教材或参考书，同时可供相关领域相关专业的科研人员和工程技术人员参考。

图书在版编目（CIP）数据

精密测量理论与技术基础/孙长库，胡晓东主编. —北京：机械工业出版社，2015.9（2025.7重印）
普通高等教育系列教材
ISBN 978-7-111-51457-2

Ⅰ. ①精… Ⅱ. ①孙…②胡… Ⅲ. ①精密测量-高等学校-教材 Ⅳ. ①TG806

中国版本图书馆CIP数据核字（2015）第203509号

机械工业出版社（北京市百万庄大街22号 邮政编码100037）
策划编辑：王小东 责任编辑：王小东 王 康 王玉鑫
责任印制：刘 岚 责任校对：胡艳萍 李锦莉
北京中科印刷有限公司印刷
2025年7月第1版·第6次印刷
184mm×260mm·22.75印张·562千字
标准书号：ISBN 978-7-111-51457-2
定价：55.00元

电话服务
客服电话：010-88361066
010-88379833
010-68326294

网络服务
机 工 官 网：www.cmpbook.com
机 工 官 博：weibo.com/cmp1952
金 书 网：www.golden-book.com
机工教育服务网：www.cmpedu.com

前　　言

自然界的一切事物都是由一定的“量”组成的，并通过“量”来体现其状态。测量是人类认识世界的一种方法，是按照测量范围、不确定度等方面的要求，通过实验获得并可合理赋予某量一个或多个量值的过程。测量是进行科学研究和生产实践活动的基础，“没有测量，就没有科学”。测量已渗透到人类活动的每个领域，从人们日常生活的衣食住行、工农业生产，到微纳科学与技术、生物医学、航空航天、国防军事等前沿科技和重大工程领域，测量无处不在。

虽然测量科学与技术具有古老的历史，但是在历史长河中，其发展是一个相对缓慢的过程。直至20世纪，现代物理学、先进制造、光电子和信息等技术的发展，才推动着测量科学与技术迅猛地发展起来。如今，测量科学与技术已是一门多学科交叉的学科，在任何其他学科中都可以找到测量科学的踪迹，并赋予其新的属性。同时，测量科学与技术的发展也进一步促进了其他学科的发展。

本书包括精密测量基础理论和精密测量技术两部分内容。其中，精密测量基础理论主要论述测量的基本原理与方法、测量系统及其特性、测量信号的分析与处理、测量误差与测量不确定度、测量数据的处理方法；精密测量技术主要讲述长度、角度、速度和加速度、力和压力、温度和流量等物理量在工程实践中常用的测量方法、关键技术及典型的测量仪器和系统。

本书由天津大学孙长库和胡晓东主编，天津大学王鹏、钟莹、张福民和徐临燕参编。全书共13章，孙长库编写第二、七（第一～五节）、十、十一章；徐临燕编写第七章第六节；胡晓东编写第一、五章；王鹏编写第三、八、九章；张福民编写第四、六章；钟莹编写第十二、十三章。在本书的编写过程中，天津大学叶声华院士和曾周末教授提出了很多宝贵的建议，天津大学郝继贵教授提供了大量翔实的工程测量技术资料，天津大学贾果欣和齐永岳等老师做了非常有益的工作，在此表示诚挚的感谢。

由于水平有限，书中难免有疏漏和不足之处，欢迎读者批评指正。

作者

目　　录

第一章 绪 论

量，是现象、物体或物质可定性区别和可定量确定的属性。自然界的一切事物都是由一定的量组成的，并通过量来体现其状态。人类对量的认识，可以追溯到原始社会，从制造最简单的工具开始，就产生了量的概念，同时也开始了测量活动。可以说，如果人类的历史是一部制造工具的历史，那么测量就几乎和人类本身一样古老。人类早期的测量活动就涉及了长度、容积和重量等量的测量，有关的文字记载和器物遗存证明，早在数千年前，出于生产、贸易和征收赋税等方面的需要，古埃及、巴比伦、印度和中国等均已开始进行长度、面积（尤其是土地面积）、容积（主要是为确定粮食的数量）和质量（重量）的测量。中国古代将这种测量称之为“度量衡”，其在作动词解释时，度是指长度测量，量是指容积测量，衡是指重量（质量）测量。虽然中国古代很早就有时间的测量，但是不如度量衡三者联系紧密，而且是按照中国的文化传统自成一个独立的体系。同时，由于古代科学技术不发达，对度量衡和时间以外的其他各种量的测量准确度要求不高，与国计民生关系也不是很直接，因此中国古代对这些量的测量都没有包括在度量衡和时间的范围之内。

虽然测量科学与技术具有古老的历史，但是在历史长河中，其发展却是一个相对缓慢的过程。直至20世纪，现代物理学、先进制造技术、光电子技术和信息技术等的发展，才推动着测量科学与技术的迅猛发展。回顾人类科学技术的发展，历史上三次大的技术革命，都充分地依靠了测量科学与技术，同时也促进了测量科学与技术的发展。可以设想，对于21世纪预计要发生的第四次技术革命，测量的重要性也将是不容置疑的。目前，随着科学技术的进步，特别是物理学的发展，测量的量的种类在不断增多，其量值范围在不断扩大，测量的准确度也在不断提高，还出现了微纳米测量、极大尺寸测量及特殊环境下测量等新的需求。测量已渗透到人类活动的每个领域，从人们日常生活的衣食住行、工农业生产，到微纳科学与技术、生物医学、航空航天、国防军事等前沿科技和重大工程领域，测量无处不在。

今天测量科学与技术已是一门多学科交叉的学科，在任何其他学科中都可以找到测量科学的踪迹，并赋予其新的属性。同时，测量科学与技术的发展也进一步促进了其他学科的发展。正如俄国科学家门捷列夫所说：“没有测量，就没有科学”。

第一节 基 本 概 念

在实际应用中，测量、测试、计量和计量学是经常使用的术语，了解其定义及相互之间的关系对于理解测量科学与技术的知识是非常重要的。

一、测量

测量，在中国国家计量技术规范 JJF1001—2011《通用计量术语及定义》中定义为，通过实验获得并可合理赋予某量一个或多个量值的过程。该定义包括两层含义：

1）测量是一个实验过程，即从确定被测量及对测量的要求开始，开展选定测量原理和方法、选用测量标准和仪器设备、设计操作程序、规定测量条件、明确过程中的影响量、实施测量操作等工作，最后给出需要的测量结果。

2）测量是为了合理地赋予某量一个或多个量值，合理赋予表明测量要按需进行，即按照测量范围、不确定度等方面的要求设计和开展恰当的测量活动，如测量人体身高采用激光干涉仪进行测量，对于资源是极大的浪费，没有任何必要；另外，测量可以一次获得一个量值，也可以获得多个量值，即多参数测量，表明测量方法和手段是多样化的。

通过测量获得被测对象相应的量值，使人们对物体、物质和自然现象属性的认识达到从定性到定量的转化。

二、测试

测试，这一名词是我国专用的一个术语，指具有试验性质的测量，目的是通过一系列的试验来确定其物体的特性或条件的最佳状态。它往往是在没有成熟的测量方法或测量条件的情况下，对被测量的测量，具有探索性、研究性和试验性的特点，其本质还是测量。“测试”经常与“计量”连用，如测试计量技术，即分别从研究探索和量值传递/溯源这两个角度来表述测量活动。另外，“测试”在使用时也经常等同于“测量”。

三、计量

计量，这一名词也是我国专用的一个术语，在中国国家计量技术规范 JJF1001—2011《通用计量术语及定义》中定义为，实现单位统一、量值准确可靠的活动。这种“活动”包括测量操作活动以及其他科技活动，如法律法规上的和行政管理的活动等。实现单位统一和量值准确可靠是计量的根本出发点，单位统一是量值准确的前提条件，因此建立各个量的单位以实现对各种量进行分别定性和互相区分是非常必要的。量值准确是指测量结果具有合理的准确度；可靠则要求在不同时间、地点，由不同的操作者用不同仪器所确定的同一个被测量的量值，应当具有可比性。对于这一要求不会自发地得到满足，必须由社会上的有关机构、团体包括政府进行有组织的活动才能达到。这些活动大体包括进行科学研究，发展测量技术，建立基准、标准与保证测量结果具有溯源性的物质技术基础，以及制定计量法制、法规、条例，开展计量行政管理等。概括地说，计量的特点可归纳为准确性、一致性、溯源性及法制性四个方面。

准确性是指测量结果与被测量真值的一致程度。由于实际上不存在完全准确无误的测量，因此在给出量值的同时，必须给出适应于应用目的或实际需要的不确定度或误差范围，否则所进行的测量的质量就无从判断，量值也就不具备充分的实用价值。所谓量值的准确，是在一定的不确定度、误差极限或允许误差范围内的准确。

一致性是指在统一计量单位的基础上，无论在何时、何地，采用何种方法，使用何种仪器，以及由何人测量，只要符合有关的要求，其测量结果就应在给定的区间内一致。也就是说，测量结果应是可重复、可复现、可比较的。计量的一致性不仅限于国内，也适用于国际。

溯源性是指任何一个测量结果或计量标准的值，都能通过一条具有规定不确定度的连续比较链，与计量基准联系起来。这种特性使所有的同种量值，都可以按这条比较链通过校准向测量的源头追溯，也就是溯源到同一计量基准（国家基准或国际基准），从而使准确性和一致性得到技术保证。

法制性来自于计量的社会性，因为量值的准确可靠不仅依赖于科学技术手段，还要有相应的法律、法规和行政管理。特别是对国计民生有明显影响，涉及公众利益和可持续发展或需要特殊信任的领域，必须由政府主导建立起法制保障。否则，量值的准确性、一致性及溯源性都不可能实现，计量的作用也难以发挥。

由此可见，计量是一种特殊形式的测量，因其具备上述四个特点而严于一般的测量，它有一套完整的体系，且形成一个专门的领域——计量领域。在相当长的历史时期内，计量的对象主要是物理量，随着科技进步和社会发展，现代的计量对象已扩展到工程量、化学量、生理量，甚至心理量。当前，普遍开展和比较成熟或传统的有几何量、力学、温度、电磁、无线电、声学、光学、时间频率、电离辐射和化学计量等，即所谓十大计量。

四、计量学

计量学，在中国国家计量技术规范 JJF1001—2011《通用计量术语及定义》中定义为，测量及其应用的科学。从该定义可知，计量学包含研究测量的客观需求、测量过程、如何提供统一准确可靠的测量结果、应用中其效果和作用等内容，是一门与众多领域紧密相关的应用科学。

从学科发展来看，计量学是物理学的一部分，后来随着领域和内容的扩展而形成了一门研究测量理论与实践的综合性科学。特别是计量学作为一门科学，它同国家法律、法规和行政管理紧密结合的程度，在其他学科中是少有的。当前，国际上趋向于把计量学分为科学计量、工程计量和法制计量三类，分别代表计量的基础、应用和政府起主导作用的社会事业三个方面。这时，计量学通常简称为计量。

科学计量是指基础性、探索性、先行性的计量科学研究，通常用最新的科技成果来精确地定义与实现计量单位，并为最新的科技发展提供可靠的测量基础。科学计量是国家计量研究机构的主要任务，包括计量单位与单位制研究、计量基准和标准研制、物理常量与精密测量技术研究、量值溯源与量值传递系统研究、量值比对方法与测量不确定度研究等。

工程计量也称工业计量，是指各种工程、工业、企业中的实用计量，如有关能源或材料的消耗、工艺流程的监控以及产品质量与性能的测试等。工业计量涉及面甚广，随着产品技术含量提高和复杂性的增大，为保证经济贸易全球化所必需的一致性和互换性，它已成为生产过程控制不可缺少的环节。

法制计量是与法定计量机构工作有关的计量，涉及对计量单位、计量器具、测量方法及测量实验室的法定要求。法制计量由政府或授权机构根据法制、技术和行政的需要进行强制管理，其目的是用法规或合同方式来规定并保证与贸易结算、安全防护、医疗卫生、环境监测、资源控制、社会管理等有关的测量工作的公正性和可靠性，因为这些测量工作直接涉及公众利益和国家可持续发展战略。

由此可见，科学计量既为法制计量提供技术保障，或者说法制计量是以科学计量为其行政执法的技术基础，还为工程计量和新技术发展提供测量基础。

第二节　国际单位制

测量科学与技术中两个最重要的概念是"量"和"单位"。量用来表征现象、物体或物质所具有的形式，是现象、物体或物质的可以定性区别和定量确定的一种属性；单位是定量表示同种量大小的特定量。

一、量、单位、单位制

1. 量

量，在中国国家计量技术规范 JJF1001—2011《通用计量术语及定义》中定义为，现象、物体或物质的特性，其大小可用一个数和一个参照对象表示。现象是指自然现象，包括在人工控制条件下发生的自然现象；物体和物质可以是天然的，也可以是经过加工的。再用一个数和一个参照对象表示则体现量制的建立和测量活动的实施。例如，同一物体的体积和质量是性质不同的两个量，需要用不同的单位来表示，而两个物体的温度尽管高低不同，却是性质相同的一个量，单位相同而数值不同。"量"从概念上一般可分为物理量、化学量、生物量等。

量作为一个概念，像其他概念一样有"一般"和"具体"之分。实验操作中处理的量都是具体的，如某根棒的长度、某根导线的电阻等，这些量称为特定量；而从无数特定同种量中抽象出来的量，如长度、电阻、质量等，则是一般的量。可按彼此相对大小排序的量称为同种量，如砝码组中各砝码的质量。某些在定义和应用上有相同特点的同种量，如厚度、周长、距离、高度、宽度、半径、直径等可称为同类量。同类量在计量学上意味着可用同一单位表示其量值，但可用同一单位表示其量值的量不一定是同类量，例如，力矩和功虽然都可以用牛顿米作单位，但并非同类量。

量还有标量、矢量和张量之分。计量学处理的是标量，对于矢量和张量则处理它们的分量的模。

可测量的量、物理量、一般的量和特定量，以及同种量和同类量，在不引起误解的情况下通常都简称为量。

2. 单位

单位，是测量单位和计量单位的简称，在中国国家计量技术规范 JJF1001—2011《通用计量术语及定义》中定义为，根据约定定义和采用的标量，任何其他同类量可与其比较使两个量之比用一个数表示。为定量地表示事物，根本的方法是计数，然而对一个物体的长度、体积、质量等物理量无法直接用计数的方法来定量表示；如果约定定义和采用一个特定量作为参考量，就可用它来表示其他同种量的大小。实际上，对任何一个物理量均有

$$Q=\frac{Q}{U}U \tag{1-1}$$

式(1-1)中，Q 为需要定量表示的量，U 为与 Q 同种类、被称为单位的特定量，而比值（Q/U）则是一个数。这样就可以用一个数乘以一个单位的办法定量地表示任何一个物理量的大小，称为量值。

至于采用哪一个特定量作为给定物理量的单位，理论上可以任意选择，古今中外存在过

数量庞大的不同的单位。例如长度单位，在过去世界各国有英尺、俄尺、市尺等，都不相同，即使在一国之内，单位的实际值也随着历史的发展而存在变化，如我国古代的尺普遍比现代尺要短。

单位是在实践中逐步形成的，并不是一成不变的，它会随着科学技术的发展而被重新定义。

3. 单位制

彼此间由非矛盾方程联系起来的一组量称为量制（引自JJF1001—2011《通用计量术语及定义》）。“彼此间由非矛盾方程联系起来”，是指这些量不是孤立的，而是通过一系列的物理方程式联系在一起，其中任何两个量之间都直接或间接地存在着函数关系。物理学、化学和工程技术等学科在形成其理论体系的同时，也就形成了自己的量制，如力学量、热学量、电磁学量、声学量、光学量等称谓，指的就是一些不完全相同的量制。各学科一般都约定地认为某几个量是彼此之间不存在函数关系的完全独立的量，并称之为该学科的基本量。例如，在力学量制中约定地认为长度、质量和时间是基本量，在电学量制中约定地认为长度、质量、时间和电流是基本量。在给定学科的量制中，基本量是少数的几个量，其余的量都可利用它们与基本量的函数关系推导出来，这些量称之为该量制的导出量。

单位制，在中国国家计量技术规范JJF1001—2011《通用计量术语及定义》中定义为，对于给定量值的一组基本单位、导出单位，其倍数单位和分数单位及使用这些单位的规则。从前述量制的定义可看出，不同的量制一定伴随着不同的单位制，但是与同一量制配合使用的单位制却可以多种多样，其原因是采用的基本单位可以不同，导出单位推导的次序和采用的定义方程式都可以不同。因此，“使用这些单位的规则”主要指的是给定每个基本单位和导出单位的定义，规定大小单位之间的进位制度以及单位名称和符号。

单位制的概念最初是由德国数学家、物理学家、天文学家高斯于1832年提出的，他为了根据力的单位进行地磁测量而提出了一种以毫米、毫克和秒为基础的“绝对电学单位制”，随后在历史上出现了多种单位制，现在被世界各国普遍承认和采用的是国际单位制。

二、国际单位制

国际单位制是在米制的基础上发展起来的，于1960年第十一届国际计量大会通过，是目前世界上最先进、科学和实用的单位制，已为世界各国普遍承认和采用。

1. 发展历史

18世纪以前，世界各国的单位杂乱无章。科学家们使用多种计量单位表述实验结果，这种状况非常不利于交流，科学研究受到很大的影响；不同的国家，甚至同一国家的不同城市或地区，使用的计量单位往往不同，严重地阻碍国家、地区之间的经济贸易交流。统一计量单位制度成为世界各国科学、文化和经济交流的迫切要求。

米制建立于18世纪90年代。1790年，法国国民议会责成巴黎科学院组成计量改革委员会，由被称为“近代化学之父”的拉瓦锡为委员会主席，委员有天文学家拉普拉斯、数学家拉格朗日、物理学家库仑等一批著名科学家。1791年，计量改革委员会建议以赤道到北极的地球子午线的一千万分之一作为基本长度单位，考虑到能在全世界通用，单位名称没有采用法语，而用古希腊语Meter，意为测量。1m的长度与当时欧洲各国原有的旧制单位数值相近，面积和体积的单位分别是平方米和立方米，质量或重量的单位是$1dm^3$的水在密度为最大时（温度为4℃）的质量（或重量）。由于这种单位制度完全以米为基础，因此称为米制。1791年法国组队开始测量地球子午线的长度，1796年完成测量，并根据测量结果制作了基准米尺，该尺用宽25.3mm、厚4mm的铂板制成，两端面之间的距离为1m。在此期间，计量改革委员会在1793年提议采用已有测量地球子午线长度来建立临时的单位标准，制作了一支黄铜尺作为米的临时标准，并在1794年完成了4℃时1dm^3水的质量的准确测量，随后制作了一个千克砝码，即千克基准。1799年，米和千克这两件原器被保存在巴黎共和国档案局，因而称为“档案局米”和“档案局千克”。19世纪中期，米制已被欧洲、美洲的许多国家接受。

1869年，法国提议召开“国际米制委员会会议”，1870年有24个国家派代表来参会，但因普法战争而被中止，在1872年继续召开，30个国家派代表参加。会议做出决议，以“档案局米”和“档案局千克”为基准，复制一些新原器发给参与国。这些原器用铂铱合金（质量分数：铂为90%、铱为10%）制造，米原器是横截面为X形的线纹尺，千克原器为直径和高度相等（39mm）的圆柱形砝码。1875年在巴黎召开了“米制外交会议”，有20个国家的政府代表和科学家参加，并于1875年5月20日由法、德、美、俄等17个国家的代表共同签署了著名的《米制公约》，由各签字国的代表组成国际计量大会（法文简称CGPM），下设国际计量委员会（法文简称CIPM），其常设机构为国际计量局（法文简称BIPM）。为了纪念《米制公约》的签署，1999年，第二十一届国际计量大会把每年的5月20日确定为“世界计量日”。

国际计量大会（CGPM）是国际计量界的最高权利机构，每4年召开一次大会。第一届国际计量大会于1889年召开，会议将复制的30支新米原器中最接近“档案局米”的一支（No.6）定为国际米原器，称为“国际米”，保存在国际计量局。我国于1977年5月20日加入米制公约组织。

随着科学技术和社会经济的发展，为适应科学研究、工业生产和经济贸易的需要，一些新的计量单位不断出现，形成了适用于各个领域的单位制，这些单位制之间往往不能交叉使用，以至一个量存在多个单位的现象。为了解决这类问题，20世纪40年代初，国际理论与应用物理联合会和法国政府，建议国际计量委员会制订一种“国际实用单位制”。1948年，第九届国际计量大会责成国际计量委员会征询各国科学技术和教育界的意见，以便提出一种米制公约成员国都能接受的实用单位制。1954年，第十届国际计量大会确定六个基本单位（长度——米、质量——千克、时间——秒、电流——安培、热力学温度——开尔文、发光强度——坎德拉），构成国际实用计量单位制。1960年，第十一届国际计量大会将该单位制正式命名为“国际单位制”，符号为SI。为了适应化学的需要，1971年，第十四届国际计量大会又定义了摩尔为物质的量的单位，并将其作为SI的基本单位。之后的历届国际计量大会对国际单位制的名称、定义、符号等进行了不断的增加和修正。可看出，随着科学技术的发展，国际单位制也在不断地发展和完善。

2. 国际单位制的构成

国际单位制是由SI单位（SI基本单位、SI导出单位）和SI单位的倍数单位构成，其中SI导出单位又分为具有专门名称的SI导出单位、辅助单位以及各种组合形式的导出单位，构成了可以覆盖整个科学技术领域的单位体系，如图1-1所示。

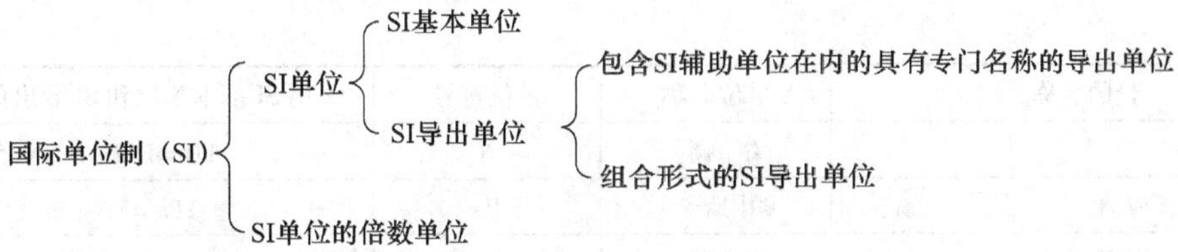

图 1-1　国际单位制的构成

（1）SI 基本单位　SI 基本单位有七个，即米、千克、秒、安［培］、开［尔文］、摩［尔］和坎［德拉］，它们分别是七个基本物理量（长度、质量、时间、电流、热力学温度和发光强度）的单位，其对应的名称、单位符号和定义见表 1-1。

表 1-1　SI 基本单位

量的名称	单位名称	单位符号	定　义
长度	米	m	米是光在真空中（1/299792458）s 时间间隔内所经路径的长度
质量	千克（公斤）	kg	千克等于国际千克原器的质量
时间	秒	s	秒是铯-133 原子基态的两个超精细能级之间跃迁所对应的辐射的 9192631770 个周期的持续时间
电流	安［培］	A	安培是在真空中，截面积可忽略的两根相距 1m 的无限长平行圆直导线内通以等量恒定电流时，若导线间相互作用力在每米长度上为 2×10^{-7}N，则每根导线中的电流为 1A
热力学温度	开［尔文］	K	开尔文是水三相点热力学温度的 1/273.16
物质的量	摩［尔］	mol	摩尔是一系统的物质的量，该系统中所包含的基本单元数与 0.012kg 碳－12 的原子数目相等
发光强度	坎［德拉］	cd	坎德拉是一光源在给定方向上的发光强度，该光源发出频率为 540×10^{12} Hz 的单色辐射，且在此方向上的辐射强度为（1/683）W/sr

（2）SI 导出单位　SI 导出单位是用基本单位以代数形式表示的单位。一些 SI 导出单位具有国际计量大会通过的专门名称和符号，见表 1-2，共有 21 个。使用这些专门名称并用它们表示其他导出单位，往往更为方便、准确。例如，热和能量的单位通常用焦耳（J）代替牛顿米（N·m），电阻率的单位通常用欧姆米（Ω·m）代替伏特米每安培（V·m/A）。具有专门名称的 SI 导出单位中弧度和球面度称为 SI 辅助单位，它们是具有专门名称和符号的量纲一的量的导出单位。在许多实际情况中，用专门名称弧度（rad）和球面度（sr）分别代替数字 1 是方便的。例如，角速度的 SI 单位可写成弧度每秒（rad/s）。用 SI 基本单位和具有专门名称的 SI 导出单位组合形成其他 SI 导出单位，这些单位称为组合形式的导出单位。

表 1-2　包括 SI 辅助单位在内的具有专门名称的 SI 导出单位

量的名称	单位名称	单位符号	用 SI 基本单位和 SI 导出单位表示
［平面］角	弧度	rad	1rad = 1m/m = 1
立体角	球面度	sr	$1sr = 1m^2/m^2 = 1$
频率	赫［兹］	Hz	$1Hz = 1s^{-1}$

（续）

量的名称	单位名称	单位符号	用SI基本单位和SI导出单位表示
力	牛[顿]	N	$1N=1kg\cdot m\cdot s^{-2}$
压力，压强，应力	帕[斯卡]	Pa	$1Pa=1N\cdot m^{-2}$
能[量]，功，热量	焦[耳]	J	$1J=1N\cdot m$
功率，辐[射能]通量	瓦[特]	W	$1W=1J\cdot s^{-1}$
电荷[量]	库[仑]	C	$1C=1A\cdot s$
电压，电动势，电位(电势)	伏[特]	V	$1V=1W\cdot A^{-1}$
电容	法[拉]	F	$1F=1C\cdot V^{-1}$
电阻	欧[姆]	Ω	$1\Omega=1V\cdot A^{-1}$
电导	西[门子]	S	$1S=1\Omega^{-1}$
磁通[量]	韦[伯]	Wb	$1Wb=1V\cdot s$
磁通[量]密度，磁感应强度	特[斯拉]	T	$1T=1Wb\cdot m^{-2}$
电感	亨[利]	H	$1H=1Wb\cdot A^{-1}$
摄氏温度	摄氏度	℃	1℃ = 1K
通量	流[明]	lm	$1lm=1cd\cdot sr$
[光]照度	勒[克斯]	lx	$1lx=1lm\cdot m^{-2}$
[放射性]活度	贝可[勒尔]	Bq	$1Bq=1s^{-1}$
吸收剂量，比授予能，比势动能	戈[瑞]	Gy	$1Gy=1J\cdot kg^{-1}$
剂量当量	希[沃特]	Sv	$1Sv=1J\cdot kg^{-1}$

（3）SI单位的倍数单位　SI单位的倍数单位由SI词头加上SI单位构成。表1-3给出了词头的名称、简称及符号，目前共有20个。词头用于构成倍数单位（十进倍数单位与分数单位），但不得单独使用。SI单位加上SI词头后，就不再称为SI单位，而称为SI单位的倍数单位。

表1-3　SI词头

所代表的因数	词头名称		符号	所代表的因数	词头名称		符号
	英文	中文			英文	中文	
10^{24}	yotta	尧[它]	Y	10^{-1}	deci	分	d
10^{21}	zetta	泽[它]	Z	10^{-2}	centi	厘	c
10^{18}	exa	艾[可萨]	E	10^{-3}	milli	毫	m
10^{15}	peta	拍[它]	P	10^{-6}	micro	微	μ
10^{12}	tera	太[拉]	T	10^{-9}	nano	纳[诺]	n
10^{9}	giga	吉[咖]	G	10^{-12}	pico	皮[可]	p
10^{6}	mega	兆	M	10^{-15}	femto	飞[母托]	f
10^{3}	kilo	千	k	10^{-18}	atto	阿[托]	a
10^{2}	hecto	百	h	10^{-21}	zepto	仄[普托]	z
10^{1}	deca	十	da	10^{-24}	yocto	幺[科托]	y

三、国际单位制外的单位

理论上，国际单位制已经覆盖了科学技术的所有领域，可以取代所有其他单位制的单位。然而，由于历史原因或在某些领域的重要作用，一些国际单位制以外的单位还是在实际中使用。因此，国际计量大会在发布国际单位制的同时，还确定了一些允许与SI并用的单位（见表1-4）和暂时保留的非SI单位（见表1-5）。对于暂时保留的非SI单位，应该逐渐减少它们的使用，直至完全不用。

表1-4　与SI并用的单位

单位名称	单位符号	用SI单位表示的值	单位名称	单位符号	用SI单位表示的值
分	min	$1min=60s$	[角]秒	(″)	$1''=(1/60)'=(\pi/648000)rad$
[小]时	h	$1h=60min=3600s$	升	L	$1L=1dm^3=10^{-3}m^3$
天(日)	d	$1d=24h=86400s$	吨	t	$1t=10^3kg$
度	(°)	$1°=(\pi/180)rad$	电子伏	eV	$1eV\approx1.6021892\times10^{-19}J$
[角]分	(′)	$1'=(1/60)°=(\pi/10800)rad$	原子质量单位	u	$1u\approx1.6605655\times10^{-27}kg$

表1-5　暂时保留的非SI单位

单位名称	单位符号	用SI单位表示的值	单位名称	单位符号	用SI单位表示的值
海里	nmile	$1nmile=1852m$	巴	bar	$1bar=10^5Pa$
节	kn	$1kn=1nmile/h=(1852/3600)m/s$	伽	Gal	$1Gal=10^{-2}m/s^2$
埃	Å	$1Å=0.1nm=10^{-10}m$	居里	Ci	$1Ci=3.7\times10^{10}Bq$
公亩	a	$1a=10^2m^2$	伦琴	R	$1R=2.58\times10^{-4}C/kg$
公顷	ha	$1ha=10^4m^2$	拉德	rad	$1rad=1\times10^{-2}Gy$
靶恩	b	$1b=10^{-28}m^2$	雷姆	rem	$1rem=1\times10^{-2}Sv$

第三节　测 量 标 准

测量、测试和计量都是与确定量值的大小相关，而量值由数字和测量单位构成。因此，确定量值大小的过程就是针对可测量的量选择相应的单位，并与测量单位定义的值进行比较确定其数字的大小的过程，而测量单位定义的实现、保存或复现则是由测量标准来实现的。测量标准，在中国国家计量技术规范JJF1001—2011《通用计量术语及定义》中定义为，具有确定的量值和相关联的测量不确定度，实现给定量定义的参考对象。参考对象包括实物量具、有证标准物质或测量仪器，如具有标准不确定度为3μg的1kg质量标准、每种溶液具有测量不确定度的有证量值的一组人体血清中的可的松参考溶液、具有相对标准不确定度为2×10^{-15}的铯频率标准等。在我国，测量标准明确地分计量基准、计量标准两大类，其地位和作用在《中华人民共和国计量法》中已分别阐明。

计量基准由国务院计量行政部门负责建立，作为统一全国量值的最高依据，按层次等级一般分为国家基准、副基准和工作基准三种，体现一个国家的计量最高水平。国家基准是经国家权威机构承认，在一个国家或经济体内作为同类量的其他测量标准定值依据的测量标准。对于一个量的单位，国家基准只有一个，根据需要可代表国家参加国际比对，使其量值与国际基准的量值保持一致。国家基准的多次直接使用可能会损坏其原有的计量学特性，而且也存在因意外事故、自然灾害等造成损坏的可能性，因此一个国家可针对这些需要来建立副基准。建立工作基准的目的是为了有利于国家基准和副基准保持其原有的计量特性，可以频繁地用于检定、校准计量标准或高准确度的工作计量器具。为了减少量值传递环节，副基准和工作基准的建立并不是必需的，要从实际出发。

计量标准包括三个方面：

1）县级以上地方人民政府计量行政部门根据本地区的需要，建立社会公用计量标准器具，经上级人民政府计量行政部门主持考核合格后使用。

2）国务院有关主管部门和省、自治区、直辖市人民政府有关主管部门，根据本部门的特殊需要，可以建立本部门使用的计量标准器具，其各项最高计量标准器具经同级人民政府计量行政部门主持考核合格后使用。

3）企业、事业单位根据需要，可以建立本单位使用的计量标准器具，其各项最高计量标准器具经有关人民政府计量行政部门主持考核合格后使用。

从上述三个方面可看出，计量标准有社会公用计量标准和部门、企业事业单位内部使用的计量标准的区别，而主要区别是其法律地位不同。社会公用计量标准对社会上实施计量监督，具有公证作用。《中华人民共和国计量法》规定，处理因计量器具准确度所引起的纠纷，以国家计量基准器具或者社会公用计量标准器具检定的数据为准。

计量标准处于计量基准和工作计量器具之间，其将计量基准所复现的单位量值传递到工作计量器具，从而确保工作计量器具的准确可靠。由于一般工作计量器具的准确度与计量基准量值准确度相差很大，用一级计量标准把计量基准的量值直接传递到工作计量器具是难以完全做到的，因此大多数计量标准，都根据需要分为若干等级，如量块分为六等。每一等级具有不同的准确度，而且各个等级的计量标准的原理也可以完全不同。

计量基准和计量标准是实现单位统一、量值准确的必要器具。下面对七个 SI 基本单位的计量基准的建立进行阐述。

一、米——长度

长度是人们最早认识和使用的一个物理量。米制建立之后，自国际计量大会成立以来，对米先后进行了三次定义。1889 年，第一届国际计量大会上将米第一次定义为“0℃时，巴黎国际计量局的截面为 X 形的铂铱合金两端刻线记号间的距离”；1960 年，第十一届国际计量大会上将米第二次定义为“氪-86 原子 $2p_{10}$ 和 $5d_5$ 能级间跃迁所对应的辐射在真空中的 1650763.73 个波长的长度”；1983 年，第十七届国际计量大会将米第三次定义为“光在真空中（1/299792458）s 时间间隔内所经路径的长度”。米的第二次定义标志着长度基准实现了由实物基准向自然基准的转变，这样只要符合定义规定的物理条件就能复现米，这也是七个基本量的第一个自然基准。米的第三次定义标志着长度基准与物理常数联系在一起，光在真空中的速度是一个定值，不存在误差，长度与时间相结合了，这样就可以用更为准确的时间计量来提高长度计量的准确度。国际计量委员会推荐，米可以通过时间法、频率法和辐射法来复现，如在辐射法方面，1993 年国际计量委员会推荐了 8 种稳频激光器辐射的标准谱线频率（波长）值，作为复现米定义的国际标准。目前，常用的是碘吸收 633nm 氦氖激光器，其复现性可达 1×10^{-11}。

二、千克——质量

1878 年国际米制委员会决定，按法国“档案局千克”的质量，定制了三个铂铱合金圆柱体砝码（直径与高度均为 39mm，其中铂质量分数为 90%，铱质量分数为 10%），选择其中质量最接近“档案局千克”的一个，于 1889 年第一届国际计量大会上确定为“国际千克原器”，并先后复制了一些千克原器分发给米制公约的各成员国家，作为各国质量的最高基准。1901 年，第三届国际计量大会明确给出了千克的定义：千克是质量单位，等于国际千克原器的质量。国际千克原器是国际质量基准，全世界只有一个，一旦由于天灾、战争或其他原因发生意外损坏，就无法完全一模一样地复制出来，原来连续保存的单位量值也会因之中断。尽管这些千克基准是用 19 世纪末 20 世纪初工业界所能提供的最好的材料及工艺制成，在当时也满足了对于计量基准的准确度及稳定性的要求，但是这样的实物基准一旦制成后，总会有一些不易控制的物理、化学过程使其特性发生缓慢的变化，因而它们所保存的量值也会有所改变。国际计量局对各国的千克原器已进行了三次比对，相互偏差已达到 5×10^{-8}左右。对于保存在国际计量局的国际千克原器，也不能认为其质量没有发生变化，一般的看法是，它也已有了 10^{-8}量级的变化。我国也已建立了以国家千克副基准、工作基准、各等级标准砝码及各等级标准天平和标准秤组成的质量量值传递体系，以达到全国质量单位量值的统一及在允许误差范围内的准确可靠。

质量在七个基本量中是唯一一个没有建立自然基准的量，目前很多国家都在寻求以自然基准取代这一唯一的实物基准，主要方法包括晶粒子收集法、功率天平法、单晶硅粒子法和能量天平法等，但是目前都未取得突破。

三、秒——时间

历史上秒的定义源于天文，建立在地球运动周期的时标上；现在秒的定义是建立在原子的能级跃迁所辐射的频率之上。秒定义的发展经历了三次演变：

1）世界时，以地球自转的周期作为依据。太阳的视运动两次通过观测者所在子午圈的天顶的时间间隔称为真太阳日；由于地球绕太阳公转是一椭圆轨迹，其自转速率和绕太阳公转的角速度及它到太阳的距离实际上有微小的变化，这就使得一年中的真太阳日不一样长，最大相差 51s，因此将全年的真太阳日之和除以 365，得到一个平太阳日；这样，1s 为（1/86400）平太阳日，秒长的准确度达到 10^{-7}，这在 1960 年之前一直使用。

2）历书时，以地球绕太阳的公转为依据。由于地球的自转不均匀且不稳定，1956 年国际计量委员会给出了秒的定义，秒为从 1900 年 1 月 1 日零时起，地球绕太阳沿轨道运动一周所需时间的 1/31556925.9747，并在 1960 年第十一届国际计量大会上决定开始采用，秒长的准确度达到 10^{-9}，到 1967 年被原子时替代。

3）原子时，其依据的原子的能级是确定的，原子能级跃迁时发射或吸收的电磁波频率也是确定的。在 1967 年，第十三届国际计量大会给出：“秒是铯-133 原子基态的两个超精细能级之间跃迁所对应的辐射的 9192631770 个周期的持续时间”。复现秒的定义是由各种不同类型的铯原子钟来实现的，其准确度能达到 10^{-15}，这是目前七个 SI 基本单位中复现准确度最高的单位。虽然原子时具有更高的准确度，但是在导航定位、天文大地测量和深空探测等领域，仍需要知道任一瞬间地球自转轴在空间的角位置，即前面所述的世界时。为了保持原子时尺度高度均匀、准确的优势，又能反映地球自转的变化，产生了协调世界时和闰秒。协调世界时的秒长与原子时的秒长相同，当原子时与世界时的时刻差达到 0.9s 时，对协调世界时的时刻实施一个整秒的跃迁，阶跃的这一秒称为闰秒。闰秒的候选日期为 3 月 31 日和 9 月 30 日最后一秒。

四、安培——电流

安培是电流的 SI 单位名称，是为了纪念法国物理学家安德烈·玛丽·安培在电学上的杰出贡献而以其姓氏命名的，在 1948 年第九届国际计量大会定义为，安培是在真空中，截面积可忽略的两根相距 1m 的无限长平行圆直导线内通以等量恒定电流时，若导线间相互作用力在每米长度上为 2×10^{-7}N，则每根导线中的电流为 1A。从上述定义可看出，所要求的是一种理想状态，在实际中是无法获得的。安培、伏特及欧姆是电子学的三大基本单位，后两者在 1990 年以后已分别通过约瑟夫森效应和量子霍尔效应建立了电压和电阻的量子基准，然后再间接复现安培。鉴于安培是 SI 的七个基本单位之一，建立方便复现的电流量子基准被人们一直关注。利用约瑟夫森效应和量子霍尔效应分别建立伏特和欧姆的量子基准时，都是利用普朗克常量 h 和基本电荷量 e 结合时间频率标准得到的，对应于两个物理常量（约瑟夫森常量 $K_J=2e/h$，冯·克里青常量 $R_K=h/e^2$），因此有研究者建议电流的定义改为“安培是电流单位，相当于每秒中流过 $6.2415094683\times10^{18}$ 基本电荷”。目前研究者按照该建议提出了利用单电子隧道效应，通过对单个电子计数来实现电流的量子基准，一旦这种电流量子基准成功，与现有的电压、电阻量子基准将能形成但互相依存、互相检验的三角关系，但是目前研究进展缓慢。

五、开尔文——热力学温度

开尔文是热力学温度的 SI 单位名称，1967 年第十三届国际计量大会定义为，开尔文是水三相点热力学温度的 1/273.16，符号为 K。温度单位的选择实际上是一个温标问题。热学发展史上出现过华氏温标（英国、美国仍在使用）、列氏温标（德国仍在使用）、摄氏温标（法国、中国仍在使用）、气体温标和热力学温标等十余种。华氏温标、列氏温标和摄氏温标的测温物质、固定点和分度方法的选择存在随意性，且各不相同，一般称为经验温标；气体温标是基于理想气体建立的，消除了测温物质不同带来的影响，测温范围大大扩大，并给出了绝对零的概念；热力学温标的概念是由英国物理学家威廉·汤姆森（被册封为开尔文勋爵）在 1848 年提出的，他依据查理定律（即温度每降低一摄氏度气体体积就缩小 1/273）认识到，在零下 273 摄氏度时的气体动能为 0，因而是真正的零温度，当时又称为绝对温标。1927 年，第七届国际计量大会批准建立了国际温标，该温标以热力学百度温标为最基本温标，定义的温度单位是一个标准大气压下冰的融化温度和水的沸腾温度之间间隔的 1/100，单位符号为“℃”；温度范围是 −190 ~ 3000℃，包括了氧点、冰点、沸点、硫沸点、银凝固点和金凝固点六个固定点，铂电阻温度计、热电偶、光学高温计三种仪器和四个内插公式，分为四个温区，每个温区有各自的复现方法，金凝固点以上根据维恩公式延伸。现在国际上采用的温标（ITS-90）是 1990 年通过的，其温度范围为从 0.65K 向上到根据普朗克辐射定律使用的单色辐射高温计实际可测得的最高温度，上限没有限制，并定义了 17 个固定点，仍分为四个温区。为了满足更低温测量的需要，国际计量委员会还在2000年公布了一个0.9mK～1K的临时低温温标。由于ITS-90温标规定银凝固点（961.78℃）以上是根据普朗克定律外推得到的，因此银凝固点的不确定度就要随温度二次方关系带入其他温度点，在高温区具有非常大的不确定度。为了寻找到复现性好的高温固定点，许多国家都开展了相应的研究工作，目前从1100～3200℃温度范围内，已进行了多种金属（碳化物）-碳共晶点传递热力学温度的研究，前景很好。

六、摩尔——物质的量

摩尔是物质的量的SI单位名称，1971年第十四届国际计量大会定义为，摩尔是一系统的物质的量，该系统中所包含的基本单元数与0.012kg碳-12的原子数目相等。使用摩尔时，基本单元应予指明，可以是原子、分子、离子及其他粒子，或这些粒子的特定组合体。0.012kg碳-12的原子数目是以意大利化学家阿伏伽德罗命名的，用符号N_A表示，非常接近于6.022×10^{23}。包含N_A个微粒的物质的量是1mol。长期以来，人们并不知道1mol物质中粒子的确切数量，但是用多种方法（电化当量法、布朗运动法、油滴法、X射线衍射法、黑体辐射法、光散射法等）测量阿伏伽德罗数的结果几乎完全一样，这表明阿伏伽德罗数是不依赖于实验方法的物理常数，该数值因测量准确度的提高而不断更新，如在2010年为$(6.02214129\pm0.00000027)\times10^{23}$。从摩尔的定义来看，摩尔与千克可以互为导出，由于现在质量单位千克的不确定度较低，已不能满足现在精确测量出1mol粒子的数量的要求，因此，2005年国际计量委员会建议摩尔进行重新定义。建议的新定义为：摩尔是一系统物质的量，该系统中所包含的基本单元数为N_A，N_A精确等于$6.0221415\times10^{23}\text{mol}^{-1}$。该新的定义目的是将摩尔与基本物理常数联系在一起，在2011年第二十四届国际计量大会讨论通过采用新的定义的建议。由于阿伏伽德罗常数是重要的基本物理常数之一，随着科学技术的发展，对其准确度的要求也越来越高，由多个国家组成的国际合作研究网络已全面开始了相应的研究工作。

七、坎德拉——发光强度

坎德拉是发光强度的SI单位名称，1979年第十六届国际计量大会定义为，坎德拉是一光源在给定方向上的发光强度，该光源发出频率为540×10^{12}Hz的单色辐射，且在此方向上的辐射强度为（1/683）W/sr。定义中540×10^{12}Hz的辐射波长约为555nm，这是人眼感觉最为灵敏的波长。发光强度是描述光源在某一个方向上发出可见光强弱的程度。发光强度的原始计量是通过人眼的感觉进行的，早在19世纪欧洲的一些国家就建立了各自的“标准烛”，规定蜡烛火焰在水平方向的发光强度作为发光强度的单位叫做“烛光”（Candle）。1881年国际电工技术委员会批准烛光为国际标准，将烛光定义为：1lb鲸脑油制成6支蜡烛，蜡烛以每小时120格令（1格令约等于0.0648g）的速度燃烧时，在火焰水平方向的发光强度为1烛光。用蜡烛作为原级标准，不仅稳定性差，而且复现性也不好，虽然相继使用的标准光源还有菜油灯、戊烷灯和纯乙酸戊酯灯等，但是都存在同样的问题，随着科学技术的进步，人们对物质的热辐射特性有了更多的了解，先后建立了铂凝固温度黑体基准，并给出坎德拉这一名称，后来又依据明视觉最大光谱光视效能值提出了现在的定义。从烛光到坎德拉，无论是单位的定义或是复现技术，都曾经历了漫长的演变过程。目前，各国复现坎德拉的主要方法有两种：一是电校准辐射计法；二是光谱辐射法。

在国际单位制的七个基本量中，目前只有质量单位——千克还没有建立自然基准，自然基准的建立不会因时间、地点而异，也不受环境和实验条件和材料性能的影响，并能减少量值传递的环节，其中一些物理量的基准已与基本物理常数（真空中光速、普朗克常量、阿伏伽德罗常数等）关联在一起。随着科学技术的发展，一些物理常数的准确度也在不断得到提高，这就推动着基准准确度的提高。

第四节　测量结果的溯源性

测量就是确定被测量的量值的大小，理想状态下是希望获得被测量的真值，实际情况下这是不可能达到的。对于测量结果，只有当知道它的准确度或不确定度时，才具有真正的使用价值。不同的应用场合，所要求的测量准确度和不确定度也是不一样的。因此，测量的核心就是为了确保所测得的量值能与计量基准所复现的单位量值相联系，以达到测量结果准确一致这一最终目的，即测量结果应该具有计量溯源性。计量溯源性，有时简称为溯源性，在国家计量技术规范 JJF1001—2011《通用计量术语及定义》中定义为：通过文件规定的不间断的校准链，测量结果与参考对象联系起来的特性，校准链中的每项校准均会引入测量不确定度。

测量结果是测量仪器对被测量进行测量而得到的，而任何测量仪器由于种种原因都具有不同程度的误差，因而为了保证测量结果的溯源性，必须通过相应的技术手段来保证测量仪器在允许的误差范围内使用。目前，该技术手段主要有检定和校准两种方式。

测量仪器是单独或与多个辅助设备组合，用于测量的装置。该装置可以是能够输出被测量量值信息的装置，如电压表、温度计、电子天平等，也可以是实物量具，如标准砝码、标准电阻器、量块、标准信号发生器和有证标准物质等。实物量具，在国家计量技术规范 JJF1001—2011《通用计量术语及定义》中定义为：具有所赋量值，使用时以固定形态复现或提供一个或多个量值的测量仪器。

测量仪器有时称为计量器具，一台可单独使用的测量仪器可以称为测量系统，而测量系统也可包含多台测量仪器。测量系统，在国家计量技术规范 JJF1001—2011《通用计量术语及定义》中定义为：一套组装的并适用于特定量在规定区间内给出测得值信息的一台或多台测量仪器，通常还包含其他装置，诸如试剂和电源。

测量仪器的检定，简称计量检定或检定，在国家计量技术规范 JJF1001—2011《通用计量术语及定义》中定义为：查明和确定测量仪器符合法定要求的活动，它包括检查、加标记和/或出具检定证书。

校准，在国家计量技术规范 JJF1001—2011《通用计量术语及定义》中定义为，在规定条件下的一组操作，其第一步是确定由测量标准提供的量值与相应示值之间的关系，第二步则是用此信息确定由示值获得测量结果的关系，这里，测量标准提供的量值与相应示值都具有测量不确定度。

检定和校准都是测量仪器的评定形式，确保仪器示值正确，以实现单位统一、量值准确可靠。两者主要区别是：

1）检定具有法制性，是属法制计量管理范畴的执法行为；校准不具法制性，是用户自愿溯源的行为。

2）检定的依据必须是检定规程，范围是强制检定和依法管理的测量仪器（包括有检定需求的非强制检定的测量仪器，如企业中一些与产品质量密切相关的测量仪器）；校准的依据是校准规范、校准方法，可作统一规定也可自行制定，范围是非强制检定的测量仪器和专用测试设备。

3）检定是由法定计量检定机构或授权的计量检定机构执行；校准既可以是计量检定机构，也可以是计量校准机构。

4）检定是对测量仪器的计量特性（准确度等级，稳定性，重复性，漂移，分辨力，分度值等）、技术要求（结构，安装方面的要求，读数的可见性等）和行政管理要求（标识、铭牌、证书及有效期、检定记录等）的全面评定；校准主要用以确定测量仪器的示值误差，有时也可以对测量仪器的主要影响量进行校准。

5）检定要对所检的测量仪器做出合格与否的结论；校准不判断测量仪器合格与否，但当需要时，可确定测量仪器的某一性能是否符合预期的要求。

6）检定结果合格的发检定证书，证书上要求给出有效期，不合格的发不合格通知书；校准结果通常是发校准证书或校准报告，一般会给出示值误差、修正值或校准曲线等，而校准结果只表明在校准时测量仪器所复现的量值。

一、检定

检定具有法制性，这是由国家的计量法规体系保证的。我国的计量法规体系包括计量行政法规和计量技术法规两个层次。

计量行政法规包括计量法、计量行政法规、地方性计量法规和规章。计量技术法规包括国家计量检定系统表、计量器具检定规程和国家计量技术规范。我国计量法规定："计量检定必须按照国家计量检定系统表进行。国家计量检定系统表由国务院计量行政部门制定。计量检定必须执行计量检定规程。国家计量检定规程由国务院计量行政部门制定。没有国家计量检定规程的由国务院有关主管部门和省、自治区、直辖市人民政府计量行政部门分别制定部门计量检定规程和地方计量检定规程，并向国务院计量行政部门备案"。因此，任何企业和其他实体是无权制定检定规程的。1987 年，国家计量局发布的《中华人民共和国依法管理的计量器具目录》有 12 大类；同年国务院发布了《中华人民共和国强制检定的工作计量器具检定管理办法》，办法中附有强制检定的工作计量器具目录，即用于贸易结算、安全防护、医疗卫生、环境监测四个方面的工作计量器具 55 项，国家计量局发布了明细目录共 111 种。1999 年，国家质量技术监督局根据国务院的授权又增补了强检工作计量器具 4 项 6 种。

为了保障某物理量计量单位制的统一、量值的准确可靠，国家建立了该物理量具有最高计量特性的基准器及各等级的计量标准，通过计量检定把计量基准所复现的单位量值逐级传递到工作计量器具上去。对这种从计量基准到各级计量标准直到工作计量器具的检定主从关系所作的技术规定，称为国家计量检定系统表，简称国家计量检定系统或检定系统。图 1-2 所示为我国计量检定系统表的框图格式。从图中可看出，检定系统框图分为三大部分，依次是计量基准器具、计量标准器具及工作计量器具。在分割这三部分的点划线中说明其检定方法（是直接测量还是间接测量或比对等），每一部分内部各级标准器间也以一定方式表示了其相互关系及比较的方法。图 1-3 所示是长度量（量块）检定的等级图。图中省略了检定方法和技术指标的要求，但是可看出不同测量准确度的仪器对应着不同等级的量块标准。

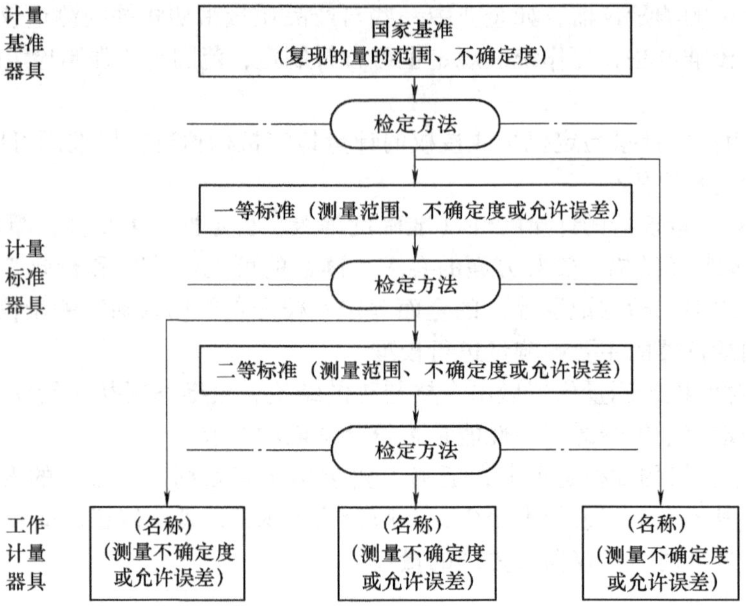

图 1-2　我国计量检定系统表的框图格式

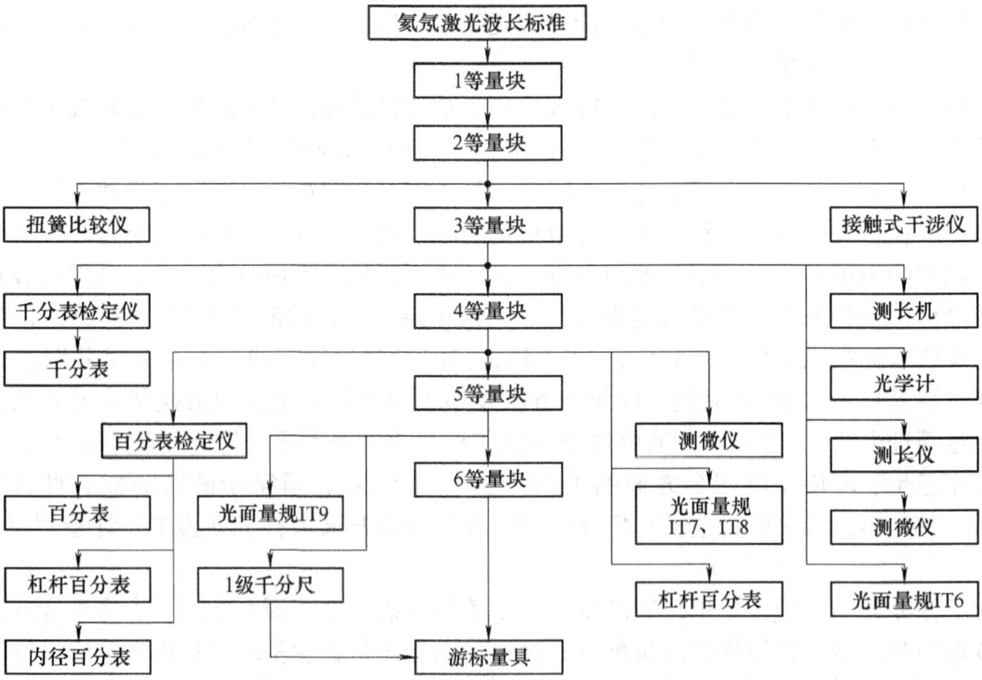

图 1-3　长度量（量块）检定的等级图

我国根据经济合理、分工协作的原则，按照国家计量检定系统表应用的需求，建立了全国量值传递体系，如图 1-4 所示。对于一个国家来说，每一个量值传递体系只允许有一个国家基准。在我国，大部分国家计量基准保存或建立在中国计量科学研究院；较高准确度等级的计量标准，大多数设置在省级或部委级计量技术机构及计量准确度要求很高的少数大企业内；较低准确度等级的计量标准，大多数设置在地、县级计量技术机构及计量要求较高的大、中型企业内。此外，分布在华北、东北、华东、中南、华南、西南、西北等七个大区的国家计量测试中心是国家组织建立的承担跨地区计量检定、测试任务的国家法定计量检定机构。

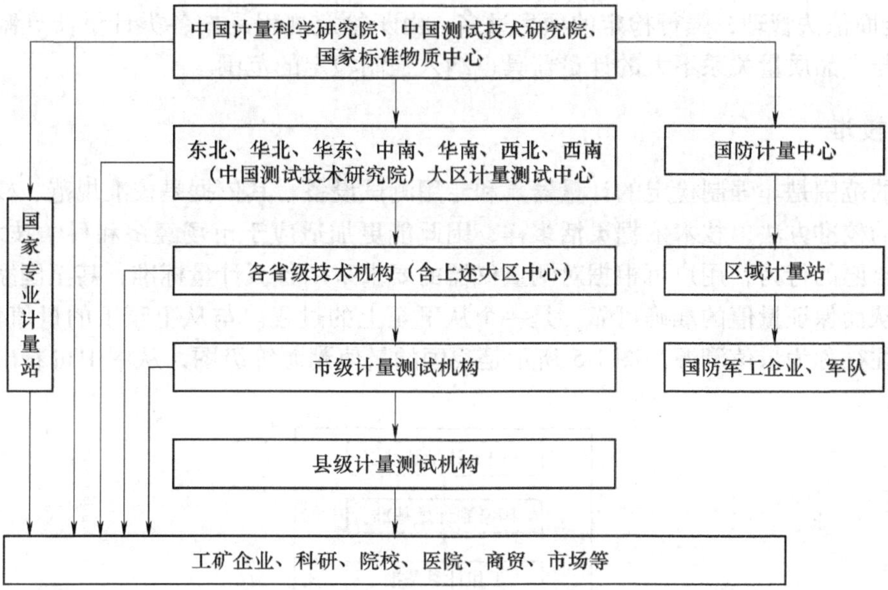

图 1-4　我国的量值传递体系

从上述可知，量值传递是将国家计量基准所复现的计量单位量值，传递到各个等级的计量标准，并最终传递到工作计量器具，这是一个从上至下的过程。

量值传递，在国家计量技术规范 JJF1001—2011《通用计量术语及定义》中定义为，通过对测量仪器的检定或校准，将国家计量基准所实现的单位量值通过各等级的计量标准传递到工作计量仪器的活动，以保证测量所得的量值准确一致。

量值传递术语最早是从前苏联引入的，我国在很长一段时期都是计划经济，之前实现的思路是，建立国家基准、计量标准，通过检定把计量基准所复现的单位量值经各级计量标准传递到工作计量器具。量值传递在新的定义中增加了校准，在表述上更加科学，因为校准过程中用计量标准去定值实际就是在进行量值传递。

在计量溯源性的定义中提到不间断的校准链，且有测量不确定度的要求，从文字上看，校准活动可保证溯源性，而检定只需给出合格与否，与溯源性的联系好像未能建立，但是检定中用测量标准确定测量仪器的示值误差的大小实际上就是一种溯源的过程，因为计量标准是按等级设置的，各等级计量标准的不确定度有明确的要求，被检定合格的测量仪器所给出测量结果的误差肯定在一个明确的范围内，即其测量不确定度的范围是可预测的。

量值传递对于计划经济的发展是适合的，所建立的以检定为主的量值传递系统在相当长的一段时期内是满足需求的。随着社会经济和科技的发展，我国现在是计划经济与市场经济并存，且市场经济成为主体，使得该量值传递系统逐步暴露其不足之处，主要表现在：

1）检定能力有限。虽然我国的国家、部门、地方计量检定规程已制定了数千项，但是仍然只能满足常规的、静态的检定工作，对新型测量仪器和工程参数、动态的在线的测量仪器等缺乏相应的技术手段。

2）按检定系统表逐级传递，部分测量不确定度会损失。因检定系统表的级是一个范围或界限，不是一个具体的不确定度值，量值传递时损失是无法避免的。

3）全面依法管理，强行检定的项目过多。由于检定规程是按各类计量器具制定的，使得一部分与产品质量关系不大的计量器具也纳入强制检定的范围。

二、校准

校准的范围是非强制检定的计量器具和专用测试设备，其依据是校准规范、校准方法及自行制定的校准方法，技术依据灵活多样，因此能更加适应于市场经济和科学技术的发展。校准属于自愿的行为，用户可根据对测量仪器的要求采用各级计量标准，甚至国家基准，进行校准，从而保证量值的准确可靠，是一个从下至上的过程。与从上至下的量值传递对应，这个过程往往称为量值溯源。图 1-5 所示是我国的量值溯源等级图，从图中可看出，校准可以越级进行。

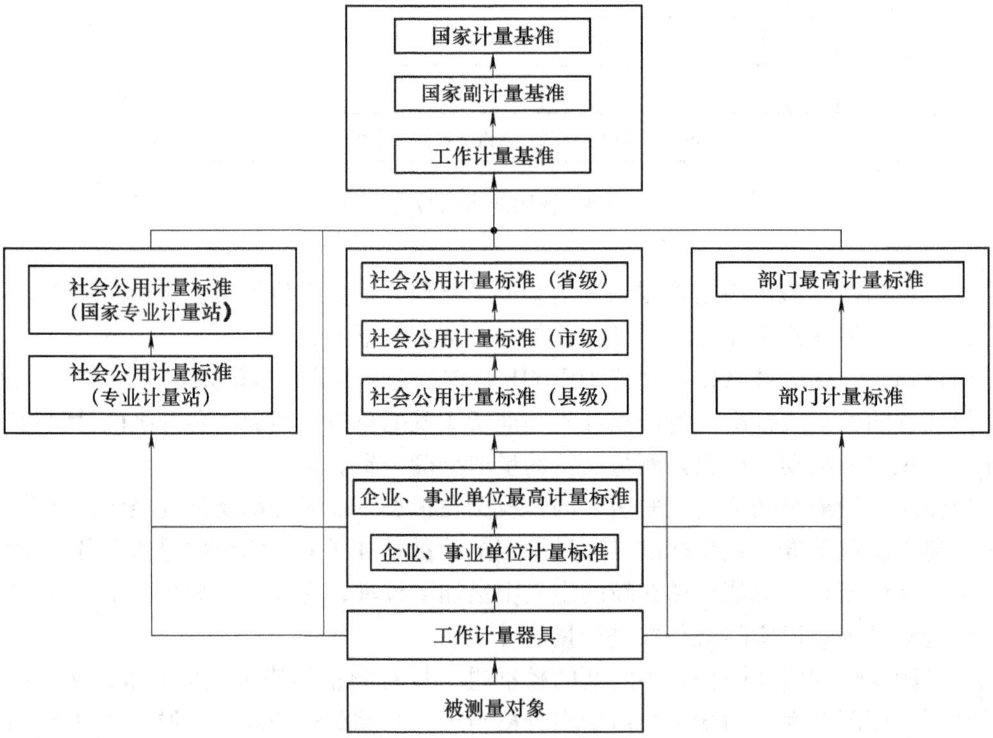

图 1-5　我国的量值溯源等级图

图 1-2 和图 1-5 都是一种代表等级顺序的框图，虽然表现形式有所区别，但是实质基本相同。在国家计量技术规范 JJF1001—2011《通用计量术语及定义》中，国家溯源等级图定义为，在一个国家内，对给定量的测量仪器有效的一种溯源等级图，包括推荐（或允许）的比较方法或手段；在我国，国家溯源等级图也称国家计量检定系统表。

从国际上多数国家来看，检定是属于法制计量范畴，其对象主要是强制检定的计量器具，而大量的非强制检定的计量器具，为确保其准确可靠，为使其测量结果具有溯源性，一般是通过校准进行管理的。我国因早期的计划经济制度而建立了以检定为主的量值传递体系，目前还是用国家计量检定系统表来代替国家溯源等级图，但这种由政府统一管理、实施单一的方式，已不适应现在经济和技术发展的需要。此外，现有的国家计量检定系统表仅适用于目前尚属于检定范畴，已经建立了国家基准的计量器具的量值传递，而大量进行校准的计量器具尚需要进一步制定出相应的国家溯源等级图。

随着实验室认可（对校准和检测实验室有能力进行指定类型的校准和检测所作的一种正式承认；这种认可是第三方认可，第三方一般是一个权威机构或国家所承认的机构）工作的开展，特别是国际上校准实验室的认可和互认，解决了测量的溯源性，同时强调了校准的重要作用。凡通过国家实验室认可的实验室都可以对外开展检测和校准工作，其校准结果能获得与中国合格评定国家认可委员会（CNAS）签署互认协议国家和地区实验室认可机构的承认，这对于消除非关税贸易壁垒，促进工业、技术、贸易的发展将十分有利。

因此，在我国，在加强检定法制建设的同时，已开始使校准工作成为实现单位统一和量值准确可靠的主要方式之一，以往以检定为主的格局已转变成了检定与校准并存互补的格局。

三、测量结果溯源性的实施

虽然世界各国政治和经济制度不同，发展水平各异，使得在保证测量结果的溯源性的体制上也有所不同，但是各国都存在检定和校准两种方式。这两种方式在具体实施时又可分为对工作测量仪器进行检定、对工作测量仪器进行校准、发放有证标准物质、发播标准信号、应用计量保证方案几类：

对工作测量仪器进行检定，即把受检测量仪器送到具有高一等级计量标准的计量技术机构检定，对于不便运输的测量仪器，可由上一级计量机构派人员携带计量标准到现场检定。该方式比较费时，也不经济，有时检定好的测量仪器经过运输后，受到振动、撞击、潮湿或温度的影响会丧失原有的准确度；另外，该方式只对送检的测量仪器进行检定，没有对其使用时的操作方法、操作人员的技术水平、辅助设备及环境条件等进行考核，这就不能很好地保证使用过程中测量值的准确可靠。

对工作测量仪器进行校准，适用于大量的非强制检定测量仪器，即用户可将受检测量仪器送到自行选择的校准服务机构接受校准。对于不便运输的测量仪器，同样可在现场实施校准。

发放有证标准物质，主要用于化学计量领域。标准物质又称“参考物质”，是一种或多种足够均匀和很好地确定了性质的、用以校准测量装置、评价测量方法或给材料赋值的一种材料或物质。有证标准物质是附有证书的标准物质，某一种或多种特性值用建立了溯源性的程序确定，使之可溯源到准确复现的表示该特性值的测量单位，每一种出证的特性值都附有给定置信水平的不确定度。标准物质一般只有一级和二级，具有传递环节少的优点。用户均可根据需要购买标准物质，自己校准计量器具及评价测量方法。

发播标准信号，目前只限于时间频率计量。我国通过无线电台早就发播了标准时间信号，随着国家通信广播事业的发展，在 1985 年就通过电视信号发播标准时间信号。这样，用户可在现场接收该信号进行时间频率计量器具的校正。随着卫星和数字通信技术的发展，现在发播标准时间信号的途径主要是全球定位系统（GPS）、公共电话网和互联网。

应用计量保证方案（Measurement Assurance Program，MAP），是由美国标准局（NBS；1998 年更名为国家标准技术研究院，NIST）在 20 世纪 70 年代初提出的。MAP 是一种测量过程的品质保证方案，它使参加 MAP 活动的计量技术机构的量值能更好地溯源到国家计量基准。该方法不是将被检定计量器具送上一级检定，而是上级计量技术机构将经过长期稳定性考核合格的传递标准、测量条件和方法送到下级计量技术机构，而该传递标准的校准结果并不告知。下级计量技术机构收到传递标准后，作为“未知标准”按给定的测量条件和方法进行校准，并将传递标准和校准结果送回上级计量机构。上级计量技术机构对传递标准进行再次校准，以保证该传递标准的稳定性符合要求，然后对所有校准结果进行数据分析，给出检测报告并送给下级计量技术机构，使其能采用相应的改正。由此可见，MAP 能对下级计量技术机构的计量标准、测量方法、环境条件和操作人员全面进行考核。我国暂时在实际工作中还没有开展 MAP，但是已经进行了一定的规划，相信不久的将来能逐步进行推广。

思 考 题

1-1 简述测量、测试、计量及计量学的定义及其相互关系。

1-2 计量的四个特点分别是什么？

1-3 简述国际单位制的主要构成及七个基本量的定义。

1-4 广义的测量仪器包括哪些器具？

1-5 与实物基准相比，量子基准具有哪些优点？

1-6 简述检定和校准的主要区别。

1-7 叙述我国的量值传递体系，其不足之处有哪些？

1-8 测量结果溯源性的实施方式有哪几种？

第二章　测 量 系 统

第一节　概　　述

一、测量系统的组成

根据测量任务和要求达到的技术指标，被测对象和测量系统所处的工作环境，以及被测量的输入特性（静态或动态）制定出切实可行的测量方法，选择合适的传感器（或测量器具）、信号调理单元、信号分析处理单元及结果显示和记录单元等部件，即组成测量系统，如图 2-1 所示。对于某些特定的测量任务，如振动测量，测量系统还应包括将被测对象置于预定测量状态下的激励装置、连接和协调各环节的传输及反馈控制单元等。

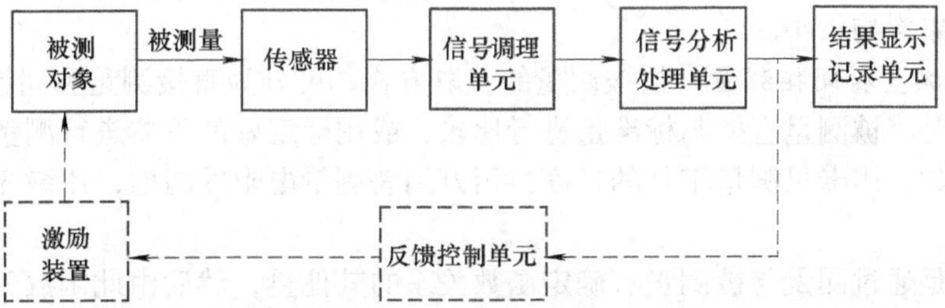

图 2-1　测量系统的组成框图

二、测量系统的输出-输入特性

测量系统的输出-输入特性是测量系统的最基本传递特性，系统的各种性能指标都是根据其输出和输入的对应关系来描述的。一个测量系统与其输入 $x(t)$ 和输出 $y(t)$ 之间的关系如图 2-2 所示。其中，$h(t)$ 表示系统的传递特性。

根据被测量（系统输入量）随时间变化的情况将测量系统的性能特性分为静态特性和动态特性。当被测量不随时间的变化而变化或变化十分缓慢时，输出和输入量之间的关系称为系统的静态特性；当被测量是瞬态值或随时间的变化值时，系统的输出信号（响应）和输入信号（激励）之间的关系称为系统的动态特性。

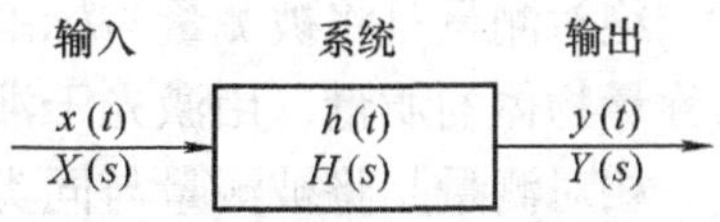

图 2-2　测量系统与其输入和输出的关系

测量系统的传递特性常常希望是线性的。对于静态测量，比较容易采取曲线校正和补偿方法实现非线性矫正，所以静态测量系统的传递特性可以是非线性的；对于动态测量，非线性校正困难而且成本高，所以动态测量系统的传递特性必须是线性的，线性度是动态测量系统或仪器的重要特性指标。实际的测量系统往往不是一种完全的线性系统，或者说在全部的测量范围内不可能保持一种线性的输入-输出关系，只是在一个有限的工作频段或范围上具有线性的传递特性。所以，线性系统是以某一工作范围为前提的。

三、测量方法

测量方法是指实现被测量与标准量相比较的技术策略或方法。测量方法的选择正确与否对测量过程能否顺利进行，能否达到规定的技术指标至关重要。为此，必须根据被测量的特点和测量任务的具体要求进行具体分析，制定出切实可行的测量方法。测量按照被测量与标准量相比较的方式、方法，从不同观点、角度有不同的分类方法。常见的分类方法有以下几种：

（1）接触测量和非接触测量　按传感器（测头）是否与被测对象接触，可分为接触测量和非接触测量。

接触测量是传感器（测头）在一定测量力的作用下，与被测物体直接接触的测量方法，如三坐标测量机的接触式触发测头。这种测量方式稳定可靠，但存在接触形式和测量力所带来的影响。

非接触测量是传感器（测头）与被测对象不发生机械接触的测量方法，如三坐标测量机的激光测头，光学影像测量、干涉测量等都是非接触测量。非接触测量一般没有负载效应，对被测对象影响较小。

（2）直接测量和间接测量　按被测量的获取方式，可分为直接测量和间接测量。

直接测量是将被测量直接与标准量进行比较，或用标定好的仪器进行测量就能直接得到测量结果。例如，用卡尺测量工件的长度，用万用表测量电阻的阻值，用激光干涉仪测量位移等。

间接测量是通过测量与被测量有确定函数关系的其他量，然后由此函数关系求得被测量的方法。在直接测量方法难于实现，或测量准确度达不到要求时，就需要采用间接测量法。例如在直流电路中，直接测出负载的电流 I 和电压 U，根据功率 $P=IU$ 的函数关系，求出负载消耗的电功率。用三坐标测量机直接测量工件上圆孔边缘三个以上点的三维坐标值，按确定的函数关系求取工件直径和圆心坐标。

（3）绝对测量与相对测量　按被测量和标准量的比较方法，可分为绝对测量和相对测量。

绝对测量是将被测量与标准量直接进行比较，而得到测量结果的测量方法，如用标准砝码称量物体的质量，用激光干涉仪测量位移、长度等。

相对测量是将被测量与同类定值标准量进行比较，从而得出被测量值的测量方法，故又称比较测量法，其测量仪器或传感器的输出值是被测量和定值标准量的差值。用于相对测量的仪器多称为测微仪或比较仪，一般具有放大倍数大、示值范围小、测量准确度高等特点。例如，采用电容或电感传感器制成的比较式测量仪器基本都是采用相对测量法。

（4）等精度测量和不等精度测量　根据测量条件的不同，可分为重复性测量和再现性测量，之前也常称为等精度测量和不等精度测量。

重复性测量（等精度测量）是指在重复性测量条件下，并在短时间内对同一或相类似的被测对象进行的多次重复测量。重复性测量条件指的是相同测量程序、相同操作者、相同测量系统、相同操作条件和相同地点等同一组测量条件。

复现性测量（不等精度测量）是指在复现性条件下，对同一或相类似的被测对象进行的多次重复测量。复现性条件指的是地点、操作者和测量系统等不完全相同。

（5）*静态测量和动态测量*　按被测量是否随时间变化，可分为静态测量和动态测量。静态测量是指在测量期间被测量的量值不随时间发生变化，是恒定量的测量；动态测量是为确定随时间变化的被测量瞬时值而进行的测量，动态测量要求测量仪器或传感器的工作频带必须覆盖被测对象的带宽。

（6）*在线测量和离线测量*　按测量仪器或设备是否在生产线上工作可分为在线测量和离线测量。在线测量要求测量仪器或设备测量速度快，自动化程度高，抗环境干扰能力强。

（7）*原位测量和离位测量*　按被测对象是否在其原始位置上进行测量分为原位测量和离位测量。在测量过程中被测对象没有经过人为的手段离开其原始位置或所处的加工工位的测量称为原位测量，也称在机或在位测量；反之称为离位测量，也称消极测量。原位测量可以在产品停止加工后，但不离开加工工位进行测量，以克服产品复位困难无法进行二次加工的问题；也可以在加工过程中同时实现测量，并可通过其测量信号的反馈，控制设备的加工过程，预防和杜绝不合格品的产生。原位测量装置使用条件恶劣，需要良好的密封结构，以防止冷却液、切屑和灰尘的侵入；温度对测量结果的影响较大，要进行修正。离位测量是在工件加工区域外的测量，只能发现和选出不合格产品，但可通过其测量信号的反馈控制后面加工工件的加工，使其合格。

除了上述分类外，还有其他分类方法。例如，按测量系统是否向被测物体施加能量，可分为主动测量和被动测量；按被测参数的多少，又可分为单项测量和综合测量等。

四、传感器

传感器是以一定的精确度将被测量（物理量、生物量、化学量）转化为与之有确定关系的便于处理应用的某种物理量（电量、光学量）的器件或装置（测头）。因为电量（电流、电压）最容易被使用，所以传感器的输出一般为电信号。传感器一般由敏感元件、转换元件和转换电路组成，如图2-3所示。在理想情况下，敏感元件应只敏感于被测量，而对任何其他的可能的输入不敏感。例如，若是一个压力传感器，则它应该对加速度不敏感；如果是一个应变片，那么它应该对温度不敏感等。但实际上很难找到一种具有完全选择性的测量装置，往往有不希望出现的信号夹杂在被测量中，造成测量的误差或困难。

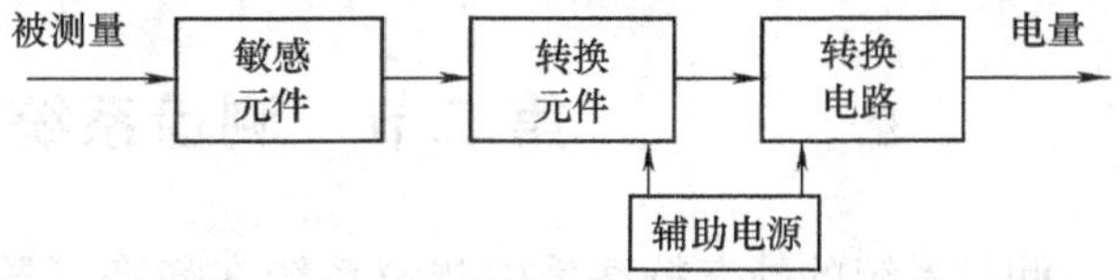

图2-3　传感器的组成框图

五、信号调理单元

信号调理单元是将传感器所得的信号进行放大、滤波、调制和解调等处理，转变为适合传输或后续处理的信号，以便更好地满足下一级标准部件或设备对信号特性的要求。根据需要通常增加信号的幅值、能量，转换信号形式（如脉冲、微分、积分、模/数转换、数/模转换等），信号传输（遥感、遥测、分布式测量等），滤除噪声（选择性滤波、剔除各种干扰信号）。信号调理单元输出的信号根据需要可以直接将结果进行显示、打印记录，也可以送入信号分析处理单元做进一步的分析处理。

六、信号分析处理单元

信号分析处理单元是将调理后的信号送入计算机或微处理器做进一步的分析处理，如小波变换、频谱分析等。分析处理后的结果可直接进行显示、打印记录，或用于过程监测和过程控制。

结果显示记录单元是将测量所得的信息变换成易于理解的形式输出。

如图 2-4 所示的速度测量系统，第一级装置为一加速度传感器，它提供一个比例于加速度的电压值。第二级包括前置滤波器、积分器和放大器等部分，它把第一级传感所得的信号经前置放大滤波，有选择地衰减不需要的高频噪声分量，通过将模拟信号对时间积分，把加速度—时间关系信号转变为速度—时间关系信号，再把信号放大到下一级所需的电平。第三级包括计算机和打印机，由计算机获取数据，处理后生成图表显示和打印。

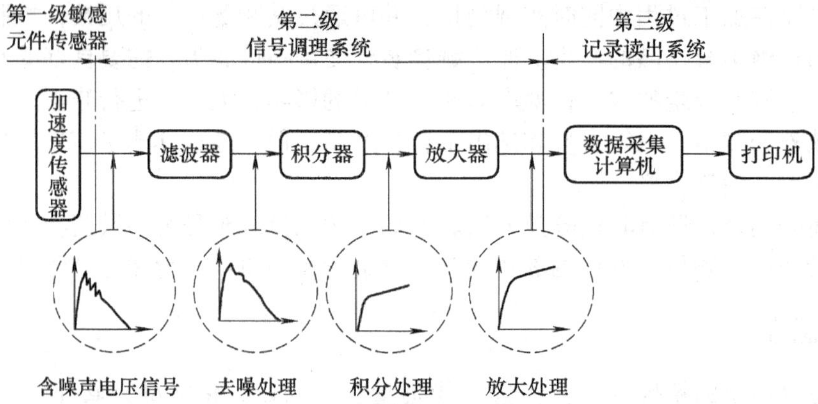

图 2-4　速度测量系统框图

第二节　测量系统的静态特性

测量系统的静态特性是指测量系统在稳态（静态）信号作用下（即输入量对时间 t 的各阶导数为零）的输入输出特性。

一、测量系统的静态数学模型

如果测量系统不考虑滞后、蠕变效应，其静态模型一般可用 n 次代数方程来表示，即

$$y = a_0 + a_1 x + a_2 x^2 + \cdots + a_n x^n \tag{2-1}$$

式中，x 为输入量；y 为输出量；a_0 为零位输出；a_1 为测量系统的线性灵敏度；a_2，…，a_n 为非线性项的待定常数。若 $a_0=0$，测量系统的静态特性曲线如图 2-5a 所示。

静态模型有以下三种特殊形式：

（1）线性特性

若 $a_2 = a_3 = \cdots = a_n = 0$，$y = a_1 x + a_0$，则静态特性曲线是一条不过零的直线，有零位输出；

若 $a_0 = a_2 = a_3 = \cdots = a_n = 0$，则静态特性曲线是一条过零的直线，如图 2-5b 所示。这是理想的静态测量系统特性，输出可正确无误地反映被测量的真值。

（2）仅有偶次非线性项　若输入输出特性方程为

$$y = a_0 + a_2x^2 + a_4x^4 + \cdots + a_nx^n \qquad n = 2, 4, 6, \cdots \tag{2-2}$$

则其静态特性曲线如图 2-5c 所示。因为它没有对称性，所以线性范围较窄。

（3）仅有齐次非线性项　若输入输出特性方程为

$$y = a_0 + a_1x + a_3x^3 + \cdots + a_nx^n \qquad n = 1, 3, 5, \cdots \tag{2-3}$$

则其静态特性曲线相对坐标原点是对称的，即 $y(x) = -y(-x)$，如图 2-5d 所示。所以，其线性范围宽，接近理想线性。

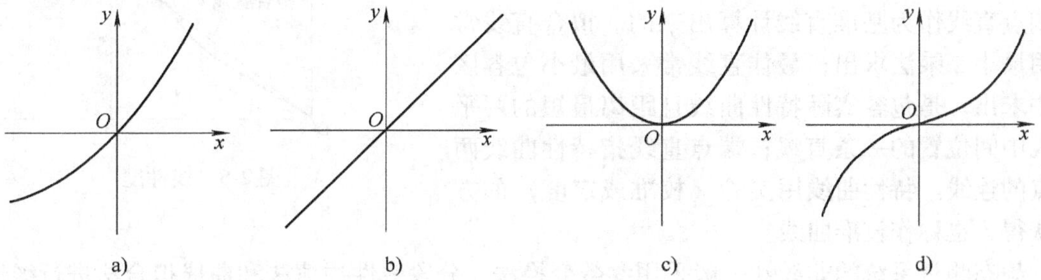

图 2-5　测量系统的静态特性曲线

二、测量系统的静态特性指标

测量系统或测量仪器的静态特性指标主要有量程与测量范围、线性度、灵敏度和分辨力、重复性和漂移、回程误差、准确度、测量误差与测量不确定度等。

1. 量程与测量范围

对于被测量，由测量仪器或测量系统给出的量值称为示值。当测量仪器或测量系统调节到特定位置时获得并用于指明该位置的、化整或近似的极限示值所界定的一组量值称为标称区间或标称范围，其通常以其最小和最大值表示，如 -20 ~ 100℃。标称区间的两极限量值之差的绝对值称为标称示值区间，也称为量程，如对于 -20 ~ 100℃ 的标称范围，其量程为 120℃。

测量范围也称测量区间/工作区间，是指在规定条件下，由具有一定的测量不确定度的测量仪器或测量系统能够测量出的一组同类量的量值，即在一规定的测量范围内使用测量仪器，示值误差必处在允许极限内，而若超出测量范围使用，示值误差就将超出允许极限。由于有一些测量仪器的测量范围与标称范围是相同的，也有一些测量仪器在测量范围以外给出示值的相对误差会急剧增大，因此测量范围总是等于或小于标称范围。

测量仪器所能测量的最大的被测量（即输入量）的数值称为测量上限，最小的被测量称为测量下限。用测量下限和测量上限表示的测量区间称为测量范围。从测量范围可以知道测量仪器的测量下限和测量上限。

在实际应用中，一般测量仪器给出的性能指标通常是指最大允许误差针对于满量程的相对值，如 0.1% FS（Full Span，FS，满量程）。

2. 线性度

线性度是表征测量仪器输出-输入特性曲线与基准直线之间接近或偏离程度的指标，称为该测量仪器的“非线性误差”或“线性度”。

通常用量程内输入-输出特性曲线与基准直线的输出量最大偏差的绝对值与满量程输出值之比来表示线性度，如图 2-6 所示。即

$$e_L = \frac{|\Delta_{max}|}{Y_{FS}} \times 100\% \tag{2-4}$$

式中，e_L 为非线性误差（线性度）；$\Delta_{max} = y_{实际}(x_1) - y_{拟合}(x_1)$，为实际特性曲线与基准直线间的最大偏差；$Y_{FS}$为测量仪器的满量程输出值。

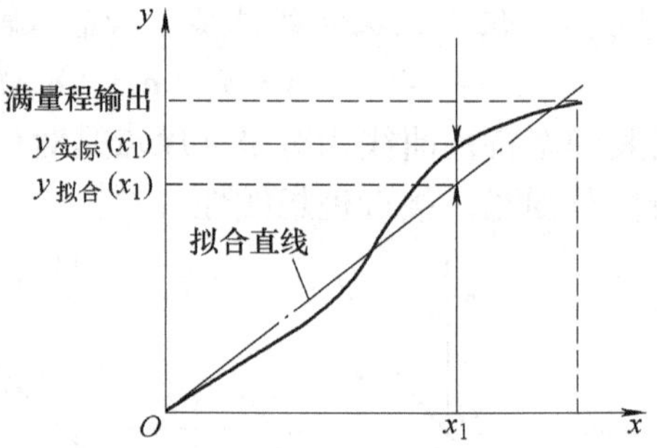

图 2-6　线性度

非线性误差大小一般是以拟合直线、最佳直线或端点直线作为基准直线计算出来的。拟合直线常采用最小二乘法求出；最佳直线常采用最小包容区域法求出，是包容实际特性曲线且距离最短的两平行线中间位置的一条直线；端点直线指特性曲线两端点的连线。特性曲线用实验（校准或定度）的方法获得，也称作校准曲线。

静态测量系统的非线性一般采用参数变换法、分段线性插值法和曲线拟合法进行线性校正。

（1）参数变换法　如果测量系统的输出和输入有确定的函数关系，则可通过数学推导进行参数变换，引入新的输出量，使之和输入成线性关系。例如，采用紫外光吸收法测量烟气 SO_2 的浓度，测量原理如图 2-7 所示。根据 Lambert-Beer 定律，光通过被测烟气前后的光强 $I_0(\lambda)$ 和 $I(\lambda)$之间的关系为

$$I(\lambda) = I_0(\lambda)e^{-L\sigma(\lambda)c} \tag{2-5}$$

式中，$\sigma(\lambda)$是与波长有关的被测气体吸收截面系数；L 是被测气体厚度；c 是烟气中 SO_2 的浓度。

关系式(2-5)表明，输出量 $I(\lambda)$ 和输入量 c 成指数函数关系。将式(2-5)变换为

$$c = \ln[I(\lambda)/I_0(\lambda)]/[L\sigma(\lambda)] \tag{2-6}$$

定义被测气体光学厚度为

$$D_0 = \ln[I_0(\lambda)/I(\lambda)] \tag{2-7}$$

将式(2-7)代入式(2-6)，可得

$$c = \frac{1}{L\sigma(\lambda)}D_0 \tag{2-8}$$

所以，经数学变换后新输出量 D_0 和输入量 c 成线性关系。

图 2-7　紫外光吸收法烟气 SO_2 浓度测量原理

（2）分段线性插值法　分段线性插值法也称查表法，是根据准确度要求对非线性曲线进行分段，用若干折线逼近非线性曲线，如图 2-8 所示。将折点坐标值存入数据表中，测量时首先查找出被测量 x_i 对应的输出量 u_i 处在哪一段，再根据斜率进行线性插值求得输出值 $y_i = x_i$。分段线性插值表达式为

$$y_i = x_i = x_k + \frac{x_{k+1} - x_k}{u_{k+1} - u_k}(u_i - u_k) \qquad k = 1,\ 2,\ 3,\ \cdots,\ n \tag{2-9}$$

（3）曲线拟合法　通常采用 n 次多项式来逼近非线性曲线，多项式方程的各个系数由最

小二乘法确定。对测量系统输入输出进行实验测定，得到校准曲线。设输入点的数据为 x_i：x_1，x_2，x_3，…，x_n；相应的输出数据为 u_i：u_1，u_2，u_3，…，u_n，则输入和输出多项式方程为

$$x_i(u_i) = a_0 + a_1u_i + a_2u_i^2 + a_3u_i^3 + \cdots + a_nu_i^n \tag{2-10}$$

式中，n 的数值由所要求的准确度确定；a_0，a_1，a_2，…，a_n 为待定系数，可根据实验测得的数据采用最小二乘法确定。

曲线拟合法的缺点在于当有噪声存在时，利用最小二乘法确定待定系数时可能会遇到病态情况而无法求解。可采用神经网络等方法来求解拟合曲线多项式的各个系数。

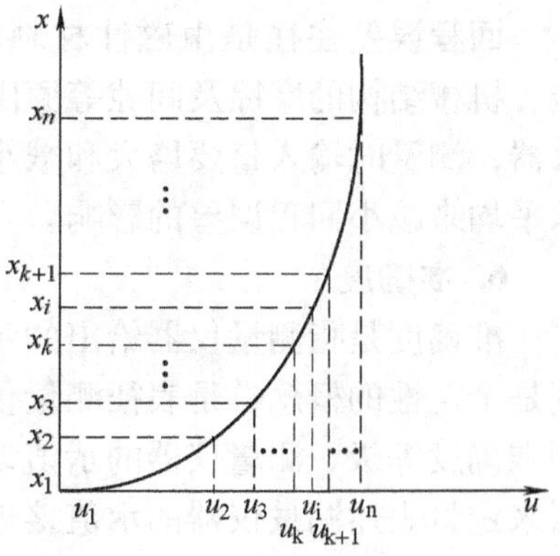

图 2-8　分段线性插值法非线性校正

3. 灵敏度和分辨力

灵敏度是指测量系统的示值变化除以相应被测量的量值变化所得的商，它反映测量系统对一定大小的输入量的响应能力。对于线性系统，灵敏度与输入量的大小无关，是常数，可用测量系统在稳态下输出增量与输入变化量之比来表示，即 $s = \Delta y/\Delta x$，为拟合直线的斜率；对于非线性误差较大的测量系统，灵敏度与输入量的大小有关，应该用系统输出量对输入量的导数来表示，即 $s = \mathrm{d}y/\mathrm{d}x$，或用某一较小输入量区域的拟合直线斜率表示。

分辨力是指引起相应示值产生可觉察到变化的被测量的最小变化，即最小可测出的输入量的变化。当测量仪器的输入量连续变化时，只有在超出某一输入增量后仪器输出显示装置中才显示出变化，这个输入增量称为分辨力。与分辨力相近的一个术语称为鉴别阈，指引起相应示值不可检测到变化的被测量值的最大变化。从两者的定义可看出，鉴别阈稍小于分辨力。

与分辨力对应，一些具有显示装置的测量仪器还能用显示装置的分辨力来表示。通常模拟式显示装置的分辨力为标尺分度值的一半，即用肉眼可以分辨到一个分度值的1/2；数字式显示装置的分辨力为末位数字的数据。分辨力高可以降低读数误差，从而减小由于读数误差引起的对测量结果的影响。

4. 重复性和漂移

重复性是测量仪器非常重要的技术指标之一。重复性指同一观察者采用相同的测量条件、方法及仪器重复测量同一个被测量时测量仪器示值的一致性程度。重复性误差属于随机误差，一般用测量结果的标准偏差来表示。

漂移是指测量仪器的输入未产生变化时其输出随时间产生的变化。漂移通常是由于温度、压力、湿度等环境参数的变化或仪器内部元件的不稳定性等原因引起的。

5. 回程误差

回程误差是指在相同条件下，测量仪器正（输入量增大）反（输入量减小）行程期间，输出—输入曲线的不重合程度。也就是说，测量仪器在正行程时的输出量明显地、有规律地不同于其在反行程时在同一输入量下的输出量，这种现象称为迟滞，回程误差也称作滞后值，如图 2-9 所示。

回程误差的大小一般通过实验方法确定。用同一输入量所对应的正反行程输出量的最大偏差绝对值 Δ_h 或此绝对值与满量程输出之比的百分数来表示，即

$$e_h = \frac{\Delta_h}{Y_{FS}} \times 100\%$$

回程误差往往是由磁性材料的磁滞、弹性材料的变形迟滞、机械结构的摩擦及间隙等原因引起的。有回程误差的测量仪器，测量时输入量要增大和减小各一次，再将两测量结果算术平均来减小回程误差的影响。

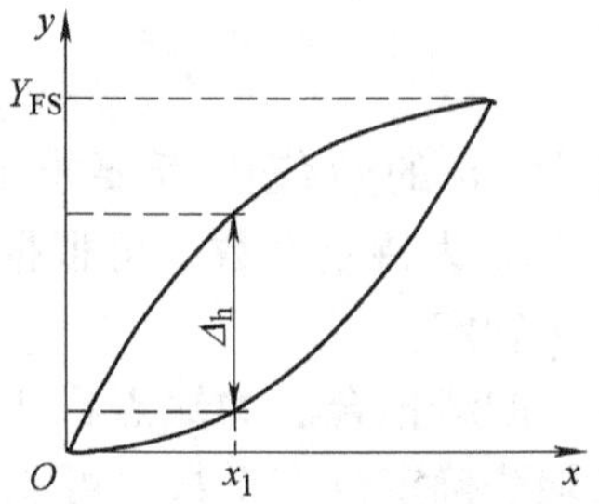

图 2-9　回程误差

6. 准确度

准确度是指测量仪器给出的示值接近于真值的能力。准确度是个定性的概念，是表征测量仪器品质和特性的最主要的计量性能指标。在实际应用中常用准确度等级、测量仪器的示值误差、测量仪器的最大允许误差或测量仪器的引用误差等术语来定量表述测量仪器的示值接近真值能力的大小。

测量仪器的示值误差是指测量仪器示值与对应输入量的真值之差。由于真值不能确定，因此实际中采用的是约定真值。此术语主要应用于与参考标准相比较的仪器，就实物量具而言，示值就是赋予它的值。约定真值有时称为指定值、最佳估计值或参考值，是依据标准来指定的，在实际中通常用准确度高出一个数量级以上的“标准仪器”的测量结果或标准件的量值作为真值来使用，比如采用作为长度基准的量块，或采用某量的多次测量结果来确定约定真值。

测量仪器的最大允许误差是指对给定的测量、测量仪器或测量系统，由规范或规程所允许的，相对于已知参考量值的测量误差的极限值，又称测量仪器的允许误差限。

测量仪器的引用误差是指测量仪器的误差除以仪器的特定值。该特定值一般称为引用值，可以是测量仪器的量程（此时称为测量仪器的满量程误差）。

例如，被检电流表的示值 I 为 40A，用标准电流表检定，其电流实际值为 41A，那么示值 40A 的误差为 40A − 41A = − 1A；测量分度值为 0.05mm，上限为 2000mm 的游标卡尺，国家计量检定规程规定的最大允许误差为 ±0.20mm；一台标称范围为 0 ~ 150V 的电压表，若在示值为 100.0V 处，用标准电压表检定所得到的实际值为 99.4V，则该处的引用误差为（100.0 − 99.4）/150 × 100% = 0.4%，即满量程误差为 0.4% FS。

准确度等级是指符合一定的计量要求，使误差保持在规定极限以内的测量仪器的等级、级别。例如，电工测量指示仪表准确度分为 0.1、0.2、0.5、1.0、1.5、2.5、5.0 七级，指的是该仪表满量程的引用误差值。又如，1.0 级指示仪表，指其满量程误差为 ±1.0% FS；百分表的准确度等级分为 0、1、2 级，是以该仪表示值最大允许误差来确定的；一等、二等标准水银温度计，是以其示值的最大允许误差来划分的。

7. 测量误差与测量不确定度

测量误差是指测量结果与被测量真值之差；除了计量领域之外，仪器精度是一种习惯性称法，指被测量的真值与仪器的示值之间的一致性程度。仪器精度常用相对误差来表示其数值大小，如某测长机的长度测量精度为 0.01%。

精度是一个含糊的习惯用语，在计量领域已明确不再使用，但是在其他领域还是比较常见的。通常把精度区分为正确度、精密度和精确度（准确度）。正确度是系统误差大小的反

映，表征测量结果接近真值的程度，一般用多次重复测量的平均值和真值的偏差来表示其定量特征，即平均偏差；精密度是随机误差大小的反映，表征测量结果的一致性，即测量结果接近均值的程度，其定量特征一般用多次重复测量结果的标准偏差来表示；精确度是系统误差和随机误差的综合反映，其定量特征可用不确定度或极限误差来表示。系统误差和随机误差之间的关系如图 2-10 所示。

测量不确定度是指测量结果变化的不肯定程度，合理地赋予被测量之值的分散性。测量不确定度是表征被测量真值在某个量值范围内的一个估计，是测量结果含有的一个参数，此参数可以是诸如标准偏差或其倍数，或说明了置信水准的区间的半宽度等。测量结果应理解为被测量之值的最佳估计，而所有不确定度分量均贡献了分散性，包括那些由系统效应引起的（例如与修正值和参考测量标准有关的）分量。因此，一个完整的测量结果应该包含被测量的估计与分散性两部分。被测量 X 的测量结果应表示为 $x \pm U$，其中 x 是被测量的估计。X 具有测量不确定度 U。

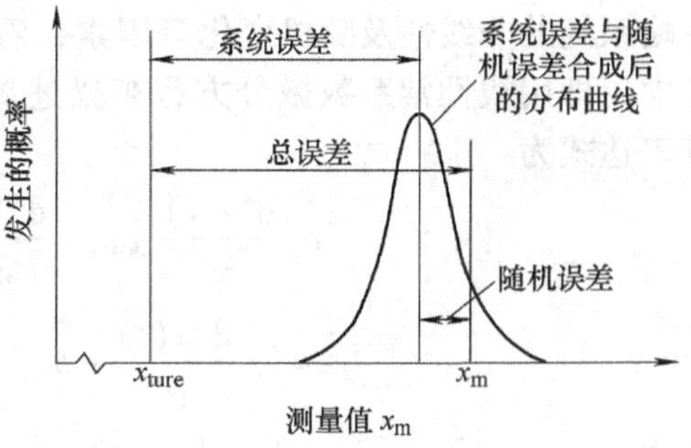

图 2-10 系统误差和随机误差之间的关系

测量不确定度由多个分量组成，不管是由随机误差引起，还是由系统误差引起，都对测量结果的分散性产生影响。其中，一部分可用测量列结果的统计分析估算，并用标准差表征，称为 A 类评定。另一些分量可用经验或其他信息所认定的概率分布估算，也用标准差表征，称为 B 类评定。

测量误差与测量不确定度都是测量结果的评定参数，但它们之间又有明显区别。在定义上，误差是以被测量的真值或约定真值为中心，一般不能准确知道，难以定量；不确定度是以被测量的估计值为中心，反映了人们对测量认识不足的程度，是可以定量评定的。在分类上，误差按自身特征和性质分为系统误差、随机误差和粗大误差，但各类误差之间并不存在绝对界限，故在分类判别和误差计算时不易准确掌握，因人而异；不确定度不按性质分类，只按评定方法分类，其评定不区分影响因素的来源和性质，只考虑各影响因素对结果的影响，简化了分类，便于评定和计算。

第三节 测量系统的动态特性

测量系统或测量仪器的动态特性是指系统对随时间变化的输入量的响应特性，是系统的输出值能够真实地再现变化着的输入量能力的反映。动态特性好的测量系统，其输出量随时间变化的规律（输出变化曲线）与相应输入量随同一时间变化的规律（输入变化曲线）相同或近似，即输出-输入具有相同类型的时间函数，因此可以实时反映被测量的变化情况。但实际上，输出信号不会与输入信号具有完全相同的时间函数，这种输入与输出间的差异称为动态误差。

一、测量系统的动态数学模型

为正确分析和研究测量系统的动态特性，即输入量 $x(t)$、测量系统响应特性和输出量

$y(t)$之间的关系，需建立测量系统的数学模型，为合理设计测量系统提供理论依据。

1. 线性定常系统的数学模型

在动态测量中，只能对线性系统作比较完善的数学处理，因为动态测量的非线性校正是很困难的，所以，动态测量系统或装置应该是线性系统。由于实际的测量系统，往往在一定的工作误差允许范围内，均可被视为线性系统，因此在建立测量系统的数学模型时，一般是忽略系统的非线性及随机变化等因素，看成是一个线性的定常系统（或线性时不变系统）来考虑，即用线性常系数微分方程来描述测量系统的输出量 $y(t)$ 与输入量 $x(t)$ 的动态关系，其表达式为

$$
\begin{aligned}
&a_n \frac{\mathrm{d}^n y(t)}{\mathrm{d}t^n} + a_{n-1}\frac{\mathrm{d}^{n-1} y(t)}{\mathrm{d}t^{n-1}} + \cdots + a_1 \frac{\mathrm{d}y(t)}{\mathrm{d}t} + a_0 y(t) \\
&= b_m \frac{\mathrm{d}^m x(t)}{\mathrm{d}t^m} + b_{m-1}\frac{\mathrm{d}^{m-1} x(t)}{\mathrm{d}t^{m-1}} + \cdots + b_1 \frac{\mathrm{d}x(t)}{\mathrm{d}t} + b_0 x(t)
\end{aligned} \tag{2-11}
$$

式中，a_0、a_1、…、a_n，b_0、b_1、…、b_m 是与系统结构和特性参数有关而与时间无关的常数，一般情况下，除 $b_0 \neq 0$ 外，$b_1 = b_2 = \cdots = b_m = 0$。

在工程实际中，大量测量系统只有有限阶次，其中最常见的测量系统为零阶系统（$n=0$）、一阶系统（$n=1$）和二阶系统（$n=2$），它们的微分方程如下：

零阶系统
$$a_0 y(t) = b_0 x(t) \tag{2-12}$$

一阶系统
$$a_1 \frac{\mathrm{d}y(t)}{\mathrm{d}t} + a_0 y(t) = b_0 x(t) \tag{2-13}$$

二阶系统
$$a_2 \frac{\mathrm{d}^2 y(t)}{\mathrm{d}t^2} + a_1 \frac{\mathrm{d}y(t)}{\mathrm{d}t} + a_0 y(t) = b_0 x(t) \tag{2-14}$$

零阶系统无论输入量 $x(t)$ 随时间怎样变化，其输出 $y(t)$ 总是跟踪其变化，与输入量成确定的比例关系，不产生任何的失真和延迟，所代表的是一种理想的测量系统。严格来讲，这种零阶系统是不存在的，只有在一定工作范围内，某些高阶系统可近似地看成是零阶环节，如位移电位器、电子示波器等，就是典型的零阶系统。在工程实际中，经常遇到的是一阶系统和二阶系统。

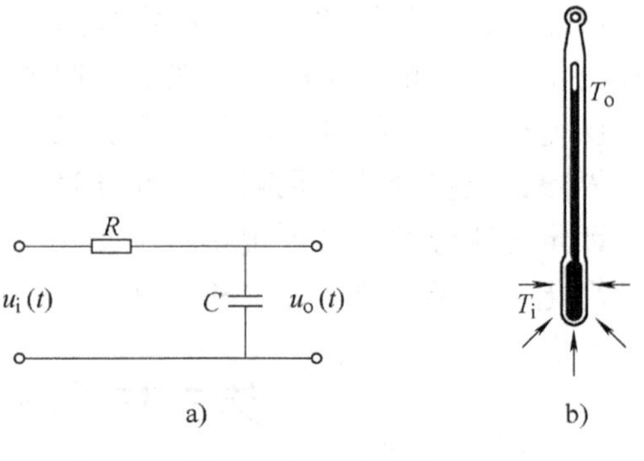

图 2-11　一阶系统

a) RC 积分电路　b) 液柱式温度计

（1）一阶系统　任何在预定工作范围内其输入输出关系可用一阶微分方程式（2-13）所描述的系统，称为一阶系统。例如，RC 积分电路和液柱式温度计，如图 2-11 所示。式（2-13）可改写成

$$\tau \frac{\mathrm{d}y(t)}{\mathrm{d}t} + y(t) = kx(t) \tag{2-15}$$

式中，k 为系统静态灵敏度，$k = b_0/a_0$；τ 为系统的时间常数，$\tau = a_1/a_0$。

RC 积分电路输出电压 $u_o(t)$ 和输入电压 $u_i(t)$ 之间的关系为

$$RC\frac{du_o(t)}{dt}+u_o(t)=u_i(t) \tag{2-16}$$

液柱式温度计输出示值温度 $T_o(t)$ 和输入被测温度 $T_i(t)$ 之间的关系为

$$C\frac{dT_o(t)}{dt}=\frac{T_i(t)-T_o(t)}{R}$$

即

$$RC\frac{dT_o(t)}{dt}+T_o(t)=T_i(t) \tag{2-17}$$

式中，R 为传导介质的热阻；C 为温度计的热容量。

（2）二阶系统　任何在预定工作范围内其输入输出关系可用二阶微分方程式(2-14)所描述的系统，称为二阶系统。例如，*RLC* 振荡电路和弹簧-质量-阻尼单自由度振动系统，如图 2-12 所示。式(2-14)可改写成

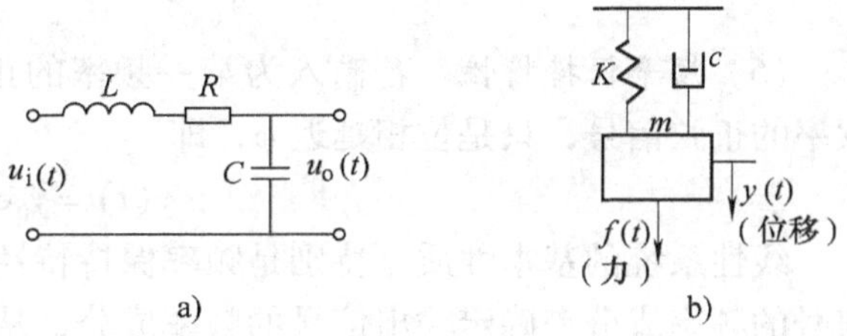

图 2-12　二阶系统

a) *RLC* 振荡电路　b) 弹簧-质量-阻尼单自由度振动系统

$$\frac{d^2y(t)}{dt^2}+2\xi\omega_n\frac{dy(t)}{dt}+\omega_n^2y(t)=\omega_n^2kx(t) \tag{2-18}$$

式中，ω_n 为系统固有频率，$\omega_n=\sqrt{a_0/a_2}$；ξ 为系统阻尼比，$\xi=a_1/2\sqrt{a_0a_2}$；k 为系统静态灵敏度，$k=b_0/a_0$。

RLC 振荡电路的电流方程为

$$L\frac{di(t)}{dt}+Ri(t)+\frac{1}{C}\int i(t)dt=u_i(t) \tag{2-19}$$

式中，$i(t)=C\frac{du_o(t)}{dt}$；$\frac{1}{C}\int i(t)dt=u_o(t)$。

于是输出电压 $u_o(t)$ 和输入电压 $u_i(t)$ 之间的关系为

$$LC\frac{d^2u_o(t)}{dt^2}+RC\frac{du_o(t)}{dt}+u_o(t)=u_i(t) \tag{2-20}$$

弹簧-质量-阻尼单自由度振动系统的运动方程为

$$m\frac{d^2y(t)}{dt^2}+c\frac{dy(t)}{dt}+Ky(t)=f(t) \tag{2-21}$$

式中，m 为质量块的质量；c 为阻尼器的阻尼；K 为弹簧的弹性系数；$y(t)$ 为质量块的位移；$f(t)$ 为施加质量块上的力。

2. 线性定常系统的性质

线性定常系统的输出 $y(t)$ 与输入 $x(t)$ 具有如下基本特性：

（1）叠加特性　若

$$\begin{cases}x_1(t)\longrightarrow y_1(t)\\ x_2(t)\longrightarrow y_2(t)\end{cases}$$

则有

$$x_1(t)\pm x_2(t)\longrightarrow y_1(t)\pm y_2(t)$$

（2）比例特性　对于任意常数 a，都有

$$ax(t) \longrightarrow ay(t)$$

（3）微分特性

$$\frac{\mathrm{d}x(t)}{\mathrm{d}t} \longrightarrow \frac{\mathrm{d}y(t)}{\mathrm{d}t}$$

（4）积分特性　当系统的初始状态为零时，有

$$\int_0^T x(t)\,\mathrm{d}t \longrightarrow \int_0^T y(t)\,\mathrm{d}t$$

（5）频率保持特性　若输入为某一频率的正弦激励，即 $x(t)=x_0\mathrm{e}^{\mathrm{j}\omega t}$，则输出也是相同频率的正弦信号，只是位相延迟 φ，即

$$y(t)=y_0\mathrm{e}^{\mathrm{j}(\omega t+\varphi)}$$

线性系统的基本性质，特别是频率保持特性在动态测量中具有重要意义。可以根据输入信号的频率成分来确定输出信号的频率成分，从而识别输出信号的真伪以及噪声和干扰。反之，可由系统的输入和输出信号频率的异同来判断该系统是否线性。

3. 传递函数

初始状态为零的线性系统，其输出信号的拉普拉斯变换与输入信号的拉普拉斯变换之比称为传递函数，记作 $H(s)$。对式(2-11)两边取拉普拉斯变换可得

$$H(s)=\frac{Y(s)}{X(s)}=\frac{b_ms^m+b_{m-1}s^{m-1}+\cdots+b_1s+b_0}{a_ns^n+a_{n-1}s^{n-1}+\cdots+a_1s+a_0} \tag{2-22}$$

式中，s 为拉普拉斯变换的自变量，也称为复频率；$Y(s)$、$X(s)$分别为输出信号和输入信号的拉普拉斯变换。

（1）一阶系统　将一阶系统的数学关系式(2-15)做拉普拉斯变换，有

$$(\tau s+1)Y(s)=kX(s) \tag{2-23}$$

于是一阶系统的传递函数为

$$H(s)=\frac{Y(s)}{X(s)}=\frac{k}{\tau s+1} \tag{2-24}$$

（2）二阶系统　将二阶系统的数学关系式(2-18)做拉普拉斯变换，有

$$\left(\frac{s^2}{\omega_\mathrm{n}^2}+\frac{2\xi s}{\omega_\mathrm{n}}+1\right)Y(s)=kX(s) \tag{2-25}$$

于是二阶系统的传递函数为

$$H(s)=\frac{Y(s)}{X(s)}=\frac{k}{\dfrac{s^2}{\omega_\mathrm{n}^2}+\dfrac{2\xi s}{\omega_\mathrm{n}}+1} \tag{2-26}$$

传递函数以代数式的形式表征了系统的传输、转换特性，同样是系统模型的一种表达形式。传递函数具有以下几个特点：

1）传递函数 $H(s)$反映的是系统本身的特性，只与系统结构参数 a_i、b_j 有关，而与输入量 $x(t)$无关。因此，用传递函数 $H(s)$可以简单而恰当地描述系统的输入和输出关系。

2）对于传递函数 $H(s)$描述的系统，只要知道 $X(s)$、$Y(s)$、$H(s)$三者中任意两者，就可方便地求出第三者。只要给系统一个激励信号 $x(t)$，便可得到系统的响应 $y(t)$，系统的

特性就可被确定，而无需了解复杂系统的具体内容。

3）同一个传递函数可能表征着两个或多个完全不同的物理系统，说明它们具有相似的传递特性。但不同的物理系统有不同的系数量纲，即通过系数 a_i、$b_j(i=0, 1, \cdots, n; j=0, 1, \cdots, m)$反映出来。

4）对于由多环节串、并联组成的测量系统，若各环节的阻抗匹配适当，可忽略相互之间的影响，则系统的等效传递函数可按下述方法求得：

由 n 个环节串联组成的测量系统，如图 2-13a 所示，其等效传递函数为

$$H(s) = \prod_{i=1}^{n} H_i(s) = H_1(s)H_2(s)\cdots H_n(s) \tag{2-27}$$

式中，$H_i(s)$为各环节的传递函数。

由 n 个环节并联组成的测量系统，如图 2-13b 所示，其等效传递函数为

$$H(s) = \sum_{i=1}^{n} H_i(s) = H_1(s) + H_2(s) + \cdots + H_n(s) \tag{2-28}$$

由此可见，对于多环节的测量系统，用传递函数来描述其输入-输出关系，很容易看清各环节对系统的影响，便于对测量系统进行改进。

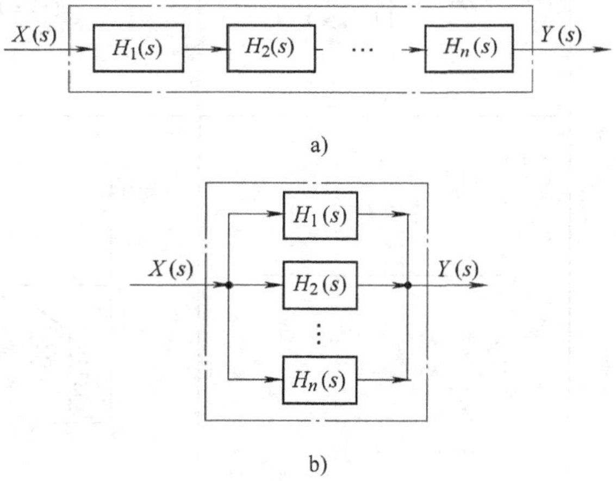

图 2-13 多环节串、并联系统

a）多环节串联 b）多环节并联

二、测量系统的动态特性指标

尽管大多数测量系统的动态特性可近似用一阶或二阶系统来描述，但这仅仅是近似的描述而已，实际的系统往往比简化的数学模型要复杂。因此，测量系统的动态响应特性一般并不是直接给出其微分方程或传递函数，而是通过实验测出系统的动态特性参数，通过这些动态特性参数指标来反映系统的动态响应特性。

测量系统的动态特性能反映出测量时的动态误差及其产生原因。测量系统的动态误差包括两部分：一是输出量达到稳定状态后与理想输出量之间的差别；二是当输入量跃变时，输出量由一个稳态到另一个稳态之间的过渡状态中的误差。

在实际测量中，一般选定几种最典型、最简单标准信号作为输入函数来研究系统的响应特性。常用的输入标准信号有脉冲函数、阶跃函数、正弦函数及指数函数等，其中，阶跃函数和正弦函数是研究测量系统动态特性最常使用的输入信号。

以阶跃函数作为输入信号研究系统动态特性的方法，称为阶跃响应法，也叫时域的瞬态响应法；常用上升时间、响应时间、过调量等参数来综合描述测量系统的动态特性指标。采用正弦函数作为输入信号研究系统的动态特性的方法，称为频率响应法，即从时域和频域两方面来分析系统的动态特性，给出其动态特性指标。一般使用幅频特性与相频特性进行描述，评价指标为频带宽度，简称带宽，即系统输出增益变化不超出某一规定分贝值的频率范围。测量系统动态特性的分析及标定大都以这两种输入为依据。

1. 阶跃响应及时域特性指标

给一个初始静止的测量系统输入一个单位阶跃函数信号，此时测量系统的输出特性称为阶跃响应特性。一阶和二阶测量系统的传递函数、输出函数及阶跃响应曲线见表 2-1。

表 2-1　一阶和二阶测量系统的阶跃响应特性

<table>
<tr><td colspan="2" rowspan="3">输入</td><td colspan="2">输　出</td></tr>
<tr><td>一阶惯性系统</td><td>二阶低通系统</td></tr>
<tr><td>$H(s)=\frac{1}{\tau s+1}$</td><td>$H(s)=\frac{\omega_n^2}{s^2+2\xi\omega_n s+\omega_n^2}$</td></tr>
<tr><td rowspan="3">单位阶跃</td><td>$X(s)=\frac{1}{s}$</td><td>$Y(s)=\frac{1}{s(\tau s+1)}$</td><td>$Y(s)=\frac{\omega_n^2}{s(s^2+2\xi\omega_n s+\omega_n^2)}$</td></tr>
<tr><td>$x(t)=\begin{cases}0 & t<0\\1 & t\geqslant 0\end{cases}$</td><td>$y(t)=1-e^{-\frac{t}{\tau}}$</td><td>$y(t)=1-\left[\frac{e^{-\xi\omega_n t}}{\sqrt{1-\xi^2}}\right]\sin(\omega_d t+\varphi_2)$
$\omega_d=\omega_n\sqrt{1-\xi^2}$
$\varphi_2=\arctan\left[\frac{\sqrt{1-\xi^2}}{\xi}\right]$</td></tr>
<tr><td>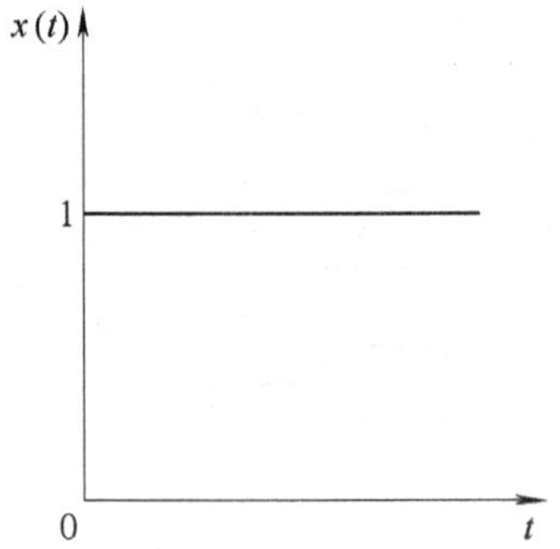</td><td>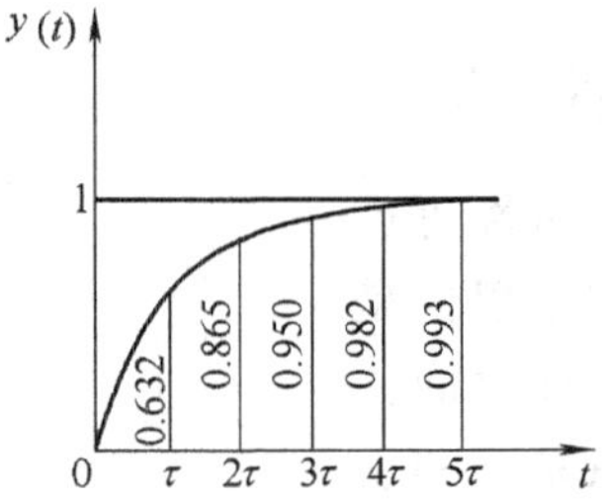</td><td>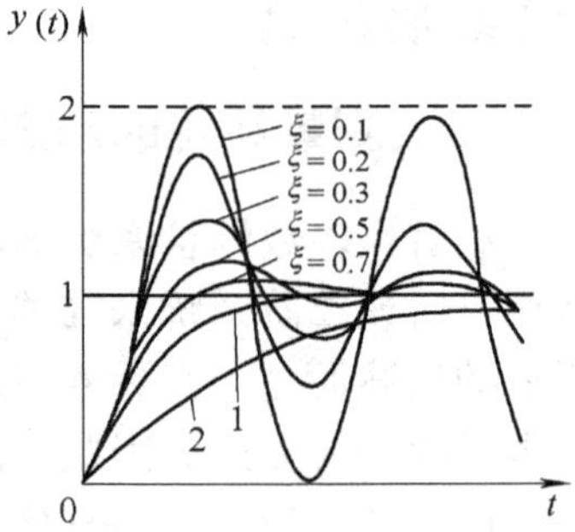</td></tr>
</table>

阶跃响应输出函数的误差项包含因子 e^{-At} 项，故当 $t\to\infty$ 时，稳态输出误差为零。对于一阶系统，当 $t=4\tau$ 时其输出误差已小于 2%，基本达到稳态。二阶系统的响应在很大程度上取决于固有频率 ω_n 和阻尼比 ξ。固有频率 ω_n 越高，系统的响应越快。阻尼比直接影响系统的超调量和振荡次数，如果阻尼比选择在 0.6 ~ 0.8 范围内，则最大超调量约为 2.5% ~ 10%，且趋于“稳态”(5% ~2% 的允许误差)的调整时间最短，约为 $1/(\xi\omega_n)$ 的 3 ~ 4 倍，因此，设计测量仪器或系统时常常将阻尼比选择在 0.6 ~ 0.8 之间。

评价阶跃响应的主要时域特性指标(见图 2-14)如下：

(1) 时间常数 τ　输出值由零上升到稳态值的 63.2% 所需的时间；它越短，表示系统响应越快。

(2) 上升时间 T_r　输出值从稳态值的 10% 上升到 90% 所需的时间。

(3) 响应时间 T_s　响应曲线衰减到与稳态值之差不超过 $\pm\Delta\%$ (通常取 2% 或 5%) 所需的时间。

(4) 最大超调量 δ_m　响应曲线的最大峰值 y_{max} 与稳态值 y_c 之差，即 $\delta_m=y_{max}-y_c$，如果稳态值不为 1，通常采用相对值表示，即

$$\delta_m(\%) = [(y_{max} - y_c)/y_c] \times 100\% \tag{2-29}$$

(5) 峰值时间 T_p　响应超过稳态值，达到第一个峰值所需的时间。

(6) 延滞时间 T_d　响应曲线达到稳态值50%所需的时间。

(7) 稳态误差 e_s　无限长时间后系统的稳态输出值与目标值之间的偏差 δ_s 的相对值，$e_s=(\delta_s/y_c)\times 100\%$。

上述一阶、二阶系统的主要时域特性指标，对具体测量系统并非每一个指标都要给出，往往只需给出被认为是重要的特性指标。

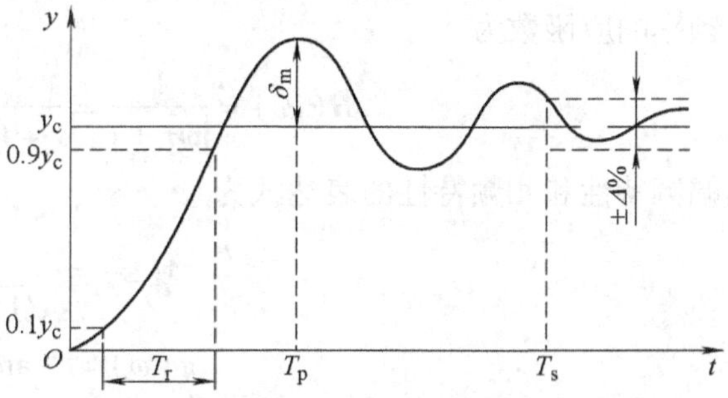

图 2-14　二阶系统阶跃响应的时域特性指标

2. 频率响应及频域特性指标

将各种频率不同而幅值相等的正弦函数信号 $x(t)=X_0\sin\omega t$ 输入测量系统，其稳态输出的正弦信号为 $y(t)=Y_0\sin(\omega t+\varphi)$，根据线性系统的频率保持特性，输出与输入的频率相同，但其幅值和相位角差都是频率的函数。幅值、相位与频率之间关系称为频率响应特性。

将 $x(t)$、$y(t)$ 的各阶导数代入动态模型的微分方程式(2-11)，经拉普拉斯变换，则可得到传递函数的另一形式

$$H(j\omega)=\frac{Y(j\omega)}{X(j\omega)}=\frac{b_m(j\omega)^m+b_{m-1}(j\omega)^{m-1}+\cdots+b_1(j\omega)+b_0}{a_m(j\omega)^n+a_{m-1}(j\omega)^{n-1}+\cdots+a_1(j\omega)+a_0} \tag{2-30}$$

式(2-30)中，$H(j\omega)$ 称为系统的频率响应函数。它将测量系统的动态响应从时域转换到频域，表示输出信号与输入信号之间的关系随着信号频率而变化的特性，故称为系统的频率响应特性，简称频率特性或频响特性。

对动态模型的微分方程式(2-11)等号两边作傅里叶变换，并求系统稳态输出量的傅里叶变换与输入量的傅里叶变换之比，也能得到式(2-30)。因此，频率响应函数也可定义为系统稳态输出量的傅里叶变换与输入量的傅里叶变换之比。此外，若以 $s=j\omega$ 代入系统的传递函数表达式(2-22)中，也可以得到式(2-30)，因而频率响应函数是传递函数的特例。

频率响应函数 $H(j\omega)$ 是一个复函数，用指数形式表示为

$$H(j\omega)=A(\omega)e^{j\varphi(\omega)} \tag{2-31}$$

式中，$A(\omega)$ 表示测量系统的输出与输入幅值比随频率 ω 而变化的关系，$A(\omega)=|H(j\omega)|$，所以 $A(\omega)$ 称为系统的幅频特性，其 $A(\omega)-\omega$ 曲线称为幅频特性曲线。

以 $\mathrm{Re}[Y(j\omega)/X(j\omega)]$ 和 $\mathrm{Im}[Y(j\omega)/X(j\omega)]$ 分别表示 $H(\omega)$ 的实部和虚部，则频率响应函数 $H(j\omega)$ 的相位角 $\varphi(\omega)$ 为

$$\varphi(\omega)=\arctan\left\{\frac{\mathrm{Im}[Y(j\omega)/X(j\omega)]}{\mathrm{Re}[Y(j\omega)/X(j\omega)]}\right\} \tag{2-32}$$

$\varphi(\omega)$ 称为系统的相频特性，其 $\varphi(\omega)-\omega$ 曲线称为相频特性曲线。$\varphi(\omega)$ 通常为负值，即输出滞后于输入。

(1) 一阶系统的频率特性　由于线性系统中灵敏度 k 为常数，在动态分析中，k 只起着使输出量增加 k 倍的作用。因此，为了方便起见，在讨论任意阶系统时，都采用 $k=1$。

式(2-24)经归一化处理后，一阶系统的传递函数为

$$H(s)=\frac{1}{\tau s+1}\tag{2-33}$$

其频率响应函数为

$$H(\mathrm{j}\omega)=\frac{1}{\mathrm{j}\omega\tau+1}=\frac{1}{1+(\tau\omega)^2}-\mathrm{j}\frac{\tau\omega}{1+(\tau\omega)^2}\tag{2-34}$$

其幅频特性和相频特性的表达式为

$$A(\omega)=\frac{1}{\sqrt{1+(\omega\tau)^2}}\tag{2-35}$$

$$\varphi(\omega)=-\arctan(\omega\tau)\tag{2-36}$$

图 2-15 所示是一阶系统的频率响应特性曲线。一阶系统的频率响应特性具有如下性质：

1）一阶测量系统是一个低通环节，只适用于被测量缓变或低频的参数。当 $\omega \ll 1/\tau$ 时，幅频响应 $A(\omega)\approx 1$，表明系统输出与输入为线性关系；相频响应 $\varphi(\omega)\approx\omega\tau$，相位差与频率 ω 成线性关系。这时保证了测量是无失真的，输出 $y(t)$ 真实地反映了输入 $x(t)$ 的变化规律。当 $\omega>2/\tau$ 时，响应特性接近一个积分环节，输出幅值几乎与频率成反比，相位滞后超过 60°。

2）时间常数 τ 决定了一阶测量系统适用的工作频带宽度。在 $\omega=1/\tau$ 处，输出和输入的幅值之比降为原来的 0.7，相位角滞后 45°。所以，$1/\tau$ 点称作转折频率。

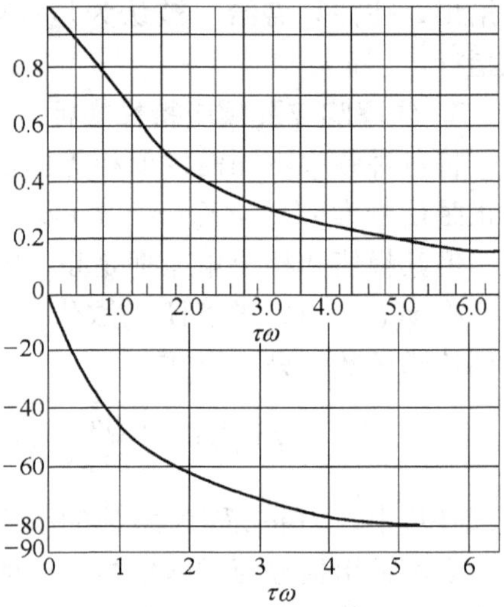

图 2-15　一阶系统的频率响应特性曲线

（2）二阶系统的频率特性　式(2-26)经归一化处理后，二阶系统的传递函数为

$$H(s)=\frac{\omega_n^2}{s^2+2\xi\omega_n s+\omega_n^2}\tag{2-37}$$

其频率响应函数为

$$H(\mathrm{j}\omega)=\frac{1}{\left[1-\left(\frac{\omega}{\omega_n}\right)^2\right]+2\mathrm{j}\xi\left(\frac{\omega}{\omega_n}\right)}\tag{2-38}$$

其幅频特性和相频特性的表达式分别为

$$A(\omega)=\frac{1}{\sqrt{\left[1-\left(\frac{\omega}{\omega_n}\right)^2\right]^2+4\xi^2\left(\frac{\omega}{\omega_n}\right)^2}}\tag{2-39}$$

$$\varphi(\omega)=-\arctan\frac{2\xi\left(\frac{\omega}{\omega_n}\right)}{1-\left(\frac{\omega}{\omega_n}\right)^2}\tag{2-40}$$

式中，ω_n 为系统的固有角频率，$\omega_n=\sqrt{\dfrac{a_0}{a_2}}$；$\xi$ 为系统的阻尼比，$\xi=\dfrac{a_1}{2\sqrt{a_0a_2}}$。

图 2-16 所示为二阶系统的频率响应特性曲线。二阶系统的频率特性具有如下性质：

1）二阶系统是个低通环节。当 $\xi<1$，$\omega/\omega_n<<1$ 时，$A(\omega)\approx1$（常数），$\varphi(\omega)$很小，$\varphi(\omega)\approx\omega\tau$，相位差与频率 ω 成线性关系。此时，系统的输出 $y(t)$ 真实准确地再现输入 $x(t)$ 的波形。当 $\omega/\omega_n>>1$ 时，$A(\omega)\to0$。

2）频率比 ω/ω_n 决定了二阶系统适用的工作频带宽度。在 $\omega/\omega_n=1$ 附近，$\omega=\omega_r$ 处，$A(\omega)=1/(2\xi)$，系统发生共振，ω_r 称作谐振频率。若此时系统阻尼比 ξ 较小，则 $A(\omega)$ 的值急剧增大，增大幅度与阻尼系数成反比。此时，不管阻尼系数为多少，输出相位角总是滞后 90°。

3）二阶系统是个振荡环节。为了使测量结果能精确地再现被测信号的波形，在设计测量系统时，通常应使其阻尼系数 $\xi\approx0.6\sim0.8$，且被测信号频率 ω 和固有角频率 ω_n 之比 $\omega/\omega_n<0.3$。

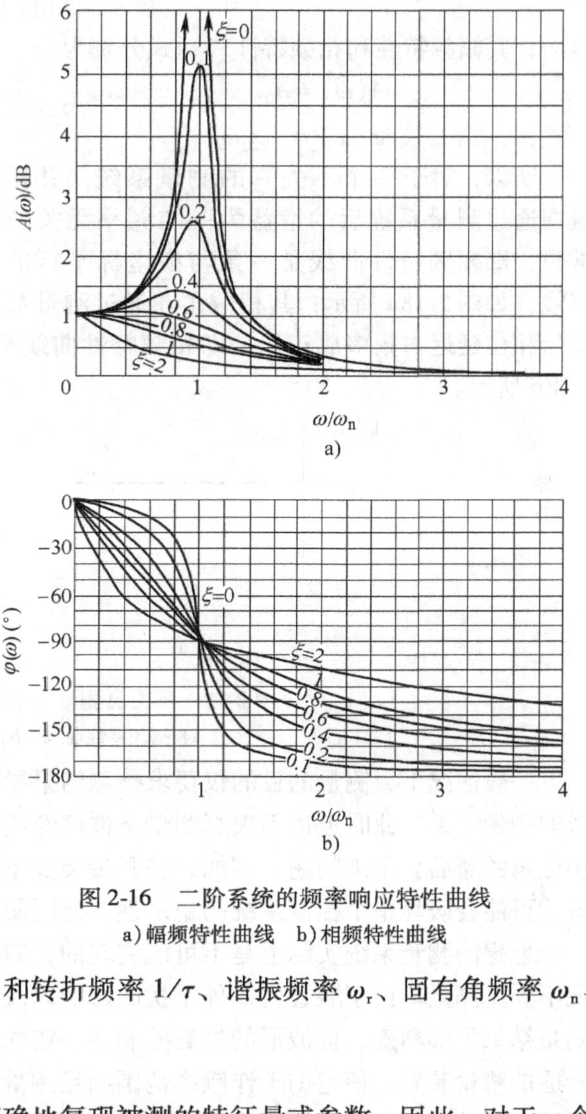

图 2-16　二阶系统的频率响应特性曲线

a）幅频特性曲线　b）相频特性曲线

综上，一阶、二阶测量系统的主要频域特性指标有工作频带宽度、时间常数 τ 和转折频率 $1/\tau$、谐振频率 ω_r、固有角频率 ω_n、阻尼比 ξ 等。

3. 不失真测量系统的频率响应

测量的目的是应用测量装置或系统来精确地复现被测的特征量或参数，因此，对于一个理想的测量系统来说，必须能够精确地复制被测信号的波形，而且在时间上没有任何的延迟。然而在实际中，测量系统通过选择合适的参数大都能够满足幅值比（放大倍数）为常数的要求，但很难做到在时间上没有滞后。

设测量系统由输入信号 $x(t)$ 所引起的输出信号为 $y(t)$，从时域上看，如果输入和输出信号满足方程

$$y(t)=A_0x(t-t_0) \tag{2-41}$$

且 A_0 和 t_0 都是常量，则认为该测量装置或系统实现了不失真测量。式（2-41）表明，测量系统的输出波形和输入波形精确一致，仅仅是幅值增大了 A_0 倍和时间上延迟了 t_0 而已，如图 2-17 所示。

对式(2-41)进行傅里叶变换，可得到不失真测量系统的频率响应函数

$$H(\mathrm{j}\omega)=\frac{Y(\mathrm{j}\omega)}{X(\mathrm{j}\omega)}=A_0\mathrm{e}^{-\mathrm{j}\omega t_0} \tag{2-42}$$

因而，其幅频特性和相频特性表达式分别为

$$\begin{aligned}A(\omega)&=A_0\\ \varphi(\omega)&=-t_0\omega\end{aligned} \tag{2-43}$$

所以，对于一个不失真的测量系统，其幅值在通过测量系统后的增益为一与频率无关的常数，即幅频特性曲线是一条与横坐标平行的直线，如图2-18a所示；其相位角在通过测量系统后相位延迟与频率成正比，即相频特性曲线是一条通过原点且具有负斜率的直线，如图2-18b所示。

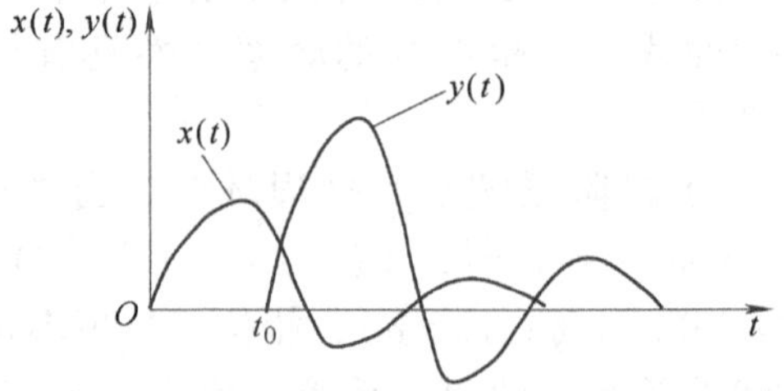

图2-17　不失真测量系统的时域波形

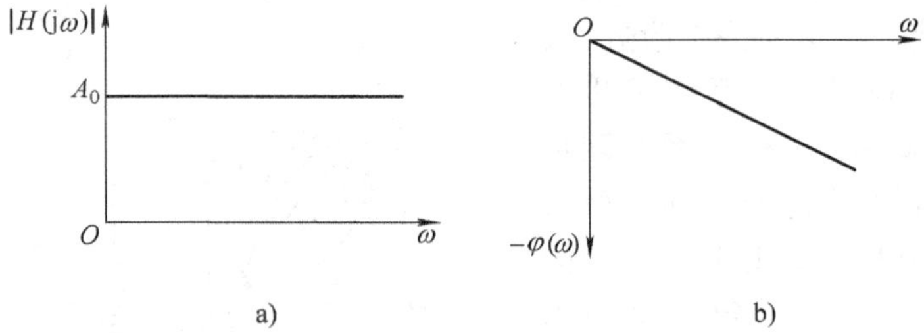

图2-18　不失真测量系统的频频响应特性曲线

a）幅频特性曲线　b）相频特性曲线

一般情况下，测量的目的仅要求被测结果能精确地复现输入的波形，时间上的延迟并不影响测量结果，此时上述不失真测量条件已经满足了精确测量的要求。但在某些应用场合，相位角的滞后会带来问题。例如，将测量装置置入一个反馈系统中，测量装置输出对输入的滞后可能会破坏整个控制系统的稳定性，此时便应严格要求测量结果无滞后，即 $\varphi(\omega)=0$。

理想的测量系统实际上是不可能实现的，即使在某一频段范围内，也难以完全理想地实现不失真测量。由于装置内、外干扰的影响以及输入信号本身的质量问题，往往只能努力使测量结果足够精确，使波形的失真控制在一定的误差范围之内。为此，要根据测量任务选择合适的测量装置，使它的工作频率范围满足测量任务的要求，在此工作带宽上它的频率响应特性满足精确测量的条件。另外，对输入信号通常采用滤波的方法来去除输入信号中的高频噪声，避免其被带入测量系统的谐振区域而降低系统的信噪比。

对于一阶系统而言，时间常数 τ 越小，则响应越快，频带也较宽。所以，一阶系统的时间常数 τ 原则上应该取得尽可能小。对于二阶系统而言，在 $\omega/\omega_n<0.3$ 范围内，系统的幅频特性接近一条直线，其幅值变化不超过10%；从相频特性曲线上看，当阻尼系数 ξ 接近于零时相位为零，当 $\xi\approx0.6\sim0.8$ 范围内时，相频特性曲线可以近似认为是一条自坐标系原点的斜线。由于阻尼系数 ξ 取值很小时，系统易产生超调和振荡现象，不利于测量，因此二阶测量系统的阻尼系数 ξ 通常选择在 $\xi\approx0.6\sim0.8$ 范围内，以获得合适的综合特性。在 $\omega/\omega_n>3$ 时，从相频特性曲线上看，对所有的阻尼系数 ξ 相位都接近于 $-180°$，所以，可通过在测量电路中采用反相器或在数据处理时减去180°相位差来获得无相位差的输出结果。

第四节　测量系统的标定与校准

标定和校准的英文同为“Calibration”，都是指在规定的条件下，为确定测量仪器或测量系统所指示的量值，或实物量具所代表的量值，与对应的由标准所复现的量值之间关系的一组操作。标定和校准两者在实际中可以同等使用，不严格区分，不过它们有各自的习惯用法。其中，使用“校准”较多。

标定，又称定标、定度，是用标准量来定义被测量的过程。

新研制或生产制作的测量仪器或系统需要利用已知基准或准确度高一级的标准仪器或设备对其技术性能进行全面的标定，即通过对测量系统施加已知的物理量输入，并记录它的信号量输出，以建立测量系统输出量与输入量之间的关系，并确定其基本的静、动态特性，包括灵敏度、线性度、重复性和示值误差、固有频率等。

测量仪器或系统使用一段时间或经过修理以后，需要重新确认其输出量与输入量之间的关系和性能指标，方法和程序与标定相同，这一性能复测过程称为校准。若测量仪器不进行标定或校准，则其只是一种重复性良好的装置。

对于不同的被测量，测量仪器标定和校准所采用的基准是不同的。

1）被测量为长度、角度、力和质量等，标定所用的基准量是与被测量的形式相同的，且稳定易保持，如线纹尺、块规、度盘、测力砝码等。若测量仪器或系统内置标准量，则可实现自动标定，例如激光干涉测长仪，就是利用激光波长进行自动标定的。

2）被测量为温度、流速、湿度和气体浓度等，由于这些量的基准量难以保持，也不可能实现自动标定，因此通常采用标准仪器或标准物质来进行标定，如标准温度计、标准压力计、已知浓度的标准气体等。

一、测量系统的静态标定

静态标定的目的是确定测量仪器或系统的输出输入关系及其静态特性指标，如线性度、重复性、灵敏度、分辨力等。标定的关键工作是通过试验确定测量系统输出输入的关系，如果将标定数据成对地画在 x-y 坐标上并进行适当处理，即可获得测量系统的定度曲线，如图 2-19 所示。

当输入的物理量值小于 x_0 时，测量系统对输入量的响应是线性的，其灵敏度由标定曲线线性部分的斜率确定；当输入的物理量值大于 x_0 时，测量系统的输出趋于它的极限值，这种现象称为饱和。某些测量仪器或系统对于微小输入量是没有响应的，所能响应的最小输入量称为阈值，小于阈值的输入量的变化范围称为死区。测量仪器的可靠测量范围——最大输入量与最小输入量的比值，称为测量仪器的动态范围。

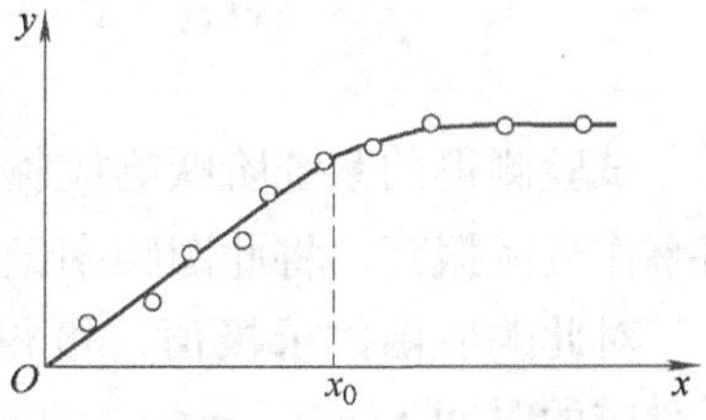

图 2-19　测量系统的定度曲线

对于在测量范围内线性度较差的测量仪器，可采用分段线性拟合或多项式拟合来确定标定曲线。在特殊情况下，很难找出输入和输出之间的确定关系，一般采用查表法来对测量仪器进行标定。

对标定数据进行必要的处理，可得测量仪器或系统的测量范围、灵敏度、分辨力、线性度、重复性等特性指标。

二、测量系统的动态标定

测量系统的动态标定主要用于测定系统的动态特性参数，确定系统不失真测量的工作频率范围。实验测定动态特性的方法是以一个标准激励信号作为输入，测出其输出信号，从而求得需要的特性参数。常用的标准激励信号有两类：一是周期函数，如正弦波、三角波等，以正弦波为常用；二是瞬态函数，如阶跃波、脉冲波等，以阶跃波最为常用。

1. 阶跃信号响应法

(1) 一阶系统时间常数 τ 的测定　一阶测量系统输出 y 与被测量 x 之间的关系为

$$a_1 \mathrm{d}y/\mathrm{d}t + a_0 y = b_0 x \tag{2-44}$$

当输入 x 是幅值为 A 的阶跃函数时，可以解得

$$y(t) = kA[1 - \exp(-t/\tau)] \tag{2-45}$$

式中，τ 为时间常数，$\tau = a_1/a_0$；k 为静态灵敏度，$k = b_0/a_0$。

将式(2-45)改写为

$$1 - y(t)/(kA) = \exp(-t/\tau) \tag{2-46}$$

令 $Z = -t/\tau$，则有

$$Z = \ln[1 - y(t)/(kA)] \tag{2-47}$$

根据实验测得的输出信号 $y(t)$ 数据，通过式(2-47)求得 $Z—t$ 的相对应值，并做出 $Z—t$ 曲线，如图 2-20 所示。若这些点基本上落在一条直线上，则说明该系统是一阶系统，该直线的斜率在数值上等于 $-1/\tau$，从而精确求得时间常数 τ 值，$\tau = -\Delta t/\Delta Z$。

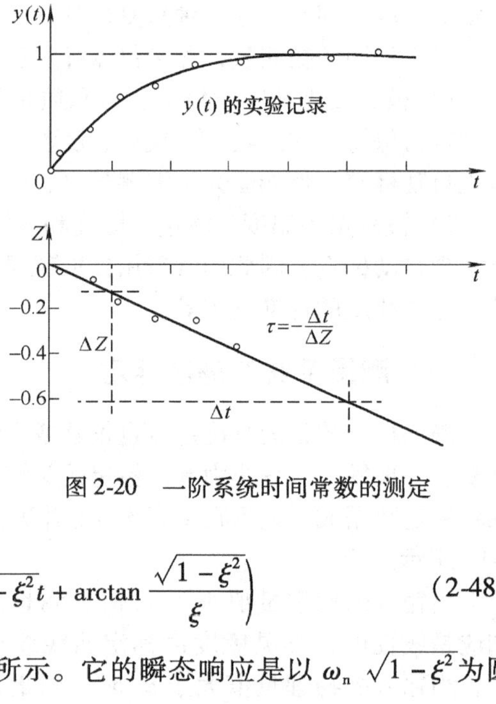

图 2-20　一阶系统时间常数的测定

(2) 二阶系统阻尼比 ξ 和固有频率 ω_n 的测定　二阶测量系统一般都设计成 $\xi = 0.6 \sim 0.8$ 的欠阻尼系统，其阶跃响应函数的表达式为

$$y(t) = 1 - \frac{e^{-\xi\omega_n t}}{\sqrt{1-\xi^2}} \sin\left(\omega_n \sqrt{1-\xi^2}\, t + \arctan\frac{\sqrt{1-\xi^2}}{\xi}\right) \tag{2-48}$$

试验测得的系统阶跃响应输出曲线如图 2-21 所示。它的瞬态响应是以 $\omega_n \sqrt{1-\xi^2}$ 为圆频率作衰减振荡，将此圆频率记作 ω_d。

对此响应函数求极值，可得曲线中各振荡峰值所对应的时间 $t_p = 0, \pi/\omega_d, 2\pi/\omega_d, \cdots$。将 $t = \pi/\omega_d$ 代入式(2-48)，可求得此时系统的最大超调量 M_1 和阻尼比 ξ 的关系

$$M_1 = \exp\left[-\left(\frac{\xi\pi}{\sqrt{1-\xi^2}}\right)\right] \tag{2-49}$$

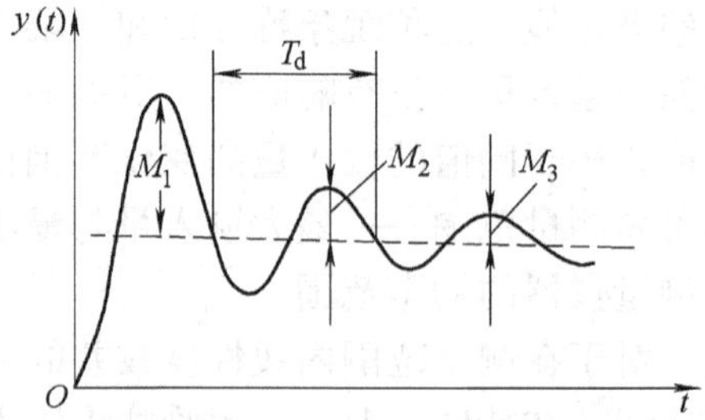

图 2-21　二阶系统阶跃响应输出曲线

从而可得

$$\xi=\sqrt{\frac{1}{\left(\frac{\pi}{\ln M_1}\right)^2+1}} \tag{2-50}$$

因此，通过实验测得 M_1 之后便可由式(2-50)求得 ξ。也可根据式(2-49)做出 M_1—ξ 曲线，如图 2-22 所示，根据实验测得 M_1 值求得 ξ。

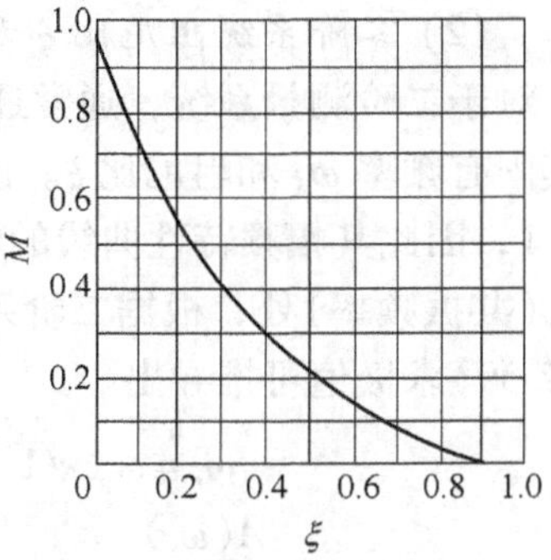

图 2-22　二阶系统的 M_1—ξ 曲线

系统的固有频率可按下式求得：

$$\omega_n=\frac{\omega_d}{\sqrt{1-\xi^2}}=\frac{2\pi}{T_d\sqrt{1-\xi^2}} \tag{2-51}$$

也可以利用任意两个超调量来确定 ξ，设第 i 个超调量 M_i 和第 $i+n$ 个超调量 M_{i+n} 之间相隔整数 n 个周期，它们分别对应的时间是 t_i 和 t_{i+n}，则有

$$t_{i+n}=t_i+\frac{2\pi n}{\omega_n\sqrt{1-\xi^2}} \tag{2-52}$$

将它们代入式(2-48)可得

$$\ln\frac{M_i}{M_{i+n}}=\frac{2n\pi\xi}{\sqrt{1-\xi^2}} \tag{2-53}$$

令 $\delta_n=\ln\dfrac{M_i}{M_{i+n}}$，则

$$\xi=\sqrt{\frac{\delta_n^2}{\delta_n^2+4\pi^2n^2}} \tag{2-54}$$

从测量系统阶跃响应曲线上，测得相隔 n 个周期的任意两个超调量 M_i 和 M_{i+n}，然后代入式(2-54)便可确定出 ξ。

该方法由于用比值 M_i/M_{i+n}，因而消除了信号幅值不理想的影响。若系统是二阶的，则取任何正整数 n，求得的 ξ 值都相同；反之，就表明系统不是二阶的。所以，该方法还可以判断测量系统与二阶系统的符合程度。

2. 正弦信号响应法

测量系统的动态特性参数也可采用频率响应试验来获得。测量系统的频率响应函数为

$$H(\mathrm{j}\omega)=\frac{Y(\mathrm{j}\omega)}{X(\mathrm{j}\omega)}=A(\omega)\mathrm{e}^{\mathrm{j}\varphi(\omega)} \tag{2-55}$$

式(2-55)表征了测量系统在给定频率 ω 的正弦信号 $X(\mathrm{j}\omega)$ 下，稳态输出 $Y(\mathrm{j}\omega)$ 与输入的关系，即幅频特性和相频特性。在实际操作时，在一个很宽的频率范围内逐点改变正弦信号的频率 ω，测得系统的输出信号对应各频率的幅值 $A(\omega)$ 和相位 $\varphi(\omega)$，即可得到系统的幅频特性曲线和相频特性曲线。

（1）一阶系统时间常数 τ 的测定　将试验所测得的幅频或相频特性数据代入式(2-35)或式(2-36)，可直接确定一阶系统时间常数 τ 值。也可将试验数据绘成对数幅频特性曲线和对数相频特性曲线，即伯德图，如图 2-23 所示。若系统为一阶系统，则所测得的对数幅频特性曲线在低频段为一水平线（斜率为零），高频段曲线斜率为 $-20\mathrm{dB}/10$ 倍频，相位角接近

90°。于是由曲线的转折点处可求得时间常数 $\tau=1/\omega$。也可由对数幅频特性曲线下降 3dB 所对应的角频率 $\omega=1/\tau$ 来确定一阶系统的时间常数 τ。

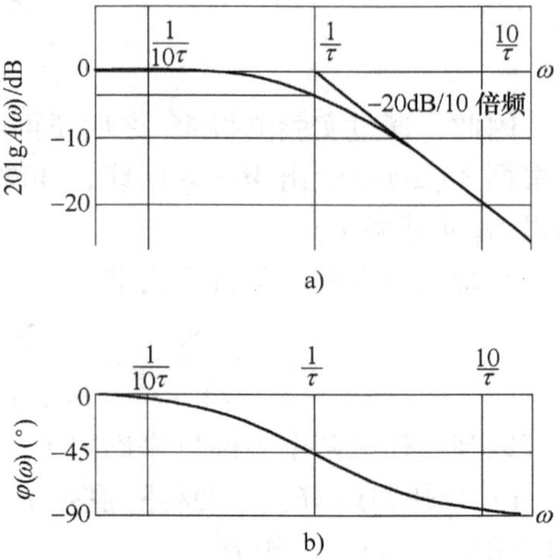

图 2-23　一阶系统的伯德图

a）对数幅频特性曲线　b）对数相频特性曲线

(2) 二阶系统阻尼比 ξ 和固有频率 ω_n 的测定

对于二阶测量系统，通常通过幅频特性曲线估计其固有频率 ω_n 和阻尼比 ξ。由于一般测量系统的 $\xi<1$，因此其幅频特性曲线的峰值出现在偏离 ω_n 的 ω_r(共振频率)处，根据二阶系统的幅频特性，由式(2-39)求极值可推导出

$$\omega_r=\omega_n\sqrt{1-2\xi^2} \tag{2-56}$$

$$\frac{A(\omega_r)}{A(0)}=\frac{1}{2\xi\sqrt{1-\xi^2}} \tag{2-57}$$

即可确定 ξ 和 ω_n。

虽然从理论也可通过测量系统相频特性曲线确定 ξ 和 ω_n，但是准确测量相角比较困难，所以很少使用相频特性曲线。

思　考　题

2-1　测量系统一般由哪几部分组成？各部分的功能是什么？试举例说明。

2-2　相对测量方法和间接测量方法获取的量值和被测量有什么关系？

2-3　在线测量和在机测量有何异同？

2-4　静态测量系统的主要性能指标有哪些？如何正确理解测量仪器的准确度？

2-5　简要评述测量系统的频率响应特性和阶跃响应特性。

2-6　实现不失真测量应满足哪些条件？

2-7　简要说明测量系统的时间常数 τ、阻尼比 ξ 和固有频率 ω_n 的常用测定方法。

2-8　静态测量系统的非线性误差如何评定和校正？

2-9　标定、校准和检定有何异同？

2-10　举例说明测量仪器的校准方法和过程。

第三章 测量信号

第一节 概述

被测量的信息通过传感器感知后，经过信号调理单元转换为对应的信号（如电信号、光信号、声信号等），从测量端传输到接收端。测量信号分析与处理的目的，就是在信号的接收端剔除信号转换和传输过程中产生的噪声，从信号中提取反映被测量的相关信息。

一、信号的定义

“信号”的含义很广，如汽车的喇叭声、交通路口的红绿灯、有线电视的图像、传感器输出的电流和电压等，它们通过声音、光、电磁波、图像等多种不同的物理形式表现出来。这些信号有两个共同的特点，其一它们都是一种随时间而变化着的物理量，其二它们都有一定的含义。因此，信号就是从起点传输到终点的过程中携带信息的一种物理体现。根据信号所携带信息的不同，信号可以表示为时间的函数，如被测物体姿态随时间的变化、海水潮汐的变化等；信号也可以表示为其他独立变量的函数，如图像中像素点灰度的变化、工件表面高度的变化、物体加速度与所受作用力之间的关系等。信号是信息的载体，要获取信息就需要对信号进行分析和处理。

二、信号的分类

对于各种不同的信号，从不同角度，有多种方法对其进行分类。下面讨论常见的几种分类方法。

1. 确定信号和随机信号

确定信号是指可以用一个确定的数学表达式来描述的信号，如指数信号、正弦信号、简谐信号等。随机信号是指其变化具有不可预测性的不确定信号，信号各时刻的值是一个随机变量，通常只能用统计方法研究其概率密度函数、均值、方差、相关函数等特征，如电路噪声信号、汽车行驶过程中的振动信号、陀螺漂移等，都是随机信号。

确定信号又分为周期信号和非周期信号。周期信号是指经过一定的周期 T 又重复出现的信号，满足下面的关系式：

$$x(t)=x(t+nT) \qquad n=0,\ \pm1,\ \pm2,\ \cdots,\ \pm\infty \tag{3-1}$$

周期信号的开始时刻为 $t=-\infty$，结束时刻为 $t=+\infty$，因此周期信号是“无始无终”的信号。对于一个周期信号，只要知道其在一个周期内的特性，就可以了解其全部特性。

非周期信号是不具有周期性质的确定信号。非周期信号又可分成准周期信号和瞬态信号两类。其中，准周期信号是由若干个周期信号叠加而成，这些周期信号的周期不成比例，或者说这些信号的频率比不为有理数；瞬态信号是指时间历程短，有明显开端和结束的信号。

随机信号根据是否能满足平稳随机过程的条件，又可分为平稳随机信号和非平稳随机信号。平稳随机信号是指信号的统计量，如均值、均方值、方差等，是时不变的；非平稳随机信号是指不具有平稳随机信号特点的随机信号。

2. 有限能量信号和有限功率信号

如果要研究信号的能量和功率特性，需要将信号 $x(t)$ 进行归一化处理，则整个时间域内该信号的总能量 W 定义为

$$W \triangleq \lim_{T\to\infty}\int_{-T/2}^{T/2}|x(t)|^2\mathrm{d}t \tag{3-2}$$

信号的平均功率 P 定义为

$$P \triangleq \lim_{T\to\infty}\frac{1}{T}\int_{-T/2}^{T/2}|x(t)|^2\mathrm{d}t \tag{3-3}$$

如果信号的能量是有限的，即 $0<W<\infty$，而其平均功率 $P=0$，则称该信号为能量有限信号，简称为能量信号。如果信号的平均功率是有限的，即 $0<P<\infty$，而其能量 $W\to\infty$，则称该信号为功率有限信号，简称为功率信号。

如图 3-1 所示的单自由度振动系统，在无阻尼的情况下其位移信号 $x(t)$ 是正弦信号，功率是有限的，能量是无限的，是功率有限信号。如果在该系统中加入阻尼，其位移信号将逐渐衰减，此时便是能量有限信号。

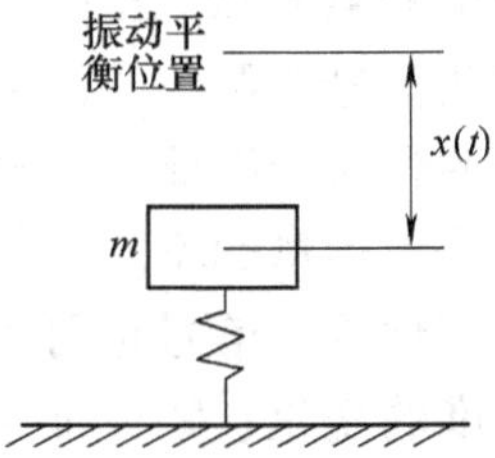

图 3-1　单自由度振动系统

3. 连续信号和离散信号

根据函数自变量取值的连续性与否，信号可以分为连续信号和离散信号。如果信号的独立变量或者自变量是连续的，则该信号称为连续信号；如果信号的独立变量或者自变量是离散的，则称该信号为离散信号。

对于连续信号来说，其所有连续的独立变量（如时间 t 或其他量），若信号的幅值是连续的，则称为模拟信号，如图 3-2a 所示；若信号的幅值是离散的，则称为量化信号，如图 3-2b 所示。

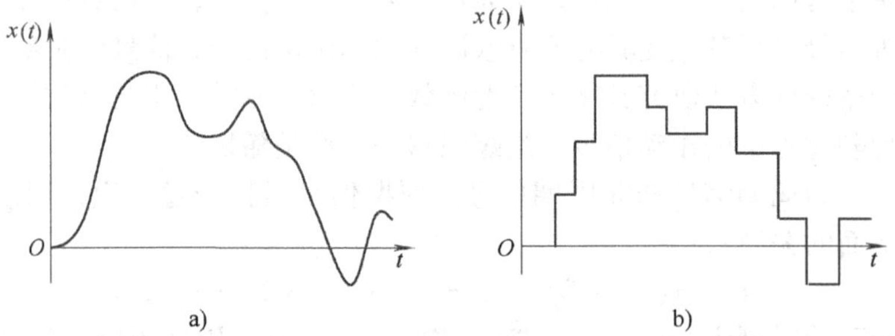

图 3-2　连续信号

对于离散信号来说，若信号的幅值是连续的，则称为抽样信号或采样信号，如图 3-3a 所示；若信号的幅值是离散的，则称为数字信号，如图 3-3b 所示。数字信号表达的是一个数字序列，可以利用计算机进行处理。

在实际应用中，连续信号与模拟信号两词常不加区分，而离散信号与数字信号两词也常互相通用。

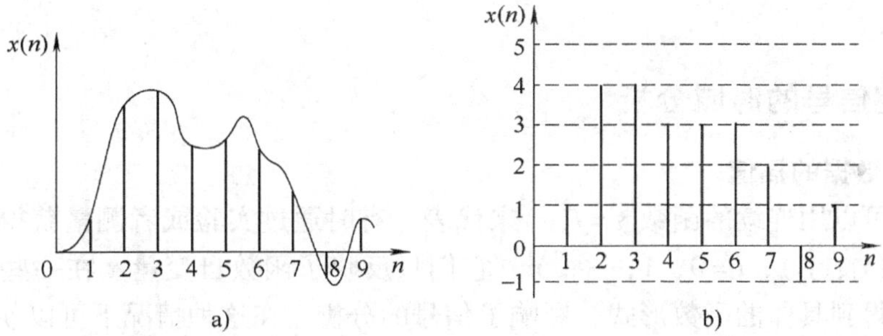

图 3-3 离散信号

三、信号的时域和频域

信号变化过程的描述方法分为时域和频域，它们从不同角度反映信号的特性。在时域描述方法中，信号描述函数的自变量为时间，反映信号幅值随时间的变化特征。信号时域分析最典型的方法就是信号的波形分析，如获取信号的峰值、周期、上升时间等特征参数。对信号进行更加深入的分析、计算时，往往希望能够用方程的形式把信号描述出来，也就是信号的建模，通常的建模方法有插值法和最小二乘法等。信号的时域分析中还包括对信号的微分和积分。例如，系统输出的是位移-时间信号，而测量的任务是速度和加速度，这就需要对信号进行一次和二次微分；系统输出的是加速度-时间信号，而测量的任务是位移和速度，这就需要对信号进行积分。

在频域分析方法中，信号-时间为自变量的函数转换成频率域中某个变量的函数，反映信号的频率特性。对于复杂的信号，直接分析其作用于系统后的响应非常困难，需要先把这个复杂的信号分解成某些特定类型基本信号分量，将这些基本信号分量分别施加于系统并求出各自的响应，然后再利用叠加原理求出信号的总响应。信号的频域分析，就是将一个时域信号变换为一个频域信号，根据信号分析的任务要求将该信号分解成一系列基本信号的频域表达式之和，再从频率分布的角度出发研究信号的频率分布及各种频率成分的幅值、相位等。

时域和频域是对信号的两个观察面，时域分析的表示较为形象与直观，频域分析则能够描述信号组成及频率特性，采用时域方法或者频域方法进行信号分析取决于测量任务的需要。无论是时域方法还是频域方法都是对同一信号进行分析，只是对信号描述和分析的“域”不同，不会因为使用的分析方法不同而改变信号所携带的信息量。

四、信号与系统

信号与系统之间的关系是密不可分的，任何信号都是由系统产生的，并且信号通过系统进行传输和变换。从信号的角度来看，按一定的规律作用于系统，系统在输入信号的作用下产生输出信号，如果对系统的输入与输出信号进行分析和处理，就可以得到系统的模型或者完成系统特性分析。

第二节　确定信号分析

一、确定信号的时域分析

1. 信号与数据的插值

确定信号可以用连续的函数 $y=f(x)$ 来代表，有时通过实验或者测量获得的是该函数上离散的数据对 (x_i, y_i)，$i=0, 1, \cdots, n$。它们只反映了函数自变量 x 在一些离散点上的数据值，而无法得到具体的函数形式，影响了信号的分析。在这种情况下可以使用信号插值的方法对函数进行描述。

(1) *多项式插值法*　多项式插值法又称为代数插值，定义 n 阶多项式为

$$p_n(x) = \sum_{i=0}^{i=n} a_i x^i \tag{3-4}$$

通过离散数据点 (x_i, y_i) 对多项式的参数进行求解，保证多项式通过所有的离散数据点，即

$$p_n(x_i) = y_i \tag{3-5}$$

如果满足式(3-5)的插值条件，就可得到 $n+1$ 个方程组成的线性方程组，该方程组的系数行列式为

$$\begin{vmatrix} 1 & x_0 & x_0^2 & \cdots & x_0^n \\ 1 & x_1 & x_1^2 & \cdots & x_1^n \\ \vdots & \vdots & \vdots & & \vdots \\ 1 & x_n & x_n^2 & \cdots & x_n^n \end{vmatrix}$$

该行列式是范德蒙(Vandermonde)行列式，当 $x_i \neq x_j$，$i \neq j$ 时该行列式不为零，因此只要离散数据对 (x_i, y_i) 没有重合的，多项式(3-4)就有唯一解，满足插值条件。

多项式插值的方法实现相对简单，其微分和积分后仍然是多项式，而且根据魏尔斯特拉斯(Weierstrass)逼近定理在闭区间上多项式可以逼近任何连续函数并达到所需要的精度。

(2) *拉格朗日(Lagrange)插值法*　将式(3-4)中的多项式改为拉格朗日插值多项式

$$p_n(x) = \sum_{i=0}^{i=n} L_i(x) y_i \tag{3-6}$$

式中，$L_i(x)$ 称为拉格朗日基本多项式，为了保证式(3-6)满足式(3-4)中的插值条件，取

$$L_i(x) = \prod_{\substack{j=0 \\ j\neq i}}^{j=n} \frac{x - x_j}{x_i - x_j} \qquad i = 0,1,\cdots,n \tag{3-7}$$

从插值计算的过程中不难理解，在数据点处可以保证插值精度，如图 3-4 所示。但是在其他点上(即 $x \neq x_i$)会出现插值误差，尤其在插值区间之外时会出现误差失控的可能。也就是说，当插值计算的数据点已知时，插值多项式 $p_n(x)$ 是唯一的，但是通过这些数据点的曲线 $y=f(x)$ 有无穷多种，为了更加准确获取信号模型，需要选择合适的数据点的个数。先选定数据点，比较 $p_{n-1}(x)$ 与 $p_n(x)$ 是否近似相等，或者插值精度是否满足精度要求。如果达到要求，则 $p_n(x)$ 作为插值多项式；否则增加数据点计算 $p_{n+1}(x)$，重复以上过程，直到达

到精度要求为止。然而当数据点增加时，拉格朗日插值法必须重新计算插值多项式，尤其当数据点较多时会大大增加运算的复杂度。为了克服这个缺点，可采用迭代插值的方法，如牛顿插值法等。

(3) 牛顿(Newton)插值法　牛顿插值多项式的形式为

$$N_n(x)=a_0+a_1(x-x_0)+a_2(x-x_0)(x-x_1)+\cdots+a_n(x-x_0)(x-x_1)\cdots(x-x_n) \tag{3-8}$$

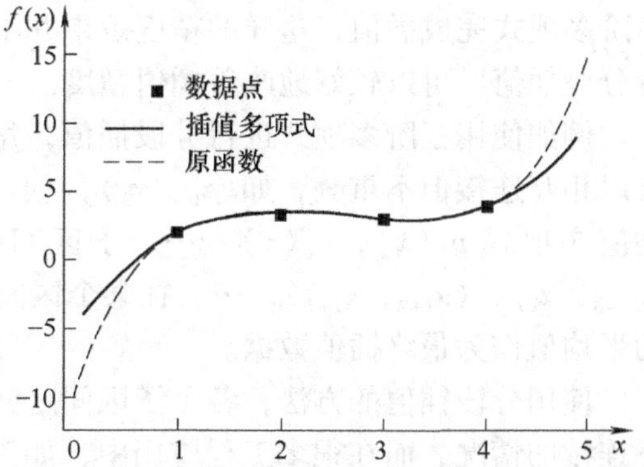

图3-4　三阶插值多项式

由式(3-8)可以看出，$N_n(x)$可由$N_{n-1}(x)$增加一项$a_n(x-x_0)(x-x_1)\cdots(x-x_n)$而得。当已求得$N_{n-1}(x)$时，只要求得$a_n$即可得到$N_n(x)$，即

$$N_n(x)=N_{n-1}(x)+a_n(x-x_0)(x-x_1)\cdots(x-x_n) \tag{3-9}$$

已知数据点对(x_i, y_i)，$i=0, 1, \cdots, n$，代入式(3-8)中得到线性方程组

$$\begin{bmatrix} 1 & 0 & \cdots & 0 \\ 1 & x_1-x_0 & \cdots & 0 \\ \vdots & \vdots & & \vdots \\ 1 & x_n-x_0 & \cdots & (x_n-x_0)\cdots(x_n-x_{n-1}) \end{bmatrix}\begin{bmatrix} a_0 \\ a_1 \\ \vdots \\ a_n \end{bmatrix}=\begin{bmatrix} y_0 \\ y_1 \\ \vdots \\ y_n \end{bmatrix} \tag{3-10}$$

定义有限差商见表3-1，用归纳法不难证明，有

$$\begin{aligned} a_0 &= f[x_0] \\ a_1 &= f[x_0, x_1] \\ a_2 &= f[x_0, x_1, x_2] \\ &\vdots \\ a_n &= f[x_0, x_1, \cdots, x_n] \end{aligned} \tag{3-11}$$

表3-1　有限差商的定义

阶数	差商	定　义
0	$f[x_0]$	$f(x_0)$
1	$f[x_0, x_1]$	$\dfrac{f(x_1)-f(x_0)}{x_1-x_0}$
2	$f[x_0, x_1, x_2]$	$\dfrac{f[x_1, x_2]-f[x_0, x_1]}{x_2-x_0}$
3	$f[x_0, x_1, x_2, x_3]$	$\dfrac{f[x_1, x_2, x_3]-f[x_0, x_1, x_2]}{x_3-x_0}$
⋮	⋮	⋮
n	$f[x_0, x_1, \cdots, x_n]$	$\dfrac{f[x_1, x_2, \cdots, x_n]-f[x_0, x_1, \cdots, x_{n-1}]}{x_n-x_0}$

(4) 分段插值和样条函数　当数据点对(x_i, y_i)，$i=0, 1, \cdots, n$很多时，就需要选择高阶多项式完成插值，这样的精度效果并不好，而如果在插值区间内划分出一系列子区间进行分段插值，可以较好地改善插值精度。

例如使用三阶多项式进行分段插值，每个插值子区间内含有四个数据点，子区间的划分可以相互连接但不重叠，如(x_0, x_3)，(x_3, x_6)，…，(x_{i-3}, x_i)，…，并由此建立一系列插值多项式$p_1(x)$，$p_2(x)$，…。子区间也可以相互重叠，如(x_0, x_3)，(x_1, x_4)，…，(x_{i-3}, x_i)，(x_{i-2}, x_{i+1})，…。在某个区间内会有多个插值多项式，取这些多项式插值结果的平均值作为最终插值数据。

使用分段插值的方法，各个子区间之间没有约束，这样就会导致在区间的交界点上导数不连续的情况，而在很多工程应用中，如流线型外形设计、通过位移求加速度等，希望插值函数二阶可导，因此提出了样条插值函数的方法。因为三阶多项式具有二阶可导的性质，通常使用三次样条函数插值的方法保证插值曲线的光滑。三次样条函数的定义如下：对于区间$[a, b]$中的有序的数据点对(x_i, y_i)，$i=0, 1, \cdots, n$，若函数$S(x)$满足以下条件，则称$S(x)$是关于上述有序数据点的三次样条函数：

条件1：在每个小区间$[x_i, x_{i+1}]$中$S_i(x)$是x的三阶多项式，即$S(x)$在每个小区间中的表达式不同，共有n个三阶多项式构成；

条件2：$S_i(x)=y_i$，$i=0, 1, \cdots, n$，即$S(x)$通过所有的数据点对；

条件3：$S'(x)$和$S''(x)$在区间$[a, b]$内连续，即$S(x)$是二阶连续的。

构成三次样条函数的n个三阶多项式共有$4n$个未知常数。根据条件2，在$n-1$个区间节点上有$2(n-1)$个方程，在两个端点(x_0, y_0)和(x_n, y_n)处有两个方程；根据条件3，在区间节点处一阶和二阶单数相等，可得到$2(n-1)$个方程。对$S(x)$的端点a和b处补充一个边界条件，增加两个方程。通常给定端点处的二阶导数值为0，这就导致在端点处函数变成线性的，称为自然边界条件。利用以上方法得到$4n$个方程，可以求出$S(x)$中三阶多项式的系数。

2. 信号与数据的拟合

通过实验获得的离散信号或者离散数据通过插值方法可以获得函数$y=f(x)$来描述确定信号，然而插值计算的过程中认为所有数据点都严格符合函数关系，当测量误差较小时这个条件是合理的，但是当测量数据中存在不可忽略的误差时，插值计算得到的函数就会保留测量误差。因此，在确定函数$y=f(x)$的过程中应该寻找一条曲线，它并不是严格经过每一个数据点，但是与所有的数据点都非常贴近。这个寻找曲线的过程称为曲线拟合，最常用的数据拟合方法是最小二乘法。

通过测量得到离散的数据对(x_i, y_i)，$i=0, 1, \cdots, n$，对确定的函数形式$y=f(x)$进行数据拟合获得函数中的待定参数，测量数据在拟合函数中的方均根误差为

$$E(f) = \sqrt{\frac{1}{n+1}\sum_{i=0}^{n}[f(x_i) - y_i]^2} \tag{3-12}$$

最小二乘拟合的原理就是选择$y=f(x)$函数中的待定参数值，使得式(3-12)中的方均根误差$E(f)$最小，也就是$\sum\limits_{i=0}^{n}[f(x_i) - y_i]^2$最小。

函数形式为m阶多项式

$$p_m(x) = \sum_{i=0}^{i=m} a_i x^i \tag{3-13}$$

其中，$m \leqslant n$，通常 m 远小于 n。根据最小二乘原理，若确定 a_i 的值，使得

$$E(a) = \sum_{i=0}^{n} [f(x_i) - y_i]^2 \tag{3-14}$$

达到最小，则在 $E(a)$ 最小值处其关于 a_i 的偏导数为零，即

$$\frac{\partial E(a)}{\partial a_i} = 0 \qquad i = 0, 1, \cdots, m \tag{3-15}$$

这是一组 $m+1$ 个方程组成的方程组，求出 $m+1$ 个 m 阶多项式的待定参数 a_i，代入式(3-13)中，即实现最小二乘曲线拟合。

二、周期信号的频域分析

1. 三角函数形式的傅里叶级数展开

要对周期信号 $x(t)$ 进行傅里叶级数展开，必须满足狄里赫利条件，即

1）在周期 $[t_0, t_0+T]$ 内，$x(t)$ 若有间断点，则间断点数目必须有限。

2）在周期 $[t_0, t_0+T]$ 内，$x(t)$ 的极大值和极小值数目应该是有限个。

3）在周期 $[t_0, t_0+T]$ 内，$x(t)$ 应是绝对可积的。

在工程实践中得到的周期信号一般都满足狄里赫利条件。对周期信号 $x(t)$ 使用完备正交函数集 $\{1, \cos n\omega_0 t, \sin n\omega_0 t, n=1, 2, \cdots, \infty\}$ 进行分解，得到其傅里叶级数三角函数形式展开式为

$$x(t) = \frac{a_0}{2} + \sum_{n=1}^{\infty} (a_n \cos n\omega_0 t + b_n \sin n\omega_0 t) \qquad t_0 \leqslant t \leqslant t_0 + T \tag{3-16}$$

式中，ω_0 称为基频，$\omega_0 = 2\pi/T$；T 为函数的周期，a_n 和 b_n 是傅里叶系数，分别为

$$\begin{aligned} a_n &= \frac{2}{T}\int_{t_0}^{t_0+T} x(t)\cos n\omega_0 t \mathrm{d}t \qquad n = 0, 1, \cdots, \infty \\ b_n &= \frac{2}{T}\int_{t_0}^{t_0+T} x(t)\sin n\omega_0 t \mathrm{d}t \qquad n = 0, 1, \cdots, \infty \end{aligned} \tag{3-17}$$

由式(3-17)可以看出，傅里叶系数 a_n 和 b_n 均为 ω_0 的函数，其中 a_n 是 ω_0 的偶函数，b_n 是 ω_0 的奇函数。将式(3-16)中相同频率的项和为一项，可以写成

$$x(t) = \frac{a_0}{2} + \sum_{n=1}^{\infty} A_n \cos(n\omega_0 t + \varphi_n) \qquad t_0 \leqslant t \leqslant t_0 + T \tag{3-18}$$

其中

$$A_n = \sqrt{a_n^2 + b_n^2}$$

$$\varphi_n = -\arctan\frac{b_n}{a_n} \qquad n = 1, 2, \cdots, \infty$$

式中，A_n 称为信号频率成分的幅值；φ_n 称为初相角。

A_n 是 ω_0 的偶函数，而 φ_n 是 ω_0 的奇函数。傅里叶系数的这些性质在工程问题的分析中很有用。

式(3-18)表明，周期信号可以分解为直流分量和众多正、余弦(谐波)分量，这些正、

余弦分量的角频率为基频 ω_0 的整数倍，其中基频 ω_0 所对应的分量称为基频分量或一次谐波分量，$n\omega_0$ 所对应的分量依次称为 n 次谐波分量。

对于特定的周期信号 $x(t)$，幅值 A_n 和初相角 φ_n 分别都是 ω_0 的函数。以 ω_0 为横坐标，幅值 A_n 为纵坐标，在角频率 $n\omega_0$ 处用直线代表所对应的幅值 A_n 的大小，这种图称为信号 $x(t)$的幅频图。同样，以初相角 φ_n 为纵坐标，在角频率 $n\omega_0$ 处用直线代表所对应的初相角 φ_n 的大小，这种图称为信号 $x(t)$的相频图。由于 n 为整数，各次谐波分量只在 $n\omega_0$ 处取值，因此周期信号的幅频和相频是离散的。

2. 指数函数形式的傅里叶级数展开

周期函数的傅里叶级数除了可以表示为三角函数的形式之外，还可以表示成指数函数的形式。令 $\omega_0=2\pi/T$，对周期信号 $x(t)$使用完备正交函数集$\{e^{jn\omega_0 t}, n=0, \pm1, \pm2, \cdots, \pm\infty\}$进行分解，得到其傅里叶级数指数函数形式展开式为

$$x(t) = \sum_{n=-\infty}^{+\infty} c_n e^{jn\omega_0 t} \tag{3-19}$$

式中，c_n 为傅里叶级数的复系数

$$c_n = \frac{1}{T}\int_{t_0}^{t_0+T} x(t) e^{-jn\omega_0 t} dt \tag{3-20}$$

从式(3-20)可以看出，c_n 是频率 ω_0 的函数，表示为复数的形式为

$$c_n = |c_n| e^{j\varphi_n} = \mathrm{Re}c_n + j\mathrm{Im}c_n \tag{3-21}$$

式中，$|c_n|$ 和 φ_n 分别为复系数的幅值和相位，$\mathrm{Re}c_n$ 和 $\mathrm{Im}c_n$ 分别为复系数的实部和虚部

$$\begin{aligned} |c_n| &= \sqrt{(\mathrm{Re}c_n)^2+(\mathrm{Im}c_n)^2} \\ \varphi_n &= \arctan\frac{\mathrm{Im}c_n}{\mathrm{Re}c_n} \end{aligned} \tag{3-22}$$

以 ω_0 为横坐标，幅值 $|c_n|$ 为纵坐标，在角频率 $n\omega_0$ 处用直线代表所对应的幅值 $|c_n|$ 的大小，这种图称为信号 $x(t)$的复数幅频图。同样，以相位 φ_n 为纵坐标，在角频率 $n\omega_0$ 处用直线代表所对应的相位 φ_n 的大小，这种图称为信号 $x(t)$的复数相频图。式(3-19)中，$n\omega_0$ 的取值不仅有正，还有负，对于周期函数来说其复数幅频图是偶函数，复数相频图是奇函数。

3. 周期信号的功率谱

根据式(3-3)信号平均功率的定义可知，周期信号 $x(t)$在时间区间$(-T/2, T/2)$上的平均功率定义为

$$P \triangleq \frac{1}{T}\int_{-T/2}^{T/2} x(t)^2 dt$$

将周期信号的三角函数形式的傅里叶级数展开式或者指数函数形式的傅里叶级数展开式代入上式中，即得到周期信号 $x(t)$的平均功率与傅里叶系数的关系

$$P = \left(\frac{a_0}{2}\right)^2 + \frac{1}{2}\sum_{n=1}^{\infty} A_n^2 = \sum_{n=-\infty}^{+\infty} |c_n|^2 \tag{3-23}$$

式(3-23)是周期信号的帕斯瓦尔(Parseval)公式，可以看出周期信号的平均功率等于直流分量、基频和各次谐波分量有效值的二次方和。以 ω_0 为横坐标，功率$|c_n|^2$ 为纵坐标，在角频率 $n\omega_0$ 处用直线代表所对应的功率$|c_n|^2$ 的大小，这种图称为信号 $x(t)$的功率谱，表示

信号各次谐波分量的功率分布规律。

三、非周期信号的频域分析

1. 非周期信号的傅里叶变换

非周期信号可以看成是周期无穷大的周期信号，利用周期信号频域分析中得到的结论，通过周期取极限的方法可对非周期信号进行分析，即

$$x(t) = \sum_{n=-\infty}^{+\infty} c_n e^{jn\omega_0 t}$$

$$c_n = \lim_{T\to\infty} \frac{1}{T}\int_{t_0}^{t_0+T} x(t) e^{-jn\omega_0 t} dt \tag{3-24}$$

$$\omega_0 = \lim_{T\to\infty} \frac{2\pi}{T}$$

随着周期 T 的增加，基频 ω_0 会减小，从频谱分析的角度来看就是各相邻谱线之间的距离减小。当周期 T 趋于无穷大时，谱线之间的距离间隔 ω_0 会趋于无穷小，频谱分析中离散的谱线 $n\omega_0$ 会变为连续的频谱变量 ω，即

$$\begin{aligned} &\omega_0 \Rightarrow d\omega \\ &n\omega_0 = n \lim_{T\to\infty}\frac{2\pi}{T} \Rightarrow \omega \end{aligned} \tag{3-25}$$

于是式(3-24)可以写为

$$\begin{aligned} x(t) &= \int_{-\infty}^{+\infty} \frac{d\omega}{2\pi}\left(\int_{-\infty}^{+\infty} x(t) e^{-j\omega t} dt\right) e^{j\omega t} \\ &= \frac{1}{2\pi}\int_{-\infty}^{+\infty}\left(\int_{-\infty}^{+\infty} x(t) e^{-j\omega t} dt\right) e^{j\omega t} d\omega \end{aligned} \tag{3-26}$$

若式(3-26)括号中的积分式的变量是 ω，将它记为

$$F(\omega) = \int_{-\infty}^{+\infty} x(t) e^{-j\omega t} dt \tag{3-27}$$

则式(3-26)可以写为

$$x(t) = \frac{1}{2\pi}\int_{-\infty}^{+\infty} F(\omega) e^{j\omega t} d\omega \tag{3-28}$$

称 $F(\omega)$ 为 $x(t)$ 的傅里叶变换，称 $x(t)$ 为 $F(\omega)$ 的逆傅里叶变换，两者之间是一一对应的，式(3-27)和式(3-28)称为傅里叶变换对，记为

$$F(\omega) \Leftrightarrow x(t) \tag{3-29}$$

其中，傅里叶正变换表示信号 $x(t)$ 在 $\omega(-\infty, +\infty)$ 范围内的频谱分布；傅里叶反变换表示非周期信号 $x(t)$ 由无穷多个以 $F(\omega)d\omega$ 的相应值加权的指数函数 $e^{j\omega t}$ 组合而成，决定信号的幅值和相位。

与周期信号一样，非周期信号也可以写成三角函数的形式

$$
\begin{aligned}
x(t) &= \frac{1}{2\pi}\int_{-\infty}^{+\infty} F(\omega)\mathrm{e}^{\mathrm{j}\omega t}\mathrm{d}\omega \\
&= \frac{1}{2\pi}\int_{-\infty}^{+\infty} |F(\omega)|\ \mathrm{e}^{\mathrm{j}[\omega t+\varphi(\omega)]}\mathrm{d}\omega \\
&= \frac{1}{2\pi}\left(\int_{-\infty}^{+\infty} |F(\omega)|\cos[\omega t+\varphi(\omega)]\mathrm{d}\omega + \mathrm{j}\int_{-\infty}^{+\infty} |F(\omega)|\sin[\omega t+\varphi(\omega)]\mathrm{d}\omega\right)
\end{aligned}
\tag{3-30}
$$

称 $|F(\omega)|$ 为非周期函数 $x(t)$ 的幅值谱，称 $\varphi(\omega)$ 为非周期函数 $x(t)$ 的相位谱。与周期信号的频谱不同，非周期信号的频谱是连续的，在幅值谱和相位谱中表现为连续的曲线。而 $|F(\omega)|$ 表示的是单位频宽上的幅值，与信号的幅值有区别，因此从严格意义上说 $F(\omega)$ 为频谱密度函数。

2. 典型非周期信号的傅里叶变换

(1) 单位冲激信号的傅里叶变换　单位冲激信号是一个幅值无限、持续时间为零的脉冲，也称为 δ 函数。单位冲激信号具有如下性质：

$$
\delta(t) = \begin{cases} \infty & t = 0 \\ 0 & t \neq 0 \end{cases}
\qquad
\int_{-\infty}^{+\infty} \delta(t)\mathrm{d}t = 1
\tag{3-31}
$$

将其代入式(3-27)中得

$$
F(\omega) = \int_{-\infty}^{+\infty} \delta(t)\mathrm{e}^{-\mathrm{j}\omega t}\mathrm{d}t = 1 \tag{3-32}
$$

即冲激函数的傅里叶变换对为

$$
\delta(t) \Leftrightarrow 1 \tag{3-33}
$$

单位冲激信号的频谱在所有频率上都是相同的，如图 3-5 所示。

(2) 矩形脉冲信号的傅里叶变换　矩形脉冲信号定义为

$$
x(t) = \begin{cases} 1 & |t| < T \\ 0 & |t| > T \end{cases} \tag{3-34}
$$

将其代入式(3-27)中得

$$
F(\omega) = \int_{-T}^{T} \mathrm{e}^{-\mathrm{j}\omega t}\mathrm{d}t = \frac{2\sin\omega T}{\omega} \tag{3-35}
$$

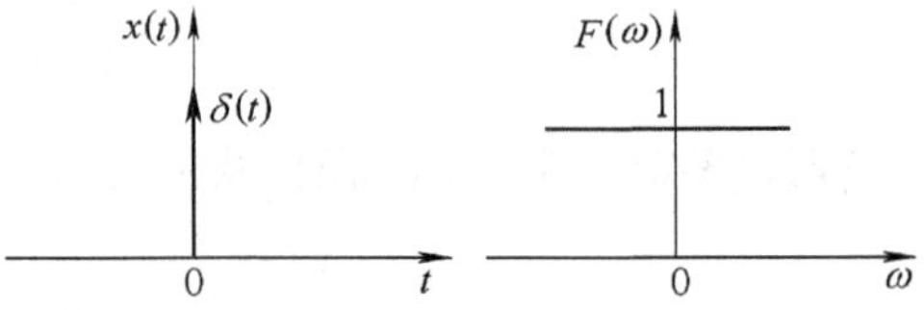

图 3-5　冲激信号及其傅里叶变换

矩形脉冲信号及其傅里叶变换如图 3-6 所示。

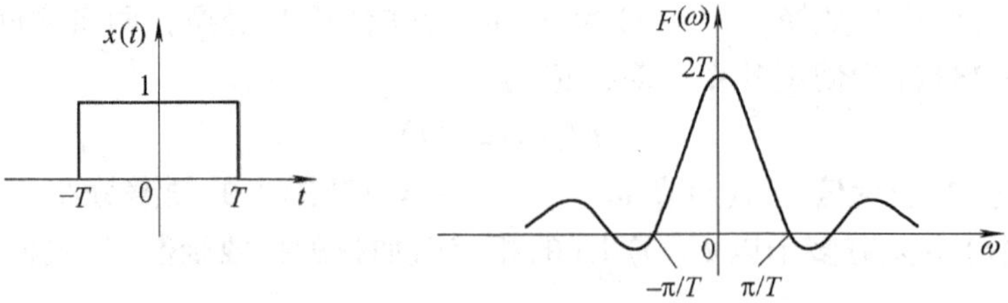

图 3-6　矩形脉冲信号及其傅里叶变换

（3）单边指数信号的傅里叶变换　单边指数信号定义为

$$x(t)=\begin{cases}0 & t<0\\ e^{-at} & t\geqslant 0\end{cases}\quad a>0 \tag{3-36}$$

将其代入式(3-27)中得

$$\begin{aligned}F(\omega)&=\int_0^{\infty}e^{-at}e^{-j\omega t}dt=\frac{1}{a+j\omega}\\&=\frac{a}{a^2+\omega^2}-j\frac{\omega}{a^2+\omega^2}\\&=|F(\omega)|e^{-j\varphi(\omega)}\end{aligned} \tag{3-37}$$

其中

$$|F(\omega)|=\frac{1}{\sqrt{a^2+\omega^2}}$$

$$\varphi(\omega)=\arctan\left(\frac{\omega}{a}\right)$$

单边指数信号及其傅里叶变换如图 3-7 所示。

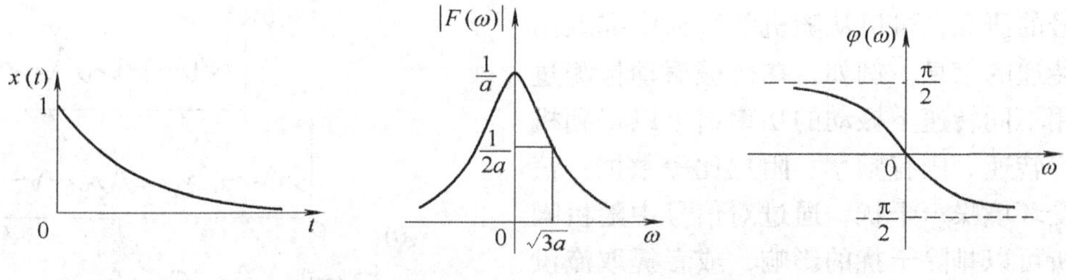

图 3-7　单边指数信号及其傅里叶变换

（4）复指数信号的傅里叶变换　复指数信号定义为

$$x(t)=e^{j\omega_0 t} \tag{3-38}$$

将其代入式(3-27)中得

$$F(\omega)=\int_{-\infty}^{+\infty}e^{j\omega_0 t}e^{-j\omega t}dt=\int_{-\infty}^{+\infty}e^{j(\omega_0-\omega)t}dt \tag{3-39}$$

由于 $x(t)=e^{j\omega_0 t}$ 不符合绝对可积条件，因此难以通过式(3-39)直接进行运算，可利用傅里叶变换的特性和单位冲激函数的傅里叶变换，完成复指数信号的傅里叶变换。根据傅里叶变换的时移特性，可知时移单位脉冲信号 $\delta(t-t_0)$ 的傅里叶变换对

$$\delta(t-t_0)\Leftrightarrow e^{-j\omega t_0} \tag{3-40}$$

利用对称性，可得复指数信号的傅里叶变换对

$$e^{-j\omega_0 t}\Leftrightarrow 2\pi\delta(\omega-\omega_0) \tag{3-41}$$

四、周期信号的傅里叶变换

周期信号是不满足绝对可积条件的，但是式(3-19)所示周期信号可以表示成复指数信号和的形式，因此周期信号的傅里叶变换为

$$
\begin{aligned}
F(\omega) &= F[x(t)] \\
&= F\left[\sum_{n=-\infty}^{+\infty} c_n e^{jn\omega_0 t}\right] = \sum_{n=-\infty}^{+\infty} c_n F[e^{jn\omega_0 t}] \\
&= 2\pi \sum_{n=-\infty}^{+\infty} c_n \delta(\omega - n\omega_0)
\end{aligned} \tag{3-42}
$$

从式(3-42)中可以看出，周期信号的傅里叶变换是由一系列冲激信号所组成的，这些冲激信号位于各次谐波频率处，每个冲激信号的强度等于 c_n 的 2π 倍。

第三节　随机信号分析

一、随机信号的基本概念

随机信号具有不能被预测的特性，因此不能用时域模型对其进行描述，只能通过统计参数和频谱特性加以表征。随机信号是一类非常重要的信号，在客观实际中普遍存在，通过对随机信号的研究，可以从随机的行为中提取出信号所传递的信息。例如，在机械振动检测过程中利用不同转速下振动的功率谱可以得到机器的临界转速、固有频率、阻尼比等数据；信号总是受环境噪声干扰，通过对信号中随机噪声的分析可以排除干扰的影响，或者提取淹没在强噪声中的微弱信号。

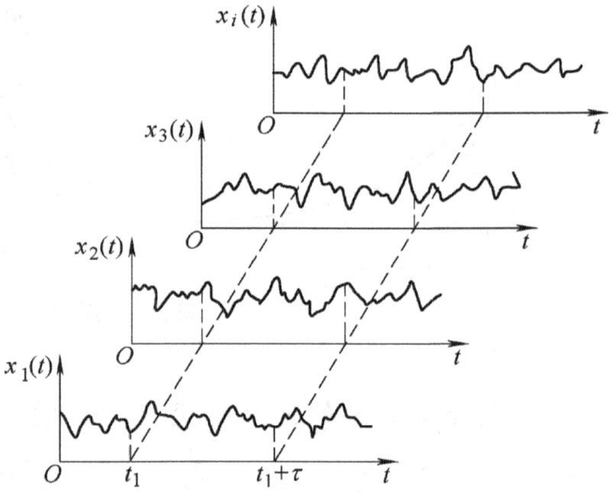

图 3-8　随机过程与样本函数

将随机信号按时间历程进行的长时间的观察记录称为一个样本函数，记为 $x_i(t)$，如图 3-8 所示。在有限时间区间上的样本函数称为样本记录。同一试验条件下，每次对随机物理现象的观察结果都会不同，将可能产生的全部样本函数的集合(总体)称为随机过程 $\{x(t)\}$，即

$$\{x(t)\} = \{x_1(t),\ x_2(t),\ \cdots,\ x_i(t),\ \cdots\} \tag{3-43}$$

在分析随机信号时由于它取值的随机性，只能通过均值、方均值、方差、概率密度函数、概率分布函数、功率谱密度等统计特征参数进行描述。理论上要得到这些统计参数需要分析足够多和足够长的样本函数，这在实际工作中是不可能做到的。随机信号的分析只限于平稳且各态历经的随机过程。

平稳随机过程是指随机过程的统计特征参数不随时间的变化而改变，否则称为非平稳随机过程。各态历经随机过程是指随机过程在某一时刻的所有样本的统计特征和单一样本在长时间内的统计特征一致，否则称为非各态历经随机过程。工程测量中遇到的许多过程都可以认为是平稳且各态历经的，从而采用有限长度的样本记录来估计和推断被测对象的整个随机过程。

二、随机信号的主要特征参数

1. 均值、均方值和方差

对于一个各态历经的随机信号 $x(t)$，其均值 μ_x 为

$$\mu_x = E[x] = \lim_{T\to\infty}\frac{1}{T}\int_0^T x(t)\,dt \tag{3-44}$$

式中，$E[x]$ 为变量 x 的数学期望值；$x(t)$ 为样本函数；T 为观测时间。

随机信号的均值描述了随机信号的静态分量或直流分量。

随机信号 $x(t)$ 的均方值 m_x^2 为

$$m_x^2 = E[x^2] = \lim_{T\to\infty}\frac{1}{T}\int_0^T x^2(t)\,dt$$

式中，$E[x^2]$ 为变量 x^2 的数学期望值。

均方值是 $x(t)$ 二次方的均值，反映了随机信号的强度和功率。均方值的正二次方根称为均方根值 x_{rms}，是信号平均能量的一种表达方式。

随机信号 $x(t)$ 的方差 σ_x^2 为

$$\sigma_x^2 = E\{[x(t) - \mu_x]^2\} = \lim_{T\to\infty}\frac{1}{T}\int_0^T [x(t) - \mu_x]^2 dt \tag{3-45}$$

方差反映了随机信号各个可能值对其平均值的偏离程度，σ_x^2 越大，随机信号各个样本值的分散程度也越大。

均值 μ_x、均方值 m_x^2 和方差 σ_x^2 之间的关系为

$$\sigma_x^2 = m_x^2 - \mu_x^2 \tag{3-46}$$

当 $\mu_x = 0$ 时，有

$$\sigma_x^2 = m_x^2,\ \sigma_x = x_{\mathrm{rms}} \tag{3-47}$$

在实际的工程应用中，针对平稳且各态历经的随机过程，以有限长的样本记录来代替无限长的样本记录，计算得到的特征参数均为理论参数的估计值，均值、均方值和方差的估计公式为

$$\begin{aligned}
\hat{\mu}_x &= \frac{1}{T}\int_0^T x(t)\,dt \\
\hat{m}_x^2 &= \frac{1}{T}\int_0^T x^2(t)\,dt \\
\hat{\sigma}_x^2 &= \frac{1}{T}\int_0^T [x(t) - \hat{\mu}_x]^2 dt
\end{aligned} \tag{3-48}$$

2. 概率密度函数和概率分布函数

概率密度函数表示随机信号 $x(t)$ 的瞬时值在区间 $(x,\ x+\Delta x)$ 内的概率密度。若对一个随机信号 $x(t)$ 进行观察，在观察时间 T 内 $x(t)$ 的瞬时值在区间 $(x,\ x+\Delta x)$ 内的总时间为 T_x。当样本的观察时间 $T\to\infty$ 时，随机信号 $x(t)$ 在 $(x,\ x+\Delta x)$ 区间内的概率为 T_x/T，即

$$P[x < x(t) < x + \Delta x] = \lim_{T\to\infty}\frac{T_x}{T} \tag{3-49}$$

随机函数的概率密度是信号幅值在极小范围内 $(\Delta x\to 0)$ 的概率，即

$$p(x) = \lim_{\Delta x \to 0} \frac{P[x < x(t) < x + \Delta x]}{\Delta x} = \lim_{\substack{T \to \infty \\ \Delta x \to 0}} \frac{T_x/T}{\Delta x} \tag{3-50}$$

概率分布函数式信号瞬时值小于或等于某指定值的概率，为

$$p(x) = P[x(t) \leqslant x] = \int_{-\infty}^{x} p(\xi)\,\mathrm{d}\xi \tag{3-51}$$

因此有

$$p(x) = \frac{\mathrm{d}P(x)}{\mathrm{d}x} \tag{3-52}$$

在工程测量过程中，有许多随机信号服从或者近似服从正态分布，如电路中的热噪声、零件的尺寸加工误差等。正态分布是最常用的一种分布，其概率密度函数和概率分布函数如图 3-9 所示，分别为

$$\begin{aligned} p(x) &= \frac{1}{\sigma_x \sqrt{2\pi}} \exp\left[-\frac{(x-\mu_x)^2}{2\sigma_x^2}\right] \\ P(x) &= \frac{1}{\sigma_x \sqrt{2\pi}} \int_{-\infty}^{x} \exp\left[-\frac{(\xi-\mu_x)^2}{2\sigma_x^2}\right]\mathrm{d}\xi \end{aligned} \tag{3-53}$$

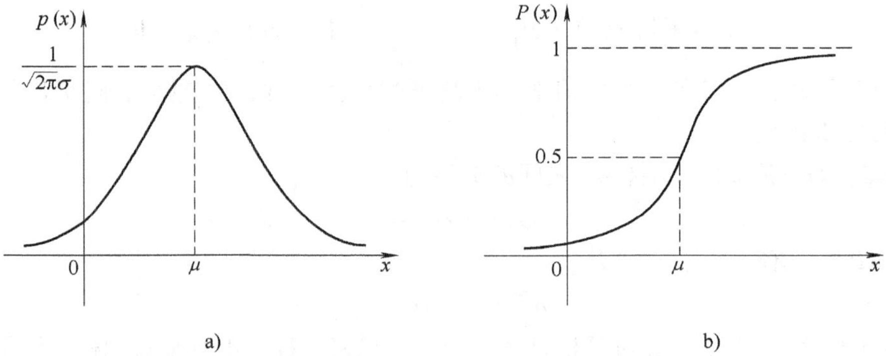

图 3-9　正态分布的概率密度函数和概率分布函数

a) 概率密度函数　b) 概率分布函数

三、随机信号的相关分析

信号相关分析就是分析信号间的关联，定量考察其关系的密切程度。针对随机信号的相关分析，就是从概率理论出发，描述一个随机过程自身在不同时刻，或者多个随机过程在某个时刻的状态之间线性依从关系的数字特征。

1. 自相关函数与互相关函数

对于各态历经的平稳随机信号 $x(t)$，其自相关函数定义为

$$R_x(\tau) = E[x(t)x(t+\tau)] = \lim_{T \to \infty} \frac{1}{T} \int_0^T x(t)x(t+\tau)\,\mathrm{d}t \tag{3-54}$$

自相关函数反映了信号 $x(t)$ 在时刻 t 和 $t+\tau$ 处信号幅值之间的关联性。自相关函数 $R_x(\tau)$ 具有以下性质：

1）当 $\tau = 0$ 时，$R_x(\tau)$ 具有最大值，且等于信号的均方值，即

$$R_x(0) = R_x(\tau)\big|_{\max} = m_x^2 \tag{3-55}$$

2）$R_x(\tau)$是τ的偶函数，即

$$R_x(-\tau)=R_x(\tau) \tag{3-56}$$

3）当$\tau\to\infty$时，信号$x(t)$与$x(t+\tau)$互不相关，当时由于随机信号$x(t)$是平稳的，均值为常数，因此有

$$R_x(\infty)=E[x(t)]E[x(t+\tau)]=\mu_x^2 \tag{3-57}$$

4）将式(3-55)和式(3-57)代入式(3-46)中，得

$$\sigma_x^2=R_x(0)-R_x(\infty) \tag{3-58}$$

两个不同的随机信号$x(t)$和$y(t)$之间的互相关特性用互相关函数表示，互相关函数的定义为

$$R_{xy}(\tau)=E[x(t)y(t+\tau)]=\lim_{T\to\infty}\frac{1}{T}\int_0^T x(t)y(t+\tau)\mathrm{d}t \tag{3-59}$$

互相关函数$R_{xy}(\tau)$具有以下性质：

1）互相关函数的最大值一般不在$\tau=0$处，其峰值离原点的位置反映了两信号相互有多大位移时相关程度最强。

2）互相关函数不是偶函数，也不是奇函数，但

$$R_{xy}(-\tau)=R_{yx}(\tau) \tag{3-60}$$

3）当$\tau\to\infty$时，有

$$R_{xy}(\infty)=E[x(t)]E[y(t+\tau)]=\mu_x\mu_y \tag{3-61}$$

4）自相关和互相关函数之间有不等式

$$R_{xy}(\tau)^2\leqslant R_x(0)R_y(0) \tag{3-62}$$

2. 相关分析在工程测量中的应用

（1）*测量时间差* 在工程测量中经常需要测量动态信号的时间差，如果是确定信号则可以根据信号的时域波形中的特征点来测量，而如果是随机信号或者具有较强干扰噪声的确定信号，就需要借助相关函数分析的方法测量。

如果测量已知距离上两个信号接收器获得信号的时间差，就可以实现速度的测量。红细胞运动速度的测量如图3-10所示，沿血管距离L的位置上放置两组照射光源，其发出的光经过血液中红细胞的散射，分别由光电探测器A和B接收，产生光电信号$x(t)$和$y(t)$。对随机信号$x(t)$和$y(t)$互相关函数的峰值进行测量，得到两个信号之间的时间差，可实现对红细胞运动速度的测量。

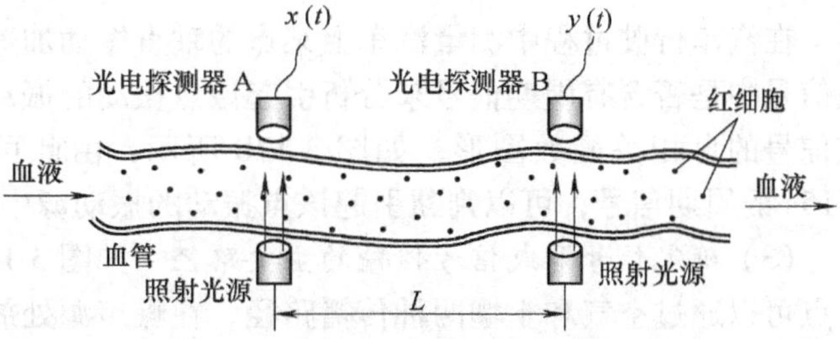

图3-10 红细胞运动速度测量

利用时间差的测量还可以检测地下管道的泄漏位置。如图3-11所示，地下管道在泄漏处产生一个声音信号，该声音沿管道向两边传播，分别被声强探测器A和声强探测器B接收，得到两个随机信号$x(t)$和$y(t)$，可通过互相关函数的计算得到这两个信号之间的时间差$\Delta\tau$。设声音在地下管道中传播的速度为v，则泄漏处距声强探测器A和声强探测器B的中点的距离为

$$\Delta L = \frac{v\Delta\tau}{2} \tag{3-63}$$

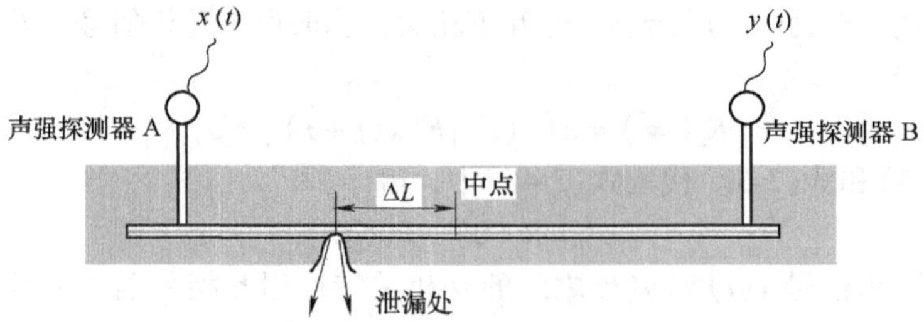

图 3-11　地下管道检漏

(2) *周期信号与随机信号分离*　对于周期信号 $x(t) = A\sin(\omega t + \varphi)$，其自相关函数为

$$R_x(\tau) = \frac{A^2}{2}\cos\omega\tau \tag{3-64}$$

由式(3-64)可知，周期信号的自相关函数保留了原信号的幅值和频率信息，失去了原信号的相位信息，而随机信号的自相关函数则当 $\tau \to \infty$ 时趋于 μ_x^2。利用这个现象，可以用自相关函数来检测淹没在随机信号中的周期信号。

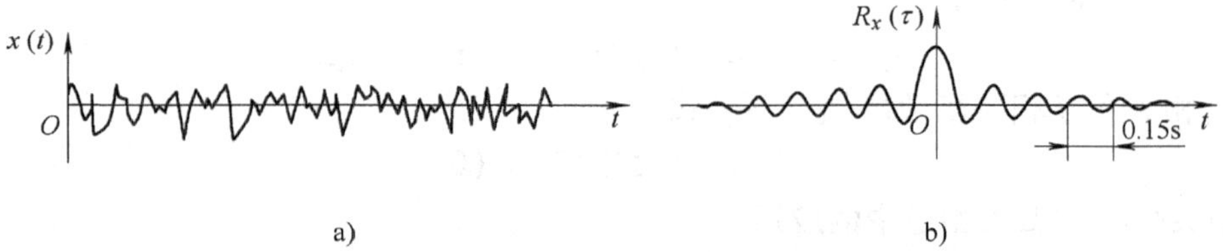

图 3-12　汽车振动信号的自相关分析

a) 振动加速度信号　b) 信号的自相关函数

在汽车行驶过程中测量汽车上某点的垂直振动加速度信号，如图 3-12a 所示，需要判断该信号中是否含有周期信号来分析引起该点振动的振动源。使用信号的自相关分析方法求出该信号的自相关函数图形，如图 3-12b 所示，由此可以看出该信号中包含了一个周期为 0. 15s 的周期信号，可以判断引起该点振动的振动源中包含一个频率为 6. 67Hz 的振动。

(3) *确定信号源或信号传输的主要路径*　如图 3-13a 所示，噪声从噪声源传播到噪声测量点可以通过空气和土壤两种传播路径，在噪声源处放置一个声强探测器 A，在噪声测量点放置一个声强探测器 B，分别得到噪声强度信号 $x(t)$ 和 $y(t)$，计算出它们的互相关函数，如图 3-13b 所示。因为声音在土壤中传播的速度大于在空气中传播的速度，时间差较小的 τ_1 处的峰值对应信号 $y(t)$ 中由土壤传递过来的噪声量，时间差较大的 τ_2 处的峰值对应信号 $y(t)$ 中由空气传递过来的噪声量。显然时间差为 τ_2 处的互相关函数 $R_{xy}(\tau)$ 的峰值较大，所以在该试验中空气是噪声传播的主要路径。

汽车驾驶室中的噪声由前轮和后轮的噪声叠加产生，使用声强探测器同时测量汽车前轮、后轮和驾驶室中的噪声信号 $x_1(t)$、$x_2(t)$ 和 $y(t)$，如图 3-14a 所示，分别求噪声信号的互相关函数 $R_{x_1y}(\tau)$ 和 $R_{x_2y}(\tau)$，如图 3-14b 所示。由图可见，$R_{x_2y}(\tau)$ 的峰值较大，因此后轮产生的噪声是驾驶室中噪声的主要来源。

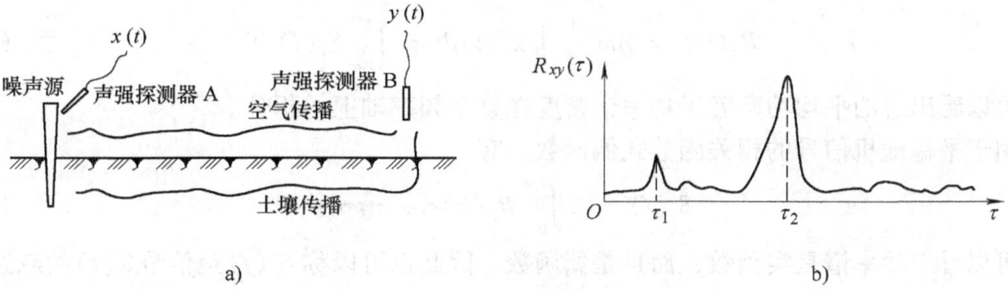

图 3-13　互相关确定信号传递的主要路径

a) 噪声传播路径测量　b) 互相关函数

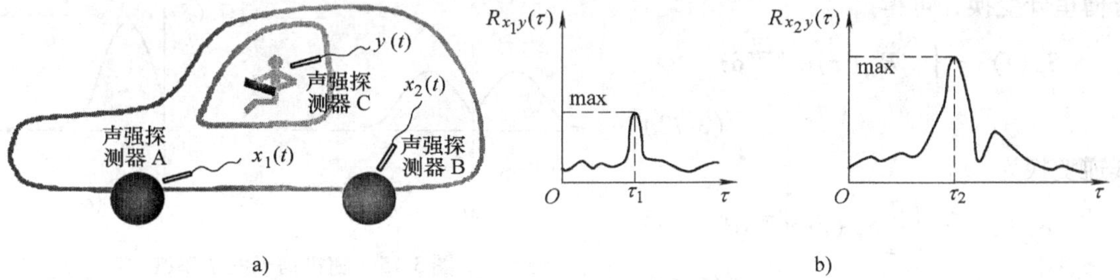

图 3-14　汽车噪声源分析

a) 噪声源测量系统　b) 互相关函数

四、功率谱分析

相关函数分析和描述的是随机信号的时域特性，对于确定信号，如果信号的时域分析较复杂，可以利用傅里叶变换的方法转到频域进行分析。同样，对于随机信号也可以利用傅里叶变换来分析其频谱结构。但是随机信号不能直接进行频率展开或者傅里叶变换，其频域分析通常是针对它的相关函数进行傅里叶变换，这种傅里叶变换称为功率谱密度函数，简称为功率谱。与相关分析类似，功率谱分析也分为功率谱分析和互功率谱分析。

1. 功率谱与互功率谱

设 $x(t)$ 是均值为零且无周期分量的随机信号，当 $t \to \infty$ 时其自相关函数 $R_x(\tau)$ 有

$$R_x(\tau \to \infty) = 0 \tag{3-65}$$

因此自相关函数 $R_x(\tau)$ 满足傅里叶变换的可积条件，对 $R_x(\tau)$ 进行傅里叶变换，可得

$$S_x(f) = \int_{-\infty}^{+\infty} R_x(\tau) \mathrm{e}^{-\mathrm{j}2\pi f\tau} \mathrm{d}\tau \tag{3-66}$$

其逆变换为

$$R_x(\tau) = \int_{-\infty}^{+\infty} S_x(f) \mathrm{e}^{\mathrm{j}2\pi f\tau} \mathrm{d}f \tag{3-67}$$

$S_x(f)$ 称为随机信号 $x(t)$ 的自功率谱密度函数，简称为功率谱。式(3-66)和式(3-67)表示了随机信号的相关函数和功率谱之间是傅里叶变换对的关系，即

$$R_x(\tau) \Leftrightarrow S_x(f) \tag{3-68}$$

这个结果称为维纳-辛钦(Wiener-Khintchine)定理。

当 $\tau = 0$ 时，根据自相关函数 $R_x(\tau)$ 和功率谱 $S_x(f)$ 的定义，可得

$$R_x(0) = \lim_{T\to\infty}\frac{1}{T}\int_0^T x^2(t)\mathrm{d}t = \int_{-\infty}^{+\infty} S_x(f)\mathrm{d}f \tag{3-69}$$

由此可以看出总的平均功率等于功率谱密度在整个频率轴上的积分。

由于平稳随机信号的相关函数式偶函数，有

$$S_x(f) = 2\int_0^{+\infty} R_x(\tau)\cos 2\pi f\tau \mathrm{d}\tau \tag{3-70}$$

由此可以看出功率谱是实函数，而且是偶函数，因此也可以称 $S_x(f)$ 是信号 $x(t)$ 的双边功率谱(见图 3-15a)，相应的可以定义信号 $x(t)$ 的单边功率谱 $G_x(f)$(见图 3-15b)

$$G_x(f) = 2S_x(f) \qquad f \geqslant 0 \tag{3-71}$$

与功率谱的定义类似，若互相关函数 $R_{xy}(\tau)$ 满足傅里叶变换的可积条件，对 $R_{xy}(\tau)$ 进行傅里叶变换，可得

$$S_{xy}(f) = \int_{-\infty}^{+\infty} R_{xy}(\tau)\mathrm{e}^{-\mathrm{j}2\pi f\tau}\mathrm{d}\tau \tag{3-72}$$

其逆变换为

$$R_{xy}(\tau) = \int_{-\infty}^{+\infty} S_{xy}(f)\mathrm{e}^{\mathrm{j}2\pi f\tau}\mathrm{d}f \tag{3-73}$$

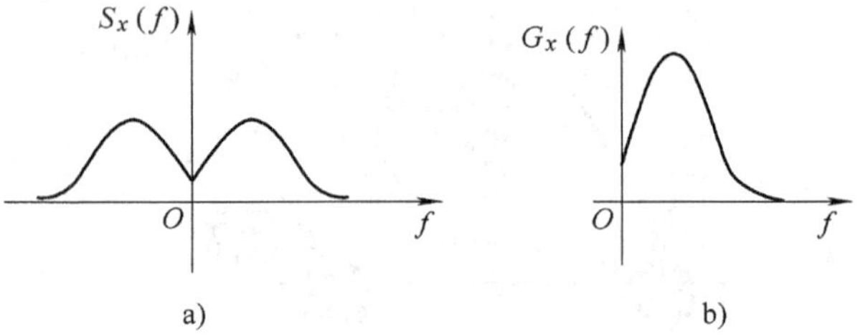

图 3-15　随机信号的功率谱

a）双边功率谱　b）单边功率谱

$S_{xy}(f)$ 称为随机信号 $x(t)$ 和 $y(t)$ 的互功率谱密度函数，简称为互功率谱。式(3-71)和式(3-72)表示了随机信号的互相关函数和互功率谱之间是傅里叶变换对的关系，即

$$R_{xy}(\tau) \Leftrightarrow S_{xy}(f) \tag{3-74}$$

$S_{xy}(f)$ 也是含有正负频率的双边功率谱，相应的定义其单边功率谱 $G_{xy}(f)$

$$G_{xy}(f) = 2S_{xy}(f) \qquad f \geqslant 0 \tag{3-75}$$

$G_x(f)$ 是 f 的实函数，而 $G_{xy}(f)$ 是 f 的虚函数。其实部 $C_{xy}(f)$ 称为共谱，虚部 $Q_{xy}(f)$ 称为重谱，即

$$G_{xy}(f) = C_{xy}(f) + \mathrm{j}Q_{xy}(f) \tag{3-76}$$

式(3-76)也可以写成幅频和相频的形式

$$\left.\begin{aligned} G_{xy}(f) &= |G_{xy}(f)|\,\mathrm{e}^{-\mathrm{j}\varphi_{xy}(f)} \\ |G_{xy}(f)| &= \sqrt{C_{xy}^2(f) + Q_{xy}^2(f)} \\ \varphi_{xy}(f) &= \arctan\frac{Q_{xy}(f)}{C_{xy}(f)} \end{aligned}\right. \tag{3-77}$$

2. 功率谱分析在工程测试中的应用

（1）固有频率测量　对于一个被测物体，在其受到激振时测量其振动信号，对其功率谱进行分析，鉴别功率谱中的峰值分量，可分析得到被测物体振动的固有频率。当火车经过桥梁时会引起桥梁的振动，记录下桥梁的横向振动波形，如图 3-16a 所示，但单从桥梁的振动信号中很难分析出桥梁和桥墩振动的固有频率。如果对振动信号进行功率谱分析，得到其功率谱，如图 3-16b 所示，在功率谱中有明显的几个主要高峰，则由分析可知，桥梁横向振动

的固有频率为 1.56Hz，桥梁扭转振动的频率为 3.42Hz，桥墩横向振动的固有频率为 4.39Hz。

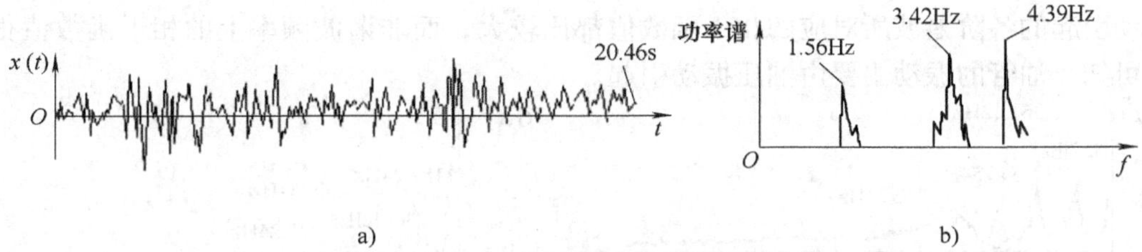

图 3-16　桥梁桥墩振动测试

a）桥梁横向振动信号　b）信号的功率谱

（2）故障监测　利用功率谱分析的方法，可以对被测物体的振动状态进行监测，通过实时分析被测物体振动信号的功率谱，将其与正常工作状态下的功率谱进行比较，确定其是否存在故障。图 3-17a 所示为汽车变速器在正常工作状态下的功率谱，图 3-17b 所示为汽车变速器在不正常工作状态下的功率谱，通过比较可以看出，不正常工作状态下其功率谱图中多了 9.2Hz 和 18.4Hz 两个额外的功率谱峰。

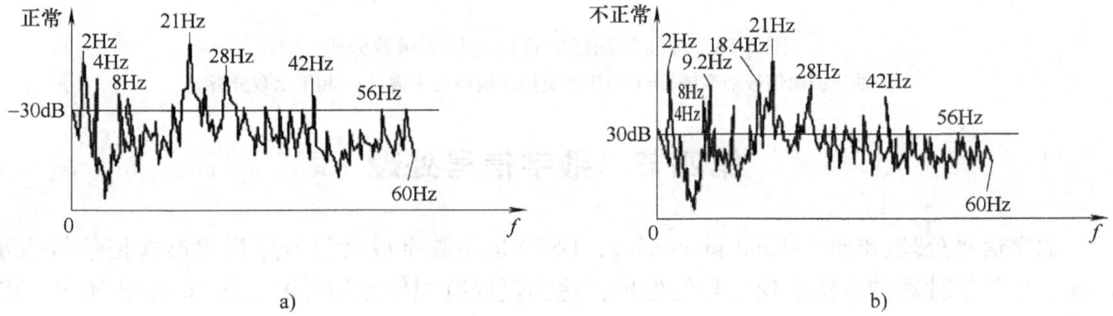

图 3-17　变速箱的功率谱

a）正常情况下　b）不正常情况下

五、相干函数

对互功率谱有下列不等式成立：

$$|G_{xy}(f)|^2 \leqslant G_x(f)G_y(f) \tag{3-78}$$

根据不等式(3-78)定义信号 $x(t)$ 和 $y(t)$ 相干函数为

$$\gamma_{xy}^2(f)=\frac{|G_{xy}(f)|^2}{G_x(f)G_y(f)} \tag{3-79}$$

当 $\gamma_{xy}(f)=0$ 时，信号 $x(t)$ 和 $y(t)$ 在频率 f 上不相干；当 $\gamma_{xy}(f)=1$ 时，信号 $x(t)$ 和 $y(t)$ 在频率 f 上完全相干。

相干函数可以用来检测信号之间的因果关系。图 3-18 所示是用柴油机润滑油泵的油压与油压管道振动的信号 $x(t)$ 和 $y(t)$ 求出的功率谱和相干函数。润滑油泵转速 $n=781\mathrm{r/min}$，油泵齿轮的齿数 $z=14$，所以油压脉动的基频 $f_0=nz/60=182.24\mathrm{Hz}$。从油压振动信号 $x(t)$ 的功率谱(见图 3-18a)中可以看出它除了包含基频谱线外，还存在 2、3、4 次谐波谱线。此时测得油压管道振动的信号 $y(t)$，其功率谱如图 3-18b 所示。通过相干函数分析，如图 3-18c 所示，在基频和 2、3、4 次谐波处 $\gamma_{xy}^2(f)$ 分别为 0.9、0.37、0.8 和 0.75。可以看出由于油压脉动引起的各阶谐波所对应的相干函数值都比较大，而非谐波频率上的相干函数值很小。由此可知，油管的振动主要由油压振动引起。

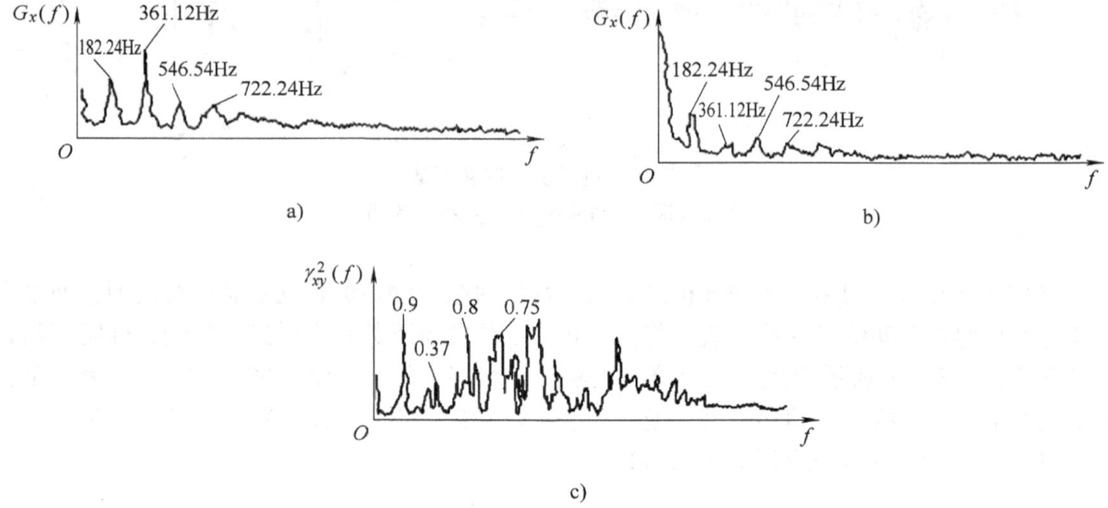

图 3-18　油压与油压管道振动相干函数分析

a) 油压振动信号功率谱　b) 油压管道振动信号功率谱　c) 相干函数分析

第四节　数字信号处理

数字信号处理(digital signal processing，DSP)是用数字或者符号序列的形式把信号表示出来，用数值计算的方法实现信号的处理，达到提取有用信息的目的。从 20 世纪 60 年代以来，随着信息学和计算机的高速发展，数字信号处理技术作为一门新兴学科迅速发展，在各个领域中起到了日益重要的作用。

一、数字信号处理系统

数字信号处理系统的组成如图 3-19 所示。输入的模拟信号 $x(t)$ 通过 A/D 转换器，以一定的采样周期 T 取出信号 $x(t)$ 的幅值，这个过程称为信号的抽样。抽样过程是对模拟信号的时间离散化的过程，通过信号抽样得到离散时间信号，表示一系列离散时间点 0，T，$2T$，…，nT，…上信号的幅值 $x(0)$，$x(T)$，$x(2T)$，…，$x(nT)$，…。

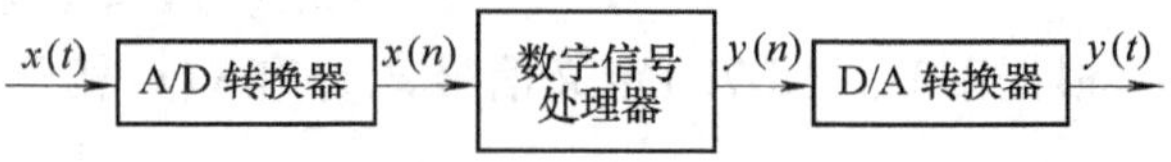

图 3-19　数字信号处理系统

在 A/D 转换器中通过保持电路将抽样信号转换成数字信号 $x(n)$，也就是转换成一个数的序列。在数字信号 $x(n)$ 中 n 是整型变量，表示某个数在信号序列中的次序。数字信号 $x(n)$ 在数字信号处理系统中的核心部分——数字信号处理器中根据设定好的信号处理方式进行加工，得到输出数字信号 $y(n)$。最后 $y(n)$ 通过 D/A 转换器将数字信号的数字序列转换成模拟信号。在实际的数字信号处理系统中并不一定要包括图 3-15 中所有的框图，例如有些系统的输入就是数字信号 $x(n)$，就不需要 A/D 转换器，有些系统只需要数字信号输出 $y(n)$，就不需要 D/A 转换器。但是，数字信号信号处理器作为核心部分是不可缺少的。

数字信号处理器可以是计算机，通过软件编程对输入信号进行处理，具有信号处理的灵活性。数字信号处理器也可以由硬件组成信号处理电路，实现对数字信号的实时处理，但是硬件电路是专用的，只能完成某一特定的信号处理。数字信号处理器还可以是数字信号处理芯片(DSP 芯片)，它是专门为数字信号处理设计的芯片，内部含有专门进行信号处理算法的硬件，能设定信号处理的指令和程序。因此，DSP 芯片既有信号实时处理的优点，又具有信号处理的灵活性，是现在数字信号处理的一种重要的实现手段。

数字信号处理系统与传统的模拟信号处理系统相比，除了具有数字处理方法的抗干扰强、可靠性高、便于大规模集成的优点以外，还具有以下优点：

(1) *分辨力高* 在模拟信号处理系统中，元器件的分辨力通常在 10^{-3} 以内，而数字系统可以达到 10^{-5} 或者更高。

(2) *灵活性强* 数字信号处理系统中的信号处理过程主要通过存储在系统中的运算程序完成，只要改变运算程序的参数即可改变系统的特性参数，比模拟系统方便得多。

(3) *可以实现模拟系统很难达到的指标或特性* 例如，通过有限长单位脉冲响应数字滤波器可以实现严格的线性相位，通过对存储信号的延迟可以实现非因果系统等。

(4) *可以实现多维信号的处理* 利用强大的数字计算能力，可实现对二维图像或多维阵列信号的时域和频域分析等。

二、采样定理

在对数字信号进行频谱分析之前需要对信号 $x(t)$ 进行离散采样，得到数字信号处理器可以处理的离散信号 $x[n]$

$$x[n]=x(nT_s) \tag{3-80}$$

式中，T_s 为信号离散采样间隔。

通过采样得到的离散信号 $x[n]$ 只保存了信号 $x(t)$ 在采样时刻 nT_s 时的信息，因此必须选择适当的信号离散采样间隔，以保证在信号频谱分析的过程中利用离散信号 $x[n]$ 能够计算出信号 $x(t)$ 的频谱。

对于最高谐波频率为 f_h 的信号 $x(t)$，由式(3-28)可知

$$x(t)=\int_{-\infty}^{+\infty}X(f)\mathrm{e}^{\mathrm{j}2\pi ft}\mathrm{d}f \qquad X(f)\equiv 0,\quad f\notin[-f_h,f_h] \tag{3-81}$$

式中，$X(f)=F[x(t)]$。

由式(3-80)对信号 $x(t)$ 进行离散采样，采样间隔为 T_s，相应的采样频率为 $f_s=1/T_s$，得到离散信号 $x[n]$。由 $x[n]$ 构造一个冲激抽样信号

$$x_\delta(t)=\sum_{n=-\infty}^{+\infty}x[n]\delta(t-nT_s)\cdot T_s \tag{3-82}$$

式(3-82)的傅里叶变换为

$$X_\delta(f)=F[x_\delta(t)]=F\left\{\sum_{n=-\infty}^{+\infty}x[n]\delta(t-nT_s)\cdot T_s\right\}=T_s\cdot\sum_{n=-\infty}^{+\infty}x[n]\cdot\mathrm{e}^{-\mathrm{j}2\pi fnT_s} \tag{3-83}$$

由式(3-83)可见，信号 $x_\delta(t)$ 的频谱可以由离散信号 $x[n]$ 计算获得。离散信号 $x[n]$ 的傅里叶变换 $F\{x[n]\}$ 定义为

$$F\{x[n]\} \cdot T_s \cdot \sum_{n=-\infty}^{+\infty} x[n] \cdot e^{-j2\pi f n T_s} \tag{3-84}$$

另外，将式(3-80)代入式(3-82)中，可以得到信号 $x_\delta(t)$ 与信号 $x(t)$ 之间的关系为

$$x_\delta(t) = \sum_{n=-\infty}^{+\infty} x(nT_s)\delta(t-nT_s) \cdot T_s = x(t)\sum_{n=-\infty}^{+\infty} \delta(t-nT_s) \cdot T_s \tag{3-85}$$

两边进行傅里叶变换得

$$X_\delta(f) = X(f) * \{\sum_{n=-\infty}^{+\infty} \delta(f-nf_s)\} = X(f) + \sum_{n=-\infty}^{+\infty} [X(f-nf_s) + X(f+nf_s)] \tag{3-86}$$

由式(3-86)可见，$X_\delta(f)$ 是由 $X(f)$ 及其前后频移 nf_s 叠加而成。因此若 $f_s \geqslant 2f_h$，将式(3-81)代入式(3-86)中，则

$$X(f) = X_\delta(f) = F\{x[n]\} \qquad f \in \left[-\frac{f_s}{2}, \frac{f_s}{2}\right] \tag{3-87}$$

此时，式(3-86)中的各项不混叠，也就是说可以利用离散信号 $x[n]$ 计算出信号 $x(t)$ 的频谱。若 $f_s < 2f_h$，式(3-86)中的项前后相互混叠，则由于采样频率过低造成了频谱混叠，无法从 $X_\delta(f)$ 中提取出 $X(f)$。

综上所述，采样定理可以表述为，对于最高谐波频率为 f_h 的信号 $x(t)$，其采样频率 f_s 应满足条件 $f_s \geqslant 2f_h$，以保证通过采样得到的离散信号 $x[n]$ 可以计算出信号 $x(t)$ 的频谱，或者说不会产生频率混叠。

三、离散傅里叶变换

傅里叶变换在测量信号分析中有着非常重要的作用和意义，在数字信号处理中，由于数字信号处理器无法处理连续的周期信号，因此需要在时域和频域中的离散、非周期的傅里叶变换对，这就是离散傅里叶变换(Discrete Fourier Transform，DFT)。

对于一个延续时间为 $n \in [0, N-1]$ 的有限长的离散信号 $x[n]$，由式(3-84)可得

$$X_\delta(f) = F\{x[n]\} = T_s \cdot \sum_{n=-\infty}^{+\infty} x[n] \cdot e^{-j2\pi f n T_s} = T_s \cdot \sum_{n=0}^{N-1} x[n] \cdot e^{-j2\pi f n T_s} \tag{3-88}$$

式(3-88)是有限项的和，因此 $F\{x[n]\}$ 是可以完成的运算。进行数字信号傅里叶变换时，考虑以 $f_\Delta = f_s/N = 1/(NT_s)$ 为频率间隔进行离散采样，得

$$X_\delta(kf_\Delta) = T_s \cdot \sum_{n=0}^{N-1} x[n] \cdot e^{-j\frac{2\pi}{N}kn} \tag{3-89}$$

其中，运算 $\sum_{n=0}^{N-1} x[n] \cdot e^{-j\frac{2\pi}{N}kn}$ 称为对延续时间为 $n \in [0, N-1]$ 的有限长的离散信号 $x[n]$ 的离散傅里叶变换，用 $\mathrm{DFT}\{x[n]\}$ 表示。令 $W_N = e^{-j\frac{2\pi}{N}}$，则信号 $x[n]$ 的离散傅里叶变换为

$$X[k] = \mathrm{DFT}\{x[n]\} = \sum_{n=0}^{N-1} x[n] \cdot W_N^{kn} \tag{3-90}$$

相应的 $X[k]$ 的离散傅里叶逆变换 $\mathrm{IDFT}\{X[k]\}$ 为

$$x[n] = \mathrm{IDFT}\{X[k]\} = \frac{1}{N}\sum_{n=0}^{N-1} X[k] \cdot W_N^{-kn} \tag{3-91}$$

也可以用矩阵的形式表示离散信号的傅里叶变换，将式(3-90)和式(3-91)写为

$$\begin{pmatrix} X[0] \\ X[1] \\ \vdots \\ X[N-1] \end{pmatrix} = \begin{pmatrix} W^0 & W^0 & W^0 & \cdots & W^0 \\ W^0 & W^{1\times 1} & W^{2\times 1} & \cdots & W^{(N-1)\times 1} \\ \vdots & \vdots & \vdots & \cdots & \vdots \\ W^0 & W^{1\times(N-1)} & W^{2\times(N-1)} & \cdots & W^{(N-1)\times(N-1)} \end{pmatrix} \begin{pmatrix} x[0] \\ x[1] \\ \vdots \\ x[N-1] \end{pmatrix}$$

$$\begin{pmatrix} x[0] \\ x[1] \\ \vdots \\ x[N-1] \end{pmatrix} = \frac{1}{N} \begin{pmatrix} W^0 & W^0 & W^0 & \cdots & W^0 \\ W^0 & W^{-1\times 1} & W^{-2\times 1} & \cdots & W^{-(N-1)\times 1} \\ \vdots & \vdots & \vdots & \cdots & \vdots \\ W^0 & W^{-1\times(N-1)} & W^{-2\times(N-1)} & \cdots & W^{-(N-1)\times(N-1)} \end{pmatrix} \begin{pmatrix} X[0] \\ X[1] \\ \vdots \\ X[N-1] \end{pmatrix}$$

简写为

$$\begin{aligned} \boldsymbol{X}[k] &= \boldsymbol{W}^{nk}\boldsymbol{x}[n] \\ \boldsymbol{x}[k] &= \frac{1}{N}\boldsymbol{W}^{-nk}\boldsymbol{X}[n] \end{aligned} \tag{3-92}$$

式中，$\boldsymbol{X}[k]$和$\boldsymbol{x}[n]$分别为N行的列矩阵；$\boldsymbol{W}^{nk}$和$\boldsymbol{W}^{-nk}$分别为$N\times N$的对称方阵。

四、快速傅里叶变换

离散傅里叶变换是数字信号处理中最常用的运算，但是从式(3-92)中可以看出，直接进行 DFT 和 IDFT 运算需要 N^2 次复数乘法及 $N(N-1)$ 次复数加法。其中，1 次复数乘法需要做 4 次实数乘法和 2 次实数加法，1 次复数加法要做 2 次实数加法，因此 1 次离散傅里叶变换需要做 $4N^2$ 次实数乘法以及 $N(4N-2)$ 次实数加法。当序列长度 N 逐渐增加时，运算量会大大增加，需要在计算方法上进行改进，减少离散傅里叶变换的运算次数。20 世纪 60 年代中期，库利(J. W. Cooley)和图基(J. W. Tukey)提出的快速傅里叶变换(Fast Fourier Transform，FFT)就是一种快速有效的离散傅里叶变换方法，它所需的运算量约为 $N/2\log_2 N$ 次复数乘法和 $N\log_2 N$ 次复数加法。

FFT 算法的本质是利用 W_N 的对称性

$$W_N^{k+N/2} = -W_N^k \tag{3-93}$$

和周期性

$$W_N^{nk} = W_N^{N+nk} \tag{3-94}$$

根据式(3-93)和式(3-94)可知，W_N 中 N^2 个元素实际上只有 N 个独立的值，且其中一半的值数值相等符号相反。FFT 算法的基本思想就是避免 W_N 的重复计算，将长度为 N 的 DFT 运算进行分段，得到短序列 DFT 的线性组合。其中一种基本的分段方法是按照奇、偶(或前、后)分成两段，重复多次后得到长度为 2 的序列，对该序列进行 DFT 计算，这种方法称为基二算法。基二算法根据分段方法不同分为两种，一种是将序列按照序号的奇、偶分开，称为时间抽取(Decimation In Time，DIT)基二算法，一种是将序列按照前、后的顺序分开，称为频率抽取(Decimation In Frequency，DIF)基二算法。两种方法的计算流程有些差别，计算的效率相同。下面以最常用的时间抽取基二算法为例介绍 FFT 算法。

按序号的奇偶将 $x[n]$ 分为两个序列

$$\begin{cases} y[l] = x[2l] \\ z[l] = x[2l+1] \end{cases} \qquad l = 0 \sim \frac{N}{2}-1 \tag{3-95}$$

式(3-95)的 DFT 分别为

$$\begin{aligned} Y[k] &= \sum_{n=0}^{N/2-1} y[l]\mathrm{e}^{-\mathrm{j}2\pi lk/\frac{N}{2}} = \sum_{n=0}^{N/2-1} x[2l]W_N^{2lk} \\ &= x[0]W_N^0 + x[2]W_N^{2k} + \cdots + x[N-2]W_N^{(N-2)k} \end{aligned} \tag{3-96}$$

$$\begin{aligned} Z[k] &= \sum_{n=0}^{N/2-1} z[l]\mathrm{e}^{-\mathrm{j}2\pi lk/\frac{N}{2}} = \sum_{n=0}^{N/2-1} x[2l+1]W_N^{(2l+1)k}W_N^{-k} \\ &= W_N^{-k}(x[1]W_N^k + x[3]W_N^{3k} + \cdots + x[N-1]W_N^{(N-1)k}) \end{aligned} \tag{3-97}$$

在式(3-96)和式(3-97)中，$k=0,\ 1,\ 2,\ \cdots,\ N/2-1$。将式(3-97)两边同乘 W_N^k 后与式(3-96)相加，得

$$Y[k] + W_N^k Z[k] = x[0]W_N^0 + x[1]W_N^k + x[2]W_N^{2k} + \cdots + x[N-1]W_N^{(N-1)k}$$

上式即为 $x[n]$前一半 *DFT* 的值，即

$$X[k] = Y[k] + W_N^k Z[k] \qquad k=0,\ 1,\ 2,\ \cdots,\ \frac{N}{2}-1 \tag{3-98}$$

由于序列 $y[l]$和 $z[l]$的长度为 $N/2$，根据 W_N 的周期性有

$$\begin{aligned} Y\left[k+\frac{N}{2}\right] &= Y[k] \\ Z\left[k+\frac{N}{2}\right] &= Z[k] \end{aligned} \tag{3-99}$$

又由 W_N 的对称性有

$$W_N^{k+N/2} = -W_N^k \tag{3-100}$$

因此式(3-98)有

$$\begin{aligned} X\left[k+\frac{N}{2}\right] &= Y\left[k+\frac{N}{2}\right] + W_N^{k+\frac{N}{2}} Z\left[k+\frac{N}{2}\right] \qquad k=0,\ 1,\ 2,\ \cdots,\ \frac{N}{2}-1 \\ &= Y[k] - W_N^k Z[k] \end{aligned} \tag{3-101}$$

因此将式(3-98)和式(3-101)相结合，得到了 $x[n]$的 DFT 结果为

$$\begin{cases} X[k] = Y[k] + W_N^k Z[k] \\ X\left[k+\frac{N}{2}\right] = Y[k] - W_N^k Z[k] \end{cases} \qquad k=0,\ 1,\ 2,\ \cdots,\ \frac{N}{2}-1 \tag{3-102}$$

由此可见，$x[n]$的 DFT 可以由奇偶两个分序列合成而获得。按照式(3-102)的计算方式依次类推，$Y[k]$和 $Z[k]$可以继续分下去，在越分越小的子序列上执行 DFT 运算，最后合成获得 $x[n]$的 DFT 运算。

第五节　小 波 分 析

一、从傅里叶变换到小波变换

傅里叶变换是对信号的全局变换，通过傅里叶变换和傅里叶反变换使得同一信号要么完全在时域，要么完全在频域，这就局限了信号的分析。例如，傅里叶变换不包含时间信息，那么就无法提取某一时间段的频域信息或者某一频率段的时间信息，这样就限制了对信号中

非稳态成分的分析，如突变、偏移等。又如，对时变信号进行分段分析的过程中，如果信号频率高、变化快，分段过程中取短的时间间隔有利于提高分析精度，如果信号频率低，则分段过程中取长的时间间隔才能获取到完整的信息，而傅里叶变换无法实现时域频域的局部化分析。因此传统的傅里叶变换不能满足数字信号处理的需要，这就产生了短时傅里叶变换(Short-Time Fourier Transform，STFT)和小波变换(Wavelet Transform)。

1. 短时傅里叶变换

短时傅里叶变换是Dennis Gabor(丹尼斯·伽柏)在1946年提出的，其基本思想是通过一个时移的窗口，把信号划分成许多小的时间间隔，用傅里叶变换分析每一个时间间隔，确定信号在该时间间隔的局部特征。短时傅里叶变换的表达式为

$$S(\omega,\tau) = \int_R f(t)g(t-\tau)\mathrm{e}^{-\mathrm{j}\omega t}\mathrm{d}t \tag{3-103}$$

其中，$g(t)$为时移窗口，$f(t)$为被分析的信号。随着时间τ的变化，$g(t)$确定的时间窗在时间轴上移动，使$f(t)$被逐段分析。$S(\omega,\ \tau)$反映了$f(t)$在时刻τ频率为ω的信号成分的相对含量。

短时傅里叶变换虽然能够实现时间-频率的局部分析，但是在时移窗口$g(t)$确定后，只能通过时间τ和频率ω的变化改变窗口的位置，而无法改变窗口的形状。因此当非平稳信号的频率随时间发生剧烈变化时，短时傅里叶变换不能满足分析要求。

2. 小波分析

小波分析是窗口面积固定，形状可以改变，即时间和频率窗口都可以改变的时间-频域局部化分析方法，当分析信号的低频部分时可以增加时间窗口的宽度降低频率窗口的宽度，当分析信号的高频部分时可以增加频率窗口的宽度降低时间窗口的宽度。

信号$f(t)$小波变换的定义为

$$W_{\mathrm{f}}(a,b) = \int_R f(t)\overline{\Phi}_{a,b}(t)\mathrm{d}t = |a|^{-\frac{1}{2}}\int_R f(t)\overline{\Phi}_{a,b}\left(\frac{t-b}{a}\right)\mathrm{d}t \tag{3-104}$$

$\Phi(t)$称为基本小波或者母小波函数(Mother Wavelet Function)。小波变换的实质是信号$f(t)$在$t=b$点附近按照$\Phi_{a,b}(t)$进行加权平均，$\overline{\Phi}_{a,b}(t)$是$\Phi_{a,b}(t)$的共轭函数。

小波变换的窗口是可调整的，设$\Phi(t)$的傅里叶变换为$\hat{\Phi}(\omega)$，其窗口的中心为$(b,\ \omega_0/a)$，窗口为矩形，其中$\Delta\Phi$是母小波函数$\Phi(t)$的半时宽，$\Delta\hat{\Phi}$是$\hat{\Phi}(\omega)$的半域宽。这样小波变换对不同频率在时域上的抽样步长可以调节，在低频时小波变换可以选取较长的时间间隔，时间较短时可以选择较高的频率分辨率，如图3-20所示。

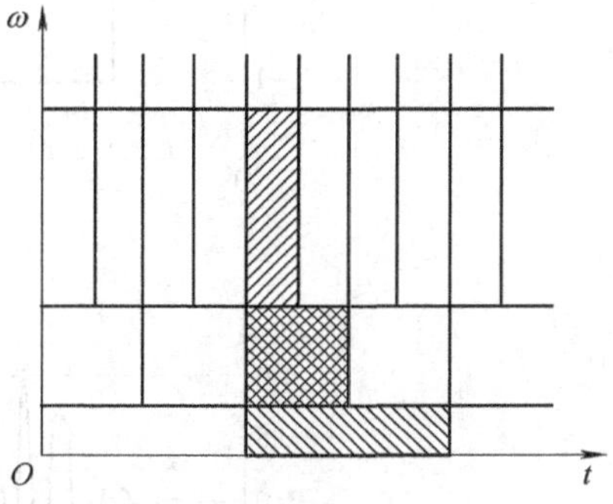

图3-20 小波变换的分析窗口

二、基本小波函数

与傅里叶变换不同，小波分析不具有唯一性，基本小波$\Phi(t)$有很多种形式。在工程测量中，最优基本小波的选择十分重要，选择不同的基本小波会得到不同的小波分析结果。

1. Haar 小波函数

Haar 小波函数是最简单的一个小波函数，如图 3-21 所示，定义为

$$\Phi(x)=\begin{cases}1 & 0\leqslant x\leqslant 1/2\\ -1 & 1/2\leqslant x\leqslant 1\\ 0 & 其他\end{cases} \tag{3-105}$$

2. Morlet 小波函数

Morlet 小波函数如图 3-22 所示，定义为

$$\Phi(x)=Ce^{-x^2/2}\cos\omega_0 x \tag{3-106}$$

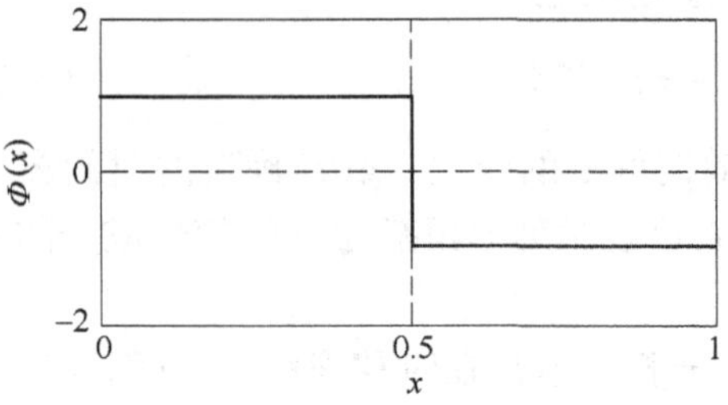

图 3-21　Haar 小波函数

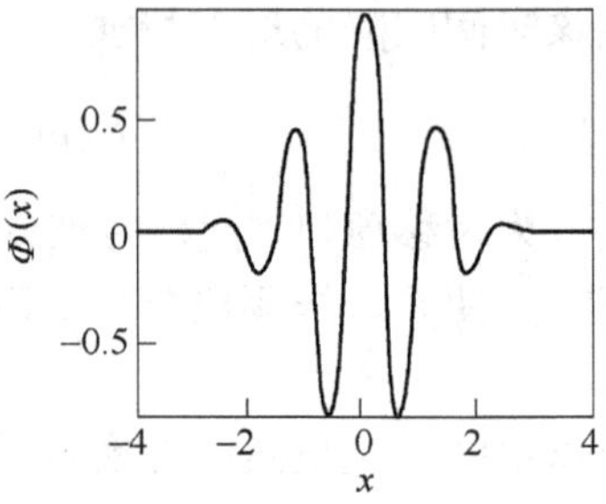

图 3-22　Morlet 小波函数

3. Daubechies 小波函数

Daubechies 小波函数一般简写为 db$N$，N 为小波的阶数。当 $N=1$ 时，为 Haar 小波函数，当 $N\neq 1$ 时，db$N$ 没有固定的表达式，图 3-23 分别显示了 db1、db4、db8 和 db10 的情况。

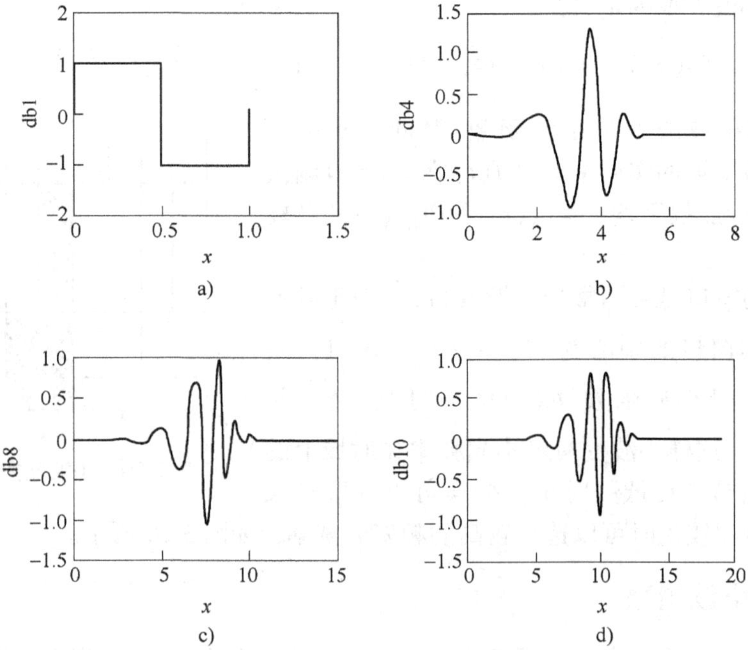

图 3-23　Daubechies 小波函数

a) db1　b) db4　c) db8　d) db10

4. Mexican Hat 小波函数

Mexican Hat 小波函数定义为

$$\Phi(x)=\frac{2}{\sqrt{3}}\pi^{-1/4}(1-x^2)e^{-x^2/2} \tag{3-107}$$

它是 Gauss 函数的二阶导数，因为有像墨西哥帽的界面，所以称这个函数为墨西哥帽函数，如图 3-24 所示。

5. Meyer 小波函数

Meyer 小波函数在频域中的定义为

$$\begin{cases}\Phi(\omega)=(2\pi)^{-\frac{1}{2}}e^{-j\frac{\omega}{2}}\sin\left[\frac{\pi}{2}v\left(\frac{3}{2\pi}|\omega|-1\right)\right] & \frac{2\pi}{3}\leqslant|\omega|\leqslant\frac{4\pi}{3}\\ \Phi(\omega)=(2\pi)^{-\frac{1}{2}}e^{-j\frac{\omega}{2}}\sin\left[\frac{\pi}{2}v\left(\frac{3}{4\pi}|\omega|-1\right)\right] & \frac{4\pi}{3}\leqslant|\omega|\leqslant\frac{8\pi}{3}\\ \Phi(\omega)=0 & |\omega|\notin\left[\frac{2\pi}{3},\frac{8\pi}{3}\right]\end{cases} \tag{3-108}$$

其中

$$v(a)=a^4(35-84a+70a^2-20a^3) \qquad a\in[0,1]$$

是构造 Meyer 小波函数的辅助函数。Meyer 小波函数如图 3-25 所示。

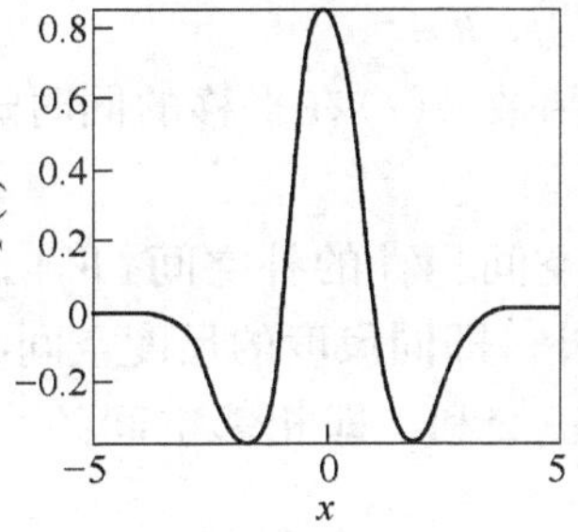

图 3-24 Mexican Hat 小波函数

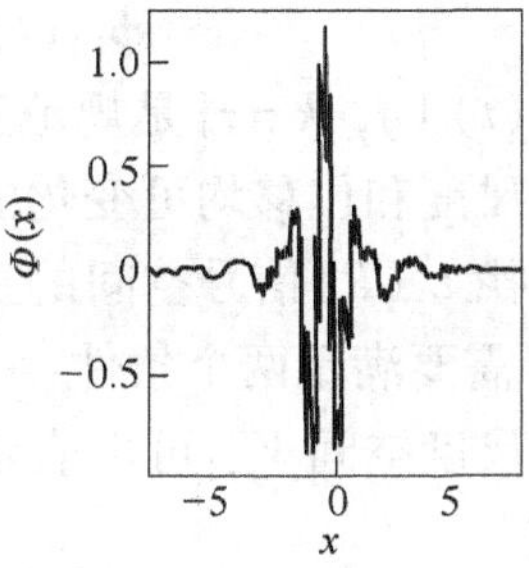

图 3-25 Meyer 小波函数

三、多分辨率分析

在连续小波变换中，可以通过取不同尺度变量对信号进行逐步分析，为了实现快速有效的分析，尺度的选择不应是随机的，S. Mallat(马拉斯)和 Y. Meyer(迈雅)于 1986 年提出了多分辨率分析(Multi-Resolution Analysis，MRA)的概念。

三层信号分解的小波分解树如图 3-26 所示。图中，S 表示原始信号；A 反映信号的近似，是低频部分；D 反映信号的细节，是高频部分；数字表示分解的层数。每一层分解都是针对低频近似部分 Aj，将其继续分解得到近似低频部分 A_{j+1} 和高频细节部分 D_{j+1}。通过分解可以将原始信号 S 表示为

$$S=A3+D3+D2+D1 \tag{3-109}$$

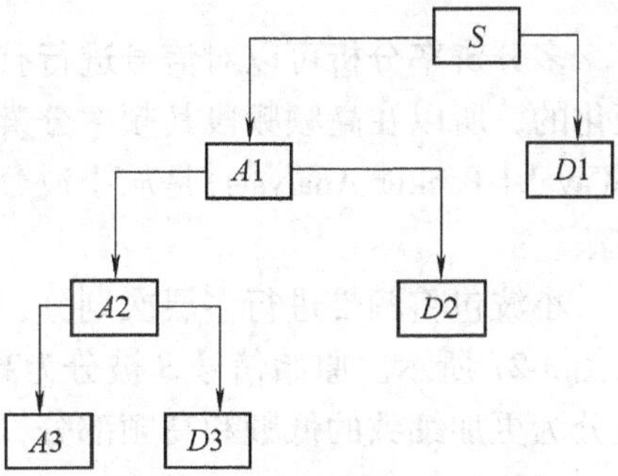

图 3-26 三层多分辨率分解树

由式(3-109)可知，多分辨率分析只对低频空间进行进一步分解，使频率的分辨率变得越来越高。在多分辨率分析的过程中，通过对信号的不断分解，构造在频率上高度逼近信号空间的正交小波基，这些频率不同的正交小波基相当于带宽各异的带通滤波器。

下面讨论构造在频率上高度逼近信号空间的正交小波基的方法。

空间 $L^2(R)$ 中的多分辨率分析是构造该空间内一个子空间列 $\{V_j\}_{j\in z}$，使其具有以下性质：

1）单调性。对于任意 $j\in z$，$V_j\subset V_{j+1}$。

2）逼近性。$\bigcup\limits_{j=-\infty}^{+\infty} V_j \in L^2(R)$，$\bigcup\limits_{j=-\infty}^{+\infty} V_j = \{0\}$ 。

3）伸缩性。对于任意 $j\in z$，$f(x)\in V_j$，有 $f(2x)\in V_{j-1}$。伸缩性体现了尺度的变化、逼近正交小波函数的变化和空间变化三者具有一致性。

4）时移不变性。对于任意 $k\in z$，如果 $f(x)\in V_j$，则 $f(x-2^jk)\in V_j$。

5）Riesz 基(或无约束)存在性。存在函数 $\phi(x)\in V_0$，使得 $\{\phi(2^{-j/2}t-k)\mid k\in z\}$ 构成 V_j 的 Riesz 基。

根据 Riesz 基的存在性可知，存在函数 $\phi(t)\in V_0$，使它的整数平移系 $\{\phi(2^{-j/2}t-k)\mid k\in z\}$ 构成 V_j 的规范正交基，称 $\phi(t)$ 为尺度函数，V_j 是尺度为 j 的尺度空间。尺度函数和尺度空间是实现多分辨率分析的基础。定义函数

$$\phi_{j,k}(t)=2^{-j/2}\phi(2^{-j/2}t-k) \qquad j,\ k\in z \tag{3-110}$$

则函数 $\{\phi_{j,k}(t)\mid j,\ k\in z\}$ 是规范正交的。$\phi_{j,k}(t)$ 是尺度函数 $\phi(t)$ 在平移的同时进行尺度伸缩而得到的尺度和位移均可变化的函数集合。

为了寻找 $L^2(R)$ 信号空间的正交基，可以定义尺度空间 $\{V_j\}$ 的补空间 $\{W_j\}$，称为小波空间。$\{W_j\}$ 需要满足两个条件：一是子空间 W_j 与 V_j 互补，即同尺度的尺度空间与小波空间正交；二是尺度空间 V_{j-1} 可以表示成 V_j 和 W_j 的子空间正交和，即相邻空间的小波空间 W_j 与 W_{j-1} 正交。

综上所述，多分辨率分析的过程为，由 Riesz 基生成尺度函数 $\phi(t)$，由此构造出 $\{V_j\}$ 空间的标准正交基，同时根据与 V_j 空间正交互补的小波空间 W_j，建立小波空间的标准正交基，实际信号所处的 $L^2(R)$ 空间的标准正交基可以在 V_j 和 W_j 的标准正交基的基础上得到，因此通过尺度函数构造出了小波函数。

四、小波包分析

多分辨率分析可以对信号进行有效的时频分解，但是由于其尺度分解的过程是按二进制变化的，所以在高频频段其频率分辨率较差，而在低频频段其时间分辨率较差。小波包分析(Wavelet Packer Analysis)是从小波分析延伸出来的一种对信号进行更加细致的分析与重构的方法。

小波包将频带进行多层次划分，对多分辨率分析中没有分解的高频部分进行二次分解，如图 3-27 所示。原始信号 S 被分为高频部分 $A1$ 和低频部分 $D1$ 后，高频和低频部分又分别被分为更加细致的低频和高频部分，并可以继续分解下去。分解后原始信号可以表示为

$$S=AAA3+DAA3+ADA3+DDA3+AAD3+DAD3+ADD3+DDD3 \tag{3-111}$$

小波包分析的对信号的高频部分进行了更加细致的描述，增加了信号的分析能力，但是

也大大增加了信号分析的计算量。在实际测量信号分析过程中，根据所分析信号的特性，可以选取大小不同的包来组成原始信号，或者根据一些准则来确定最佳小波包基。在有些测量信号分析中，信号的主要特征包含在一个或者几个小波包中，小波分析的过程中只要注意这几个小波包即可。这种方法常用在故障诊断、数据压缩等技术中。

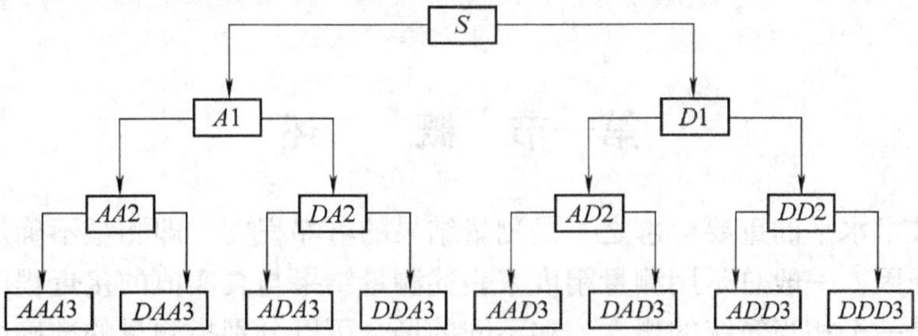

图 3-27　小波包分解示意图

思 考 题

3-1　简要说明确定信号和随机信号的不同。简要说明模拟信号、量化信号和数字信号的不同。

3-2　说明测试信号分析过程中时域描述和频域描述各自的特点和用途。

3-3　利用最小二乘方法实现直线、平面圆、空间圆的拟合。

3-4　已知数据点(x_i，y_i)见表 3-2，使用最小二乘法求取其一次、二次和三次拟合多项式。

表 3-2　数据点

x_i	0.1	0.4	0.5	0.6	0.7
y_i	0.63	0.94	1.05	1.43	2.05

3-5　使用欧拉公式，由周期函数的三角函数形式的傅里叶级数展开推导其三指数函数形式的傅里叶级数展开。

3-6　推导信号 $x(t)=A\sin(\omega t+\varphi)$ 的自相关函数，并绘出其图形。

3-7　举例说明相关分析在测量信号分析中的作用。

3-8　FFT 算法的基本思想是什么？

3-9　若信号的最高频率为 50Hz，信号的记录时间为 20s，通过抽样后要对信号进行 FFT，并作频谱分析，那么信号的抽样点应取多少？

3-10　与傅里叶变换相比较，小波变换的有什么优点？

第四章　测 量 误 差

第一节　概　　述

衡量测量技术水平的重要标志之一是测量结果的可靠程度，即测量不确定度。然而，由于传统习惯的原因，一般总是用测量精度来表述测量结果与真实值的接近程度。如之前的章节所述，精度是一个相当笼统的概念，在不同的场合可以分别指测量的准确度、测量分辨力和测量重复性等特性，故计量领域已明确不再使用精度这一名词。由于传统的沿袭，人们在很多相关场合与他人交流时仍会不可避免地使用“测量精度”这一名词，因此必须进一步理解其在一定场合所提及的“测量精度”的内涵。

由于测量方法和设备的不完善、外界环境的影响及人们认知能力的限制等因素，测量值与被测对象的真实值之间，不可避免地存在着差异，这在数值上表现为误差。在某种意义上，测量技术进步的过程就是克服误差的过程，就是对测量误差规律的认识深化的过程，因此为了充分认识并进而减小或消除误差，必须研究测量误差。

随着科技的日益发展，虽可将误差控制得越来越小，但终究不能完全消除它。误差存在的必然性和普遍性，已为大量实践所证明。例如，按某一尺寸加工零件时，加工后的零件尺寸与设计值之差，就是加工误差；按某一要求调整仪器的工作状态（如电流、电压、温度等）时，调整后的工作状态参数与规定的工作状态参数之差，就是仪器的调整误差；打靶射击时，靶心是期望的弹着点位置，实际弹着点偏离靶心的一段距离就是射击误差。同样，多种误差来源都会导致测量过程也存在测量误差。为此，应确切掌握测量误差的特征规律，正确组织实验过程，合理设计仪器或选用仪器和测量方法，正确处理测量和实验数据，合理计算所得结果，以便在最经济的条件下得到更接近于真值的数据，对所得结果的可靠性作出评定。

误差与测量不确定度是相关的，但是绝对不能等同对待，具体原因将在后续章节中进一步展开分析。这里举一个例子来简单说明其原因。国际千克原器如果分别用市场上的电子秤和计量部门在量值传递和溯源过程中使用的超精密天平来测量其质量，由于电子秤的分辨力为1g，那么很有可能给出的测量结果是1000g，误差为0；而超精密天平的分辨力远高于电子秤，测量结果必然是999. ＊＊＊g或1000. ＊＊＊g，误差不为0，但是不能说超精密天平测量结果的可靠程度低于电子秤。

一、测量误差的基本概念

根据国际计量学词汇基础和通用概念及相关术语定义，测量误差的定义是测得的量值减去参考量值，通常简称为误差，即

$$误差 = 测得值 - 参考量值 \tag{4-1}$$

由式(4-1)可知，误差可能是正值或负值。

参考量值可以是被测量的客观真实值，但真值是一个理想的概念，一般是未知的。除非在某些特定情况下，真值是可知的，如测量三角形三个内角之和时可知其真值为180°，测量一个整圆周角时可知其真值为360°，按定义规定的国际千克基准的值可认为其真值是1kg等。为了使用上的需要，在实际测量中，参考量值可以是具有足够小不确定度的量值。

在实际工作中，经常使用修正值。为消除系统误差，用代数法加到测量结果上的值称为修正值。将测得值加上修正值后可得近似的真值，即

$$\text{真值} \approx \text{测得值} + \text{修正值} \tag{4-2}$$

由此得

$$\text{修正值} = \text{真值} - \text{测得值} \tag{4-3}$$

修正值与误差值的大小相等而符号相反，测得值加修正值后可以消除该误差的影响。但必须注意，一般情况下无法得到真值，因为修正值本身也有误差，修正后只能得到较测得值更为准确的结果。

误差也可以用相对值来表示，即误差与参考量值之比值称为相对误差。由于误差相对于测量值来讲数量级差的比较多，因此可近似用误差与测得值之比值作为相对误差，即

$$\text{相对误差} = \frac{\text{绝对误差}}{\text{真值}} \approx \frac{\text{绝对误差}}{\text{测得值}} \tag{4-4}$$

同理，相对误差也可能为正值或负值，但相对误差是无名数。

例如，用汞温度计测得某一温度为20.3℃，该温度用高一等级的温度计测量的测得值为20.2℃。因后者准确度高，故可认为20.2℃更接近真实温度，为参考量值。因此汞温度计测量的误差为0.1℃，其相对误差为

$$\frac{0.1}{20.2} \approx \frac{0.1}{20.3} \approx 5 \times 10^{-4}$$

采用相对误差有重要作用，例如对于相同的被测量，误差可以用于大致评定两种不同方法测量准确度的高低，但对于测量范围内两个不同的被测量值，误差就难以评定两者测量准确度的高低，因为一般都存在测量范围越大，误差也越大的规律。而采用相对误差来评定就更容易看出哪种方法的测量准确度更高。

例如，用两种方法来测量 $L_1 = 100\text{mm}$ 的尺寸，其多次测量后平均值的误差分别为 $\delta_1 = 10\mu\text{m}$，$\delta_2 = 8\mu\text{m}$，可知后者的测量误差小。但若用第三种方法测量 $L_2 = 80\text{mm}$ 的尺寸，其平均值的测量误差为 $\delta_3 = 7\mu\text{m}$，此时用误差就难以评定它与前两种方法准确度的高低，必须采用相对误差来评定。

第一种方法的相对误差为

$$\frac{\delta_1}{L_1} = \frac{10\mu\text{m}}{100\text{mm}} = \frac{10 \times 10^{-3}}{100} = 10^{-4}$$

第二种方法的相对误差为

$$\frac{\delta_2}{L_1} = \frac{8\mu\text{m}}{100\text{mm}} = \frac{8 \times 10^{-3}}{100} = 8 \times 10^{-5}$$

第三种方法的相对误差为

$$\frac{\delta_3}{L_2} = \frac{7\mu\text{m}}{80\text{mm}} = \frac{7 \times 10^{-3}}{80} \approx 9 \times 10^{-5}$$

由此可知，第一种方法优于第三种方法，第三种方法优于第二种方法。这里需要说明一点，以上的比较并不严谨，因为如前所述，准确度等级低的仪器给出的测量值有可能比准确度等级高的仪器要更加接近于真实值，但是两种仪器给出的测量值的可靠程度是不一样的。此处给出的例子只是说明相对量更容易进行比较。

在第二章介绍的引用误差也是一种相对量的表现形式。引用误差是一种测量仪器的非线性误差，指的是测量仪器或测量系统的示值误差除以仪器的特定值（如量程），即

$$\text{引用误差}=\frac{\text{仪器示值误差}}{\text{量程}} \tag{4-5}$$

例如，测量范围为 0 ~ 19600N 的工作测力计，标定示值为 14700N 处的实际作用力为 14778.4N，则此测力计在该刻度点的引用误差为

$$\frac{14700-14788.4}{19600}=-4\times10^{-3}$$

仪器的全量程范围内有很多刻度点，每一个刻度点都有相应的引用误差，其中绝对值最大的引用误差为仪器的最大引用误差。

二、误差的分类

按照误差的特点与性质，误差可分为系统误差、随机误差和粗大误差三类。

（1）*系统误差* 重复测量中保持不变，或在条件改变时按一定规律变化的误差称为系统误差，如标准量值的不准确、仪器刻度的不准确而引起的误差。

系统误差又可按误差变化规律分为：不变系统误差，是指误差绝对值和符号固定的系统误差；变化系统误差，是指误差绝对值和符号变化的系统误差，系统误差随着测量值变化而呈现线性、周期性和复杂规律变化等。

（2）*随机误差* 即重复测量中以不可预定的方式变化的误差，也称偶然误差，如仪器仪表中传动部件的间隙和摩擦、连接件的弹性变形等引起的示值不稳定、电表轴承摩擦力矩的变动、螺旋测微仪测头压紧力的变化、操作读数视差的影响、数字仪表末位取整的舍入过程等引入的误差。

随机误差具有随机变量的一切特征。它虽不具有确定的规律，但却服从统计规律，其取值具有一定的分布特征，因而可利用概率论提供的理论和方法来研究。

（3）*粗大误差* 超出在规定条件下预期的误差称为粗大误差，也称为异常数据。此误差值较大，明显歪曲测量结果，如测量时对错了标志、读错或记错了数、使用有缺陷的仪器，在测量时因操作不细心而引起的过失性误差，以及突然的冲击振动、电压波动、空气扰动等。

粗大误差的出现是测量过程中的异常因素造成的，因此不符合测量条件的要求，对应的测量活动是无效的，即对测量结果进行处理时应该剔除相应的数据。

严格意义上，误差是各项误差的代数和，因此从正常测量数据处理的角度来看，误差只包含系统误差和随机误差，即满足以下关系：

$$\text{误差}=\text{系统误差}+\text{随机误差}$$

三、三类误差之间的关系

将误差确切分类，对不同性质的测量误差研究其处理方法以及误差计算与评定方法有助于针对不同误差采取相应措施，获得更精确的结果。但必须注意，各类误差之间随着考察条件的变化可以相互转化。例如，正态分布的随机误差是由许多微小的未加控制的因素综合作用的结果，若能对其中某项因素加以控制，则可使其消减或转化为系统误差。而系统误差也可在一定条件下使其随机化。例如，按一定基本尺寸制造的量块，存在着制造误差，对某一块量块，制造误差是确定数值，可认为是系统误差，但对一批量块而言，制造误差是变化的，又成为随机误差；在使用某一量块时，没有检定出该量块的尺寸偏差，而按基本尺寸使用，则制造误差属随机误差，若检定出量块的尺寸偏差，按实际尺寸使用，则制造误差属系统误差。又例如，在固定地使用度盘的同一刻度进行测量时，度盘偏心误差带入测量结果的误差是恒定不变的系统误差，而若按顺时针或逆时针顺次考察各刻度时，则其示值误差是按正弦规律变化的系统误差；在逐次测量时，随机地选择任一刻度进行测量（每次测量都是随意地，不附带任何选择条件地取用任一刻度位置进行测量），则由此引入测量结果的误差应为随机误差。

对于数值未知的系统误差，在固定的条件下，其取值在多次重复测量结果中恒定不变而无抵偿性，因此属于系统误差。但在条件适当改变时，这类误差又表现出随机误差的分布特征，因而也用表征随机误差的特征参数去表征它。而不同因素的这类误差综合作用时，相互间也表现出随机误差那样的抵偿性，因而在考虑不确定度的合成时，又应按随机误差的特征去处理。掌握误差转化的特点，可将系统误差转化为随机误差，用数据统计处理方法减小误差的影响；或将随机误差转化为系统误差，用修正方法减小其影响。

同样，在概念上粗大误差与随机误差及系统误差有明确的差别，但实际上，这一界限并不十分清晰。在系列测量结果中，粗大误差与另两类误差的差别只表现为数值大小的差别。由于正态分布的随机误差分布的“无限性”，有时很难区分粗大误差与正常的服从正态分布的大误差，特别是在误差值处于测量的误差界限附近时更是如此。此时，应采用某一判定准则加以区别，而这些判定准则的选择使用也具有某种随意性。首先，这些判定准则是按一定的概率对粗大误差作出区分鉴别的，因此这一区分具有某种不确定的含意。其次，判定方法及显著性水平的选择也具有人为的主观因素，选择不同的判别方法、按着不同的显著性水平，判别的结果可能不同。某一误差因素，在某种条件下可造成粗大误差，从而歪曲测量结果应舍弃不用，但在另外的条件下，同一误差因素引起的误差却在正常范围之内。例如，查点房间内的人数时，若漏点或多计了人数，获得的数字应认为是错误的，含有粗大误差。但在人口普查中，计数误差被认为是不可避免的，而且遵从某种随机分布规律。

可见，误差性质的转化在误差分析与处理过程中具有重要意义，在讨论误差的性质和对误差进行分类时绝不能脱离相应的转化前提条件。总之，系统误差和随机误差之间并不存在绝对的界限，随着对误差性质认识的深化和测试技术的发展，有可能把过去作为随机误差的某些误差分离出来作为系统误差处理，或把某些系统误差当做随机误差来处理。

三类误差的表现特征如图 4-1 所示。图中，设 x_0 为被测量的真实值，在多次重复测量中系统误差为固定值，而随机误差为对称分布，并以测量列平均值为中心而变化。

正是考虑到误差的性质可能转变，因此现代误差理论不区分误差性质，而改用另外的评定方法（将在第五章加以介绍）。误差评定方法的不完备之处还在于：任何一个测量结果总是包含随机误差和系统误差的，个别的数据还包含粗大误差，不会只含随机误差或系统误差。但在一个具体的测量结果中，它们集中地反映在一个具体的数据中，而无法在数量上作出区分。只有在多次测量的系列数据中，不同性质的误差才会显露出不同的情况。图 4-2 所示的射击时弹着点的例子可以形象地说明这一情形。只进行一次射击时，用这一射击结果说明射击水平是很不充分的，更无法区分出射击的系统误差、随机误差和粗大误差。只有通过大量的射击，才能确切地反映射击水平，并区分出系统误差、随机误差和粗大误差。由图 4-2 可知，射击的随机误差反映为弹着点的分散程度，系统误差表现为弹着点分布中心对靶心的偏离程度，而远离正常弹着点分布区域的个别弹着点则反映了粗大误差的作用。这种多次实验就是统计实验，因此在对测量误差进行分析研究时，统计实验具有重要的意义。

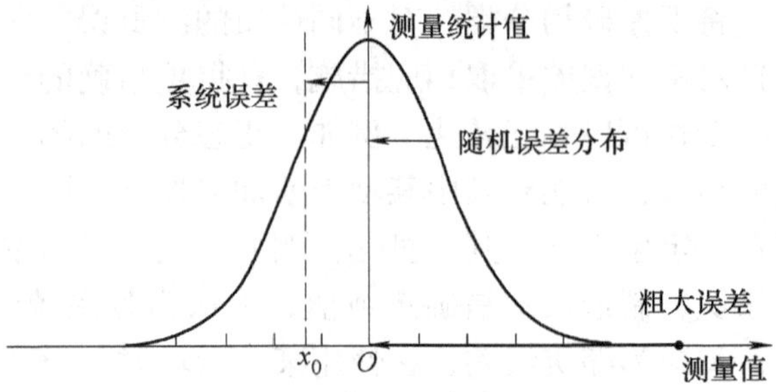

图 4-1　三类误差的表现特征

图 4-2a 所示的系统误差大而随机误差小，即正确度低而精密度高；图 4-2b 所示的系统误差小而随机误差大，即正确度高而精密度低；图 4-2c 所示的系统误差与随机误差都小，即准确度高。

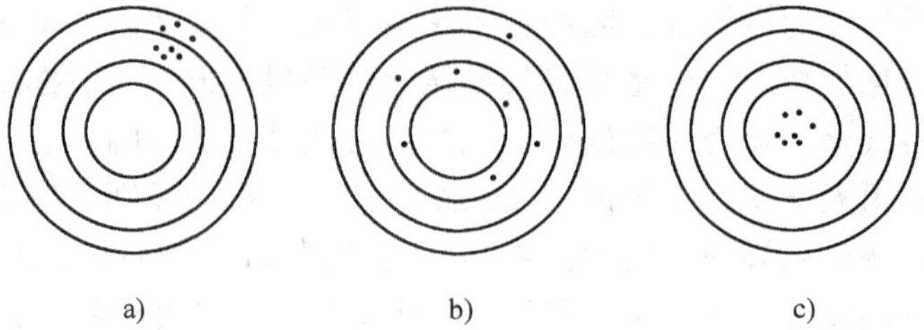

图 4-2　精密度、正确度和准确度的关系

第二节　粗 大 误 差

虽然误差是必然存在的，但可以尽可能消除或减小误差，从而提高测量数据的准确度。因此，有必要对各种误差的性质、出现规律、产生原因、发现与消除或减小它们的主要方法以及测量结果的评定等方面，作进一步的分析。

若出现个别数据，与其他测量数据的差异明显较大，则可能出现了粗大误差。粗大误差会对测量结果产生明显的歪曲，一旦发现含有粗大误差的测量值，应将其从测量结果中剔除。

一、粗大误差的产生原因

产生粗大误差的原因是多方面的，大致可归纳如下：

(1) *测量人员的主观原因*　由于测量者工作责任感不强、工作过于疲劳，或者缺乏经验、操作不当，或者在测量时不小心、不耐心、不仔细等，从而造成了错误的读数或错误的记录，这是产生粗大误差的主要原因。

（2）外界客观条件的原因 由于测量条件意外地改变（如机械冲击、外界振动、电网电压突变、干扰等），引起仪器示值或检测对象位置的改变而产生粗大误差，如振动对处于高楼层的精密测量会产生较大影响。

（3）仪器内部故障。

二、粗大误差的防止与消除方法

对粗大误差，除了设法从测量结果中发现和鉴别而加以剔除外，更重要的是要加强测量者的工作责任心和以严格的科学态度对待测量工作；此外，还要保证测量条件的稳定，或者避免在外界条件发生激烈变化时进行测量。如能达到以上要求，一般情况下是可以防止粗大误差产生的。

在某些情况下，为了及时发现与防止测得值中含有粗大误差，可采用不等权测量和互相之间进行校核的方法。例如，对某一被测值，可由两位测量者进行测量、读数和记录，或者用两种不同仪器或两种不同方法进行测量（如测量薄壁圆筒内径，可通过直接测量内径或测量外径和壁厚，再经过计算求得内径，两者作互相校验）。

三、粗大误差的判别准则

在判别某个测得值是否含有相大误差时，要特别慎重，前面已经分析过，粗大误差和随机误差之间界限有时并不特别清晰，应作充分的分析和研究，并根据判别准则予以确定。

最自然的一个判别粗大误差的思路就是根据随机误差的有界性，超过一定界限的，即可认为是粗大误差，最典型的就是 3σ 准则。

1. 3σ 准则（莱以特准则）

对于某一测量列，若各测得值只含有随机误差，则根据随机误差的正态分布规律，其残余误差落在 3σ 以外的概率约为 0.3%。如果在测量列中，发现有大于 3σ 的残余误差的测得值

$$|v_i| > 3\sigma \tag{4-6}$$

则可以认为它含有粗大误差，应予剔除。

可见，由于测量列近似为正态分布，对应于 99.73% 的置信概率，置信系数可直接取为 3，无需查表，因此称之为最简单常用的准则。但显然 3σ 准则是以测量次数充分大为前提的。由于通常测量次数皆较少，因此 3σ 准则只是一个近似的准则。例如，当测量次数 n 小于 10 时，可以实验证明，无论粗大误差多大，都无法将其判别出来。因此，对于测量次数较少的情况，需要探寻其他准则。

遵循 $|v_i| > k\sigma$ 的这样一个基本思路，其他准则可根据测量次数较少时满足的 t 分布选择更合适的置信系数 k。同时，因为 3σ 准则是直接求取未剔除之前的标准差再去发现粗大误差的，而且标准差本身是包含粗大误差的，所以也要求测量次数较多，才能减小粗大误差对于标准差的影响，得到正确结果。因此，其他准则还需先找到最可疑数据先剔除，然后求取标准差。

2. 罗曼诺夫斯基准则

罗曼诺夫斯基准则又称 t 检验准则。当测量次数较少时，按 t 分布的实际误差分布范围

来判别粗大误差较为合理。其特点是首先剔除一个可疑的测得值，然后按 t 分布检验被剔除的测量值是否含有粗大误差。

设对某量作多次等权独立测量，得 x_1，x_2，…，x_n。若认为测量值 x_j 为可疑数据，将其剔除后计算平均值为

$$\bar{x} = \frac{1}{n-1}\sum_{\substack{i=1\\ i\neq j}}^{n} x_i$$

并求得测量列的标准差（计算时不包括 $v_j = x_j - \bar{x}$）

$$\sigma = \sqrt{\frac{\sum_{i=1}^{n} v_i^2}{n-2}}$$

在系数的选择上，也避免了直接利用近似的系数3，而是根据测量次数 n 和选取的显著度 α，由表查得 t 分布的检验系数 $K(n,\alpha)$，若

$$|x_j - \bar{x}| > K\sigma \tag{4-7}$$

则认为测量值 x_j 含有粗大误差，剔除 x_j 是正确的；否则认为 x_j 不含有粗大误差，应予保留。

3. 格罗布斯准则

设对某量作多次等权独立测量，得 x_1，x_2，…，x_n。当 x_i 服从正态分布时，为了检验 x_i 中是否存在粗大误差，将 x_i 按大小顺序排列成顺序统计量 $x_{(i)}$，即

$$x_{(1)} \leqslant x_{(2)} \leqslant \cdots \leqslant x_{(n)}$$

格罗布斯导出了 $g_{(n)} = \dfrac{x_{(n)} - \bar{x}}{\sigma}$ 及 $g_{(1)} = \dfrac{\bar{x} - x_{(1)}}{\sigma}$ 的分布，确定显著度 α（一般为0.05或0.01），可得临界值 $g_0(n,\alpha)$，见表4-1。

表4-1 临界值 $g_0(n,\alpha)$

n	α		n	α	
	0.05	0.01		0.05	0.01
	$g_0(n,\alpha)$			$g_0(n,\alpha)$	
3	1.15	1.16	17	2.48	2.78
4	1.46	1.49	18	2.50	2.82
5	1.67	1.75	19	2.53	2.85
6	1.82	1.94	20	2.56	2.88
7	1.94	2.10	21	2.58	2.91
8	2.03	2.22	22	2.60	2.94
9	2.11	2.32	23	2.62	2.96
10	2.18	2.41	24	2.64	2.99
11	2.23	2.48	25	2.66	3.01
12	2.28	2.55	30	2.74	3.10

若认为 $x_{(1)}$ 可疑，则有

$$g_{(1)} = \frac{\bar{x} - x_{(1)}}{\sigma}$$

当 $g_{(i)} \geqslant g_0$（n，α）时，即可判别该测得值含有粗大误差，应予剔除。

4. 狄克松准则

前面三种判别准则基本思想是一致的，即根据标准差来获得最大可能误差限，超出即判定为粗大误差。无非是标准差的求解方法或者系数选择不同。另一种思想是用极差比的思想，即狄克松准则，其特点是无需计算标准差。

狄克松研究了 x_1，x_2，…，x_n 的顺序统计量 $x_{(i)}$ 的分布，当 $x_{(i)}$ 服从正态分布时，得到 $x_{(n)}$ 和最小值 $x_{(1)}$ 的统计量

$$\begin{cases} r_{10} = \dfrac{x_{(n)} - x_{(n-1)}}{x_{(n)} - x_{(1)}} \text{与}\ r'_{10} = \dfrac{x_{(2)} - x_{(1)}}{x_{(n)} - x_{(1)}} & n \leqslant 7 \\ r_{11} = \dfrac{x_{(n)} - x_{(n-1)}}{x_{(n)} - x_{(2)}} \text{与}\ r'_{11} = \dfrac{x_{(2)} - x_{(1)}}{x_{(n-1)} - x_{(1)}} & n\ \text{为}\ 8 \sim 10 \\ r_{21} = \dfrac{x_{(n)} - x_{(n-2)}}{x_{(n)} - x_{(2)}} \text{与}\ r'_{21} = \dfrac{x_{(3)} - x_{(1)}}{x_{(n-1)} - x_{(1)}} & n\ \text{为}\ 11 \sim 13 \\ r_{22} = \dfrac{x_{(n)} - x_{(n-2)}}{x_{(n)} - x_{(3)}} \text{与}\ r'_{22} = \dfrac{x_{(3)} - x_{(1)}}{x_{(n-2)} - x_{(1)}} & n \geqslant 14 \end{cases} \tag{4-8}$$

的分布，选定显著度 α，得到各统计量的临界值 r_0（n，α），见表4-2。若测量的统计值 r_{ij} 大于临界值，则认为 $x_{(n)}$ 含有粗大误差。

表 4-2　临界值 r_0（n，α）

统计量	n	α = 0.01	α = 0.05	统计量	n	α = 0.01	α = 0.05
		r_0（n，α）				r_0（n，α）	
$r_{10} = \dfrac{x_{(n)} - x_{(n-1)}}{x_{(n)} - x_{(1)}}$	3	0.988	0.341	$r_{22} = \dfrac{x_{(n)} - x_{(n-2)}}{x_{(n)} - x_{(3)}}$	14	0.641	0.546
	4	0.889	0.765		15	0.616	0.525
$r'_{10} = \dfrac{x_{(2)} - x_{(1)}}{x_{(n)} - x_{(1)}}$	5	0.780	0.642	$\left(r'_{22} = \dfrac{x_{(3)} - x_{(1)}}{x_{(n-2)} - x_{(1)}}\right)$	16	0.595	0.507
	6	0.698	0.560		17	0.577	0.490
	7	0.637	0.507		18	0.561	0.475
$r_{21} = \dfrac{x_{(n)} - x_{(n-2)}}{x_{(n)} - x_{(2)}}$	8	0.683	0.554		19	0.547	0.462
$\left(r'_{21} = \dfrac{x_{(1)} - x_{(3)}}{x_{(1)} - x_{(n-1)}}\right)$	9	0.635	0.512		20	0.535	0.450
	10	0.597	0.477		21	0.524	0.440
$r_{11} = \dfrac{x_{(n)} - x_{(n-1)}}{x_{(n)} - x_{(2)}}$	11	0.679	0.576		22	0.514	0.430
	12	0.642	0.546		23	0.505	0.421
$\left(r'_{11} = \dfrac{x_{(1)} - x_{(2)}}{x_{(1)} - x_{(n-1)}}\right)$	13	0.615	0.521		24	0.497	0.413
					25	0.489	0.406

例 4-1　对某量进行 15 次等权测量，测得值见表 4-3，设这些测得值已消除了系统误差，试判别该测量列中是否存在含有粗大误差的测得值。

表 4-3　例 4-1 的测得值

序号	l	v	v^2	v'	v'^2
1	20.42	+0.016	0.000256	+0.009	0.000081
2	20.43	+0.026	0.000676	+0.019	0.000361
3	20.40	-0.004	0.000016	-0.011	0.000121
4	20.43	+0.026	0.000676	+0.019	0.000361
5	20.42	+0.016	0.000256	+0.009	0.000081
6	20.43	+0.026	0.000676	+0.019	0.000361
7	20.39	-0.014	0.000196	-0.021	0.000441
8	20.30	-0.104	0.010816	—	—
9	20.40	-0.004	0.000016	-0.011	0.000121
10	20.43	+0.026	0.000676	+0.019	0.000361
11	20.42	+0.016	0.000256	+0.009	0.000081
12	20.41	+0.006	0.000036	-0.001	0.000001
13	20.39	-0.014	0.000196	-0.021	0.000441
14	20.39	-0.014	0.000196	-0.021	0.000441
15	20.40	-0.004	0.000016	-0.011	0.000121
	$\bar{x}=\frac{\sum_{i=1}^{15} l_i}{n}=20.404$	$\sum_{i=1}^{15} v_i=0$	$\sum_{i=1}^{15} v_i^2=0.0150$		$\sum_{i=1}^{14} v'^2_i=0.00337$

1. 3σ 准则　由表 4-3 可得

$$\bar{x}=20.404$$

$$\sigma=\sqrt{\frac{\sum_{i=1}^{n} v_i^2}{n-1}}=\sqrt{\frac{0.0150}{14}}=0.033$$

根据 3σ 准则，第 8 个测量值的残差 $|v_8|=0.104>3\sigma$，故将此测得值剔除。再根据剩下的 14 个测得值重新计算，得

$$\bar{x}'=20.411$$

$$\sigma'=0.016$$

剩下 14 个测得值的残余误差均满足 $|v_i'|<3\sigma'$，故可认为不再含有粗大误差。

2. 罗曼诺夫斯基准则　首先怀疑第 8 测得值含有粗大误差，将其剔除。然后根据剩下的 14 个测量值计算平均值和标准差，得 $\bar{x}=20.411$，$\sigma=0.016$，选取显著度 $\alpha=0.05$，已知 $n=15$，查表得

$$K(15,\ 0.05)=2.24$$

$$K\sigma=2.24\times0.016=0.036$$

因

$$|x_8-\bar{x}|=|20.30-20.411|=0.111>0.036$$

故第 8 测量值含有粗大误差，应予剔除。

然后对剩下的 14 个测得值进行判别，可知这些测得值不再含有粗大误差。

3. 格罗布斯准则　按测量值大小顺序排列得到 $x_{(1)}=20.30$，$x_{(15)}=20.43$，有两个测量值可怀疑，由于

$$\bar{x}-x_{(1)}=0.104>x_{(15)}-\bar{x}=0.026$$

因此先怀疑 $x_{(1)}$ 含有粗大误差

$$g_{(1)}=\frac{20.404-20.30}{0.033}=3.15>g_0(15,\ 0.05)=2.41$$

故第 8 个测得值含有粗大误差，应于剔除。剩下 14 个数据，再重复上述步骤。判别 $x_{(15)}$

$$g_{(15)}=\frac{20.43-20.411}{0.016}=1.18<g_0(14,\ 0.05)=2.37$$

因此 $x_{(15)}$ 不包含粗大误差，而各 $g_{(i)}$ 都小于 1.18，故可认为其余测量值也不含粗大误差。

4. 狄克松准则　将 x_i 排成顺序量，首先判断最大值 $x_{(15)}$，因 $n=15$，故按式(4-8)计算统计量 r_{22}

$$r_{22}=\frac{x_{(15)}-x_{(13)}}{x_{(15)}-x_{(3)}}=\frac{20.43-20.43}{20.43-20.39}=0<r_0(15,\ 0.05)=0.525$$

故 $x_{(15)}$ 不含有粗大误差。

再判别最小值 $x_{(1)}$，按式(4-8)计算统计量 r'_{22}

$$r'_{22}=\frac{x_{(1)}-x_{(3)}}{x_{(1)}-x_{(13)}}=\frac{20.30-20.39}{20.30-20.43}=0.692>r_0(15,\ 0.05)=0.525$$

所以 $x_{(1)}$ 含有粗大误差，应予剔除。

剩下 14 个数据，再重复上述步骤。因 $n=14$，按式(4-8)计算 r_{22}

$$r_{22}=\frac{x'_{(14)}-x'_{(12)}}{x'_{(14)}-x'_{(3)}}=\frac{20.43-20.43}{20.43-20.39}=0<r_0(14,\ 0.05)=0.546$$

$x_{(14)}$ 不含有粗大误差。

根据这四种粗大误差判别准则的思想可以分析出其各自的适用范围。例如，3σ 准则，由于系数等于 3 以及标准差是未剔除之前的，因此显然适用测量次数较多的测量列，对于平时测量次数较少的情况，其可靠性不高，当 n 低于 10 时，3σ 准则探测不到任何粗大误差。但不可否认，3σ 准则实现简便，使用简单的系数，避免了查表，故在要求不高时经常应用。对测量次数较少而要求较高的测量列，应采用罗曼诺夫斯基准则、格罗布斯准则或狄克松准则等，其中以格罗布斯准则的可靠性最高，通常测量次数 $n=20\sim100$，其判别效果较好。当测量次数很小时，可采用罗曼诺夫斯基准。若需要从测量列中人工迅速判别含有粗大误差的测得值，则可采用狄克松准则，因为其不需要计算标准差。

1）大样本情况（$n>50$）用 3σ 准则最简单方便，虽然这种判别准则的可靠性不高，但它使用简便，不需要查表，故在要求不高时经常使用；$30<n\leqslant50$ 情形，用格拉布斯准则效果较好；$3\leqslant n<30$ 情形，用格拉布斯准则适于剔除一个异常值，用狄克逊准则适于剔除一个以上异常值。当测量次数比较小时，也可根据情况采用罗曼诺夫斯基准则。

2）在较为精密的实验场合，可以选用两三种准则同时判断，当一致认为某值应剔除或保留时，则可以放心地加以剔除或保留。当几种方法的判断结果有矛盾时，则应慎重考虑，一般以不剔除为妥。因为虽然留下某个怀疑的数据后算出的 σ 只是偏大一点，但这样做较

为安全。另外，可以再增加测量次数，以消除或减少它对平均值的影响。

必须指出，若按上述准则判别出测量列中有两个以上测量值含有粗大误差，则应先剔除误差最大的测量值，然后再对余下的测量值重新计算算术平均值及其标准差，进行判别；依此程序逐步剔除，直到所有测量值都不含粗大误差为止。

应该说明的是，之所以 3σ 准则最为常用，也在于它的实现较为简单。因为在实际应用中，必须考虑判别程序的编写，特别是涉及反复剔除的循环流程，必须易于实现，否则剔除粗大误差的工作量将十分庞大，导致测量人员失去耐心，不遵循首先判断是否存在粗大误差的良好测量数据处理习惯，使后面出现的错误难以发现源头，带来更大的麻烦。

最后必须指出，由于许多重大科学发现恰恰是从异常测量结果发现的，因此必须具体问题具体分析，必须分清该误差的产生是某种原因导致错误结果，还是一个人们尚未认清规律的正常结果。

第三节　系 统 误 差

系统误差往往和随机误差同时存在于测量数据之中，甚至所占比重还较大，且不易被发现，多次重复测量又不能减小它对测量结果的影响，这种潜伏性使得系统误差比随机误差具有更大的危险性。因此研究系统误差的特征与规律性，用一定的方法发现和减小或消除系统误差，就显得十分重要。否则，对随机误差严格的数学处理将效果甚微，甚至失去意义。

一、系统误差的产生原因

系统误差的产生原因主要有如下几方面：

（1）*测量装置方面的因素*　仪器机构设计原理上的缺点，如齿轮杠杆测微仪直线位移和转角不成比例的误差；仪器零件制造和安装不正确，如标尺的刻度误差、刻度盘和指针的安装偏心、仪器各导轨的误差、天平的臂长不等；测量仪器的制造误差，如环规直径偏差、量块制造偏差、未经校准千分尺的零位误差等。

（2）*标准量具误差*　以固定形式复现标准量值的器具，如氪-86 灯管、标准量块、标准线纹尺、标准电池、标准电阻、标准砝码等，只是相对被校准量而言准确度等级较高，它们本身体现的量值都含有误差，以它们为标准值时，就会引入系统误差。

（3）*仪器误差*　凡用来直接或间接将被测量和已知量进行比较的器具设备，称为仪器或仪表，如阿贝比较仪、天平等比较仪器，压力表、温度计等指示仪表，它们本身都具有误差。这类误差通常由检定证书或检定规程给出相应的正确度指标，可直接查用。

（4）*附件误差*　仪器的附件及附属工具，如测长仪的标准环规、千分尺的调整量等的误差，也会引起测量误差。

（5）*环境方面的因素*　测量时的实际温度对标准温度的偏差、测量过程中温度、湿度等按一定规律变化的误差等，以及由于各种环境因素与规定的标准状态不一致而引起的测量装置和被测量本身的变化所造成的误差，如气压（引起空气各部分的扰动）、振动（外界条件及测量人员引起的振动），照明（引起视差），重力加速度、电磁场等，都会引起误差。通常，把仪器仪表在规定的正常工作条件下所具有的误差称为基本误差，而超出此条件时所增加的误差称为附加误差，如激光测量时波长受到温度的影响，气流对远距离准直测量的影响等。若由于环境改善需要一定的经济代价，则可考虑修正方法等，消除这些误差，如相对测量时使标准件和被测件之间受温度引起的变形相近，可消除环境误差。

（6）测量方法的因素 包括采用近似的测量方法或近似的计算公式等引起的误差，不符合阿贝原则的测量方法，由于测量方法不完善所引起的误差，如采用近似的测量方法而造成的误差等。例如，用钢卷尺测量大轴的圆周长 s，再通过计算求出大轴的直径 $d=s/\pi$，因近似数 π 取值的不同，将会引起误差。又如，用线性代替非线性关系，弦长代替弧长等，也会引起误差。另外，被测对象本身也会引起误差，如工件圆度误差就会造成圆心位置误差，如果测量圆上任意三点来拟合圆，就会导致不同的测量结果。

（7）测量人员方面的因素 包括因测量者的个人特点在刻度上估计读数时习惯偏于某一方向，或动态测量时记录某一信号有滞后的倾向，由于测量者受分辨能力的限制和因工作疲劳引起的视觉器官的生理变化和固有习惯引起的读数误差，以及精神上的因素产生的一时疏忽等所引起的误差等。测量者对仪器使用的熟练程度、操作手法、责任心对这类误差的产生都有影响，因此，自动化测量仪器在减少人的劳动强度的同时，也减少了误差的产生。

二、系统误差的特征

系统误差的特征是，在同一条件下多次测量同一量值时，误差的绝对值和符号保持不变，或者在条件改变时，误差按一定的规律变化。系统误差不具有抵偿性，是固定的或服从一定函数规律的误差。

（1）恒定系统误差 例如，某量块的公称尺寸为 10mm，实际尺寸为 10.001mm，误差为 -0.001mm，若按公称尺寸使用，则量块就会始终存在 -0.001mm 的系统误差。

（2）线性变化的系统误差 在整个测量过程中，随着测量值或时间的变化，误差值是成比例地增大或减小，称为线性变化的系统误差。例如，刻度值为 1mm 的标准刻尺，由于存在刻划误差 Δl，每一刻度间距实际为 $(1+\Delta l/\text{mm})$ mm，若用它与另一长度比较，得到的比值为 K，则被测长度的实际值为

$$L=K(1+\Delta l/\text{mm})\,\text{mm}$$

若认为该长度实际值为 K，就产生了随测量值大小而变化的线性系统误差。当然，对于某一固定测量值，系统误差仍然是固定不变的。

（3）周期性变化的系统误差 在整个测量过程中，若随着测量值或时间的变化，误差是按周期性规律变化的，则称为周期性变化的系统误差。例如，半径为 R 的仪表盘，若仪表指针的回转中心与刻度盘中心有偏心值 e，则指针在任一转角 φ 引起的读数误差即为周期性系统误差，如图 4-3 所示。

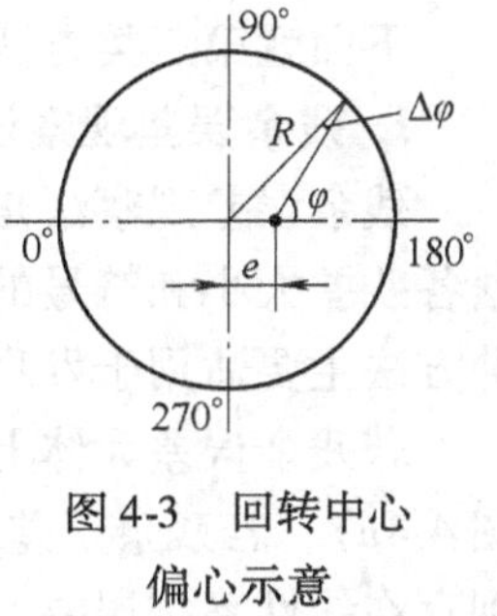

图 4-3 回转中心偏心示意

$$\Delta\varphi\approx\frac{e}{R}\sin\varphi$$

此误差变化规律符合正弦曲线，指针在 0°和 180°时误差为零，而在 90°和 270°时误差最大，误差值为 $\pm e$。

（4）复杂规律变化的系统误差 在整个测量过程中，若误差是按确定的且复杂的规律变化的，则称为复杂规律变化的系统误差。例如，微安表的指针偏转角与偏转力矩不能严格保持线性关系，而表盘仍采用均匀刻度所产生的误差。

三、系统误差的发现方法

为了消除或减小系统误差，首先遇到的困难是如何发现系统误差。由于系统误差来源复杂，难于查明所有的系统误差，也不可能全部消除系统误差的影响，因此发现系统误差必须根据具体测量过程和测量仪器进行全面的仔细的分析，这是一件困难而又复杂的工作，而且与测量者的经验、水平以及测量技术的发展密切相关。下面只介绍常用的三类方法：

（1）*理论分析判断法*　对测量器具和测量原理、方法及数据处理等方面具体分析，找出系统误差因素。

（2）*实验对比法*　实验对比法是改变产生系统误差的条件，进行不同条件的测量，以发现系统误差。这种方法适用于发现不变的系统误差，包括与标准或其他仪器的比对等。例如量块按公称尺寸使用时，在测量结果中就存在由于量块的尺寸偏差而产生的不变的系统误差，多次重复测量也不能发现这一误差，只有用另一块高等级的量块进行对比时才能发现它。

实验对比法是发现各种系统误差的有效方法，但由于这种方法需相应的高正确度测量仪器和较好的测量条件，因而其应用受到限制。

（3）*测量数据的直观判断和统计方法检验*　按随机误差统计规律作出某种统计量，看测量列是否与之相符，若不符则说明测量列包含系统误差。这类方法有很多，适应性各有差异，但由于其较少涉及测量本身具体内容，仅针对测量数据即可作出判断，因而便于掌握和使用。但其也有很大局限性：

1）这类方法只能用于检验在系列测量数据中变化的系统误差或检验两组数列的系统差异；对于同一测量列中的恒定系统误差，这些方法无效；

2）给出的判断不十分可靠，不同情况下、不同类型的系统误差判别效果不同，用不同的方法判断同一组数据可能得到不同的结论；

3）数据较少时可靠性差；

4）这类方法只能对存在系统误差与否作出判断，不能给出系统误差的具体数值。虽然它有助于在测量数据出现一些有规律的非预期现象时敏锐地发现存在系统误差，但无法给出具体数值和源头，仍然需要重新思考测量机理和测量方案，分析出系统误差源。

下面就第三类方法中常用的几种方法进行介绍。

1. 残余误差观察法

残余误差观察法是根据测量的先后顺序，将测量列的残余误差列表或作图进行观察，根据各残差大小和符号的变化规律，直接由误差数据或误差曲线图形来判断有无系统误差。这种方法主要适用于发现有规律变化的系统误差。

若残余误差大体上是正负相间，且无显著变化规律，则无根据怀疑存在系统误差（见图 4-4a）。若残余误差数值有规律地递增或递减，且在测量开始时与结束时误差符号相反，则存在线性系统误差（见图 4-4b），若残余误差符号有规律地逐渐由负变正、再由正变负，且循环交替重复变化，则存在周期性系统误差（见图 4-4c）。若残余误差有如图 4-4d 所示的变化规律，则应怀疑同时存在线性系统误差和周期性系统误差。由图 4-4 可以看出，若测量列含有不变的系统误差，则用残余误差观察法是发现不了的。

通过计算的残余误差校核法分为以下几种情况：

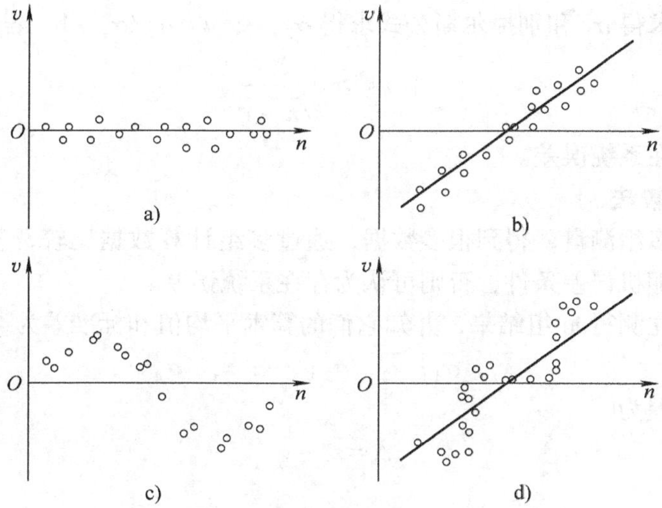

图 4-4　测量列的残余误差作图

（1）*用于发现线性系统误差*　若将测量列中前 K 个残余误差相加，后（$n-K$）个残余误差相加（当 n 为偶数时，取 $K=n/2$；当 n 为奇数时，取 $K=(n+1)/2$，两者相减得

$$\begin{aligned}\Delta &= \sum_{i=1}^{K} v_i - \sum_{j=k+1}^{n} v_i \\ &= \sum_{i=1}^{K} v_i' - \sum_{j=k+1}^{n} v_j' + \sum_{i=1}^{K} (\Delta l_i - \Delta \bar{x}) - \sum_{j=k+1}^{n} (\Delta l_j - \Delta \bar{x})\end{aligned}$$

当测量次数足够多时

$$\sum_{i=1}^{K} v_i' \approx \sum_{j=k+1}^{n} v_j' \approx 0$$

则可得

$$\Delta = \sum_{i=1}^{K} (\Delta l_i - \Delta \bar{x}) - \sum_{j=k+1}^{n} (\Delta L_j - \Delta \bar{x}) \tag{4-9}$$

若式(4-9)的两部分差值 Δ 显著不为零，则有理由认为测量列存在线性系统误差。这种校核法又称为马利科夫准则，它能有效地发现线性系统误差。

(2) *用于发现周期性系统误差*　若有一等权测量列，按测量先后顺序将残差排列为 v_1，v_2，…，v_n，如果存在着按此顺序呈周期性变化的系统误差，则相邻两个残余误差的差值(v_i-v_{i+1})符号也将出现周期性的正负号变化，因此由差值(v_i-v_{i+1})可以判断是否存在周期性系统误差。但是这种方法只有当周期性系统误差是整个测量误差的主要成分时，才有实用效果。否则，差值(v_i-v_{i+1})符号变化将主要取决于随机误差，以致不能判断出周期性系统误差。在此情况下，可用统计准则进行判断，令

$$u = \left| \sum_{i=1}^{n-1} v_i v_{i+1} \right| = | v_1 v_2 + v_2 v_3 + \cdots + v_{n-1} v_n |$$

若 $u > \sqrt{n-1}\sigma^2$，则认为该测量列中含有周期性系统误差。这种校核法又叫阿卑—赫梅特准则，它能有效地发现周期性系统误差。

2. 不同公式计算标准差比较法

对等权测量，可用不同公式计算标准差。

按贝塞尔公式求得 σ_1 和别捷尔斯公式求得 σ_2，令 $u=\sigma_2/\sigma_1-1$，若

$$|u| \geqslant \frac{2}{\sqrt{n-1}} \tag{4-10}$$

则怀疑测量列中存在系统误差。

3. 计算数据比较法

对同一量进行多组测量，得到很多数据，通过多组计算数据比较，若不存在系统误差，其比较结果应满足随机误差条件，否则可认为存在系统误差。

若对同一量独立测得 m 组结果，并知它们的算术平均值和标准差为

$$\bar{x}_1,\ \sigma_1;\ \bar{x}_2,\ \sigma_2;\ \cdots;\ \bar{x}_n,\ \sigma_n$$

而任意两组结果之差为

$$\Delta=\bar{x}_i-\bar{x}_j$$

其标准差为

$$\sigma=\sqrt{\sigma_i^2+\sigma_j^2}$$

则任意两组结果 $\bar{x}_i$ 与 $\bar{x}_j$ 间不存在系统误差的标志是

$$|\bar{x}_i-\bar{x}_j| < 2\sqrt{\sigma_i^2+\sigma_j^2} \tag{4-11}$$

4. 秩和检验法

对某量进行两组测量，这两组间是否存在系统误差，可用秩和检验法根据两组分布是否相同来判断。若独立测得两组的数据为

$$x_i \qquad i=1,\ 2,\ \cdots,\ n_x$$

$$y_i \qquad i=1,\ 2,\ \cdots,\ n_y$$

将它们混合以后，按大小顺序重新排列，取测量次数较少的那一组，数出它的测得值在混合后的次序(即秩)，再将所有测得值的次序相加，即得秩和 T。

通常，两组的测量次数 n_1、$n_2 \leqslant 10$，可根据测量次数较少的组的次数 n_1 和测量次数较多的组的次数 n_2，由秩和检验表4-4查得 T_- 和 T_+(显著度为0.05)，若

$$T_- < T < T_+ \tag{4-12}$$

则无根据怀疑两组间存在系统误差。

表 4-4　秩和检验表

n_1	2	2	2	2	2	2	2	3	3	3	3
n_2	4	5	6	7	8	9	10	3	4	5	6
T_-	3	3	4	4	4	4	5	6	7	7	8
T_+	11	13	14	16	18	20	21	15	17	20	22
n_1	3	3	3	3	4	4	4	4	4	4	4
n_2	7	8	9	10	4	5	6	7	8	9	10
T_-	9	9	10	11	12	13	14	15	16	17	18
T_+	24	27	29	31	24	27	30	33	36	39	42
n_1	5	5	5	5	5	5	6	6	6	6	6
n_2	5	6	7	8	9	10	6	7	8	9	10
T_-	19	20	22	23	25	26	28	30	32	33	35
T_+	36	40	43	47	50	54	20	54	58	63	67

（续）

n_1	7	7	7	7	8	8	8	9	9	10
n_2	7	8	9	10	8	9	10	9	10	10
T_-	39	41	43	46	52	54	57	66	69	83
T_+	66	71	76	80	84	90	95	105	111	127

上面介绍的几种系统误差发现方法，按其用途可分为两类：第一类用于发现测量列组内的系统误差，包括前两种方法，即残余误差观察法与不同公式计算标准差比较法；第二类用于发现各组测量之间的系统误差，包括后两种方法，即计算数据比较法与秩和检验法。这些方法各具有不同特点，有的只能在一定条件下应用，必须根据具体测量仪器和测量过程来选用相应的方法。例如，残余误差观察法是发现组内系统误差的有效方法，一般情况皆可应用，但它发现不了不变的系统误差。

四、系统误差的减小和消除方法

在测量过程中，发现有系统误差存在，必须进一步分析比较，找出可能产生系统误差的因素以及减小和消除系统误差的方法。但是，这些方法和具体的测量对象、测量方法、测量人员的经验有关，因此要找出普遍有效的方法比较困难。下面介绍其中最基本的方法以及适应各种系统误差的特殊方法。

1. 从产生误差根源上消除系统误差

这是最根本的方法，要求测量人员对测量过程中可能产生系统误差的环节作仔细分析，并在测量前就将误差从产生的根源上加以消除。例如，为了防止调整误差，要正确调整仪器，选择合理的被测件的定位面或支承点；为了防止测量过程中仪器零位的变动，测量开始和结束时都需检查零位；为了防止在长期使用时仪器正确度降低，要严格进行周期性的检定与修理等。如果误差是由外界条件引起的，应在外界条件比较稳定时进行测量，当外界条件急剧变化时应停止测量。

2. 用修正方法消除系统误差

这种方法是预先将测量器具的系统误差检定出来或计算出来，做出误差表或误差曲线，然后取与误差数值大小相同而符号相反的值作为修正值，将实际测得值加上相应的修正值，即可得到不包含该系统误差的测量结果。例如，量块的实际尺寸不等于公称尺寸，若按公称尺寸使用，就要产生系统误差，因此应按经过检定的实际尺寸（即将量块的公称尺寸加上修正量）使用，这样就可避免此项系统误差的产生。

虽然系统误差在很多情况下是制造过程中引入的已知误差，但单纯靠在制造中提高加工精度来减小系统误差，其减小程度是有限的，并且付出的制造成本代价也较大。而利用补偿技术，则可以有效地减小系统误差。例如在大地测绘中，系统误差源主要有摄影机的系统误差（如镜头畸变）、航拍飞机引入的气流振动、地球曲率和大气折射率等，航空拍摄通过对同一区域进行相互垂直的两次航空摄影，则可消除该系统误差，这种方法称之为平差。

由于修正值本身也包含有一定误差，因此用修正值消除系统误差的方法不可能将全部系统误差修正掉，总要残留少量系统误差，对这种残留的系统误差则应按随机误差进行处理。

3. 不变系统误差消除法

对测得值中存在固定不变的系统误差可采用以下方法：

（1）*代替法* 代替法的实质是在对被测量进行测量后，不改变测量条件，立即用一个标准量代替被测量，放到测量装置上再次进行测量，从而求出被测量与标准量的差值，即

$$被测量 = 标准量 + 差值$$

例如，利用代替法在等臂天平上称重，被测重量 X 先与媒介物重量 Q 平衡，若天平的两臂长有误差，设长度为 l_1、l_2，如图 4-5 所示，则

$$X = \frac{l_2}{l_1}Q$$

但由于不能准确知道两臂长的实际值，若取 $X = Q$，则将带来固定不变的系统误差。

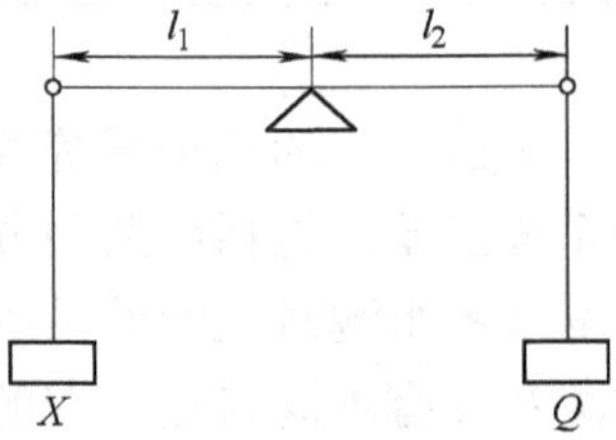

图 4-5 等臂天平

今移去检测量 X，用已知质量为 P 的标准砝码代替，若该砝码可使天平重新平衡，则有

$$P = \frac{l_2}{l_1}Q$$

所以

$$X = P$$

若该砝码不能使天平重新平衡，读出差值 ΔP，则有

$$P + \Delta P = \frac{l_2}{l_1}Q$$

所以

$$X = P + \Delta P$$

这样就可消除由于天平两臂不等而带来的系统误差。

又如，用代替法求未知电阻 R 阻值的电路。首先接入被测电阻，调节电桥臂使电桥平衡。然后用一个可变标准电阻代替被测电阻，调整这个可变标准电阻的阻值，使电桥达到原来的平衡。这时被测电阻的阻值就等于可变标准电阻。只要检流计 G 的灵敏度足够高，测量误差主要取决于标准电阻的准确程度，与电桥臂及检流计的准确度无关，而且分布电容分布电感等也基本没有什么影响。

（2）*抵消法* 这种方法要求进行两次测量，以便使两次读数时出现的系统误差大小相等、符号相反，取两次测得值的平均值，作为测量结果，即可消除系统误差。

例如，在工具显微镜上测量螺纹中径，由于被测螺纹轴线与工作台纵向移动方向不一致，当按螺纹牙廓的一侧测量时，所得的测得值 d_{21} 将包含系统误差 $+\Delta$。当按螺纹牙廓另一侧测量时，所得的测得值 d_{22} 将包含系统误差 $-\Delta$。取两次测得值的算术平均值作为测量结果，便可消除由于被测螺纹轴线与工作台纵向移动方向不一致所引起的误差，即

$$\frac{d_{21} + d_{22}}{2} = \frac{d_2 + \Delta + d_2 - \Delta}{2} = d_2$$

（3）*交换法* 这种方法是根据误差产生原因，将某些条件交换，以消除系统误差。例如在等臂天平上称量（见图 4-5），先将被测量 X 放于左边，标准砝码 P 放于右边，调平衡后，则有

$$X = \frac{l_2}{l_1}P$$

将 X、P 交换位置后，由于存在不等臂误差，P 将换为 P' 才能与 X 平衡，即

$$P' = P + \Delta P = \frac{l_2}{l_1}X$$

则取

$$X = \sqrt{PP'} \approx (P + P')/2$$

即可消除两臂不等而带来的系统误差。

交换法的应用十分广泛。例如，利用旋转度盘读数时，左旋和右旋平均可以抵消部分系统误差；激光跟踪仪、经纬仪等三维测量仪器中存在轴系的正交误差，利用双面测量可以减小这种影响。

4. 线性系统误差消除法——对称法

对称法是消除线性系统误差的有效方法，如图 4-6 所示。随着时间的变化，被测量作线性增加，若选定某时刻为中点，则对称此点的系统误差算术平均值皆相等，即

$$\frac{\Delta l_1 + \Delta l_5}{2} = \frac{\Delta l_2 + \Delta l_4}{2} = \Delta l_3$$

利用这一特点，可将测量对称安排，取各对称点两次读数的算术平均值作为测量值，即可消除线性系统误差。

例如，检定量块平面平行性时（见图 4-7），先以标准量块 A 的中心 0 点对零，然后按图中所示被检量块 B 上的顺序逐点检定，再按相反顺序进行检定，取正、反两次读数的平均值作为各个点的测得值，就可消除因温度变化而产生的线性系统误差。

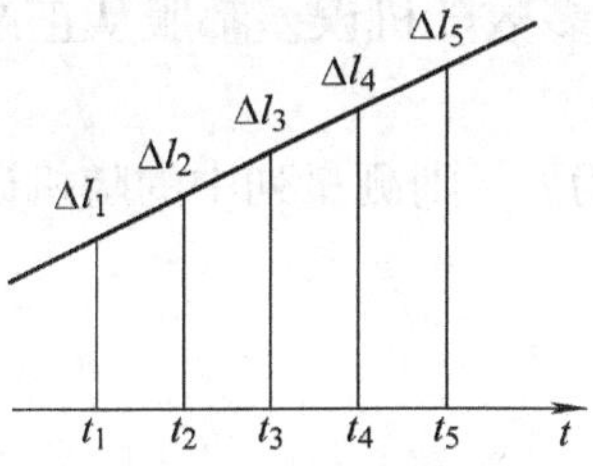

图 4-6 对称法

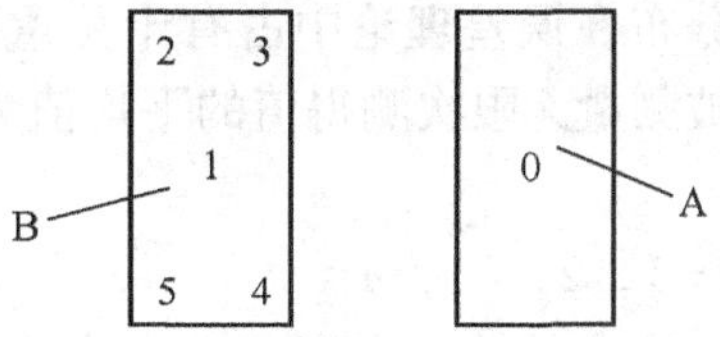

图 4-7 检定量块平面平行性

对称法可以有效地消除随时间变化而产生的线性系统误差。由于很多误差都随时间变化，而在短时间内均可认为是线性规律；有时按复杂规律变化的误差，也可近似地作为线性误差处理，因此，在一切有条件的场合，均宜采用对称法消除系统误差。

5. 周期性系统误差消除法——半周期法

对周期性误差，相隔半个周期进行两次测量，取两次读数平均值，即可有效地消除周期性系统误差。

周期性系统误差一般可表示为

$$\Delta l = a\sin\varphi$$

$$\Delta l_1 = a\sin\varphi_1$$

即相差半周期的误差为

$$\Delta l_2 = a\sin(\varphi_1 + \pi) = -a\sin\varphi_1 = -\Delta l_1$$

两次读数平均值则有

$$\frac{\Delta l_1 + \Delta l_2}{2} = \frac{\Delta l_1 - \Delta l_1}{2} = 0$$

由此可知，半周期法能消除周期性误差，如仪器度盘安装偏心、测微表指针回转中心与刻度盘中心有偏心等引起的周期性误差，都可用半周期法予以消除。

第四节　随 机 误 差

一、随机误差的分布规律

1. 正态分布

测量列中的随机误差一般具有以下几个特征：

1）绝对值相等的正误差与负误差出现的次数相等，这称为误差的对称性。由此可推导出第二个特征。

2）随着测量次数的增加，随机误差的算术平均值趋向于零，这称为误差的抵偿性。由于第一个特征的对称性，绝对值相等的正误差和负误差之和可以互相抵消，因此对于有限次测量，随机误差的算术平均值是一个有限小的量，而当测量次数无限增大时，它将趋向于零。

3）绝对值小的误差比绝对值大的误差出现的次数多，这称为误差的单峰性。

4）在一定的测量条件下，随机误差的绝对值不会超过一定界限，这称为误差的有界性。

服从正态分布的随机误差均具有以上四个特征。由于多数随机误差都服从正态分布，因而正态分布在误差理论中占有十分重要的地位。

设被测量无限次测得值的平均值为 L_0，一系列测得值为 l_i，则测量列中的随机误差 δ_i 为

$$\delta_i = l_i - L_0 \tag{4-13}$$

式中，$i=1, 2, \cdots, n$。

正态分布的分布密度 $f(\delta)$ 与分布函数 $F(\delta)$ 为

$$f(\delta) = \frac{1}{\sigma\sqrt{2\pi}} e^{-\delta^2/2\sigma^2} \tag{4-14}$$

$$F(\delta) = \frac{1}{\sigma\sqrt{2\pi}} \int_{-\infty}^{\delta} e^{-\delta^2/2\sigma^2} d\delta \tag{4-15}$$

式中，σ 为标准差；e 为自然对数的底，e = 2.7182…。

统计中为避免反复应用分布密度函数的复杂公式去表达一个变量的分布情况，常用两个变量表达该分布，即均值和标准差。

2. 随机误差的其他分布

正态分布是随机误差最普遍的一种分布规律，但不是唯一的分布规律。随着误差理论研究与应用的深入发展，发现有不少随机误差是非正态分布，其实际分布规律可能是较为复杂的，现简要介绍几种常见的非正态分布及几种统计量随机变量分布规律。

（1）几种常见的非正态分布

1）均匀分布。均匀分布的主要特点是，误差有一确定的范围，在此范围内，误差出现的概率各处相等，故又称为矩形分布或等概率分布。均匀分布在测量实践中很常见，如仪器

度盘刻度误差所引起的误差、仪器传动机构的空程误差、数字式仪器在 ±1 单位以内不能分辨的误差、数据计算中的舍入误差等，均为均匀分布误差。

数值大的误差和数值小的误差出现的次数接近相等，正误差和负误差出现的次数也接近相等。如果试验次数很大，就会发现大误差和小误差以及正误差和负误差出现的概率相等，故舍入误差服从均匀分布。

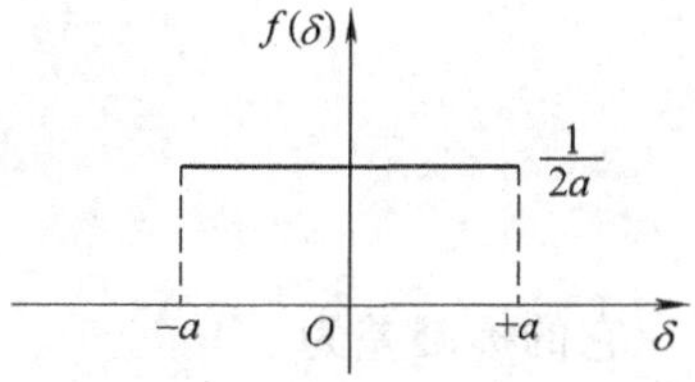

图 4-8 均匀分布的分布密度

舍入误差具有抵偿的规律，即误差的算术平均值随着试验次数的增大而趋于零。

均匀分布的分布密度$f(\delta)$（见图 4-8）为

$$f(\delta)=\begin{cases}1/2a\\0\end{cases} \tag{4-16}$$

它的数学期望为

$$E=\int_{-a}^{a}\frac{\delta}{2a}\mathrm{d}\delta=0 \tag{4-17}$$

它的标准差为

$$\sigma=\frac{a}{\sqrt{3}} \tag{4-18}$$

2）反正弦分布。反正弦分布实际上是一种随机误差的函数分布规律，其特点是该随机误差与某一角度成正弦关系。例如仪器度盘偏心引起的角度测量误差；电子测量中谐振的振幅误差等反正弦分布。

反正弦分布的分布密度$f(\delta)$（见图 4-9）为

$$f(\delta)=\begin{cases}\dfrac{1}{\pi}\dfrac{1}{\sqrt{a^2-\delta^2}} & 当|\delta|\leqslant a\\[2ex]0 & 当|\delta|>a\end{cases} \tag{4-19}$$

它的数学期望为

$$E=\int_{-a}^{a}\frac{\delta}{\pi\sqrt{a^2-\delta^2}}\mathrm{d}\delta=0 \tag{4-20}$$

它的标准差为

$$\sigma=\frac{a}{\sqrt{2}} \tag{4-21}$$

3）三角形分布。当两个误差限相同且服从均匀分布的随机误差求和时，其和的分布规律服从三角形分布，也称辛普逊分布。在实际测量中，若整个测量过程必须进行两次才能完成，而每次测量的随机误差服从相同的均匀分布，则总的测量误差为三角形分布误差。例如，进行两次测量过程时数据凑整的误差，以及用代替法检定标准砝码、标准电阻时，两次调零不准所引起的误差等，均为三角形分布误差。三角形分布误差的分布密度$f(\delta)$（见图 4-10）为

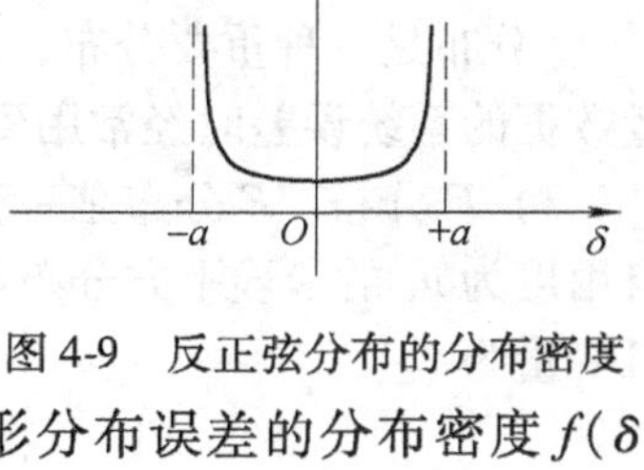

图 4-9 反正弦分布的分布密度

$$f(\delta)=\begin{cases}\dfrac{a+\delta}{a^2} & 当\ -a\leqslant\delta\leqslant 0\\ \dfrac{a-\delta}{a^2} & 当\ 0\leqslant\delta\leqslant a\\ 0 & 当\ |\delta|>a\end{cases}\tag{4-22}$$

它的标准差为

$$\sigma=\frac{a}{\sqrt{6}}\tag{4-23}$$

如果两个误差限不相等的均匀分布随机误差求和时，则其和的分布规律不再是三角形分布而是梯形分布。

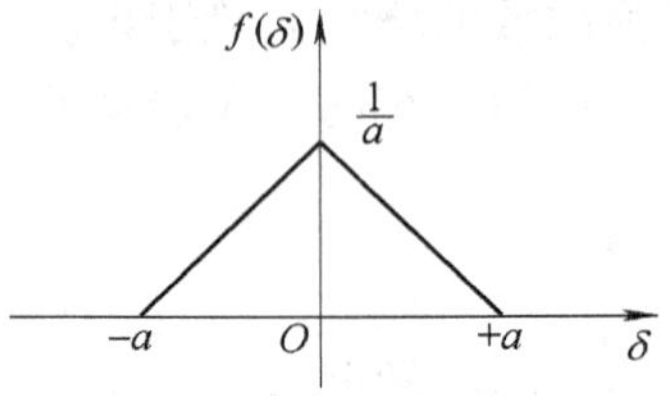

图 4-10　三角形分布误差的分布密度

(2) *几种统计随机变量分布规律*　下面介绍几个典型统计量服从的分布。为了判断分布情况，如判断某样本均值和方差是否服从某总体正态分布，就需要构造统计量。这是统计学里常用的思路。

1) χ^2 分布。令 ξ_1，ξ_2，…，ξ_v 为 v 个独立的随机变量，每个随机变量都服从标准化的正态分布。定义一个新的随机变量

$$\chi^2=\xi_1^2+\xi_2^2+\cdots+\xi_v^2\tag{4-24}$$

随机变量 χ^2 称为自由度为 ν 的卡埃平方变量。自由度 ν 表示式(4-24)中的项数或独立变量的个数。

它的数学期望为　$E=\nu$

它的标准差为　$\sigma=\sqrt{2\nu}$

在本书最小二乘法中要用到 χ^2 分布，此外它也是 t 分布和 F 分布的基础。

可以证明，当 ν 充分大时，χ^2 曲线趋近正态曲线。

值得提出的是，在这里称 ν 为自由度，它的改变将引起分布曲线的相应改变。

2) t 分布。t 分布（“Student” distribution）。令 ξ 和 η 是独立的随机变量，ξ 具有自由度为 ν 的 χ^2 分布函数，η 具有标准化正态分布函数，则定义新的随机变量为

$$t=\frac{\eta}{\sqrt{\xi/\nu}}\tag{4-25}$$

式中，ν 为自由度。

随机变量 t 称自由度为 ν 的 t 变量。

t 分布的数学期望为零，分布密度曲线对称于纵坐标轴，但它和标准化正态分布密度曲线不同。可以证明，当自由度较小时，t 分布与正态分布有明显区别，但当自由度较大时，t 分布曲线趋于正态分布曲线。

t 分布是一种重要分布，当测量列的测量次数较少时，极限误差的估计，或者在检验测量数据的系统误差时经常用到它。在 Excel 等软件中也提供了函数，方便求取 t 分布系数。

3) F 分布。F 分布是一种重要分布，在检验统计假设和方差分析中经常应用。由具有自由度为 ν_1 的卡埃平方分布函数 ξ_1 和具有自由度为 ν_2 的卡埃平方分布函数 ξ_2，定义新的随机变量为

$$F=\frac{\xi_1/\nu_1}{\xi_2/\nu_2}=\frac{\xi_1\nu_2}{\xi_2\nu_1}\tag{4-26}$$

随机变量 F 称为自由度为 ν_1、ν_2 的 F 变量。

它的数学期望为

$$E=\frac{\nu_2}{\nu_2-2}$$

它的标准差为

$$\sigma=\sqrt{\frac{2\nu_2^2(\nu_1+\nu_2-2)}{\nu_1(\nu_2-2)^2(\nu_2-4)}}$$

二、随机误差的产生原因

当对同一量值进行多次等权的重复测量时，会得到一系列不同的测量值（常称为测量列），其每个测量值都含有误差。虽然这些误差的出现没有确定的规律，即前一个误差出现后，不能预定下一个误差的大小和方向，但就误差的总体而言，却具有统计规律性。

随机误差是由很多暂时未能掌握或不便掌握的微小因素所构成，主要有以下几方面：

1）测量装置方面的因素，如零部件配合的不稳定性、零部件的变形、零件表面存在润滑油时油膜不均匀和摩擦等。

2）环境方面的因素，如温度的微小波动、湿度与气压的微量变化、光照强度变化、灰尘和电磁场变化等。

3）人员方面的因素，瞄准、读数的不稳定等。

4）其他，如被测物本身也会引入。例如测量圆度时，测量点不可能全部覆盖所有型面。因此每次测量时测量点不同，会导致圆拟合结果的变化。

三、算术平均值

对某一量进行多次等权测量，由于存在随机误差，测量值均不相同，应以全部测量值的算术平均值作为最后测量结果。算术平均值即被测量的 n 个测得值的代数和除以 n 而得的值

$$\bar{x}=\frac{l_1+l_2+\cdots+l_n}{n}=\frac{\sum_{i=1}^{n}l_i}{n} \tag{4-27}$$

测量无偏的前提下，算术平均值（数学上称之为最大或然值）与被测量的真值最为接近，由概率论的大致定律可知，若测量次数无限增加，则算术平均值必然趋近于真值 L_0，进而可得到随机误差影响甚微的测量值。但实际上的测量都是有限次测量，所以只能把算术平均值近似地作为被测量的真值。另外，虽然重复测量次数 n 越大，样本分布规律越稳定，但 n 过大会增加测量成本。

一般情况下，可用算术平均值作为被测量的参考量值进行计算，则有

$$v_i=l_i-\bar{x} \tag{4-28}$$

式中，l_i 为第 i 个测得值，$i=1,2,\cdots,n$；v_i 为 l_i 的残余误差（简称残差）。

四、测量的标准差

测量的标准偏差简称为标准差，也可称之为方均根误差。

1. 测量列中单次测量的标准差

由于随机误差的存在，等权测量列中的各个测得值一般都不相同，它们围绕着该测量列

的算术平均值有一定的分散度，此分散度说明了测量列中单次测得值的不可靠性，必须用一个数值作为其不可靠性的评定标准。

符合正态分布的随机误差分布密度如式(4-14)所示。由式(4-14)可知：σ 值越小，则 e 的指数的绝对值越大，因而 $f(\delta)$ 减小得越快，即曲线变陡。而 σ 值越小，在 e 前面的系数值变大，即对应于误差为零（$\delta=0$）的纵坐标值也大，曲线变高。反之，σ 越大，$f(\delta)$ 减小越慢，曲线平坦，同时对应于误差为零的纵坐标值也小，曲线变低。

标准差 σ 的数值小，该测量列相应小的误差就占优势，任一单次测得值对算术平均值的分散度就小，测量的可靠性就大，即测量精密度高；反之，测量精密度就低。因此单次测量的标准差 σ 是表征同一被测量的 n 次测量的测得值分散性的参数，可作为测量列中单次测量不可靠性的评定标谁。即

$$\sigma = \sqrt{\frac{\sum_{i=1}^{n} v_i^2}{n-1}} \tag{4-29}$$

式(4-29)称为贝塞尔(Bessel)公式，根据此式可由残余误差求得单次测量的标准差的估计值。

式(4-29)中的$(n-1)$可以理解为自由度。即 n 个测量数据中存在平均值这样一个约束条件。后面讨论最小二乘法时大家还会学习多个变量时的自由度。

应该指出，标准差 σ 不是测量列中任何一个具体测得值的随机误差，σ 的大小只说明，在一定条件下等权测量列随机误差的概率分布情况。在该条件下，任一单次测得值的随机误差 δ，一般都不等于 σ，但却认为这一系列测量中所有测得值都属同样一个标准差 σ 的概率分布。在不同条件下，对同一被测量进行两个系列的等权测量，其标准差 σ 也不相同。

2. 测量列算术平均值的标准差

由于在多次测量的测量列中是以算术平均值作为测量结果，因此必须研究算术平均值不可靠性的评定标准。

如果在相同条件下对同一量值作多组重复的系列测量，每一系列测量都有一个算术平均值，则由于随机误差的存在，各个测量列的算术平均值也不相同。它们围绕着被测量的真值有一定的分散，此分散说明了算术平均值的不可靠性，而算术平均值的标准差 $\sigma_{\bar{x}}$ 则是表征同一被测量的各个独立测量列算术平均值分散性的参数，可作为算术平均值不可靠性的评定标准。由推导可得到

$$\sigma_{\bar{x}} = \frac{\sigma}{\sqrt{n}} \tag{4-30}$$

由式(4-30)可知，在 n 次测量的等权测量列中，算术平均值的标准差为单次测量标准差的 $1/\sqrt{n}$，当测量次数 n 越大时，算术平均值越接近被测量的真值，测量正确度也越高。但是，当 $n>10$ 时，$\sigma_{\bar{x}}$ 已减少得非常缓慢，不但必须付出较大的劳动才能显著地提高测量正确度，而且测量次数越大时，也越难保证测量条件的恒定，从而会带来新的误差。因此，需要选取适当的测量次数，一般情况下取 $n \leqslant 10$ 较为适宜。

3. 标准差的其他计算法

(1) *极差法*　用贝塞尔公式和别捷尔斯公式计算标准差均需先求算术平均值，再求残

余误差，然后进行其他运算，计算过程比较复杂。当要求简便迅速算出标准差时，可采用极差法。

极差法具有一定正确度，一般在 $n<10$ 时均可采用。该算法利用最小和最大值来表征分散程度。和剔除粗大误差的算法一样，两者之差 R 应该是标准差乘以一定的置信系数，见下表。

如被测量 X 接近正态分布，单次测量结果的实验标准差为

$$\sigma=\frac{R}{C}$$

测量次数 n	2	3	4	5	6	7	8	9	10	15	20
置信系数 C	1.13	1.69	2.06	2.33	2.53	2.70	2.85	2.97	3.08	3.47	3.73

(2) *最大误差法* 在有些情况下，可以知道被测量的真值或满足规定不确定度的量值，用来代替真值使用的量值（称为实际值或约定真值），因而能够算出随机误差，若取其中绝对值最大的一个值，当各个独立测量值服从正态分布时，则可求得关系式

$$\sigma=\frac{|\delta_i|_{\max}}{K_n} \tag{4-31}$$

一般情况下，被测量的真值为未知，不能按式(4-31)求解，应按最大残余误差进行计算，其关系式为

$$\sigma=\frac{|v_i|_{\max}}{K_n'} \tag{4-32}$$

即最大残差等于标准差乘以其置信系数。

式（4-31）和式（4-32）中，系数 K_n 和 K_n' 见下表。

n	1	2	3	4	5	6	7	8	9
K_n	1.25	0.88	0.75	0.68	0.64	0.61	0.58	0.56	0.55
K_n'		1.77	1.02	0.83	0.74	0.68	0.64	0.61	0.59

最大误差法简单、迅速、方便，容易掌握，因而有广泛用途。当 $n<10$ 时，最大误差法具有一定的正确度。特别值得注意的是，$n=1$ 时唯一可用的计算方法就是最大误差法。在代价较高的实验中（如破坏性实验），往往只进行一次实验，此时贝塞尔公式成为 $\frac{0}{0}$ 形式而无法计算标准差，在这种情况下，又特别需要尽可能精确地估算其标准差，因而最大误差法就显得特别有用。

以上介绍的标准差的其他几种计算法，从最大残差、最小最大值、误差重心等方面体现了误差的分散程度，算法简便易行，但其可靠性均较贝塞尔公式要低。因此，对重要的测量或几种方法计算的结果出现矛盾时，可以考虑是否包含了系统误差，否则仍应以贝塞尔公式为准。

五、置信区间——极限误差

测量结果（单次测量或测量列的算术平均值）的误差不超过极限误差的概率为 P，测

量过程中差值（1 - P）很小，可忽略。

1. 单次测量的极限误差

测量列的测量次数足够多且单次测量误差为正态分布时，根据概率论知识，可求得单次测量的极限误差。随机误差正态分布曲线下的全部面积相当于全部误差出现的概率，即

$$F(\delta) = \frac{1}{\sigma\sqrt{2\pi}}\int_{-\infty}^{\delta} e^{-\delta^2/2\sigma^2} d\delta = 1$$

而随机误差在 $-\delta \sim \delta$ 范围内的概率为

$$p = \int_{-\delta}^{+\delta} f(\delta)d\delta = \int_{-\delta}^{+\delta} \frac{1}{\sigma\sqrt{2\pi}} e^{-\frac{\delta^2}{2\sigma^2}} d\delta \tag{4-33}$$

引入新变量 $t = \frac{\delta}{\sigma}$，$dt = \frac{d\delta}{\sigma}$，有

$$p = \frac{1}{\sqrt{2\pi}}\int_{-t}^{+t} e^{-\frac{t^2}{2}} dt = \frac{2}{\sqrt{2\pi}}\int_{0}^{+t} e^{-\frac{t^2}{2}} dt = 2\Phi(t) \tag{4-34}$$

其中，$\Phi(t) = \frac{1}{\sqrt{2\pi}}\int_{0}^{+t} e^{-\frac{t^2}{2}} dt$，称为概率积分，不同 t 时的 $\Phi(t)$ 值已经事先计算好，列有表格，可方便随时查阅。

表 4-5 给出了几个典型的 t 值及其相应的不超出 $|\delta|$ 的概率。

表 4-5　典型的 t 值及其相应的不超出 $|\delta|$ 的概率

t	不超出 $\|\delta\|$ 的概率	t	不超出 $\|\delta\|$ 的概率
0.67	0.4927	3	0.9973
1	0.6826	4	0.9999
2	0.9544		

由表 4-5 可见，随着 t 的增大，超出的概率减小得很快。由于在一般测量中，测量次数很少超过几十次，因此可以认为绝对值大于 3σ 误差是不可能出现的，通常把这个误差称为单次测量的极限误差，即

$$\delta_{\lim x} = \pm 3\sigma \tag{4-35}$$

当 $t = 3$ 时，对应的概率 $P = 99.73\%$。

在实际测量中，有时也可取其他 t 值来表示单次测量的极限误差，如取 $t = 2.58$、$P = 99\%$，$t = 2$、$P = 95.44\%$，$t = 1.96$、$P = 95\%$ 等。因此一般情况下，测量列单次测量的极限误差可用下式表示：

$$\delta_{\lim x} = \pm t\sigma \tag{4-36}$$

若已知测量的标准差 σ，选定置信系数，则可由式(4-36)求得单次测量的极限误差。

2. 算术平均值的极限误差

测量列的算术平均值与被测量的真值之差称为算术平均值误差 δ_x，即

$$\delta_{\bar{x}} = \bar{x} - L_0$$

当多个测量列的算术平均值误差 $\delta_{\bar{x}i}$，$i = 1, 2, \cdots, N$，为正态分布时，根据概率论知识，同样可得测量列算术平均值的极限误差表达式

$$\delta_{\lim\bar{x}} = \pm t\sigma_{\bar{x}} \tag{4-37}$$

式中，t 为置信系数；$\sigma_{\bar{x}}$为算术平均值的标准差。

通常取 $t=3$，则

$$\delta_{\lim\bar{x}} = \pm 3\sigma_{\bar{x}} \tag{4-38}$$

实际测量中，有时也可取其他 t 值来表示算术平均值的极限误差。但当测量列的测量次数较少时，应按 t 分布来计算测量列算术平均值的极限误差，即

$$\delta_{\lim\bar{x}} = \pm t_{\alpha}\sigma_{\bar{x}} \tag{4-39}$$

式中，t_{α} 为置信系数，它由给定的置信概率 $P=1-\alpha$ 和自由度 $\nu=n-1$ 来确定，其中 α 为超出极限误差的概率（称显著度或显著水平），通常取 0.01、0.02 或 0.05，n 为测量次数；$\sigma_{\bar{x}}$为 n 次测量的算术平均值标准差。

对于同一个测量列，按正态分布和 t 分布分别计算时，即使置信概率的取值相同，但由于置信系数不相同，因而求得的算术平均值极限误差也不相同。

六、方均根误差

方均根误差（Root-Mean-Square Error，RMS）说明样本的离散程度，也称标准误差，其定义为

$$\sigma = \sqrt{\frac{\sum d_i^2}{n}} \qquad i=1,\ 2,\ 3,\ \cdots,\ n$$

在有限测量次数中，方均根误差常用下式表示：

$$\sigma = \sqrt{\frac{\sum d_i^2}{n-1}}$$

式中，n 为测量次数；d_i 为一组测量值与平均值的偏差。

如果误差统计分布是正态分布，那么随机误差落在 $\pm\sigma$ 以内的概率为 68%。

七、不等权测量

经常遇到这种情况，为了校核测量结果，换一种测量条件、测量仪器、测量方案或测量人员重新测量，来验证测量结果的准确性。除了相互比对达到判断是否存在系统误差的目的外，进一步的，这两个测量结果可以通过有效的处理手段获得更准确的测量结果。因此，可以通过这种不等权测量进一步提高测量结果准确度。常遇到的不等权测量有两种情况：

第一种情况，用不同测量次数进行对比测量。例如用同一台仪器测量某一参数，先后用 n_1 次和 n_2 次进行测量，分别求得算术平均值 $\bar{x}_1$ 和 $\bar{x}_2$。因为 $n_1 \neq n_2$，显然 $\bar{x}_1$ 与 $\bar{x}_2$ 的精密度不一样，如何求得最后的测量结果及其精密度？

第二种情况，用不同准确度等级的仪器进行对比测量。例如对于高准确度等级或重要的测量任务，往往要用不同准确度等级的仪器进行互比核对测量，显然所得到的结果不同，如何求得最后的测量结果及其精密度？

如果仅仅起到对比校核的作用，那么只能单独使用某个测量结果，或直接平均，无法达到提高精密度的效果。因此需要推导出新的公式，计算最后测量结果及其精密度。

1. 权的概念

在不等权测量中，各个测量结果的可信赖程度不一样，因而不能简单地取各测量结果的

算术平均值作为最后测量结果，应让可信赖程度大的测量结果在最后结果中占的比重大一些，可靠程度小的占比重小一些。各测量结果的可靠程度可用一数值来表示，这数值即称为该测量结果的“权”，记为 p。因此，测量结果的权可理解为，当它与另一些测量结果比较时对该测量结果所给予的信赖程度。

2. 权的确定方法

可按测量条件的优劣、测量仪器和测量方法所能达到的准确度等级高低、重复测量次数的多少以及测量者水平的高低等来确定权的大小，也即测量方法越完善，测量水平越高，所得测量结果的权也应越大。在相同条件下，由不同水平的测量者用同一种测量方法和仪器对同一被测量进行测量，显然对于经验丰富的测量者所测得的结果应给予较大的权。

最简单的方法可按测量的次数来确定权，即测量条件和测量者水平都相同，则重复测量次数越多，其可取程度也越大。因此，完全可由测量的次数来确定权的大小。

假定同一个被测量有 m 组不等权的测量结果，这 m 组测量结果是从单次测量精密度相同而测量次数不同的一系列测量值求得的算术平均值。因为单次测量精密度都相同，其标准差均为 σ，所以各组算术平均值的权满足

$$p_1:p_2:p_3:p_4=\frac{1}{\sigma_{\bar{x}_1}^2}:\frac{1}{\sigma_{\bar{x}_2}^2}:\cdots:\frac{1}{\sigma_{\bar{x}_m}^2} \tag{4-40}$$

由此可得出结论：每组测量结果的权与其相应的标准差二次方成反比，若已知各组算术平均值的标准差，则可按式(4-40)确定相应权的大小。测量结果的权的数值只表示各组间的相对可靠程度，它是一个无量纲的数，允许各组的权数同时增大或减小若干倍，而各组间的比例关系不变。但通常，都是将各组的权数予以约简，使其中最小的权数为不可再约简的整数，以便用简单的数值来表示各组的权。

如果考虑测量条件和测量者水平都相同，则算术平均值的标准差为 $\sigma/\sqrt{n}$，同样可得到测量次数可以确定权值的结论。

例 4-2　对一级钢卷尺的长度进行了三组不等权测量，有

$$\bar{x}_1=2000.45\text{mm},\ \sigma_{\bar{x}_1}=0.05\text{mm}$$
$$\bar{x}_2=2000.15\text{mm},\ \sigma_{\bar{x}_2}=0.20\text{mm}$$
$$\bar{x}_3=2000.35\text{mm},\ \sigma_{\bar{x}_3}=0.10\text{mm}$$

求各测量结果的权。

由式(4-40)得

$$p_1:p_2:p_3=\frac{1}{\sigma_{\bar{x}_1}^2}:\frac{1}{\sigma_{\bar{x}_2}^2}:\frac{1}{\sigma_{\bar{x}_3}^2}=16:1:4$$

3. 加权算术平均值

若对同一被测量进行 m 组不等权测量，得到 m 个测量结果 $\bar{x}_1$，$\bar{x}_2$，…，$\bar{x}_m$，设相应的权值为 p_1，p_2，…，p_m，则全部测量的加权算术平均值应为

$$\bar{x}=\frac{\sum_{i=1}^{m}p_i\bar{x}_i}{\sum_{i=1}^{m}p_i} \tag{4-41}$$

当各组的权相等，即 $p_1=p_2=\cdots=p_m=p$ 时，加权算术平均值可简化为

$$\bar{x} = \frac{p\sum_{i=1}^{m}\bar{x}_i}{mp} = \frac{\sum_{i=1}^{m}\bar{x}_i}{m}$$

与等权的算术平均值一致。由此可知，等权测量是不等权测量的特殊情况。

4. 单位权

有时为了用等权测量的计算公式来处理不等权问题，可将权数不同的不等权测量列转化为具有单位权的等权测量列，即所谓的单位权化。其实质是使任何一个量值乘以自身权数的二次方根，得到的新量值权数为 1，称等于 1 的权为单位权。若将不等权测量的各组测量结果 $\bar{x}_i$ 都乘以自身权数的二次方根 $\sqrt{p_i}$，则此时得到的新值 z 的权数就为 1。用这种方法可将不等权的各组测量结果进行单位权化，使该测量列转化为等权测量列。

5. 加权算术平均值的标准差

对同一被测量进行 m 组不等权测量，得到 m 个测量结果 $\bar{x}_1$，$\bar{x}_2$，…，$\bar{x}_m$，若已知单位权测得值的标准差 σ，则可推导得

$$\sigma_{\bar{x}_i} = \frac{\sigma}{\sqrt{n_i}}$$

全部（$m \times n$ 个）测得值的算术平均值 $\bar{x}$ 的标准差为

$$\sigma_{\bar{x}} = \sigma_{\bar{x}_i}\sqrt{\frac{p_i}{\sum_{i=1}^{m}p_i}} = \frac{\sigma}{\sqrt{\sum_{i=1}^{m}p_i}} \tag{4-42}$$

由式(4-42)可知，当各组测量的总权数为已知时，可由任一组的标准差 $\sigma_{\bar{x}_i}$ 和相应的权 p_i，或者由单位权的标准差 σ 求得加权算术平均值的标准差 $\sigma_{\bar{x}}$。

当各组测量结果的标准差为未知时，则不能直接应用式(4-42)，而必须由各测量结果的残余误差来计算加权算术平均值的标准差。

已知各组测量结果的残余误差为

$$v_{\bar{x}_i} = \bar{x}_i - \bar{x}$$

将各组 $\bar{x}_i$ 单位权化，则有

$$\sqrt{p_i}v_{\bar{x}_i} = \sqrt{p_i}\,\bar{x}_i - \sqrt{p_i}\,\bar{x}$$

因为上式中各组新值 $\sqrt{p_i}\,\bar{x}_i$ 已为等权测量列的测量结果，相应的 $\sqrt{p_i}v_{\bar{x}_i}$ 也成为等权测量列的残余误差，可代替 v_i 代入等权测量公式(4-29)，所以得到

$$\sigma_{\bar{x}} = \sqrt{\frac{\sum_{i=1}^{m}p_i v_{\bar{x}_i}^2}{(m-1)\sum_{i=1}^{m}p_i}} \tag{4-43}$$

用式(4-43)可由各级测量结果的残余误差求得加权算术平均值的标准差。但必须指出，只有当组数 n 足够多时，才能得到较为精确的 $\sigma_{\bar{x}}$ 值，一般情况下的组数较少，只能得到近似的估计值。

例 4-3　对某一角度进行 6 组不等权测量，各组测量结果如下：测 6 次，得 $\alpha_1 = 75°18'06''$；测 30 次，得 $\alpha_2 = 75°18'10''$；测 24 次，得 $\alpha_3 = 75°18'08''$；测 12 次，得 $\alpha_4 =$

75°18′16″；测 12 次，得 $\alpha_5=75°18'13''$；测 36 次，得 $\alpha_6=75°18'09''$。

求最后的测量结果。

假定各组测量结果不存在系统误差和粗大误差，则可按下列步骤求最后测量结果：

1. 求加权算术平均值　首先根据测量次数确定各组的权，有

$$p_1:p_2:p_3:p_4:p_5:p_6=1:5:4:2:2:6$$

取 $p_1=1$，$p_2=5$，$p_3=4$，$p_4=2$，$p_5=2$，$p_6=6$

再求加权算术平均值 $\bar{\alpha}$。选取参考值 $\alpha_0=75°18'06''$，则可得

$$\bar{\alpha}=\alpha_0+\frac{\sum_{i=1}^{6}p_i(\alpha_i-\alpha_0)}{\sum_{i=1}^{6}p_i}$$

$$=75°18'06''+\frac{1\times0''+5\times4''+4\times2''+2\times10''+2\times7''+6\times3''}{20}$$

$$=75°18'06''+4''=75°18'10''$$

2. 求加权算术平均值的标准差　求得加权算术平均值的标准差 $\sigma_{\bar{x}}$ 为

$$\sigma_{\bar{x}}=\sqrt{\frac{\sum_{i=1}^{m}p_i v_{\bar{x}_i}^2}{(m-1)\sum_{i=1}^{m}p_i}}$$

$$=\sqrt{\frac{1\times(4'')^2+5\times(0'')^2+4\times(2'')^2+2\times(6'')^2+2\times(3'')^2+6\times(1'')^2}{(6-1)\times20}}=1.1''$$

3. 求加权算术平均值的极限误差　因为该角度进行 6 组测量共有 120 个直接测得值，可认为该测量列服从正态分布，取置信系数 $t=3$，则最后结果的极限误差为

$$\delta_{\lim\bar{x}}=\pm3\sigma_{\bar{x}}=\pm3\times1.1''=\pm3.3''$$

4. 写出最后测量结果

$$\alpha=\bar{\alpha}+\delta_{\lim\bar{x}}=75°18'10''\pm3.3''$$

例 4-4　对某一轴径等权测量 9 次，得到表 4-6 数据，求测量结果。

表 4-6　例 4-4 数据

序号	l_i/mm	v_i/mm	v_i^2/mm²
1	24.774	−0.001	0.000001
2	24.778	+0.003	0.000009
3	24.771	−0.004	0.000016
4	24.780	+0.005	0.000025
5	24.772	−0.003	0.000009
6	24.777	+0.002	0.000004
7	24.773	−0.002	0.000004
8	24.775	0	0
9	24.774	−0.001	0.000001
	$\sum_{i=1}^{9}l_i=222.974\text{mm}$ $\bar{x}=24.775\text{mm}$	$\sum_{i=1}^{9}v_i=-0.001\text{mm}$	$\sum_{i=1}^{9}v_i^2=0.000069\text{mm}^2$

假定该测量列不存在固定的系统误差，则可按下列步骤求测量结果：

1. 求算术平均值　求得测量列的算术平均值为

$$\bar{x}=\frac{\sum_{i=1}^{n} l_i}{n}=\frac{222.974}{9}\text{mm}=24.7749\text{mm}\approx 24.775\text{mm}$$

2. 求残余误差　求各测得值的残余误差

$$v_i=l_i-\bar{x}$$

3. 求测量列单次测量的标准差　根据贝塞尔公式或别捷尔斯公式，求得测量列单次测量的标准差为

$$\sigma=\sqrt{\frac{\sum_{i=1}^{n} v_i^2}{n-1}}=0.0029\text{mm}$$

4. 判别粗大误差　根据 3σ 判别准则的适用特点，本实例测量轴径的次数较少，因而不采用 3σ 准则来判别粗大误差。若按格罗布斯判别准则，将测得值按大小顺序排列后，则有

$$x_{(1)}=24.771\text{mm}\qquad x_{(9)}=24.780\text{mm}$$

$$\bar{x}-x_{(1)}=24.755\text{mm}-24.771\text{mm}=0.004\text{mm}$$

$$x_{(9)}-\bar{x}=24.780\text{mm}-24.755\text{mm}=0.005\text{mm}$$

首先判别 $x_{(9)}$ 是否含有粗大误差

$$g_{(9)}=\frac{24.780-24.775}{0.0029}=1.72$$

查表得　$g_0(9.0.05)=2.11$

因 $g_{(9)}=1.72<g_0=2.11$，且 $g_{(1)}<g_{(9)}$，故可判别测量列不存在粗大误差。

5. 求算术平均值的标准差　根据公式计算得

$$\sigma_{\bar{x}}=\frac{\sigma}{\sqrt{n}}=\frac{0.0029}{\sqrt{9}}\text{mm}\approx 0.001\text{mm}$$

6. 求算术平均值的极限误差　因为测量列的测量次数较少，算术平均值的极限误差按 t 分布计算。已知 $v=n-1=8$，取 $\alpha=0.05$，查表得

$$t_\alpha=2.31$$

求得算术平均值的极限误差为

$$\delta_{\lim\bar{x}}=\pm t_\alpha\sigma_{\bar{x}}=\pm 2.31\times 0.001\text{mm}=\pm 0.0023\text{mm}$$

7. 写出最后测量结果　最后测量结果通常用算术平均值及其极限误差来表示，即

$$L=\bar{x}+\delta_{\lim\bar{x}}=(24.775\pm 0.002)\text{mm}$$

第五节　测量数据运算中的有效数字取舍

确定用几位数字来表示测量或数据运算的结果，是十分重要的问题。人们往往容易产生这样两种想法：

1）小数点后面的位数越多就越精确。

2）在数据运算中，保留的位数越多，准确度就越高。

这两种认识都是片面的。对于第一个观点，测量结果既然包含有误差，就说明它是一个近似数，其准确度就有一定限度，在记录测量结果的数据位数或进行数据运算结果的取值多少时，都应以测量所能达到的分辨力为依据，若将不必要的数字写出来其实毫无意义。一方面，因为小数点的位置决定不了分辨力，它仅与所采用的单位有关，如35.6mm和0.0356m是完全相同，而小数点位置却不同。另一方面，测量结果体现的分辨力与所用测量方法及仪器有关，在记录或数据运算时，所取的数据位数不能超过测量所能达到的分辨力；反之，若低于测量分辨力，也是不正确的，因为它将损失有效数据。此外，在求解方程组时，若系数为近似值，其取值多少对方程组的解有很大影响。例如，方程组（1）和（2）及其对应解如下：

$$\begin{cases} x-y=1 \\ x-1.0001y=0 \end{cases} \tag{1}$$

对应解为

$$\begin{cases} x=10001 \\ y=10000 \end{cases}$$

$$\begin{cases} x-y=1 \\ x-0.9999y=0 \end{cases} \tag{2}$$

对应解为

$$\begin{cases} x=-9999 \\ y=-10000 \end{cases}$$

两个方程组仅有一个系数相差0.0002，但所得结果差异极大。由此也可看出，研究有效数字和数据运算规则的重要性。

1. 有效数字

含有误差的任何近似数，如果其绝对误差界是最末位数的0.5个单位，那么从这个近似数左方起的第一个非零的数字，称为第一位有效数字。从第一位有效数字起到最末一位数字上的所有数字，不论是零或非零的数字，都叫有效数字。若具有 n 个有效数字，就说是 n 位有效位数。例如取 $\pi=3.14$，第一位有效数字为3，共有三位有效位数；又如0.0027，第一位有效数字为2，共有两位有效位数；而0.00270，则为三位有效位数。

若近似数的右边带有若干个零的数字，通常把这个近似数写成 $a\times10^n$ 形式，而 $1\leqslant a<10$。利用这种写法，可从 a 含有几个有效数字来确定近似数的有效位数。如 2.400×10^3 和 2.4×10^3 分别表示四位和两位有效位数。

在测量结果中，最末一位有效数字取到哪一位，是由测量分辨力来决定的，即最末一位有效数字应与测量分辨力是同一量级的。例如用千分尺测量时，其测量分辨力只能达到0.01mm，若测出长度 $l=20.531$mm，显然小数点后第二位数字已不可靠，而第三位数字更不可靠，此时只应保留小数点后第二位数字，即写成 $l=20.53$mm，为四位有效位数。由此可知，测量结果应保留的位数原则是，其最末一位数字是不可靠的，而倒数第二位数字应是可靠的。测量误差一般取1～2位有效数字，因此上述用千分尺测量结果可表示为 $l=(20.53\pm0.01)$ mm。在进行比较重要的测量时，测量结果和测量误差可比上述原则再多取一位数字作为参考，如测量结果可表示为（15.214±0.042）mm。这种形式表示可靠数字为倒数第三位数字，不可靠数字为倒数第二位数字，而最后一位数字则为参考数字。

2. 数字舍入规则

对于位数很多的近似数，在有效位数确定之后，其后面多余的数字应予舍去，而保留的有效数字最末一位数字应按下面的舍入规则进行凑整：

1）若舍去部分的数值，大于保留部分的末位的0.5个单位，则末位加1。

2）若舍去部分的数值，小于保留部分的末位的0.5个单位，则末位不变。

3）若舍去部分的数值，等于保留部分的末位的0.5个单位，则末位凑成偶数，即当末位为偶数时则末位不变，当末位为奇数时则末位加1。例如，若2.55保留两位有效数字，则为2.6；若2.65保留两位有效数字，则为2.6。

上述规则可归纳为四舍六入，逢五取偶。由于数字舍入而引起的误差称为舍入误差，按上述规则进行数字舍入，其舍入误差都不超过保留数字最末位的0.5个单位。特别是第3）条明确规定，被舍去的数字不是见5就入，从而使舍入误差成为随机误差，在大量运算时，其舍入误差的均值趋于零。这就避免了古典四舍五入规则的缺点。舍去的第 $n+1$ 位数字可能为0~9十个数字，出现的概率相同，如果根据四舍五入规则，可分析如下：当为0时，舍掉不引起舍入误差，当为1和9时，舍入误差分别为 -1 和 $+1$，足够多次的舍入误差可抵消。同理，2与8、3与7、4与6的舍入误差均可抵消。当为5时，无法抵消，只入不舍，由于舍入误差的累积而产生系统误差，因此四舍五入不恰当。采用新规则后，舍和入的概率也相同，当次数足够多时，可抵消。同时，尾数为偶数更利于减少计算误差。

3. 数据运算规则

在近似数运算中，为了保证最后结果有尽可能高的可靠性，所有参与运算的数据，在有效数字后可多保留一位数字作为参考数字，或称为安全数字。

1）在近似数加减运算时，各运算数据以小数位数最少的数据位数为准，其余各数据可多取一位小数，但最后结果应与小数位数最少的数据小数位相同。例如：

$$2643.0+987.7+4.187+0.2354-2643.0+987.7+4.19+0.24$$
$$=3635.13\approx3635.1$$

2）在近似数乘除运算时，各运算数据以有效位数最少的数据位数为准，其余各数据要比有效位数最少的数据位数多取一位数字，而最后结果应与有效位数最少的数据位数相同。例如：

$$15.13\times4.12=62.3356\approx62.3$$

3）在近似数乘方或开方运算时，乘方相当于乘法运算，开方是乘方的逆运算，故可按乘除运算处理。

4）在对数运算时，n 位有效数字的数据应该使用 n 位对数表，或使用（$n+1$）位对数表，以免损失正确度。

以上所述的运算规则，都是一些常见的最简单的情况，但实际问题的数据运算较复杂，往往一个问题要包括几种不同的简单运算，这时对中间的运算结果所保留的数据位数可比简单运算结果多取一位数字。目前，数据运算多用计算机处理，可无需简化，最后记录结果时再修约。

思　考　题

4-1　A、B 对某量的测量数据分别为 5.5286 和 5.5302，经较为精确的检定，其结果为 5.5298，试评定 A 和 B 的测量误差、测量标准差。

4-2　用立式光学比长仪检定某量块。测量该量块偏离标称值 10mm 的 9 次偏差数据依次为 +0.5μm、+0.7μm、+0.4μm、+0.5μm、+0.3μm、+0.6μm、+0.5μm、+0.6μm、+0.4μm。另外，用基准量块检定该仪器有 +0.1μm 的基本误差。试分析用立式光学比长仪检定该量块的测量误差，并写出修正的测量结果。

4-3　对某 10Ω 电阻进行 $n_1=10$ 次测量，均值和标准差估计值分别为 10.000073Ω 和 $3.2\times10^{-6}\Omega$，两周后又用该电阻器进行 $n_1=5$ 次测量，均值和标准差估计值分别为 10.000085Ω 和 $2.8\times10^{-6}\Omega$。试分析两组测量结果是否有显著差异（取显著水平为 0.05）。

4-4　利用 MATLAB 编程，寻找合适的函数观察均匀分布的变量 A、B，以及 $A+B$ 服从何种分布。

第五章　测量不确定度

第一节　概　　述

测量的目的是为了得到测量结果，但是在许多场合下仅给出测量结果往往不充分。任何测量都存在缺陷，所有的测量结果都会或多或少地偏离被测量的真值，因此在给出测量结果的同时还必须指出所给测量结果的可靠程度。在各个测量领域，人们经常使用一些术语来表示测量结果质量的好坏，例如测量误差、测量准确度和测量不确定度等。

一、用测量不确定度评定代替误差评定的必要性

根据误差的定义，误差是测量结果与真值或约定真值之差，在数轴上表示为一个点，而并不表示为一个区间或范围。过去人们在使用“误差”这一术语时，有时是符合误差的定义的，例如测量仪器的示值误差；但是也经常误用，例如过去通过误差分析所得到的测量结果的“误差”实际上不是真正的误差，而是被测量不能确定的范围，这时，它是不符合误差的定义的。这是过去误差评定的主要问题之一，即误差在逻辑概念上的混乱。

过去误差评定遇到的第二个问题是评定方法的不统一。在进行误差评定时，通常要求先找出所有需要考虑的误差来源，然后根据这些误差来源的性质将它们分为随机误差和系统误差两类。随机误差用测量结果的标准偏差来表示。如果存在一个以上的随机误差分量，则将它们按方和根法进行合成，得到测量结果的总随机误差。由于在正态分布情况下，标准偏差所对应区间的置信概率仅为68.27%，而通常都要求给出对应于较高置信概率的区间，故常用两倍或三倍的标准偏差来表示随机误差。系统误差则用该分量的最大可能误差，即误差限来表示。在存在多个系统误差分量的情况下，对于已定系统误差用代数和法进行合成，对于未定系统误差用方和根法进行合成得到总的未定系统误差。由于已定系统误差可以用修正值进行修正，因此最后采用方和根法将总随机误差和总未定系统误差再次合成得到测量结果的总误差。由于随机误差和系统误差是两个性质不同的量，前者用标准偏差或其倍数表示，后者用可能产生的最大误差表示，这在数学上无法解决两个不同性质的量之间的合成问题，因此长期以来在随机误差和系统误差的合成方法上一直无法统一。例如，前苏联的国家检定系统表就曾分别给出计量标准的总随机误差和总系统误差两个技术指标，而并不给出两者合成后的总误差；美国的一些国家标准往往以随机误差和系统误差之和作为其总误差；我国在大部分测量领域中习惯上采用方和根法对随机误差和系统误差进行合成。从上可看出，各国的误差评定方法不同，即使在同一国家内，不同的测量领域、甚至不同的测量人员所采用测量误差处理方法也存在不同，这就使得不同的测量结果之间缺乏可比性。

经典误差评定的不统一与当今全球化市场经济的发展是不相适应的，用测量不确定度评定来代替误差评定，以统一评价测量结果的质量就应运提出。

二、测量不确定度的发展历史

“不确定度”一词起源于1927年德国物理学家海森堡在量子力学中提出的不确定度关系，又称测不准关系。1963年美国标准局的数理统计专家埃森哈特在研究“仪器校准系统的精密度和准确度估计”时就提出了采用测量不确定度的概念；随后美国标准局在研究和推广测量保证方案（MAP）时对测量不确定度的定量表示进行了发展；此后虽然“不确定度”这一术语在各测量领域被越来越多的人采用，但具体表示方法并不统一。

为了测量不确定度评定和表示方法的国际统一，1980年国际计量局（BIPM）在征求了32个国家的国家计量研究院以及五个国际组织的意见后，发出了推荐采用测量不确定度来评定测量结果的建议书，并在1981年第70届国际计量委员会（CIPM）讨论通过。建议书要求所有CIPM及其各咨询委员会参与的国际比对及其他工作中，在给出测量结果时按照建议书推荐的方法必须同时给出合成不确定度。

由于测量不确定度及其评定不仅适用于计量领域，也可以应用于一切与测量有关的其他领域，因此1986年国际计量委员会要求国际计量局（BIPM）、国际电工委员会（IEC）、国际标准化组织（ISO）、国际法制计量组织（OIML）、国际理论和应用物理联合会（IUPAP）、国际理论和应用化学联合会（IUPAC）以及国际临床化学联合会（IFCC）等七个国际组织成立专门的工作组，起草关于测量不确定度评定的指导性文件。经过工作组近七年的讨论，1993年以七个国际组织的名义联合发布了《测量不确定度表示指南》（Guide to the Expression of Uncertainty in Measurement，GUM）和第2版《国际通用计量学基本术语》（International Vocabulary of Basic and General Terms in Metrology，VIM）。1995年发布了GUM的修订版，1998年发布了VIM的第3版。GUM和VIM这两个文件为在全世界统一采用测量结果的不确定度评定和表示奠定了基础。除了上述七个国际组织外，国际实验室认可合作组织（ILAC）也表示承认GUM。这表明，在各国的实验室认可工作中，在进行测量结果的不确定度评定时均应以GUM为基础。上述这些国际组织几乎包括了所有与测量有关的领域，这表明了GUM和VIM这两个文件的权威性。

1998年我国发布了国家计量技术规范JJF 1001—1998《通用计量术语及定义》，其中前六章的内容与第2版VIM完全对应；1999年我国发布了国家计量技术规范JJF 1059—1999《测量不确定度评定与表示》，其基本概念以及测量不确定度的评定和表示方法与GUM完全一致。2011年我国以第3版VIM为主要依据，对JJF 1001—1998《通用计量术语及定义》进行修订，发布了国家计量技术规范JJF 1001—2011《通用计量术语及定义》；同样，2012年我国发布了JJF 1059.1—2012《测量不确定度评定与表示》。以上两个文件是我国进行测量不确定度评定的基础。

三、测量不确定度的基本概念

测量不确定度，在国家计量技术规范JJF 1001—2011《通用计量术语及定义》定义为，根据所用的信息，表征赋予被测量量值分散性的非负参数。

注：

1）测量不确定度包括由系统影响引起的分量，如与修正量和测量标准所赋量值有关的分量及定义的不确定度。有时对估计的系统影响未作修正，而是当做不确定度分量处理。

2）此参数可以是诸如称为标准测量不确定度的标准偏差（或其特定倍数），或是说明了包含概率的区间半宽度。

3）测量不确定度一般由若干分量组成。其中一些分量可根据一系列测量值的统计分布，按测量不确定度的A类评定进行评定，并可用标准差表征。而另一些分量则可根据基于经验或其他信息所获得的概率密度函数，按测量不确定度的B类评定进行评定，也用标准差表征。

4）通常，对于一组给定的信息，测量不确定度是相应于所赋予被测量的值的。该值的改变将导致相应的不确定度的改变。

测量不确定度是与测量结果相联系的参数，表明完整表述测量结果时，必须同时给出其测量不确定度，必要时还应说明测量所处的条件，或影响量的取值范围，以便使用者可以正确地利用该测量结果。例如，被测量 Y 的测量结果为 $y \pm U$，其中 y 是被测量值的估计，它具有的测量不确定度为 U。

既然测量不确定度是与测量结果相联系的参数，表明只有测量结果才有不确定度。在VIM第2版和JJF 1001—1998《通用计量术语及定义》中都没有对测量仪器的不确定度下过定义，考虑到很多相关的工作者在交流过程表述“仪器的测量不确定度”的普遍性，在VIM第3版和JJF 1001—2011《通用计量术语及定义》中对仪器的测量不确定度进行了定义。其定义为，仪器的测量不确定度是由所用的测量仪器或测量系统引起的测量不确定度的分量。从该定义可看出，仪器的测量不确定度并不是用于表示测量仪器的特性，因为测量结果是通过测量仪器获得的，那么测量仪器就是影响测量结果的一个因素，而它对测量结果不确定度的贡献就是以一个分量来表现的。测量仪器或计量标准所提供的标准量值是进行检定或校准时得到的测量结果，因此所提供的标准量值是具有不确定度的。虽然仪器的测量不确定度不直接用于表述测量仪器的特性，但是测量仪器的特性与其是相关的，一般来说可以从仪器的说明书中查到示值误差或最大允许误差等仪器特性参数，并考虑相应的分布情况，利用B类测量不确定度评定方法来确定仪器的测量不确定度这一分量。作为测量结果的不确定度的一个分量，仪器的测量不确定度属于标准不确定度。

测量不确定度表示被测量的值的分散性，因此不确定度表示一个区间，即被测量的值可能的分布区间。为了表征这种分散性，测量不确定度可以用标准偏差，或标准偏差的倍数，或说明了置信概率区间的半宽度来表示。

当测量不确定度用标准偏差 σ 表示时，称为标准不确定度，统一规定用符号“u”表示，这是测量不确定度的第一种表示方式。由于测量结果会受许多因素的影响，即当测量结果是由若干个其他量的值求得时，测量结果的标准不确定度等于这些其他量的各自的标准不确定度的方差和协方差适当和的正二次方根，因此它被称为合成标准不确定度，统一规定用符号“u_c”表示。在计算合成标准不确定度时，必须对测量结果产生影响的其他量的标准不确定度进行逐个评定，评定方法分为A、B两类。

测量不确定度的A类评定是指在规定测量条件下测得的量值用统计分析的方法进行的测量不确定度分量的评定，其标准不确定度用实验标准差来表征；测量不确定度的B类评定则是指用不同于测量不确定度A类评定的方法对测量不确定度分量进行的评定。B类评定可以由根据经验或其他信息的假定概率分布估算其不确定度，也可以由估计的标准偏差表征，如权威机构发布的量值、有证标准物质的量值、校准证书、仪器的漂移、经检定的测量仪器的准确度等级、根据人员经验推断的极限值等。A 类评定和 B 类评定得到的标准不确定度均以标准偏差表示，因此两种评定方法得到的不确定度实质上并无区别，即不确定度本身并没有 A 类和 B 类的分类，只是评定方法不同而已。

由于标准偏差所对应的置信概率（也称为置信水准）通常不够高，在正态分布情况下仅为 68.27%，因此规定测量不确定度可以用标准偏差的倍数 ku 来表示（k 为包含因子，一般取值为 2），称为扩展不确定度，统一规定用符号“U”表示，这是测量不确定度的第二种表示方式。

在实际使用中，往往需要知道测量结果的置信区间，因此规定测量不确定度也可以用第三种表示方式，即用说明了置信概率的区间的半宽度来表示。测量结果的取值区间在被测量值概率分布中所包含的百分数，称为该区间的置信概率、置信水准或置信水平。实际上以置信水准的区间的半宽度来表示的不确定度也是一种扩展不确定度，当规定的置信概率为 p 时（如 95% 或 99%），扩展不确定度可以用符号 U_p 表示（如 U_{95} 或 U_{99}），这时的包含因子写成 k_p 的形式。

测量不确定度的第二种和第三种表示方式给出的实际上都是扩展不确定度。当已知包含因子 k 时，扩展不确定度 U 是从其中包含多少个（k 个）标准不确定度 u 的角度出发所描述的扩展不确定度。当已知置信概率时，扩展不确定度 U_p 则是从该区间所对应的置信概率 p 的角度出发来描述的扩展不确定度。由于两者各自分别从不同的角度出发来描述扩展不确定度，因此包含因子 k 与置信概率 p 应该存在某种函数关系，但它们之间的关系与被测量的概率密度分布有关，即只有在知道被测量分布的情况下，才可以由 k 确定 p，或由 p 确定 k。在测量不确定度评定中，经常会遇到已知置信概率 p 而需要确定包含因子 k 的情况，这就要考虑被测量的分布情况，而在过去的误差评定中一般不讨论分布问题。

误差可以用绝对误差和相对误差两种形式来表示，不确定度也同样有绝对不确定度和相对不确定度两种形式。绝对形式表示的不确定度与被测量有相同的量纲，相对形式表示的不确定度，其量纲为一，或称为无量纲。绝对不确定度常简称为不确定度，相对不确定度则是在其不确定度符号“u”或“U”上加脚标“rel”以示区别。

被测量的标准不确定度 $u(x)$ 和相对标准不确定度 $u_{\mathrm{rel}}(x)$ 之间的关系为

$$u_{\mathrm{rel}}(x)=\frac{u(x)}{x} \tag{5-1}$$

被测量的扩展不确定度 $U(x)$ 和相对扩展不确定度 $U_{\mathrm{rel}}(x)$ 之间的关系为

$$U_{\mathrm{rel}}(x)=\frac{U(x)}{x} \tag{5-2}$$

式(5-1)和式(5-2)中的 x 应取其真值。由于真值无法知道，因此实际上用的是约定真值，在实际工作中一般常以该量的最佳估计值，即测量结果来代替。

测量误差和测量不确定度是两个完全不同而相互有联系的概念，因此不要混淆和误用。它们相互之间并不排斥，以测量不确定度评定代替过去的误差评定不是对误差理论的否定，而是对误差理论的进一步发展。

误差表示测量结果对真值的偏离，在数轴上为一个点；当测量结果大于真值时误差为正值，当测量结果小于真值时误差为负值，因此不应当以加“±”号的形式出现。误差是一个确定的值，因此对各误差分量进行合成时，是采用代数相加的方法。不确定度表示被测量的值的分散性，以分散区间的半宽度来表示，且恒为正值，故在单独给出不确定度之前也不能加“±”号。不确定度表示一个区间，当对应于各不确定度分量的输入量估计值彼此不相关时，用方和根法进行合成（也称为几何相加），否则应加入相关项。

按出现于测量结果中的规律，误差通常分为随机误差和系统误差两类，都是对应于无限多次测量的理想概念。由于实际上只能进行有限次测量，因此只能用有限次测量结果的平均值，即样本均值作为无限多次测量结果平均值的估计值，即只能得到随机误差和系统误差的估计值，可操作性较差。不确定度是根据实验、资料、经验等信息进行定量评定的，依据评定方法不同而有 A 类评定和 B 类评定两种方法，它们与“随机误差”和“系统误差”的分类不存在对应关系。

已知系统误差的估计值时，可以对测量结果进行修正，但是不能用不确定度对测量结果进行修正。误差仅与测量结果和真值有关，与测量方法无关；不确定度仅与测量方法有关，而与具体测得的数值大小无关。例如，测量某一物体的长度，用钢直尺测得的结果是 14. 5mm，用游标卡尺测得的结果同样是 14. 5mm，两者的测量误差是相同的，但是测量不确定度则是不同的。

表 5-1 所列是测量误差和测量不确定度的比较，具体的分析将在后续章节中给出。

表 5-1　测量误差和测量不确定度的比较

序号	内　容	测 量 误 差	测量不确定度
1	定义	表明测量结果偏离真值	表明赋予被测量之值的分散性，是一个区间
2	分类	按出现于测量结果的规律，分为随机误差和系统误差，都是无限多次测量的理想概念	按是否用统计方法求得，分为 A 类评定和 B 类评定，都以标准不确定度表示，不必区分其性质
3	可操作性	只有当能用约定真值代替真值时，才可以给出测量误差的估计值	根据实验、资料、经验等信息进行评定，可定量确定测量不确定度的值
4	数值符号	非正即负（或零），不能用正负号（±）表示	无符号数，恒取正值。当由方差求得时，取其正二次方根
5	合成方法	各误差分量的代数和	当各分量彼此不相关时用方和根法合成，否则应考虑加入相关项
6	结果修正	已知系统误差的估计值时，可以对测量结果进行修正，得到已修正的测量结果。修正值等于负的系统误差	测量不确定度表示一个区间，无法用它对测量结果进行修正；对已修正测量结果进行不确定度评定时，应考虑修正不完善引入的不确定度分量
7	结果说明	误差是客观存在的；相同的测量结果具有相同的误差，而与使用的测量仪器和测量方法无关	在相同的条件下进行测量时，合理赋予被测量的任何值，均具有相同的测量不确定度。测量不确定度仅与测量方法有关
8	实验标准差	来源于给定的测量结果，它不表示被测量估计值的随机误差	来源于合理赋予的被测量之值，表示同一观测列中，任一个估计值的标准不确定度
9	自由度	不存在	可作为不确定度评定可靠程度的指标。它是与评定得到的不确定度的相对标准不确定度有关的参数
10	置信概率	不存在	当了解分布时，可按置信概率给出置信区间

第二节　测量不确定度评定的步骤

测量不确定度表示对测量结果可信性、有效性的怀疑程度或不肯定程度，是定量说明测量结果的质量的一个参数。实际上由于测量不完善和人们的认识不足，所得的被测量值具有分散性，即每次测得的结果不是同一值，而是以一定的概率分散在某个区域内的许多个值。

测量不确定度是说明被测量之值分散性的参数，它不说明测量结果是否接近真值。第四章已介绍到，测量结果可能存在粗大误差。从粗大误差产生的原因可看出，粗大误差既不能被定量描述，也不可能称为测量不确定度的一个分量。因此，在计算测量结果和进行测量不确定度评定之前，必须剔除测量结果中的异常值，即尽可能减少粗大误差对测量不确定度评定带来的影响。另外，测量结果同样包含系统误差和随机误差。虽然系统误差和随机误差从本质上来说均是系统性的，但如果发现某一误差是非系统性的，则主要是因为产生误差的原因没有找到，或对误差的分辨能力不够所致。第四章已对系统误差的产生原因和发现方法做了介绍，如果已知系统误差的估计值，在进行测量不确定度评定之前就应该用系统误差的估计值对测量结果进行修正。在对已修正测量结果进行测量不确定度评定时，应考虑用系统误差估计值进行修正所引入的不确定度分量，即应考虑修正值的不确定度。如果修正值的不确定度较小，且对合成标准不确定度的贡献可忽略不计时，可以不考虑修正值的不确定度。

测量结果的不确定度仅与测量方法有关，在进行评定之前必须首先确定被测量和测量方法，此处的测量方法包括测量原理、测量仪器、测量条件、测量程序及数据处理等。测量方法确定后，测量不确定评定步骤如下：

1）找出所有影响测量不确定度的影响量，即所有测量不确定度的来源，建立满足测量不确定评定所需的数学模型。

在确定测量不确定度来源时，既不能遗漏，也不要重复计算，特别是对于大的不确定度分量。

数学模型是被测量 Y 和所有各影响量 X_i 之间的函数关系，其一般形式可写为

$$Y=f(X_1, X_2, \cdots, X_n) \tag{5-3}$$

被测量 Y 也称为输出量，影响量 X_i 也称为输入量。

从原则上说，数学模型应该就是用以计算测量结果的计算公式。由于很多情况下，虽然一些因素对测量结果的影响很小，计算公式都是经过一定程度的近似和简化，但是对于测量不确定来说可能是必须考虑的，因此数学模型和计算公式经常是有差别的。

2）确定各输入量的估计值以及对应于各输入量估计值 x_i 的标准不确定度 $u(x_i)$。

输入量的估计值的确定大体分为两类：一是通过实验测量得到；二是由检定证书、校准证书、材料手册、文献资料以及实践经验等各种信息来源得到。对于前一种情况，实验测量会得到一组测量数据，即观测列，对其进行统计分析，并以实验标准差来表征标准不确定度，这种评定方法称为A类评定。对于后一种情况，是基于经验或其他信息的假定概率分布估算的，也用标准差表征，这种评定方法称为B类评定。

3）确定对应于各输入量的标准不确定度分量 $u_i(y)$，并合成得到合成标准不确定度 $u_c(y)$。

输入量估计值 x_i 的标准不确定度为 $u(x_i)$，对应于该输入量的标准不确定度分量 $u_i(y)$

为

$$u_i(y)=c_iu(x_i)=\left|\frac{\partial f}{\partial x_i}\right|u(x_i) \tag{5-4}$$

式中，c_i 称为灵敏系数。

c_i 是由数学模型对输入量 x_i 求偏导数得到的，当无法找到可靠的数学表达式时，其也可由实验测量得到。当数学模型为非线性模型时，灵敏系数 c_i 的表达式中将包含输入量。

根据方差合成定理，对各相互独立的标准不确定度分量进行合成时，满足方差相加的原则，而与各分量的来源、性质以及分布无关，因此合成标准不确定度 $u_c(y)$ 为

$$u_c(y)=\sqrt{\sum_{i=1}^{n}u_i^2(y)} \tag{5-5}$$

当各标准不确定度分量存在相关性时，则还应考虑它们之间的协方差。

4）确定被测量 Y 可能值分布的包含因子，获得扩展不确定度 U 或 U_p。

除计量学基础研究、基本物理常数测量以及复现国际单位制单位的国际比对可以仅给出合成标准不确定度外，其余绝大部分测量均要求给出测量结果的扩展不确定度。扩展不确定度等于合成不确定度 u_c 与包含因子 k 的乘积。根据被测量 Y 分布和所要求的置信概率 p 的不同，分别采用不同的方法来确定包含因子 k。当包含因子 k 的数值是直接取定时（一般情况 $k=2$），扩展不确定度用 $U=ku_c$ 表示；当包含因子 k 由被测量 Y 的分布及所规定的置信概率 p 得到时，扩展不确定度用 $U_p=k_pu_c$ 表示。

5）给出测量不确定度报告。

测量不确定度报告给出测量结果及其不确定度，合成标准不确定度得到扩展不确定度的方法，必要时还需要给出其他评定信息，以避免用户对所给出不确定度产生错误的理解。

下面本章各节就以上步骤分别进行详细阐述，并在本章的最后给出测量不确定度评定的若干实例。

第三节　不确定度评定数学模型的建立

测量中可能导致测量不确定度的因素很多，它们可能来源于以下几个方面：

1）对被测量的定义不完整或不完善。

2）实现被测量的定义的方法不理想。

3）取样的代表性不够，即被测量的样本不能代表所定义的被测量。

4）对测量过程受环境影响的认识不周全，或对环境条件的测量与控制不完善。

5）对模拟仪器的读数存在人为偏移。

6）测量仪器的分辨力或鉴别力不够。

7）赋予计量标准的值和标准物质的值不准。

8）引用数据计算的常量和其他参量不准。

9）测量方法和测量程序的近似性和假定性。

10）在表面上看来完全相同的条件下，被测量重复观测值的变化。

测量方法确定后，测量结果的计算公式也就确定了。理论上，所有对测量结果有影响的输入量都应该在计算公式中出现，即要全面考虑上述列出的各种因素。如果计算公式完全是

按照这一思路建立的，那么测量不确定度评定的数学模型与测量结果的计算公式是相同的。然而在实际中，因为测量结果的计算公式不可能考虑到所有的影响因素，是一个近似式，所以数学模型与计算公式往往是不同的。例如，有些输入量由于对测量结果的影响很小，计算公式中不会体现，但是它们对测量不确定度的影响可能必须被考虑；有些由随机效应引入的输入量虽然对测量结果有影响，但是由于认知程度不够，无法定量地计算出它们对测量结果影响的大小和方向，因此也不可能出现在计算公式中。

在不确定度评定中，建立一个合适的数学模型是测量不确定度评定合理的关键所在。在建立数学模型时有以下几个方面需要注意：

1）数学模型应包含对测量不确定度有显著影响的全部输入量。

2）不重复计算任何一项对测量不确定度有显著影响的不确定度分量。

3）如果所给出的测量结果是经过修正后的结果，则应考虑由于修正值的不完善所引入的不确定度分量。

4）当选取的输入量不同时，数学模型有不同的形式，各输入量之间的相关性也可能不同，因此应在保证前面两点的基础上选择合适的输入量，尽量避免因相关性而增加的处理。

一般先根据测量原理设法从理论上导出初步的数学模型，然后再将初步模型中未能包括的并且对测量不确定度有显著影响的输入量一一补充，使数学模型逐步完善。根据对各输入量所掌握的信息的不同，数学模型可以采用两种方法得到，即透明箱模型和黑箱模型。

一、根据测量原理用透明箱模型导出数学模型

透明箱模型是指被测量（输出量）与影响量（输入量）有确定的函数关系，根据测量原理可以直接推导得到系统的数学模型。

下面以量块比较测量为例对透明箱模型进行说明。如图 5-1 所示，用量块比较仪进行量块长度的比较测量时，若测得的标准量块长度 l_s 和被测量块之间的长度差为 Δl，则被测量块长度 l 的计算公式为

$$l = l_s + \Delta l \tag{5-6}$$

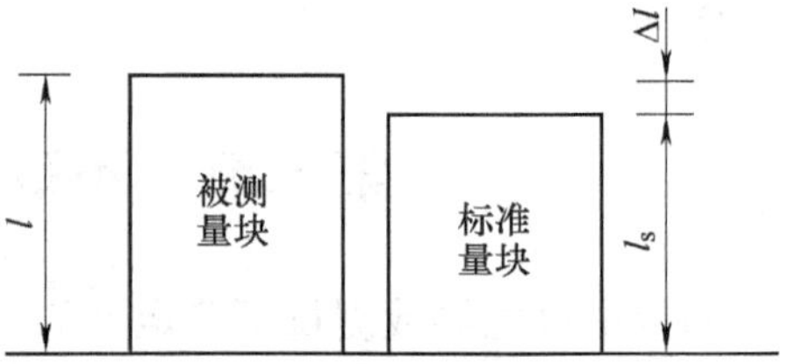

图 5-1　量块比较测量示意

根据规定，检定证书或校准证书上给出的量块长度应是对应于量块在参考温度 20℃ 下的长度，因此严格地说，式(5-6)仅在参考温度 20℃ 时成立。如果考虑温度的影响，则式(5-6)应改为

$$l(1+\alpha\theta) = l_s(1+\alpha_s\theta_s) + \Delta l \tag{5-7}$$

式中，α 和 α_s 分别为被测量块和标准量块的线膨胀系数；θ 和 θ_s 分别为测量状态下被测量块和标准量块的温度相对于参考温度 20℃ 的偏差。

由于标准量块和被测量块具有相同的标称长度，故 $\Delta l \ll l_s$，同时考虑到 $\alpha\theta \ll 1$ 和 $\alpha_s\theta_s \ll 1$，将式(5-7)展开并忽略二阶小量后可得

$$l \approx (l_s + l_s\alpha_s\theta_s + \Delta l)(1-\alpha\theta) \approx l_s + \Delta l + l_s\alpha_s\theta_s - l_s\alpha\theta \tag{5-8}$$

设 $\delta\theta = \theta - \theta_s$ 和 $\delta\alpha = \alpha - \alpha_s$，式(5-8)可改写为

$$l \approx l_s + \Delta l - l_s\delta\alpha\theta - l_s\alpha_s\delta\theta \tag{5-9}$$

式(5-8)或式(5-9)都可以作为数学模型，两者的差别在于所选择的输入量不同，但是一

般用式(5-9)。其原因是，式(5-8)中输入量 α 和 α_s 以及 θ 和 θ_s 之间存在较强的相关性，因此在对各不确定度分量进行合成时必须考虑相关项，而式(5-9)中输入量 θ 和 $\delta\theta$ 之间以及 α_s 和 $\delta\alpha$ 之间的相关性很小而可以被忽略。

二、包含黑箱模型的数学模型

在很多情况下，许多输入量对测量结果的影响是无法用解析形式的数学表达式表示的，即对于这些输入量是无法用透明箱模型来建立数学模型的。这时只能根据经验去估计输入量对测量结果的影响，这种方法称为黑箱模型。在该模型中，输出量与输入量具有相同的单位。

对上述量块比较测量进行分析，可发现透明箱模型建立的数学模型——式(5-8)或式(5-9)中没有考虑到一些不确定度的来源。例如，量块的检定或校准规定要求给出量块的中心长度，但是实际测量时测量点总是会或多或少地偏离中心点；由于两个相对的测量面存在平行度偏差，每个测量面又存在平面度偏差，因此当测量点偏离中心点时可能会得到不同的测量结果，即引入了不确定度；测量点相对中心点偏移的影响是很难用透明箱模型建立函数关系式的。对于这种情况，应以黑箱模型的方式对式(5-9)增加该输入量，得到完善的数学模型为

$$l = l_s + \Delta l - l_s\delta\alpha\theta - l_s\alpha_s\delta\theta + \delta l_v \tag{5-10}$$

式中，δl_v 为测量点偏离量块中心点对测量结果的影响。

虽然 δl_v 的大小无法通过计算得到，但是测量人员可根据经验估计出这一影响量的极限值，然后再采用 B 类评定法得到 δl_v 的标准不确定度 $u(\delta l_v)$。由于测量点偏离量块中心既可能使测量结果偏大，也可能使结果偏小，并且两者出现的可能性相等，因此 δl_v 的数学期望为零，故仍可以利用式(5-10)来计算被测量块的长度。如果有一个以上不确定度分量（如 m 个）必须采用黑箱模型，则式(5-10)应扩展为

$$l = l_s + \Delta l - l_s\delta\alpha\theta - l_s\alpha_s\delta\theta + \delta l_1 + \delta l_1 + \cdots + \delta l_m \tag{5-11}$$

综上所述，测量不确定度评定数学模型的建立一般都需要同时采用透明箱模型和黑箱模型，但是在一些情况下数学模型中可能仅包括透明箱模型或仅包括黑箱模型。在测量不确定度数学模型的建立和后续的评定时，一般不必区分各不确定度分量的性质，若必须要区分，也应表述为“由随机效应引入的不确定度分量”或“由系统效应引入的不确定度分量”。测量结果的计算公式属于透明箱模型，随机效应引入的不确定度分量属于黑箱模型，而系统效应引入的不确定度分量若能给出解析形式的数学表达式，则属于透明箱模型，否则也可以采用黑箱模型。

第四节　标准不确定度

被测量的不确定度 y 取决于各输入量估计值 x_i 的不确定度，在数学模型建立之后，首先就要评定各输入量估计值的标准不确定度 $u(x_i)$，其评定方法可以分为 A 类评定和 B 类评定两类。

一、输入量估计值的标准不确定度的 A 类评定

不确定度的 A 类评定是用对观测列进行统计分析的方法来评定标准不确定度，因此该

方法运用的前提是通过实验测量获得一组或多组测量数据，而具体实现时又可分为以下几种方法。

1. 基本方法：贝塞尔法

在重复性条件或复现性条件下对被测量作 n 次独立测量，得到的测量结果为 x_k，$k=1$，2，…，n。最佳估计值可以用 n 次独立测量结果的平均值来表示，即

$$\bar{x} = \frac{\sum_{k=1}^{n} x_k}{n} \tag{5-12}$$

根据定义，用标准偏差表示的不确定度称为标准不确定度。于是单次测量结果的标准不确定度，即上述测量列中任何一个测量结果 x_k 的标准不确定度可用贝塞尔公式表示

$$u(x_k) = s(x_k) = \sqrt{\frac{\sum_{k=1}^{n}(x_k - \bar{x})^2}{n-1}} \tag{5-13}$$

若采用该 n 次测量结果的平均值作为测量结果的最佳估计值，此时平均值 $\bar{x}$ 的实验标准差 $s(\bar{x})$ 可由单次测量的实验标准差 $s(x_k)$ 得到

$$s(\bar{x}) = \frac{s(x_k)}{\sqrt{n}} = \sqrt{\frac{\sum_{k=1}^{n}(x_k - \bar{x})^2}{n(n-1)}} \tag{5-14}$$

n 次测量结果的平均值 $\bar{x}$ 比任何一个单次测量结果 x_k 更可靠，因此平均值 $\bar{x}$ 的实验标准差 $s(\bar{x})$ 比单次测量结果的实验标准差 $s(x_k)$ 小。

贝塞尔法是最常用的方法，计算得到的是实验标准差，它是标准偏差的估计值。当测量次数 n 较小时，计算得到的实验标准差可能会有较大的误差，因此使用贝塞尔公式时要求 n 比较大，一般测量次数 $n \geqslant 10$。

若测量仪器比较稳定，则过去通过 n 次重复测量得到的单次测量实验标准差 $s(x_k)$ 可以保持相当长的时间不变，并可以在以后一段时间内的同类测量中直接采用该数据。此时，若所给测量结果是 m 次重复测量的平均值，则该平均值的实验标准差为

$$s(\bar{x}) = \frac{s(x_k)}{\sqrt{m}} = \sqrt{\frac{\sum_{k=1}^{n}(x_k - \bar{x})^2}{m(n-1)}} \tag{5-15}$$

式中，n 为得出单次测量实验标准差 $s(x_k)$ 时的测量次数（一般 $n \geqslant 10$）；m 为给出测量结果时所作的测量次数，即所给测量结果是 m 次测量结果的平均值（m 可以比较小）。

2. 合并样本标准差

若在重复性条件下作 n 次独立测量，且有 m 组这样的测量结果，则由于各组之间的测量条件可能会稍有不同，因此不能直接用贝塞尔公式对总共 $m \times n$ 次测量结果计算实验标准差，而必须计算其合并样本标准差 $s_p(x_k)$。合并样本标准差 $s_p(x_k)$ 可表示为

$$s_p(x_k) = \sqrt{\frac{\sum_{j=1}^{m}\sum_{k=1}^{n}(x_{jk} - \bar{x}_j)^2}{m(n-1)}} \tag{5-16}$$

式中，x_{jk}是第j组的第k次测量结果；$\bar{x}_j$为第j组的n个测量结果的平均值。

若已经分别计算出m组测量结果的实验标准差$s_j(x_k)$，且每组包含的测量次数相同，则合并样本标准差$s_p(x_k)$为

$$s_p(x_k)=\sqrt{\frac{\sum_{j=1}^{m}s_j^2(x_k)}{m}} \tag{5-17}$$

即合并样本标准差$s_p(x_k)$并不是各组实验标准差$s_j(x_k)$的平均值，而是方差的平均。

若各组所包含的测量次数不完全相同，则应采用方差的加权平均，权重为（n_j-1），此时的合并样本标准差$s_p(x_k)$为

$$s_p(x_k)=\sqrt{\frac{\sum_{j=1}^{m}(n_j-1)s_j^2(x_k)}{\sum_{j=1}^{m}(n_j-1)}} \tag{5-18}$$

式中，n_j为第j组的测量次数。

由式(5-16)～式(5-18)计算得到的合并样本标准差仍是单次测量结果的实验标准差，若最后给出的测量结果是若干次测量结果的平均值，例如N次，则该平均值的实验标准差为

$$s(\bar{x})=\frac{s_p(x_k)}{\sqrt{N}} \tag{5-19}$$

当不便于在重复性条件下进行很多次测量时，或对于同时有许多个类似的被测量需要测量，并且它们的测量不确定度均相近时，可以考虑采用合并样本标准差。下面以10kg砝码的校准为例来进行说明。

10kg砝码的校准一般采用比较测量法，将作为参考标准的10kg砝码和被校准的10kg砝码先后放在秤上进行比较，测量出两砝码的质量差。若校准规范规定每个被校准砝码重复测量3次，则此时直接采用式(5-14)计算3次测量平均值的实验标准差无疑是不可靠的。常见的解决办法是，对某一被校准10kg砝码进行10次以上的重复测量，并用式(5-13)计算单次测量的实验标准差，而对于其他被校准10kg砝码则可用式(5-15)得到3次测量平均值的实验标准差，前提是测量仪器比较稳定。更为简便的办法是，无需多做任何测量，只要找出近期校准过的所有10kg砝码的原始记录，每个砝码都有一组3次重复测量的数据，采用式(5-16)来计算出合并样本标准差，再利用式(5-19)就可以计算3次测量平均值的标准不确定度。

3. 极差法

在重复性条件或复现性条件下，若对被测量作n次独立测量，则n个测量结果中的最大值和最小值之差R称为极差。在可以估计被测量接近正态分布的前提下，单次测量结果的实验标准差$s(x_k)$可按下式近似地评定：

$$u(x_k)=s(x_k)=\frac{R}{C} \tag{5-20}$$

式中，C为极差系数，其值与测量次数n有关，具体取值见表5-2。

表 5-2　极差系数 C

n	2	3	4	5	6	7	8	9	10	15	20
C	1.13	1.69	2.06	2.33	2.53	2.70	2.85	2.97	3.08	3.47	3.73

当被测量满足正态分布时，对贝塞尔法和极差法得到的标准偏差的相对标准不确定度进行计算，可以证明当测量次数不大于 9 时，极差法优于贝塞尔法。因此，极差法一般只用于测量次数较少的情况，通常测量次数 n 为 4 ~ 9。

4. 最小二乘法

当被测量的估计值是由实验数据通过最小二乘法拟合的直线或曲线得到时，则任意预期的估计值，或拟合曲线参数的标准不确定度均可以利用已知的统计程序计算得到。

下面以最简单的两个物理量 X 和 Y 之间的线性关系 $y = a + bx$ 来进行说明，更为详细的叙述请见第六章测量数据的处理方法的相关内容。对 x 和 y，独立测得 n 组数据，其结果为 (x_1, y_1)，(x_2, y_2)，…，(x_n, y_n)，且 $n>2$。同时，假定 x 的测量不确定度远小于 y 的测量不确定度（即 x 的测量不确定度 $u(x)$ 可忽略不计），则可利用最小二乘法得到参数 a 和 b 以及它们的标准不确定度 $u(a)$ 和 $u(b)$。

对于测得的 y_i，因为误差的存在使得 $y_i \neq a + bx_i$，于是 $y = a + bx$ 的误差方程可写为

$$v_1 = y_1 - (a + bx_1)$$
$$v_2 = y_2 - (a + bx_2)$$
$$\cdots$$
$$v_n = y_n - (a + bx_n)$$

将上列各等式两边二次方后相加，可得残差的二次方和为

$$\sum_{i=1}^{n} v_i^2 = \sum_{i=1}^{n} [y_i - (a + bx_i)]^2 \tag{5-21}$$

为使 $\sum_{i=1}^{n} v_i^2$ 达到最小值，必须使上式对 a 和 b 的偏导数同时为零。于是可得

$$\frac{\sum_{i=1}^{n} v_i^2}{\partial a} = \frac{\sum_{i=1}^{n} [y_i - (a + bx_i)]^2}{\partial a} = -2\sum_{i=1}^{n}(y_i - a - bx_i)$$
$$= 2na + 2nb\bar{x} - 2n\bar{y} = 0 \tag{5-22}$$

$$\frac{\sum_{i=1}^{n} v_i^2}{\partial b} = \frac{\sum_{i=1}^{n} [y_i - (a + bx_i)]^2}{\partial b} = -2\sum_{i=1}^{n}[(y_i - a - bx_i)x_i]$$
$$= 2na\bar{x} + 2b\sum_{i=1}^{n} x_i^2 - 2\sum_{i=1}^{n} x_i y_i = 0 \tag{5-23}$$

对上述两式求解可得

$$a = \bar{y} - b\bar{x} \tag{5-24}$$

$$b = \frac{\sum_{i=1}^{n} x_i y_i - n\bar{x}\bar{y}}{\sum_{i=1}^{n} x_i^2 - n\bar{x}\bar{x}} \tag{5-25}$$

假设

$$S_{xy}=\sum_{i=1}^{n}(x_i-\overline{x})(y_i-\overline{y})=\sum_{i=1}^{n}(x_iy_i-x_i\overline{y}-y_i\overline{x}+\overline{x}\,\overline{y})=\sum_{i=1}^{n}x_iy_i-n\,\overline{x}\,\overline{y}$$

$$S_{xx}=\sum_{i=1}^{n}(x_i-\overline{x})^2=\sum_{i=1}^{n}(x_i^2-2x_i\overline{x}+\overline{x}\cdot\overline{x})=\sum_{i=1}^{n}x_i^2-n(\overline{x})^2$$

将 a 和 b 之值代回误差方程，可求得误差 v_i 和残差的二次方和 $\sum_{i=1}^{n}v_i^2$。于是 y 的实验标准差 $s(y)$ 为

$$s(y)=\sqrt{\frac{\sum_{i=1}^{n}v_i^2}{n-2}} \tag{5-26}$$

通过计算参数 a 和 b 的方差，可得到它们的标准不确定度为

$$u(a)=s(a)=s\sqrt{\frac{\sum_{i=1}^{n}x_i^2}{nS_{xx}}} \tag{5-27}$$

$$u(b)=s(b)=\frac{s}{\sqrt{S_{xx}}} \tag{5-28}$$

而由于参数 a 和 b 的值是由同一组测量结果计算得到的，因此两者之间理应存在一定的相关性。由于 $\overline{y}=a+b\,\overline{x}$，对等式两边求方差后可得

$$\begin{aligned}\frac{s^2}{n}&=V(a+b\,\overline{x})\\&=V(a)+V(b\,\overline{x})+2\sigma(a,b\,\overline{x})\\&=s^2(a)+(\overline{x})^2s^2(b)+2r(a,b)s(a)\overline{x}s(b)\\&=s^2\frac{\sum_{i=1}^{n}x_i^2}{nS_{xx}}+(\overline{x})^2\frac{s^2}{S_{xx}}+2r(a,b)\overline{x}\frac{s^2}{S_{xx}}\sqrt{\frac{\sum_{i=1}^{n}x_i^2}{n}}\end{aligned} \tag{5-29}$$

于是 a 和 b 之间的相关系数为

$$r(a,b)=\frac{\dfrac{1}{n}-\dfrac{\sum_{i=1}^{n}x_i^2}{nS_{xx}}-\dfrac{(\overline{x})^2}{S_{xx}}}{\dfrac{2\overline{x}}{S_{xx}}\sqrt{\dfrac{\sum_{i=1}^{n}x_i^2}{n}}}=\frac{S_{xx}-\sum_{i=1}^{n}x_i^2-n(\overline{x})^2}{2\overline{x}\sqrt{n\sum_{i=1}^{n}x_i^2}}=\frac{-n\,\overline{x}}{\sqrt{n\sum_{i=1}^{n}x_i^2}} \tag{5-30}$$

当对 x 进行测量，测得值为 x_0，并通过参数 a 和 b 得到拟合值 y_0 时，可以计算出 y_0 的标准不确定度 $u(y_0)$，具体推导过程如下：

测得值 x_0 与拟合值 y_0 之间满足关系 $y_0=a+bx_0$，其方程 $V(y_0)$ 为

$$V(y_0)=V(a)+x_0^2V(b)+2x_0r(a,b)s(a)s(b) \tag{5-31}$$

于是其标准不确定度 $u(y_0)$ 为

$$u(y_0)=\sqrt{V(y_0)}=\sqrt{s^2(a)+x_0^2s^2(b)+2x_0r(a,b)s(a)s(b)} \tag{5-32}$$

由于

$$2x_0r(a,b)s(a)s(b)=2x_0\frac{-n\bar{x}}{\sqrt{n\sum_{i=1}^{n}x_i^2}}s\sqrt{\frac{\sum_{i=1}^{n}x_i^2}{nS_{xx}}}\frac{s}{\sqrt{S_{xx}}}=-\frac{2s^2x_0\bar{x}}{S_{xx}}$$

因此

$$u(y_0)=\sqrt{\frac{s^2\sum_{i=1}^{n}x_i^2}{nS_{xx}}+\frac{s^2x_0^2}{S_{xx}}-\frac{2s^2x_0\bar{x}}{S_{xx}}}=s\sqrt{\frac{1}{n}+\frac{(x_0-\bar{x})^2}{S_{xx}}} \tag{5-33}$$

二、输入量估计值的标准不确定度的 B 类评定

不确定度的 B 类评定是用不同于对观测列进行统计分析的方法来评定标准不确定度。从其定义可看出，A 类评定的标准不确定度仅来自于对具体测量结果的统计评定，除此之外的都属于 B 类评定。B 类评定标准不确定度的信息来源很多，一般有：

1）以前的观测数据。

2）对有关技术资料和测量仪器特性的了解和经验。

3）生产部门提供的技术说明文件。

4）校准证书、检定证书或其他文件提供的数据，准确度的等别或级别，误差限等。

5）手册或某些资料给出的参考数据及其不确定度。

6）规定实验方法的国家标准或类似文件中给出的重复性限或复现性限。

从上述来源可看出，测量不确定度的 B 类评定往往会在一定程度上带有某种主观的因素，如何恰当并合理地给出 B 类评定的标准不确定度是不确定度评定的关键问题之一。依据信息来源的权威性，B 类评定不确定度的信息来源大体可以分为由检定证书或校准证书得到和由其他各种资料和手册等得到两类。

1. 信息来源于检定证书或校准证书

检定证书或校准证书通常均给出测量结果的扩展不确定度，其表示方法大体上有两种。

1）给出被测量 x 的扩展不确定度 $U(x)$ 和包含因子 k。根据扩展不确定度和标准不确定度之间的关系，被测量 x 的标准不确定度可由下式计算得到：

$$u(x)=\frac{U(x)}{k} \tag{5-34}$$

例如，校准证书给出标称值为 1kg 的砝码质量 $m=1000.00032\text{g}$，并说明按包含因子 $k=2$ 给出的扩展不确定度 $U=0.16\text{mg}$，于是其标准不确定度为

$$u(m)=\frac{U}{k}=\frac{0.16\text{mg}}{2}=0.08\text{mg}$$

2）给出被测量 x 的扩展不确定度 $U_p(x)$ 及其对应的置信概率 p。若检定证书或校准证书在给出扩展不确定度 $U_p(x)$ 及其对应的置信概率 p 的同时，还给出了包含因子 k_p，就可以按上述公式计算得到标准不确定度，否则就要考虑被测量 x 的分布来确定包含因子 k_p。若证书已指出被测量的分布，则按该分布对应的 k_p 值计算；否则一般可按正态分布考虑，但是这样存在一定的风险性。表 5-3 所列为正态分布情况下对应于不同置信概率 p 的包含因子

k_p。由于在各种不同分布中正态分布的包含因子 k_p 最大，因此得到的标准不确定度最小。所以，在比较重要的场合，且该不确定度分量又是合成标准不确定度中的主要分量时，要选择为包含因子 k_p 值较小的分布。

表 5-3 正态分布情况下对应于不同置信概率 p 的包含因子 k_p

p(%)	50	68.27	90	95	95.45	99	99.73
k_p	0.67	1	1.645	1.960	2	2.576	3

例如，在测量某一长度 l 时，估计其长度以 90% 的概率落在 10.06mm 和 10.16mm 之间，并给出最后结果为 $l=(10.11\pm0.05)$mm。证书未给出被测量的分布，故假设其为正态分布，由表 5-3 得到 $k_{90}=1.645$，于是其标准不确定度为

$$u(l)=\frac{U_{90}(l)}{k_{90}}=\frac{0.05\text{mm}}{1.645}=0.03\text{mm}$$

2. 信息来源于其他各种资料或手册等

在这种情况下通常得到的信息是被测量分布的极限范围，也就是说可以知道输入量 x 的可能值分布区间的半宽 a，即允许误差限的绝对值。由于 a 可以看做为对应于置信概率 $p=100\%$ 的置信区间的半宽度，故实际上它就是该输入量的扩展不确定度。于是输入量 x 的标准不确定度可表示为

$$u(x)=\frac{a}{k} \tag{5-35}$$

包含因子 k 的数值与输入量 x 的分布有关，因此必须对输入量 x 的分布进行估计。表 5-4 所列是各种常见分布的包含因子 k 的取值，其中梯形分布的包含因子与梯形的上下底之比值 β 有关。

例如，手册给出纯铜在 20℃ 时的线膨胀系数为 16.52×10^{-6}℃$^{-1}$，并说明此值变化的区间不超过 0.40×10^{-6}℃$^{-1}$。根据该信息，可以置信区间的半宽为 0.40×10^{-6}℃$^{-1}$，并接近于矩形分布，因此其标准偏差为 0.40×10^{-6}℃$^{-1}/\sqrt{3}=0.23\times10^{-6}$℃$^{-1}$。

表 5-4 常见分布的包含因子 k 的取值

分布类型	k	分布类型	k
两点分布	1	梯形分布($\beta=0.71$)	$\sqrt{6/(1+\beta^2)}$
反正弦分布	$\sqrt{2}$	三角分布	$\sqrt{6}$
矩形分布	$\sqrt{3}$	正态分布	3
梯形分布	2		

第五节 合成标准不确定度

合成标准不确定度（Combined Standard Uncertainty）：当测量结果是由若干个其他量的值求得时，按其他各量的方差和协方差算得的标准不确定度。

第四节已对各输入量估计值的标准不确定度进行了讨论，本节将讨论依据所建立的测量不确定度评定数学模型来计算合成标准不确定度。

一、线性数学模型的合成标准不确定度

对于线性数学模型，其函数的一般形式为

$$y = f(x_1, x_2, \cdots, x_n) = y_0 + c_1x_1 + c_2x_2 + \cdots + c_nx_n \tag{5-36}$$

此时数学模型中仅包含各输入量的一阶项。根据方差合成定理，在各输入量相互独立或各输入量之间的相关性可以忽略的情况下，被测量 Y 的合成方差 $u_c^2(y)$ 可表示为

$$u_c^2(y) = \sum_{i=1}^{n}\sum_{j=1}^{n}\frac{\partial f}{\partial x_i}\frac{\partial f}{\partial x_j}u(x_i, x_j) = \sum_{i=1}^{n}\left(\frac{\partial f}{\partial x_i}\right)^2 u^2(x) = \sum_{i=1}^{n}c_i^2u^2(x_i) = \sum_{i=1}^{n}u_i^2(y) \tag{5-37}$$

式中，c_i 为灵敏系数，对于线性数学模型为常数；$u_i(y)$ 为输入量 x_i 所引入的不确定度分量。

式(5-37)通常称为不确定度传播定律。

当各输入量之间存在不可忽略的相关性时，被测量 Y 的合成方差 $u_c^2(y)$ 可表示为

$$\begin{aligned}
u_c^2(y) &= \sum_{i=1}^{n}\sum_{j=1}^{n}\frac{\partial f}{\partial x_i}\frac{\partial f}{\partial x_j}u(x_i, x_j) \\
&= \sum_{i=1}^{m}\left(\frac{\partial f}{\partial x_i}\right)^2 u^2(x_i) + 2\sum_{i=1}^{n-1}\sum_{j=i+1}^{n}\frac{\partial f}{\partial x_i}\frac{\partial f}{\partial x_j}u(x_i, x_j) \\
&= \sum_{i=1}^{m}\left(\frac{\partial f}{\partial x_i}\right)^2 u^2(x_i) + 2\sum_{i=1}^{n-1}\sum_{j=i+1}^{n}\frac{\partial f}{\partial x_i}\frac{\partial f}{\partial x_j}u(x_i)u(x_j)r(x_i, x_j) \\
&= \sum_{i=1}^{m}u_i^2(y) + 2\sum_{i=1}^{n-1}\sum_{j=i+1}^{n}\frac{\partial f}{\partial x_i}\frac{\partial f}{\partial x_j}u(x_i)u(x_j)r(x_i, x_j)
\end{aligned} \tag{5-38}$$

式中，$u(x_i, x_j)$ 和 $r(x_i, x_j)$ 分别为输入量 x_i 和 x_j 之间的协方差和相关系数。

由式(5-38)可见，当各输入量之间存在相关性且不可忽略时，必须得知各输入量之间的相关系数后才能计算合成标准不确定度。

根据概率论可知，相关系数的取值范围是 $-1 \leqslant r \leqslant +1$。当 $r=0$ 时，两个输入量之间不存在相关性。当 $r>0$ 时，两个输入量正相关，即一个输入量增大时，另一个输入量也增大；当 $r=1$ 时，两个输入量完全正相关。当 $r<0$ 时，两个输入量负相关，即一个输入量增大时，另一个输入量减小；当 $r=-1$ 时，两个输入量完全负相关。

相关系数除了可以从理论上进行分析和估计外，也可以从实验测量得到。通过实验同时测量输入量 x 和 y 之值，共测量 n 组，则可由下式得到输入量 x 和 y 之间的协方差和相关系数：

$$s(x, y) = \frac{\sum_{k=1}^{n}(x_k - \bar{x})(y_k - \bar{y})}{n-1} \tag{5-39}$$

$$r(x, y) = \frac{s(x, y)}{s(x)s(y)} \tag{5-40}$$

输入量 x 和 y 的 n 组测量结果的平均值 $\bar{x}$ 和 $\bar{y}$ 之间的协方差和相关系数为

$$s(\bar{x}, \bar{y}) = \frac{\sum_{k=1}^{n}(x_k - \bar{x})(y_k - \bar{y})}{n(n-1)} \tag{5-41}$$

$$r(\bar{x},\bar{y})=\frac{s(x,y)}{s(x)s(y)}=r(x,y) \tag{5-42}$$

由于相关系数的实验测量比较麻烦，因此在进行测量不确定度评定时除非确有必要，一般应尽可能避免由实验测量相关系数。相关性的处理通常有下述几种方法：

1）采用合适的测量方法和测量程序，尽可能避免输入量之间的相关性。

例如，用数显卡尺测量长方形的长 a 和宽 b，计算长方形的面积 S。

若仅考虑卡尺的示值误差所引入的测量不确定度分量，数学模型可以写为 $S=ab$。长方形面积的测量不确定度主要由卡尺的示值误差引入，故当用同一把卡尺测量长方形的长和宽时，即使测量点不同，两者的测量结果仍可能是相关的。若改用两把不同的卡尺分别测量长方形的长和宽，由于两把卡尺的示值误差之间一般是不相关的，因此可以避免处理相关性。

2）如果可选择测量不确定度评定中所采用的输入量，则应尽量选用不相关的输入量。

例如，量块长度的比较测量的测量不确定度评定中，式（5-8）或式（5-9）都可以作为数学模型，但是一般用式（5-9）。其原因是，式（5-8）中输入量 α 和 α_s 之间以及 θ 和 θ_s 之间存在较强的相关性，因此在对各不确定度分量进行合成时必须处理各自的相关项，而式（5-9）中输入量 θ 和 $\delta\theta$ 之间和 α 和 $\delta\alpha$ 之间的相关性很小，可以被忽略。

3）如果已知两个输入量之间存在相关性，但相关性较弱，即相关系数的绝对值较小，则可忽略其相关性。

4）如果相关的两个输入量本身在合成标准不确定度中不起主要作用，则可以忽略它们之间的相关性。

5）如果两输入量之间的相关性较强而使得相关项不可忽略，则可以假定它们之间的相关系数为1。即先直接将两相关的不确定度分量直接相加，然后再与其他不相关的不确定度分量通过方和根进行合成。假定相关系数为1时得到的合成标准不确定度会稍大，对于大部分情况这样做是允许的。只要最后得到的扩展不确定度符合要求，合理地高估测量不确定度没有明显的害处。

6）如果相关系数为负值，则可以考虑忽略其相关性。这样得到的合成标准不确定度会稍大，但只要最后得到的扩展不确定度满足要求就可这样处理。

7）如果上述条件都不能很好地满足，才考虑由实验测量的方法计算相关系数。

前面已给出了实验测量计算相关系数的公式，在实际应用时，如果要求不高的话还可以用下述简单的方法得到其近似值：

（1）**观察法**　用多组测量的对应值作图，与图5-2所示的标准图形相比，看其与哪一图形相近，从而确定相关系数的近似值。

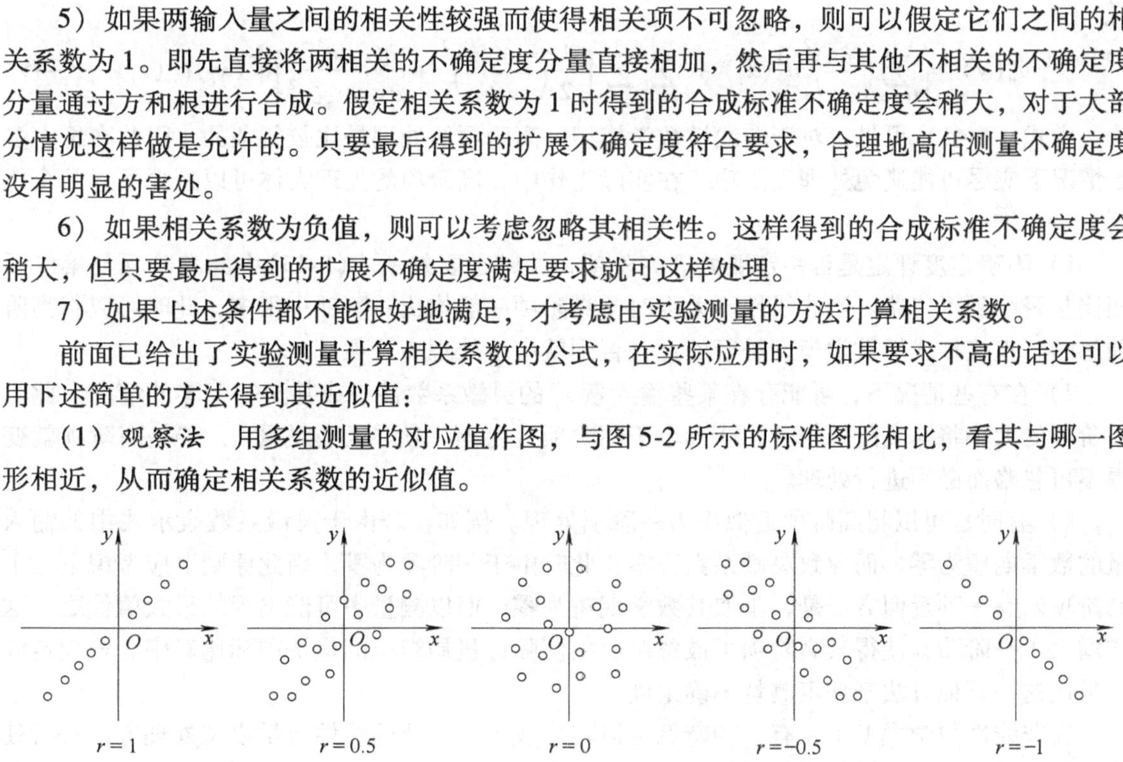

图5-2　相关系数观察法使用的标准图形

（2）简单计算法　将多组测量的对应值在平面坐标上作图，如图5-3所示，然后作平行于纵轴的直线A将点阵左右均分，再作平行于横轴的直线B将点阵上下均分，并尽量使A、B线上无点。于是将点阵分为四部分，设各部分的点数分别为n_1、n_2、n_3、n_4，相关系数的近似计算公式为

$$r \approx -\cos\left(\frac{n_1+n_3}{\sum n}\pi\right) \tag{5-43}$$

式中，$\sum n = n_1+n_2+n_3+n_4$。

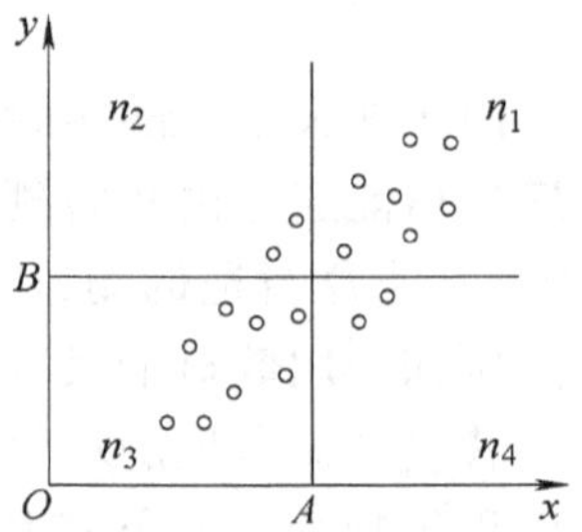

图5-3　相关系数简单计算法应用示意

二、非线性数学模型的合成标准不确定度

若测量不确定度评定的数学模型$y=f(x_1,x_2,\cdots,x_n)$为非线性模型，将其在各输入量的数学期望值$x_{10},x_{20},\cdots,x_{n0}$处用泰勒级数展开，得

$$\begin{aligned} y &= f(x_{10},x_{20},\cdots,x_{n0}) + \sum_{i=1}^{n}\frac{\partial f}{\partial x_i}\delta x_i + \frac{1}{2}\sum_{i=1}^{n-1}\sum_{j=i+1}^{n}\left\{\frac{\partial^2 f}{\partial x_i^2}\delta x_i^2 + 2\frac{\partial^2 f}{\partial x_i\partial x_j}\delta x_i\delta x_j\right\} \\ &+ \frac{1}{2\times 3}\sum_{i=1}^{n-1}\sum_{j=i+1}^{n}\left\{\frac{\partial^3 f}{\partial x_i^3}\delta x_i^3 + 3\frac{\partial^3 f}{\partial x_i^2\partial x_j}\delta x_i^2\delta x_j + 3\frac{\partial^3 f}{\partial x_i\partial x_j^2}\delta x_i\delta x_j^2 + \frac{\partial^3 f}{\partial x_j^3}\delta x_j^3\right\} + \cdots \end{aligned} \tag{5-44}$$

由于泰勒级数展开式中的高阶项不全为零，当每个输入量x_i都对其平均值$\bar{x}_i$对称分布并考虑下一个高阶项时，对式（5-44）两边求方差，得到非线性数学模型的不确定度传播定律

$$u_c^2(y) = \sum_{i=1}^{n}\left(\frac{\partial f}{\partial x_i}\right)^2 u^2(x_i) + \sum_{i=1}^{n-1}\sum_{j=i+1}^{n}\left[\frac{1}{2}\left(\frac{\partial^2 f}{\partial x_i\partial x_j}\right)^2 + \frac{\partial f}{\partial x_i}\frac{\partial^3 f}{\partial x_i\partial x_j^2}\right]u^2(x_i)u^2(x_j) \tag{5-45}$$

由式（5-45）可见，对于非线性数学模型，高阶项的处理是比较复杂的，因此在绝大多数情况下应尽可能避免处理高阶项。在实际工作中，高阶项的处理大体可以遵循下述几个原则：

1）不确定度评定是否一定要处理高阶项，关键是要判断式(5-45)中的高阶项与第一项相比是否小到可忽略。当非线性不太强时，高阶项一般均比一阶项小很多，此时可以将高阶项忽略，直接按线性数学模型进行处理，否则就应该处理高阶项。

2）在有些情况下，可能存在某些输入量x_i的灵敏系数甚小或甚至等于零的情况。此时一阶项的大小将与高阶项相近，或远小于高阶项（甚至一阶项可能为零），于是高阶项就变得不可忽略而必须进行处理。

3）有时也可以将高阶项近似作为一阶项处理。例如，若由于灵敏系数表示式中的输入量的数学期望为零，而导致灵敏系数为零，此时由于一阶项为零，因此原则上应考虑下一个高阶项。有一种近似方法是，不取其数学期望为零，而以测量中可能出现的最大值代之，这样增大了一阶项，使得其高阶项可被忽略。由国际计量局组织的量块国际比对中，曾规定统一采用这一近似方法来评定测量不确定度。

在非线性数学模型中，有一种特例可以转化成上一小节的线性数学模型处理方法进行处理。即当被测量可以用各影响量的幂的乘积来表示，也就是说数学模型中仅包含各输入量之间的积和商时，可以表示为

$$y = f(x_1, x_2, \cdots, x_n) = c x_1^{p_1} x_2^{p_2} \cdots x_n^{p_n} \tag{5-46}$$

式（5-46）中的 c 并非灵敏系数，而是比例常数，且指数 p_i 可以为正数或负数。本章第三节介绍了数学模型建立的透明箱模型和黑箱模型，可看出在建立这种乘积形式的数学模型时不能再以增加相加的修正项来对其完善，而是增加了相乘的修正因子，使由随机效应所引入的修正因子（黑箱模型）的数学期望均等于1。

对于乘积形式的数学模型，如果直接对不确定度进行评定，那么高阶项的处理是无法避免的。然而，若对式(5-46)作对数变换，并令 $z = \ln y$ 和 $\omega_i = \ln x_i$，则可转化成线性函数

$$z = \ln c + p_1\omega_1 + p_2\omega_2 + \cdots + p_n\omega_n \tag{5-47}$$

若 p_i 的不确定度 $u(p_i)$ 可以忽略不计，且各输入量 x_i 之间相互独立或不相关，则在 $y \neq 0$ 和 $x_i \neq 0$ 的条件下可得到 y 的相对合成方差为

$$\left[\frac{u_c(y)}{y}\right]^2 = \frac{\sum_{i=1}^{n}\left(\frac{\partial f}{\partial x_i}\right)^2 u^2(x_i)}{y^2} = \frac{\sum_{i=1}^{n}\left(\frac{p_i y}{x_i}\right)^2 u^2(x_i)}{y^2} = \sum_{i=1}^{n}\left[\frac{p_i u(x_i)}{x_i}\right]^2 \tag{5-48}$$

由于相对标准不确定度 $u_{u,\mathrm{rel}}(y) = \frac{u_c(y)}{y}$ 和 $u_{c,\mathrm{rel}}(y) = \frac{u_c(x_i)}{x_i}$，于是式(5-48)可写为

$$u_{c,\mathrm{rel}}^2(y) = \sum_{i=1}^{n} p_i^2 u_{\mathrm{rel}}^2(x_i) = \sum_{i=1}^{n} u_{i,\mathrm{rel}}^2(y) \tag{5-49}$$

通过上述分析可见，对于非线性模型的这种特例，若用相对不确定度来表示，则合成标准不确定度在表示形式上与线性模型相同。

例 5-1　通过测量圆柱体的半径 r 和高 h，计算圆柱体体积 V。

数学模型为　$V = \pi r^2 h$

圆周率 π 的不确定度可以忽略不计，因此可得

$$\left[\frac{u_c(V)}{V}\right]^2 = 2^2\left[\frac{u(r)}{r}\right]^2 + \left[\frac{u(h)}{h}\right]^2$$

或

$$u_{c,\mathrm{rel}}^2(V) = 2^2 u_{\mathrm{rel}}^2(r) + u_{\mathrm{rel}}^2(h)$$

第六节　扩展不确定度

除计量学基础研究、基本物理常数测量以及复现国际单位制单位的国际比对可以仅给出合成标准不确定度外，其余绝大部分测量均要求给出测量结果的扩展不确定度。扩展不确定度是确定测量结果区间的量，合理赋予被测量之值分布的大部分可望含于此区间。扩展不确定度 U 等于合成标准不确定度 u_c 与包含因子 k 的乘积。在获得合成标准不确定度 u_c 后计算扩展不确定度时，应该先确定被测量可能值的分布，然后依据该分布确定包含因子 k。

被测量的分布是由所有输入量的影响综合而成的，因此它与数学模型以及各分量的大小及输入量的分布有关。对于不同的被测量，输入量以及数学模型各不相同，因此要给出一种确定被测量分布的通用模式几乎不可能，一般只能根据具体情况来判断被测量可能接近于何种分布。对于被测量的分布，一般来说有三种可能性：

1）可判断被测量接近于正态分布。

2）被测量不接近于正态分布，但是可以判断其接近于某种其他的已知分布，如矩形分

布、三角分布、梯形分布等。

3）以上两种情况均不成立，即无法判断被测量的分布。

一、被测量可能值的分布的判定

1. 被测量的分布接近于正态分布的判定

依据概率论的中心极限定理，可得到下述判定正态分布的推论：

1）若输入量的个数越多，被测量就越接近于正态分布。

2）若各输入量对被测量的不确定度的贡献大小相互越接近，则被测量就越接近于正态分布。

3）为使被测量的分布与正态分布达到一定的接近程度，若各输入量本身越接近于正态分布，则所需的输入量的个数就越少。

2. 被测量接近于某种非正态分布的判定

若不确定度分量的数目不多，且其中有一个分量为占优势的分量，则可以判定被测量的分布接近于该占优势分量的分布。

各不确定度分量中的最大分量是否为占优势的分量可用下述方法判定：将所有不确定度分量按大小次序排列，如果第二个不确定度分量的大小与最大分量之比不超过 0.3，同时所有其他分量均很小时，则可以认为第一分量为占优势的分量。

若在各不确定度分量中，没有任何一个分量是占优势的分量，但如果能发现其中两个最大分量的合成为占优势分量，即所有其他分量的合成标准不确定度与两个最大分量的合成标准不确定度之比不超过 0.3 时，且两个最大分量合成后的分布也能确定的话，则可以认为被测量的分布接近于该两个最大分量合成后的分布。若两个最大分量均为矩形分布且宽度相等，则被测量接近于三角形分布；若两者为宽度不等的矩形分布，则被测量接近于梯形分布。

综上所述，被测量接近于正态分布和接近于其他某种非正态分布的判定是两种不同的极端情况。正态分布的判定要求不确定度分量的数目越多越好，且各分量的大小越接近越好；而其他某种非正态分布的判定则要求不确定度分量的数目越少越好，且各分量的大小相差越悬殊越好。当无法用中心极限定理判断被测量接近于正态分布，同时也没有任何一个分量，或若干个分量的合成为占优势的分量时，将无法判定被测量的分布。

为了确定被测量的分布，除了计算出各个不确定度分量之外，还需要对各个分量的分布进行判定。

当符合以下条件之一时，可判定不确定度分量接近正态分布：

1）在重复性或复现性条件下多次测量的算术平均值的分布。

2）当输入量是来自于证书的扩展不确定度，且对其分布没有特别注明时。

当符合以下条件之一时，可判定不确定度分量接近矩形分布：

1）数据修约导致的不确定度。

2）数字式测量仪器的分辨力导致的不确定度。

3）测量仪器的滞后或摩擦效应导致的不确定度。

4）按级使用的数字式仪表及测量仪器的最大允许误差导致的不确定度。

5）用上、下界给出的材料的线膨胀系数。

6）测量仪器的度盘或齿轮的回差引起的不确定度。

7）平衡指示器调零不准导致的不确定度。

8）如果没有任何信息，较合理的估计是将其近似看作矩形分布。

当符合以下条件之一时，可判定不确定度分量接近三角形分布：

1）相同修约间隔给出的两独立量之和或差，由修约导致的不确定度。

2）因分辨力引起的两次测量结果之和或差的不确定度。

3）用替代法检定标准电子元件或测量衰减时，调零不准导致的不确定度。

当符合以下条件之一时，可判定不确定度分量接近反正弦分布：

1）度盘偏心引起的测角不确定度。

2）正弦振动引起的位移不确定度。

3）无线电测量中，由于阻抗失配引起的不确定度。

4）随时间正弦变化的温度不确定度。

下面举例说明上述判据在实际测量工作中的应用情况。

例 5-2　标称长度为 50mm 量块的校准。各不确定度分量的大小和分布见表 5-5。

表 5-5　标称长度为 50mm 量块校准中各不确定度分量的大小和分布

输入量	估计值/mm	标准不确定度	分布	灵敏系数	不确定度分量/nm
l_S	50.000020	17.4nm	正态	1.0	17.4
δl_D	0	17.3nm	矩形	1.0	17.3
Δl	-0.000092	7.2nm	正态	1.0	7.2
δl_C	0	18.5nm	矩形	1.0	18.5
$\delta\theta$	0	0.0289°C	矩形	575nm · °C^{-1}	16.6
δl_V	0	5.77nm	矩形	1.0	5.8
l_X	49.999928				$u_c=36$

共有六个不确定度分量，其中四个较大的不确定度分量大小相近，故根据中心极限定理可以判定被测量满足正态分布。

例 5-3　数字多用表 DC 100V 点的校准。各不确定度分量的大小和分布见表 5-6。

表 5-6　150mm 游标卡尺校准中各不确定度分量的大小和分布

输入量	估计值/V	标准不确定度	分布	灵敏系数	不确定度分量/V
V_{iX}	100.1				
V_S	100.0	0.001V	正态	-1	0.001
δV_{iX}	0	0.029V	矩形	1	0.029
δV_S	0	0.0064V	矩形	-1	0.0064
E_X	0.1				$u_c=0.030$

1）仅有三个不确定度分量，且最大分量为非正态分布，故被测量不可能接近正态分布。

2）最大分量是占优势的分量，其他两个分量与其之比都不超过 0.3，故被测量接近于占优势分量的分布，即矩形分布。

例 5-4　150mm 游标卡尺的校准。各不确定度分量的大小和分布见表 5-7。

表 5-7　150mm 游标卡尺校准中各不确定度分量的大小和分布

输入量	估计值/mm	标准不确定度	分布	灵敏系数	不确定度分量/μm
l_{iX}	150.10				
l_S	150.00	0.46μm	矩形	1.0	0.46
Δt	0	1.15℃	矩形	1.7μm·℃$^{-1}$	2.0
δl_{iX}	0	15μm	矩形	1.0	15
δl_M	0	29μm	矩形	1.0	29
E_X	0.10				$u_c=33$

1）有四个不确定度分量，其中有两个较小，对合成分布的贡献不大。两个最大分量不服从正态分布，故被测量不接近于正态分布。

2）第四个分量是最大分量，但它在合成标准不确定度中不是占优势的分量，故也不能判定被测量接近于矩形分布。

3）因为有两个不确定度分量甚小，两个较大分量的合成在合成标准不确定度中是占优势的分量，故被测量接近于两个较大分量的合成分布；两个不等宽度矩形分布的合成满足梯形分布，故被测量接近于梯形分布。其中第三个不确定度分量是由半宽度为 25μm 的矩形分布得到的，第四个不确定度分量是由半宽度为 50μm 的矩形分布得到的，故合成后梯形分布上底的半宽为两者之差 25μm，下底半宽为两者之和 75μm，梯形的角参数 β 值为 0.33。

二、依据被测量分布确定包含因子和扩展不确定度的计算

1. 被测量分布无法判断

当无法判断被测量的分布时，只能对包含因子 k 直接取值，一般为 2～3，绝大部分情况下均取 $k=2$，当取其他值时，应说明其来源。由于包含因子是直接取值的，因此无法知道对应的置信概率，此时扩展不确定度用 U 表示，$U=ku_c$。

2. 被测量分布接近于某种非正态分布

当被测量分布接近于某种非正态分布时，不能按照上述方法对包含因子直接取值，应根据已经确定的被测量的分布，由其概率密度函数计算出包含因子 k_p，此时扩展不确定度用 U_p 表示，$U_p=k_pu_c$。

（1）被测量接近于矩形分布　被测量接近于矩形分布，如图 5-4 所示，a 为置信概率 100% 区间的半宽，即 $U_{100}=a$，合成标准不确定度 $u_c(y)$ 与其的关系为

$$u_c(y)=\frac{a}{\sqrt{3}} \tag{5-50}$$

因为对应于置信概率为 95% 的置信区间的半宽 U_{95} 与 U_{100} 的关系为

$$U_{95}=0.95U_{100}=0.95a \tag{5-51}$$

故得

$$k_{95}=\frac{U_{95}}{u_c(y)}=\frac{0.95a}{\dfrac{a}{\sqrt{3}}}=0.95\times\sqrt{3}\approx1.65 \tag{5-52}$$

同样可得
$$k_{99}=\frac{U_{99}}{u_c(y)}=\frac{0.99a}{\frac{a}{\sqrt{3}}}=0.99\times\sqrt{3}\approx1.71 \tag{5-53}$$

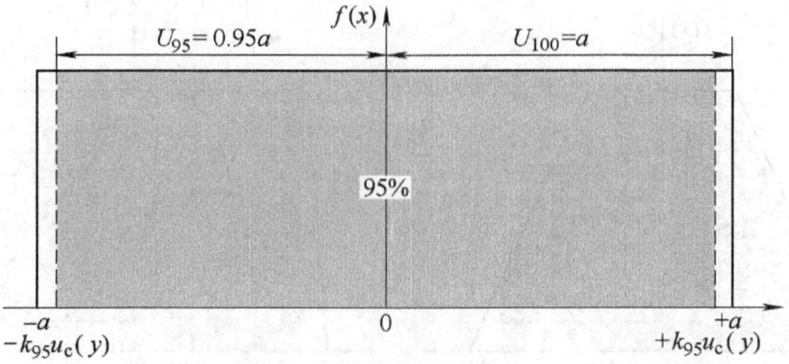

图 5-4　被测量接近矩形分布时的 k 值

(2) 被测量接近于三角形分布　被测量接近于三角形分布，如图 5-5 所示，a 为置信概率 100% 区间的半宽，即 $U_{100}=a$，合成标准不确定度 $u_c(y)$ 与其的关系为

$$u_c(y)=\frac{a}{\sqrt{6}} \tag{5-54}$$

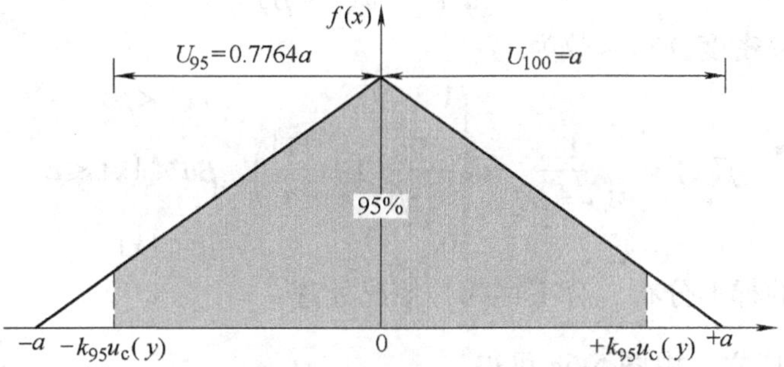

图 5-5　被测量接近三角形分布时的 k 值

因为对应于置信概率为 95% 的置信区间的半宽 U_{95} 与 U_{100} 的关系为

$$\left(\frac{U_{100}-U_{95}}{U_{100}}\right)^2=\frac{1-0.95}{1}=0.05 \tag{5-55}$$

故得
$$k_{95}=\frac{U_{95}}{u_c(y)}=\frac{(1-\sqrt{0.05})a}{\frac{a}{\sqrt{6}}}\approx1.90 \tag{5-56}$$

同样可得
$$k_{99}=\frac{U_{99}}{u_c(y)}=\frac{(1-\sqrt{0.01})a}{\frac{a}{\sqrt{6}}}\approx2.20 \tag{5-57}$$

(3) 被测量接近于梯形分布　被测量接近于梯形分布，高度为 h，上底和下底之比为 $\beta=b/a$，b 和 a 分别为上底和下底的半宽，如图 5-6 所示。其标准不确定度为

$$u_c(y)=\frac{a}{\sqrt{\frac{6}{1+\beta^2}}}=a\sqrt{\frac{1+\beta^2}{6}} \tag{5-58}$$

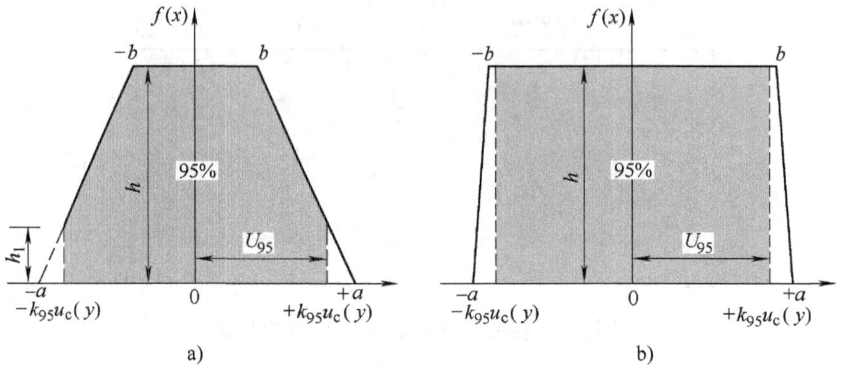

图 5-6　被测量接近梯形分布时的 k 值

a）$\beta\leqslant\frac{p}{2-p}$　b）$\beta\geqslant\frac{p}{2-p}$

假设梯形的面积 S 为 1，故得

$$h=\frac{S}{a+b}=\frac{1}{a(1+\beta)} \tag{5-59}$$

梯形分布的概率密度分布函数为

$$f(x)=\frac{1}{a(1+\beta)}\times\begin{cases}1 & |x|<\beta a\\ \frac{1}{1-\beta}\left(1-\frac{|x|}{a}\right) & \beta a\leqslant|x|\leqslant a\\ 0 & a<|x|\end{cases} \tag{5-60}$$

对于不同形状的梯形分布，分下述两种情况处理：

1）若 $\beta\leqslant\frac{p}{2-p}$ 成立，由图 5-6a 可得

$$\frac{a-b}{a-U_p}=\frac{h}{h_1} \tag{5-61}$$

即

$$h_1=h\frac{a-U_p}{a-b} \tag{5-62}$$

图 5-6a 中两虚线之间所夹部分的面积应为 p，故

$$1-p=h_1(a-U_p)=h\frac{(a-U_p)^2}{a-b} \tag{5-63}$$

$$U_p=a(1-\sqrt{(1-p)(1-\beta^2)}) \tag{5-64}$$

最后得

$$k_p=\frac{U_p}{u_c}=[1-\sqrt{(1-p)(1-\beta^2)}]\frac{1}{\sqrt{\frac{1+\beta^2}{6}}} \tag{5-65}$$

2）若 $\beta\geqslant\frac{p}{2-p}$ 成立，图 5-6b 中两虚线之间所夹部分的面积应为 p，$p=2U_ph$，故

$$k_p = \frac{U_p}{u_c} = \frac{p}{2h} \frac{1}{a\sqrt{\frac{1+\beta^2}{6}}} = \frac{p(1+\beta)}{2} \frac{1}{\sqrt{\frac{1+\beta^2}{6}}} \tag{5-66}$$

将式(5-65)和式(5-66)合并，可写成

$$k_p = \frac{1}{\sqrt{\frac{1+\beta^2}{6}}} \times \begin{cases} \left[1-\sqrt{(1-p)(1-\beta^2)}\right] & \beta \leqslant \frac{p}{2-p} \\ \frac{p(1+\beta)}{2} & \beta \geqslant \frac{p}{2-p} \end{cases} \tag{5-67}$$

即梯形分布的包含因子不仅与所要求的置信概率有关，还与梯形的上、下底之比有关。

3. 被测量分布接近于正态分布

表5-8给出了正态分布时包含因子 k 与置信概率 p 之间的关系。然而当被测量接近于正态分布时，表中所列出的 k 值不能被采用。其原因是，由于标准不确定度定义为以标准偏差表示测量不确定度，而标准偏差应通过无限多次测量才能够得到，因此标准偏差也称为总体标准偏差。而且正态分布也是对应于无穷多次测量的总体分布，也就是说，只有当真正用标准偏差来作为标准不确定度，才能采用正态分布的 k 值。同时，实际测量中不可能进行无限多次测量，只能用有限次测量的实验标准差作为标准偏差的估计值，这一估计必然会引入误差。为了得到对应于所规定置信概率的扩展不确定度，还必须适当增大 k 值。因此，在实际测量中不能直接采用正态分布的 k 值。

表5-8　正态分布包含因子 k 与置信概率 p 之间的关系

包含因子 k	置信概率 p	包含因子 k	置信概率 p
3	99.73	2	95.45
2.576	99	1.96	95

在数学上，当总体分布满足正态分布时，其样本分布将满足 t 分布。t 分布是表征正态分布总体中所取子样的分布。不同的子样大小，对应不同的 t 分布，其包含因子 k 也不同。因此当被测量接近正态分布时，仅依据所要求的置信概率还不足以得到包含因子 k，还必须再知道一个与所取样本大小相关的参数。这个参数称作为“自由度”，一般用希腊字母 ν 表示。在得到接近于正态分布的被测量的自由度后，就可由所规定的置信概率 p 通过查表5-7得到不同置信概率 p 与自由度 ν 时 t 分布的临界值 $t_p(\nu)$，包含因子 $k_p = t_p(\nu)$。此时扩展不确定度用 U_p 表示，$U_p = k_p u_c$。

在正态分布情况下，若可以估计自由度不太小，例如不小于15，则可以简单取包含因子 $k=2$。在对不确定度进行最后陈述时，除了应给出 U 和 k 之外，还应该进一步指出：“由于估计被测量接近于正态分布，且其有效自由度不太小，对应的置信概率约为95%”。

三、自由度的计算

被测量接近于正态分布时，计算扩展不确定度时需要考虑其自由度。由于被测量的合成标准不确定度一般都是由各个输入量的标准不确定度分量合成得到的，因此首先需要获知各输入量的标准不确定度分量的自由度，然后再计算得到被测量的自由度。

自由度，在 JJF 1059. 1—2012《测量不确定度评定与表示》定义为，在方差计算中，和的项数减去对和的限制数。

1. 不确定度 A 类评定的自由度

当采用贝塞尔公式进行标准不确定度 A 类评定时，“和的项数”即是多次重复测量的次数 n。由于被测量都要采用其平均值，都要满足一个残差之和等于零的约束条件，即“对和的限制数”为 1，因此其自由度 $\nu = n-1$。

如果需要同时测量 t 个被测量，则由于解 t 个未知数需要 t 个方程，因此必须至少测量 t 次；从 $t+1$ 次开始，才是“多余”的测量，故其自由度 $\nu = n-t$；如果 t 个被测量之间还存在 m 个约束条件，由于每一个约束条件相当于减少一个被测量，故此时自由度 $\nu = n-t+m$。

对于合并样本标准差，其自由度为各组的自由度之和。例如，对于每组测量 n 次，共测量 m 组的情况，其自由度为 $m(n-1)$。

用极差法估计实验标准差时，其自由度与测量次数的关系见表 5-9。

表 5-9　极差法自由度

n	2	3	4	5	6	7	8	9	10	15	20
ν	0.9	1.8	2.7	3.6	4.5	5.3	6.0	6.8	7.5	10.5	13.1

当采用不确定度的 A 类评定时，在数学上可以证明自由度与标准不确定度的准确程度之间的关系为

$$\nu = \frac{1}{2\left[\dfrac{u[u(x)]}{u(x)}\right]^2} \tag{5-68}$$

式中，$u(x)$ 为被测量 x 的标准不确定度；$u[u(x)]$ 为标准不确定度 $u(x)$ 的标准不确定度。

由式(5-68)可见，自由度 ν 与标准不确定度 $u(x)$ 的相对标准不确定度 $\dfrac{u[u(x)]}{u(x)}$ 有关，即是一种二阶不确定度。自由度表示所给标准不确定度的可靠程度，自由度越大，则所得的标准不确定度越可靠。

2. 不确定度 B 类评定的自由度

对于 B 类评定，由于其标准不确定度并不是由实验测量得到的，也就不存在测量次数的问题，因此原则上也就不存在自由度的概念。然而，如果认为式(5-68)同样适用于 B 类评定，则该式就成为估计不确定度 B 类评定自由度的基础。如果根据经验能估计出 B 类评定的相对标准不确定度，就可以由式(5-68)估计出其自由度。因此，不确定度 B 类评定的自由度存在更多的人为因素。

3. 合成标准不确定度的自由度

合成标准不确定度的自由度称为有效自由度，以 ν_{eff} 表示。当被测量接近于正态分布时，需要由各个标准不确定度分量的自由度计算得到有效自由度，其计算公式为

$$\nu_{\text{eff}} = \frac{u_c^4(y)}{\sum\limits_{i=1}^{n} \dfrac{u_i^4(y)}{\nu_i}} \tag{5-69}$$

由式(5-69)计算得到的有效自由度一般均带有小数，查 t 分布表时应予以取整，习惯上取整时只截尾而不进位，这样查表得到的 k 值较大而比较安全。当自由度很小时，k 值随有效自由度的变化很快，取整带来的误差可能过大，此时计算得到的有效自由度可以保留一位小数。自由度带有小数时的 k 值，可以由表5-10所附三维内插公式通过内插得到。

表5-10　t 分布在不同置信概率 p 与自由度 ν 时的 t_p（ν）值

自由度 ν	$p\times100$					
	68.27[①]	90	95	95.45[①]	99	99.73[①]
1	1.84	6.31	12.71	13.97	63.66	235.80
2	1.32	2.92	4.30	4.53	9.92	19.21
3	1.20	2.35	3.18	3.31	5.84	9.22
4	1.14	2.13	2.78	2.87	4.60	6.62
5	1.11	2.02	2.57	2.65	4.03	5.51
6	1.09	1.94	2.45	2.52	3.71	4.90
7	1.08	1.89	2.36	2.43	3.50	4.53
8	1.07	1.86	2.31	2.37	3.36	4.28
9	1.06	1.83	2.26	2.32	3.25	4.09
10	1.05	1.81	2.23	2.28	3.17	3.96
11	1.05	1.80	2.20	2.25	3.11	3.85
12	1.04	1.78	2.18	2.23	3.05	3.76
13	1.04	1.77	2.16	2.21	3.01	3.69
14	1.04	1.76	2.14	2.20	2.98	3.64
15	1.03	1.75	2.13	2.18	2.95	3.59
16	1.03	1.75	2.12	2.17	2.92	3.54
17	1.03	1.74	2.11	2.16	2.90	3.51
18	1.03	1.73	2.10	2.15	2.88	3.48
19	1.03	1.73	2.09	2.14	2.86	3.45
20	1.03	1.72	2.09	2.13	2.85	3.42
25	1.02	1.71	2.06	2.11	2.79	3.33
30	1.02	1.70	2.04	2.09	2.75	3.27
35	1.01	1.70	2.03	2.07	2.72	3.23
40	1.01	1.68	2.02	2.06	2.70	3.20
45	1.01	1.68	2.01	2.06	2.69	3.18
50	1.01	1.68	2.01	2.05	2.68	3.16
100	1.005	1.660	1.984	2.025	2.626	3.077
∞	1.000	1.645	1.960	2.000	2.576	3.000

注：当自由度较小而又有较准确要求时，非整数的自由度可按以下两种方法之一，内插计算 t。

例如，$\nu=6.5$，$p=0.9973$，可查得 $t_p(6)=4.90$ 和 $t_p(7)=4.53$。

1）按非整 ν 内插求 $t_p(\nu)$：$t_p(6.5)=4.53+(4.90-4.53)(6.5-7)/(6-7)=4.72$。

2）按非整 ν 由 ν^{-1} 内插求 $t_p(\nu)$：$t_p(6.5)=4.53+(4.90-4.53)(1/6.5-1/7)/(1/6-1/7)=4.70$。

比较而言，第二种方法更为准确。

① 若某量服从期望 μ，总体标准差 σ 的正态分布，则当 $k=1$，2，3 时，区间 $\mu\pm k\sigma$ 分别包含分布的68.27%，95.45%，99.73%。

第七节　测量不确定度报告

当给出完整的测量结果时，一般应报告其测量不确定度。报告应尽可能详细，以便使用者可以正确地利用该测量结果（按技术规范要求无需给出测量不确定度的除外）。

在工业、商业等的日常大量测量中，有时虽然没有任何明确的不确定度报告，但若所用的测量仪器是经过检定处于合格状态，并且有技术文件明确规定了测量程序，则不确定度可以由技术指标或规定的文件评定。校准证书上的校准结果或修正值应给出测量不确定度。

比较重要的测量，不确定度报告一般应包括以下内容：

1）数学模型和对应于各输入量的灵敏系数 c_i。

2）修正值和常数的来源及不确定度。

3）输入量 X_i 的实验观测数据及其估计值 x_i，标准不确定度 $u(x_i)$ 的评定方法及其量值和自由度。

4）对所有相关输入量给出协方差或相关系数及其获得方法。

5）测量结果的数据处理程序，该程序应易于重复，必要时报告结果的计算应能独立重复。

一、合成标准不确定度 $u_c(y)$ 的报告形式

通常在报告以下测量结果时，使用合成标准不确定度 $u_c(y)$，必须给出有效自由度 ν_{eff}：

1）基础计量学研究。

2）基本物理常数测量。

3）复现国际单位制单位的国际比对。

合成标准不确定度 $u_c(y)$ 的报告（以砝码质量 m 的测量结果为 $m=100.02147$g、合成标准不确定度 $u_c(m)=0.35$mg 为例），可采用以下四种形式：

1）$m=100.02147$g；$u_c(m)=0.35$mg。

2）$m=100.02147(35)$g；括号内的数按标准偏差给出，其末位与前面结果的末位数对齐。此形式一般用于公布常数或常量。

3）$m=100.02147(0.00035)$g；括号内的数按标准偏差给出，它与前面结果有相同计量单位。

4）$m=(100.02147\pm0.00035)$g；正负号之值按标准偏差给出，它并非置信区间。为了避免与高置信概率的区间相混淆，此形式一般应避免使用。

二、扩展不确定度的报告形式

对于大部分测量，一般都要求给出扩展不确定度 U 或 U_p。

1. 用 U 报告扩展不确定度

当包含因子 k 的数值是直接取定时，应该用 U 来表示扩展不确定度。

当扩展不确定度用 $U=ku_c(y)$ 表示时，应给出 k 值。测量结果可采用以下两种形式：

1）$m=100.02147$g；$U=0.70$mg；$k=2$。

2）$m=(100.02147\pm0.00070)$g；$k=2$。

2. 用 U_p 报告扩展不确定度

当包含因子 k 的数值是根据被测量的分布计算得到时，应该用 U_p 来表示扩展不确定度。当扩展不确定度用 $U_p = k_p u_c(y)$ 表示时，应明确 p 值。当被测量接近正态分布时，应同时给出有效自由度 ν_{eff}，以便不确定度可以传播到下一级。当被测量接近于某种非正态分布时，则在给出 k_p 值的同时，还应指出被测量的分布类型。

当被测量接近正态分布时，可采用以下四种形式：

1）$m = 100.02147\text{g}$；$U_{95} = 0.79\text{mg}$；$\nu_{eff} = 9$。

2）$m = (100.02147 \pm 0.00079)\text{g}$；$\nu_{eff} = 9$，括号内为 U_{95}的值。

3）$m = 100.02147(79)\text{g}$，括号内为 U_{95}的值，其末位与前面结果的末位数对齐。

4）$m = 100.02147(0.00079)\text{g}$，括号内为 U_{95}的值，与前面结果有相同的计量单位。

当被测量接近于某种非正态分布时，主要采用以下两种形式：

1）$m = 100.02147\text{g}$；$U_{95} = 0.79\text{mg}$；被测量以矩形分布估计。

2）$m = (100.02147 \pm 0.00079)\text{g}$；括号内第二项为 U_{95}的值，被测量以矩形分布估计。

不确定度也可以用相对不确定度的形式表示，例如：

1）$m = 100.02147(1 \pm 7.9 \times 10^{-6})\text{g}$；$p = 0.95$；式中 7.9×10^{-6}为 $U_{95\text{rel}}$的值。

2）$m = 100.02147\text{g}$；$U_{95\text{rel}} = 7.9 \times 10^{-6}$。

第八节　测量不确定度评定的实例

一、标称长度 50mm 量块的校准

1. 测量原理

标称长度 50mm 的 0 级量块的校准是在比较仪上通过比较测量完成的。标准量块已经过校准，并且与被校准量块具有相同的标称长度及相同的材料。两量块在垂直放置时的中心长度差用一台与量块上工作面相接触的长度指示器测定。被校准量块与标准量块的实际长度之间的关系为

$$l_X' = l_S' + \Delta l \tag{5-70}$$

式中，Δl 是测量到的两量块的长度差；l_X'和 l_S'分别是被校准量块和标准量块在测量条件下的长度。

测量时的量块温度一般与长度测量的参考温度 20℃并不一致。

2. 数学模型

对于长度测量来说，证书上给的任何长度值都是指在标准参考温度 20℃时的长度。于是，被校准量块的长度 l_X 可表示为

$$l_X(1 + \alpha_X\theta_X) = l_S(1 + \alpha_S\theta_S) + \Delta l \tag{5-71}$$

式中，l_S 为标准量块在参考温度 20℃下的长度，由校准证书提供；α_S 为标准量块的线膨胀系数；θ_S 为标准量块在测量状态下的温度与参考温度 20℃的偏差；α_X 为被校准量块的线膨胀系数；θ_X 为被校准量块在测量状态下的温度与参考温度 20℃的偏差。

假设两量块的线膨胀系数差 $\delta\alpha = \alpha_X - \alpha_S$，两量块的平均线膨胀系数 $\bar{\alpha} = \dfrac{\alpha_X + \alpha_S}{2}$，两量

块的温度差 $\delta\theta=\theta_X-\theta_S$，两量块的平均温度相对于参考温度20℃的偏差 $\bar{\theta}=\dfrac{\theta_X+\theta_S}{2}$，于是得

$$\alpha_X=\frac{2\bar{\alpha}+\delta\alpha}{2},\ \alpha_S=\frac{2\bar{\alpha}-\delta\alpha}{2},\ \theta_X=\frac{2\bar{\theta}+\delta\theta}{2},\ \theta_S=\frac{2\bar{\theta}-\delta\theta}{2}$$

因标准量块和被测量量块具有相同的标称长度 L，故 $\Delta l<<l_S$。同时考虑到 $\alpha_X\theta_X<<1$，$\alpha_S\theta_S<<1$，以及 $l_S>>|l_S-L|$，于是将式(5-71)展开并忽略二阶小量后可得

$$\begin{aligned}l_X&=\frac{l_S(1+\alpha_S\theta_S)+\Delta l}{(1+\alpha_X\theta_X)}\\&\approx[l_S(1+\alpha_S\theta_S)+\Delta l](1-\alpha_X\theta_X)\\&\approx l_S+\Delta l+l_S(\alpha_S\theta_S-\alpha_X\theta_X)\\&\approx l_S+\Delta l+L(\alpha_S\theta_S-\alpha_X\theta_X)\\&=l_S+\Delta l+L\left(\frac{2\bar{\alpha}-\delta\alpha}{2}\frac{2\bar{\theta}-\delta\theta}{2}-\frac{2\bar{\alpha}+\delta\alpha}{2}\frac{2\bar{\theta}+\delta\theta}{2}\right)\\&=l_S+\Delta l-L(\bar{\theta}\delta\alpha+\bar{\alpha}\delta\theta)\end{aligned}$$

考虑到标准量块自最近一次校准以来其长度的漂移，比较仪的偏置和非线性，以及由于测量点可能偏离量块测量面中心等因素对测量结果的影响，最后得到的数学模型为

$$l_X=l_S+\delta l_D+\Delta l+\delta l_C-L(\bar{\alpha}\delta\theta+\delta\alpha\,\bar{\theta})+\delta l_V \tag{5-72}$$

式中，δl_D 为标准量块自最近一次校准以来标准值的漂移；δl_C 为比较仪的偏置和非线性对测量结果的影响；δl_V 为当测量点偏离量块中心时由于量块长度变动量对测量结果的影响。

上述数学模型是非线性模型。在不考虑高阶项的情况下，合成方差 $u_c^2(l_X)$ 可以表示为

$$\begin{aligned}u_c^2(l_X)=&c_1^2u^2(l_S)+c_2^2u^2(\delta l_D)+c_3^2u^2(\Delta l)+c_4^2u^2(\delta l_C)+c_5^2u^2(\bar{\alpha})\\&+c_6^2u^2(\delta\theta)+c_7^2u^2(\delta\alpha)+c_8^2u^2(\bar{\theta})+c_9^2u^2(\delta l_V)\end{aligned}$$

式中，c_i 为灵敏系数，等于被测量 l_X 对各对应输入量的偏导数，即有

$$c_1=\frac{\partial l_X}{\partial l_S}=1\qquad c_2=\frac{\partial l_X}{\partial\delta l_D}=1\qquad c_3=\frac{\partial l_X}{\partial\Delta l}=1$$

$$c_4=\frac{\partial l_X}{\partial\delta l_C}=1\qquad c_5=\frac{\partial l_X}{\partial\bar{\alpha}}=L\delta\theta=0\qquad c_6=\frac{\partial l_X}{\partial\delta\theta}=L\bar{\alpha}$$

$$c_7=\frac{\partial l_X}{\partial\delta\alpha}=L\bar{\theta}=0\quad c_8=\frac{\partial l_X}{\partial\bar{\theta}}=L\delta\alpha=0\quad c_9=\frac{\partial l_X}{\partial\delta l_V}=1$$

式中，偏导数表示各输入量均取其数学期望值，即 $\delta\alpha=0$、$\delta\theta=0$ 和 $\bar{\theta}=0$，于是合成方差可化简为

$$u_c^2(l_X)=u^2(l_S)+u^2(\delta l_D)+u^2(\Delta l)+u^2(\delta l_C)+(L\bar{\alpha})^2u^2(\delta\theta)+u^2(\delta l_V) \tag{5-73}$$

3. 输入量的标准不确定度 $u(x_i)$ 和不确定分量 $u_i(l_X)$

(1) 标准量块长度 l_S　标准量块校准证书给出其中心长度为 $l_S=50.00002\text{mm}$，扩展不确定度 $U_{99}=50\text{nm}$（包含因子 $k=2.88$，有效自由度 $\nu_{\text{eff}}=18$）。于是对应标准不确定度分量为

$$u_1(l_X)=c_1u(l_S)=u(l_S)=\frac{U(l_S)}{k}=\frac{50\text{nm}}{2.88}=17.4\text{nm}$$

(2) 自上次校准以来标准量块长度的漂移 δl_D　根据过去的校准记录，标准量块长度的

漂移在 ±30nm 范围内。经验表明其漂移值应在 0 附近，且可假定其满足矩形分布，于是对应标准不确定度分量为

$$u_2(l_X)=c_2u(\delta l_D)=u(\delta l_D)=\frac{a}{k}=\frac{30\text{nm}}{\sqrt{3}}=17.3\text{nm}$$

(3) *观测到的长度差* Δl　对长度差 Δl 共进行了五次重复观测，观测结果见表 5-11。

表 5-11　Δl 观测结果

序号	1	2	3	4	5	$\overline{\Delta l}$
测得值	-100nm	-90nm	-90nm	-80nm	-100nm	-92nm

由于测量两量块长度差 Δl 的合并样本标准差为 16nm，自由度为 24（由过去的测量得到），被校准量块共进行了五次重复测量，因此对应标准不确定度分量为

$$u_3(l_X)=c_3u(\overline{\Delta l})=u(\overline{\Delta l})=s(\overline{\Delta l})=\frac{16\text{nm}}{\sqrt{5}}=7.2\text{nm}$$

(4) *比较仪的非线性和偏置修正* δl_C　当被测长度差 D 在 ±10μm 范围内时，比较仪的最大允许误差为 $\pm(30\text{nm}+0.002|D|)$。根据 0 级被校准量块和 K 级标准量块的最大允许偏差，两量块的长度差的范围应不大于 ±1μm，因此由比较仪的非线性和偏置导致的误差不大于 ±32nm，且可假定其满足矩形分布，于是对应标准不确定度分量为

$$u_4(l_X)=c_4u(\delta l_C)=u(\delta l_C)=\frac{a}{k}=\frac{32\text{nm}}{\sqrt{3}}=18.5\text{nm}$$

(5) *温度差* $\delta\theta$　在校准之前，使量块与室内环境温度达到平衡。两量块之间的温度差估计在 ±0.05°C 范围内。假设其满足矩形分布，于是两量块温度差 $\delta\theta$ 的标准不确定度为

$$u(\delta\theta)=\frac{a}{k}=\frac{0.05°\text{C}}{\sqrt{3}}=0.0289°\text{C}$$

两量块的线膨胀系数均在 $(11.5\pm1.0)\times10^{-6}°\text{C}^{-1}$ 范围内，故灵敏系数为

$$c_6=L\overline{\alpha}=50\text{mm}\times11.5\times10^{-6}°\text{C}^{-1}=575\text{nm}°\text{C}^{-1}$$

于是温度差引入的不确定度分量为

$$u_6(l_X)=c_6u(\delta\theta)=575\text{nm}°\text{C}^{-1}\times0.0289°\text{C}=16.6\text{nm}$$

(6) *长度变动量* δl_V　经验表明，对于被校准的 0 级量块来说，测量点偏离量块测量面中心对测量结果的影响在 ±10nm 范围内。假定其满足矩形分布，于是由长度变动量引入的不确定度分量为

$$u_9(l_X)=c_9u(\delta l_V)=u(\delta l_V)=\frac{a}{k}=\frac{10\text{nm}}{\sqrt{3}}=5.8\text{nm}$$

4. 相关性

各输入量之间不存在任何值得考虑的相关性。

5. 合成标准不确定度

通过式(5-37)，合成标准不确定度可计算得到。

$$\begin{aligned}u_c(l_X)&=\sqrt{u^2(l_S)+u^2(\delta l_D)+u^2(\Delta l)+u^2(\delta l_C)+(L\overline{\alpha})^2u^2(\delta\theta)+u^2(\delta l_V)}\\&=\sqrt{(17.4\text{nm})^2+(17.3\text{nm})^2+(7.2\text{nm})^2+(18.5\text{nm})^2+(16.6\text{nm})^2+(5.8\text{nm})^2}\\&=36.1\text{nm}\end{aligned}$$

6. 被测量分布的估计和有效自由度的计算

因为在各不确定度分量中，没有任何一个分量为占优势的分量，而且四个较大分量的大小相近，所以可以判定被测量接近于正态分布。因此，在计算扩展不确定度之前要估计各分量的自由度和合成标准不确定度的有效自由度。

各分量的自由度如下：

(1) 标准量块校准 $\nu(l_S)$　校准证书给出其自由度为 $\nu(l_S)=18$。

(2) 标准量块漂移 $\nu(\delta l_D)$　根据经验，标准量块漂移在 ±30nm 范围内，其相对标准不确定度以 10% 估计，于是其自由度为

$$\nu(\delta l_D)=\frac{1}{2\times(10\%)^2}=50$$

(3) 两量块长度差 $\nu(\Delta l)$　由过去的测量得到，合并样本标准差为 16nm，同时给出其自由度 $\nu(\Delta l)=24$。

(4) 比较仪的非线性和偏置 $\nu(\delta l_C)$　不确定度分量的相对标准不确定度以 25% 估计，于是其自由度为

$$\nu(\delta l_C)=\frac{1}{2\times(25\%)^2}=8$$

(5) 两量块温度差 $\nu(\delta\theta)$　两量块温度差估计在范围内，其相对标准不确定度以 50% 估计，于是其自由度为

$$\nu(\delta\theta)=\frac{1}{2\times(50\%)^2}=2$$

(6) 量块长度变动量 $\nu(\delta l_V)$　量块长度变动量对测量结果的影响估计在 ±10nm 范围内，其相对标准不确定度以 25% 估计，其自由度为

$$\nu(\delta l_V)=\frac{1}{2\times(25\%)^2}=8$$

确定各个分量的自由度后，就可得到合成标准不确定度的有效自由度

$$\nu_{\mathrm{eff}}(l_X)=\frac{u_c^4(l_X)}{\sum\frac{u_i^4}{\nu_i}}=\frac{36.1^4}{\frac{17.4^4}{18}+\frac{17.3^4}{50}+\frac{7.2^4}{24}+\frac{18.5^4}{8}+\frac{16.6^4}{2}+\frac{5.8^4}{8}}=28.4$$

综合上述分析和计算的结果，可给出量块长度比较测量的不确定度分量汇总表，见表 5-12。

表 5-12　标称长度 50mm 的 0 级量块校准的不确定度分量汇总表

输入量 X_i	估计值 x_i/mm	标准不确定度 $u(x_i)$	分布	灵敏系数 c_i	不确定度分量 $u_i(y)$/nm	自由度 ν_i
l_S	50.000020	17.4nm	正态	1.0	17.4	18
δl_D	0	17.3nm	矩形	1.0	17.3	50
Δl	−0.000092	7.2nm	正态	1.0	7.2	24
δl_C	0	18.5nm	矩形	1.0	18.5	8
$\delta\theta$	0	0.0289°C	矩形	575nm°C^{-1}	16.6	2
δl_V	0	5.8nm	矩形	1.0	5.8	8
l_X	49.999928				36.1	$\nu_{\mathrm{eff}}=28.4$

7. 扩展不确定度

若要求给出对应于99%置信概率的扩展不确定度，即 $U_{99}=k_{99}u_c(l_X)$，则可将合成标准不确定度的有效自由度取整，由 t 分布临界值表查到 $k_{99}=t_{99}(28)=2.77$，于是扩展不确定度为

$$U_{99}=k_{99}u_c(l_X)=2.77\times36.1\text{nm}=100\text{nm}$$

8. 不确定度报告

标称长度 50nm 量块中心长度的测量结果为 49.999928mm，其扩展不确定度 $U_{99}=100\text{nm}$。后者由标准不确定度 $u_c(l_X)=36.1\text{nm}$ 和包含因子 $k_{99}=2.77$ 的乘积得到。包含因子根据所要求的置信概率 99% 和有效自由度 28，由 t 分布表得到。

在本实例中，将非线性数学模型简化成线性模型处理，但若在要求严格的场合，则必须考虑其高阶项。根据本章第四节得到的非线性数学模型的不确定度传播定律，合成方差表示式(5-73)中需要增加下列高阶项：

$$L^2u^2(\bar{\alpha})u^2(\delta\theta)+L^2u^2(\delta\alpha)u^2(\bar{\theta})$$

由于两量块的线膨胀系数均在 $(11.5\pm1.0)\times10^{-6}°\text{C}^{-1}$ 范围内，故两者之差 $\delta\alpha$ 应在 $\pm2\times10^{-6}°\text{C}^{-1}$ 范围内满足三角形分布，而平均线膨胀系数则应在 $\pm1\times10^{-6}°\text{C}^{-1}$ 范围内满足三角形分布，于是

$$u(\delta\alpha)=\frac{2\times10^{-6}°\text{C}^{-1}}{\sqrt{6}}=0.816\times10^{-6}°\text{C}^{-1}$$

$$u(\bar{\alpha})=\frac{1\times10^{-6}°\text{C}^{-1}}{\sqrt{6}}=0.408\times10^{-6}°\text{C}^{-1}$$

两量块的平均温度相对于参考温度 20℃ 的偏差估计在 ±0.5°C 范围内，假定其满足矩形分布，于是

$$u(\bar{\theta})=\frac{a}{k}=\frac{0.5°\text{C}}{\sqrt{3}}=0.289°\text{C}$$

因此，由高阶项引入的不确定度分量为

$$Lu(\bar{\alpha})u(\delta\theta)=50\text{mm}\times0.408\times10^{-6}°\text{C}^{-1}\times0.0289°\text{C}=0.59\text{nm}$$

$$Lu(\delta\alpha)u(\bar{\theta})=50\text{mm}\times0.816\times10^{-6}°\text{C}^{-1}\times0.289°\text{C}=11.8\text{nm}$$

于是

$$u_c(l_X)=\sqrt{(36.1\text{nm})^2+(0.59\text{nm})^2+(11.8\text{nm})^2}=38\text{nm}$$

考虑上述高阶项后，合成标准不确定度由 36nm 增加到 38nm，扩展不确定度 U_{99} 由 100nm 增加到 105nm。

另外，在上述测量不确定度评定过程中，不确定度分量汇总表的列出并不是必要的。但是经验表明，列出不确定度分量汇总表有利于对不确定度评定进行分析、检查、比较和交流。尤其是对测量准确度要求较高和不确定度分量较多的测量，更具有一目了然的效果，可以立即看出哪些不确定度分量对测量结果起主要作用，并且有助于判定被测量的分布情况。如果合成后得到的扩展不确定度不满足要求，即评定得到的测量不确定度大于所要求的测量不确定度，则应该专注于改进那些起主要作用的分量。最后，测量人员也可以利用该汇总表，在进行测量时对那些起主要作用的输入量予以特别关注，因为一旦这些输入量稍有失控就可能对测量结果的不确定度产生很大的影响。

二、金属试件拉伸强度的测量

1. 测量原理

金属试件的横截面为圆形。拉伸强度以试验过程中试件断裂时的最大作用力除以试件截面积来表示。忽略温度和应变率对测量结果的影响。试件直径用千分尺测量。

2. 数学模型

在温度和其他条件不变时，拉伸强度可以表示为

$$R_{m}=\frac{F}{A}=\frac{4F}{\pi d^{2}} \tag{5-74}$$

式中，R_m 为拉伸强度；F 为试件断裂时的拉力；A 为试件截面积；d 为试件直径。

式(5-74)也是不确定度评定的数学模型。

由于数学模型中仅包含输入量的积和商，用相对不确定度来表示将使得计算更为简便。根据式(5-49)，被测量的相对合成方差为

$$u_{c,rel}^{2}(R_{m})=u_{rel}^{2}(F)+2^{2}u_{rel}^{2}(d) \tag{5-75}$$

3. 输入量的标准不确定度和相对不确定度分量

(1) 直径测量 $u_{rel}(d)$　被测试件标称直径为 10mm。直径测量的不确定度由两部分组成：千分尺的示值误差导致的不确定度和操作者所引入的测量不确定度。

若千分尺的最大允许误差为 ±3μm，以矩形分布估计，则可得到

$$u_{1}(d)=\frac{3\mu m}{\sqrt{3}}=1.73\mu m$$

根据经验估计，由操作者引入的测量误差在 ±10μm 范围内，同样以矩形分布估计，则可得到

$$u_{2}(d)=\frac{10\mu m}{\sqrt{3}}=5.77\mu m$$

两者合成后，得到直径测量的标准不确定度为

$$u(d)=\sqrt{u_{1}^{2}(d)+u_{2}^{2}(d)}=\sqrt{1.73^{2}+5.77^{2}}\mu m=6.02\mu m$$

以相对不确定度表示，则为

$$u_{rel}(d)=\frac{6.02\times10^{-3}}{10}=0.06\%$$

(2) 拉力测量 $u_{rel}(F)$　拉力 F 的测量不确定度来源于仪器校准的不确定度、仪器的测量不确定度和读数不确定度三个方面。

若仪器校准的扩展不确定度为 $U_{95}=0.2\%$，以正态分布估计，则相对标准不确定度为

$$u_{1,rel}(F)=\frac{0.2\%}{2}=0.1\%$$

若仪器的测量不确定度为 $U_{95}=1.0\%$，同样以正态分布估计，则相对标准不确定度为

$$u_{2,rel}(F)=\frac{1\%}{2}=0.5\%$$

若采用满刻度为 200kN，分度值为 0.5kN 的指针式拉力测量仪器，则读数引入的最大误

差为 1/5 分度，即 ±0.1kN，依相对值估计即为 ±0.05%。在选择仪器的测量范围时，需要保证被测件断裂时仪器没有达满量程，通常使断裂时的拉力为测量仪器测量范围的 1/5。假设测量时断裂发生在仪器测量范围的 1/5 处，即测得试件断裂时的拉力为 40kN，则 ±0.1kN 相当于 ±0.25%。假定其为矩形分布，故相对标准不确定度为

$$u_{3,\mathrm{rel}}(F)=\frac{0.25\%}{\sqrt{3}}=0.144\%$$

于是拉力测量的相对不确定度为

$$\begin{aligned}u_{\mathrm{rel}}(F)&=\sqrt{u_{1,\mathrm{rel}}^2(F)+u_{2,\mathrm{rel}}^2(F)+u_{3,\mathrm{rel}}^2(F)}\\&=\sqrt{(0.1\%)^2+(0.5\%)^2+(0.144\%)^2}\\&=0.53\%\end{aligned}$$

4. 相关性

各输入量之间不存在任何值得考虑的相关性。

5. 合成标准不确定度

通过式(5-49)，相对合成标准不确定度可计算得到

$$u_{\mathrm{c,rel}}(R_{\mathrm{m}})=\sqrt{u_{\mathrm{rel}}^2(F)+2^2u_{\mathrm{rel}}^2(d)}=\sqrt{(0.53\%)^2+2^2(0.06\%)^2}=0.543\%$$

测量结果为

$$R_{\mathrm{m}}=\frac{4F}{\pi d^2}=\frac{4\times40\times10^3}{\pi\times10^2}\mathrm{N/mm^2}=509.3\mathrm{N/mm^2}$$

于是合成标准不确定度为

$$u_{\mathrm{c}}(R_{\mathrm{m}})=R_{\mathrm{m}}u_{\mathrm{c,rel}}(R_{\mathrm{m}})=509.3\mathrm{N/mm^2}\times0.543\%=2.8\mathrm{N/mm^2}$$

6. 扩展不确定度

直接取包含因子 $k=2$，于是扩展不确定度为

$$U(R_{\mathrm{m}})=ku_{\mathrm{c}}(R_{\mathrm{m}})=2\times2.8\mathrm{N/mm^2}=5.6\mathrm{N/mm^2}$$

7. 测量不确定度报告

拉伸强度 $R_{\mathrm{m}}=(509.3\pm5.6)\mathrm{N/mm^2}$。其中扩展不确定度 $U=5.6\mathrm{N/mm^2}$ 是由标准不确定度 $u_{\mathrm{c}}=2.8\mathrm{N/mm^2}$ 乘以包含因子 $k=2$ 得到。

在本实例中，被测量可以用各影响量的幂的乘积来表示，属于线性数学模型的另一种形式，而这种形式的数学模型一般都用相对不确定度来表示。在各不确定度分量的评定中，直径测量用绝对不确定度表示，因此在不确定度合成时必须将其换算到相对不确定度。

本实例给出某一特定试件拉伸强度的测量不确定度评定，属于检测工作。检测的对象一般是具体的材料、样品或工件，与检定或校准相比，不同之处是其检测结果一般不会继续往下传递，因此不确定度评定可以简单一些。例如，在本实例中将计算公式作为数学模型，对不确定度来源一般只考虑几项较大的不确定度分量；各测量不确定度分量中占优势的分量为正态分布，被测量的分布也应该是接近正态分布，但是在评定过程中对其分布不进行估计，也不考虑有效自由度，而直接取包含因子 $k=2$。

思 考 题

5-1 简述用测量不确定度评定代替误差评定的必要性。

5-2　测量结果的完整表述包括什么？合成标准不确定度和扩展不确定度的关系是什么？

5-3　简述测量不确定度 A 类评定和 B 两类评定的主要区别并举例说明。

5-4　测量不确定度评定的主要步骤有哪些？

5-5　在计算标准偏差时，贝塞尔法和极差法分别适合于哪种情况？

5-6　在计算标准偏差时使用合并样本标准差有何好处？使用时有什么前提条件？

5-7　输入量的标准不确定度与由输入量引入的不确定度分量有何关系？

5-8　当输入量存在相关性时在计算合成标准不确定度时必须考虑其相关系数，简述相关系数获得的方法。

5-9　当被测量服从正态分布时，简述从合成标准不确定度计算得到扩展不确定度的过程。

5-10　自由度的含义是什么？合成标准不确定度的有效自由度是如何计算得到的。

第六章　测量数据处理方法

有时测量数据往往并不能直接获取希望得到的参数，而是需要经过处理才能得到最终的关心值。例如坐标测量中，测量了平面上若干点的三维坐标，需要拟合等数据处理之后才能得到平面的参数。同时，良好的数据处理方法还可以进一步减小随机误差，如前所述的求平均值、剔除粗大误差等都是最基本的数据处理方法。例如间接测量中，每个直接测量量都有多次测量值，是先各自求平均后再求间接测量量，还是先各自求出多个最终被测量再求平均？显然数据处理方法多种多样，得到的效果也不同。本章主要介绍最小二乘和回归分析这两个常用的数据处理方法。

第一节　线性参数的最小二乘法处理

本节考虑组合测量和参数拟合这两个问题如何解决。例如，测量线纹尺的3个连续刻度值，测量方法是分别测量3次，得到3个数值。而为了进一步降低测量不确定度，自然的想法是多次测量。但若不是采用对单个刻度进行多次测量，而是采用两两刻度之和的组合测量，则除达到校核目的外，利用有效的数据处理方法还可以进一步降低测量不确定度。加上3个刻度之和同时测量，可获得6个测量方程，尽管使用其中任意3个方程足以求解3个变量，但显然测量次数越多，越有助于降低不确定度。那么，如何充分利用6个方程，求解3个变量的最优估计值呢？又如，参数拟合问题。对于一个圆，利用坐标测量测量3个点的（x，y）坐标就可以拟合圆心和半径。但随着测量自动化的提高，测量数十个点也不存在困难，那么当测量方程远多于未知量个数3时，如何求解降低拟合不确定度呢？

上述问题其实就是线性代数中学习的超定方程组。最小二乘法（Least Square Method）可以解决上述的参数最可信赖值估计、组合测量的数据处理、用实验方法来拟合经验公式以及回归分析等一系列数据处理问题。矩阵理论提供了理论工具、计算机提供了得力实现手段后，最小二乘法的应用更加广泛。

一、最小二乘法原理

为了确定t个不可直接测量的未知量X_1，X_2，…，X_t的估计量，可对与该t个未知量有函数关系的直接测量量Y进行n次测量，得测量数据l_1，l_2，…，l_n，并设有如下函数关系：

$$Y_i = f_i(X_1, X_2, \cdots, X_t) \tag{6-1}$$

若$n=t$，则可由式(6-1)直接求得未知量。由于测量数据l不可避免地包含着测量误差，因此所求得的结果x_1，x_2，…，x_t也必定包含一定的误差。为提高所得结果的准确度，应适当增加测量次数n，以便利用抵偿性减小随机误差的影响，因而一般取$n>t$，但此时却不能直接由方程组式(6-1)解得x_1，x_2，…，x_t。在这种情况下，怎样由测量数据l_1，l_2，…，l_n获得最可信赖的结果x_1，x_2，…，x_t？最小二乘法原理指出，最可信赖值应在使残余误差二次方和最小的条件下求得。

证明：设直接量的估计量分别为 y_1，y_2，…，y_t，则有如下关系：

$$y_i = f_i(x_1,\ x_2,\ \cdots,\ x_t)$$

而测量数据的残余误差应为

$$\nu_i = l_i - y_i = l_i - f_i(x_1,\ x_2,\ \cdots,\ x_t) \tag{6-2}$$

式(6-2)称为残余误差方程式。

若数据 l_1，l_2，…，l_n 的测量误差是无偏的（即排除了系统误差）、相互独立的，且服从正态分布，并设其标准差分别为 σ_1，σ_2，…，σ_n，则各测量结果出现于相应真值附近 $\mathrm{d}\delta_1$，$\mathrm{d}\delta_2$，…，$\mathrm{d}\delta_n$ 区域内的概率分别为

$$P_i = \frac{1}{\sigma_i\sqrt{2\pi}}\int_{-\infty}^{\delta} \mathrm{e}^{-\delta_i^2/2\sigma_i^2}\mathrm{d}\delta_i$$

由概率乘法定理可知，各测量数据同时出现在相应区域的概率应为

$$P = P_1P_2\cdots P_n = \frac{1}{\sigma_1\sigma_2\cdots\sigma_n(\sqrt{2\pi})^n}\int_{-\infty}^{\delta} \mathrm{e}^{-(\delta_1^2/\sigma_1^2+\delta_2^2/\sigma_2^2+\cdots+\delta_n^2/\sigma_n^2)/2}\mathrm{d}\delta_1\mathrm{d}\delta_2\cdots\mathrm{d}\delta_n$$

根据最大似然原理，由于事实上测量值 l_1，l_2，…，l_n 已经出现，因而有理由认为这 n 个测量值同时出现于相应区间的概率 P 应为最大。即待求量的最可信赖值的确定，应使 l_1，l_2，…，l_n 同时出现的概率 P 为最大。由上式不难看出，要使 P 最大，应满足

$$\sum_i \frac{\nu_i^2}{\sigma_i^2} = \mathrm{Min}$$

引入权的符号 p，由于 $p_i \propto \dfrac{1}{\sigma_i^2}$，可得

$$\sum p_i\nu_i^2 = \mathrm{Min} \tag{6-3}$$

在等权测量中式(6-3)可简化为

$$\sum \nu_i^2 = \sum(x_i - \bar{x})^2 = \mathrm{Min} \tag{6-4}$$

式(6-4)表明，测量结果的最可信赖值应在残余误差二次方和（在不等权测量的情形中应为加权残余误差二次方和）为最小的条件下求出，这就是最小二乘法原理。按该原理给出的最终结果能充分地利用误差的抵偿作用，可以有效地减小随机误差的影响，因而所得结果具有最可信赖性。

尽管最小二乘原理是在测量误差无偏、正态分布和相互独立的条件下推导出的，但在不严格服从正态分布的情形下也常被使用。对于正态分布，最小二乘与最大似然原理一致。一般地，最小二乘估计并不是参数的最大似然估计。用最大似然估计与概率分布有关，大多情况下很难导出显式估计，且计算量繁重，因此常用最小二乘法。

由于测量的实际问题中大量是属于线性的，而非线性参数借助于级数展开的方法可以在某一区域近似地化成线性的形式，因此线性参数的最小二乘法处理是其基本内容。

线性参数的测量方程一般形式为

$$Y_i = a_{i1}X_1 + a_{i2}X_2 + \cdots + a_{it}X_t$$

相应的估计量为

$$y_i = a_{i1}x_i + a_{i2}x_2 + \cdots + a_{it}x_t$$

其误差方程为

$$v_i = l_i - f_i(x_1, x_2, \cdots, x_t) \tag{6-5}$$

线性参数的最小二乘法借助于矩阵这一工具进行讨论将有许多便利之处，下面给出矩阵形式。

设有列矢量

$$\boldsymbol{L} = \begin{pmatrix} l_1 \\ l_2 \\ \vdots \\ l_n \end{pmatrix} \quad \hat{\boldsymbol{X}} = \begin{pmatrix} x_1 \\ x_2 \\ \vdots \\ x_t \end{pmatrix} \quad \boldsymbol{V} = \begin{pmatrix} v_1 \\ v_2 \\ \vdots \\ v_n \end{pmatrix}$$

和 $n \times t$ 阶矩阵（$n > t$）

$$\boldsymbol{A} = \begin{pmatrix} a_{11} & a_{12} & \cdots & a_{1t} \\ a_{21} & a_{22} & \cdots & a_{2t} \\ \vdots & \vdots & & \vdots \\ a_{n1} & a_{n2} & \cdots & a_{nt} \end{pmatrix}$$

式中，各矩阵元素如下：

$l_1, l_2, \cdots, l_n$ 为 n 个直接测量结果（已获得的测量数据）；

$x_1, x_2, \cdots, x_t$ 为 t 个待求的被测量的估计量；

$\nu_1, \nu_2, \cdots, \nu_n$ 为 n 个直接测量结果的残余误差。

则线性参数的误差方程式（6-5）可表示为

$$\begin{pmatrix} \nu_1 \\ \nu_2 \\ \vdots \\ \nu_n \end{pmatrix} = \begin{pmatrix} l_1 \\ l_2 \\ \vdots \\ l_n \end{pmatrix} - \begin{pmatrix} a_{11} & a_{12} & \cdots & a_{1t} \\ a_{21} & a_{22} & \cdots & a_{2t} \\ \vdots & \vdots & & \vdots \\ a_{n1} & a_{n2} & \cdots & a_{nt} \end{pmatrix} \begin{pmatrix} x_1 \\ x_2 \\ \vdots \\ x_t \end{pmatrix} \tag{6-6}$$

$$\boldsymbol{V} = \boldsymbol{L} - \boldsymbol{A}\hat{\boldsymbol{X}}$$

残余误差二次方和最小这一条件的矩阵形式为

$$\boldsymbol{V}^{\mathrm{T}}\boldsymbol{V} = \mathrm{Min}$$

二、利用正规方程求解

下面将利用上述条件进行求解。直接用一般解代数方程的方法是无法求解超定方程组的，而最小二乘法则可以将误差方程转化为有确定解的代数方程组，其方程式数目正好等于未知数的个数，从而可求解出这些未知参数。这个有确定解的代数方程组称为最小二乘法估计的正规方程（或称为法方程）。

线性参数的最小二乘法处理程序可归结如下：首先根据具体问题列出残差方程式；再利用求极值的方法将误差方程转化为正规方程；然后求解正规方程，得到待求的估计量；最后给出标准差估计。对于非线性参数，可先将其线性化，然后按线性参数程序去处理。因此，建立正规方程是基本环节。

式(6-5)已经得到线性参数的误差方程式。在等权测量中，应满足最小二乘条件式(6-4)。现求式中的估计量 $x_1, x_2, \cdots, x_t$，可利用求极值的方法来满足上式的条件。为此，对残余误差的二次方和求导数，并令其为0，有

$$\frac{\partial\left(\sum_{i=1}^{n}\nu_i^2\right)}{\partial x}=-2a_{11}[l_1-(a_{11}x_1+a_{12}x_2+\cdots+a_{1t}x_t)]-2a_{21}[l_2-(a_{21}x_1+a_{22}x_2+\cdots+a_{2t}x_t)]-\cdots-2a_{n1}[l_n-(a_{n1}x_1+a_{n2}x_2+\cdots+a_{nt}x_t)]=0$$

继续推导可得

$$\frac{\partial\left(\sum_{i=1}^{n}\nu_i^2\right)}{\partial x}=-2\left[\sum_{i=1}^{n}a_{i1}l_i-\left(x_1\sum_{i=1}^{n}a_{i1}a_{i1}+x_2\sum_{i=1}^{n}a_{i1}a_{i2}+\cdots+x_t\sum_{i=1}^{n}a_{i1}a_{it}\right)\right]=0 \tag{6-7}$$

又有式(6-7)中各二阶偏导数恒正，因此方程式(6-6)求得的极值是最小值，满足最小二乘条件，因而也是所要求的估计量，最后把它写成

$$\begin{cases} x_1\sum_{i=1}^{n}a_{i1}a_{i1}+x_2\sum_{i=1}^{n}a_{i1}a_{i2}+\cdots+x_t\sum_{i=1}^{n}a_{i1}a_{it}=\sum_{i=1}^{n}a_{i1}l_i \\ x_1\sum_{i=1}^{n}a_{i2}a_{i1}+x_2\sum_{i=1}^{n}a_{i2}a_{i2}+\cdots+x_t\sum_{i=1}^{n}a_{i2}a_{it}=\sum_{i=1}^{n}a_{i2}l_i \\ \vdots \\ x_1\sum_{i=1}^{n}a_{it}a_{i1}+x_2\sum_{i=1}^{n}a_{it}a_{i2}+\cdots+x_t\sum_{i=1}^{n}a_{it}a_{it}=\sum_{i=1}^{n}a_{it}l_i \end{cases} \tag{6-8}$$

式(6-8)即为等权测量的线性参数最小二乘法处理的正规方程。这是一个 t 元线性方程组，当其系数行列式不为零时，有唯一确定的解，由此可解得欲求的估计量。

注意到方程组式(6-8)形式上有如下特点：

①沿主对角线分布的二次方项系数 $\sum_{i=1}^{n}a_{i1}a_{i1}$，$\sum_{i=1}^{n}a_{i2}a_{i2}$，…，$\sum_{i=1}^{n}a_{it}a_{it}$ 都为正数。

②以主对角线为对称线，对称分布的各系数彼此两两相等，如 $\sum_{i=1}^{n}a_{i1}a_{i2}$ 与 $\sum_{i=1}^{n}a_{i2}a_{i1}$ 相等，$\sum_{i=1}^{n}a_{i2}a_{it}$ 与 $\sum_{i=1}^{n}a_{it}a_{i2}$ 相等……。

求解可利用高斯消去法等数值技术方法，而矩阵恰好是求解的有力工具。继续整理，可将正规方程组写成

$$\begin{pmatrix} a_{11} & a_{21} & \cdots & a_{n1} \\ a_{12} & a_{22} & \cdots & a_{n2} \\ \vdots & \vdots & & \vdots \\ a_{1t} & a_{2t} & \cdots & a_{nt} \end{pmatrix}\begin{pmatrix} \nu_1 \\ \nu_2 \\ \vdots \\ \nu_n \end{pmatrix}=\begin{pmatrix} 0 \\ 0 \\ \vdots \\ 0 \end{pmatrix}$$

即

$$\boldsymbol{A}^{\mathrm{T}}\boldsymbol{V}=0$$

这就是等权测量情况下矩阵形式表示的正规方程，将式(6-6)代入，正规方程又可表示为

$$\boldsymbol{A}^{\mathrm{T}}\boldsymbol{L}-\boldsymbol{A}^{\mathrm{T}}\boldsymbol{A}\hat{\boldsymbol{X}}=0$$

令 $\boldsymbol{A}^{\mathrm{T}}\boldsymbol{A}=\boldsymbol{C}$，若 $\boldsymbol{A}$ 的秩等于 t，则矩阵 $\boldsymbol{C}$ 是满秩的。此时用 $\boldsymbol{C}^{-1}$ 左乘正规方程的两边，

就得到正规方程解的矩阵表达式

$$\hat{X}=C^{-1}A^{\mathrm{T}}L$$

可以证明 $\hat{X}$ 是 X 的无偏估计，如通过求数学期望 $E(X)=(A^{\mathrm{T}}A)^{-1}A^{\mathrm{T}}E(L)$ 即可证明。

事实上从另一个角度推导的话，直接对残差写矩阵形式，求导可以得到同样的结果，即

$$(L-A\hat{X})^{\mathrm{T}}(L-A\hat{X})=\mathrm{Min}$$

$$\frac{\partial(L-A\hat{X})^{\mathrm{T}}(L-A\hat{X})}{\partial X}=0$$

利用矩阵求导的一些基础性质，可以推导得到相同的结果。

例 6-1　已知温度 t 时的铜棒长度 y_t 与铜的线膨胀系数 α 具有线性关系 $y_t=y_0(1+\alpha t)$，其中，y_0 为 0°C 时的铜棒长度。现测得若干温度值下的铜棒长度，见表 6-1，试估计 y_0 和 α 的最可信赖值。

表 6-1　例 6-1 的测量数据

i	1	2	3	4	5	6
t_i/°C	10	20	25	30	40	45
l_i/mm	2000.36	2000.72	2000.80	2001.07	2001.48	2001.60

解：列出误差方程

$$v_i=l_i-y_0(1+\alpha t_i)$$

令 $y_0=a$，$\alpha y_0=b$ 为两个待估计参量，则误差方程可写为

$$v_i=l_i-(a+t_ib)$$

为计算方便，将数据列表，见表 6-2。

表 6-2　例 6-1 计算数据

i	t_i/°C	t_i^2/°C^2	l_i/mm	t_il_i/(°C · mm)
1	10	100	2000.36	20003.6
2	20	400	2000.72	40014.4
3	25	625	2000.80	50020.0
4	30	900	2001.47	60032.1
5	40	1600	2001.48	80059.2
6	45	2025	2001.60	90072.0
Σ	170	5650	12006.03	340201.3

列出正规方程

$$\begin{cases} na+\sum_{i=1}^{6}t_ib=\sum_{i=1}^{6}l_i \\ \sum_{i=1}^{6}t_ia+\sum_{i=1}^{6}t_i^2b=\sum_{i=1}^{6}t_il_i \end{cases}$$

解得

$$a = 1999.97\text{mm}$$
$$b = 0.03654\text{mm}/^\circ\text{C}$$

即

$$y_0 = 1999.97\text{mm}$$
$$\alpha = b/y_0 = 0.0000183/^\circ\text{C}$$

按矩阵形式计算，有

$$\boldsymbol{C} = \boldsymbol{A}^{\mathrm{T}}\boldsymbol{A} = \begin{pmatrix} 6 & 170 \\ 170 & 5650 \end{pmatrix}$$

$$\boldsymbol{C}^{-1} = \begin{pmatrix} 1.13 & -0.034 \\ -0.034 & 0.0012 \end{pmatrix}$$

$$\boldsymbol{A}^{\mathrm{T}}\boldsymbol{L} = \begin{pmatrix} 12006.03 \\ 340201.3 \end{pmatrix}$$

$$\hat{\boldsymbol{X}} = \begin{pmatrix} a \\ b \end{pmatrix} = \boldsymbol{C}^{-1}\boldsymbol{A}^{\mathrm{T}}\boldsymbol{L} = \begin{pmatrix} 1999.97 \\ 0.03654 \end{pmatrix}$$

即可解得 y_0 和 α。

可以清晰地从例题看出

$$\boldsymbol{C} = \begin{pmatrix} n & \sum_{i=1}^{6} t_i \\ \sum_{i=1}^{6} t_i & \sum_{i=1}^{6} t_i^2 \end{pmatrix} = \begin{pmatrix} 6 & 170 \\ 170 & 5650 \end{pmatrix}$$

$$\boldsymbol{A}^{\mathrm{T}}\boldsymbol{L} = \begin{pmatrix} \sum_{i=1}^{6} l_i \\ \sum_{i=1}^{6} t_i l_i \end{pmatrix} = \begin{pmatrix} 12006.03 \\ 340201.3 \end{pmatrix}$$

即代数形式和矩阵形式是一致的。

三、标准差计算

通过误差理论的学习应该已养成了对待求量的最可信赖估计值给出其标准差的习惯，因为只有这样才能确定其可信赖程度。对于经由最小二乘法处理给出的最优值的标准差来讲，具体包括两方面：首先是给出直接测量所得测量数据的标准差；然后是根据标准差传播定律确定最小二乘估计量 x_1，x_2，…，x_t 的标准差。

1. 直接测量数据的标准差计算

类似于平均值的标准差计算，因为无法求得 σ 的真值，只能依据有限次的测量结果给出 σ 的估计值 $\hat{\sigma}$，即直接测量数据的标准差计算。

设对包含 t 个未知量的 n 个线性参数方程组式(6-6)进行 n 次独立的等权测量，获得了 n

个测量数据 l_1，l_2，…，l_n。其相应的测量误差分别为 δ_1，δ_2，…，δ_n，它们是互不相关的随机误差。因为一般情况下真误差 δ_1，δ_2，…，δ_n 是未知的，只能由残余误差 ν_1，ν_2，…，ν_n 给出 σ^2 的估计量。

可以证明，残差二次方的平均值

$$\hat{\sigma}^2 = \frac{\sum_{i=1}^{n} \nu_i^2}{n-t}$$

可作为 σ^2 的无偏估计量。习惯上，这个估计量也写成 σ^2，因而测量数据的标准差的估计量为

$$\sigma = \sqrt{\frac{\sum_{i=1}^{n} \nu_i^2}{n-t}}$$

不等权测量时，与等权测量数据的不确定度估计相似，只是公式中的残差二次方和变为加权的残差二次方和，测量数据的单位权方差的无偏估计为

$$\sigma = \sqrt{\frac{\sum_{i=1}^{n} p_i\nu_i^2}{n-t}}$$

可见，上式与单数据的标准差贝塞尔公式相同，只是自由度变为 $n-t$，意义上也是一致的。单数据测量的标准差表征了所有测量数据相对平均值的残差变化波动，而最小二乘的标准差则表征的是以拟合结果为中心，测量数据的残差波动分散程度。

2. 待求量的标准差计算

由误差传播理论可知，最小二乘法所确定的估计量 x_1，x_2，…，x_t 的标准差取决于直接测量数据的标准差和两者之间的函数关系。对给定的线性方程组，若已知测量数据 l_1，l_2，…，l_n 的标准差，就可评定最小二乘估计量的标准差。

下面首先讨论等权测量时的最小二乘估计量的标准差评定。回顾式(6-8)列出的正规方程。现要评定由此方程所确定的估计量 x_1，x_2，…，x_t 的标准差，可利用不定乘数法求出 x_1，x_2，…，x_t 的表达式，然后再找出估计量 x_1，x_2，…，x_t 的标准差与测量数据 l_1，l_2，…，l_n 标准差的关系，即可得到估计量标准差计算的表达式。

利用矩阵形式可更方便地获得结果。设有协方差矩阵

$$\boldsymbol{DL} = \begin{pmatrix} Dl_{11} & Dl_{12} & \cdots & Dl_{1n} \\ Dl_{21} & Dl_{22} & \cdots & Dl_{2n} \\ \vdots & \vdots & & \vdots \\ Dl_{n1} & Dl_{n2} & \cdots & Dl_{nn} \end{pmatrix}$$

于是估计量的协方差为

$$\begin{aligned} \boldsymbol{D}\hat{\boldsymbol{X}} &= \boldsymbol{E}(\hat{\boldsymbol{X}} - \boldsymbol{E}\hat{\boldsymbol{X}})(\hat{\boldsymbol{X}} - \boldsymbol{E}\hat{\boldsymbol{X}})^{\mathrm{T}} = (\boldsymbol{A}^{\mathrm{T}}\boldsymbol{A})^{-1}\boldsymbol{A}^{\mathrm{T}}\boldsymbol{E}(\boldsymbol{L} - \boldsymbol{EL})(\boldsymbol{L} - \boldsymbol{EL})^{\mathrm{T}}[(\boldsymbol{A}^{\mathrm{T}}\boldsymbol{A})^{-1}\boldsymbol{A}^{\mathrm{T}}]^{\mathrm{T}} \\ &= (\boldsymbol{A}^{\mathrm{T}}\boldsymbol{A})^{-1}\boldsymbol{A}^{\mathrm{T}}\boldsymbol{DLA}(\boldsymbol{A}^{\mathrm{T}}\boldsymbol{A})^{-1} \\ &= (\boldsymbol{A}^{\mathrm{T}}\boldsymbol{A})^{-1}\boldsymbol{A}^{\mathrm{T}}\boldsymbol{\sigma}^2\boldsymbol{IA}(\boldsymbol{A}^{\mathrm{T}}\boldsymbol{A})^{-1} \\ &= (\boldsymbol{A}^{\mathrm{T}}\boldsymbol{A})^{-1}\boldsymbol{\sigma}^2 \end{aligned}$$

$$(\boldsymbol{A}^{\mathrm{T}}\boldsymbol{A})^{-1}=\begin{pmatrix} d_{11} & d_{12} & \cdots & d_{1t} \\ d_{21} & d_{22} & \cdots & d_{2t} \\ \vdots & \vdots & & \vdots \\ d_{t1} & d_{t2} & \cdots & d_{tt} \end{pmatrix}$$

同样，也可得不等权测量的协方差矩阵

$$\boldsymbol{D}\hat{\boldsymbol{X}}=(\boldsymbol{A}^{\mathrm{T}}\boldsymbol{P}\boldsymbol{A})^{-1}\sigma^2$$

其中，σ 为单位权标准差。且有

$$(\boldsymbol{A}^{\mathrm{T}}\boldsymbol{P}\boldsymbol{A})^{-1}=\begin{pmatrix} d_{11} & d_{12} & \cdots & d_{1t} \\ d_{21} & d_{22} & \cdots & d_{2t} \\ \vdots & \vdots & & \vdots \\ d_{t1} & d_{t2} & \cdots & d_{tt} \end{pmatrix}$$

式中，各元素即为不定乘数，不仅可由矩阵法得到，也可由线性方程组的代数方法求得。

例 6-2　试求例 6-1 中铜棒长度测量数据的不确定度，以及 0°C 铜棒长度 y_0 和线膨胀系数 α 估计量的不确定度。过程如下：

$$\sigma=\sqrt{\frac{\sum_{i=1}^{n}v_i^2}{n-2}}=0.051\mathrm{mm}$$

$$\begin{cases} 6d_{11}+170d_{12}=1 \\ 170d_{11}+5650d_{12}=0 \end{cases}$$

$$\begin{cases} 6d_{21}+170d_{22}=1 \\ 170d_{21}+5650d_{22}=0 \end{cases}$$

$$\begin{cases} d_{11}=1.13 \\ d_{22}=0.0012 \end{cases}$$

$$\sigma_a=\sigma\sqrt{d_{11}}=0.054\mathrm{mm}$$

$$\sigma_b=\sigma\sqrt{d_{22}}=0.0018\mathrm{mm/^\circ C}$$

$$\sigma_{y0}=\sigma_a=0.054\mathrm{mm}$$

$$\sigma_\alpha=\sigma_b/y_0=9\times10^{-7}\mathrm{^\circ C}$$

四、不等权测量线性参数最小二乘法处理的正规方程

不等权测量时，最小二乘原理的矩阵形式为

$$\boldsymbol{V}^{\mathrm{T}}\boldsymbol{P}\boldsymbol{V}=\text{最小}$$

$$\boldsymbol{P}=\begin{pmatrix} p_1 & 0 & \cdots & 0 \\ 0 & p_2 & \cdots & 0 \\ \vdots & \vdots & & \vdots \\ 0 & 0 & \cdots & p_n \end{pmatrix}=\begin{pmatrix} \frac{\sigma^2}{\sigma_1^2} & 0 & \cdots & 0 \\ 0 & \frac{\sigma^2}{\sigma_2^2} & \cdots & 0 \\ \vdots & \vdots & & \vdots \\ 0 & 0 & \cdots & \frac{\sigma^2}{\sigma_n^2} \end{pmatrix}$$

不等权测量时线性参数的误差方程仍如上述式(6-6)，但在进行最小二乘法处理时，要取加权残余误差二次方和为最小，即

$$\sum_{i=1}^{n} p_i \nu_i^2 = \text{Min}$$

同样，利用求导数并令其为0的推导过程，可得到不等权测量时最小二乘法处理的正规方程，它仍有等权测量正规方程的特点。即主对角线各项系数是二次方项，为正值，以主对角线为对称轴线的其他各相应项两两相等。还可以将该正规方程化成与等权测量时的式（6-8）完全一致的形式。即

$$\begin{pmatrix} a_{11} & a_{21} & \cdots & a_{n1} \\ a_{12} & a_{22} & \cdots & a_{n2} \\ \vdots & \vdots & & \vdots \\ a_{1t} & a_{2t} & \cdots & a_{nt} \end{pmatrix} \begin{pmatrix} p_1 & & & \\ & p_2 & & \\ & & \ddots & \\ & & & p_n \end{pmatrix} \begin{pmatrix} \nu_1 \\ \nu_2 \\ \vdots \\ \nu_n \end{pmatrix} = \begin{pmatrix} 0 \\ 0 \\ \vdots \\ 0 \end{pmatrix}$$

$$(\boldsymbol{L} - \boldsymbol{A}\hat{\boldsymbol{X}})^{\mathrm{T}} \boldsymbol{P} (\boldsymbol{L} - \boldsymbol{A}\hat{\boldsymbol{X}}) = \text{Min}$$

$$(\boldsymbol{A}^{\mathrm{T}}\boldsymbol{P}\boldsymbol{A})\hat{\boldsymbol{X}} = \boldsymbol{A}^{\mathrm{T}}\boldsymbol{P}\boldsymbol{L}$$

$$\hat{\boldsymbol{X}} = \boldsymbol{C}^{*-1}\boldsymbol{A}^{\mathrm{T}}\boldsymbol{P}\boldsymbol{L}$$

$$\boldsymbol{C}^{*} = \boldsymbol{A}^{\mathrm{T}}\boldsymbol{P}\boldsymbol{A}$$

五、非线性参数最小二乘法处理的正规方程

在非线性函数的一般情况下，误差方程式（6-2）为非线性方程组，直接由它建立正规方程并求解是困难的。为了解决这类问题，一般有两类方法：数值计算和函数线性化。数值计算是使用各种优化方法，特别是利用计算机强大的数值搜索能力；函数线性化的方法是利用级数展开将非线性函数化为线性函数，再按线性参数的情形进行处理。为获得线性化的结果，函数的展开式只取一次项而略去了二次以上的高次项，严格地说，由此给出的估计量是近似的。但一般来说这已能满足实际的要求，因为只要所取近似值的偏差相对于所研究的问题而言足够小，二次项以上的高次项其值甚微，就可以忽略不计。因此，在对某一非线性参数作线性化处理时，估计量近似值的选取应有相应的准确度要求。

迭代计算是相当繁琐的，因而计算过程都是借助计算机完成。

为获得非线性函数的展开式，必须首先确定未知数的近似值，其方法如下：

（1）直接测量　对未知量直接进行测量，所得结果即可作为其近似值。

（2）通过部分方程式进行计算　从误差方程中选取最简单的 t 个方程式，采用近似的求解方法。

由以上讨论可见，所有情况（等权与不等权测量，线性与非线性参数）最后均可归结为线性参数等权测量的情形。从而，可按线性参数等权测量的情形建立和解算正规方程。可以证明，最小二乘法原理与算术平均值原理是一致的，算术平均值原理可以看做是最小二乘法原理的特例。

本节介绍的最小二乘只是基本原理，事实上它已得到广泛的研究发展。例如，最小二乘法只考虑一个变量有测量误差，如果考虑两个变量同时存在测量误差的问题，就发展成总体最小二乘等新的方法。

第二节　回 归 分 析

第一节的目的在于寻求被测量的最佳值及其不确定度。还有另一类问题，即测量与数据处理的目的并不在于被测量的估计值，而是为了寻求两个变量或多个变量之间的内在关系。

表达变量之间关系的方法有散点图、表格、曲线、数学表达式等，其中数学表达式能较客观地反映事物的内在规律性，形式紧凑，且便于从理论上作进一步分析研究，对认识自然界量与量之间关系有着重要意义。当人们尚无明确认识规律时，或难以用显式表达时，回归分析方法是较好的获取数学表达式的方法。这就是本节所要解决的主要问题。

一、回归分析的基本概念

1. 函数与相关

变量之间是相互联系、互相制约的，存在着一定的关系，一般来讲可分为两种类型。

一类是确定性的函数关系，这是大家所熟知的，如数学分析和物理学中的大多数公式属于这种类型。

在实际问题中，变量之间的关系往往不那么简单。例如，在车床上加工工件，工件的加工误差与工件的直径之间有一定的关系，知道了工件直径可大致估计其加工误差，但又不能精确地预知加工误差。这是由于加工过程中影响工件加工误差的因素很多，如毛坯的裕量、材料性能、切削深度、进给量、切削速度、工件长度等，相互构成一个很复杂的关系，使加工误差并不由工件直径这一因素所确定。这种关系是大量存在的，如材料的抗拉强度与其硬度之间，螺纹零件中螺纹的作用中径与螺纹中径之间，齿轮各种综合误差与有关单项误差之间，某些光学仪器、电子仪器等开机后仪器的读数变化与时间之间，材料的性能与其化学成分之间等。这些变量之间既存在着密切的关系，又不能由一个（或几个）变量（自变量）的数值精确地求出另一个变量（因变量）的数值，而是要通过试验和调查研究，才能确定它们之间的关系，这类变量之间的关系称为相关关系。一般讲，多考虑一些变量会减少所考察的因变量的不确定性，但不是绝对的。

应该指出，函数和相关虽然是两种不同类型的变量关系，但是它们之间并无严格的界限。一方面由于测量误差等原因，确定性的关系在实际中往往通过相关关系表现出来。例如，尽管从理论上物体运动的速度、时间和运动距离之间存在着函数关系，但如果做多次反复的实测，每次测得的数值却并不一定满足函数的关系。在实践中，为确定某种函数关系中的常数，往往也是通过试验。另一方面，当对事物内部的规律性了解得更加深刻的时候，相关关系又能转化为确定性关系。事实上，实验科学（包括物理学）中的许多确定性的定理正是通过对大量实验数据的分析和处理，经过总结和提高，从感性到理性，最后才得到的，才能深刻地反映变量之间关系的客观规律。

2. 回归分析的主要内容

回归分析（Regression Analysis）是处理变量之间相关关系的一种数理统计方法。回归分析的主要内容就是通过试验和分析所得数据，找出变量之间关系的经验公式。如前所述，由于相关变量之间不存在确定性关系，因此，在实验记录的这些变量数据中，存在着不同程度的差异。回归分析就是应用数学的方法，对大量的观测数据进行处理，从而得出比较符合事物内部规律的数学表达式。概括地说，本节主要解决以下几方面的问题：

1）从一组数据出发，确定这些变量之间的数学表达式——回归方程或经验公式。

2）对回归方程的可信程度进行统计检验。

3）进行因素分析，例如在共同影响一个变量的许多变量（因素）中，找出哪些是重要因素，哪些是次要因素。

回归分析是数理统计中的一个重要分支，作为一种有力工具，有着广泛的应用。例如，在实验数据处理、经验公式的求得、因素分析、仪器的准确度分析、产品质量的控制、某些新标准的制定、气象及地震预报、自动控制中的数学模型的制定及其他许多场合中，有要用到回归分析。

二、一元线性回归

一元线性回归的主要内容是处理两个变量之间的关系。假如两个变量之间的关系通过散点图等方式观察，可以用线性的数学显式来近似，就称为一元线性回归，这就是常遇到的直线拟合问题。相关问题前面已经多次遇到，如不确定度合成时，就需要考虑多个分量之间是否存在相关性。同样，由前面的知识也可以知道，相关系数、协方差等，都是表示相关性的重要参数。

1. 一元线性回归方程

（1）*回归方程的求法*　假设 x 与 y 之间的内在关系是一条直线，若干测量点与直线的偏离是测量过程中其他一些随机因素的影响而引起的。这样就可以假设这组测量数据有如下结构形式：

$$y_t = \beta_0 + \beta x_t + \varepsilon_t \qquad t = 1,\ 2,\ \cdots,\ N \tag{6-9}$$

式中，ε_1，ε_2，…，ε_N 分别表示其他随机因素对电阻 y_1，y_2，…，y_N 影响的总和，一般假设它们是一组相互独立、并服从同一正态分布 $N(0,\ \sigma)$ 的随机变量。变量可以是随机变量，也可是一般变量，不特别指出时，都作一般变量处理，即它是可以精确测量或严格控制的变量。这样，变量 y 是服从 $N(\beta_0 + \beta x_t,\ \sigma)$ 的随机变量，式(6-9)就是一元线性回归的数学模型。

下面用最小二乘法来估计式(6-9)中的参数。

设 b_0 和 b 分别是参数 β_0 和 β 的最小二乘估计，于是得到一元线性回归方程

$$\hat{y} = b_0 + bx \tag{6-10}$$

式中，b_0 和 b 是回归方程的回归系数。

实际测得值 y_t 与回归值 $\hat{y}$ 之差就是残余误差，即

$$\nu_i = y_t - \hat{y} = y_t - b_0 - bx_t \qquad t = 1,\ 2,\ \cdots,\ N;\ c = 1,\ 2,\ \cdots,\ N \tag{6-11}$$

应用最小二乘法求解回归系数，就是在使残余误差二次方和为最小的条件下求解回归系数 b_0 和 b。这种方法在第二节中已经熟悉了。用矩阵形式

$$\boldsymbol{Y} = \begin{pmatrix} y_1 \\ y_2 \\ \vdots \\ y_N \end{pmatrix} \qquad \boldsymbol{X} = \begin{pmatrix} 1 & x_1 \\ 1 & x_2 \\ \vdots & \vdots \\ 1 & x_N \end{pmatrix} \qquad \hat{\boldsymbol{b}} = \begin{pmatrix} b_0 \\ b \end{pmatrix} \qquad \boldsymbol{V} = \begin{pmatrix} \nu_1 \\ \nu_2 \\ \vdots \\ \nu_N \end{pmatrix}$$

$$\boldsymbol{Y}-\boldsymbol{X}\hat{\boldsymbol{b}}=\boldsymbol{V}$$

假定测得值 y_t 的不确定度相等，根据最小二乘原理，矩阵形式上可得

$$\boldsymbol{A}=\boldsymbol{X}^{\mathrm{T}}\boldsymbol{X}$$
$$\boldsymbol{C}=\boldsymbol{A}^{-1}$$
$$\boldsymbol{B}=\boldsymbol{X}^{\mathrm{T}}\boldsymbol{Y}$$

回归系数的矩阵解为

$$\hat{\boldsymbol{b}}=(\boldsymbol{X}^{\mathrm{T}}\boldsymbol{X})^{-1}\boldsymbol{X}^{\mathrm{T}}\boldsymbol{Y}=\boldsymbol{C}\boldsymbol{B} \tag{6-12}$$

代数形式可得

$$\boldsymbol{A}=\begin{pmatrix} N & \sum_{t=1}^{N}x_t \\ \sum_{t=1}^{N}x_t & \sum_{t=1}^{N}x_t^2 \end{pmatrix}$$

$$\boldsymbol{C}=\frac{1}{N\sum_{t=1}^{N}x_t^2-\left(\sum_{t=1}^{N}x_t^2\right)^2}\begin{pmatrix} \sum_{t=1}^{N}x_t^2 & -\sum_{t=1}^{N}x_t \\ -\sum_{t=1}^{N}x_t & N \end{pmatrix}$$

$$\boldsymbol{B}=\begin{pmatrix} \sum_{t=1}^{N}y_t \\ \sum_{t=1}^{N}x_ty_t \end{pmatrix}$$

$$b=\frac{N\sum_{t=1}^{N}x_ty_t-\left(\sum_{t=1}^{N}x_t\right)\left(\sum_{t=1}^{N}y_t\right)}{N\sum_{t=1}^{N}x_t^2-\left(\sum_{t=1}^{N}x_t\right)^2}=\frac{l_{xy}}{l_{xx}}$$

$$b_0=\frac{\left(\sum_{t=1}^{N}x_t^2\right)\left(\sum_{t=1}^{N}y_t\right)-\left(\sum_{t=1}^{N}x_t\right)\left(\sum_{t=1}^{N}x_ty_t\right)}{N\sum_{t=1}^{N}x_t^2-\left(\sum_{t=1}^{N}x_t\right)^2}=\bar{y}-b\,\bar{x}$$

式中

$$\bar{x}=\frac{1}{N}\sum_{t=1}^{N}x_t$$

$$\bar{y}=\frac{1}{N}\sum_{t=1}^{N}y_t$$

$$l_{xx}=\sum_{t=1}^{N}(x_t-\bar{x})^2=\sum_{t=1}^{N}x_t^2-\frac{1}{N}\left(\sum_{t=1}^{N}x_t\right)^2$$

$$l_{xy}=\sum_{t=1}^{N}(x_t-\bar{x})(y_t-\bar{y})=\sum_{t=1}^{N}x_ty_t-\frac{1}{N}\left(\sum_{t=1}^{N}x_t\right)\left(\sum_{t=1}^{N}y_t\right)$$

$$l_{yy}=\sum_{t=1}^{N}(y_t-\bar{y})^2=\sum_{t=1}^{N}y_t^2-\frac{1}{N}\left(\sum_{t=1}^{N}y_t\right)^2$$

同样，通过计算可知矩阵形式与代数形式解是一致的。

（2）标准差计算　和最小二乘的分析需要计算标准差一样，对回归系数的标准差也必须作进一步分析。特别是，需要考察所求出来的回归直线方程式是否有实际意义。这里有两个问题需要解决：其一，就这种求回归直线的方法本身而言，对任何两个变量 x 和 y 的一组数据（x_t，y_t），都可以用最小二乘法给它们拟合一条直线。了解这条直线是否基本上符合 y 与 x 之间的客观规律，是回归方程的显著性检验要解决的问题。其二，由于 x 与 y 之间是相关关系，因此知道了 x 值，并不能精确地知道 y 值。了解用回归方程、根据自变量 x 值预报（或控制）因变量 y 值的效果，是回归直线的预报标准差要解决的问题。

1）直接测量数据的标准差计算。这里变量 $t=2$，因此残余标准差自由度为 $n-2$，有

$$\sigma=\sqrt{\frac{\sum_{t=1}^{N}(y_t-\hat{y}_t)^2}{n-2}}$$

上式可以看做在排除了 f 对 y 的线性影响后（或者当 x 固定时），衡量 y 随机波动大小的一个估计量。它可以用来衡量所有随机因素对 y 的一次性观测的平均变差的大小，σ 越小回归直线的准确度越高。当回归方程的稳定性较好时，可作为应用回归方程时的准确度参数。

2）待求量的不确定度评定。σ 传播到拟合参数 b_0 和 b 的不确定度，可由最小二乘中得到$(\boldsymbol{X}^{\mathrm{T}}\boldsymbol{X})^{-1}\sigma$。有

$$\sigma_b=\frac{\sum_{t=1}^{N}x_t^2}{N\sum_{t=1}^{N}x_t^2-\left(\sum_{t=1}^{N}x_t^2\right)^2}\sigma$$

$$\sigma_{b_0}=\frac{N}{N\sum_{t=1}^{N}x_t^2-\left(\sum_{t=1}^{N}x_t^2\right)^2}\sigma$$

利用回归方程，可以在一定显著性水平 α 上确定与 x 相对应的 y 的取值范围。反之，若要求观测值 y 在一定的范围内取值，则利用回归方程可以确定自变量 x 的控制范围。

3）预测量的标准差计算。相对于最小二乘原理是普遍适用的基础理论，回归分析的应用则更加具体，其目标之一就是预测自变量的回归值。因此，这里还要增加一项标准差计算：回归值 $\hat{y}$ 的波动大小。波动越小，标准差越小，即回归方程越稳定。同样，用 $\hat{y}$ 的标准差 $\sigma_{\hat{y}}$ 来表示这一参数，根据随机误差传递公式及回归方程式(6-2)，有

$$\sigma_{\hat{y}}^2=\sigma_{b_0}^2+x^2\sigma_b^2+2x\sigma_{b_0b}$$

式中，σ_{b_0}、σ_b 为 b_0 和 b 的标准差；σ_{b_0b}为 b_0 和 b 的协方差。

设 σ 为测量数据 y 的残余标准差，由相关矩阵式(6-6)可推导得到

$$\sigma_{\hat{y}}=\sigma\sqrt{\frac{1}{N}+\frac{(x-\bar{x})^2}{l_{xx}}}\tag{6-13}$$

由式(6-13)可见，回归值的波动大小不仅与残余标准差 σ 有关，而且还取决于试验次数 N 及自变量 x 的取值范围。N 越大，回归值 $\hat{y}$ 的标准差越低。

2. 回归方程的方差分析及显著性检验

这里介绍一种常用的方差分析法，其实质是对 N 个观测值与其算术平均值之差的二次方和进行分解，将对 N 个观测值的影响因素从数量上区别开，然后用 F 检验法对所求回归方程进行显著性检验。

下面考察 y 与 $\hat{y}$ 的相关系数

$$r_{y\hat{y}} = \frac{\sum_{i=1}^{n}(y_i - \bar{y})(\hat{y}_i - \bar{\hat{y}})}{\sqrt{\sum_{i=1}^{n}(y_i - \bar{y})^2 \sum_{i=1}^{n}(\hat{y}_i - \bar{\hat{y}})^2}}$$

$$r_{y\hat{y}} = \frac{\sum_{i=1}^{n}(y_i - \bar{y})(\hat{y}_i - \bar{\hat{y}})}{\sqrt{\sum_{i=1}^{n}(y_i - \bar{y})^2 \sum_{i=1}^{n}(\hat{y}_i - \bar{\hat{y}})^2}} = \sqrt{\frac{\sum_{i=1}^{n}(\hat{y}_i - \bar{y})^2}{\sum_{i=1}^{n}(y_i - \bar{y})^2}} = \sqrt{\frac{U}{S}}$$

可用相关指数 R^2 作为衡量所配曲线效果好坏的指标，即

$$R^2 = 1 - \frac{\sum_{t=1}^{N}(y_t - \hat{y}_t)^2}{\sum_{t=1}^{N}(y_t - \bar{y})^2} = 1 - \frac{Q}{S} = \frac{U}{S} \tag{6-14}$$

R 也称决定系数，R^2（或 R）越大，越接近于 1，则表明所配曲线的效果越好。

（1）*回归问题的方差分析* 已知残差二次方和

$$Q = \sum_{t=1}^{N}(y_t - \hat{y}_t)^2 \tag{6-15}$$

即所有观测点距回归直线的残余误差的二次方和。它是除了 x 对 y 的线性影响之外的一切因素（包括试验误差、非线性误差以及其他未加控制的因素）对 y 的变差作用，这部分变差是仅考虑 x 与 y 的线性关系所不能减少的部分。

观测值 y_1，y_2，…，y_n 之间的差异（称变差），是由两个方面原因引起的：①自变量 x 取值的不同；②其他因素（包括试验误差）的影响。为了对回归方程进行检验，首先必须把它们所引起的变差从 y 的总变差中分解出来。

除残差二次方和外，这里再定义离差二次方和来表示 N 个观测值之间的变差，可用观测值 y 与其算术平均值 $\bar{y}$ 的离差平方和来表示，称为总的离差二次方和，记作

$$S = \sum_{t=1}^{N}(y_t - \bar{y})^2 = l_{yy}$$

可以证明，交叉项

$$\sum_{t=1}^{N}(y_t - \hat{y})(y_t - \bar{y}) = 0$$

因此总的离差二次方和可以分解为两个部分，即

$$\sum_{t=1}^{N}(y_t - \bar{y})^2 = \sum_{t=1}^{N}(\hat{y}_t - \bar{y})^2 + \sum_{t=1}^{N}(y_t - \hat{y}_t)^2 \tag{6-16}$$

或者写成

$$S = U + Q$$

以上两式等号右边第一项，即

$$U = \sum_{t=1}^{N} (\hat{y}_t - \bar{y})^2 \tag{6-17}$$

称为回归二次方和，它反映了在 y 总的变差中由于 x 和 y 的线性关系而引起 y 变化的部分。因此回归二次方和也就是考虑了 x 与 y 的线性关系部分在总的离差二次方和 S 中所占的成分，以便从数量上与 Q 值相区分。

这样，通过二次方和分解式(6-16)就把对 N 个观测值的两种影响从数量上区分开了。U 和 Q 的具体计算通常并不是按它们的定义式(6-14)和式(6-15)进行，而是按下式计算：

$$Q = l_{yy} - bl_{xy} \tag{6-18}$$

因此，在计算 S、U、Q 时就可以利用回归系数计算过程中的一些结果。

和前面残差二次方和等自由度一样，每个二次方和都有自由度。如果总的离差二次方和是由 N 项组成，其自由度就是 $N-1$。如果一个二次方和是由几部分相互独立的二次方和组成，则总的自由度等于各部分自由度之和。正如总的离差二次方和在数值上可以分解成回归二次方和与残差二次方和两部分一样，总的离差二次方和的自由度 γ_S 也等于回归二次方和的自由度 γ_U 与残差二次方和的自由度 γ_Q 之和。

在回归问题中，$\gamma_S = N-1$，而 γ_U 对应于自变量的个数，因此在一元线性回归问题中 $\gamma_U = 1$，故 Q 的自由度 $\gamma_Q = N-2$。

(2) *回归方程显著性检验*　由回归二次方和与残差二次方和的意义可知，一个回归方程是否显著，也就是 y 与 f 的线性关系是否密切，取决于 U 及 Q 的大小，U 越大 Q 越小说明 y 与 x 的线性关系越密切。因此构造统计量 F

$$F = \frac{U/\nu_U}{Q/\nu_Q} \tag{6-19}$$

对于一元线性回归，有

$$F = \frac{U/1}{Q/(N-2)} \tag{6-20}$$

回顾 F 统计量的定义，F 值即为服从 F 分布的统计量，可以采用 F 检验法检验回归方程显著性。检验时，一般需查出 F 分布表中对三种不同显著性水平 α 的数值，设记为 $F_\alpha(1,N-2)$。将这三个数与由式(6-17)计算的 F 值进行比较，若 $F > F_{0.01}(1,N-2)$，则认为回归是高度显著的(或称在 0.01 水平上显著)；若 $F_{0.05}(1,N-2) \leqslant F \leqslant F_{0.01}(1,N-2)$，则称回归是显著的(或称在 0.05 水平上显著)；若 $F_{0.10}(1,N-2) \leqslant F \leqslant F_{0.05}(1,N-2)$，则称回归在 0.1 水平上显著；若 $F \leqslant F_{0.10}(1,N-2)$，一般认为回归不显著，此时，$y$ 对 x 的线性关系就不密切。

3. 重复试验情况

应该指出，用残差二次方和检验回归二次方和所作出的“回归方程显著”这一判断，只表明相对于其他因素及试验误差来说，因素 x 的一次项对指标 y 的影响是主要的，但它并没有表示出：影响 y 的除 x 外，是否还有一个或几个不可忽略的其他因素，以及 x 和 y 的关系是否确实为线性。换言之，在上述意义下的回归方程显著，并不一定表明这个回归方程是拟合得很好的。其原因所在，是由于残差二次方和中除包括试验误差外，还包括了 x 和 y 线性关系以外的其他未加控制的因素的影响。为了检验一个回归方程拟合得好坏，可以做些重复试验，从而获得误差二次方和 Q_E 和失拟二次方和 Q_L（它反映了非线性及其他未加控制的因素的影响），用误差二次方和对失拟二次方和进行 F 检验，就可以确定回归方程拟合得好坏。

设取 N 个试验点。每个试验点都重复 m 次试验，此时各种二次方和及其相应的自由度可按下列各式计算：

$$S = U + Q_L + Q_E, \nu_S = \nu_U + \nu_L + \nu_E$$

$$S = \sum_{t=1}^{N}\sum_{i=1}^{m}(y_{ti} - \bar{y})^2,\ \nu_S = Nm - 1$$

$$U = M\sum_{t=1}^{N}(\hat{y}_t - \bar{y})^2,\ \nu_U = 1$$

$$Q_E = \sum_{t=1}^{N}\sum_{i=1}^{m}(y_{ti} - \bar{y}_t)^2,\ \nu_E = N(m-1)$$

$$Q_L = m\sum_{t=1}^{N}(\bar{y}_t - \hat{y}_t)^2,\ \nu_L = N - 2$$

如果对失拟二次方和进行 F 检验结果高度显著，说明失拟误差相对于试验误差来说是不可忽略的，这时有如下几种可能；

1）影响 y 的除 x 外，至少还有一个不可忽略的因素。

2）y 和 x 是曲线关系。

3）y 和 x 无关。

总之，所选择的一元线性回归这个数学模型与实际情况不符合，说明该直线拟合得并不好。失拟二次方和 Q_L 或失拟方差反映了拟合误差，通常称为模型误差。

如果 F_1 检验结果不显著，说明非线性误差（相对于试验误差而言）很小，或者基本上是由试验误差等随机因素引起的。于是可把失拟二次方和 Q_L 与误差二次方和 Q_E 合并，对回归二次方和进行 F 检验。如果第二次 F 检验结果显著，说明一元回归方程拟合得好。

对于给定的显著性水平，如果 F_2 不显著，那么这时有两种可能：

1）没有什么因素对 y 有系统的影响。

2）试验误差过大。

当然所求的回归方程不理想。

F_1 检验结果显著，回归方程是否就没有用了呢？不妨再用 Q_E 对 U 进行第二次 F 检验。如果结果也高度显著，虽然相对于试验误差来讲，此方程不能说拟合得很好，但是由于两种 F_2 检验都高度显著，试验误差和残余误差都很小，只要残余标准差小于该仪器所要求的准确度参数，就可以使用此方程对该仪器进行定标。当然，如有必要，可进一步查明原因，重作回归方程。

从以上分析可以看出，在一般情况下，重复试验可将误差二次方和与失拟二次方和从残差二次方和中分离出来，这对统计分析是有好处的。同时，在精密测试仪器中，通常失拟二次方和及误差二次方和分别与仪器的原理误差（定标误差、非线性误差）及仪器的随机误差相对应。应用这种方法分析传感器或非电量电测仪器及其他类似需要变换参量的测量仪器的精度，可以将系统误差与随机误差分离开来，并可用回归分析方法进一步找出仪器的误差方程，从而可以对仪器的误差进行修正。这种方法不需要对仪器作任何改进，只是通过数据处理，对仪器的系统误差进行修正，是提高结果准确性的一种颇为有效的方法。总之，通过重复试验的回归分析对了解这类仪器的误差来源和提高仪器的准确度是有益的。如果没有条件做重复试验，只能用残差二次方和对回归二次方和按式(6-17)进行 F 检验，也可大致说明回归效果的好坏。习惯上，经常也把这种检验结果显著与不显著说成拟合得好与不好。

三、一元非线性回归

在实际问题中，有时两个变量之间的内在关系并不是线性关系，而是某种曲线关系，这时若求所需的回归线，一般地说，可以分两步进行；

1）确定函数类型。

2）求解相关函数中的未知参数。用最小二乘法直接求解非线性回归方程是非常复杂的，通常是通过变量代换把回归曲线转换成回归直线，继而用前面给出的方法求解；或者把回归曲线展开成回归多项式，直接用回归多项式来描述两个变量之间的关系，这样就把解曲线回归问题转化为解多项式回归的问题了。

1. 回归曲线函数类型的选取和检验

（1）*直接判断法*　根据专业知识，从理论上推导或者根据以往的经验可以确定两个变量之间的函数类型，如化学反应物质的浓度 y 一般与时间 x 有指数关系，即 $y=y_0\mathrm{e}^{kx}$，其中 y_0 及 k 为待定系数和指数。

（2）*观察法*　将观测数据作图，将其与典型曲线比较，确定其属于何种类型。

（3）*直线检验法*　当函数类型中所含参数不多，例如只有一个或两个时，用此法检验较好。其步骤如下：

1）将预选的回归曲线 $f(x, y, a, b)=0$ 写成

$$Z_1=A+BZ_2$$

式中，Z_1 和 Z_2 是只含一个变量（x 或 y）的函数；A 和 B 是 a 和 b 的函数。

2）求出几对与 x、y 相对应的 Z_1 和 Z_2 的值，这几对值以选择 x、y 值相距较远为好。以 Z_1 和 Z_2 为变量画图，若所得图形为一直线，则证明原先所选定的回归曲线类型是合适的。

（4）*表差法*　若一组试验数据可用一多项式表示，当式中含有常数的项多于两个时，则用表差法决定方程次数或检验方程的次数较为合理。

2. 化曲线回归为直线回归问题

可用直线检验法或一阶表差法检验的曲线回归方程都可以通过变量代换转为直线回归方程。

例 6-3　为了测定椭圆齿轮流量计在介质粘度变化时的误差，先测定 10 号变压器油的粘度 y 与温度 x 的变化曲线，以便试验时测出油温就可以知道粘度。通过试验获得一组观测数据，见表 6-3。

表 6-3　例 6-3 的观测数据

x	10	15	20	25	30	35	40	45	50	55	60	65	70	75	80
y	4.24	3.51	2.92	2.52	2.20	2.00	1.81	1.70	1.60	1.50	1.43	1.37	1.32	1.29	1.25

先把观测数据点在坐标纸上并用一条曲线拟合，将该曲线与典型曲线比较，看起来很像幂函数 $y = ax^b$，因此，取函数类型为

$$y = ax^b \tag{6-21}$$

则式（6-21）即为

$$\begin{aligned} \ln y &= \ln a + b\ln x \\ y' &= b_0 + bx' \end{aligned} \tag{6-22}$$

式（6-22）即为普通的直线方程，可用列表法解此线性方程。

四、回归曲线方程的效果

求曲线回归方程的目的是要使所配曲线与观测数据拟合得较好。因此，在计算回归曲线的残差二次方和 Q 时，不能用 y_t' 和 $\hat{y}_t'$ 以及式(6-22)，而是要按照定义用 y_t 及 $\hat{y}_t$ 及式（6-15）计算。同样可用相关指数来表示曲线拟合情况，但它与经过变量变换后的 x'、y' 的线性相关系数不是一回事。

例 6-4 对例 6-3 计算残差二次方和 Q、残余标准差 σ 和相关指数 R^2。计算如下：

$$Q = \sum_{t=1}^{N}(y_t - \hat{y}_t)^2 = 0.0412$$

$$\sigma = \sqrt{\frac{Q}{n-2}}$$

$$R^2 = 1 - \frac{Q}{\sum_{t=1}^{N}(y_i - \bar{y})^2} = 0.9963$$

这说明该曲线拟合得较好。

需要指出的是，在化曲线为直线的回归计算中，通常 y 也作了变换。例如幂函数曲线方程，经变换后，按最小二乘法是使 $\sum_{t=1}^{N}(\ln y - \ln \hat{y})^2$ 达到最小值，所以实际上所求的回归线不能说明用最小二乘法所配的曲线为最佳的拟合曲线。因此，必要时可用不同类型函数计算后进行比较，择其最优者。比较时，可比较 Q、σ、R^2 这三个量中任一个，Q、σ 小者为优，而 R^2 大者为优。

对变量代换后的直线方程与一般直线方程一样也可作显著性检验，其可反映变量代换后的直线拟合情况。一般地说，显著性检验可作为曲线拟合好坏的参考，但它并不能确切地表明原始变量 x 和 y 之间的拟合情况。

本节介绍了最基本的回归分析原理，多元回归等方面的内容不再过多介绍。例如通过大一多门课程的成绩，预测大三可能达到的成绩，显然就属于多元回归问题。随着 Excel、Matlab、R 等软件的广泛使用，回归分析已经易于实现从而被广泛应用。

思 考 题

6-1 测得电阻 $R_1 = 2.105\Omega$，$R_2 = 1.008\Omega$，以及两电阻的并联值 $R_1 + R_2 = 3.121\Omega$，求电阻 R_1 和 R_2 及其标准差。

6-2　思考三坐标测量机对一个平面或圆孔特征进行测量后的最小二乘起到的作用。要使圆测量不确定度最低，有什么优化的测量方案。

6-3　总离差二次方和 S、回归二次方和 U 及残余二次方和 Q 各代表什么意义？三者之间有什么联系？

6-4　12 名青年学生的体重与身高的一组观测数据（见表 6-4）：

表 6-4　题 6-4 观测数据

x/kg	65	73	60	68	59	55	75	64	62	65	51	62
y/cm	166	168	158	170	160	154	184	188	171	167	165	175

（1）画出散点图；

（2）求出一元线性回归方程；

（3）进行显著性检验。

第七章　长度量的测量

第一节　概　　述

一、米的定义

长度单位“米”是国际单位制的基本单位之一，1959 年国务院确定以公制为我国基本计量制度，规定“米”为我国的长度单位。

长度是人们最早认识和使用的一个物理量。最早建立公制长度实物基准的是法国。1790 年法国科学院提出“米制”的建议。1791 年法国国民议会决定采用经过巴黎的地球子午线自北极到赤道这一段弧长的一千万分之一为长度单位，选取古希腊文中 metron 一词作为这个单位的名称，后来演变为 meter，中文译成“米突”或“米”，并按此长度制成一矩形金属米尺，这是最早的公制长度基准。

自国际计量大会成立以来，又对“米”先后进行了三次定义。1889 年第一届国际计量大会上将“米”定义为“0℃时，巴黎国际计量局的截面为 X 形的铂铱合金两端刻线记号间的距离”，这种截面为 X 形的铂铱合金的米尺，作为国际长度实物基准，称为米原器，如图 7-1 所示。这种实物基准若因意外损坏，复制困难，在精度和稳定性方面也不能满足科学技术发展的需要。1960 年第十一届国际计量大会上将“米”定义为“氪 86 原子 $2p_{10}$ 和 $5d_5$ 能级间跃迁所对应辐射在真空中波长的 1 650 763. 73 倍的长度”。用氪 86 原子辐射波长复现长度单位“米”，其复现精度为 11×10^{-8}，这种自然基准具有良好的稳定性，易于复现，不会损坏和消失，只要符合规定的物理条件，都能达到稳定的长度。激光出现以后，由于其单色性好，可以获得比氪 86 更窄的谱线，因此，从 1961 年开始各国科学家又研究以激光波长作为长度基准并获得成功。在 1983 年第十七届国际计量大会将米定义为“光在真空中于 1/

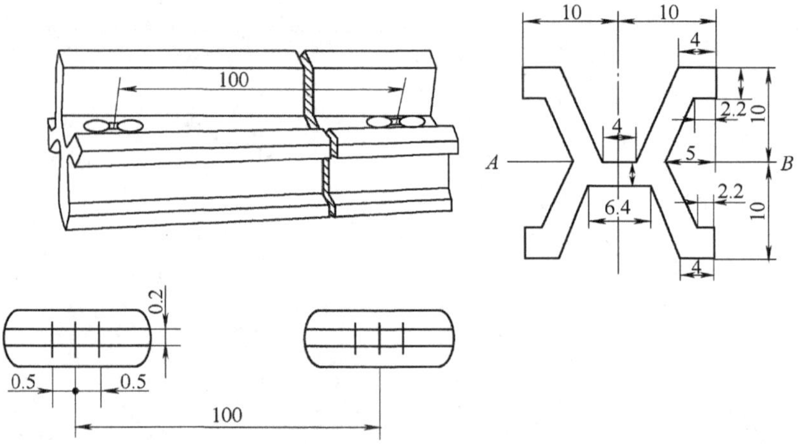

图 7-1　国际米原器（单位：cm）

299792458s 时间间隔内所经路径的长度”。米的第二次定义标志着长度基准实现了由实物基准向自然基准的转变，米的第三次定义标志着长度基准与物理常数联系在一起。光在真空中的速度是一个不变的物理常数，是不存在误差的精确数值，而不再是需要测量的量，长度与时间相结合，就可以用更为准确的时间计量来提高长度计量的准确度。国际计量委员会推荐米可以通过时间法、频率法和辐射法来复现。在辐射法方面，1993 年国际计量委员会推荐了 8 种稳频激光器辐射的标准谱线频率（波长）值，作为复现米定义的国际标准。目前，常用的是碘吸收 633nm 氦氖激光器，其复现精度可达 1×10^{-11}。

二、长度量值传递系统

为保证长度量值的统一和准确，必须把被测长度尺寸与米定义的基准长度联系起来，这种联系的渠道称为长度量值传递系统。例如，由 He-Ne 碘饱和吸收的波长值来复现米，通过拍频法和波长比较法传递到用于检定工件的谱线，用绝对光波干涉法（如激光比长仪），分别传递至线纹尺和量块两种实物基准，再逐级传递至相应级别的测量仪器和量具，最终传递至被测工件。

三、长度测量的标准量

测量是将被测量与标准量进行比较的过程。标准量是体现测量单位的某种物质形式，它具有较高的精确度和稳定性。标准量和被测量是相对的，实际测量中的标准量在被检定时为被测量，经过较高精度检测的被测量也可作为大批量测量的标准量。长度测量中常用的标准量有以下几种。

1. 光波波长

由激光光源、单色光光源或经过处理得到的光波波长是高精度的标准量，常用于高精度测量仪器和相对其较低精度标准量的检定和校准，如用立式接触式干涉仪检定量块。

2. 量块长度

量块是应用最广的一种端面长度实物标准。通过对计量仪器、量具和量规等示值误差检定等方式，使机械加工中各种制成品的尺寸溯源到长度基准。用铬锰钢等线膨胀系数小、耐磨、不易变形的材料制造，横截面为矩形，并具有一对相互平行测量面的实物量具。量块除作为长度尺寸的实物基准，体现测量单位外，还广泛用于检定和校准测量仪器、工件尺寸的相对测量等。

量块是单值量具，是以两相互平行的测量面之间的距离来决定其工作长度的一种高精度量具，如图 7-2 所示。但两测量面不是绝对平行，规定量块的尺寸是以中心长度的尺寸代表工作尺寸。量块的中心长度是由量块上测量面中心至与此量块另一测量面相研合辅助体表面之间的距离，如图 7-3 所示。量块是成套制造和出售的，每套量块的总块数有 91、83、46 等十多种。每块量块只代表一个尺寸，由于量块表面粗糙度值很小，平面性也很好，当表面留有一层极薄的油膜时，在推力作用下，通过分子间的吸引力而研合在一起，两块量块尺寸之和可构成新的尺寸。因此，借助量块的研合特性可将不同尺寸的量块组合成所需要的各种尺寸。

依据量块长度的制造精度，即量块长度的极限偏差和长度变动量最大允许值的大小，量块分为 K 级、0 级、1 级、2 级、3 级共五个不同的“级”；依据量块长度的检定精度，即量块长度测量不确定度和长度变动量最大允许值的大小，量块又可分为 1、2、3、4、5 共五个不同的“等”。当量块按“级”使用时，直接取量块的标称长度作为工作尺寸，将“级”的长度极限偏差作为误差来处理。例如，标称长度为30mm的0级量块，其长度的极限偏差为±0.00020mm，使用时不管该量块的实际尺寸如何，均按30±0.00020mm计，这显然包含了量块的制造误差。当量块按“等”使用时，以经检定后所给出的量块中心长度的实测值作为工作尺寸，将量块长度的测量不确定度作为误差处理。例如，标称长度为30mm的3等量块，经检定其实际长度为30.0001，测量不确定度为±0.00015mm，使用时按30.0001±0.00015mm计，按等使用带入了检定误差。

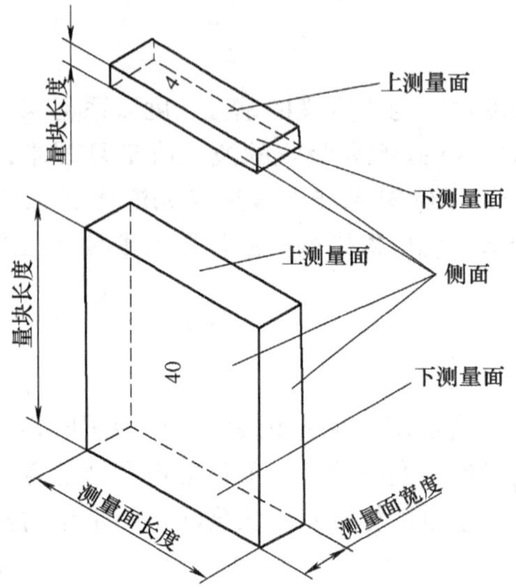

图7-2　矩形截面长方体量块

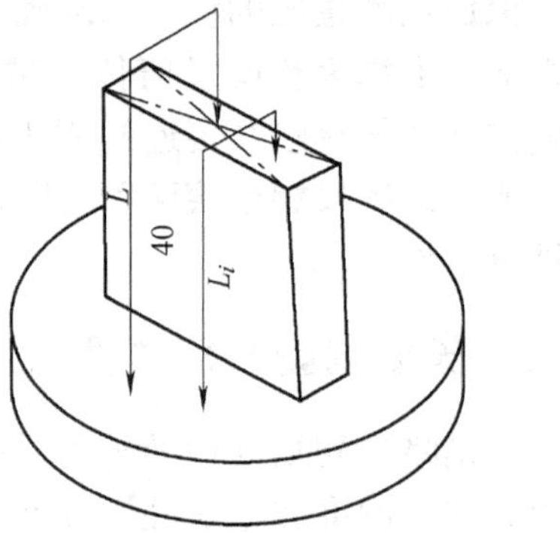

图7-3　量块的长度

3. 光栅和容栅的栅距、磁栅的节距和感应同步器的线距

光栅、容栅、磁栅、感应同步器作为长度测量标准器件在数字化和自动化测量中广泛应用。光栅的示值精度较高，但对测量环境要求苛刻，特别是对温度及油污、灰尘较敏感；感应同步器抗干扰能力强，对使用环境的要求较低；磁栅易受外界磁场的影响，应注意屏蔽；容栅体积小、抗干扰能力强、造价低，有中等精度的产品，也有较高精度的品种。

传统的长度标准量体现形式还有线纹尺的刻线间距及精密丝杠的螺距等。线纹尺大多数仍需人工瞄准读数，多用于静态测量仪器。精密丝杠易实现自动控制和读数，常用于数控机床及自动测量系统。

四、长度测量的基本原则

为保证测量精度，在进行长度尺寸测量或设计测量仪器时应遵循以下基本原则。

1. 阿贝原则

1890年，阿贝（Abbe）提出了一条长度尺寸测量的指导性原则，称之为阿贝原则。该原则要求被测件的尺寸线（被测线）应和仪器中作为读数用的标准刻度线（标准线）重合或顺次排成一条直线，即被测线和标准线共线。图7-4所示是符

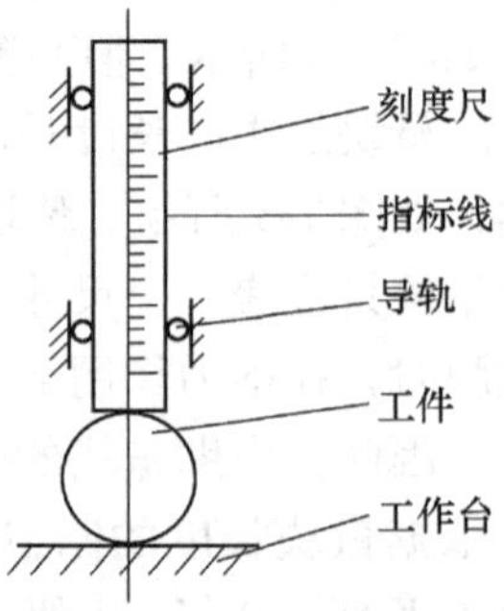

图7-4　符合阿贝原则的测量

合阿贝原则的测量典型实例。

下面以并联式和串联式线纹尺比较仪来说明违背阿贝原则所产生的误差。用并联式线纹尺比较仪测量线纹尺刻线间隔时被测尺和标准尺并联安装，如图 7-5 所示。被测线和标准线不在同一条直线上，即不符合阿贝原则。测量时，固定在基座上的两个显微镜Ⅰ和Ⅱ，分别对被测尺和标准尺瞄准和读数。装有被测尺和标准尺的工作台沿导轨移动。由于导轨有直线度误差，当工作台移动距离为 L 时，倾斜了一个 φ 角。由此引起的测量误差为

$$\Delta L_1 = s\tan\varphi \approx s\varphi \tag{7-1}$$

式中，s 为被测线和标准线之间的距离。

若 $s=100\text{mm}$，$\varphi=0.0001\text{rad}$（约 20″），则

$$\Delta L_1 \approx 100\times 0.0001\text{mm} = 10\mu\text{m}。$$

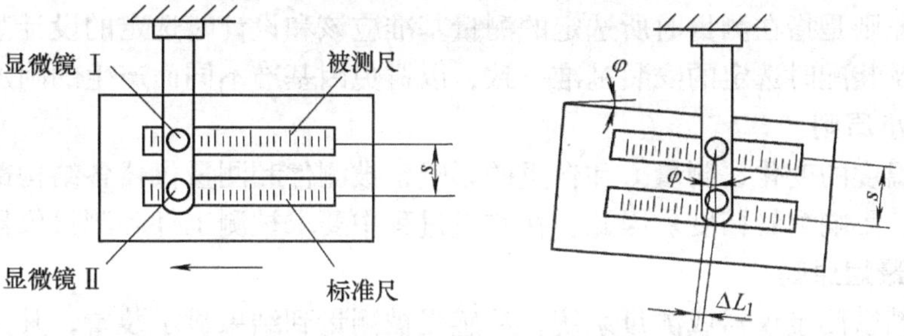

图 7-5　并联式线纹尺比较仪

用串联式线纹尺比较仪测量线纹尺刻线间隔时被测尺和标准尺串联安装，如图 7-6 所示。被测线和标准线在同一条直线上，即符合阿贝原则。同样，当工作台移动距离为 L 时，倾斜了一个 φ 角。由此引起的测量误差为

$$\Delta L_2 = A' - A \approx \frac{A}{2}\varphi^2 \tag{7-2}$$

式中，A 为两显微镜之间的距离。

设 $A=1000\text{mm}$，$\varphi=0.0001\text{rad}$，则

$$\Delta L_2 = A' - A \approx \frac{1000}{2}\times(0.0001)^2\text{mm} = 0.005\mu\text{m}$$

ΔL_1 的误差和倾角 φ 成一次方关系，习惯上称为一次误差；ΔL_2 的误差和倾角 φ 成二次方关系，习惯上称为二次误差。由此可见，测量同样的长度，导轨的直线度误差相同，符合阿贝原则可消除一次误差，而仅仅保留二次微小误差，大大降低了测量误差。

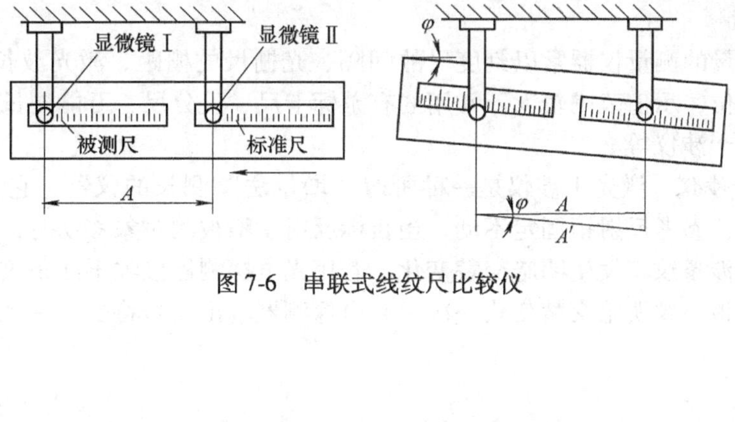

图 7-6　串联式线纹尺比较仪

在实际测量工作中，有时很难遵守阿贝原则。例如测量长度尺寸比较大的工件时，若要遵守阿贝原则，则仪器的长度就必须大于2倍工件的长度，这给仪器制造、安装带来很多不便。对于三坐标测量机这类多自由度测量仪器，如图7-7所示，很难做到各个坐标方向都能遵守阿贝原则。

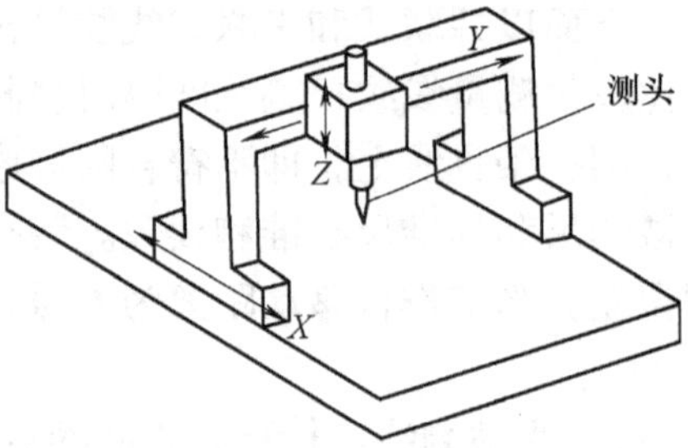

图 7-7　三坐标测量机

为减小因不遵循阿贝原则而引起的测量误差，可采取以下措施：尽可能减小被测线和标准线之间的距离，并保证它们之间平行；提高仪器导轨的精度；跟踪测量导轨的偏移并进行补偿。

2. 基准统一原则

基准统一原则是指在测量时所选定的测量基准应该和设计时选定的设计基准、加工时选定的加工基准及装配时选定的安装基准一致，以避免因基准不同而产生的附加误差。

3. 变形最小原则

由于环境温度的变化、测量力和自重的影响，被测件和测量仪器各结构部件会产生热变形和弹性变形，影响测量精度。因此，在测量过程中要求被测工件和测量仪器的变形最小。

4. 测量链最短原则

对于一个精密测量仪器或测量系统，从感受被测量到结果显示装置，凡是直接与感受标准量和被测信息的有关组件，如被测件、标准件、传感元件、定位元件等均属测量链。这类组件的误差对仪器精度的影响最大，一般都是1∶1影响测量结果。因此，要求组成测量链环节的组件数目应最少，即测量链最短。

第二节　长度尺寸的测量

长度尺寸的测量涉及工件的长、宽、高、厚度及轴径、孔径等几何量值的测量。测量是被测量和标准量比较的过程，根据比较过程中被测量的获取方式可将长度尺寸的测量方法分为直接测量和间接测量；按测量仪器或设备是否在生产线上工作可分为在线测量和离线测量；按被测工件是否在加工位置处的测量分为原位测量和离位测量。

一、直接测量

直接测量是将被测量直接与标准量进行比较。如果比较的结果是被测量的量值，则属于绝对测量；如果比较的结果是被测量与定值标准量的差值，则属于相对测量。

1. 绝对测量

用于绝对测量的测量仪器常以刻度尺的间隔、光栅尺的栅距、激光波长等作为标准量，一般具有绝对零位，示值范围较大，常用的有游标卡尺、千分尺、万能测长仪、测长机、工具显微镜、激光干涉仪等。

（1）激光干涉仪　激光干涉仪是一种所谓“增量法”测长的仪器，它是把目标反射镜与被测对象固联，参考反射镜固定不动，当目标反射镜随被测对象移动时，两路光束的光程差发生变化，干涉条纹将发生明暗交替变化。若用光电探测器接收干涉条纹，当被测对象移动一定距离时，该条纹明暗交替变化一次，光电探测器输出信号将变化一个周期，记录下信号变化的周期数，便确定了被测长度。

以迈克尔逊干涉仪为例，如图 7-8 所示。设在测量开始时，一束激光经分光器 B 分成两束，它们经参考反射镜 M_1 和目标反射镜 M_2 后沿原路返回，并在分光点 O 处重新相遇，两束光的光程差为

$$\Delta_1 = 2n(L_m - L_c) \tag{7-3}$$

式中，n 为空气的折射率，L_m 为目标反射镜 M_2 到分光点 O 的距离，L_c 为参考反射镜 M_1 到分光点 O 的距离。

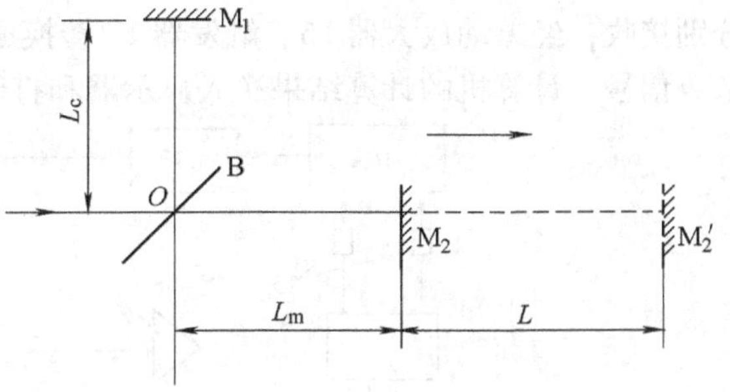

图 7-8　迈克尔逊干涉仪测长原理

测量结束时，目标反射镜 M_2 移过被测长度 L 后，处于 M_2' 的位置。此时两光束的光程差为

$$\Delta_2 = 2n(L_m + L - L_c) = 2nL + \Delta_1 \tag{7-4}$$

在测量开始和结束这段时间里，光程差的变化量

$$d\Delta = \Delta_2 - \Delta_1 = 2nL \tag{7-5}$$

光程差每变化一个波长干涉条纹就明暗交替变化一次，则测量过程中与 $d\Delta$ 相对应的干涉条纹变化次数为

$$K = \frac{d\Delta}{\lambda_0} = \frac{2nL}{\lambda_0} \tag{7-6}$$

式中，λ_0 为激光光波中心波长。

测得干涉条纹的变化次数 K 之后，即可由式(7-6)求得被测长度 L。在实际测量中，采用干涉条纹计数法，测量开始时使计数器置零，测量结束时计数器的示值即为与被测长度 L 相对应的条纹数 K。可把式(7-6)改写为

$$L = K\frac{\lambda}{2} \tag{7-7}$$

式中，λ 是激光光波在空气中的波长 $\lambda = \lambda_0/n$。

激光干涉仪是以稳定的激光波长作为基准，利用光波干涉原理实现长度尺寸或距离的精密测量。激光干涉仪的突出优点是测量精度高、范围大、无需校准，常用于检定或校准其他长度测量仪器。

激光干涉比长仪通过光波干涉比长的方法来检定线纹尺，即通过激光干涉仪实现线纹尺刻线和激光波长比较。同时，激光干涉仪的输出信号易于实现光电转换，这样就提供了实现自动测量的可能性，从根本上解决了检定线纹尺的精度与效率的问题。

激光干涉比长仪的工作原理如图 7-9 所示。He-Ne 激光器 1 发出的激光束经平行光管 2 后将光束变为光斑直径达 ϕ50mm 的平行光，经反射镜 3 和分光器 4 后将光束分为两路。一路光透过分光器经反射镜 5 射入固定角锥棱镜 6（参考镜），另一路光由反射器反射至可动角锥棱镜 7（测量镜），工作台 11 连续移动时就会产生亮暗交替变化的干涉条纹。移相板 8 将干涉图样分为两组，此两组干涉条纹的位相差为 90°。分像棱镜组 9 将两组位相差为 90°的干涉条纹分别引入两个光电探测器 12，光电探测器将亮暗交替变化的光信号转变为两路相差为 90°的电信号，经过调理电路 13 实现倍频处理后传递给计算机 14。装在横梁上的双

管差动式动态光电显微镜 10 用作瞄准被检测线纹尺上的刻线。当工作台 11 运动，即线纹尺的刻线通过光电显微镜的两个狭缝时，刻线的影像被置于两个狭缝后面的光电探测器 15 所分别接收，经差动放大器 16、触发器 17 转换成电脉冲，作为计算机开始计数和终止计数的指令信号。计算机的计算结果送入显示器和打印机，实现显示和打印。

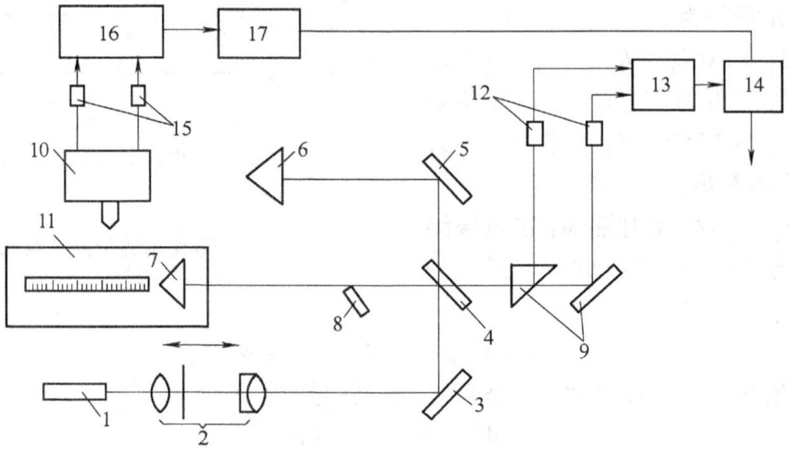

图 7-9 激光干涉比长仪的工作原理

1—激光器 2—平行光管 3、5—反射镜 4—分光器 6—固定角锥棱镜 7—可动角锥棱镜 8—移相板 9—分像棱镜组 10—光电显微镜 11—工作台 12、15—光电探测器 13—调理电路 14—计算机 16—差动放大电路 17—触发器

激光干涉比长仪可用于检定 1m 以下的线纹尺，测量精度为 ±0.2μm/m。检定前空气折射率用瑞利干涉仪直接测出，并输入计算机进行修正。为减小温度误差，仪器应放在 20℃ ±1℃的室温内，并采用恒温罩，罩内的温度变化不应大于 0.01℃。

一般单频激光干涉仪测量精度较高，但这种仪器光电探测器后的前置放大器只能用直流放大器，而不能用交流放大器，因为输出信号的频率随测量镜的运动速度而改变，当测量镜静止时，输出直流信号。另外，在测量时对环境有较高要求，不允许干涉仪两臂的光强有较大变化，干涉条纹光强的变化总要以计数器平均触发电平为中心对等分布，如图 7-10a 所示。如果光强由于外界环境干扰（如在车间测量）引起变动，则干涉信号强度就可能落于触发电平之下，如图 7-10b 所示，从而使仪器停止工作，必须重新调整触发电平值。所以这种干涉仪抗外界干扰因素的能力差，一般只能在恒温、防振的条件下工作。为克服以上缺点，在干涉仪的参考光路中引入一定频率的载波，被测信号通过这一载波来传递。测量镜静止时，光电探测器的输出信号为载波频率的交流信号；测量镜运动时，输出信号的频率只在某一范围内增加或减少。这样，前置放大采用带通交流放大，就可以隔绝由于外界环境干扰引起的直流电平漂移，使仪器能在车间现场的环境下稳定工作。利用这种外差技术设计的干涉仪称为外差干涉仪，或称交流（AC）干涉仪。这种外差干涉技术解决了单频干涉仪的核心问题，滤掉了干涉背景和各种噪声。

依据光学“拍”的原理在参考光路中引入参考信号。两个振幅相同，振动方向相同，且在同一方向传播，频率接近的两单色光叠加也能产生干涉，这种特殊的干涉称为光学“拍”。塞曼效应和声光调制是实现光学“拍”的常用方法。

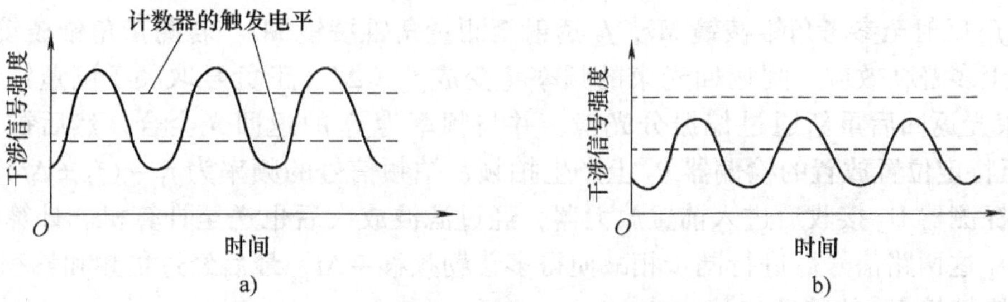

图 7-10　激光干涉仪触发计数原理

外差干涉仪的典型实例是塞曼双频激光干涉仪，其光路图如图 7-11 所示。当原子被置于弱磁场中时，其能级发生塞曼分裂，其辐射和吸收的谱线也产生相应分裂，一条谱线被几条塞曼谱线替代，这些谱线和原谱线有不大的频差。将一个单频 He-Ne 激光器置于一轴向磁场中，由于塞曼效应使激光的谱线分裂成两个旋转方向相反的左旋和右旋圆偏振光，它们的振幅相同，频率相差很小，一般为 1～2MHz。

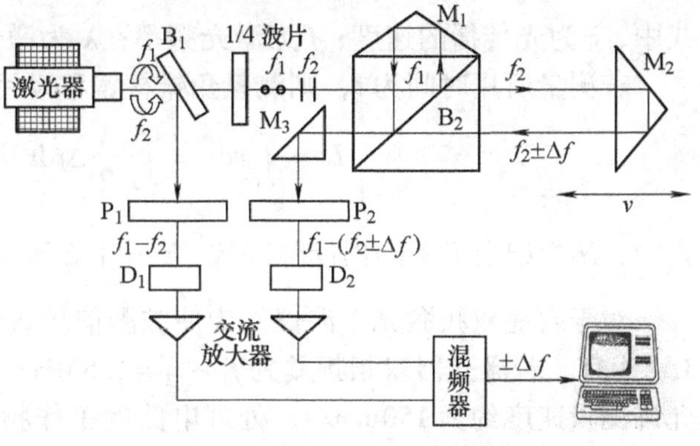

图 7-11　双频激光干涉仪光路图

设左旋圆偏振光频率为 f_1，右旋圆偏振光的频率为 f_2，初始位相为零。则这两个方向相反的圆偏振光的振动方程分别为

$$\begin{cases} x_1(t) = a\sin\omega_1 t \\ y_1(t) = a\cos\omega_1 t \end{cases} \tag{7-8}$$

$$\begin{cases} x_2(t) = -a\sin\omega_2 t \\ y_2(t) = a\cos\omega_2 t \end{cases} \tag{7-9}$$

这两个圆偏振光经分光器 B_1 后，反射光在通过放在一个特定位置的偏振片 P_1 时，f_1 和 f_2 的垂直分量 $y_1(t)$ 和 $y_2(t)$ 通过，而水平分量被截止。垂直分量通过 P_1 后，按光波叠加原理将合成为

$$y(t) = a\cos\omega_1 t + a\cos\omega_2 t = 2a\cos\frac{\omega_1 - \omega_2}{2}t\cos\frac{\omega_1 + \omega_2}{2}t \tag{7-10}$$

合成波的振幅为 $2a\cos\dfrac{\omega_1 - \omega_2}{2}t$，则光强为

$$I = 4a^2\cos^2\frac{\omega_1 - \omega_2}{2}t = 2a^2[1 + \cos2\pi(f_1 - f_2)t] \tag{7-11}$$

合成波的强度随时间 t 在 0 和 $4a^2$ 之间作缓慢的周期变化，这种强度时大时小的现象称为“拍”，拍频为 $f_1 - f_2$。此拍频信号被光电探测器 D_1 接收，经交流放大器滤波放大后送入混频器作为测量过程中的参考信号。

透过分光镜 B_1 的另一束光沿原方向通过 1/4 波片后，变成两互相垂直的线偏振光（设 f_1 垂直纸面，f_2 平行纸面），射向偏振分束镜 B_2，偏振方向互相垂直的线偏振光 f_1 和 f_2 被分开，其中f_1反射至参考角锥棱镜M_1，f_2透射至测量角锥棱镜M_2。若测量角锥棱镜以速度v运动，由于多普勒效应，则返回光束的频率将变成$f_2 \pm \Delta f$（正负号取决于测量镜的移动方向），这束光返回后重新通过偏振分光镜，并与频率为f_1的返回光会合，然后被直角棱镜M_3反射至特定位置放置的检偏器P_2上产生拍频，拍频信号的频率为$f_1 - (f_2 \pm \Delta f)$。拍频信号被光电探测器D_2接收后进入前置放大器，经过滤波放大后也送至计算机。计算机接收来自D_1和D_2这两路信号后进行同步相减便得多普勒频移$\mp \Delta f$，最后经过倍频和累积计数，求出测量角锥棱镜M_2的移动位移。

设测量角锥棱镜移动速度为v，则由多普勒效应引起的频差Δf为

$$\Delta f = \frac{2v}{c} f = \frac{2v}{\lambda}$$

式中，c为光传播的速度；f为激光频率；λ为激光波长。

若测量所用时间为t，则测量角锥棱镜移动距离L为

$$L = \int_0^t v \mathrm{d}t = \int_0^t \frac{\lambda}{2} \Delta f \mathrm{d}t = \frac{\lambda}{2} \int_0^t \Delta f \mathrm{d}t = \frac{\lambda}{2} N \tag{7-12}$$

式中，N为记录下来的累计脉冲数，$N = \int_0^t \Delta f \mathrm{d}t = \sum_0^t \Delta f \Delta t$。

对于塞曼双频激光干涉仪，为使被测信号Δf不失真，一般应取激光器双频频差$f_1 - f_2 \geqslant 3\Delta f$为宜。若激光器双频频差为$f_1 - f_2 = 1.5\text{MHz}$，则对应的多普勒频移$\Delta f$最大为$\pm 0.5\text{MHz}$，允许测量速度约为150mm/s，处理电路的工作频带可以设定在1.0～2.0MHz之间，滤掉小于1.0MHz的全部噪声。在双频激光干涉仪中，“双频”起到调制作用，它在测量角锥棱镜静止时，仍然保持一个1.5MHz的交流信号，被测物体的运动只是使这个信号的频率增加或减少，因而前置放大可采用较高放大倍数的交流放大器，采用带通滤波，滤掉低频噪声，避免了直流放大时所遇到的直流漂移、低频干扰等问题。

（2）工具显微镜　工具显微镜类仪器可以对长度、角度等多种几何参数进行测量，具有较高的测量精度，是一种常用的测量仪器。

影像法是工具显微镜最常用的非接触测量方法，可用于测量轴径、孔径及外螺纹等参数，它是利用仪器目镜分化板上的刻线对工件影像进行瞄准。图7-12所示是工具显微镜瞄准系统的光路图。光源发出的光线经由聚光镜、滤光片、可变光阑、转向反射镜及物镜构成的远心照明光路1后成为平行光，照明工作台2上的被测工件3，经物镜4将工件轮廓的一部分成像在目镜分划板5上，如图7-13所示。人眼通过目镜6就可以用分划板上的米字刻线对工件边

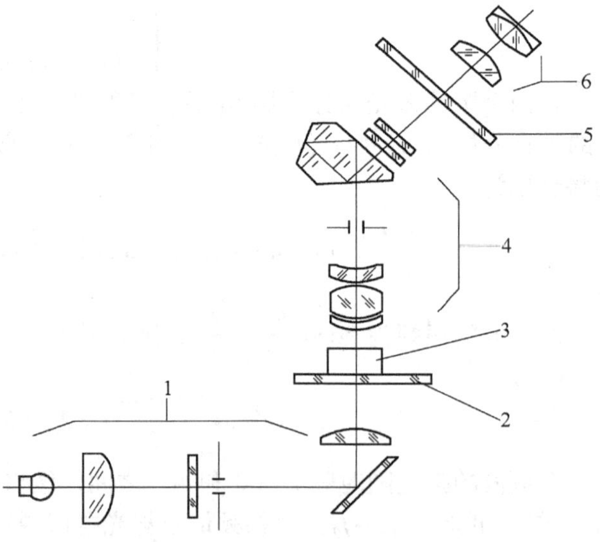

图7-12　工具显微镜影像法瞄准系统光路图

1—远心照明光路　2—照明工作台　3—被测工件　4—物镜　5—目镜分划板　6—目镜

缘像进行瞄准。移动工作台，瞄准系统分别对被测轮廓的两边进行瞄准，读数系统读出相应的数值，两次读数之差就是被测尺寸。

新型的工具显微镜大多采用 CCD 图像采集与处理系统实现瞄准，伺服控制运动机构实现瞄准相机或被测工件在横向和纵向上移动，光栅尺位移测量系统实现自动读数，提高了测量效率和测量精度。

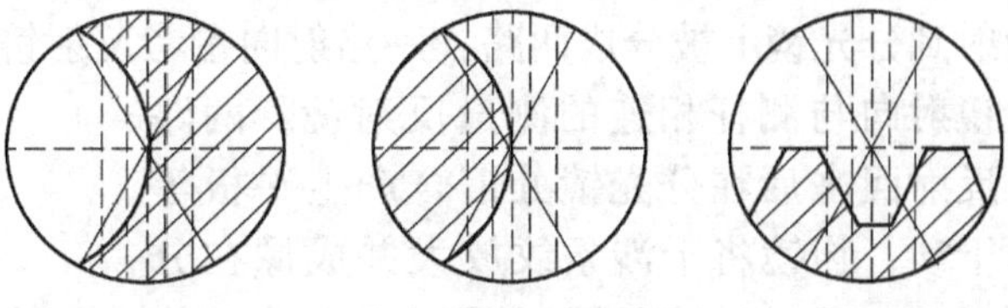

图 7-13 影像法瞄准系统目镜视场示意

影像法测量会受到工件高度的影响，特别是测量孔径时，工件的轮廓影像不清晰，瞄准困难，影响测量精度。为提高孔径测量精度，常在主物镜上装有光学灵敏杠杆附件，采用接触法测量孔径，在测量过程中实现精确瞄准定位的作用。

光学灵敏杠杆的测孔原理如图 7-14 所示。照明光源 1 照亮分划板 2，分划板上有三对双刻线，经透镜 3、反射镜 4、显微镜的物镜 5 后，成像在目镜米字线分划板 6 上。反射镜 4 与测杆相连，当其随测杆摆动时，三对双刻线在目镜分划板上的像也将随之左右移动。当测杆的中心线与目镜光轴重合时，三对双刻线的像将对称地跨在目镜米字线分划板的中央竖线上。测量时，将测杆深入被测孔内，通过横向移动测杆，纵向移动工件，找到直径点处（俗称拐点），并使三对双刻线的像对称地跨在目镜米字线分划板的中央竖线上，此时在纵向标尺上进行第一次读数，记为 x_1；调整测力弹簧的方向，纵向移动工作台，使测头与孔的另一侧接触，并利用三对双刻线瞄准后进行第二次读数，记为 x_2。若测头的直径为 d，则被测孔径 D 为

$$D = |x_2 - x_1| + d$$

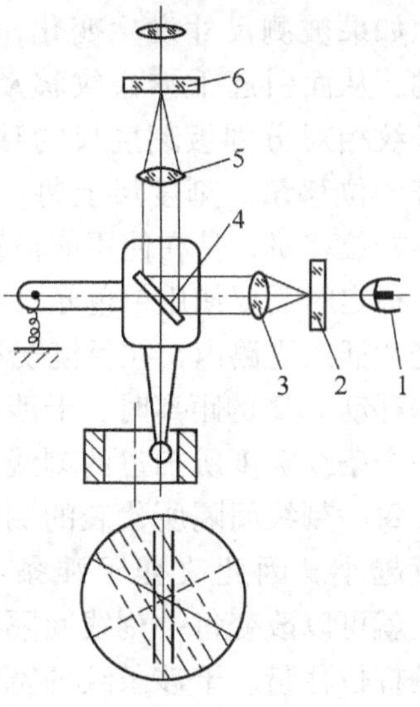

图 7-14 光学灵敏杠杆的测孔原理
1—照明光源 2—分划板 3—透镜
4—反射镜 5—物镜
6—目镜米字分划板

2. 相对测量

相对测量是将被测量与定值标准量进行比较，实际测量值是被测量和定值标准量的差值。为保证测量精度，体现定值标准量的标准件应尽可能与被测工件具有相同的材料及形状，标准量也应尽可能与被测量具有相同的定义和公称值。所以，在大批量生产的检测中，常先精密加工、检定一个工件作为相对测量的标准件，而在单件或小批量检测时，常利用单值实物标准器来体现标准量，如量块、环规等。

用于相对测量的仪器多称作测微仪或比较仪，一般具有放大倍数较大、示值范围较小、测量精度较高、零位可调等特点，常用的有杠杆千分表、光学比较仪、接触式干涉仪，以及一些采用电感、电容、气压、光纤等微位移传感原理的比较测量仪器。下面以立式接触式干涉仪和电容传感小孔测量仪为例来介绍相对测量仪器的工作原理。

(1) 立式接触式干涉仪 立式接触式干涉仪是根据光波干涉原理，将微小尺寸的变化转换成干涉条纹的移动，读出干涉条纹的移动数，从而实现微小尺寸的测量。常用于检定二等以下量块。

立式接触式干涉仪的光路图如图 7-15 所示。白炽灯光源发出的光线经透镜后成平行光，投射到分光镜上被分成两路：一路射向参考反射镜（参考反射镜的角度可调），一路透过补偿镜射向与测杆相连的测量反射镜。两路光反射回来后在分光镜处汇合产生平板等厚干涉，物镜将干涉条纹放大并成像在分划板上，通过目镜可同时观察到干涉条纹和分划板上的刻线。补偿镜的作用是使两路光所经历路程上的光学条件相同，产生对比度良好的零级（黑色）条纹，作为测量时使用的指标线。

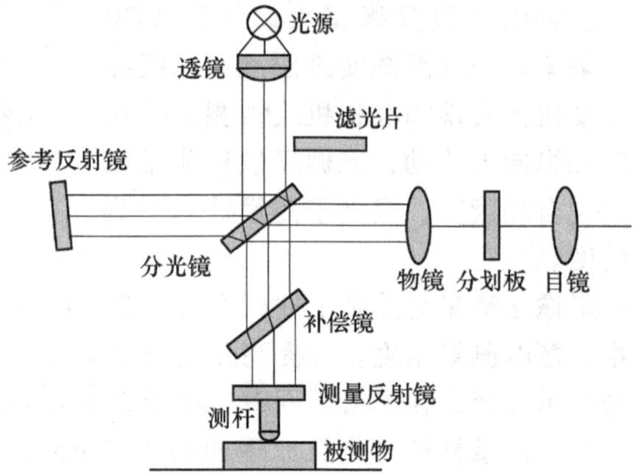

图 7-15　立式接触式干涉仪的光路图

如果被测尺寸发生变化，测杆会上下移动，从而引起干涉条纹移动。用零级黑色条纹相对分划板刻度尺的移动量来指示测杆的位移量。刻度尺上每一间隔所代表的测杆位移量，是在使用前根据测量的需要通过标定来确定的。

标定时需要使用单色光，每台接触式干涉仪所附滤光片，都有其确定的波长检定值。把滤光片插入光路内，在目镜视场中就可以看到明暗相间的干涉条纹和标尺的刻度。测杆沿轴向每移动 $\lambda/2$ 的距离时，干涉条纹相对标尺刻线就移动一个条纹宽度，干涉条纹越宽，移动一个条纹宽度所扫过的刻线间隔越多，每一刻线间隔所代表的测杆位移量就越小。因此改变干涉条纹的宽度，就可以改变每一刻线间隔所代表的测杆位移量。干涉条纹的宽度可通过调整参考反射镜和测量反射镜之间的夹角 φ 来实现。调整条纹宽度，使 m 个条纹间隔刚好和分划板上 n 个刻线间隔重合，如图 7-16 所示。设 i 为接触式干涉仪的刻度值，则有

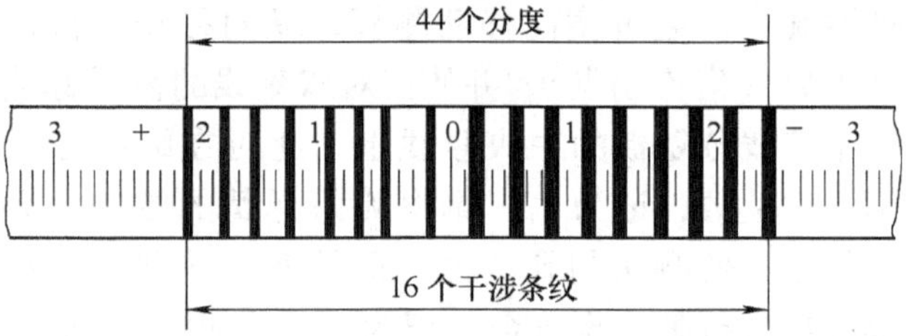

图 7-16　立式接触式干涉仪标定原理

$$ni = m\frac{\lambda}{2} \tag{7-13}$$

例如，已知仪器所附滤光片波长检定值为 $\lambda = 550\text{nm}$，现以 3 等量块为标准，检定 4 等量块，应选定刻度值 $i = 0.1\mu\text{m}$，$m = 16$，由式(7-13)得

$$n = \frac{m}{i}\frac{\lambda}{2} = 44 \tag{7-14}$$

调整参考反射镜的倾斜角度，使目镜视场内 16 个干涉条纹间隔的宽度与分划板上 44 个刻线间隔重合时，此时仪器的刻度值为 0.1μm。根据被检量块的等级，接触式干涉仪可以将刻度值标定为 0.05μm、0.1μm 和 0.2μm。

测量时取出滤光片，将单色光换成白光，这时目镜视场内将出现一组中间黑色、两旁彩色的白光干涉条纹。首先放入和被检量块标称尺寸一致、高一个等级的量块作为标准件，测头与标准量块中心接触时读取黑色条纹的位置，然后取下标准量块，放入被检量块，测头与

被检量块中心接触时读取黑色条纹的位置，根据两次读数的位置差值，即可得到被检量块和标准量块的中心长度偏差。

（2）电容传感小孔径测量仪　电容传感小孔径测量仪具有测量精度高、成本低、非接触、操作简单方便等优点，特别适用于 ϕ2mm 以上的通孔、盲孔内径的高精度测量。

电容传感小孔径测量原理如图 7-17 所示。电容传感器的测量电极做成圆柱形，两个等位环对称地分布在测量电极的两边，以消除传感器的边缘效应的影响。测量时将传感器插入被测孔中，当传感器电极和被测孔同轴时，传感器与被测小孔之间形成的电容量为

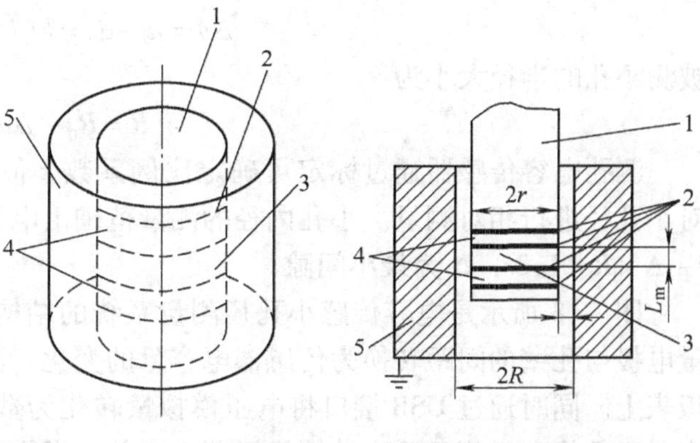

图 7-17　电容传感小孔径测量原理

1—电容传感器外壳　2—绝缘层　3—有效测量电极　4—等位环　5—被测孔

$$C=\frac{2\pi\varepsilon L_{\mathrm{m}}}{\ln\left(\frac{R}{r}\right)} \tag{7-15}$$

式中，C 为传感器有效测量电极 3 与被测孔 5 之间的电容（F）；ε 为介电常数，当介质是空气时，$\varepsilon_0=8.85415\times10^{-12}$F/m；$L_{\mathrm{m}}$ 是测量电极长度（m）；R 是被测孔的半径（m）；r 是传感器半径（m）。

将 $\ln\left(\frac{R}{r}\right)$ 展开得

$$\ln\left(\frac{R}{r}\right)=\left(\frac{R}{r}-1\right)+\frac{1}{2}\left(\frac{R}{r}-1\right)^2+\frac{1}{3}\left(\frac{R}{r}-1\right)^3+\cdots \tag{7-16}$$

令 $R-r=d$，当 $r>>d$ 时，$\ln\left(\frac{R}{r}\right)=\frac{d}{r}$，则有

$$C=\frac{2\pi\varepsilon L_{\mathrm{m}}r}{d}=\frac{\varepsilon S}{d} \tag{7-17}$$

式中，S 为常数，$S=2\pi L_{\mathrm{m}}r$。

由式(7-17)可见，对同一测头 r，当被测孔径 R 发生变化时，孔间隙 d 值就会改变，传感器的电容量 C 也就随之变化。为便于测量，需要将电容的变化量通过适当的测量电路转换为电压的形式输出。在测量范围内，处理后的输出电压值 U 和孔间隙 d 成线性关系，即

$$U=kd \tag{7-18}$$

式中，k 为传感器的当量系数。

用电容传感器测量孔径时，若按式(7-18)求得孔间隙 d，再用公式 $2R=2r+2d$ 求出小孔内径，不仅复杂而且精度不高。实际中，常采用相对法来测量孔径。在图 7-17 中，调整测量系统并标定好后，在工作台上放置已知孔径 R_0 的标准件，设此时标准孔和电容传感器测头的间隙为 d_0，输出电压 U_0。取下标准孔，放入被测小孔，若被测小孔的半径为 R，这

时小孔和电容传感器测头的孔隙为 d，输出电压为 U，则传感器测头和小孔间隙的变化量为

$$\Delta d = d - d_0 = k(U - U_0) \tag{7-19}$$

被测小孔的半径大小为

$$R = R_0 - \Delta d \tag{7-20}$$

测孔电容传感器通过标定可确定比例系数 k 值。测量时选用一个标准环规 R_0 作基准，对小孔径进行相对测量。小孔内径的测量范围由电容传感器测头半径大小 r 确定，一般要求 $r+\Delta<R<1.2r$，Δ 为最小间隙。

图 7-18 所示是电容传感小孔径测量系统的结构。电容传感器插入被测孔中，将有效测量电极与孔壁的间距转换为传感器电容量的变化，测量电路将其转化为电压量显示在数字面板表上。同时通过 USB 接口将电压模拟量转化为数字量输入到计算机中，利用标定得到的当量系数将孔径值显示在计算机屏幕上，并根据需要进行测量数据的记录。

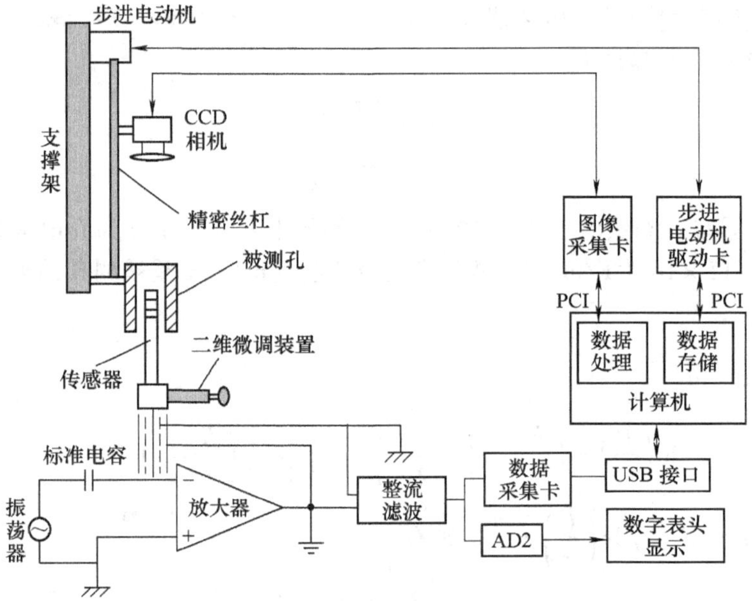

图 7-18　电容传感小孔经测量系统结构

为了提高系统的测量精度和实现深孔的孔径测量，该系统除了采用高精度模块化电路处理外，还采用了各种辅助装置。使用高精度的步进电动机实现孔轴方向的上下移动，准确定位测量位置，因此可以实现深孔的自动测量。如果传感器测头与被测孔不同心，电容量会随着偏移量的增大而增大，所以由偏心所引起的测量误差比较大。为了实现传感器测头和被测孔的同轴定位，用 CCD 采集测头和被测孔的图像进行画圆对中心，利用高精度的二维微调机构平移传感器测头至相应位置，保证测量时传感器测头与被测孔具有高精度的同轴度，减小了偏心带来的测量误差。为了满足对深孔孔径的精密测量，传感器测头和被测孔在测量时必须要有高精度的垂直度，设计一种专用的弹簧式装卡装置，在方便装卡的同时也保证了装卡后传感器测头和被测孔的垂直度。

二、间接测量

间接测量是通过对一个或几个与被测量有确切函数关系（测量方程）的物理量进行测量，然后根据测量方程求出被测量。间接测量通常应用于直接测量不方便或无法实现以及直接测量达不到精度要求的场合，如金属细丝直径、大轴径的测量、复杂零件和部件的尺寸、形状及相互位置的检测等。

1. 坐标测量法

坐标测量是最常使用的间接测量技术，具有通用性强、精度高、自动化程度高、便于实现在线检测等优点，在机床、汽车、航空航天和电子工业等领域得到了广泛应用。例如导轨、涡轮叶片、缸体、齿轮等零部件的三维尺寸、形状和位置都可以通过坐标测量机测得的坐标值计算得到。坐标测量技术及其仪器将在本章第三节讲述。

2. 弓高弦长法

弓高弦长法是一种大尺寸轴径、孔径及圆弧半径的间接测量方法。若测量出轴上某段圆弧的弦长 s 和弓高 h，根据弓高弦长定理便可间接求出轴径或孔径，将大直径的测量转化为小尺寸弓高的测量。图 7-19 所示为根据弓高弦长法设计的弓高仪结构。仪器主体 1 的中部装有测杆和指示表 4，距测杆轴心线两侧对称装有带滚柱 3 的支柱 2，测量时两滚柱与被测件表面接触，保证测量平稳可靠。弓高仪采用相对测量方法来测量弓高 h。测量前将仪器放在平板上，使两个滚柱 3 与平板表面接触，在指示表的测杆下垫入适当尺寸为 h_0 的量块，使指示表的示值为零。

弓高仪调零后，将仪器置于被测轴上并使两滚柱与轴面接触，在指示表上读出指示值，将此示值加上量块尺寸 h_0 即为弓高的测量值 h。若两滚柱间的距离 $2s$ 及滚柱直径 d 已知，如图 7-20 所示，则被测轴径 D 为

$$D=\frac{s^2}{h}+h-d \tag{7-21}$$

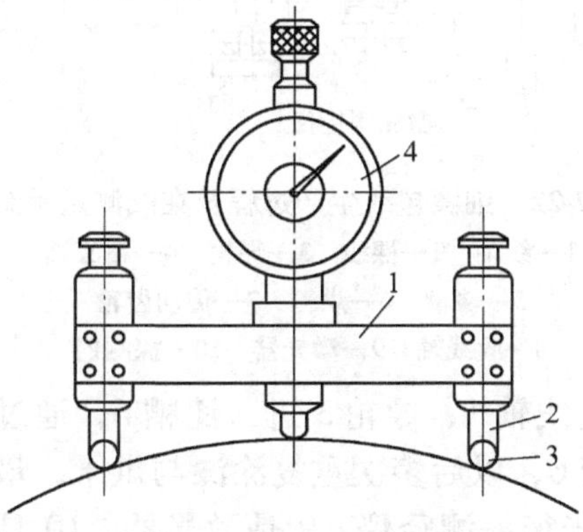

图 7-19　弓高仪结构示意

1—主体　2—支柱　3—滚柱　4—指示表

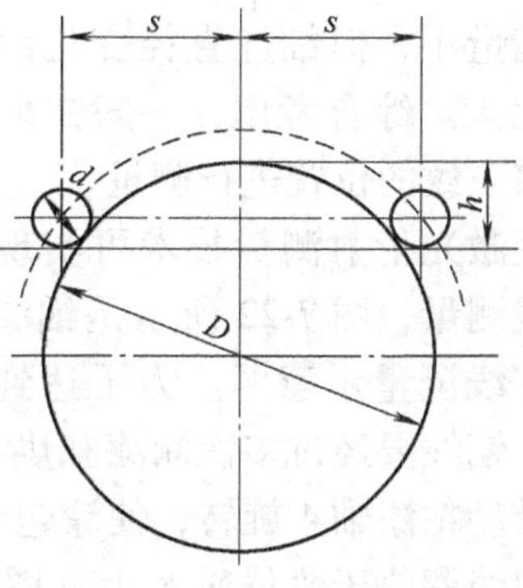

图 7-20　弓高弦长法测量原理

根据式（7-21），所垫量块尺寸 h_0 可由被测直径的公称值 D_0 和两滚柱间的距离 $2s$ 及滚柱直径 d 计算出，即

$$h_0=\frac{D_0+d}{2}-\sqrt{\left(\frac{D_0+d}{2}\right)^2-s^2} \tag{7-22}$$

弓高仪调整简单，测量范围较大，适合测量3m以内的直径。但弓高弦长法的测量精度受被测件圆度误差的影响较大。

3. 激光衍射测量法

对于各种金属细丝、光导纤维等被测轴径尺寸在0.1mm以下的被测量的测量，由于接触测量会受测量力的影响，而光学影像法测量也会因衍射效应带来较大的误差，为满足测量精度要求，常采用非接触式激光衍射测量法。

依据夫琅和费单缝衍射原理和巴比涅互补定理实现金属细丝直径的激光衍射测量，如图7-21所示。当平行激光束照射被测金属细丝时发生衍射，明暗相间的衍射条纹经透镜成像于位于透镜焦平面上的接收屏或光电探测器上，则细丝直径 d 可表示为

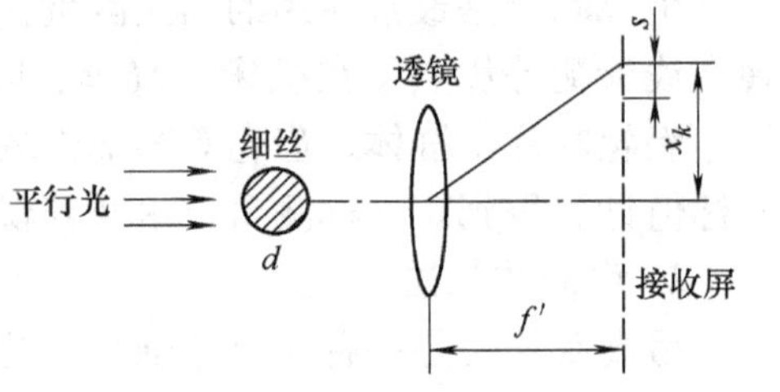

图7-21　激光衍射细丝直径测量原理

$$d=\frac{k\lambda\sqrt{x_k^2+f'^2}}{x_k}=\frac{\lambda\sqrt{x_k^2+f'^2}}{s} \tag{7-23}$$

式中，s 为暗条纹间距；x_k 为第 k 级暗条纹的位置；f' 为透镜焦距。

通过测量暗条纹间距或第 k 级暗条纹的位置便可间接求出细丝直径，在实际应用中常采用线阵CCD探测器来获取暗条纹间距或第 k 级暗条纹的位置。

衍射条纹的光强分布随着衍射级的增加而迅速减小，因此，测量时应合理选择衍射条纹级次。选取衍射级次低的条纹能得到光强大的信号，但直径变化引起的条纹位置变化相对较小；选取衍射级高的条纹，虽然条纹的光能量小，但细丝直径变化引起的条纹位置变化大。综合考虑，一般选取第二级或第三级暗条纹的位置进行测量。

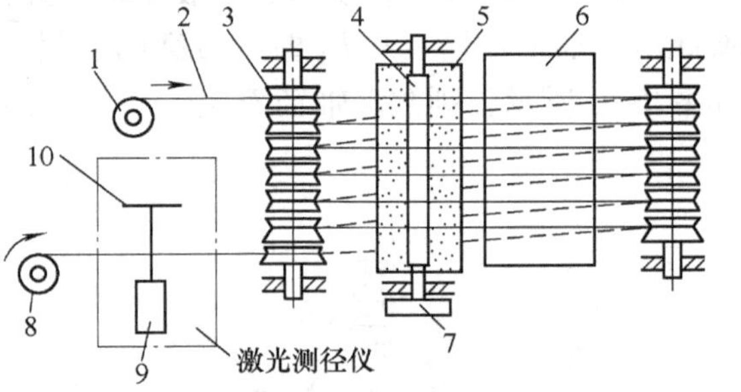

图7-22　细漆包线生产过程及在线测量示意
1—线轴　2—裸线　3—导轮　4—粘漆轴
5—漆槽　6—烘箱　7—传动齿轮
8—收线轴　9—激光器　10—探测器

应用激光衍射测量技术可实现细漆包线直径在线测量，图7-22所示是细漆包线生产过程及在线测量示意图。为了达到要求的漆层厚度，铜线要经过多次涂漆和烘干。一根裸线2经线轴1、导轮3进入漆槽5，通过传动齿轮7带动粘漆轴4旋转，使漆包线粘漆后进入烘箱6，以后多次重复涂漆与烘干，最后将成品漆包线圈绕于收线轴8上。图中，虚线表示激光衍射测径仪，9是激光器，10是探测器。漆层厚度变化造成漆包线外径的变化将显示在测量仪的显示器上，从而实现人工调整涂漆参数，保证涂漆质量。

钟表工业中的游丝以及电子工业中的各种金属薄带（一般宽度在1mm以下），均可利用激光衍射互补测量法进行测量。图7-23所示是薄带宽度激光衍射测量原理。激光器1发出的激光束经过反射镜2和半反半透镜3转向，照射在宽度为 b、厚度为 t 的薄带上（b >>

t），在距离为 L 的接收屏上产生衍射条纹 6。通过测量条纹之间的间距 s，可求得薄带宽度 b。

在测量时，要求薄带相对激光束的光轴有准确的定位，否则将引起测量误差。也就是说只有当薄带面严格垂直于激光束光轴时，测得的值是准确的带宽，不允许薄带有相对的转动。因此，为了保证薄带相对于激光束轴线的准确位置，必须在薄带的测量装置中装有定位装置。薄带表面的反射光通过半反半透镜 3 照射到定位指示光电探测器 4 上，薄带的转动将引起光点在光电探测器上位置的变化，光电探测器发出信号给调整机构来调整薄带准确定位。

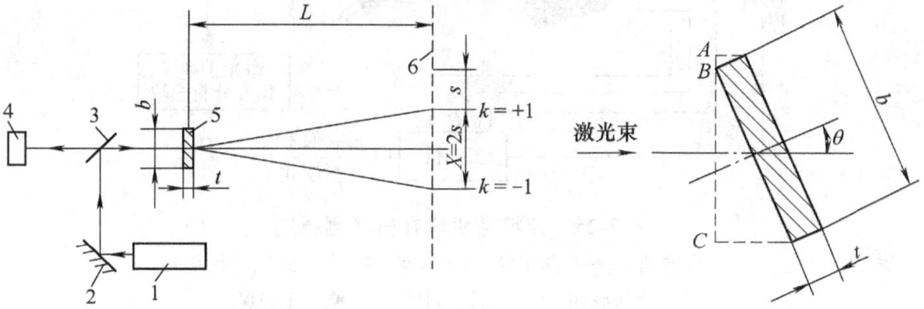

图 7-23　薄带宽度激光衍射测量原理

1—激光器　2—反射镜　3—半反半透镜　4—光电探测器　5—薄带　6—衍射条纹

三、原位测量

原位测量是指对工件在加工工位进行的测量，分为加工工程中的在线监测和加工间歇期进行的在机检测。加工过程中的在线监测一般用于进给式工序的加工机床上，如外圆磨床、内圆磨床等，测量仪将实时测得的被加工件实际尺寸信号送入控制器来控制刀具的进给量。在机检测主要用于大尺寸和高精度的加工机床中，如大型轮船发动机加工、光学曲面超精密加工等，以克服工件移动困难或难以准确复位等问题。

外圆磨床原位在线监测原理如图 7-24 所示。根据测量仪所实时获取的被加工工件尺寸，自动确定粗磨、精磨和抛光工序，并发出相应的信号传给控制器，执行机构控制砂轮架的进给量。当测量仪测得的工件尺寸合格时，控制器便发出停止加工信号，加工完毕。

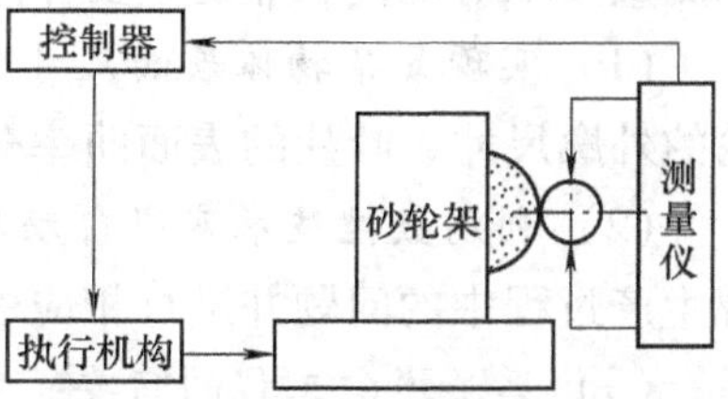

图 7-24　外圆磨床原位在线监测原理

原位在线实时监测根据被加工件的尺寸控制机床刀具进给量，加工精度高，可实现零废品加工。但测量仪所处环境条件恶劣，需要良好的密封结构，以防止切削液、磨屑和灰尘的侵入；环境温度高、变化大，必须进行温度补偿；加工过程中，当工件的运动速度较快时，对测量仪频率响应要求较高。

超精密机床加工光学自由曲面的在机检测原理如图 7-25 所示。被测工件装卡于超精密机床主轴上，依据加工路径机床控制 C、X、Z 轴联动实现自由曲面加工。第一阶段加工完成后，进入测量程序，气浮式导轨支撑的红宝石测头接触被测工件表面，对被测表面进行螺旋式扫描测量。探针随着工件表面起伏变化而沿 Z 轴移动，移动量 ΔZ 传递于探针后面的测量反射镜，用激光干涉仪探测该位移量，可实现纳米级的分辨力。被测点的位置信息（X，

Z，C）通过运动控制卡（PMAC 卡）由工控机实时采集，综合干涉仪的测量信息，最终得到光学自由曲面上每个测量点对应的位置坐标和形状误差数据（X，Z，C，ΔZ）。如果没有达到设计要求，继续进行二次加工。

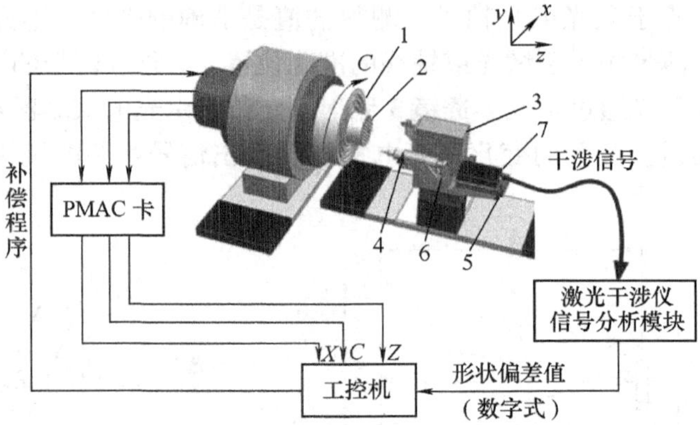

图 7-25　超精密机床在机检测原理

1—机床主轴　2—被测工件　3—刀架　4—气浮式红宝石测头

5—测头底座　6—测量反射镜　7—激光干涉仪

第三节　坐标的测量

1956 年英国的 Ferranti 公司开发了第一台使用光栅作为长度基准并用数字显示的真正现代意义上的坐标测量机，标志着坐标测量正式走上历史舞台。随着机械、汽车、航空航天和电子等工业的兴起和发展，各种立体复杂零件的研制和生产都需要先进可靠的检测设备，坐标测量技术及仪器设备能够很好地满足这种需求，也相应得到了快速发展并且日趋完善。坐标测量技术对现代工业的重要作用体现在以下几方面：

（1）*实现复杂物体表面尺寸的三维测量*　例如，实现发动机箱体孔的形状和位置、齿轮的外廓尺寸、叶片的表面曲率分布、汽车和飞机的表面形貌等检测。

（2）*利用数控技术实现自动在线测量*　例如，直接将测量机串联到生产线上，及时发现生产过程中的问题并进行相应的补偿、调整，提高产品质量，降低产品废品率。

（3）*满足逆向工程的需要*　例如，测量已经制造好的工件模型的三维表面数据，将这些数据编制成加工程序，输入到数控机床、快速成型机或 3D 打印机进行加工制造。

（4）*在大型工程结构的装配过程中实现构件位置的精确调整*　例如，在火箭发射塔架、发电机组、飞机、轮船、桥梁、大型机床等的装配过程中，利用坐标测量确定构件的当前位置姿态并进行调整，以满足设计要求。

（5）*满足运动目标空间位置跟踪测量的需要*　例如，满足飞行器对接、机器人控制等运动目标空间位置、轨迹、姿态等参数的现场测量。

一、坐标测量的方法

坐标测量最开始是用一些原始的方法，如采用高度尺和量规等通用量具在平板上进行的平台测量等，这种方法效率低，计算复杂，精度不易保证。电子技术、计算机技术、传感器技术及精密加工技术的发展，为坐标测量技术的进步提供了技术保障。现常用的坐标测量方法和仪器设备如下：

（1）三坐标测量机　使用 X、Y、Z 轴三个方向的运动导轨带动测头运动，通过测头获取被测点的相对位置，实现坐标测量。

（2）视觉三维测量系统　以摄像机视觉成像模型为基础，用一台摄像机和一个结构光或者两台摄像机构成空间三维测量系统。

（3）光笔三坐标测量系统　测量系统中由一个光笔测头和多个摄像机组成，测量过程中光笔测头与被测点接触，摄像机拍摄光笔上标志特征点的图像，计算光笔的空间姿态，求解光笔测头接触点坐标，实现空间坐标测量。

（4）关节式坐标测量臂　依据仿生运动学原理设计的一种坐标测量系统，与工业生产现场常见的机械手相类似，由多个可移动和旋转的关节构成。测量过程中根据每个关节旋转的角度，结合已知的关节臂长度，计算关节臂末端接触点的空间坐标。

（5）双经纬仪空间测量系统　经纬仪测量系统是由两台或者多台电子经纬仪构成的空间角度交汇测量系统，测量过程中分别使用经纬仪瞄准被测点，由经纬仪读出的水平角和垂直角，以及经纬仪之间的水平距离和高度差，利用空间三角关系即可求出空间被测点的三维坐标。

（6）全站仪测量系统　全站仪是一种兼有电子测角、电子测距的三维坐标测量系统。测量过程中通过读取测量点在测量坐标系中的水平角、垂直角和距离来计算测量点的三维坐标。

（7）激光跟踪仪　与全站仪测量系统工作原理相同，测量过程中利用对反射器的跟踪得到跟踪头的水平角和垂直角，使用激光干涉测距方法测量反射器与跟踪头之间的距离，实现对测量点三维坐标的测量。

（8）iGPS（indoor GPS）　在 GPS 技术原理基础上由信号发射器、传感器、信号处理单元、控制单元等构成，用于室内精密定位的测量系统，特别适用于轮船、飞机及卫星制造等领域中的大尺寸测量定位。

二、坐标测量系统

1. 三坐标测量机

正交坐标测量系统利用相互垂直的导轨带动测头移动，并以导轨的方向为基础建立测量坐标系，依据导轨的移动量来实现被测点空间坐标的测量。正交坐标测量系统符合人们在生活生产中的习惯，在确定测量点空间坐标位置的过程中直观、便于换算。而且在测量过程中导轨基准是沿直线运动的，因此容易保证较高的测量精度。

早期出现的测长机可在一个坐标方向上进行工件长度的测量，即单坐标测量机，仅进行一维坐标测量。后来出现的万能工具显微镜具有 X 与 Y 两个坐标轴方向移动的工作台，可测量平面上各点的坐标位置，即为二维测量，也可称为二坐标测量机。而三维测量需要 X、Y、Z 轴方向的运动导轨，可测出空间范围内各被测点的坐标位置，称为三坐标测量机。

（1）三坐标测量机的组成　三坐标测量机一般由主机、测头和电气系统三大部分组成，如图 7-26 所示。其主机结构如图 7-27 所示，包括框架、标尺、导轨、驱动和平衡等部件。三坐标测量机的主要测量方式是比较被测量与标准量，并将比较结果以三维坐标的形式表示出来。所以，三坐标测量机在测量过程中需要 X、Y 和 Z 轴方向上的标准量，一般在三个移动方向的导轨上安装标尺，最常用的标准件是长光栅尺。测头实现对被测量探测和瞄准，电气控制系统与计算机软硬件实现测头移动、数据采集与处理、自动检测等功能。三坐标测量机一般有桥式、龙门式、悬臂梁式等多种结构形式，图 7-27 所示为常用的移动桥式三坐标测量机。

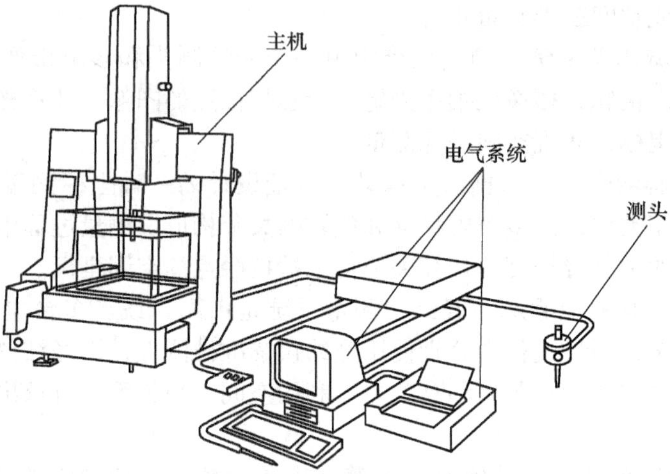

图 7-26　三坐标测量机的组成

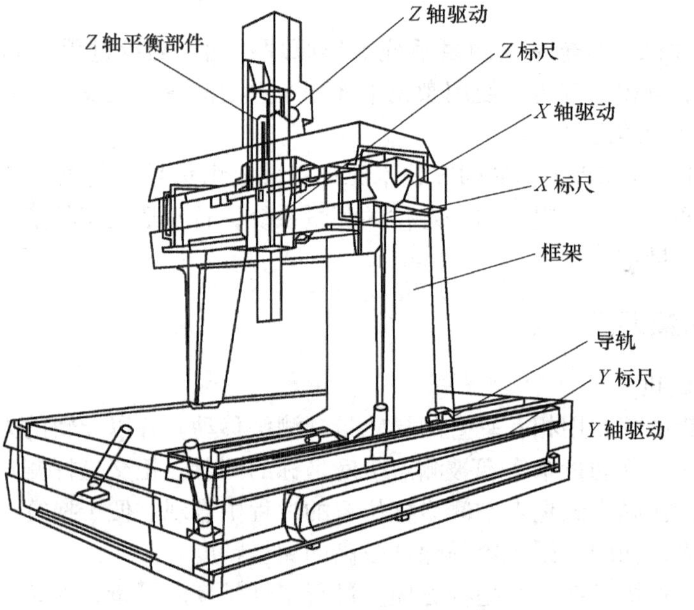

图 7-27　三坐标测量机主机结构

（2）三坐标测量机测头　测头用来获取瞄准信号，是三坐标测量机的关键部件，测头的精度直接决定了测量重复性和准确性。测量时根据工件测量任务的不同，选用不同功能的测头。现在三坐标测量机上使用的测头按结构原理可分为机械式、光学式和电气式等；按测量方法可分为接触式和非接触式两类。

1）机械接触式测头。机械测头也称为硬测头，是一种刚性测头。测量过程中根据测量接触部位的形状不同可分为圆锥测头、圆柱测头、球形测头、凹圆锥测头、点测头、V 形块测头及直角测头等，如图 7-28 所示。

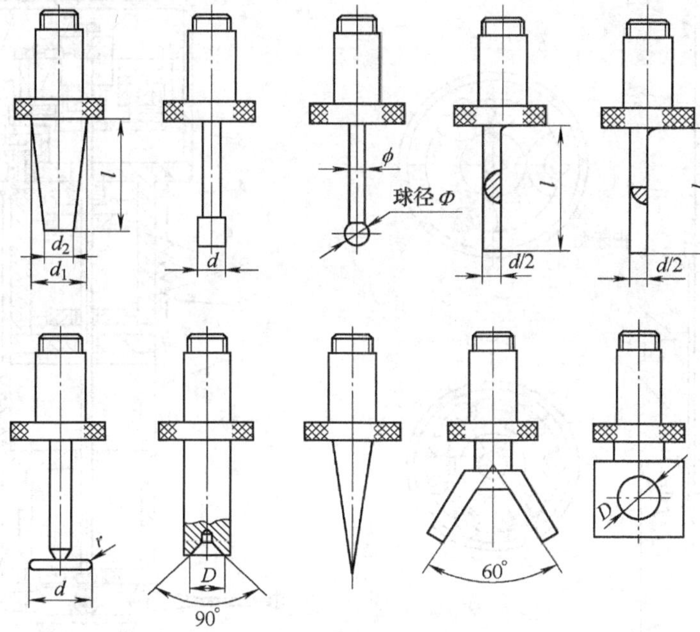

图 7-28　常用机械式测头

机械测头结构简单，制造容易，在测量过程中需要操作者根据经验确定接触测量力的大小，测量精度不高，只有少数手动坐标测量机采用这种测头。

2）电气接触式测头。现在绝大部分三坐标测量机都采用电气接触式测头。按照功能可以分为两种：开关测头，只实现瞄准功能；模拟测头，既实现瞄准功能，又实现测微功能。

开关式电气测头的结构如图 7-29 所示，测杆 11 安装在测头座 7 上，测头座 7 被压力弹簧 6 向下压紧。测头座 7 上还均匀分布三个圆柱体 8，并与 6 个钢球 9 相配合。当测头不受力的时候，三对圆柱体与钢球相接触。当测头端 12 与被测工件接触时，测杆 11 受力，此时三对圆柱体与钢球至少有一对就会脱开，发出接触信号。当测头离开测量表面，测量力消失，三对圆柱体与钢球重新接触。

模拟式电气测头既可以进行瞄准，又具有测微功能，所以这种测头的精度较高，在精密型三坐标测量机中应用广泛。图 7-30 是双片簧层叠式三维电感测头，它采用三层片簧导轨形式，三个方向共有三层，每层由两个片簧悬吊。转接座 17 借助两个 X 向片簧 16 构成的平行四边形机构可作 X 向运动。该平行四边形机构固定在由 Y 向片簧 1 构成的平行四边形机构的下方，借助片簧 1，转接座可作 Y 向运动。Y 向平行四边形机构固定在由 Z 向片簧 3 构成的平行四边形机构的下方，依靠它的片簧，转接座可作 Z 向运动。

3）非接触式光学测头。光学测头测量过程中与被测物体表面不接触，属于非接触式测头。与接触式测头相比，光学测头测量过程中没有接触力，测量速度快。近年来，光学测头发展较快，目前坐标测量机上应用的光学测头的种类也较多，如激光三角法位移测头、激光聚集测头、光纤测头、影像测头等。

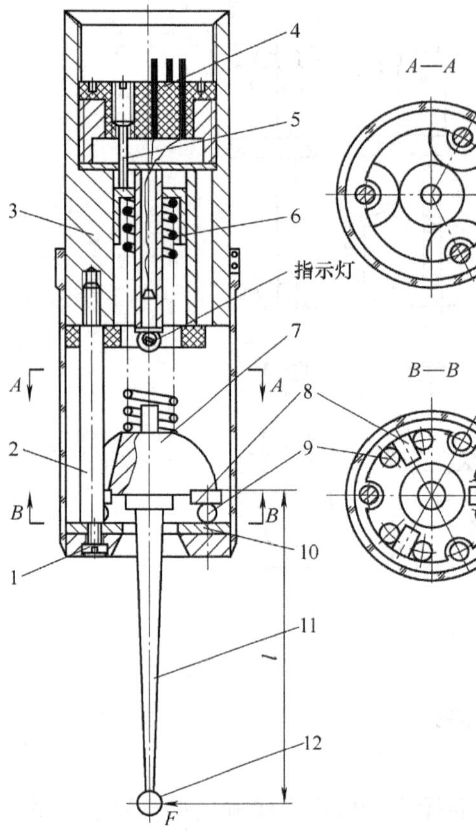

图 7-29　开关式电气测头

1—螺钉　2—防转杆　3—主体
4—插座　5—螺杆　6—压力弹簧
7—测头座　8—圆柱体　9—钢球
10—底座　11—测杆　12—测头端

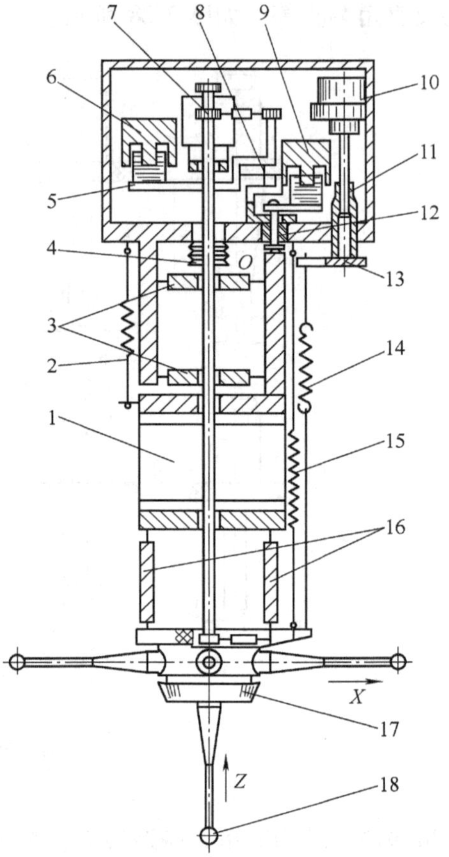

图 7-30　双片簧层叠式三维电感测头

1、3、16—平行四边形机构　2、14、15—弹簧
4—波纹管　5—杠杆　6—电磁线圈　7—推动杆
8—十字片簧铰链　9—电磁铁　10—电动机　11—螺杆
12—顶杆　13—螺母套　17—转接座　18—探针

（3）三坐标测量机数据处理　对于任意放置在三坐标测量机工作台上的被测工件，通过建立被测参量与采样点坐标的关系模型，可不经过定位调整测出被测参量。坐标测量数据处理过程分为两步：首先建立被测工件坐标系并进行坐标变换，使后续的测量和处理工作都在工件坐标系中进行，可大大简化数据处理工作；然后建立被测参量与采样点坐标的关系模型并计算被测量。

1）建立工件坐标系并进行坐标变换。根据工件测量基准面、线或点在测量机坐标系中的位置建立工件坐标系。测量机测量得到的是在测量机坐标系中的空间三维坐标，通过坐标变换将测量机坐标系中的三维坐标变换为工件坐标系中的三维坐标，即通过坐标系平移或旋转，将坐标面或坐标轴或坐标原点与工件基准面或基准线或基准点重合。设 $O\text{-}xyz$ 为测量机坐标系，$O'\text{-}x'y'z'$为工件坐标系，如图 7-31 所示。通过测量可以得到 O'在测量机坐标系中的坐标（x_0，y_0，z_0），$O'x'$、$O'y'$和 $O'z'$三轴在测量机坐标系中的方向矢量为

$$O'x' = \{l_1, m_1, n_1\}$$
$$O'y' = \{l_2, m_2, n_2\} \tag{7-24}$$
$$O'z' = \{l_3, m_3, n_3\}$$

那么测量机坐标系中的一点 $P(x,y,z)$，其对应在工件坐标系中的坐标为 $P'(x',y',z')$，它们之间的关系为

$$\begin{pmatrix} x' \\ y' \\ z' \end{pmatrix} = \begin{pmatrix} l_1 & m_1 & n_1 \\ l_2 & m_2 & n_2 \\ l_3 & m_3 & n_3 \end{pmatrix} \begin{pmatrix} x - x_0 \\ y - y_0 \\ z - z_0 \end{pmatrix} \tag{7-25}$$

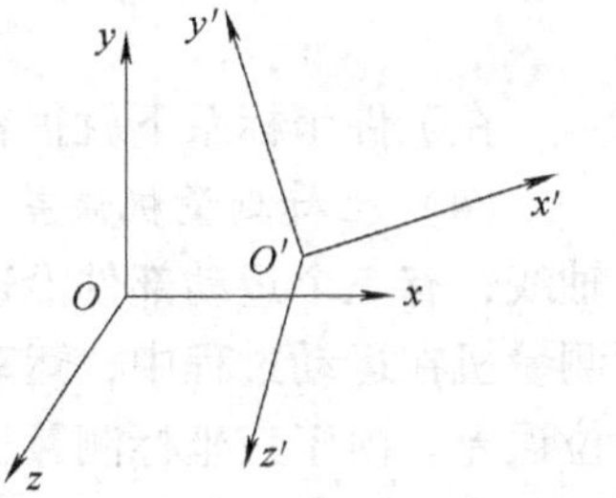

图 7-31　坐标系变换

2）建立被测参量与采样点坐标的关系模型并计算被测量。三坐标测量机直接测量得到的数据是离散采样点的坐标值，尺寸、位置等被测参量需要通过所建立的被测参量与采样点坐标的关系模型经计算得到。

例如，工件上圆孔和轴的直径及中心位置坐标的测量。圆的方程可表示为

$$(x - x_c)^2 + (y - y_c)^2 = R^2 \tag{7-26}$$

式中，R 为圆的半径，(x_c, y_c) 为圆心的中心坐标。

求解这三个未知数至少需要有三个方程式。因此，需要在被测孔或轴的某一圆周截面上大致均布取三个以上的点，如图 7-32 所示。用三坐标测量机测量出这些采样点的坐标，由式(7-27) 计算出圆的半径 R 和圆心的中心坐标 (x_c, y_c)：

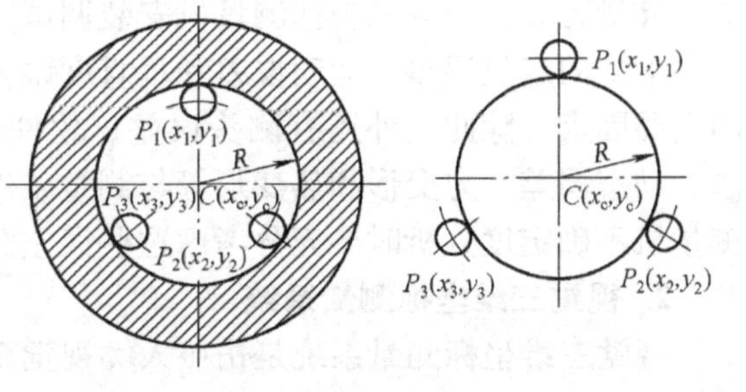

图 7-32　圆孔、轴圆心坐标和直径测量

$$x_c = \frac{(y_1 - y_3)(y_1^2 - y_2^2 + x_1^2 - x_2^2) - (y_1 - y_2)(y_1^2 - y_3^2 + x_1^2 - x_3^2)}{2[(y_1 - y_3)(x_1 - x_2) - (y_1 - y_2)(x_1 - x_3)]}$$
$$y_c = \frac{(x_1 - x_3)(x_1^2 - x_2^2 + y_1^2 - y_2^2) - (x_1 - x_2)(x_1^2 - x_3^2 + y_1^2 - y_3^2)}{2[(x_1 - x_3)(y_1 - y_2) - (x_1 - x_2)(y_1 - y_3)]} \tag{7-27}$$
$$R = \sqrt{(x_1 - x_c)^2 - (y_1 - y_c)^2} \pm r$$

式中，r 为测量机测头的半径，测量孔径时取正值，测量轴径时取负值。

为克服被测孔圆度等形状误差的影响，一般都是在圆周截面上取多个测量点，通过最小二乘迭代方法来拟合圆。

例如，测量某一工件上各孔之间的相对位置，如图 7-33 所示。将工件随意放置在三坐标测量机的工作台上，以 A、B 两孔的中心连线为工件基准线建立工件坐标系 O'-$x'y'z'$，O-xyz 为测量机坐标系。在同一测量截面上，测量出各孔内三个近似均布的采样点坐标值，由式(7-27)计算出各孔轴心在测量机坐标系下的坐标值 (x_{A0}, y_{A0}, z_{A0})、(x_{B0}, y_{B0}, z_{B0})、(x_{C0}, y_{C0}, z_{C0})。由这些坐标值求出工件坐标系相对测量机坐标

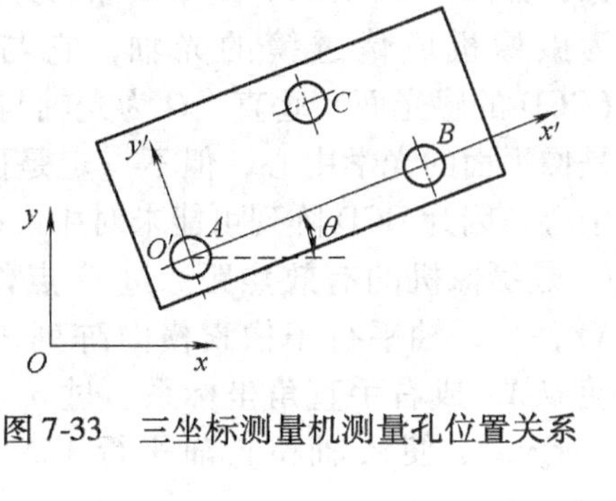

图 7-33　三坐标测量机测量孔位置关系

系的平移量（x_{A0}，y_{A0}）和旋转角 θ，则工件坐标系和测量机坐标系之间的关系为

$$\begin{cases} x' = x\cos\theta + y\sin\theta - x_{A0} \\ y' = -x\sin\theta + y\cos\theta - y_{A0} \\ z' = z \end{cases} \tag{7-28}$$

在工件坐标系下就很容易确定工件上各孔之间的位置关系。

（4）坐标测量机误差　三坐标测量机大多数是正交坐标系，名义上有三个相互垂直的轴线，有三个运动部件沿这三个轴运动，其运动量可通过沿三根轴放置的标尺读出。三坐标测量机在运动过程中，运动部件的实际位置与指令控制位置之间存在偏差，这个偏差称为定位误差。由于三坐标测量机大多数情况下测量线与标尺不在同一直线上，不符合阿贝原则，因此定位误差不仅包括标尺读数误差，还包括阿贝误差。运动部件沿导轨运动时，虽然运动方向上有导轨的约束，运动部件应该沿直线运动，但由于导轨存在轴系晃动和直线度误差，因此运动部件的实际运动轨迹可能偏离直线，这个偏离误差称为直线度运动误差。在制造和安装过程中，三坐标测量机三个方向轴线之间的夹角可能偏离它们的公称值90°，由此带来的误差称为轴线之间的垂直度误差。垂直度误差是两个运动方向之间的误差，与运动方向上的位移量无关，一旦三坐标测量机安装调试完毕，垂直度误差就是一个定值误差。

上述的定位误差、运动误差和垂直度误差是三坐标测量机本身的机构误差，是误差产生的主要因素。除此之外还有测头误差、软件误差等三坐标测量机本身的误差，以及测量方法、动态误差、力变形和热变形等与测量条件相关联的各种因素引起的误差，在进行三坐标测量机不确定度分析时要充分考虑这些误差源。

2. 视觉三维坐标测量系统

视觉三维坐标测量系统是仿照人类视觉系统的原理，以摄像机代替人眼的视觉功能，实现空间三维坐标测量。视觉三维测量系统根据测量的方式不同分为主动测量和被动测量。主动测量是测量系统将结构光投射到被测物体上，将摄像机的观测信息与结构光的投射方位相结合进行空间坐标计算。被动测量是直接利用摄像机的观测信息进行空间坐标计算，因为一个摄像机只能获取二维信息，所以被动三维测量系统一般由两个或两个以上的摄像机组成。

（1）摄像机透视变换模型　摄像机是视觉测量系统的主要功能元件，利用摄像机小孔透视成像原理，通过具有明确物理意义的几何结构参数，如光学中心、焦距、位置以及方向等，建立图像坐标系与测量参考坐标系之间的关系。

摄像机的透视成像通常可以近似地看做是小孔成像，如图7-34所示。图中 o_c 点为成像透视中心，o_cz_c 为摄像机成像透镜的光轴，它与摄像机的像平面（CCD的感光面）垂直，O 为光轴与像平面的交点，它是像平面的光学中心，但不一定是摄像机CCD的几何中心，因为CCD阵列可能未对中。O 和 o_c 间的距离为 f，是摄像机的有效焦距。过 O 点作像平面坐标系 O-XY，其 X 轴平行于像素横向阵列，Y 轴垂直于 X 轴，使 O-XY 成右手直角坐标系。过 o_c 点作摄像机坐标系 o_c-$x_cy_cz_c$，使 x_c 轴和 y_c 轴平行于 X 轴和 Y 轴。空间一

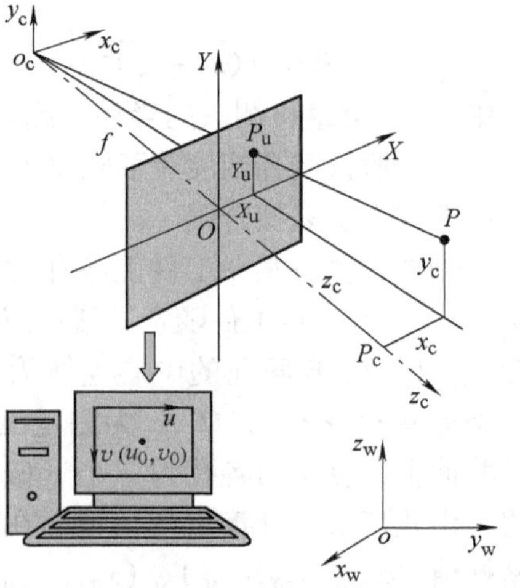

图7-34　摄像机小孔透视成像示意图

点 P 在世界坐标系 $o_w\text{-}x_wy_wz_w$ 中的坐标为 $P(x_w,\ y_w,\ z_w)$。如果摄像机无镜头畸变，则该点在像面上的成像点的坐标应为 $P_u(X_u,\ Y_u)$。由于镜头存在畸变，实际像点为 $P_d(X_d,\ Y_d)$。像面中心 O 点在计算机图像坐标系下的二维坐标为 $O(u_0,\ v_0)$。实际像点 $P_d(X_d,\ Y_d)$ 在计算机图像坐标系下的坐标为 $P_d(u,\ v)$。由空间三维坐标（x_w，y_w，z_w）到计算机图像的二维坐标（u，v）的摄像机变换模型可通过以下步骤求得。

1）世界坐标系到摄像机坐标系的坐标变换。点 P 在世界坐标系 $o_w\text{-}x_wy_wz_w$ 中的坐标 $P(x_w,\ y_w,\ z_w)$ 转换为其在摄像机坐标系 $o_c\text{-}x_cy_cz_c$ 中的坐标 $P(x_c,\ y_c,\ z_c)$ 包含平移和旋转两种变换，用矩阵形式表示为

$$\begin{pmatrix} x_c \\ y_c \\ z_c \end{pmatrix} = \boldsymbol{R}\begin{pmatrix} x_w \\ y_w \\ z_w \end{pmatrix} + \boldsymbol{T} \tag{7-29}$$

式中，$\boldsymbol{R}$ 为旋转矩阵，$\boldsymbol{R}=\begin{pmatrix} r_1 & r_2 & r_3 \\ r_4 & r_5 & r_6 \\ r_7 & r_8 & r_9 \end{pmatrix}$；$\boldsymbol{T}$ 为平移矢量，$\boldsymbol{T}=\begin{pmatrix} t_x \\ t_y \\ t_z \end{pmatrix}$，$\boldsymbol{R}$ 和 $\boldsymbol{T}$ 决定了摄像机相对于世界坐标系的方向和位置。

2）摄像机坐标与像平面坐标之间的小孔透视变换。摄像机小孔透视变换的几何关系如图 7-34 所示。空间点 P 在摄像机坐标系下的三维坐标（x_c，y_c，z_c）和其在像平面坐标系 $O\text{-}XY$ 下的二维坐标（X_u，Y_u）之间的关系为

$$X_u = f\frac{x_c}{z_c} \qquad Y_u = f\frac{y_c}{z_c} \tag{7-30}$$

把像平面坐标系扩展为齐次坐标系，即将（X_u，Y_u）变换为（ρX_u，ρY_u，ρ），考虑到实际像平面都是有限的，把像平面的齐次坐标表示为 $\lambda(X_u,\ Y_u,\ 1)$，且比例系数 $\lambda\neq0$。式（7-30）的变换关系可表示为

$$\lambda\begin{pmatrix} X_u \\ Y_u \\ 1 \end{pmatrix} = \begin{pmatrix} f & 0 & 0 & 0 \\ 0 & f & 0 & 0 \\ 0 & 0 & 1 & 0 \end{pmatrix}\begin{pmatrix} x_c \\ y_c \\ z_c \\ 1 \end{pmatrix} \tag{7-31}$$

3）像平面坐标与计算机图像坐标之间的变换。摄像机获取被测物体的图像变换成数字图像输入计算机。设空间物体上的点 P 在计算机图像坐标系中的坐标为 $P_d(u,\ v)$，单位为像素（Pixels）。CCD 摄像机像平面中的光敏单元在 X 轴方向（水平方向）的个数为 N_x，相邻光敏单元中心距离为 d_x，Y 轴方向（垂直方向）的个数为 N_y，相邻光敏单元中心距离为 d_y。通常情况下，在计算机图像坐标系中，沿 v 轴（垂直方向）相邻像素的间距 d_y' 与 CCD 像平面中 Y 轴方向像素间距一致，即 $d_y'=d_y$。而在水平方向实际像素间距 d_x' 与 CCD 的加工尺寸不一致，这是由于图像采集卡将 CCD 输出的模拟信号按行重新量化造成的，与 CCD 的驱动频率和图像卡的采集频率有关。引入一个比例因子 s_x，使计算机图像坐标系下的水平像素间距为

$$d_x' = s_x d_x \tag{7-32}$$

则像平面坐标与计算机图像坐标之间的变换关系为

$$\begin{aligned} X_d &= d_x'(u - u_0) = s_x d_x (u - u_0) \\ Y_d &= d_y'(v - v_0) = d_y (v - v_0) \end{aligned} \tag{7-33}$$

用齐次坐标可表示为

$$\begin{pmatrix} u \\ v \\ 1 \end{pmatrix} = \begin{pmatrix} (s_x d_x)^{-1} & 0 & u_0 \\ 0 & d_y^{-1} & v_0 \\ 0 & 0 & 1 \end{pmatrix} \begin{pmatrix} X_d \\ Y_d \\ 1 \end{pmatrix} \tag{7-34}$$

将式(7-29)和式(7-31)代入式(7-34)并简化，得到物空间的三维坐标(x_w, y_w, z_w)和计算机图像二维坐标(u, v)的理想变换模型为

$$\lambda \begin{pmatrix} u \\ v \\ 1 \end{pmatrix} = \begin{pmatrix} (s_x d_x)^{-1} & 0 & u_0 \\ 0 & d_y^{-1} & v_0 \\ 0 & 0 & 1 \end{pmatrix} \begin{pmatrix} f & 0 & 0 \\ 0 & f & 0 \\ 0 & 0 & 1 \end{pmatrix} \begin{pmatrix} r_1 & r_2 & r_3 & t_x \\ r_4 & r_5 & r_6 & t_y \\ r_7 & r_8 & r_9 & t_z \end{pmatrix} \begin{pmatrix} x_w \\ y_w \\ z_w \\ 1 \end{pmatrix} \tag{7-35}$$

式(7-35)也可写成表达式的形式

$$\begin{cases} X_d = s_x d_x (u - u_0) \\ Y_d = d_y (v - v_0) \\ f\dfrac{r_1 x_w + r_2 y_w + r_3 z_w + t_x}{r_7 x_w + r_8 y_w + r_9 z_w + t_z} = X_u \\ f\dfrac{r_4 x_w + r_5 y_w + r_6 z_w + t_y}{r_7 x_w + r_8 y_w + r_9 z_w + t_z} = Y_u \end{cases} \tag{7-36}$$

式(7-36)是在理想像点 $P_u(X_u, Y_u)$ 和实际像点 $P_d(X_d, Y_d)$ 重合情况下的摄像机理想透视变换模型，但实际上由于摄像机镜头存在光学畸变，理想像点与实际像点之间存在偏差。为了提高测量精度，需要引入摄像机镜头畸变模型，以减小镜头畸变的影响。

4）摄像机镜头畸变模型。摄像机镜头是非理想光学系统，存在加工误差和装配误差，物点在摄像机像面上实际所成的像与理想成像之间存在光学畸变误差。主要的畸变类型有三种：径向畸变、切向畸变和薄棱镜畸变。径向畸变仅使像点产生径向位置偏差，而切向畸变和薄棱镜畸变使像点既产生径向位置偏差，又产生切向位置偏差。现在镜片加工精度的提高，切向畸变和薄棱镜畸变对成像光路的影响较小，在一般测量中可以忽略。当只考虑径向畸变时，实际成像点与理想成像点之间的相互关系为

$$\begin{cases} X_u = X_d (1 + k_1 r^2) \\ Y_u = Y_d (1 + k_1 r^2) \end{cases} \tag{7-37}$$

式中，r 为像点到像面中心的距离，$r = \sqrt{X_d^2 + Y_d^2}$，k_1 为径向畸变系数。

将式(7-37)代入摄像机理想透视模型式(7-36)中，得到实际摄像机小孔成像透视变换模型

$$\begin{cases} X_{\mathrm{d}} = s_x d_x (u - u_0) \\ Y_{\mathrm{d}} = d_y (v - v_0) \\ X_{\mathrm{u}} = X_{\mathrm{d}} (1 + k_1 r^2) \\ Y_{\mathrm{u}} = Y_{\mathrm{d}} (1 + k_1 r^2) \\ f \dfrac{r_1 x_{\mathrm{w}} + r_2 y_{\mathrm{w}} + r_3 z_{\mathrm{w}} + t_x}{r_7 x_{\mathrm{w}} + r_8 y_{\mathrm{w}} + r_9 z_{\mathrm{w}} + t_z} = X_{\mathrm{u}} \\ f \dfrac{r_4 x_{\mathrm{w}} + r_5 y_{\mathrm{w}} + r_6 z_{\mathrm{w}} + t_y}{r_7 x_{\mathrm{w}} + r_8 y_{\mathrm{w}} + r_9 z_{\mathrm{w}} + t_z} = Y_{\mathrm{u}} \end{cases} \tag{7-38}$$

由式(7-38)可以看出，摄像机是一个3D到2D的转换模型，所以靠单个摄像机无法准确获取空间三维坐标。要构成三维测量系统就需要摄像机与结构光组合，或者两个或两个以上摄像机组合。

(2) 结构光视觉三维测量系统

1）测量原理。在结构光视觉三维测量系统中采用的结构光源有点结构光、线结构光和多线结构光（或称作面结构光），如图7-35所示。点结构光由激光器直接投射，测量表面三维形貌时需有X、Y逐点扫描机构，这使测量速度受到限制，而且对两个运动方向垂直度的要求较高。激光器出射光经柱面镜后形成线结构光，与扫描机构相配合可完成整个被测表面的扫描测量，测量速度较快、精度适中，是使用较多的一种结构光传感器。多线结构光可完成投射范围内曲面的测量，测量速度快，但测量精度受测量范围影响较大。下面以线结构光传感器为例，介绍结构光视觉传感器的测量原理。

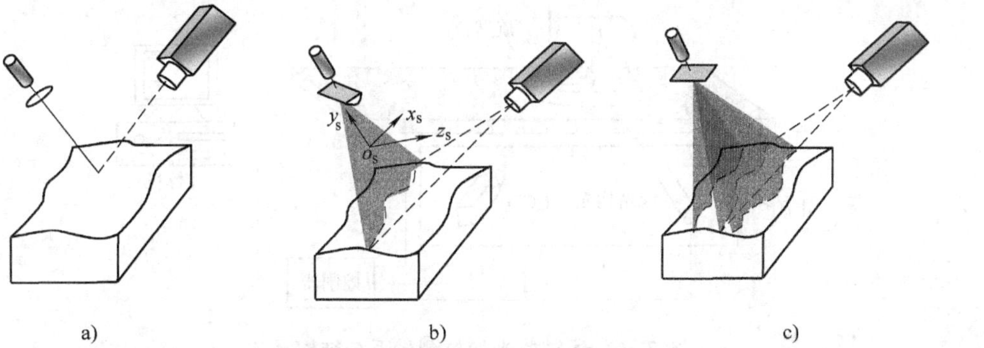

图7-35 激光视觉传感器的结构形式

a）点结构光 b）线结构光 c）多线结构光

线结构光传感器的光投射器在空间投射出一个光平面，此光平面通过摄像机建立与像平面的透视对应关系。在光平面上以一点o_s为原点，建立传感器的参考坐标系o_s-$x_s y_s z_s$，其中光平面为o_s-$x_s y_s$平面，如图7-35b所示。光平面在参考坐标系下的方程为

$$z_s = 0 \tag{7-39}$$

将式(7-39)代入摄像机小孔成像透视变换模型式(7-38)中，可得线结构光传感器的数学模型表达式

$$
\begin{cases}
X_{\mathrm{d}} = s_x^{-1} d_x (u - u_0) \\
Y_{\mathrm{d}} = d_y (v - v_0) \\
X_{\mathrm{u}} = X_{\mathrm{d}} (1 + k_1 r^2) \\
Y_{\mathrm{u}} = Y_{\mathrm{d}} (1 + k_1 r^2) \\
f \dfrac{r_1 x_{\mathrm{s}} + r_2 y_{\mathrm{s}} + t_x}{r_7 x_{\mathrm{s}} + r_8 y_{\mathrm{s}} + t_z} = X_{\mathrm{u}} \\
f \dfrac{r_4 x_{\mathrm{s}} + r_5 y_{\mathrm{s}} + t_y}{r_7 x_{\mathrm{s}} + r_8 y_{\mathrm{s}} + t_z} = Y_{\mathrm{u}}
\end{cases}
\tag{7-40}
$$

式(7-40)表明，光平面与计算机图像成点对点的一一透视对应关系。只要已知 $o_{\mathrm{s}}x_{\mathrm{s}}$ 轴和 $o_{\mathrm{s}}y_{\mathrm{s}}$ 轴在摄像机坐标系 $o_{\mathrm{c}}\text{-}x_{\mathrm{c}}y_{\mathrm{c}}x_{\mathrm{c}}$ 中的方向矢量（$r_1\ r_4\ r_7$）^{T}、（$r_2\ r_5\ r_8$）^{T} 和平移矢量（$t_x\ t_y\ t_z$）^{T}，就可由坐标值（u，v）求出（x_{s}，y_{s}）值，从而得到光平面上被测点坐标（x_{s}，y_{s}，0）。

线结构光传感器只能完成光平面内点的二维测量，如果要进行三维测量需要平移台或者转台等位置控制机构的辅助，形成扫描测量系统，其结构示意如图 7-36 所示。在扫描测量过程中，线结构光传感器固定，被测物体在移动台的带动下在传感器前方移动，让激光平面扫过被测表面，完成对被测物表面的测量。这种扫描方式量程大，精度高，适用性强，被测物体姿态控制灵活。根据被测物体表面轮廓形状，可以采用物体旋转运动，或将平移和旋转运动相结合的扫描方式，克服被测物体表面的测量死角。对大型或不易移动的被测物体，可采用线结构光传感器运动的方式。

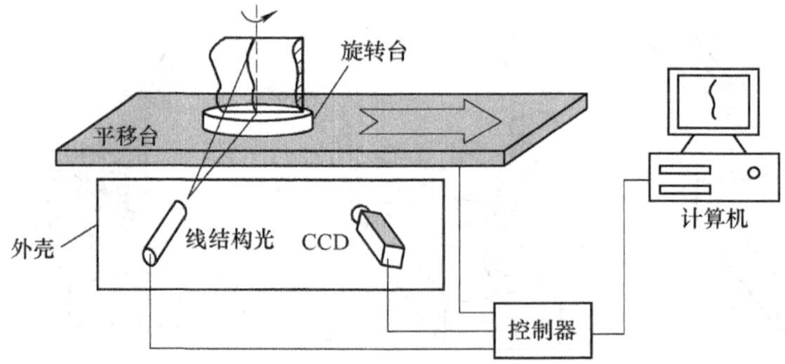

图 7-36　线结构光扫描测量系统结构示意

2）实例——锡膏厚度激光扫描仪。随着电子技术的迅速发展，表面安装器件本身的体积越来越小，引脚和走线越来越密，焊接质量已成为产品质量的关键因素之一，而锡膏的印制质量将直接影响元器件的焊接质量。例如，锡膏缺失将导致元器件开焊，锡膏桥接将导致焊接短路，锡膏坍塌将导致元器件虚焊等产品质量问题。评定锡膏印制质量及可靠性的指标主要包括锡膏的平均厚度、长度、宽度、面积和体积等。

图 7-37 所示是印制电路板锡膏 3D 扫描测量原理。精密电控平移台 3 带动被测电路板沿 Z 轴方向移动，完成对锡膏表面的扫描测量。在扫描过程中，线结构光发射器 1 发出的光平面被锡膏表面的形貌特征调制得到一条激光光条，摄像机 4 获取激光光条信息，通过图像采

集卡输入到计算机 5 中。对引脚扁平封装和球栅阵列封装的表面贴装 PCB 分别进行测量，结果如图 7-38 所示。

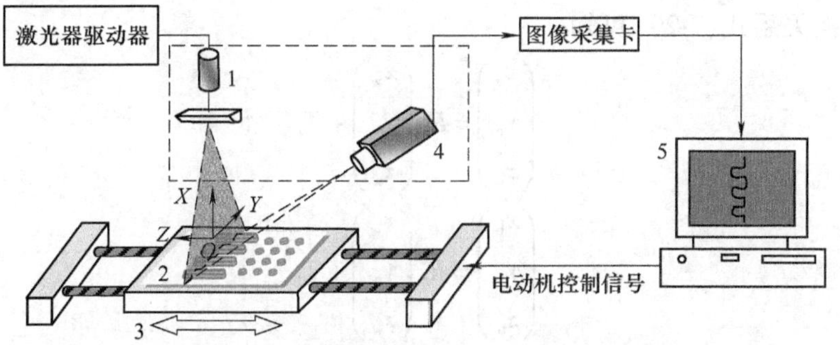

图 7-37　印制电路板锡膏 3D 扫描测量原理

1—线结构光发射器　2—被测电路板　3—精密电控平移台　4—摄像机　5—计算机

a)　　b)

图 7-38　印制电路板锡膏封装测量结果

a）引脚扁平封装锡膏 3D 效果图　b）球栅阵列封装锡膏 3D 效果图

（3）双目视觉三维测量原理　双目视觉三维测量系统是模仿人眼视觉设计的，已知两摄像机的相对位置关系，便可以测量两摄像机公共视场内物体特征点的三维坐标。双目视觉三维测量原理如图 7-39 所示。

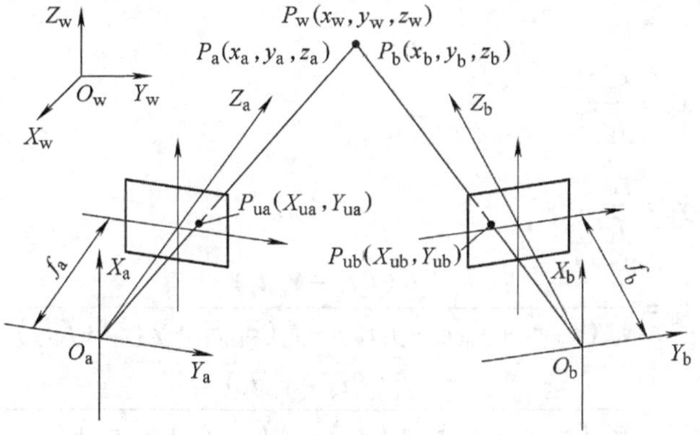

图 7-39　双目视觉三维测量原理

图 7-39 中，空间一点 P 在世界坐标系 O_w-$X_wY_wZ_w$ 中的坐标为 $P_w(x_w, y_w, z_w)$，在左摄像机坐标系 O_a-$X_aY_aZ_a$ 中的坐标为 $P_a(x_a, y_a, z_a)$，在右摄像机坐标系 O_b-$X_bY_bZ_b$ 中的坐标

为 $P_b(x_b, y_b, z_b)$。设 $\boldsymbol{R}_a$、$\boldsymbol{R}_b$ 分别为 a、b 摄像机坐标系与世界坐标系之间的旋转矩阵，$\boldsymbol{T}_a$、$\boldsymbol{T}_b$ 分别为 a、b 摄像机坐标系与世界坐标系之间的平移矩阵，由世界坐标系到摄像机坐标系的坐标转换关系式(7-29)可知

$$\begin{pmatrix} x_a \\ y_a \\ z_a \end{pmatrix} = \boldsymbol{R}_a \begin{pmatrix} x_w \\ y_w \\ z_w \end{pmatrix} + \boldsymbol{T}_a \tag{7-41}$$

$$\begin{pmatrix} x_b \\ y_b \\ z_b \end{pmatrix} = \boldsymbol{R}_b \begin{pmatrix} x_w \\ y_w \\ z_w \end{pmatrix} + \boldsymbol{T}_b \tag{7-42}$$

由式(7-41)和式(7-42)可得

$$\begin{pmatrix} x_a \\ y_a \\ z_a \end{pmatrix} = \boldsymbol{R}_a\boldsymbol{R}_b^{-1} \begin{pmatrix} x_b \\ y_b \\ z_b \end{pmatrix} - \boldsymbol{R}_a\boldsymbol{R}_b^{-1}\boldsymbol{T}_b + \boldsymbol{T}_a \tag{7-43}$$

令

$$\boldsymbol{R} = \boldsymbol{R}_a\boldsymbol{R}_b^{-1} = \begin{pmatrix} r_1 & r_2 & r_3 \\ r_4 & r_5 & r_6 \\ r_7 & r_8 & r_9 \end{pmatrix} \qquad \boldsymbol{T} = -\boldsymbol{R}_a\boldsymbol{R}_b^{-1}\boldsymbol{T}_b + \boldsymbol{T}_a = \begin{pmatrix} t_x \\ t_y \\ t_z \end{pmatrix}$$

代入摄像机坐标与像平面坐标值之间的小孔透视变换式(7-30)，得

$$\begin{aligned} \frac{x_{ua}}{f_a}z_a &= r_1\frac{x_{ub}}{f_b}z_b + r_2\frac{y_{ub}}{f_b}z_b + r_3z_b + t_x \\ \frac{y_{ua}}{f_a}z_a &= r_4\frac{x_{ub}}{f_b}z_b + r_5\frac{y_{ub}}{f_b}z_b + r_6z_b + t_y \\ z_a &= r_7\frac{x_{ub}}{f_b}z_b + r_8\frac{y_{ub}}{f_b}z_b + r_9z_b + t_z \end{aligned} \tag{7-44}$$

联立求解可得

$$\begin{aligned} x_b &= \frac{x_{ub}}{f_b}z_b \\ y_b &= \frac{y_{ub}}{f_b}z_b \\ z_b &= \frac{f_b(f_at_x - x_{ua}t_z)}{x_{ua}(x_{ub}r_7 + y_{ub}r_8 + f_br_9) - f_a(x_{ub}r_1 + y_{ub}r_2 + f_br_3)} \\ &= \frac{f_b(f_at_y - y_{ua}t_z)}{y_{ua}(x_{ub}r_7 + y_{ub}r_8 + f_br_9) - f_a(x_{ub}r_4 + y_{ub}r_5 + f_br_6)} \end{aligned} \tag{7-45}$$

3. 柔性关节式坐标测量系统

(1) 关节式坐标测量系统结构及特点　柔性关节式坐标测量系统采用非正交坐标测量法，从一个已知的坐标和方位点出发，通过点间的距离和角度测量得到端点的坐标值。使用关节式坐标测量系统进行测量时通过安装在各关节内部的光电角度编码器获得各关节的转

角，结合已知机械臂的长度计算出测量点的三维坐标。关节式三坐标测量系统组成如图 7-40 所示。关节臂的基座 1 固定在测量现场作为系统的坐标基准，基座还可以为磁性座，吸附在被测工件或者机器上。与基座连接的臂称为第一级臂，在最后一级臂的末端装有触发测头 5，测量时与被测点接触。第 i 级测量臂和第 $i-1$ 级测量臂可以绕关节 i 自由转动，关节 3 中安装的角编码器获得测量臂 4 的相对转角，在关节处增加配重 6 以保证测量臂的灵活转动。测量时各关节臂的臂长已知，根据角编码器测得的每级关节臂的转角，测量软件计算出被测点的空间坐标。

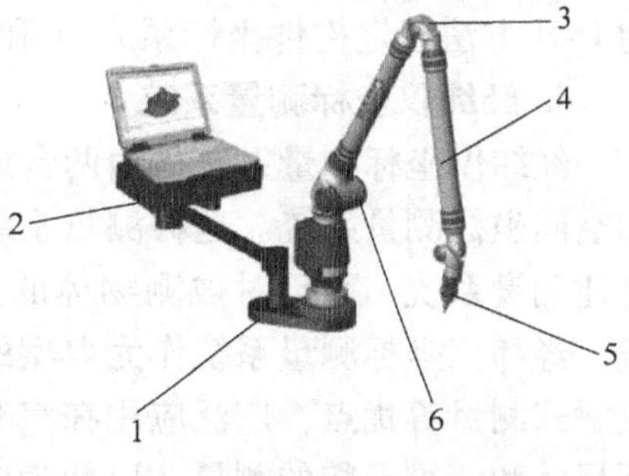

图 7-40　柔性关节式三坐标测量系统
1—基座　2—计算机　3—关节
4—测量臂　5—测头　6—配重

柔性关节式三坐标测量系统不需要导轨，绕一个支点回转，可以做得比较轻巧、灵活，更容易深入到直角坐标系不易深入的部位实现测量，而且测量空间开阔，不受导轨、标尺和工作台尺寸限制。关节式三坐标测量系统使用的是接触式测量方式，与正交系三坐标测量机相比，其特点见表 7-1。

表 7-1　关节式坐标测量系统与三坐标测量机的特点

测 量 设 备	三坐标测量机	关节式坐标测量臂
坐标系	正交坐标系	非正交坐标系
测量模型	简单	复杂
移动性	很难移动	可移动
测量死角	多	很少
被测物体积要求	受三坐标测量机限制	受测量臂长限制
测量精度	精度高	精度偏低

（2）关节式坐标测量系统的测量原理　关节式坐标测量系统采用平面导线测量法，下面以平面上三个关节的测量原理为例进行说明，如图 7-41 所示。采用支导线法测量点 $P(x, y)$ 的坐标，计算公式为

$$x = \sum_{i=1}^{3} S_i \sin\theta_i$$
$$y = \sum_{i=1}^{3} S_i \cos\theta_i \tag{7-46}$$

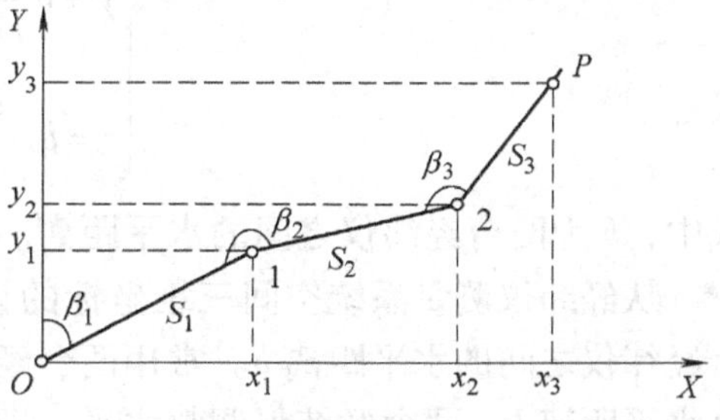

图 7-41　平面支导线测量原理

式中，θ_i 为第 i 条边的方位角，即与 y 轴的顺时针夹角。

θ_i 的计算公式为

$$\begin{aligned} \theta_1 &= \beta_1 \\ \theta_2 &= \theta_1 + \beta_2 \pm 180° = \beta_1 + \beta_2 \pm 180° \\ \theta_3 &= \theta_2 + \beta_3 \pm 180° = \beta_1 + \beta_2 + \beta_3 \pm 2 \times 180° \end{aligned} \tag{7-47}$$

三维关节式坐标测量系统的测量模型比较复杂，一般采用 Denavit 和 Hartenberg 两人提的 D-H 方法确定构件坐标系 $i-1$ 和 i 之间的变换矩阵。

4. 经纬仪坐标测量系统

经纬仪坐标测量系统是由两台或两台以上经纬仪配合计算机及相应的硬件、软件所组成的空间坐标测量系统。这种测量系统移动性好，测量时不需要工作台或者导轨，可以在现场搭建测量系统，而且对被测物体的大小、形貌没有限制，尤其适合进行大尺寸空间坐标测量。经纬仪坐标测量系统作为典型的移动式三维坐标测量系统具有测量范围大、精度高、非接触式测量等优点，广泛应用在汽车、轮船、航空航天等大尺寸物体的关键点坐标、几何特征尺寸和三维形貌的测量，以及为多传感器坐标测量系统坐标统一提供测量基准。例如，汽车白车身视觉检测系统就是采用双经纬仪坐标测量系统来实现多个视觉传感器的坐标统一。

双经纬仪坐标测量系统一般采用空间前方交汇原理和透视投影原理实现空间点三维坐标测量。

（1）空间前方交汇测量原理　经纬仪测量系统起源于大地测量仪器，基于空间交汇坐标测量原理进行空间坐标测量，如图 7-42 所示。在一般经纬仪测量系统布局中，根据经纬仪的位置建立坐标系，以左方经纬仪 A 测量头中心为坐标原点，Y 轴铅垂向下，X 轴在水平方向并通过经纬仪 B 的轴线，Z 轴在水平面内符合右手法则。经纬仪瞄准目标时，得到目标的水平角 α 和垂直角 β。当两台经纬仪同时瞄准空间一固定目标点 P 时，则根据空间三角关系得到 P 点相对于经纬仪测量系统坐标系的三维坐标为

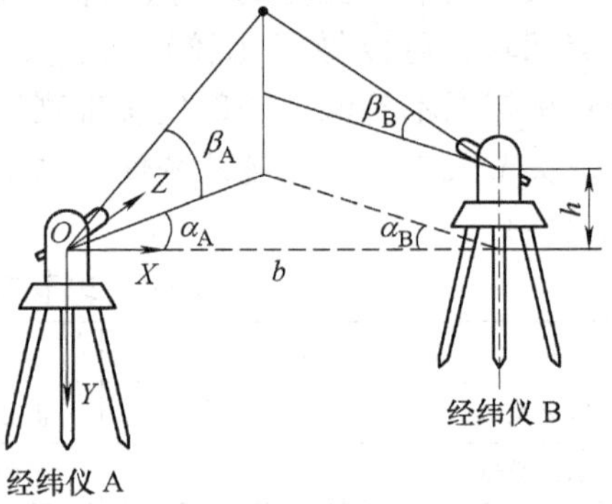

图 7-42　空间交汇坐标测量原理

$$\begin{cases} x=\dfrac{1}{2}b\left[1+\dfrac{\sin(\alpha_B-\alpha_A)}{\sin(\alpha_A+\alpha_B)}\right] \\ y=b\,\dfrac{\sin\alpha_B\tan\beta_A}{\sin(\alpha_A+\alpha_B)} \\ z=b\,\dfrac{\sin\alpha_A\sin\alpha_B}{\sin(\alpha_A+\alpha_B)} \end{cases} \tag{7-48}$$

式中，b 为两台经纬仪之间的水平距离。

从经纬仪测量系统空间三维坐标的计算模型可知，要获取 P 点的空间坐标必须已知两个经纬仪之间的水平距离 b。常用两台经纬仪互相瞄准并测量一已知长度的基准尺的方法计算水平距离 b。两个经纬仪调整水平，即确定坐标系 Y 轴的方向。通过两经纬仪的互瞄确定坐标系 X 轴的方向，建立系统测量坐标系，同时得到两个经纬仪测量过程中水平角的初值。利用经纬仪测量基准尺上两端距离为 L 的目标点，得到两个点的测量数据为（α_{A1}，β_{A1}，α_{B1}，β_{B1}）和（α_{A2}，β_{A2}，α_{B2}，β_{B2}），利用两点间的距离公式

$$L^2=(x_2-x_1)^2+(y_2-y_1)^2+(z_2-z_1)^2 \tag{7-49}$$

代入式(7-48)可得水平距离 b

$$b=L\,(k_1{}^2+k_2{}^2+k_3{}^2)^{-\frac{1}{2}} \tag{7-50}$$

式中

$$k_1=\frac{1}{2}\left[\frac{\sin(\alpha_{B2}-\alpha_{A2})}{\sin(\alpha_{A2}+\alpha_{B2})}-\frac{\sin(\alpha_{B1}-\alpha_{A1})}{\sin(\alpha_{A1}+\alpha_{B1})}\right]$$

$$k_2=\frac{\sin\alpha_{B2}\tan\beta_{A2}}{\sin(\alpha_{A2}+\alpha_{B2})}-\frac{\sin\alpha_{B1}\tan\beta_{A1}}{\sin(\alpha_{A1}+\alpha_{B1})}$$

$$k_3=\frac{\sin\alpha_{A2}\sin\alpha_{B2}}{\sin(\alpha_{A2}+\alpha_{B2})}-\frac{\sin\alpha_{A1}\sin\alpha_{B1}}{\sin(\alpha_{A1}+\alpha_{B1})}$$

这种测量方法要求准确测得两台经纬仪观测中心之间的距离，但依靠瞄准测量基准尺获得水平距离 b 的测量精度受限，而且两台经纬仪的互瞄精度也对系统的测量精度产生很大影响，互瞄过程操作复杂，互瞄精度也有限。同时，互瞄过程中要求两经纬仪的水平距离大于最短可视距离之和，而且两台经纬仪之间不能有遮挡物，彼此可视，这些条件也都使测量系统的使用受到一定限制。另外，在坐标系统建立的过程中需要人为调整水平，调整过程受人为因素影响较大。

（2）透视投影测量原理

1）经纬仪透视投影模型。经纬仪的光学系统可认为是理想的透视投影模型，如图 7-43 所示。以经纬仪观测中心 O 为坐标原点，建立经纬仪三维坐标系 $O\text{-}XYZ$，其中 XOZ 平面平行于经纬仪度盘平面，X 轴方向为水平度盘方向，Y 轴垂直于水平度盘向下，Z 轴由右手法则定义。在 $Z=1$ 处建立一个经纬仪虚拟投影平面 π，使其垂直于 Z 轴，并且与 Z 轴相交于点 O'。以点 O' 为原点在投影平面 π 上建立二维坐标系 $O'\text{-}X'Y'$，其中 $OX//O'X'$，$OY//O'Y'$。任意空间点 P 在投影平面 π 上的投影点 P' 是直线 OP 与 π 的交点，即满足理想的透视投影关系。设 P 点在经纬仪坐标系 $O\text{-}XYZ$ 下的坐标为（x，y，z），在 $O'\text{-}X'Y'$ 下的坐标为（x'，y'），则有

$$\begin{cases}x'=\dfrac{x}{z}\\[2ex] y'=\dfrac{y}{z}\end{cases}\tag{7-51}$$

当使用经纬仪对空间目标点进行测量时，通过经纬仪的读数刻度盘可以直接获得目标的水平角 α 和垂直角 β，根据图 7-43 所示的几何关系可得

$$\begin{cases}x'=\dfrac{1}{\tan\alpha}\\[2ex] y'=\dfrac{\tan\beta}{\sin\alpha}\end{cases}\tag{7-52}$$

式(7-51)和式(7-52)为所建立的经纬仪透视投影模型，由经纬仪观测到空间点的坐标值后，就可以根据模型求出空间点在投影平面内的投影坐标。

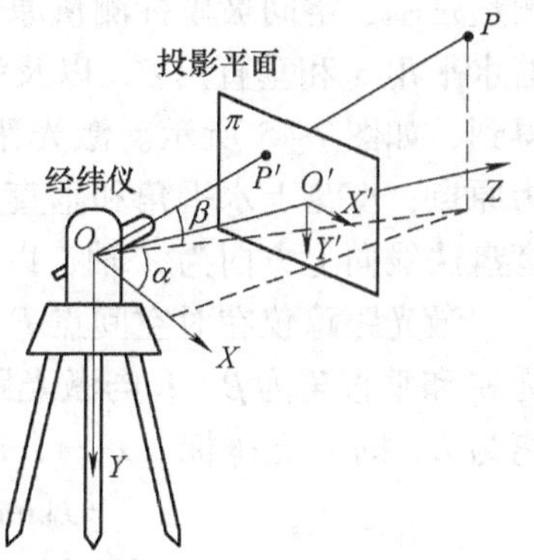

图 7-43　经纬仪透视投影模型

2）空间三维坐标测量原理。如图 7-44 所示，设空间点 $P_{wi}(x_i, y_i, z_i)$ 在左经纬仪投影平面和右经纬仪投影平面内的投影点分别为 P_{1i} 和 P_{2i}。$P_{wi}(x_i, y_i, z_i)$ 在 $O_1\text{-}X_1Y_1Z_1$ 下的齐次坐标矢量为 $\boldsymbol{x}_{1i}=[x_{1i}\quad y_{1i}\quad z_{1i}\quad 1]^T$，在 $O_2\text{-}X_2Y_2Z_2$

下的齐次坐标为 $\boldsymbol{x}_{2i}=(x_{2i}\quad y_{2i}\quad z_{2i}\quad 1)^{\mathrm{T}}$。$P_{1i}$在 O_1'-$X_1'Y_1'$坐标系下的齐次坐标矢量为 $\boldsymbol{x}_{1i}'=(x_{1i}'\quad y_{1i}'\quad 1)^{\mathrm{T}}$，$P_{2i}$在 $O_2'-X_2'Y_2'$坐标系下的齐次坐标矢量为 $\boldsymbol{x}_{2i}'=(x_{2i}'\quad y_{2i}'\quad 1)^{\mathrm{T}}$。根据经纬仪透视投影模型可得

$$\begin{cases}\boldsymbol{x}_{1i}'=\begin{pmatrix}\dfrac{x_{1i}}{z_{1i}} & \dfrac{y_{1i}}{z_{1i}} & 1\end{pmatrix}^{\mathrm{T}}\\ \boldsymbol{x}_{2i}'=\begin{pmatrix}\dfrac{x_{2i}}{z_{2i}} & \dfrac{y_{2i}}{z_{2i}} & 1\end{pmatrix}^{\mathrm{T}}\end{cases}\tag{7-53}$$

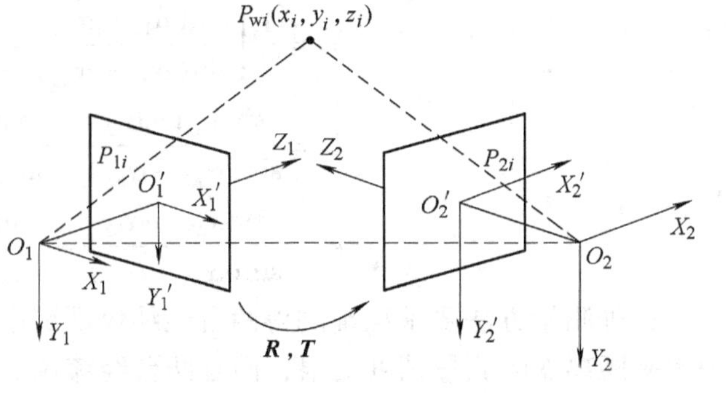

图 7-44 双经纬仪透视投影模型

根据坐标系 O_1-$X_1Y_1Z_1$ 和 O_2-$X_2Y_2Z_2$ 之间的转换关系可知

$$\boldsymbol{x}_{2i}=[\boldsymbol{R}|\boldsymbol{T}]\boldsymbol{x}_{1i}\tag{7-54}$$

式中，$\boldsymbol{R}$ 为旋转矩阵，$\boldsymbol{R}=\begin{pmatrix}r_1 & r_2 & r_3\\ r_4 & r_5 & r_6\\ r_7 & r_8 & r_9\end{pmatrix}$；$\boldsymbol{T}$ 为平移矢量，$\boldsymbol{T}=(t_x\quad t_y\quad t_z)^{\mathrm{T}}$。

联立式(7-53)和式(7-54)可得

$$\begin{aligned}x_i&=zx_{1i}'\\ y_i&=zy_{1i}'\\ z_i&=\frac{t_x-x_{2i}'t_z}{x_{2i}'(r_7x_{1i}'+r_8y_{1i}'+r_9)-(r_1x_{1i}'+r_2y_{1i}'+r_3)}\\ &=\frac{t_y-y_{2i}'t_z}{y_{2i}'(r_7x_{1i}'+r_8y_{1i}'+r_9)-(r_4x_{1i}'+r_5y_{1i}'+r_6)}\end{aligned}\tag{7-55}$$

5. 激光跟踪坐标测量系统

激光跟踪坐标测量技术是 20 世纪 80 年代在机器人计量学基础上发展起来的一种大尺寸三维坐标测量技术。激光跟踪坐标测量系统中使用的主要仪器是激光跟踪仪，以激光测距为基础，同时配有两个轴转动的测角机构，形成一个完整球坐标测量系统。可以用它来测量静止目标，跟踪和测量移动目标。

(1) 激光跟踪仪坐标测量原理　激光跟踪仪的坐标测量是基于空间极坐标测量原理，测量点的坐标由测量头的水平角 α 和垂直角 β，以及激光测距得到的距离 L 计算得到，如图 7-45 所示。激光跟踪仪坐标系以跟踪头中心为原点，度盘上水平角和垂直角的零位为 X 轴方向，水平度盘法线向上方向为 Z 轴，以右手法则建立直角坐标系。

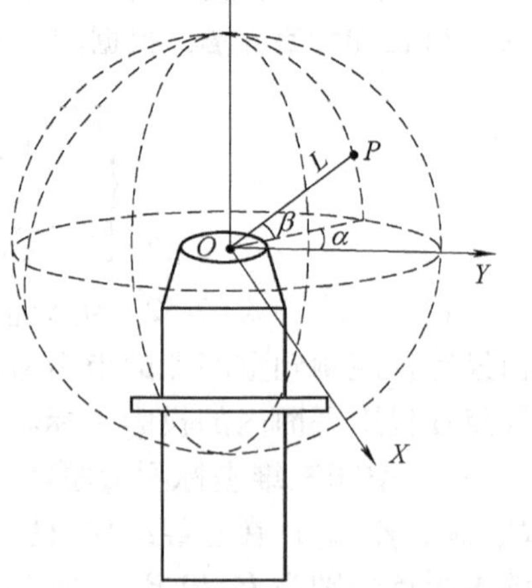

图 7-45 激光跟踪仪坐标测量原理

激光跟踪仪在对空间点 P 的测量过程中，得到水平角为 α 和垂直角为 β，P 与激光跟踪仪坐标原点 O 之间的距离为 L，则 P 点坐标 $(x,\ y,\ z)$ 的计算公式为

$$\begin{aligned}X&=L\sin\alpha\cos\beta\\ Y&=L\cos\alpha\cos\beta\\ Z&=L\sin\beta\end{aligned}$$

（2）激光跟踪仪结构　激光跟踪仪的结构如图7-46所示，分为以下五个部分：

1）角度测量部分。包括垂直度盘、水平度盘，采用光栅增量式测角码盘，类似于电子经纬仪的角度测量装置。利用垂直度盘和水平度盘可以得到球坐标测量系统中的水平角和垂直角。

2）距离测量部分。包括干涉测距仪（IFM），鸟巢（相对测距的初始位置）、反射器。干涉测距是基于光学干涉原理，测量过程中根据干涉条纹变换的数量确定测量距离的变化量，所以干涉测距仪只能得到相对距离。如果要测量球坐标中心到测量点的距离L，需要给定一个基准距离作为干涉测距的初始位置。在激光测距仪中鸟巢是一个固定点，它到跟踪头中心的距离是已知的，可作为基准距离。当反射器从鸟巢开始移动时，干涉测距仪测量出反射器移动的相对距离，与基准距离相加即得到绝对距离。

3）跟踪控制部分。主要由位置检测器（PSD）来探测反射器位置信息，如图7-47所示。反射器反射回来的光经过分光镜，有一部分光会在位置检测器上产生一个偏移，根据偏移信号控制机构控制电动机带动扫描反射镜转动直到偏移值归零，从而达到跟踪反射器的目的。

4）控制部分。包括控制器、电源、电缆等，用于向激光跟踪仪供电和进行数据交换。

5）支撑部分。包括外壳、适配器和底座，用于固定跟踪仪和调整其高度。

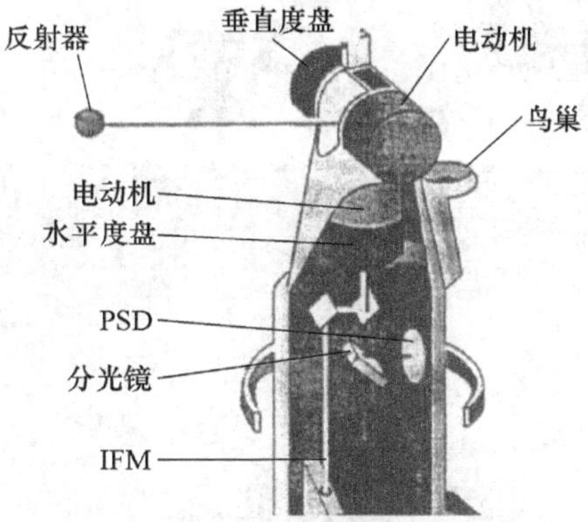

图7-46　激光跟踪仪结构图

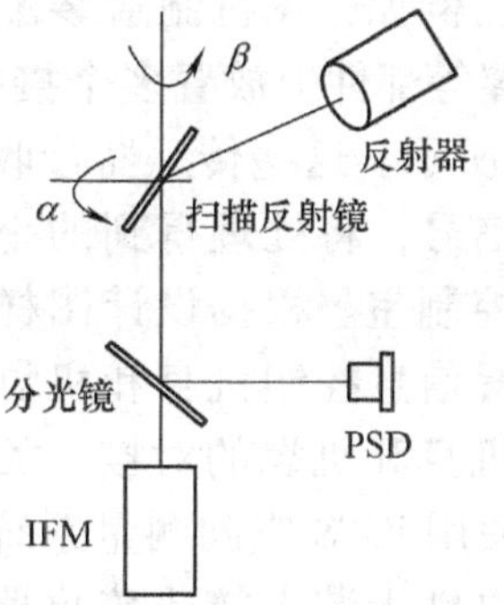

图7-47　激光跟踪仪跟踪原理

6. iGPS空间测量系统

iGPS（Indoor GPS）空间测量系统是在GPS测量原理的启发下开发的，是基于光电扫描的多基站前方交汇测量系统，但定位精度比GPS高得多。它利用室内的激光发射装置（基站）不停地发射单向带有位置信息的红外激光，接收器接收到信号后从中得到发射器与接收器之间的两个角度值（类似经纬仪的水平角和垂直角）。在已知基站的位置和方位信息后，只要有两个以上的基站就可以利用空间角度交汇方法计算出接收器的三维坐标。

iGPS空间测量系统的组成如图7-48所示，主要包括发射器、接收传感器、无线发射接收装置、工作站处理软件、客户端和算法软件。发射器发射出对人体没有伤害的红外激光信号，接收传感器获得激光模拟信号后经过信号处理和数字转换，得到角度数据信息。利用无线发射接收装置传送到中央控制计算机中对角度数据信息进行处理，得到准确的空间坐标测量值。通过网络将空间坐标测量值进行共享，多个用户可以通过各种终端进行查询。

发射器能够生成三种信号，即两路围绕发射器头的红外激光扇形光束和一路红外LED

光束。发射器头的旋转速度可以单独设置，并允许有差别。此外，发射器的速度被连续跟踪，以便把定时区间转化成角度。接收传感器上的光电探测器将接收到的光信号转化成脉冲序列信号，利用脉冲信号处理单元即可测出接收传感器与发射器之间的水平角和垂直角。

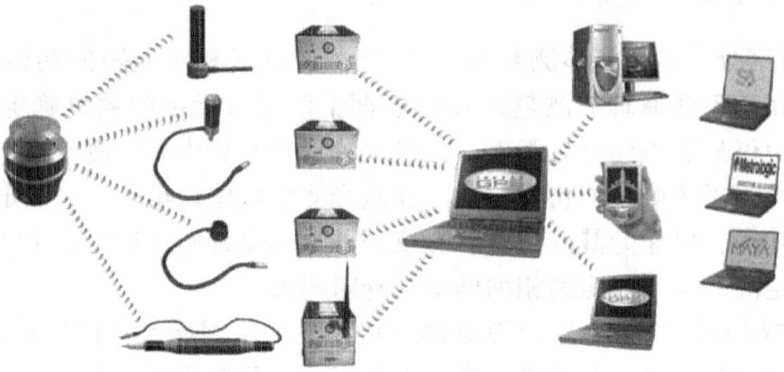

图 7-48　iGPS 空间测量系统的组成

iGPS 空间坐标测量系统能很方便地解决飞机、卫星、轮船等大尺寸物体装配过程中的坐标测量、跟踪定位、准直等精密测量难题。例如，飞机制造装配过程中在机身、机翼等部件上放置多个接收传感器，如图 7-49 所示。这些传感器接收来自多个发射器的信号，将处理得到的坐标信息发送给中央控制室。根据设计图样及传感器传送的位置信息控制机身和机翼的相对位置，实现机身和机翼的对接。关键点的钻孔也可以使用 iGPS 空间测量系统进行坐标控制。在电钻上装上接收传感器，利用掌上客户端可以实时看到电钻相对于飞机坐标系的位置，结合设计图样上的钻孔坐标，即可在设计位置上打孔。

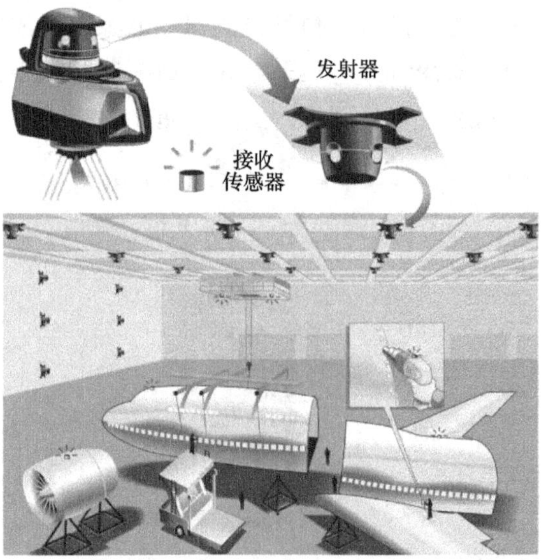

图 7-49　iGPS 空间测量系统在飞机制造中的应用

三、工程测量实例——轿车白车身三维尺寸视觉测量系统

在汽车制造过程中，白车身总成上许多关键点的三维尺寸需要检测，如车窗、车门等，若不符合设计要求，整车就会封闭不严，出现漏风、漏雨等现象。传统的车身检测方法是人工靠模法，即由技术人员用标准模板与从生产线上抽取的车身进行对比，检测精度取决于操作者的经验和水平，检测效率很低。三坐标测量机发展以后，用大型的三坐标测量机对车身进行检测，测量精度大幅度提高，但只能实现离线定期抽样检测，效率低，不能全面反映白车身总成的制造质量，更不能满足现代汽车制造在线检测需求。视觉检测技术很好地解决了这个问题，能够对白车身各分总成、总成的关键点的空间坐标实现 100% 在线测量，实时反映焊装线的工作状态，对白车身焊装质量控制有着重要意义。根据对被测对象的适应程度不

同，白车身视觉在线测量系统，可分为针对单一车型检测的固定式在线测量系统和适合多种车型检测的柔性在线检测系统。

1. 固定式多传感器在线测量系统

（1）*系统组成及工作原理*　典型的固定式车身三维尺寸检测系统，也称检测站，其工作原理如图 7-50 所示。检测站包括多个视觉传感器、机械定位、全局校准、现场控制、测量软件等几个部分。每个视觉传感器都是一个测量单元，对应车身上的一个被测点，系统组建时，所有的传感器均已统一到基准坐标系下，传感器由系统中的计算机控制。测量时，每个视觉传感器测量相应点的三维坐标，并转换到基准坐标系中，全部传感器给出车身上所有被测点的测量结果，完成对车身各顶点位置、风窗玻璃框尺寸、定位孔大小及位置、车门安装处棱边位置及走向等主要参数的测量。

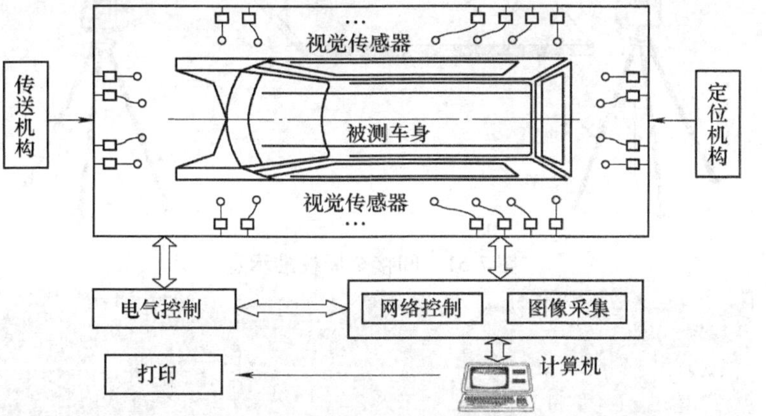

图 7-50　固定式车身三维尺寸视觉检测的工作原理

（2）*系统全局校准*　车身三维尺寸视觉检测系统通常包含多达几十个视觉传感器，每个传感器均是在自身的坐标系（传感器局部坐标系）中进行测量，必须将系统中全部传感器坐标系统一到一个全局坐标系（系统基准坐标系）中，才能实现系统功能，这就是全局校准技术。图 7-51 所示为借助中间坐标测量装置的间接全局校准示意。这种校准技术的核心是由两台经纬仪组成的移动式高精度空间坐标测量装置和一块精密标准靶标。全局校准时，首先，用传感器测量靶标（靶标上设计有标准圆孔），得到传感器坐标系和靶标坐标系之间的转换关系；其次，同时用经纬仪坐标测量装置观测靶标在空间的位置，得到靶标坐标系和经纬仪测量装置坐标系之间的转换关系；再次，用经纬仪坐标测量装置观测视觉检测系统的基准坐标系（通常选择与车身坐标系重合），得到两者之间的关系；最后，由坐标变换链：传感器坐标系→靶标坐标系→经纬仪坐标测量装置坐标系→基准坐标系，实现传感器坐标系到视觉系统基准坐标系之间的统一，即全局校准。

（3）*机械结构*　在固定式视觉在线测量系统中，传感器的数量由具体测量要求确定，所有传感器都通过“万向头-支架”的连接形式固定安装在基础支撑结构（框架）上，如图 7-52 所示。传感器可随万向头灵活转动，调整万向头使被测特征出现在传感器视场的合适位置后，锁紧万向头。多传感器固定式视觉检测系统在功能上相当于多测头同时工作的坐标测量机，由于结构中没有任何运动部件，不存在机械磨耗，因此长期运行也可以有效保证测量精度。

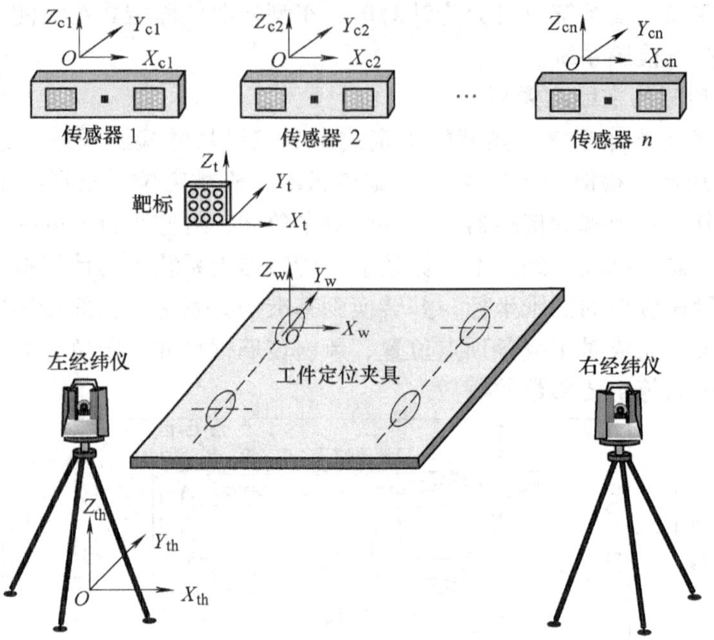

图 7-51　间接全局校准示意

图 7-52　固定式测量系统的框架式结构

（4）控制系统　车身被测点一般有几十甚至上百个，分布在长达数米的空间范围内，控制系统不仅要对所有的传感器进行实时控制，还要实现对机械及定位系统的控制，必须具备一定的扩展和适应能力，方便系统配置。所以，自动控制系统是保证整个系统安全、稳定、高效工作的重要保证。图 7-53 所示是采用 CAN 现场总线的固定式车身检测站控制系统框图。

计算机作为控制核心，负责传感器和控制台的管理，实时控制各个传感器，使其动作互相协调。控制台自动控制白车身运载滑橇（用于将车身送到被测工位）的进退、升降、加减速等动作。系统采用 CAN 总线作为控制网络的通信标准，不但支持多主机方式，而且能在低层解决数据碰撞问题。

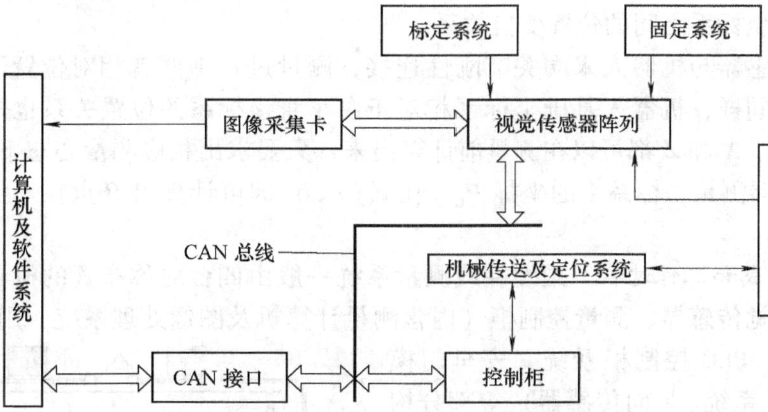

图 7-53　车身检测站控制系统框图

2. 柔性在线测量系统

（1）*测量及校准原理*　白车身柔性在线视觉检测系统的测量主体是工业测量机器人，它由多自由度工业机器人和安装在机器人末端关节的立体视觉传感器组成。工业机器人作为立体视觉传感器的运动载体，不仅极大地拓展了视觉传感器的工作空间，还保留了视觉检测技术非接触、快速的特点。通过控制机器人在空间的位姿变换，视觉传感器能够依次到达空间指定测量位置采集空间特征点的图像信息，并通过数据处理获得该点的三维坐标数据，其测量原理如图 7-54 所示。

建立四个坐标系，分别为机器人基础坐标系 $O_RX_RY_RZ_R$、机器人末端关节坐标系 $O_HX_HY_HZ_H$、在生产线上由定位系统确定的车身坐标系 $O_WX_WY_WZ_W$ 和视觉传感器测量坐标系 $O_CX_CY_CZ_C$。测量结果应为被测点 P 在车身坐标系 $O_WX_WY_WZ_W$ 下的坐标 P_W，而传感器测得是的 P 点在其坐标系下的坐标值 P_C，因此需要确定传感器坐标系与车身坐标系之间的转换关系，即系统校准。通常这一转换关系的建立有多种路径，可分为基于传感器测量姿态的系统校准和基于机器人运动学模型的系统校准。前者与固定式测量系统的系统校准原理相同，机器人携带传感器依次到达每一个测量点（对应一个测量姿态），在传感器的每一个测量姿态下，通过经纬仪或者激光跟踪仪直接建立传感器与车身坐标系的转换关系。这种方法虽然精度较高，但工作量大且不便于将来的特征点调整。下面将对基于机器人运动学模型的系统校准方法进行简单介绍。由图 7-54 可知

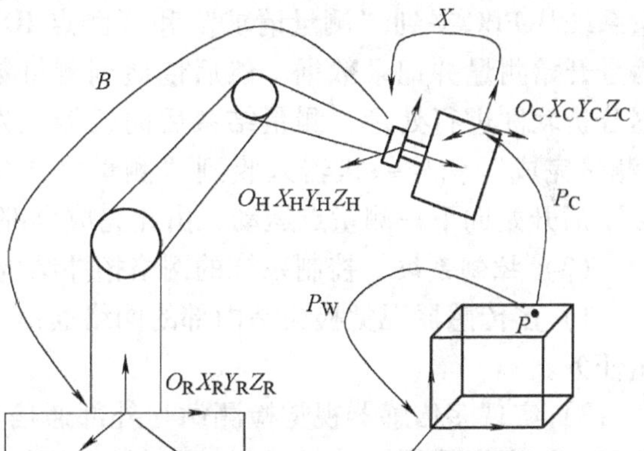

图 7-54　柔性测量机器人坐标测量系统的测量原理

$$P_W = T_z T_b X P_C \tag{7-56}$$

式中，X 为机器人手眼关系，即机器人末端关节坐标系与视觉传感器测量坐标系之间的变换

关系；T_b 为机器人末端关节坐标系与机器人基坐标系之间的坐标变换关系；T_z 为机器人基坐标系与白车身坐标系之间的位置变换关系。

因为视觉传感器与机器人末端关节刚性连接，测量过程中两者相对位置不变，所以 X 在测量中恒定。同样，机器人基础坐标系相对于白车身坐标系的位置关系也是不变的，即 T_z 值恒定。因此，X 和 Z 都可以在测量前计算出来，只要求出相应测量姿态下的 T_b 并得到 P 点在视觉传感器测量坐标系下的坐标 P_C，由式(7-56)即可计算出 P 点在车身坐标系下的坐标 P_W。

（2） 系统组成和工作过程　柔性在线测量系统一般由四台对称布置的机器人、安装在机器人末端的视觉传感器、测量控制柜（内含测量计算机及图像处理系统、用户界面程序、服务器模块等）、PLC 控制柜系统（安全门模块、光栅、RFID 系统、Z 向传感器）等部分构成，如图 7-55 所示。

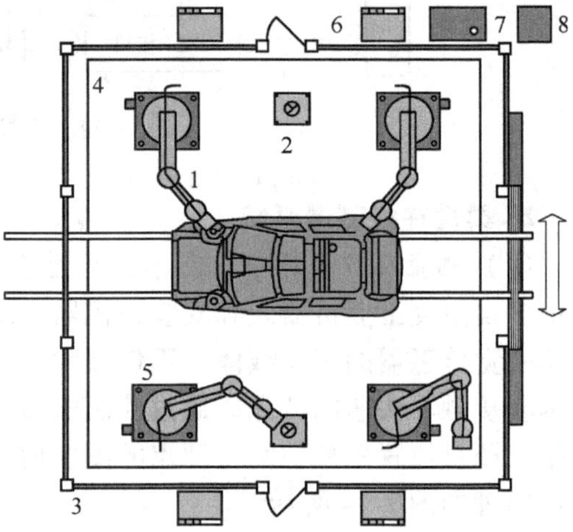

图 7-55　白车身柔性在线视觉检测系统示意
1—机器人　2—基准球　3—保护结构
4、5—水泥基座　6、7、8—控制柜

柔性在线测量系统的工作过程如下：白车身在滑撬上运动到检测工作站停下并精确定位，主线控制器给检测站 PLC 控制器发“到位”信号→PLC 控制器检测车身定位情况并给机器人发“车型”及“起动”信号→机器人接到信号后开始工作。机器人在每个测量点向 PLC 控制器发“测量请求”和“测点 ID”信号，等待 PLC 测量控制器发回的“测量完成信号”→测量系统从 PLC 得到“测量请求”和“测点 ID”信号开始测量并记录数据。然后传递到测量数据分析软件进行处理，测量结束后向机器人发“测量完成”信号→机器人收到“测量完成信号”后开始向下一测量点运动，由此完成全部待测点的测量。

（3） 控制系统　控制系统的网络拓扑结构如图 7-56 所示。实现的功能主要包括：

1） 多传感器视觉检测站内部的网络通信与控制功能，使各个传感器协调工作，完成测量任务。

2） 实现多传感器视觉检测站与外部通信与控制，包括输入“开始测量”、手动控制等信号，输出报警信号、“放行”或“禁止放行”等信号。

3） 提供外部终端查询测量结果的网络支持。

电气控制流程如下：测量在被测车身允许进入测量工位条件下（没有急停信号、安全门关闭、四台测量机器人在原位，测量系统工作正常、测量站自动工作模式或放空模式），车身在主线 PLC 的控制下进入测量工位，同时将被测量车身的 8 位车型码信号，通过 DeviceNet 总线发给测量站控制系统 PLC，并且将测量机器人正常运行所需的信号发送给本工位 PLC，测量站控制系统 PLC 根据车型起动一个测量周期，测量开始进行，测量计算机与测量机器人通过 PLC 交互信号完成测量，将测量结果显示并保存。测量完成后，测量工作站 PLC 发送测量完成信号给主线 PLC，完成一个测量周期。

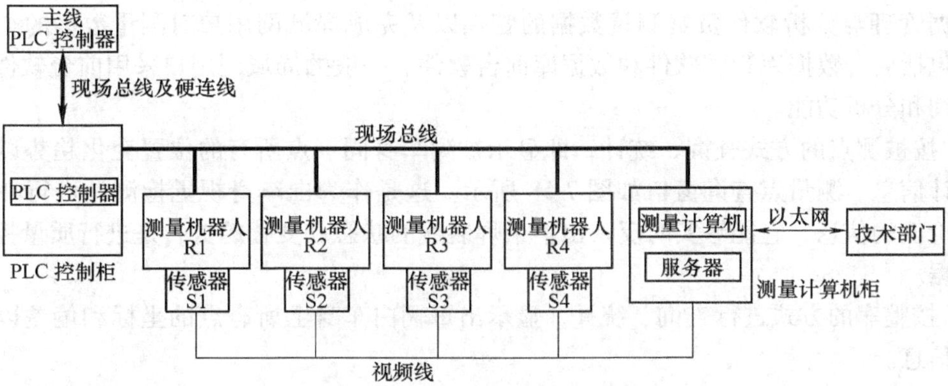

图 7-56　控制系统的网络拓扑结构

3. 测量数据管理与分析系统

测量数据管理与分析系统由视觉检测站车间服务器和远程数据库服务器组成，数据库安装在视觉检测站服务器上，如图 7-57 所示。车间服务器和远程数据库服务器都是企业网内部的节点，网络接口方面与其他局域网用户完全一样。在数据管理上，测量结果首先存储在车间服务器中，同时数据会复制到远程数据库服务器中。企业网内部用户可以通过车身视觉检测站系统的远程数据库服务器访问检测结果，使用者可以在远程办公室中实时查询、分析测量数据，实现无人值守，极大地提高了检测站使用效率。

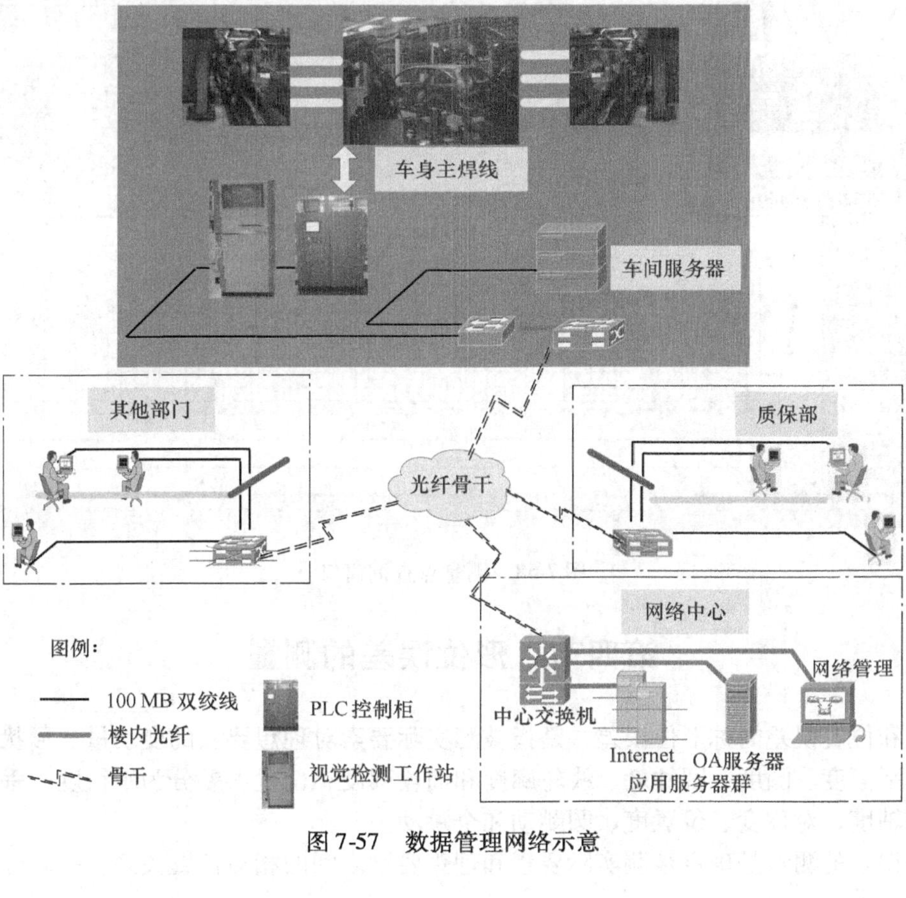

图 7-57　数据管理网络示意

数据管理与分析软件负责测量数据的管理以及完成局域网用户对测量数据的查询和分析。它包括后台数据库管理软件和数据库前台软件。一般的局域网用户采用前台软件实现数据的查询和分析功能。

1）按被测点的方式查询、统计，即显示被测车身同一点所有的位置变化趋势以及合格率等统计信息。测量点查询窗口如图 7-58 所示。这是作为白车身视觉检测站进行在线测量最具有价值的信息，它能够实时反映出整个焊装线的状态和变化趋势，是进行质量控制最直接的依据。

2）按整车的方式进行查询、统计，显示出每辆白车身上所有点的坐标和偏差以及是否合格等信息。

3）功能尺寸分析、对被测车身空间点的位置关系（距离、直线度、平面度）进行分析。

4）统计功能，按照月份、年度对白车身的生产质量进行统计。

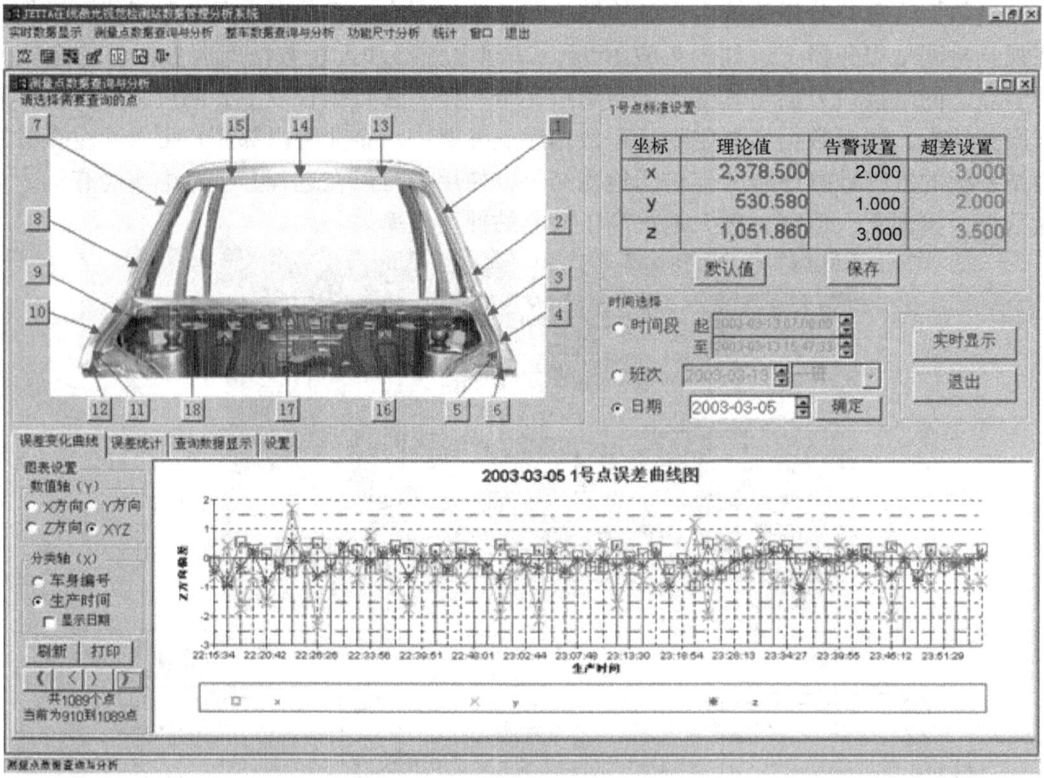

图 7-58 测量点查询窗口

第四节 形位误差的测量

形状和位置误差简称形位误差，是指被测实际要素对理想要素的变动量。形状误差分为直线度、平面度、圆度、圆柱度、线轮廓度和面轮廓度；位置误差分为平行度、垂直度、倾斜度、同轴度、对称度、位置度、圆跳动和全跳动。

形位误差的测量是确定被测实际要素和理想要素之间的相对位置关系，一般分为以下三个步骤：

(1) 选择测量方法和仪器　根据被测对象功能和精度要求、形状结构、尺寸大小、形位误差的具体特点等选择合适的测量方法和测量仪器。

(2) 测量及数据处理　根据被测形位误差的定义选择采样点、线或面进行测量，将仪器读数值经过数据处理转换成某一确定位置坐标系下的统一坐标值。

(3) 形位误差评定　根据选定的评定方法对测量坐标数据作进一步处理，求出形位误差值。

形位误差的基本评定原则是最小条件。最小条件是指被测要素对其理想要素的最大变动量为最小，评定时可按各种最小包容区域的宽度或直径的大小表示形位误差值。

不同的形位误差有不同的测量和评定方法，下面以常用的直线度、圆度和同轴度的测量为例进行介绍。

一、直线度误差的测量

被测工件根据使用功能直线度误差可分为三类情况。一个方向上的直线度误差（在给定平面内的直线度误差），如圆柱体母线、导轨面素线等；两个方向上的直线度误差（在给定方向上的直线度误差），如多面棱体的棱线；任意方向上的直线度误差，如轴的轴线。

1. 直线度误差的测量方法

按统一坐标值的获取方式直线度误差的测量方法分为直接测量和间接测量。

直接测量是指用模拟法建立基准直线（如刀口尺、拉紧的钢丝、准直光线等），直接测得被测实际线采样点到基准直线的距离。其测量值本身就是统一的坐标值，不需要做数据处理。用坐标测量机等也可直接测量采样点的坐标，下面介绍最常使用的以激光束作为测量基准的激光准直仪和双频激光干涉仪。

图 7-59 所示是激光准直仪测量机床导轨直线度误差的示意。测量前，将激光准直仪固定在机床床身上或放在机床床体外，在滑动工作台上固定光电探测靶标，光电探测器件可选用四象限光电池或 PSD 等。测量时，首先将激光准直仪发出的光束调到与被测机床导轨大体平行，再将光电靶标对准光束，然后滑动工作台沿机床导轨运动，光电探测器即输出导轨上每个采样点相对于激光束的偏差值。最后依据直线度误差评定准则求出被测导轨的直线度误差。

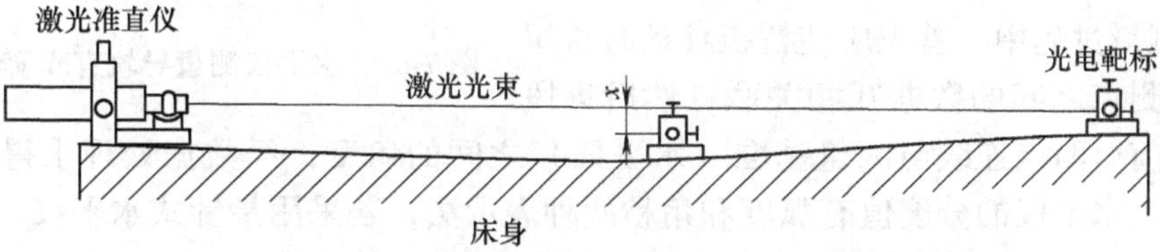

图 7-59　激光准直仪测量机床导轨直线度误差的示意

图 7-60 所示是双频激光干涉仪测量直线度误差的原理。双频激光器 1 发出的光束经分光，测量光束通过 1/4 波片 2 后，变为两束正交线偏振光 f_1 和 f_2。f_1、f_2 经半反半透镜 3 后射至偏振分光器 4 上，正交线偏光 f_1 和 f_2 被分开成夹角为 θ 的两束线偏振光，分别射向双面反射镜 5 的两翼并由原路返回，返回光在偏振分光器 4 上重新会合，经半反射镜 3、全反

射镜 6 反射到检偏器 7 上，两束光经过检偏器后形成拍频并被光电接收器 8 接收。若双面反射镜沿 x 轴平移到 A 点，由于 f_1 和 f_2 所走的光程相等，所以，$\Delta f_1=\Delta f_2$，拍频互相抵消，计算机上的频移值为零。若在移动中由于导轨的直线度偏差而使反射镜沿 y 轴方向下落至 B 点，如图 7-60 中虚线所示，则 f_1 光的光程较原来减少了 $2\Delta L$，而 f_2 光的光程却增加 $2\Delta L$，两者光程的总差值为 $4\Delta L$，这时计算机上的频移值 $\Delta f=\Delta f_1-\Delta f_2$。据此，可以计算出双面反射镜的下落量，即

$$AB=\frac{\Delta L}{\sin\dfrac{\theta}{2}}=\frac{\lambda\int_0^t\Delta f\mathrm{d}t}{4\sin\dfrac{\theta}{2}} \tag{7-57}$$

将双面反射镜移至导轨不同采样点处，由式（7-57）求出各采样点的坐标值。依据直线度评定准则求出被测导轨的直线度误差。

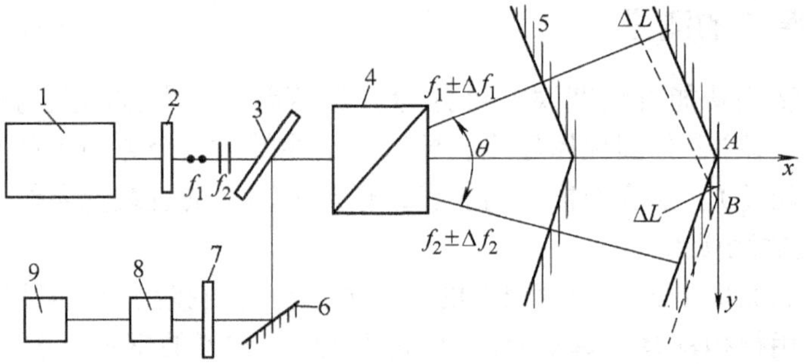

图 7-60　双频激光干涉仪测量直线度误差的原理

1—激光器　2—1/4 波片　3—半反半透镜　4—偏振分光镜　5—双面反射镜

6—全反射镜　7—检偏器　8—光电接收器　9—计算机

间接测量是指对被测件进行分段测量，再经数据处理求得统一坐标值。间接测量最常使用的是用自然水平面或光线作为测量基准的水平仪或自准直仪等小角度测量仪。

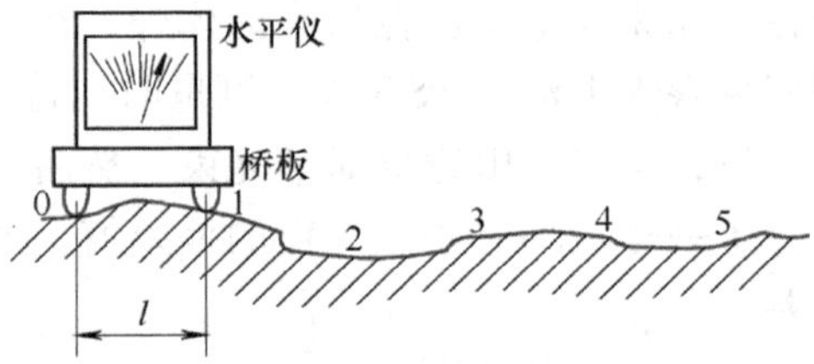

图 7-61　水平仪测量导轨直线度误差的原理

图 7-61 所示是水平仪测量导轨直线度误差的原理。测量前，将水平仪固定在一个跨距可调的桥板上，再根据被测件的长度及精度要求选定桥板跨距 l。测量过程中，首先应使桥板移动时首尾相接，使各测点之间的数据互相关联，然后逐段测量出每段前后两点连线与测量基准（水平面）之间的角度，经数据处理求得各相邻采样点的高度差。水平仪的分度值有弧度和角秒两种表示法，若采用指针式水平仪，水平仪的分度值为 c（角秒），指针指示值为 a（格），则桥板端点的高度差为

$$\delta=0.005acl \tag{7-58}$$

式中，δ 的单位为 μm；l 的单位为 mm。

最后，逐段测量出各段端点高度差，在测量截面内，以起始点为坐标原点，水平线为 x 轴建立坐标系，则各采样点在高度方向上的坐标值为

$$y_i=\sum_{j=1}^{i}\delta_j=0.005cl\sum_{j=1}^{i}a_j \tag{7-59}$$

2. 直线度误差的评定方法

1）最小条件法评定。国家标准规定，理想要素的方位应按最小条件来确定。在评定一个方向上的直线度误差时，应由包容实际线且距离为最小的两平行直线之间的距离来确定直线度误差。其评定原则是，两平行直线包容实际线且成“高、低、高”或“低、高、低”相间三点接触形式。在评定两个方向上的直线度误差时，应由包容实际线且距离为最小的两平行面之间的距离来确定直线度误差。其评定原则是，两平行面包容实际线且成“高、低、高”或“低、高、低”相间三点接触形式。在评定任意方向上的直线度误差时，应由最小包容圆柱面的直径来确定直线度误差。其评定原则是，圆柱面与实际线至少有三点接触且按轴向顺序相间分布。

2）端点连线法评定。除了用最小条件法评定直线度误差外，还有一些简便的评定方法。国家标准规定，如果用其他方法求得的直线度误差小于给定的公差值，也可评定为合格。端点连线法为一种常用的简便方法，用两端点连线作为理想直线，沿理想直线的方向作被测实际线的最小包容区域，取该区域的宽度或直径来确定直线度误差。

例如，用分度值为4″的水平仪和跨距为250mm的桥板测量一根2m长导轨的直线度误差。水平仪各测量段读数和采样点的坐标值列于表7-2，相应的直线度误差评定曲线如图7-62所示。

采用传统的图解计算法来求被测导轨的直线度误差。根据最小条件评定准则，在实际测得的误差曲线上确定最高和最低点的序号 $g=2$、$k=5$、$l=8$，如图7-62a所示，则由最小条件法评定的直线度误差计算公式为

$$\Delta = \left| (y_k - y_g) - \frac{k-g}{l-g}(y_l - y_g) \right| \tag{7-60}$$

根据表7-2中的数据，求出该被测导轨直线度误差 $\Delta = 8.625\mu m$。

采用端点连线法评定时，将误差曲线两端点的连线作为理想直线，如图6-62b所示。设正向偏离最大点的序号为 $i_{max}=2$，负向偏离最大点的序号为 $i_{min}=5$，则由端点连线法评定的直线度误差计算公式为

$$\Delta = \left(y_{i\max} - \frac{i_{\max}}{n} y_n \right) + \left| y_{i\min} - \frac{i_{\min}}{n} y_n \right| \tag{7-61}$$

式中，n 为右端点序号，本例中 $n=8$。

根据表7-2中的数据，求出该被测导轨直线度误差 $\Delta = 11.25\mu m$。

一般情况下，端点连线法的评定结果大于最小条件法的评定结果，当实际误差曲线位于端点连线的一侧时，用端点连线法的评定结果与最小条件法的评定结果相同。

随着计算机技术的发展与普及，现广泛使用电算法代替图解计算法，采用采样点的最小二乘直线作为理想直线来评定直线度误差，效率大为提高。

表7-2　水平仪测量导轨直线度误差测量数据

采样点序号	0	1	2	3	4	5	6	7	8
测量段序号		1	2	3	4	5	6	7	8
测量段读数 a_i/格		+1	+1.25	0	−0.25	−0.2	+1	+0.5	+1.5
各测量段高度差 δ_i/μm		+5	+6.25	0	−1.25	−1	+5	+2.5	+7.5
采样点坐标值 y_i/μm	0	+5	+11.25	+11.25	+10	+9	+14	+16.5	+24

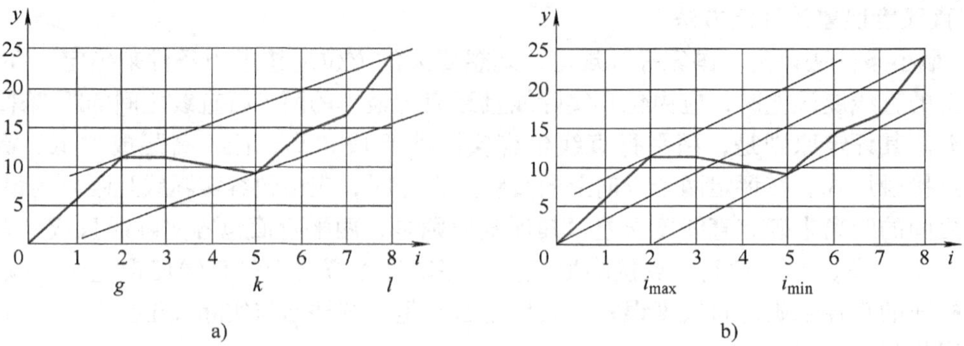

图 7-62　直线度误差评定

a）最小条件法评定　b）端点连线法评定

二、圆度误差的测量

各种精密机械、精密仪器的轴系对旋转准确度往往有严格的要求，所以不但要保证旋转件的尺寸精度要求，还要严格控制其圆度误差。

1. 圆度误差的定义及其几何特性

圆度误差指包容同一横截面实际轮廓且半径差为最小的两同心圆间的距离，即 $\Delta = R_{max} - R_{min}$，如图 7-63 所示。圆度误差值反映在圆周的半径方向上，即圆度误差具有“径向性”；圆形零件的横截面的实际轮廓形状是一个复杂的封闭曲线轮廓，其上各点的径向误差大小不同，在圆周方向上周期连续随机变化，所以径向误差的大小变化具有“周期性”。

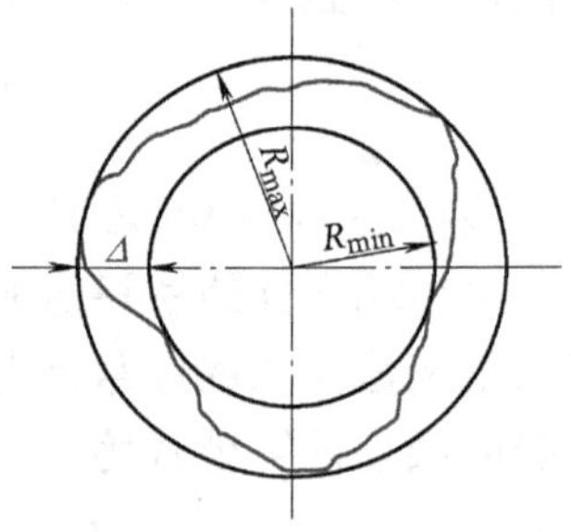

图 7-63　圆度误差示意

在极坐标系中，圆形零件的横截面的实际轮廓可认为是以 2π 为周期的周期函数，可用傅里叶级数表示为

$$\begin{aligned}\rho(\theta) &= r_0 + \sum_{i=1}^{\infty} a_i \cos i\theta + \sum_{i=1}^{\infty} b_i \sin i\theta \\ &= r_0 + \sum_{i=1}^{\infty} c_i \sin(i\theta + \alpha_i) \end{aligned} \tag{7-62}$$

式中，$\rho(\theta)$为任意 θ 角的矢量半径；r_0 为傅里叶级数常数，即平均圆半径；a_i、b_i 为傅里叶系数；c_i 为 i 次谐波的幅值，$c_i = \sqrt{a_i^2 + b_i^2}$；$\alpha_i$ 为初相角，$\alpha_i = \arctan \dfrac{a_i}{b_i}$。

由式（7-62）可知，圆形零件横截面的实际轮廓是由一个半径为 r_0 的圆和若干个不同次数的谐波波形叠加而成。一次谐波 $a_1\cos\theta + b_1\sin\theta$ 反映了安装偏心的影响，决定了平均圆中心在极坐标系中的位置，其圆心位于（a_1，b_1）点，偏心量为 c_1；二次谐波 $a_2\cos2\theta + b_2\sin2\theta$ 反映了椭圆度误差；三次谐波反映了三边的棱圆度误差。依次类推，各次谐波依次反映了各种边数的棱圆度误差。若剔除常数项 r_0 和反映偏心影响的一次谐波以及反映表面粗糙度和表面波度的高次谐波分量，则其余各次谐波叠加的结果就是反映圆度误差的轮廓曲线，因此圆度误差函数为

$$\Delta r(\theta) = \sum_{i=2}^{n} c_i \sin(i\theta + \alpha_i) \tag{7-63}$$

式中，$\Delta r(\theta)$为任意 θ 角的矢量半径变化量；n 为谐波次数，通常取 $n=50$。

2. 圆度误差测量方法

圆形工件圆度误差的测量实际上是测量工件横截面实际轮廓相对理想圆在径向上的变化曲线，所用典型仪器是圆度仪。目前所用的圆度仪有转轴式和转台式两种形式。转轴式轮廓仪适用于测量较大型工件，其结构示意如图 7-64a 所示；转台式轮廓仪适用于测量小型工件，其结构示意如图 7-64b 所示。

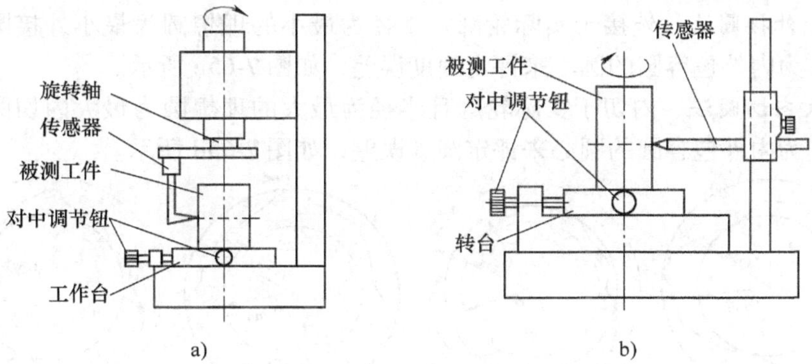

图 7-64　圆度仪结构示意
a）转轴式　b）转台式

转轴式轮廓仪是将微位移传感器（一般采用电感式）安装在仪器的精密回转轴系上，传感器测头可绕主轴轴线作旋转运动，测头在空间的运动轨迹形成一个理想圆。测量前将被测工件安装在工作台上，并进行对中调整，使被测工件的轴线和传感器回转轴的轴线同轴。测量时由主轴带动传感器旋转，传感器的测头测量出被测工件横截面实际轮廓相对理想圆的径向变化量，将测量结果输入记录仪描绘出被测横截面的轮廓图形或输入计算机进行处理。而转台式轮廓仪是将被测工件安装在仪器的转台上，测量时转台带动工件旋转。

应用圆度仪测量时，应注意以下事项：

（1）*测头形状与半径的选择*　圆度仪的测头有球形和斧形两种形式，应根据被测工件的表面特征及硬度等条件选择测头的形状和圆角半径。为减小微观形状对测量结果的影响，一般采用球形测头；为减小轴向微小波纹的影响，可选用斧形测头。斧形测头与被测件沿轴向有一段接触长度，也可减小测头对被测面的压强。

（2）*被测工件安装位置的调整*　圆度误差应在垂直于轴线的截面上进行测量，因此安放工件时应尽量使工件的轴线与圆度仪的旋转轴线重合。这需要做两方面的调整：一是使工件的轴线与圆度仪的旋转轴线相平行，为此要上下移动测头，在工件的几条素线上找正；另一是被测工件的偏心调整，在调好轴线的平行性后利用工作台上的对中调节钮来调整偏心量。

（3）*测头位置的调整*　测头应能感受被测截面上径向尺寸的变化量，因此，测头的方向应处于工件中心的径向线上。

3. 圆度误差的评定方法

圆度误差的评定方法有符合最小条件的最小包容区域法，以及三种近似的评定方法，即最小二乘圆法、最小外接圆法和最大内切圆法。

（1）*最小包容区域法*　用两个同心圆包容实际轮廓，并且至少有四个实测点内外相间地落在两个包容圆周上，如图 7-65a 所示，也称为交叉准则。

（2）最小二乘圆法　先以实际圆轮廓上各点到最小二乘圆径向距离的二次方和为最小求取最小二乘圆，再以最小二乘圆的圆心作为内外包容圆的圆心来评定圆度误差，如图 7-65b 所示。这是用计算机程序处理数据常用的方法，它所确定的圆度误差值是唯一的，评定结果不易受个别大误差测量点的影响，能反映整个被测横截面实际轮廓的综合情况。对于花键或带键槽类的工件，一般不宜采用此评定方法。

（3）最小外接圆法　外接于实际轮廓且半径为最小的理想圆为最小外接圆，以最小外接圆的圆心作为内外包容圆的圆心来评定圆度误差，如图 7-65c 所示。

（4）最大内切圆法　内切于实际轮廓且半径为最大的理想圆为最大内切圆，以最大内切圆的圆心作为内外包容圆的圆心来评定圆度误差，如图 7-65d 所示。

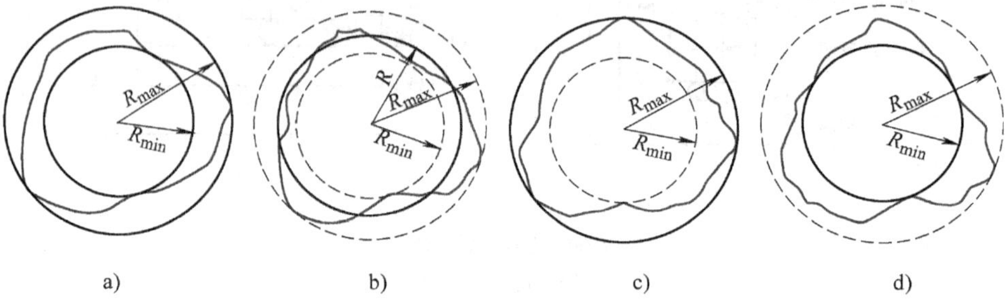

图 7-65　圆度误差评定方法

a）最小包容区域法　b）最小二乘圆法　c）最小外接圆法　d）最大内切圆法

三、同轴度误差的测量

同轴度误差是指包容被测轴的实际轴线且与基准轴的轴线同轴的圆柱面的直径。同轴度误差可用圆度仪、三坐标测量机、准直望远镜以及激光准直仪等仪器设备进行测量。

对于较小型的轴系零件的同轴度误差可采用圆度仪进行测量，如图 7-66a 所示。测量前，将被测件放入圆度仪的工作台上，并进行对中调整，使被测件基准轴线和圆度仪旋转轴的轴线基本重合。测量时，对被测件的被测轴和基准轴的若干截面进行测量，并求出各截面中心的坐标值。评定时，首先采用最小二乘法确定基准轴线的方位，如图 7-66b 所示，O_0-O_i-O_n 为基准轴的轴线；然后求出被测轴上各采样截面的中心至该基准轴的距离 R_i，各距离中最大值 R_{max} 的两倍即为被测件的同轴度误差 $\Delta=2R_{max}$。

如果对测量精度要求不高，可直接用基准轴上、下两横截面中心的连线作为基准轴线，对基准轴不再进行多截面测量。

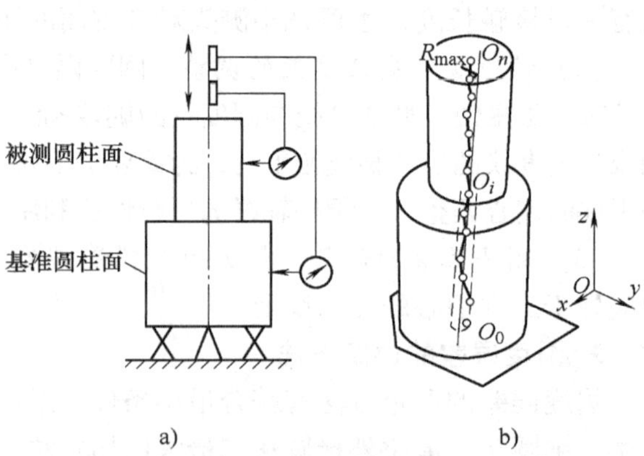

图 7-66　圆度仪测量同轴度误差

a）测量原理　b）数据处理

对于大尺寸零件（如船舶、机车等发动机的机座）孔系同轴度误差可采用激光准直仪进行测量，如图 7-67 所示。首先将定心接收靶分别安置在基准孔中定义基准轴线的两个截面上，调整激光准直仪光轴使接收靶的输出位置信号为零，此时激光束的光轴即为基准轴线；再将接收靶置于各个被测孔的不同截面处，测得各个截面中心相对于基准轴线在两个互相垂直方向上的偏差值 ΔX_i 和 ΔY_i；最后计算各采样截面中心对基准轴线的径向偏移量 R_i

$$R_i = \sqrt{\Delta X_i^2 + \Delta Y_i^2} \tag{7-64}$$

取 R_i 中最大值的 2 倍为被测件的同轴度误差值 $\Delta = 2R_{max}$。

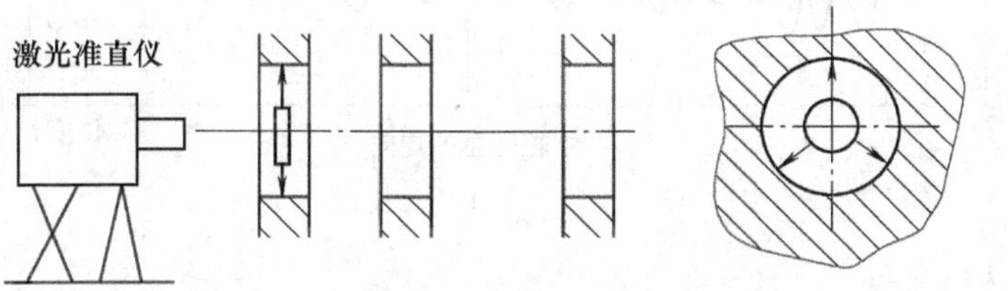

图 7-67 激光准直仪测量孔系的同轴度误差

第五节 表面粗糙度的测量

表面粗糙度是一种微观几何形状误差，其波距小于 1mm（波距在 1 ~ 10mm 的属于表面波纹度，大于 10mm 的属于形状误差）。零件的表面粗糙度直接影响机械系统的配合性质、耐磨性、疲劳强度、传动精度、抗腐蚀性以及密封性等，从而影响到机械产品的质量、可靠性及寿命、振动和噪声水平。因此，表面粗糙度是评定机械零件和产品质量的重要指标。

一、评定的基准及参数

轮廓中线是评定表面粗糙度参数值时的基准线，轮廓中线可采用两种方法获得，如图 7-68 所示。图中，l_r、l_n 分别为取样长度和评定长度，一般取 $l_n = 5l_r$，如果被测表面均匀性好，可取 $l_n < 5l_r$；如果均匀性差，可取 $l_n > 5l_r$。

(1) *轮廓最小二乘中线* 采用最小二乘法确定的轮廓中线，如图 7-68a 所示，就是在取样长度 l_r 内，使粗糙度轮廓线上各点到该基准线距离的二次方和为最小，即

$$\sum_{i=1}^{n} z_i^2 = \min \tag{7-65}$$

式中，n 为取样长度内的取样点数；z_i 为轮廓线上各点到基准线距离。

(2) *轮廓算术平均中线* 采用算术平均法确定的轮廓中线，如图 7-68b 所示，就是在取样长度 l_r 内，该基准线将粗糙度轮廓线分为上、下两部分，且使上、下部分的面积之和相等，即

$$\sum_{i=1}^{n} F_i = \sum_{i=1}^{n} F_i' \tag{7-66}$$

表面粗糙度评定参数是用来精确描述表面轮廓微观几何形状的特性的，国家标准在表面粗糙度轮廓特征线的幅度和间距两个方面规定了相应的评定参数。

幅度参数是表面粗糙度评定的基本参数，包括以下两个参数，如图 7-69 所示：

(1) *轮廓算术平均偏差 Ra* Ra 是指在取样长度 l_r 内，被测轮廓线上各点到轮廓中线距离的绝对值的算术平均值，即

$$Ra = \frac{\sum_{i=1}^{n} |z_i|}{n} \tag{7-67}$$

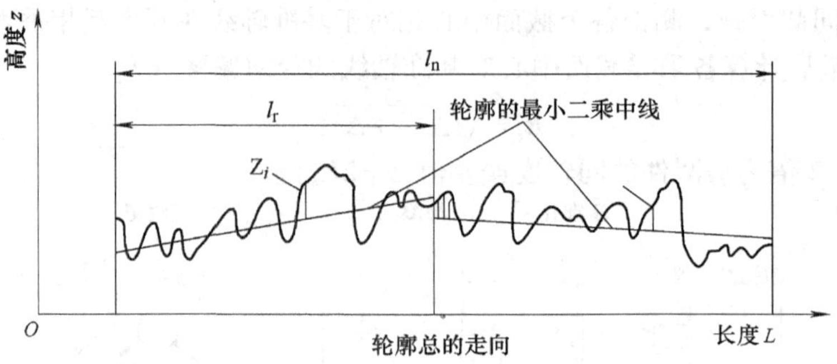

a)

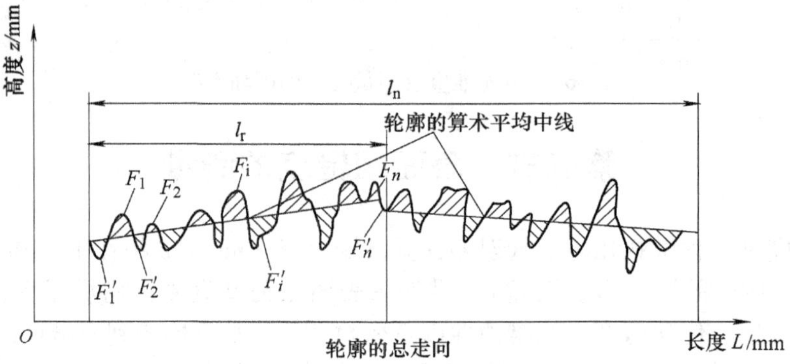

b)

图 7-68　轮廓中线

a）最小二乘中线　b）算术平均中线

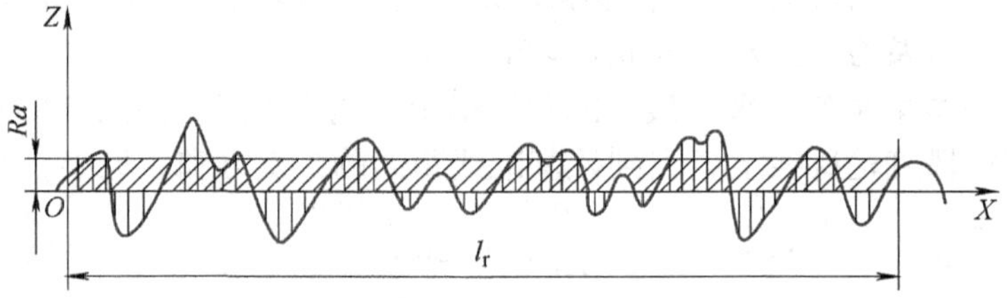

a)

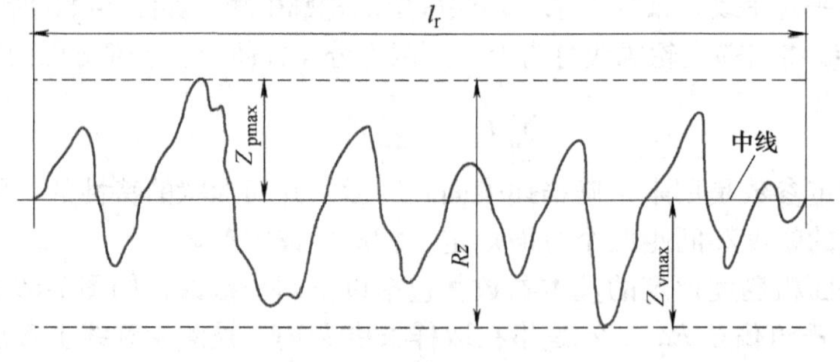

b)

图 7-69　评定参数

a）轮廓算术平均偏差　b）轮廓最大高度

（2）轮廓最大高度 Rz　Rz 指在取样长度 l_r 内，被测轮廓线上的最大峰高 z_{pmax} 和最大谷深 z_{vmax} 之和，即

$$Rz = z_{pmax} + z_{vmax} \tag{7-68}$$

注：在国家标准 GB/T 1031—1995 中，R_z 表示微观不平度十点高度，Ry 表示轮廓最大高度。

间距参数是表面粗糙度评定的附加参数，有轮廓单元的平均宽度 Rsm 和轮廓的支撑长度率 $Rmr(c)$ 两个参数，这些参数的详细说明详见国家标准 GB/T 3505—2009《产品几何技术规范（GPS）表面结构　轮廓法　术语定义及表面结构参数》。

二、测量的方法及仪器

表面粗糙度传统的测量方法有光切法、干涉法以及触针法等，其中采用触针法的轮廓仪应用最为广泛。随着光学技术、图像技术、计算机技术的发展，相继涌现一些高精度非接触测量方法，如光学探针法、激光数字散斑法、外差干涉法及光纤传感法等。

1. 光切法

光切法是将一狭窄的扁平光束以 45°倾斜角照射到被测表面上，光束被反射后，沿反射光的方向用显微镜放大成像来进行观测的方法。依据光切法测量表面粗糙度的仪器称为光切显微镜，其光路图如图 7-70 所示。光源 1 经聚光镜 2 照明狭缝光阑 3，通过透镜 4 后成为光带形状的平行光，以与被测面法线成 45°倾角照射在被测表面上。表面上的波峰 S 点和波谷 S' 点由观测显微镜的物镜 5 成像在分划板 6 上的 a 和 b 两点处，用测微目镜 7 测出 a 和 b 两点间的距离 N，即可求出峰谷间的高度 h

$$h = \frac{N}{\beta}\cos 45° = \frac{N}{\sqrt{2}\beta} \tag{7-69}$$

式中，β 为目镜放大倍数。

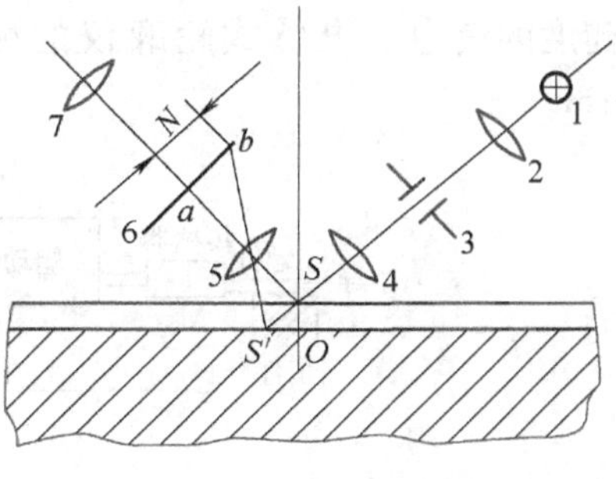

图 7-70　光切法表面粗糙度测量光路图
1—光源　2—聚光镜　3—光阑　4—透镜
5—物镜　6—分划板　7—目镜

式(7-69)中有无理数 $\sqrt{2}$，计算和使用不方便，在仪器设计时可采用机械方法加以有理化，如图 7-71 所示。在测微目镜中使十字分划板的运动方向与峰谷像高方向成 45°角，因而分划板移动量 N'（即十字线在峰点和谷点时两次读数的差值），比 a 和 b 两点间的距离 N 放大了 $\sqrt{2}$ 倍，所以有

$$h = \frac{N'}{2\beta} \tag{7-70}$$

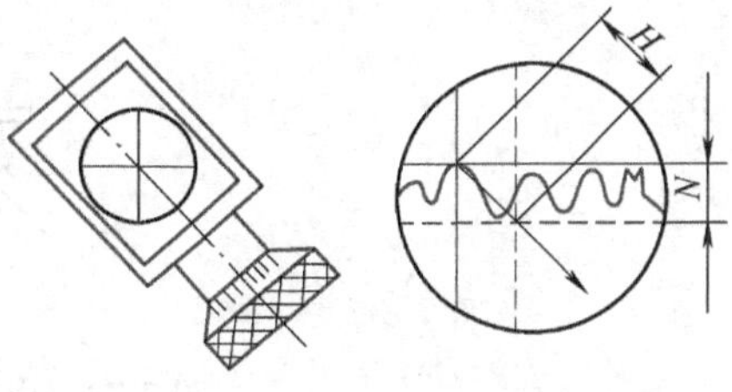

图 7-71　测微目镜读数的原理

测量时，首先先用目测法调整分划板上十字线的水平线的位置，使其与轮廓中线平行。然后，选取某一水平线的位置作为测量基线，如图 7-72 所示。在相应的取样长度内，测出各采样点相对于该基线的峰高 h_i' 或谷深 h_i，根据表面粗糙度评定方法求取相应的评定参数。

由于光切法受显微镜分辨率的限制，一般用于测量大于 0.8μm 的表面粗糙度。更高精度的表面粗糙度可采用双光束等厚干涉法来测量，干涉法除了用显微镜放大外，它本身也具

有放大功能，可以达到 0.025μm 的分辨力。光切显微镜和干涉显微镜常用于测量 *Rz* 和 *Rsm*，由于测量和计算比较麻烦，很少用于测量 *Ra* 值。

2. 触针法

触针法是利用尖端半径很小的金刚石触针与被测表面接触，并在其上运动，由于表面粗糙不平，触针会在垂直于被测轮廓表面上产生上下移动，将触针的这种位移经机械、光学或电学装置予以放大及处理后，获取表面粗糙度的一种测量方法。采用触针法的测量仪器称为接触式轮廓仪。轮廓仪按工作原理分为电感式、压电式和激光反射式等，目前使用最多的是电感式轮廓仪。

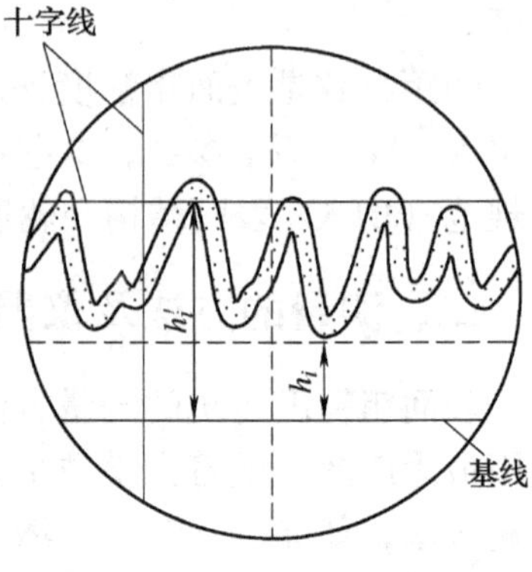

图 7-72　采样点高度测量的原理

(1) 电感式轮廓仪　电感式轮廓仪的组成框图及测量原理如图 7-73 所示。驱动机构带动电感式传感器沿被测表面匀速水平运动，触针 2 的尖端与被测表面接触，由于表面轮廓的起伏变化使触针上下移动，此移动通过杠杆 1 和支点 3 使磁心 4 上下移动，从而使差动线圈 5 的电感量发生变化。将传感器的两个线圈接入测量电桥的两个臂，线圈电感量的变化使电桥失去平衡，于是输出与触针上下位移量成正比的信号，此信号经放大、检波、计算等处理后输出被测表面粗糙度的信息。电感式轮廓仪的测头半径一般为 2μm，*Ra* 值的测量范围一般为 0.02～50μm。

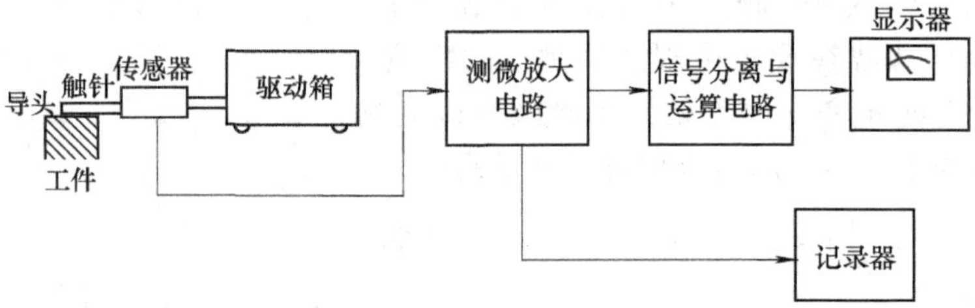

a)

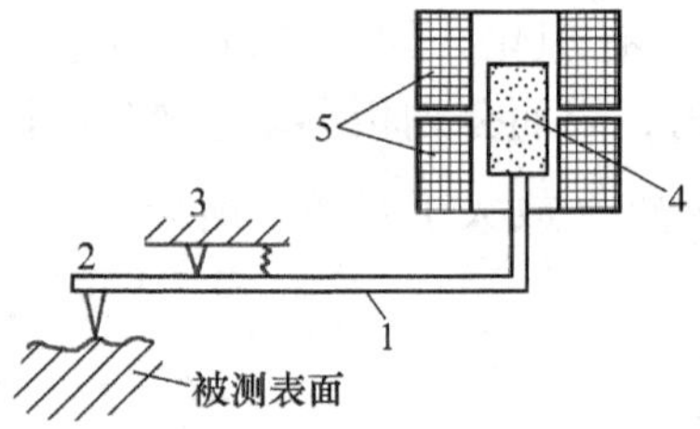

b)

图 7-73　电感式轮廓仪的组成框图及测量原理

a) 组成框图　b) 测量原理

1—杠杆　2—触针　3—支点　4—磁心　5—差动线圈

(2) 压电式轮廓仪　压电式轮廓仪的测量原理如图 7-74 所示。将带有触针的测杆放入黏滞性很强的硅脂液体中，当触针随工件表面快速上下运动时，液体摩擦很大，可认为测杆被夹紧在槽片中，压电晶体因触针的位移而产生变形，从而在晶片表面产生与变形成比例的电荷。当触针以很慢的速度移动时，硅脂液体摩擦很小，允许测杆相对槽片打滑，位移不传给压电晶片。所以，压电式轮廓仪有滤除低频信号的功能。压电式轮廓仪结构紧凑，便于携带。

（3）激光干涉式轮廓仪　激光干涉式轮廓仪的测量原理如图 7-75 所示。干涉系统的测量镜与触针分别位于杠杆的两端，它们之间的位移量为确定的比例关系，通过干涉仪系统测得的测量镜位移量可算出触针的位移量。激光干涉式轮廓仪具有宽量程、分辨力高的特点。

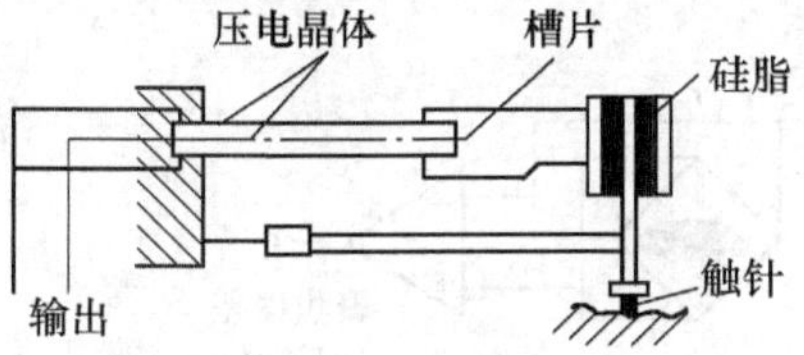

图 7-74　压电式轮廓仪的测量原理

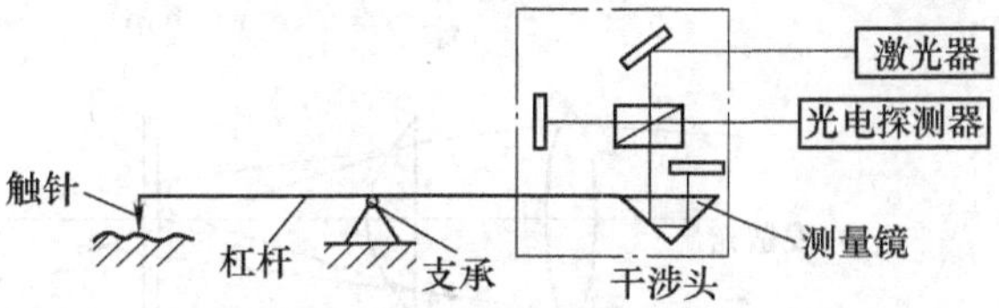

图 7-75　激光干涉式轮廓仪的测量原理

3. 光学探针法

光学探针法是采用透镜聚焦的微小光点取代金刚石触针，通过探测光点位移或形状的变化来获取表面粗糙度的一种测量方法。采用光学探针法的测量仪器称为光学轮廓仪，光学轮廓仪可用于光盘等不允许划伤和一些软质的表面粗糙度测量。激光三角法和离焦检测法是光学轮廓仪常用的方法。

（1）激光三角法　激光三角法是通过探测激光点的位移来进行表面粗糙度测量的，其测量原理如图 7-76 所示。激光器 1 发出的光线，经会聚透镜 2 聚焦后垂直入射被测物体表面 3 上，被测表面的起伏变化，使光点沿入射光轴移动。接收透镜 4 接收来自光点处的散射光，并将其成像在光电位置探测器 5（如 PSD、CCD）敏感面上。若光点在成像面上的位移为 x，则被测表面的起伏变化量为

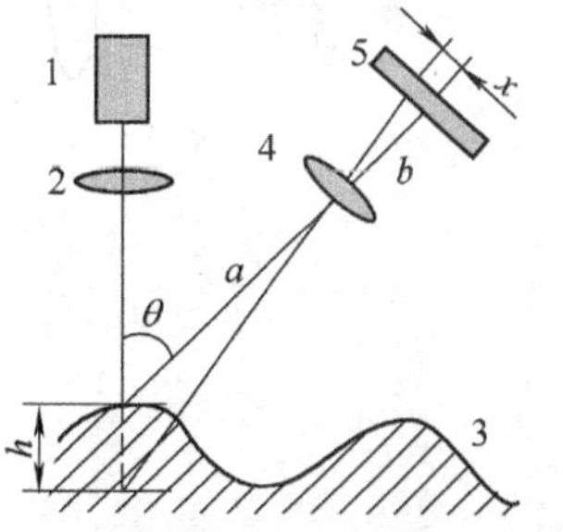

图 7-76　激光三角法测量原理

1—激光器　2—会聚透镜
3—被测表面　4—接收透镜
5—光电位置探测器

$$h = \frac{ax}{b\sin\theta - x\cos\theta} \tag{7-71}$$

式中，a 为激光束光轴和接收透镜光轴的交点到接收透镜前主平面的距离；b 为接收透镜后主平面到成像面中心点的距离；θ 为激光束光轴与接收透镜光轴之间的夹角。

（2）离焦检测法　离焦检测法是通过探测光束离焦量来进行表面粗糙度测量的，其原理如图 7-77 所示。被测表面的起伏变化使光点偏离焦点位置，经分光镜后光束由平行光变为发散光或会聚光。通常采用像散法来检测离焦量，其原理如图 7-78 所示。光束通过柱面镜后照射到四象限光电探测器上，通过探测其光点形状变化情况来判断光点正焦、近焦或远焦。利用光电探测器所输出的信号对物镜进行控制，使其重新对焦。测量出物

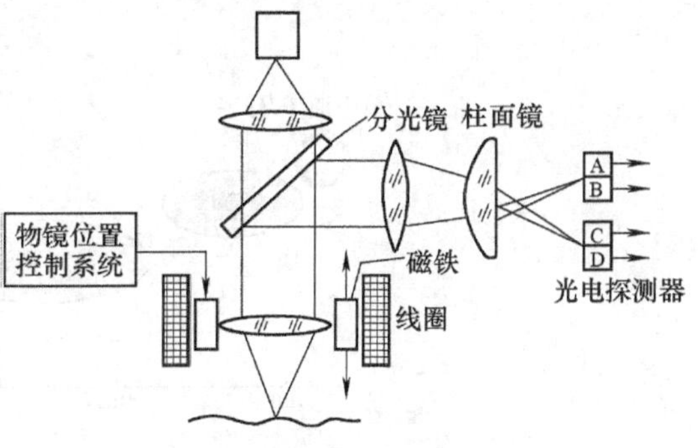

图 7-77　离焦检测法表面粗糙度测量原理

镜的位移量，即可得到被测表面起伏变化信息。

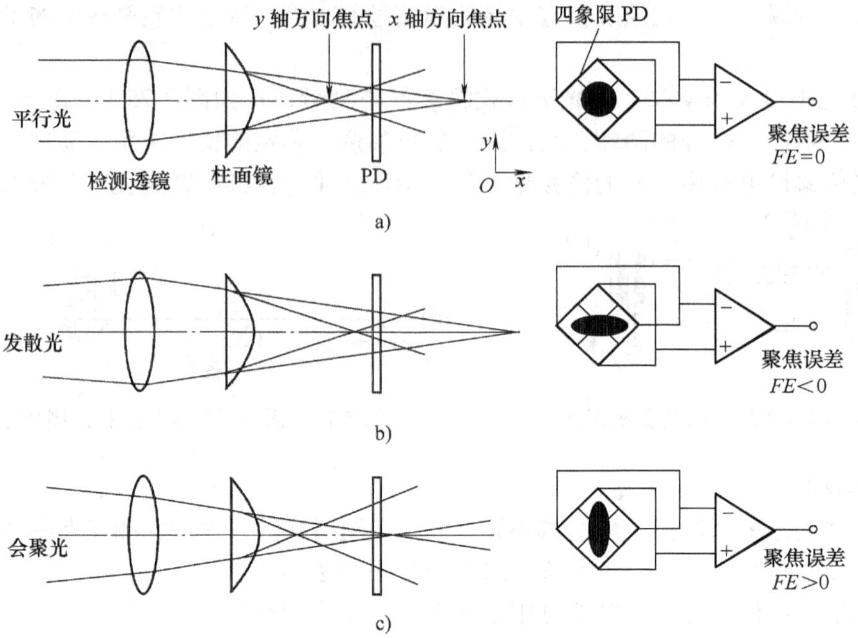

图 7-78　像散法检测离焦量原理

a）正焦　b）近焦　c）远焦

第六节　微纳尺度的测量

当前是纳米科技产生和崛起的时期，其理论和技术都处于探索阶段。在纳米科技发展进程中，测量和表征占有重要地位，特别是微米/纳米材料和器件的测量表征，是认识纳米世界的切入点。

MEMS/NEMS（Micro and Nano-electro-mechanical Systems）是在微电子技术基础上发展起来的多学科交叉的新兴学科，MEMS/NEMS 器件是典型的微米/纳米器件，其特征结构的关键尺寸分布如图 7-79 所示，其几何形貌和力学特性常需进行微纳尺度测量。另外，在纳米材料原子结构的测量表征方面，很多传统仪器难以达到原子级分辨的要求，更需要原子级分辨力的微纳测量仪器。

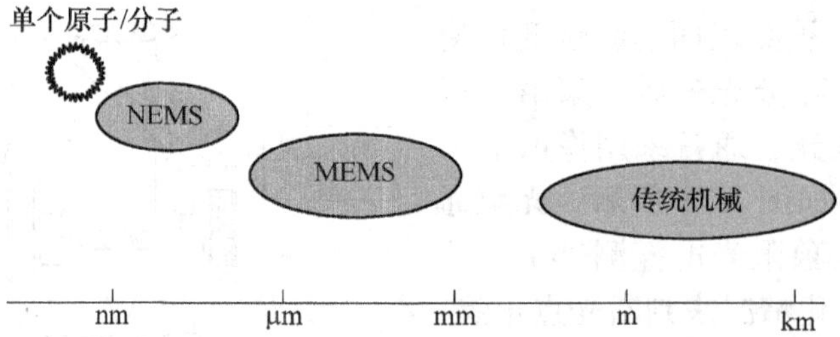

图 7-79　MEMS/NEMS 器件关键尺寸分布

20世纪80年代，IBM公司的两位科学家G. Binning和E. Rohrer基于量子隧穿原理发展了一种研究表面结构的新工具，称为扫描隧道显微镜（Scanning Tunneling Microscope，STM）。这个发明很快就扩展成为有关仪器的一个家族，与STM一起归类于扫描探针显微镜（Scanning Probe Microscope，SPM），其中最重要的是STM和原子力显微镜（Atomic Force Microscope，AFM）。这些技术的发展对现代表面分析产生了重要影响，对纳米技术的发展起到了推动作用，在原子、分子水平上开创了一个科学与技术的新领域，其有关学科称为扫描探针显微学。

SPM系统的基本构成一般包括显微镜核心、控制器、计算机、隔振台四部分，如图7-80所示。SPM各成员仅在显微镜核心部分存在显著不同，此差异由其各自的工作机理决定。下面主要介绍常用于微纳尺度测量的典型仪器——扫描隧道显微镜、原子力显微镜的工作机理和应用，这两种仪器是扫描探针显微镜家族的重要成员。这两种仪器的基本功能是利用精细探针扫描样品的表面，得到样品表面形貌的准三维信息，进而可分析样品表面的粗糙度、粒径分布等信息。除表面形貌测试外，国内外很多科研人员还利用扫描探针显微镜家族的不同成员开展样品的力学特性、动态特性、电磁特性测试，样品的表面改性、机械蚀刻加工，以及原子或纳米材料的拾取、推移操纵等多方面研究。

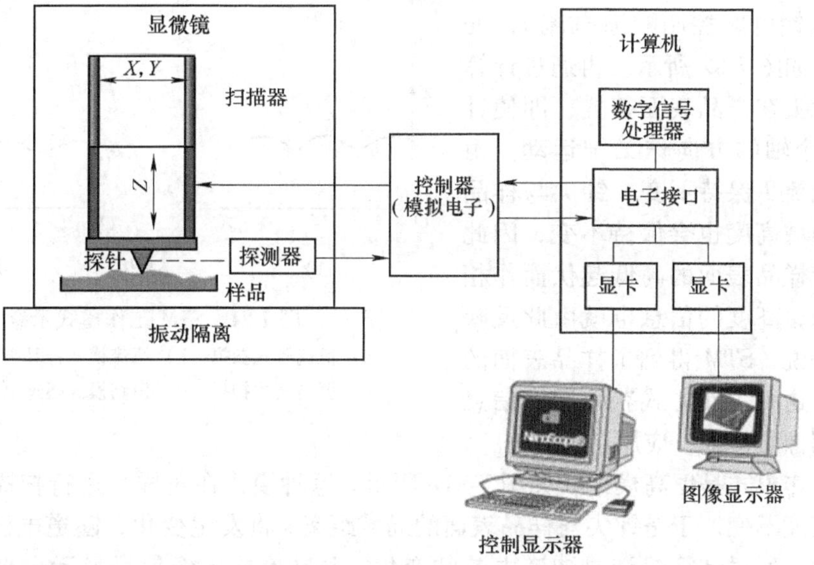

图7-80　SPM系统的基本构成

一、扫描隧道显微镜

1. 基本原理

扫描隧道显微镜（STM）最小可分辨的两点距离为原子直径的1/10，也就是说它的分辨力高达0.01nm。STM的工作原理基于物理学的量子隧穿效应，早在20世纪60年代物理学家就研究了在薄介质层两边导电电极间的电子隧穿现象，发现隧穿电流与介质层厚度呈指数关系，表示为

$$I = CeU\exp\left(-2\frac{\sqrt{2m\phi}}{h}s\right) \tag{7-72}$$

式中，C 是常数；e 是电子电荷，$e=1.6\times10^{-19}$C；U 是所加电压；ϕ 是逸出功或功函数；s 是介质层厚度；m 为自由电子的质量，$m=9.11\times10^{-31}$kg；h 为普朗克常量 $h=6.63\times10^{-34}$J·s。

式(7-72)表明电流 I 与隧穿势垒厚度 s 是指数关系，即 s 改变引起电流 I 发生量级的变化，势垒厚度 s 减小 0.1nm，隧道电流 I 就会增加 1 个数量级。当时认为，基于此现象可以观测介质层结构。20 世纪 80 年代，G. Binning 和 H. Rohrer 根据量子力学中的隧穿原理，即金属中的电子并不完全局限于金属表面之内，电子云密度并不是在表面边界处突变为零的原理，将金属针尖接近样品表面至几个原子直径的距离（1nm 左右），使针尖和样品表面的电子云重叠，当针尖沿样品扫描时，利用针尖与样品表面间的空气（或真空）形成的隧道隙，通过电流的变化来测量表面的起伏，得到了样品表面形貌像。这就是 STM 的基本物理思想。

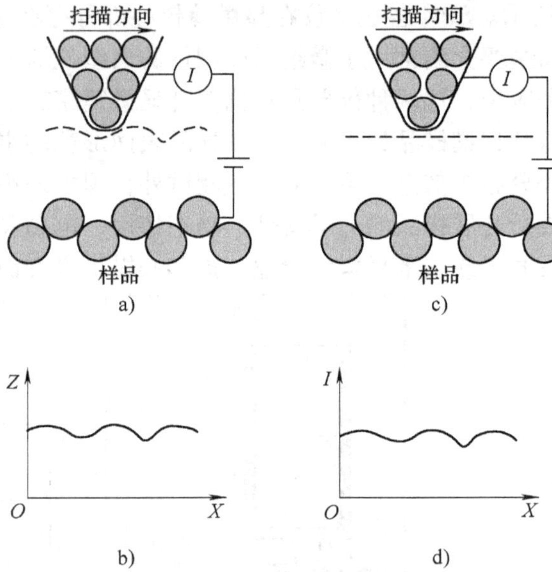

图 7-81　STM 工作模式示意
a) 恒流模式扫描　b) 恒流模式样品高度信号
c) 恒高模式扫描　d) 恒高模式隧道电流信号

STM 有两种工作方式。一种称为恒流工作模式，如图 7-81a 所示。这种模式利用一套电子反馈电路控制隧道电流 I，使其保持恒定，如图 7-82 所示。再通过计算机系统控制针尖在样品表面扫描，即使针尖沿 x、y 两个轴的方向作二维运动。由于控制隧道电流 I 保持不变，针尖与样品表面之间的局域高度也会保持不变，因此针尖就会随着样品表面的高低起伏而作相同的起伏运动，高度的信息也就由此反映出来。这就是说，STM 得到了样品表面的准三维信息。这种工作方式获取图像信息全面，显微图像质量高，应用广泛。

另一种工作模式是恒高模式，如图 7-81c 所示。这种模式在对样品进行扫描过程中保持针尖的绝对高度不变，于是针尖与样品表面的局域距离 s 将发生变化，隧道电流 I 的大小也随着发生变化。通过计算机记录隧道电流的变化，并转换成图像信号显示出来，即得到了 STM 显微图像。这种工作方式仅适用于样品表面较平坦，且组成成分单一（如，由同一种原子组成）的情形。

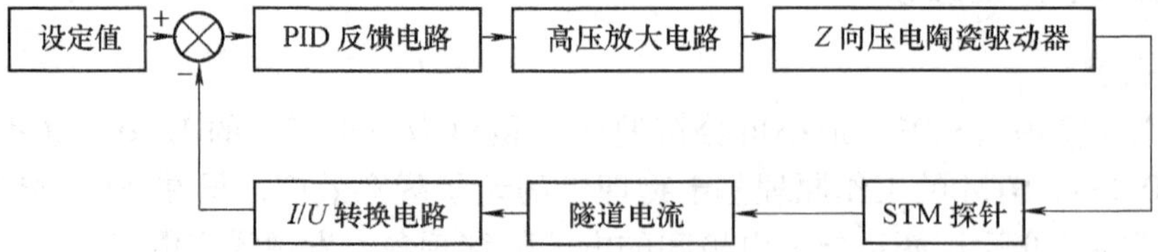

图 7-82　STM 恒流模式反馈环

2. 典型应用

STM 最常用的功能是扫描样品表面的原子结构，图 7-83 给出了几个典型的 STM 扫描图像。1989年，IBM公司的科学家成为第一个能够对单个原子表面进行操纵的人，用一台STM操控35个氙原子的位置，拼写出了“I-B-M”三个字母，如图7-84所示。

图7-83　STM扫描图像

a）吸附于石墨表面的$C_{32}H_{66}$有机分子，扫描范围10nm×10nm　b）蛋白质分子的双链结构
c）Si（111）面原子重构像　d）血细胞

3. 超高真空扫描隧道显微镜

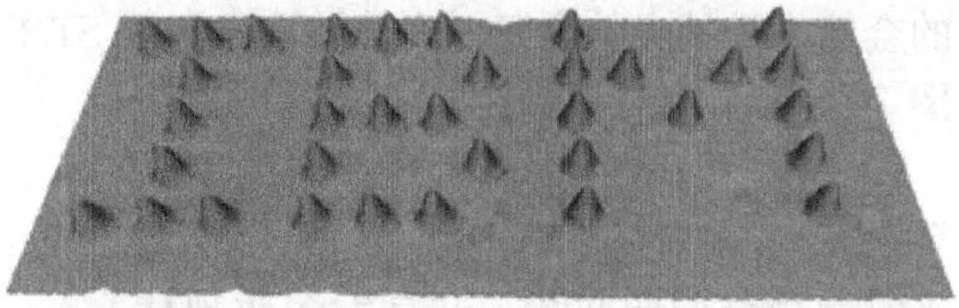

图7-84　STM操纵氙原子拼出的IBM三个字母

超高真空扫描隧道显微镜（Ultra High Vacuum Scanning Tunneling Microscope，UHVSTM）是扫描探针显微镜（SPM）中的大型仪器，是具有原子分辨能力的表面结构分析仪器中极其重要的一种。大气环境下的样品表面具有氧化物、氢氧化物和吸附分子，严重地影响样品本征结构的分析，多数样品在大气环境中难于进行原子分辨的结构观察。在室温高真空条件下，残余气体也在不断地撞击样品表面，形成表面吸附层，如在1×10^{-6}Torr（非法定计量单位，1Torr=133.322Pa，后同）的高真空条件下，1s就会在样品表面覆盖单分子层；而在1×10^{-10}Torr条件下，覆盖单分子层的时间将大于3h。为了能分析各种样品表面结构，研制和发展了UHVSPM，除适用于超高真空环境中的STM主机外，还包括SPM样品室、超高真空机组（旋转泵、分子泵、溅射泵、升华泵）、连接阀门、送样系统、控制电路、软件和计算机以及低温、变温控制系统等。为了对样品进行表面清除和处理，样品室配有高温加热、离子蚀刻等附件。

二、原子力显微镜

原子力显微镜（AFM）和STM相比，最大的优势在于AFM依靠探针和样品表面的相互作用力检测其表面形貌，对样品的导电性没有任何限制。

1. 基本结构

认识AFM应首先从认识其微悬臂梁开始。图7-85所示为最常用的两种微悬臂梁结构，图7-85a为矩形微悬臂梁，图7-85b为三角形微悬臂梁。矩形微悬臂梁结构简单且其力学参数易于计算，由于弹性系数较小，多用于接触模式扫描，在保证扫描分辨力和稳定性的同时降低探针对样品表面的作用力；三角形微悬臂梁扭转刚度大、稳定性好且弹性系数和谐振频率较高，多用于轻敲模式扫描，确保扫描的分辨力和稳定性。

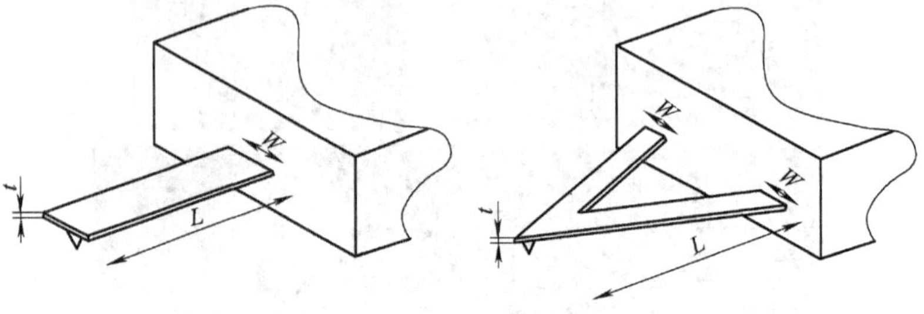

图7-85　常用的AFM微悬臂梁结构

AFM的结构取决于对悬臂梁变形的检测方式。悬臂梁变形的检测方式主要分为早期的隧道电流式、大气AFM常用的光杠杆式和真空AFM常用的音叉探针式。

（1）隧道电流检测方式　为了分辨出绝缘表面上的个别原子，Binning（比宁）、Quate（魁特）和Gerber（格勃）（1986）给出了类似于STM的一种方法。第一台AFM是采用细小的金箔作为针尖的悬臂，在金箔上再置一STM的针尖，通过隧道电流测量悬臂的弯曲量，如图7-86所示。

（2）光杠杆检测方式　通过激光束从悬臂背面反射到位置敏感探测器（PSD）上来测量悬臂的弯曲量，这是大多数现代AFM选用的结构。其中，微悬臂梁起到光杠杆的作用，对样品表面的微小形变进行放大，有效提高了AFM的分辨力。图7-87所示是光杠杆式AFM的结构示意。其工作原理是，采用微电子加工技术制成的硅或氮化硅悬臂，前端下方为针尖，悬臂的背面为激光反射镜面，用PSD测量反射斑的移动；用压电陶瓷驱动样品架作x、y轴方向扫描和z轴方向移动。AFM与STM显著不同的是针尖与样品不保持小距离的空间，代替的是AFM针尖轻轻地接触样品表面。AFM不记录隧道电流，而是记录针尖与表面很小的作用力。原子间的作用力是物质的普遍属性，因此AFM可用于各种样品表面的分析，即可测量金属、半导体和绝缘体，以及生物样品等。

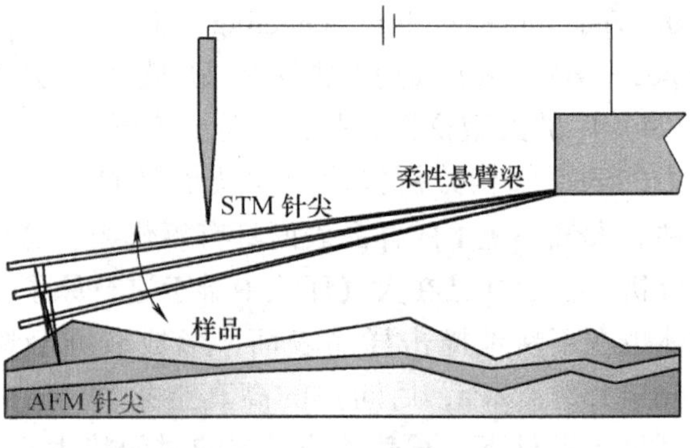

图7-86　隧道电流检测方式

（3）音叉式探针检测方式　由于真空环境中的AFM不方便使用光杠杆式的外部检测方式，常采用自感应式的探针结构，即将传感器单元集成在微悬臂梁之上，通过检测电信号的变化替代直接测量悬臂梁的偏转。自感应测量方法包括电容式测量、压阻式测量和压电式测量。电容式悬臂梁探针依靠电容传感器与悬臂梁之间的微小间隙实现测量，制造工艺复杂，加工工艺要求高，并限制了悬臂梁偏转的范围。压阻式悬臂梁探针基于压阻效应，当悬臂梁发生机械形变时，其电阻会发生微小变化，工作时会引起毫瓦级的功率消耗，由此会造成不必要的热效应干扰。压电式悬臂梁探针是将压电材料器件与悬臂梁进行耦合，该类探针的工作原理基于压电效应。压电式悬臂梁探针相比压阻式探针消耗更少的功率，相比电容式探针设计简单，同时允许悬臂梁更大范围的偏转。此外相比其他两种自感应式探针，压电式探针中与悬臂梁集成的压电器件可以同时用作动态 AFM 的传感器和执行器，因此压电式探针同时具有自感应特性和自激励特性。目前，压电式探针的压电器件一般选用压电陶瓷、ZnO 薄膜或和石英音叉。

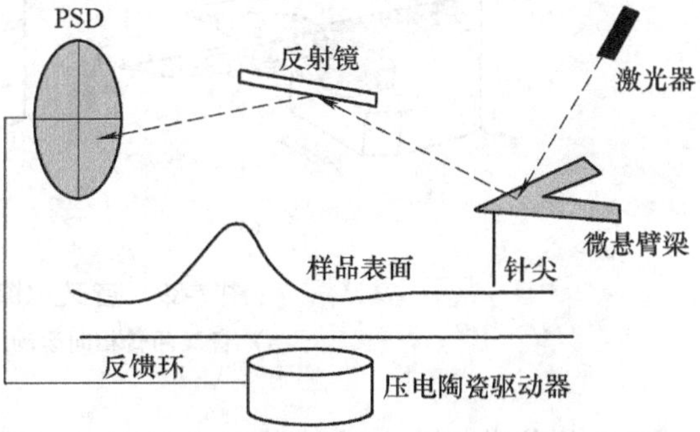

图 7-87　光杠杆式 AFM 的结构示意

由于石英音叉具有体积小、谐振频率稳定、品质因数高等优点，近几十年来其逐渐开始被用于 AFM。由于具有自感应和自激励特性，石英音叉可以被应用于超高真空、液体以及低温环境的测量中。图 7-88 所示为一种音叉式探针的结构，悬臂梁的根部分别固定于音叉的两臂。当在音叉根部引入交流激励时，音叉两臂将产生 Y 轴方向的受迫振动，其基本工作原理如图 7-89 所示。当音叉两臂相向运动时，悬臂梁将沿 Z 轴正向运动；当音叉两臂相对运动时，悬臂梁将沿 Z 轴负向运动。因此，悬臂梁在音叉臂的带动下也作受迫振动，其振动频率与音叉臂相同。音叉探针一般工作于调频模式，即扫描中保持其振动频率一致，从而得到稳定的样品像。

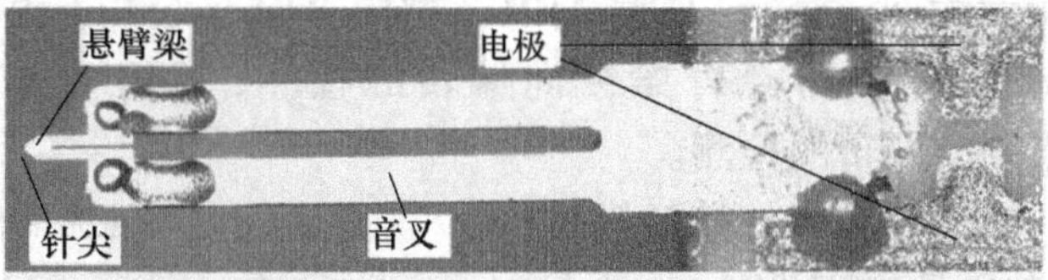

a)

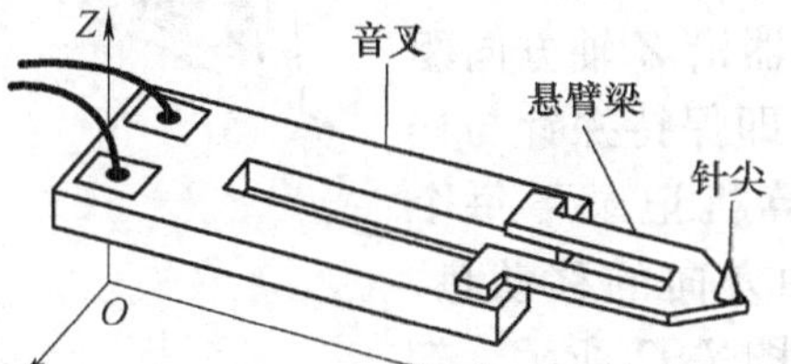

b)

图 7-88　音叉式探针的结构

a）结构　b）示意

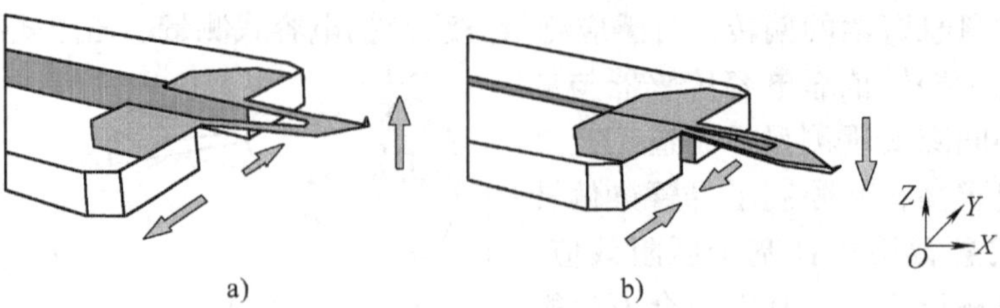

图 7-89 音叉式探针的基本工作原理
a）音叉两臂相向运动 b）音叉两臂相对运动

IBM 苏黎世实验室的科学家于 2009 年利用 AFM 成功扫到世界首张单分子图像，如图 7-90 所示，该图像是在超高真空 AFM 中用音叉式探针得到的。研究人员此次拍摄的是并五苯的单分子，由 22 个碳原子和 14 个氢原子构成。在图 7-90 中，5 个碳环的六角形外形清晰可见，甚至还能看到碳环周围的氢原子，碳环之间的空间只有 0. 14nm。

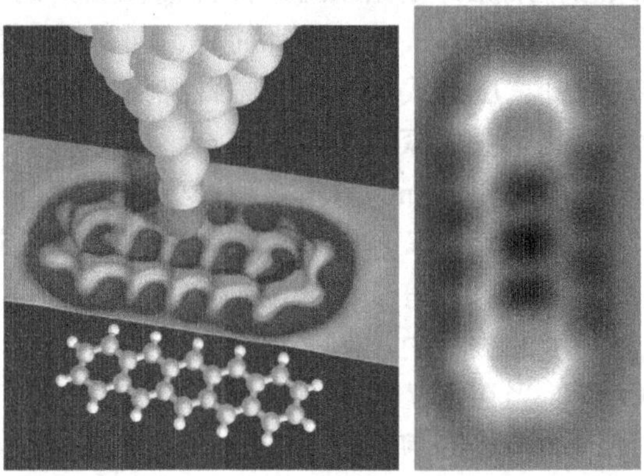

图 7-90 AFM 成功扫到的世界首张单分子图像

2. 工作模式

AFM 有两种常用的工作模式，即接触模式和轻敲模式。另外，还有一类动态工作模式，分为调频和调相两种主要方式。有时也将轻敲模式归为动态模式的一种，其本质上是调幅工作方式。这里主要介绍 AFM 最基本的两种工作模式—接触模式和轻敲模式。

以光杠杆式结构为例，半导体激光器发出的光照射在微悬臂梁的背面，经反射镜后照射在 PSD 上。图 7-91 所示为 NanoscopeⅢ型 AFM（德国 Bruker 公司）中四象限 PSD 的布局，图中 *A/B* 形式用于 AFM 模式中悬臂梁纵向偏转的检测，*C/D* 形式用于横向力显微镜（LFM）模式中悬臂梁侧向偏转的检测。

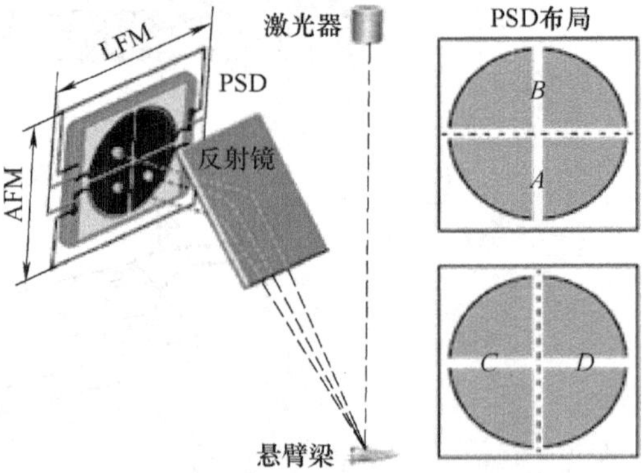

图 7-91 四像限 PSD 的布局

（1）*接触模式 AFM 工作原理* 接触模式下，扫描管带动探针在样品表面沿 x、y 轴方向通过快慢轴方式逐点扫描，探针与样品保持接触，悬臂梁向上偏转。PSD 检测悬臂梁偏转，通过反馈环控制扫描器沿 Z 轴方向驱动悬臂梁保持其偏转恒定，即保持探针与样品之间的接触力恒定。计算机记录下每个（x，y）点下扫描器沿 Z 轴方向的移动量，得到样品表面形貌信息，如图 7-92 所示。扫描前，使用者需首先在操作软件中设置反馈环的比例增益和积分增益系数以及悬臂梁偏转设定点，悬臂梁偏转设定点即为 AFM 扫描中悬臂梁需保持的偏转值，决定 AFM 探针与样品间作用力的大小。进针操作后，待悬臂梁偏转值达到设定点后探针进入正常扫描状态。

PSD 输出电压（$A-B$）经归一化后与设定点的差值为偏差信号，在计算机中通过比例积分（PI）控制环节得到反馈增量值。反馈增量值与初始值累加得到控制值，经数/模转换控制扫描器的 Z 轴方向运动，保持悬臂梁偏转恒定。当 AFM 反馈控制系统正常工作时，悬臂梁反射激光信号将保持在 $A-B=0$ 位置（见图 7-92a）。当探针扫描到样品表面凸起的位置时（见图 7-92b），悬臂梁向上翘起，光线方向的改变使得激光照射在 PSD 上的位置变为 $A-B>0$。此时，PI 反馈电路接收到正的偏差信号，发出控制输出信号，使得压电陶瓷扫描管 Z 轴方向缩短，PSD 上的激光点重新回到 $A-B=0$ 的位置（见图 7-92c）。当探针扫描到样品表面凹陷的位置时（见图 7-92d），悬臂梁向下偏转，光线方向的改变使得激光照射在 PSD 上的位置变为 $A-B<0$，此时 PI 反馈电路接收到负的偏差信号，发出控制输出信号，使得压电陶瓷扫描管 Z 轴方向伸长，PSD 上的激光点也可回到 $A-B=0$ 的位置（见图 7-92e）。

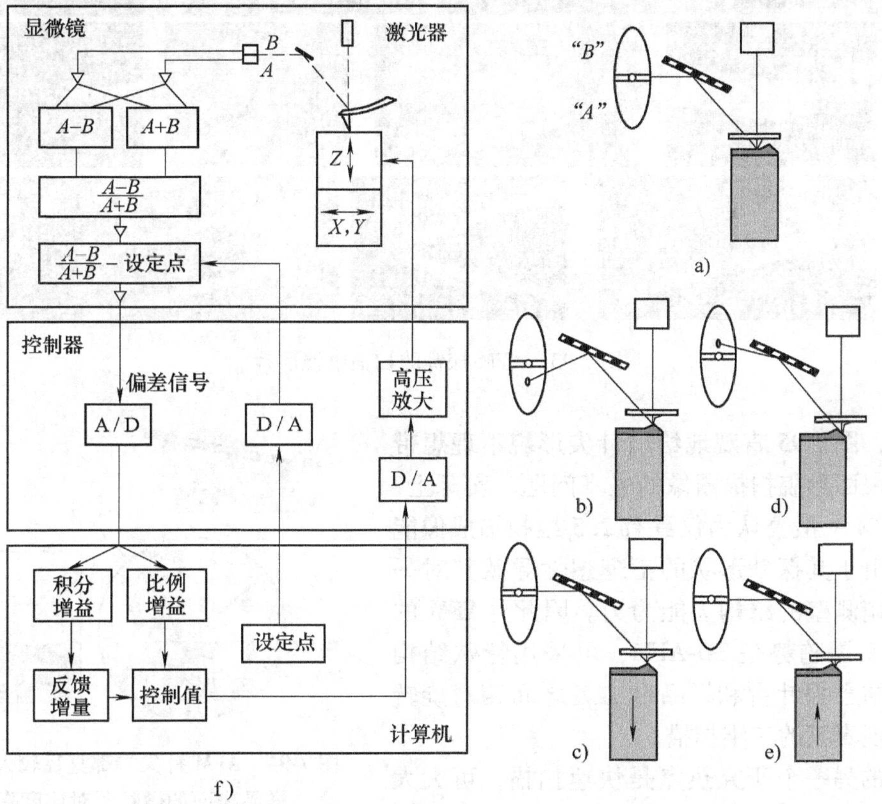

图 7-92　接触模式 AFM 工作原理

（2）*轻敲模式 AFM 工作原理*　轻敲模式与接触模式相比，探针和样品之间的侧向摩擦力大大降低，悬臂梁工作于谐振状态，探针与样品表面发生间歇性接触，因此也称这种工作模式也称为半接触模式。针尖与样品间的间歇性接触力的平均值比接触模式的恒定作用力约减小两个数量级。此时，PSD 检测悬臂梁振幅的方均根（RMS）值，通过反馈环控制扫描器沿 Z 轴方向驱动悬臂梁保持其振幅恒定，即保持探针与样品之间的阻尼恒定。计算机记录下每个（x，y）点下扫描器沿 Z 轴方向的移动量，得到样品表面形貌信息。

3. AFM 的发展趋势

AFM 探针针尖通常采用圆锥形或棱锥形，还有些特殊应用的探针结构，如裙摆形、球形或无针型等，如图 7-93 所示。由于 AFM 探针尖端并不是理想的点，其端部直径一般大于 10nm。利用 AFM 得到的样品的扫描图像实质上是针尖形貌和样品表面形貌的卷积，由图 7-94 可知，实际得到的样品表面形貌并未如实反映粒径。为解决这一问题，需要应用数学形态学的方法对探针的实际形状进行标定，并从扫描图像中去除探针针尖的卷积效果，得到实际的样品表面图像。

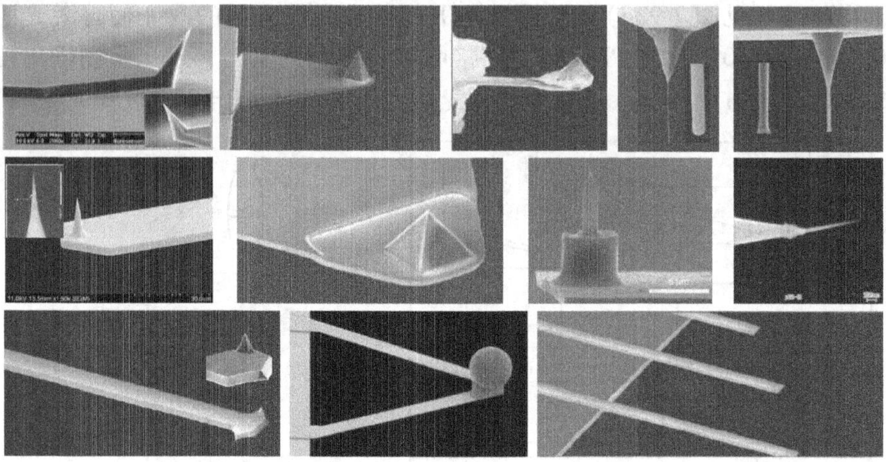

图 7-93　AFM 探针的扫描电镜照片

另外，图 7-95 直观地给出针尖形貌不理想带来的样品表面形貌扫描图像的失真问题。实际上，通用的 AFM 一般公认为仅具有 2.5 维扫描成像能力，正是由于其探针形状的不理想性导致其对一些具有陡峭侧壁的结构无能为力。因此，AFM 的其中一个发展趋势是 3D-AFM，可采用特殊结构的探针或结合探针台和样品台二者之间相对旋转的方式实现真正的三维扫描。

SPM 的另一个研究热点是快速扫描，可大大扩展其在微观动态观测领域的应用。

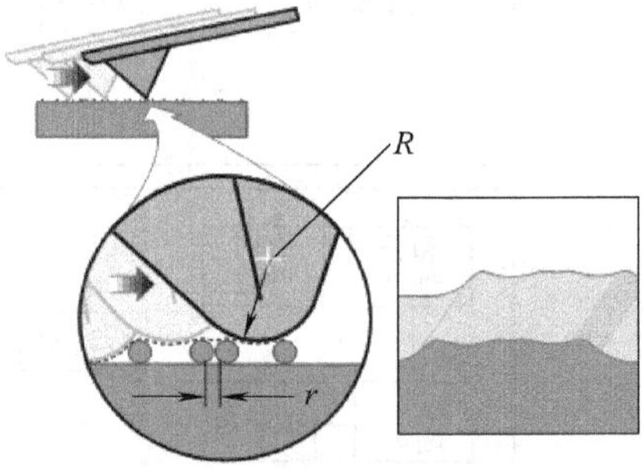

图 7-94　AFM 针尖端部直径较大引起的样品表面的微粒子对比度降低

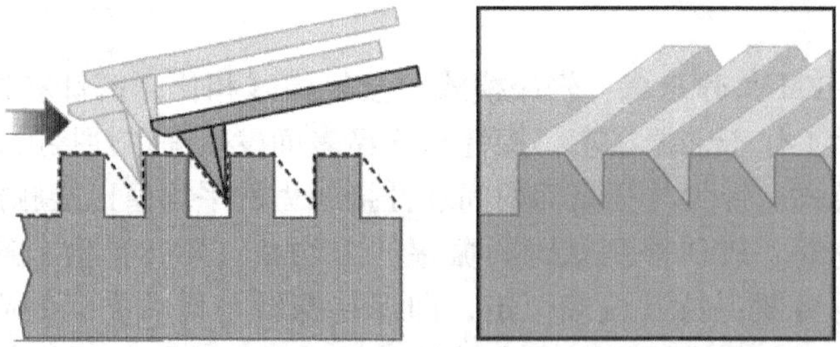

图 7-95　棱锥型 AFM 针尖扫描沟槽结构引入的失真

思　考　题

7-1　立式接触式干涉仪中补偿镜的作用是什么？分析中间暗条纹两侧的彩色条纹分布情况。分划板上的刻度值除了使用单色光进行标定外，还可以用哪些方法实现标定？

7-2　对于直径1mm以下和1m以上的轴，一般采用哪些方法测量轴径，分析测量原理和精度。

7-3　将4个直径相同的钢球，按图7-96所示方式置于被测环规孔内，用仪器测出H值，可间接求出环规的孔径D。若已知：钢球直径$d=19.05\text{mm}$，$H=34.395\text{mm}$，它们的测量不确定度$u_d=0.5\mu\text{m}$，$u_H=1\mu\text{m}$，求环规孔径D。

7-4　自由曲面三维测量方法有哪些？分析测量原理和准确度。

7-5　如何用光切显微镜测量表面粗糙度的Rz值？Ra值为何不易测量？

7-6　给出三种以上导轨直线度误差测量方法？分析测量原理并比较测量精度。轴的直线度误差如何测量？最小条件法和端点连线法评定直线度误差的结果有何异同？

7-7　设计一种激光干涉式非接触表面粗糙度测量仪，画出测量原理图，分析测量误差。

7-8　试分析STM恒高工作模式与恒流工作模式的优缺点。

7-9　结合AFM光杠杆式检测方式，详细说明矩形微悬臂梁和三角形微悬臂梁为什么分别常用于接触模式和轻敲模式扫描？

7-10　图7-97所示为AFM光杠杆光路，激光器发出的激光入射到微悬臂梁背面，随后反射至光电探测器上。假定扫描中微悬臂梁探针和样品表面间相互作用力恒为F，针尖在F作用下位移为δ，微悬臂梁偏转角为θ。试计算光杠杆光路的位移放大比d/δ。$\left(\text{附：悬臂梁的挠曲方程 } y=-\dfrac{F}{6EI}x^3+\dfrac{Fl}{2EI}x^2\right)$

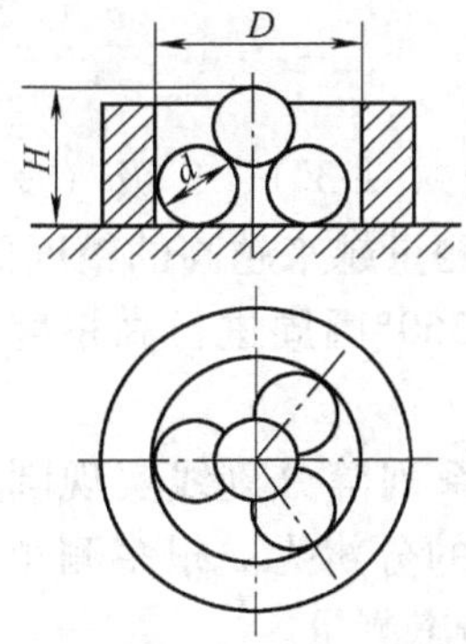

图7-96　题7-3间接测量环规内径示意

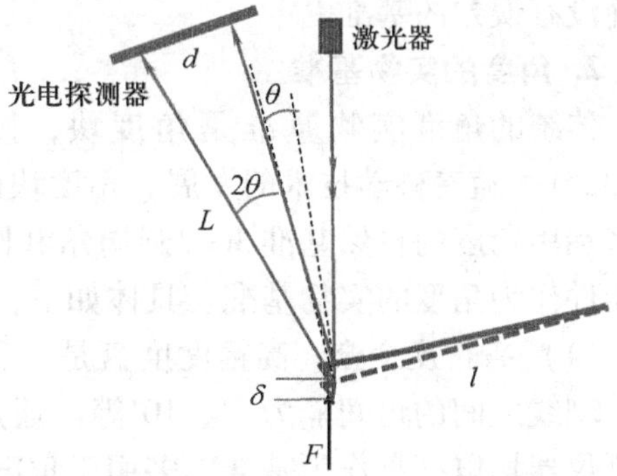

图7-97　题7-10AFM光杠杆光路

第八章　角度量的测量

第一节　概　　述

一、角度的单位

角度是几何量测量的重要参数之一。平面角的单位制分为角度制和弧度制两种。角度制为度（°）、分（′）、秒（″），是国家选定的非国际单位制单位，采用60进位制，在机械加工和角度测量中普遍应用。弧度制是用弧的长度与半径之比来度量角度大小，是由国际单位制导出的单位，常用于角度分析计算，单位为弧度（rad），在高精度计算中还用毫弧度（mrad），1rad = 1000mrad ≈ 57.30°。

二、角度的基准

1. 角度的自然基准

任何一个圆周均可形成封闭的360°（2π rad）平面角，这是角度的自然基准，是绝对准确没有误差的基准。

2. 角度的实物基准

传统的角度实物基准是角度块，按准确度分为0级（±3″）、1级（±10″）、2级（±30″）。随着科学技术的发展，角度块已经很难满足角度测量越来越高的精度要求，现在，大多利用角度的自然基准360°圆周角和圆周封闭原则，将360°圆周进行高精度等分的圆分度器件作为角度的实物基准。具体如下：

（1）*高精度度盘*　高精度度盘是一种在圆周上通过一系列等分刻线实现圆周等分的器件，刻线之间的角间隔为5′、10′等，通过细分可达到很高的分辨力。很多测角仪器和度盘检测仪器均以度盘作为基准，多用于角度及圆分度误差的静态测量。

（2）*圆光栅*　圆光栅由指示光栅和标尺光栅两部分组成，测量过程中指示光栅和标尺光栅配对使用，可以实现角度的动态测量和静态测量。现在使用较多的圆光栅的结构如图8-1所示，其工作原理与直线光栅类似，当标尺光栅绕主轴转动时，产生明暗变换的莫尔条纹，通过读取莫尔条纹明暗变化的次数即可得到标尺光栅相对于指示光栅转过的角度。因为平均效应，光栅的刻线误差对测量结果的影响很小。光栅盘的分度精度可达±0.2″或更高，光栅盘的分辨力可达0.1″。

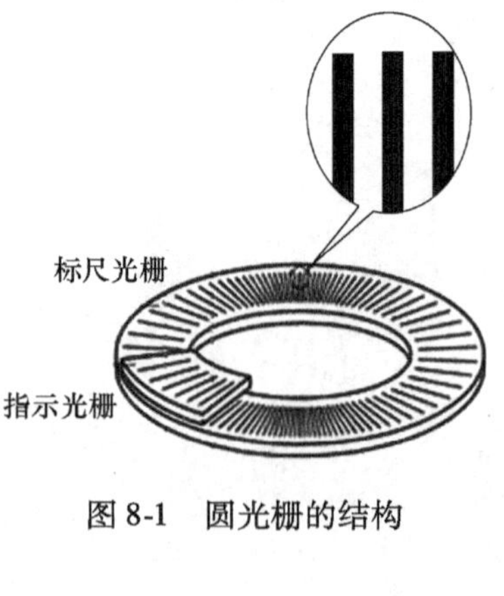

图8-1　圆光栅的结构

（3）*圆感应同步器*　圆感应同步器分为固定部件和旋转部件两部分，固定部件上有励磁绕组，旋转部件上有正弦和余弦绕组，如图8-2所示。工作时旋转部件相对于固定部件运动产生感应电动势，通过鉴幅或鉴相的信号处理方法实现角度的测量。工作时许多节距同时起作用，所以有平均效应，可获得较高的分度精度。感应同步器对使用环境的要求比光栅低，所以常于加工现场的测量。

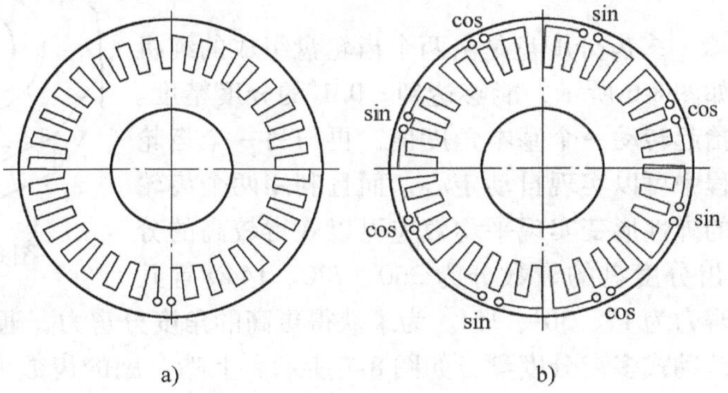

图 8-2　圆感应同步器

a）固定部件　b）旋转部件

（4）角编码器　角编码器是将角度位置直接通过数字量输出的装置。图 8-3 所示为 4 位二进制角编码器，在圆形的码盘上沿径向方向有若干个码道，每条码道代表二进制数的一位，定义亮码道为 1，暗码道为 0，在角编码器转动的不同位置处读取码盘的二进制数实现角度测量。角编码器使用方便可靠，但是很难实现小角度测量。设码盘上有 n 条码道，能够分辨的最小角度为

$$\alpha = 360°/2^n \tag{8-1}$$

若需角编码器达到 1″的分辨力，则码道数 $n = 20 \sim 21$，即需要 21 位码盘。角编码器的工作原理如图 8-4 所示。光源发出的光经过聚光透镜后投射过角编码器，再经过狭缝后形成沿角编码器径向方向很窄的光带，被光电元件接收。根据角编码器旋转角度的不同，光电元件输出不同的信号，这些信号经过解码后得到测量角度。

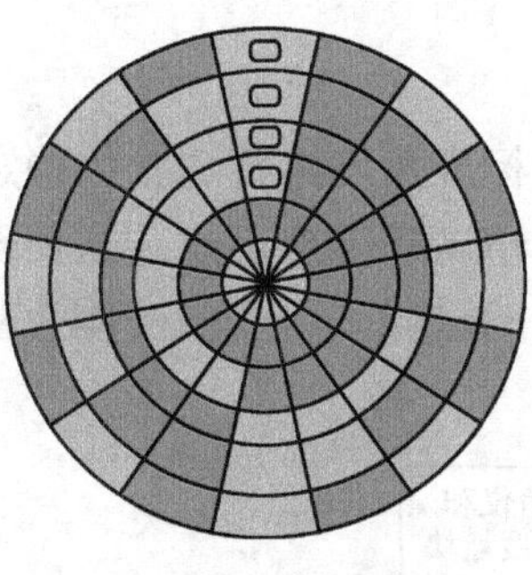

图 8-3　4 位二进制角编码器

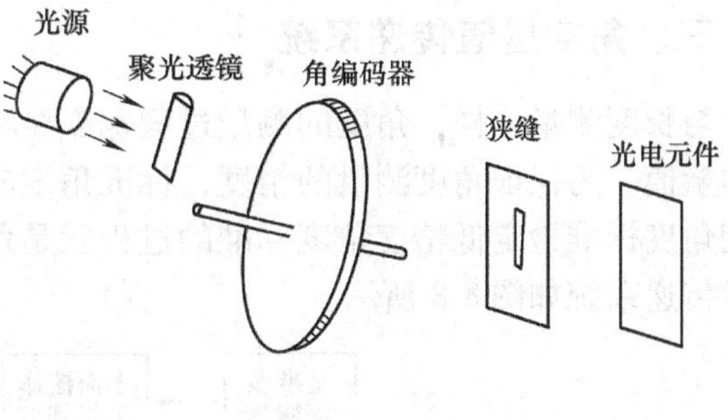

图 8-4　角编码器的工作原理

（5）多面棱体　多面棱体通常由石英、光学玻璃、高强度合金钢等材料制成，底面为工作基面的正棱柱体，是一种高精度的角度标准器，如图 8-5 所示。多面棱体的工作角为棱体各个面法线组成的夹角，利用不同数量工作角的组合可以得到多个角度值，相当于多值角

度块。使用之前需要对多面棱体的工作角进行检定，利用多面棱体本身具有的圆周封闭原则，其检定后的精度可达 ±0. 5″ ~ ±1″。多面棱体的制造误差允许稍大，工作角度的制造偏差可以为 ±3″ ~ ±5″。多面棱体常和自准直仪等光学系统配合使用。

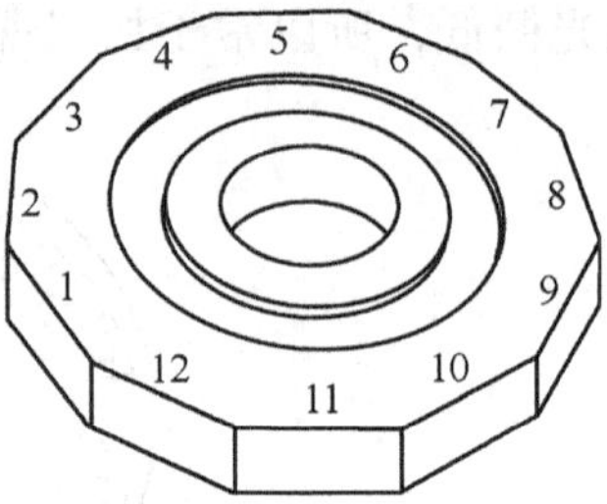

图 8-5　多面棱体

(6) 多齿分度盘　多齿分度盘是由两个齿轮盘组成的纯机械角度分度基准，如图 8-6 所示，能够达到 ±0. 1″的分度精度。使用时一个齿轮盘抬起转动一个基本角度值，再与另一个齿轮盘啮合。在啮合过程中可以实现自动定心，而且利用两个齿轮盘啮合过程中产生的弹性形变实现平均效应可以获得较高的分度精度。现在的多齿分度盘的齿数分为 360、720、1440 等几种，相应的角度分辨力为 1°、30′、15′。为了获得更高的角度分辨力，通常采用三个齿轮盘两个啮合副组成的差动式多齿分度盘，如图 8-7 所示。上啮合副的齿数为 864，下啮合副的齿数为 900。若先是上齿轮盘相对于中齿轮盘顺时针旋转一个齿，然后是下齿轮盘相对于中齿轮盘顺时针旋转一个齿，那么上齿轮盘就相对于下齿轮盘顺时针旋转了 1′，这就提高了多齿分度盘的角度分辨力。多齿分度盘具有自动定心、操作简单、使用寿命长等优点，在国内外使用广泛。

图 8-6　多齿分度盘

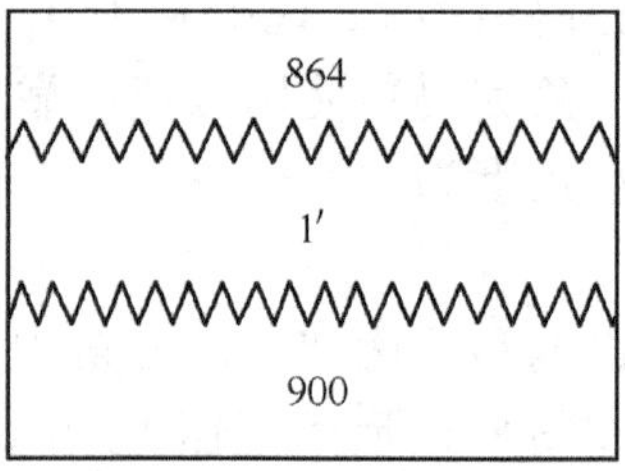

图 8-7　差动式多齿分度盘

三、角度量值传递系统

与长度测量一样，角度的测量过程也需要将被测角度与标准角度进行比较并确定被测角度的量值。为保证角度测量的精度，标准角度应由高精度的角度基准检定过。这种逐级用高精度角度标准检定低精度角度标准的过程就是角度量值传递的过程。以多面棱体为基准的角度量传递系统如图 8-8 所示。

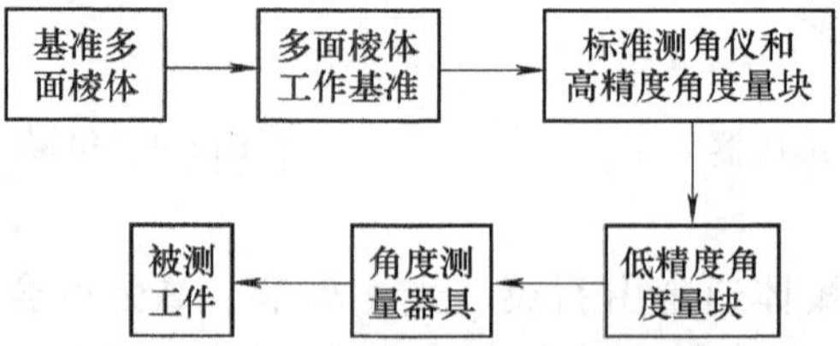

图 8-8　以多面棱体为基准的角度量值传递系统

第二节　角度尺寸的测量

角度尺寸的测量主要包括圆锥形几何要素（如圆锥塞规、锥孔、锥度轴、圆锥轴承等）锥角测量和两平面夹角（如角度块工作角、燕尾槽和V形导轨斜角等）测量。根据测量过程中是否与被测物体接触，测角方法可以分为接触式和非接触式，其中机械式测角方法大多属于接触式测量，光学式测角方法大多属于非接触式测量。

一、接触式测量

接触式测量主要是使用一些机械方法，将被测锥度或者平面夹角转化为机械转动或几何长度来进行角度计算。多齿分度盘就是将被测角度转化为齿轮盘的相对机械转动实现角度的直接测量。而对于很难直接用测量仪器测量的锥度和平面角，需要通过测量几何长度来计算被测角度。

1. 坐标测量

坐标测量方法是通过获得被测角度表面采样点的坐标，计算被测角度或者锥度值。随着三坐标测量机的广泛使用，坐标法角度测量显得十分方便。图8-9所示是用坐标测量法进行锥体锥度测量的原理。测量过程中，选取垂直于圆锥轴线的两个横截面 A 和 B 为测量截面，为了提高锥度的测量精度，将截面之间的距离 l 选择得尽可能大。若在每个截面上拟合得到截面 A 和截面 B 的直径分别为 d_A 和 d_B。则椎体的锥度角 α 为

$$\alpha = \arctan\left(\frac{|d_A - d_B|}{2l}\right) \tag{8-2a}$$

在三坐标测量机上进行锥角测量时，可以在横截面 A 和 B 上选取至少三个采样点，通过拟合的方法得到横截面的直径。为了避免拟合计算，在测量过程中以 YOZ 平面为锥角测量的基准面，如图8-10所示，测量得到 $P_1 \sim P_4$ 点坐标，则椎体的锥度角 α 为

$$\alpha = \arctan\left(\frac{(y_4 - y_3) - (y_2 - y_1)}{2(z_2 - z_1)}\right) \tag{8-2b}$$

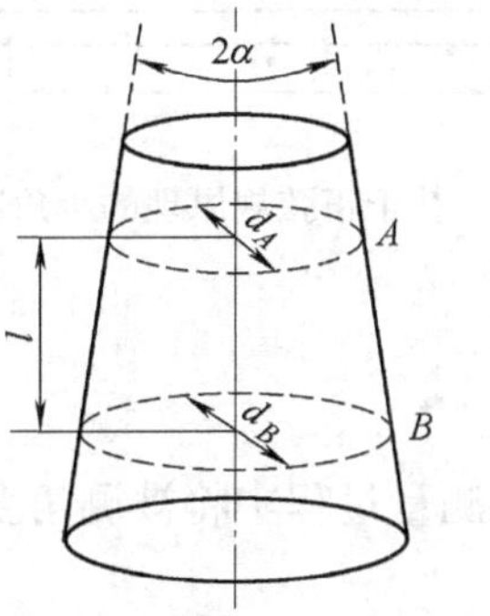

图8-9　锥度坐标测量法的原理

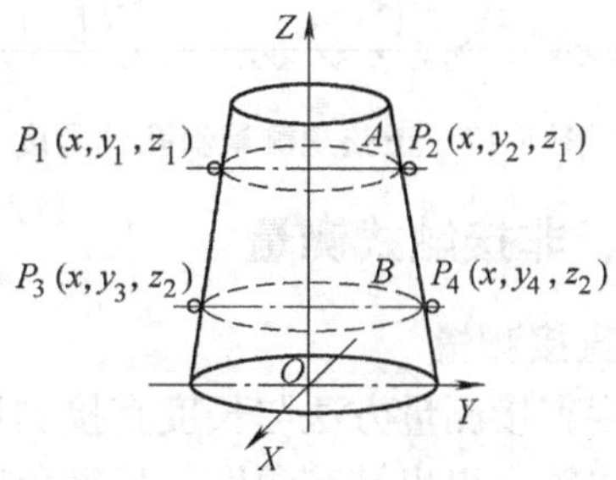

图8-10　三坐标测量机测量锥度

2. 正弦规测量

正弦规是利用直角三角形正弦函数关系，测量角度和锥度的常用量具，其原理如图8-11所示。正弦规两圆柱之间的距离为固定值 L，常用的正弦规有两种规格 $L = 120\text{mm}$ 和 $L =$

200mm。测量前需将正弦规一端用量块垫起，根据被测角度的公称值计算所垫量块高度 H

$$H = L\sin\alpha_0 \tag{8-3}$$

式中，α_0 为正弦规相对于工作平面的倾斜角，取被测角度的公称值。

测量时将被测工件放置在正弦规工作面上，这时被测表面理论上应处于水平位置。实际上由于被测角度的加工偏差，被测表面两端存在高度差。使用百分表测量被测表面相距 l（单位为 mm）的两点，百分表的读数分别为 n_1 和 n_2（单位为 μm），则测量表面与水平位置的偏差 $\Delta\alpha$［单位为（″）］为

$$\Delta\alpha = 206.265\frac{n_2 - n_1}{l} \tag{8-4}$$

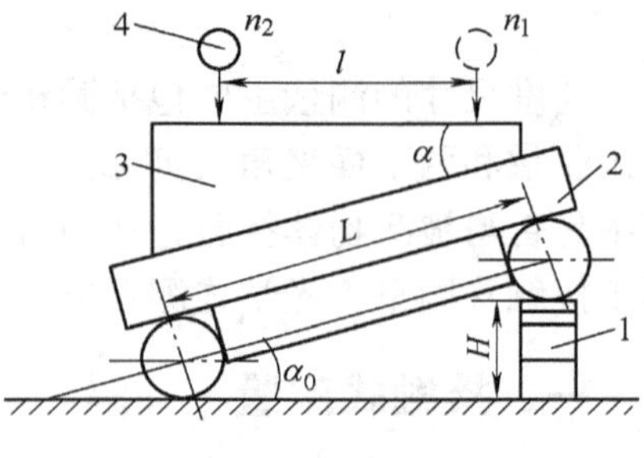

图 8-11　正弦规测量的原理

1—量块　2—正弦规　3—被测工件　4—百分表

被测角度 α 为

$$\alpha = \alpha_0 + \Delta\alpha \tag{8-5}$$

使用正弦规还可以测量斜孔的角度，如图 8-12 所示。在斜孔中套入芯棒，百分表测量芯棒上相距 l 两点的高度差，利用式(8-4)和式(8-5)即可求出斜孔的角度 α。

正弦规测量误差与测量角度 α 有关，测量角度 α 越大测量误差越大。为了保证角度测量精度，正弦规一般用于测量小于 45°的角度。

基于正弦规角度测量原理所设计的小角度测量仪如图 8-13 所示。横臂以圆柱 A 为转动支点，通过调节旋钮可以使横臂产生小角度变化。圆柱 A 和 B 之间的距离为小角度测量仪的工作距离，当工作距离 l 为 1000mm 时，百分表变化 1μm，横臂产生 0.2″的转角。小角度测量仪常用于高精度的角度测量，如检定自准直仪和水平仪等。

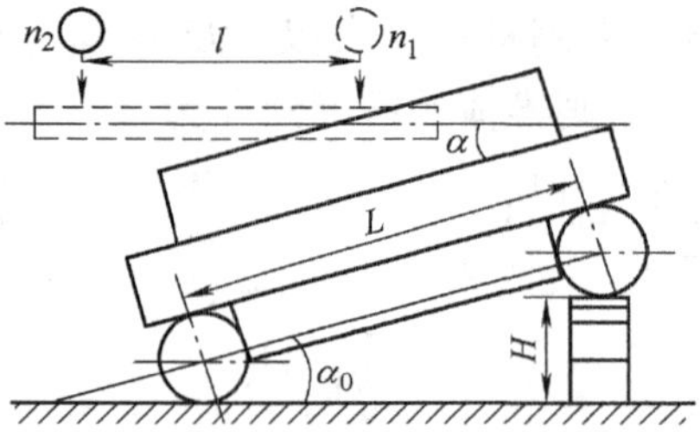

图 8-12　正弦规测量斜孔的角度

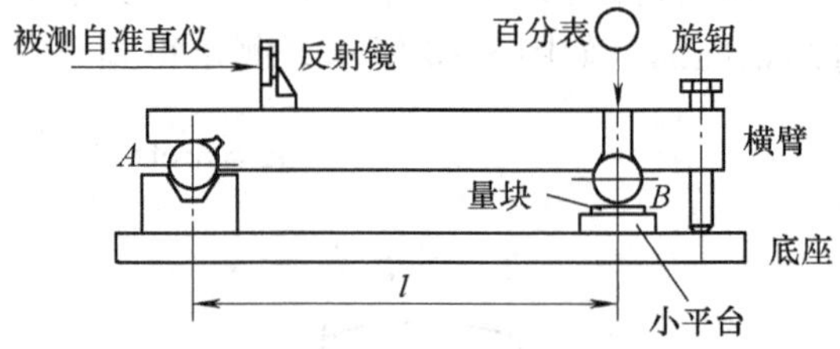

图 8-13　基于正弦规原理的小角度测量仪

二、非接触式测量

1. 直接测量

角度直接测量方法与长度直接测量方法相类似，就是测量过程中将被测角度与角度的标准量相比较，得出被测角度与标准角度之间的偏差。

（1）测角仪　测角仪是一种高精度角度测量仪器，使用高精度光学度盘、圆光栅等作为角度测量基准。测角仪的基本结构如图 8-14 所示。调整螺母 7 调节测角仪水平，主轴 9 与工作台 2 和分度盘 10 相连，能够自由转动和锁死，平行光管 1 通过平行光管支架 11 固定在底盘 6 上，转臂轴 8 带动转臂 4、自准直光管 3 转动。测量过程中通过机壳 5 内的读数装置可以读取工作台和主轴旋转的角度位置。

使用测角仪进行角度测量有两种方法。

方法一是使用自准直光管测角，如图 8-15 所示。测量时将被测件放在工作台 2 上，使用自准直光管进行瞄准。转动工作台，用自准直光管瞄准被测件的 AB 面，记录测角仪的读数 α_1。连同主轴和度盘一起转动工作台，使自准直光管瞄准被测件的 BC 面，记录测角仪的第二个读数 α_2，则被测角度 $\angle ABC$ 为

$$\angle ABC = 180 - (\alpha_1 - \alpha_2) \tag{8-6}$$

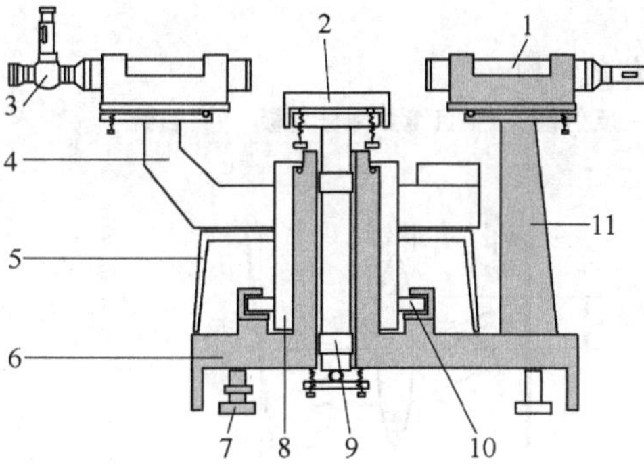

图 8-14　测角仪的基本结构

1—平行光管　2—工作台　3—自准直光管　4—转臂　5—机壳　6—底盘　7—调整螺母　8—转臂轴　9—主轴　10—分度盘　11—平行光管支架

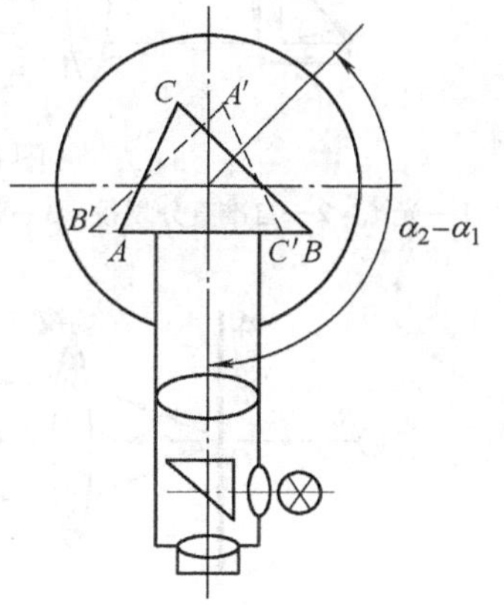

图 8-15　测角仪自准直光管测角

方法二是使用自准直光管和平行光管联合测角，如图 8-16 所示。在平行光管内光线通过位于物镜焦平面上的十字线，经物镜后形成平行光照射在被测件工作面后反射，由自准直光管接收。转动工作台使平行光管的光线射向 AB 面，使其发出的十字线套在自准直光管中的双十字线中，记录测角仪的读数 α_1。连同主轴和度盘一起转动工作台，使平行光管的光线射向 BC 面，反射后使用自准直光管瞄准，记录测角仪的第二个读数 α_2，计算得到被测角度 $\angle ABC$。

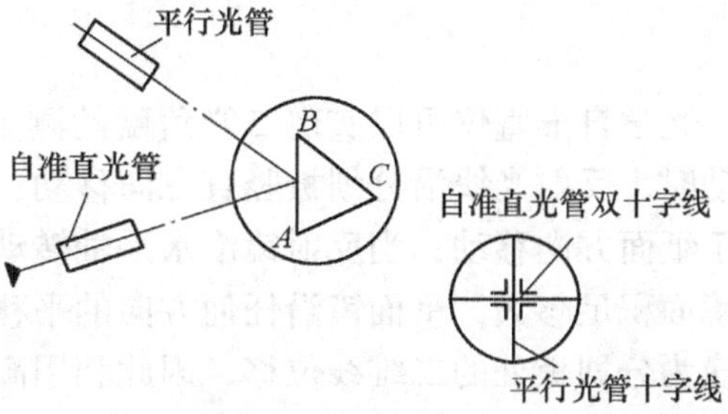

图 8-16　测角仪自准直光管和平行光管测角

（2）自准直仪　光学自准直仪是最常用的一种小角度测量仪，其结构如图 8-17 所示。光源 1 发出的光束照亮自准直分划板 2，物镜 4 将位于其焦平面上的分划板成像至无穷远；经反射镜或工件表面 5 反射后，自准直分划板 2 的像又由分光镜 3 和物镜 4 再次成像在目镜测微分划板 6 的刻划面上，用目镜 7 可观察到自准直分划板与测微分划板零位的相对位置，由此可确定反射面 5 的法线与光轴的夹角。

光学自准直仪基于光的准直原理和平面镜对光束的反射原理实现小角度测量。在图 8-18a 中，点光源 S 照亮位于透镜的主焦点 O 上的分划板，经过主焦点朝各方向发出的光线经过透镜后成为平行于主光轴的平行光束。当出射光束遇到平面镜时，若光束按法线方向入射，则平行光束按原来的入射方向返回，经透镜汇聚，在分划板上成像。如果平面镜转动 α

角，那么反射光线相对于入射光线偏转 2α 角，此时反射光线在分划板上的位移为 t，如图 8-18b 所示。

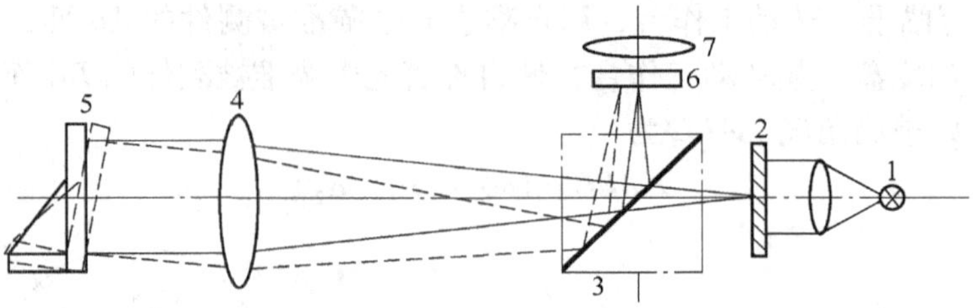

图 8-17　光学自准直仪的结构

1—光源　2—自准直分划板　3—分光镜　4—物镜　5—反射镜　6—目镜测微分划板　7—目镜

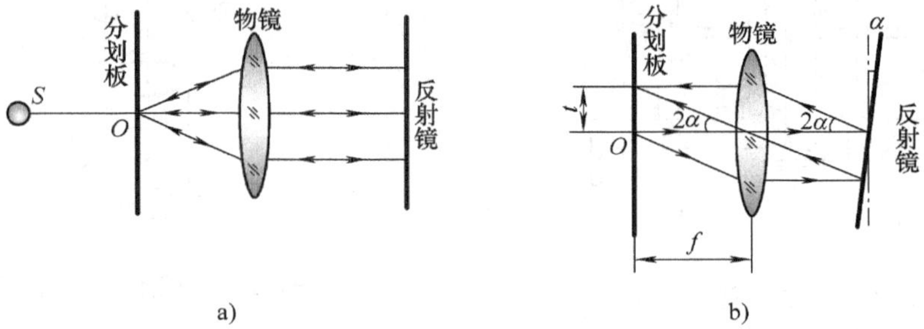

图 8-18　光学自准直仪的准直原理

a）反射镜面垂直光轴　b）反射镜面倾斜 α 角

设透镜的焦距为 f，根据三角关系可知

$$\tan(2\alpha) = \frac{t}{f} \tag{8-7}$$

当反射镜转动角度 α 较小时，α 的计算公式可写为

$$\alpha \approx \frac{t}{2f} \tag{8-8}$$

光学自准直仪可以实现二维角度的测量。如图 8-17 所示，当反射镜绕垂直于纸面的轴转动时，反射光线沿分划板竖直方向移动；当反射镜绕竖直轴转动时，反射光线沿分划板垂直于纸面方向移动；当反射镜沿水平轴转动时，不会对反射光线产生影响。理论上说，若平面镜面积足够大，平面镜沿任何方向的平移都不影响自准直成像。光学自准直仪将被测角度转换为分划板处的二维线位移，因此利用高精度线位移测量方法光学自准直仪能实现小角度高精度测量。

随着光电技术的发展，使用光电传感器代替人眼读数，有光电自准直仪和光栅自准直仪等多种。图 8-19 所示是一种光电自准直仪的工作原理。分划板 2 和光电传感器 6 位于物镜的两个共轭焦平面上。光源 1 发出的光经聚光镜均匀照亮分划板 2，经由分光镜 3 和物镜 4，出射平行光束，遇到反射镜 5，平行光束返回由物镜 4 聚焦，成像于光电传感器 6 表面。分划板 2 通常采用十字形分划板，当被测的反射镜偏转时，光电传感器检测出十字图像的移动距离。信号处理系统对光电传感器输出信号进行处理，即可计算出反射镜转角。

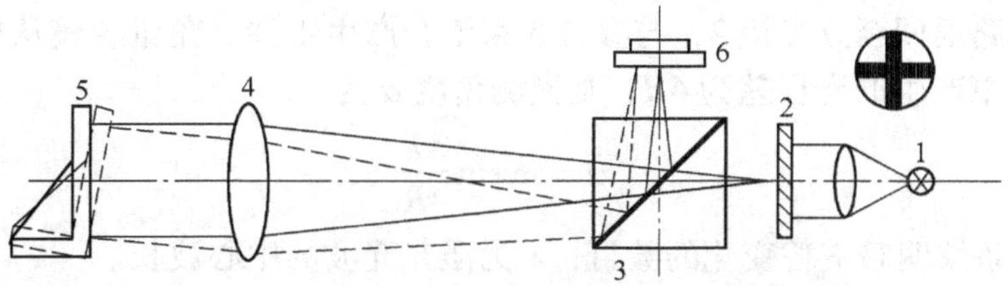

图 8-19　光电自准直仪的工作原理

1—光源　2—分划板　3—分光镜　4—物镜　5—反射镜　6—光电传感器

图 8-20 所示是光栅自准直仪的工作原理。光源 1 发出的光照亮位于物镜 4 焦平面上的标尺光栅 2，经物镜 4 准直后形成平行光束，平行光经反射镜 5 反射，再由物镜 4 及分光镜 3 会聚于指示光栅 6 处，即将标尺光栅 2 成像于指示光栅 6 上。标尺光栅 2 的像与指示光栅 6 相叠合而形成莫尔条纹，该莫尔条纹由光电传感器 7 接收处理，计算出反射镜转角。

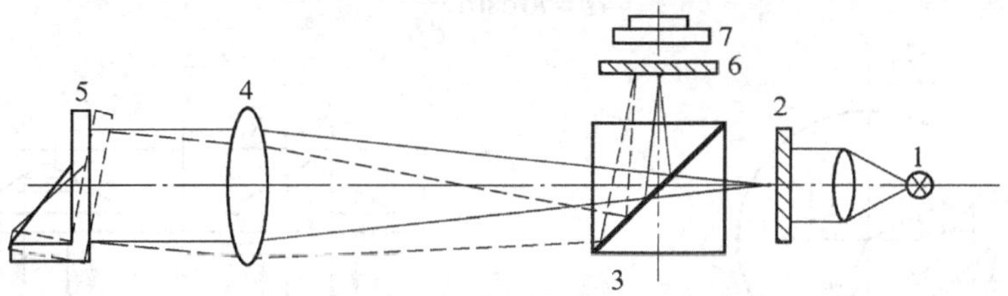

图 8-20　光栅自准直仪的工作原理

1—光源　2—标尺光栅　3—分光镜　4—物镜　5—反射镜　6—指示光栅　7—光电传感器

使用自准直仪进行角度测量是一种相对测量方法，即将被测角度与角度的标准量进行比较。图 8-21 所示是使用角度标准块作为标准量进行角度相对测量的示意，测量过程中使用定位销 4 将角度标准块 2 和被测工件定位在同一位置。首先将角度值与被测角度标称值 α_0 相同的角度标准块定位，然后转动旋转台 3 使角度标准块的工作面与自准直仪的光线垂直，自准直仪 1 的读数为 0。用工件替换角度标准块，使用自准直仪 1 瞄准被测工件表面 5，测出角度的偏差值 $\Delta\alpha$，则被测角度为

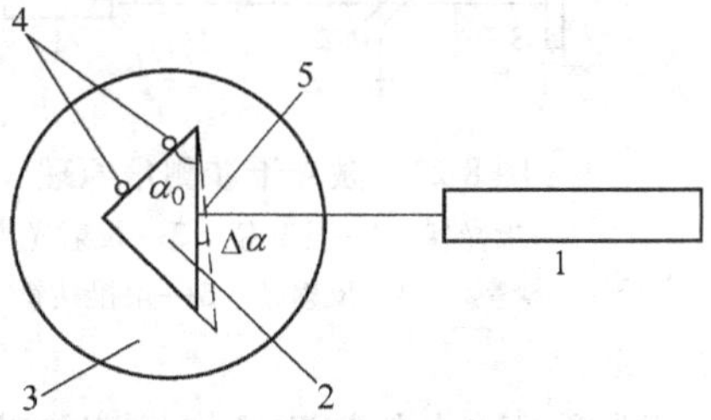

图 8-21　相对法角度测量示意

1—自准直仪　2—角度标准块

3—旋转台　4—定位销

5—被测工件表面

$$\alpha = \alpha_0 + \Delta\alpha \tag{8-9}$$

2. 间接测量

角度的间接测量方法是指在不使用或者缺少角度标准量的情况下，通过测量长度、光强、角速度等物理量，利用其与被测角度之间的关系计算获得被测角度值。

(1) 激光干涉角度测量　角度可通过三角函数关系表示为长度之比。在激光干涉过程中长度的变化能够引起干涉条纹明暗交替变化，且激光干涉长度测量的精度较高，因此激光干涉法在角度测量中得到了广泛应用。

激光干涉测角的基本原理如图 8-22 所示。激光器 1 发出的激光经分光镜 2 后变为两束。透射光束经参考镜 3 反射后形成参考光束；反射光束为测量光束，射向角锥棱镜 5，经反射

镜4反射后沿原路返回至分光镜2，与参考光束汇合产生干涉。角锥棱镜从位置Ⅰ移动到位置Ⅱ处，测量光束产生的光程差为$4H$，则被测角度α为

$$\alpha = \arcsin\frac{K\lambda}{4R} \tag{8-10}$$

式中，K为干涉条纹明暗交替变化的数目；λ为激光光波的中心波长。

利用激光干涉测角原理可以制成激光干涉小角度测量仪，测量光路如图8-23所示。激光器1发出的光经分光棱镜4后分成两路光束。一路反射，射向正弦臂10一端的直角棱镜8；一路先透射，然后经反射镜5反射，射向正弦臂10另一端的直角棱镜6。直角棱镜6和8与正弦臂10绕转轴同步旋转。两路光束分别经过直角棱镜7和9等距离平移后反射回来，反射光束在分光棱镜4处汇合产生干涉条纹，由光电探测器2和3接收。干涉条纹变换一个周期，对应H长度变化$\lambda/8$，当干涉条纹数变化K时，被测角度为

$$\alpha = \arcsin\frac{K\lambda}{8R} \tag{8-11}$$

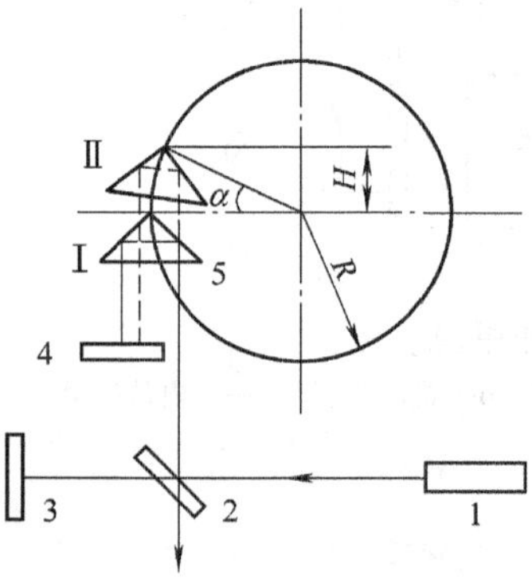

图8-22　激光干涉测角原理

1—激光器　2—分光镜　3—投射光束参考镜　4—反射镜　5—角锥棱镜

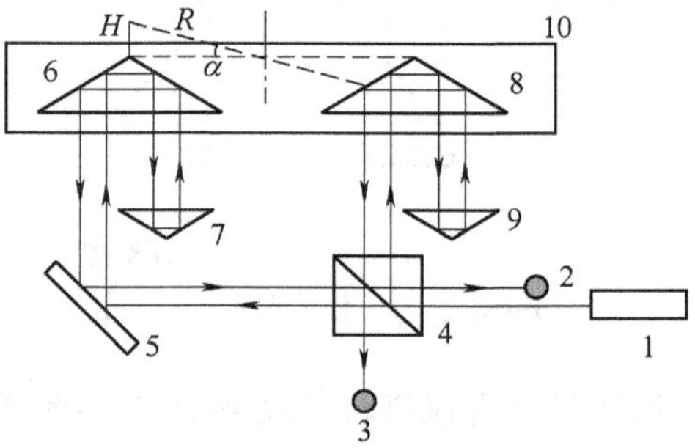

图8-23　激光干涉小角度测量仪光路

1—激光器　2、3—光电探测器　4—分光棱镜　5—反射镜　6～9—直角棱镜　10—正弦臂

激光干涉小角度测量仪的测量范围大约在几度以内，无法满足大范围角度测量的要求，为实现大角度测量，需要对激光干涉测角的方法进行相应的改进。激光楔形平板干涉角度测量就是利用双光线经过楔形平板时光程差变换与平板转角的关系，通过测量光程差的变化实现转动角度的测量，其测量原理如图8-24所示。激光器1发出的光经分光棱镜2后分成两路，一路透射光线经反射镜3后通过楔形平板6；一路反射光线直接通过楔形平板6。两路光线经直角棱镜4和5反射后在分光棱镜2处汇合产生干涉条纹，由光电探测器7和8接收。这两路光线的光程差与楔形平板的入射位置有关，如图8-25所示。楔形平板的楔角为θ，两束入射光之间的距离为L，楔形平板的折射率为n，则AB和CD两光束通过一次楔形平板的光程差Δ与楔形平板转动角度α之间的关系为

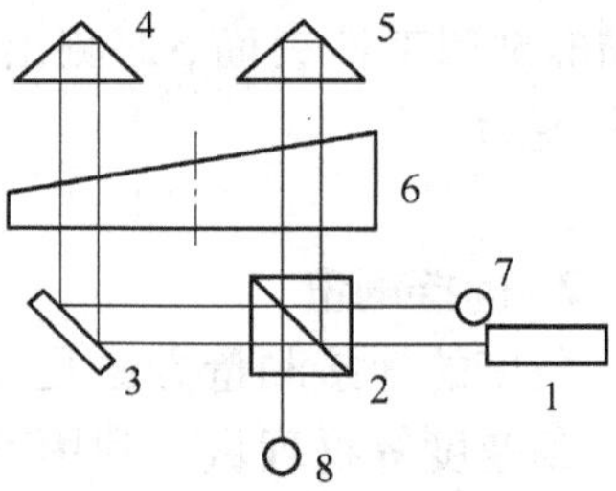

图8-24　激光楔形平板干涉测角的测量原理

1—激光器　2—分光棱镜　3—反射镜　4、5—直角棱镜　6—楔形平板　7、8—光电探测器

$$\Delta = L(n-1)\tan\theta\cos\alpha \tag{8-12}$$

在楔形平板干涉测角过程中光程差为2Δ，光程差变化λ，对应干涉条纹明暗变换一个周期。当干涉条纹明暗变化N次时，则被测角度为

$$\alpha = \arccos\frac{N\lambda}{2L(n-1)\tan\theta} \tag{8-13}$$

激光楔形平板干涉角度测量方法可以实现360°范围内的角度测量，而且能够实现对转动角度的连续测量。

(2) 激光陀螺角度测量　激光陀螺，又称为环形激光器，是基于萨克纳克(Sagnac)效应进行角度测量的，如图8-26所示。在任意一个几何形状的光学环路中，将同一光源发出的一束光分为沿相反方向传输的两束光，当环路以一定角速度旋转时，这两束光之间将产生一个与旋转角速度成正比的相位差。

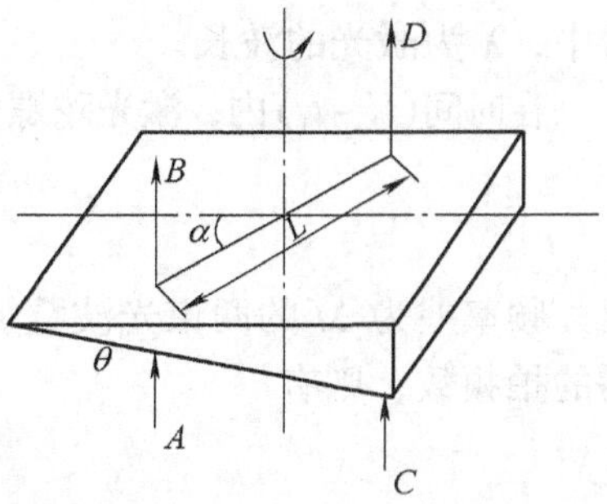

图8-25　楔形平板光程差计算示意

利用萨克纳克效应制成的激光陀螺如图8-27所示，由等边三角形(或四边形)的谐振腔7和位于腔内的双向气体放电管4组成。放电管4发出顺时针方向的光束C_{cw}经反射镜5和6后，经半透半反镜3透射后进入棱镜2；逆时针方向的光束C_{ccw}经半透半反镜3和反射镜5、6反射后进入棱镜2。两束光束合成为一束后射向接收器1。

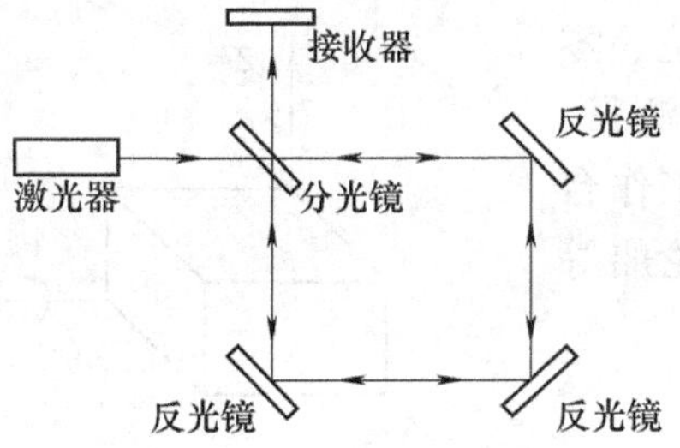

图8-26　萨克纳克效应的原理

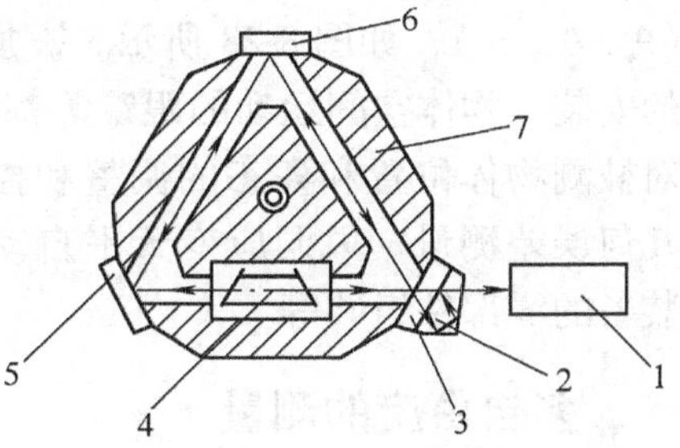

图8-27　激光陀螺结构示意

1—接收器　2—棱镜　3—半透半反镜

4—放电管　5、6—反射镜　7—谐振腔

如果激光陀螺静止不动，则顺时针传播和逆时针传播的两束光不受影响，两束光传播的时间t_{cw}和t_{ccw}为

$$t_{cw} = t_{ccw} = \frac{L}{c} = \frac{2\pi R}{c} \tag{8-14}$$

式中，L为激光陀螺的光学环路长度；R为光学环路近似圆形的半径；c为光速。

当激光陀螺以一定角速度ω旋转时，顺时针传播和逆时针传播的两束光将产生光程差ΔL

$$\Delta L = c(t_{cw} - t_{ccw}) = \frac{4\pi\omega R^2}{c} = \frac{4S}{c}\omega \tag{8-15}$$

式中，S为激光陀螺光学环路的面积。

激光陀螺是一种谐振式陀螺，依据谐振条件，它在转动过程中逆向传播的两束光由光程

学 ΔL 引起的频率差 Δf 为

$$\Delta f=\frac{4S}{\lambda L}\omega \tag{8-16}$$

式中，λ 为激光的波长。

在时间(t_2-t_1)内，激光陀螺相对于惯性系统转过的角度 θ 是角速度 ω 对时间的积分，即

$$\theta=\int_{t_1}^{t_2}\omega \mathrm{d}t=\int_{t_1}^{t_2}\frac{\lambda L}{4S}\Delta f \tag{8-17}$$

频率差为 Δf 的两束光波叠加产生拍频信号，若以 N 表示在时间(t_2-t_1)内拍频信号传播的拍频数，则有

$$\theta=\frac{\lambda L}{4S}N \tag{8-18}$$

激光陀螺可以实现高精度和高分辨率的动态角度测量，广泛应用于航空、航海等领域的惯性导航系统中。

第三节　自由度的测量

物体在空间具有六个自由度，即沿三个方向轴的移动$(\Delta X,\ \Delta Y,\ \Delta Z)$和绕三个方向轴的转动$(\theta_x,\ \theta_y,\ \theta_z)$，如图 8-28 所示。被加工工件的定位、零部件的安装、物体空间运动的跟踪等都需要进行位姿测量，实现对被测物体位置和姿态的调整和控制，如机床工作台多维几何误差测量、风洞应变天平自动校准、飞机轮船等大型装备的零部件组装等。

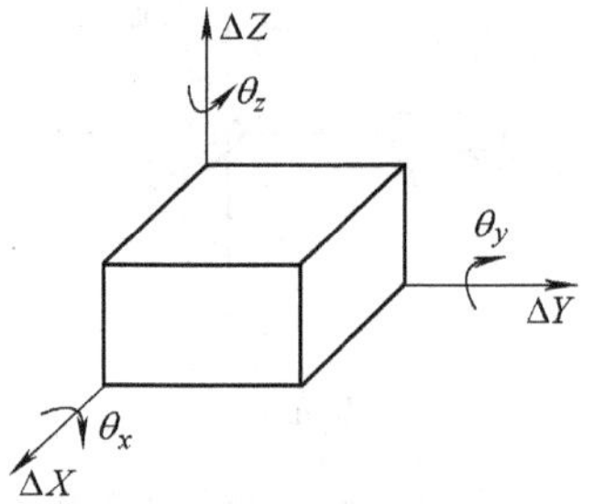

图 8-28　空间物体的六自由度

一、多自由度的测量

物体多自由度的测量一般采用光学分光法和视觉图像法。光学分光法是将单一激光束分为多束作为测量基准，采用多个光电接收器接收不同自由度变化的信号；视觉图像法是采用摄像机拍摄被测物体上的特征点图像，结合特定的位姿测量算法，实现被测物体各个自由度的解算。

1. 光学分光法

光学分光法是将一束光分为多束，利用每束光所携带的自由度信息进行测量。可采用分光镜或全息光栅进行分光。

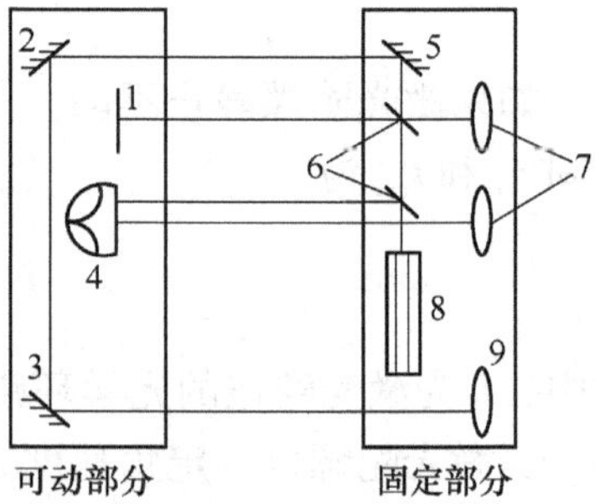

图 8-29　机床五自由度偏差光学测量系统

1～3—平面镜　4—角锥棱镜　5—平面反射镜　6—分光镜　7、9—位置探测器　8—激光器

测量机床五自由度偏差的光学分光测量系统如图 8-29 所示，该系统分为可动部分和固定部分。其中，可动部分包括三个平面镜 1、2 和 3，一个角锥棱镜 4，其放置于机床的工作台上随其在导轨上移动。固定部分由激光器 8、两个分光镜 6、平面反射镜 5 和位置探测器(PSD)7、9 组成，其放置在机床的床身上，提供自由度测量的基准。角锥棱

镜具有对光束方向(小角度内)不敏感的特性，因此从角锥棱镜4反射回的光束被PSD7接收，所得到的激光点位置信息可以反映水平和垂直两个方向上的位置误差。平面反射镜仅对光束的偏摆和俯仰敏感，因此从平面反射镜1反射回来的光束被PSD7接收，所得的激光点位置信息反映俯仰角和方位角的误差。激光束经反射镜5、2、3反射后被PSD9接收，利用所得到的激光点位置信息可以计算出横滚角的误差。

利用全息光栅的分光特性，在激光准直光束中加入一个全息光栅，可进行五自由度(ΔX, ΔY, θ_x, θ_y, θ_z)的测量。全息光栅实际上是一张全息照片，激光器发出的光束经过分光后形成具有平面波前的参考光束和具有球面波前的物光光束，两束光束在全息干板上产生干涉，形成干涉条纹，这个干涉条纹在全息底片上定影后形成全息光栅。

全息光栅分光五自由度测量系统如图8-30所示，He-Ne激光器1发出的光经准直扩束后成为平行光投射到与其垂直放置的全息光栅2上。平行光束通过全息光栅上的干涉条纹后分成三束。光束2是非衍射的零级光束，它是入射光束的延续部分。用二维PSD4接收光束2的光，测量出靶标沿X、Y轴方向上的位移ΔX和ΔY。光束1是会聚的一级光束，是形成全息光栅的物光波的再现。使用PSD5放置在会聚光束1的焦点上，如果靶标只沿X轴方向和Y轴方向有移动，则全息光栅的焦点位置不会变化。如果靶标在水平和垂直方向上有偏摆和俯仰角度变化，即产生θ_x和θ_y，则光束1的焦点沿着PSD表面移动，将PSD输出的位置移动量经测量模型计算得到θ_x和θ_y。光束3是发散的一级光束，它和激光器具有相同的偏振特性，都是平面偏振光。光束3通过沃拉斯顿棱镜3后分为寻常光束o和非常光束e，这两束光的光强取决于入射光束的偏振方向。当靶标沿入射光转动时，入射偏振面也随之有相对转动，因而一束光强增加而另一束光强减少。用两个光电探测器分别对准o光和e光，通过输出信号的强弱来测量横滚角θ_z，但滚转角的测量精度较低，可用磁光调制等手段提高测量精度。信号处理系统将光电探测器的信号处理后送入计算机6进行计算，得到测量结果。

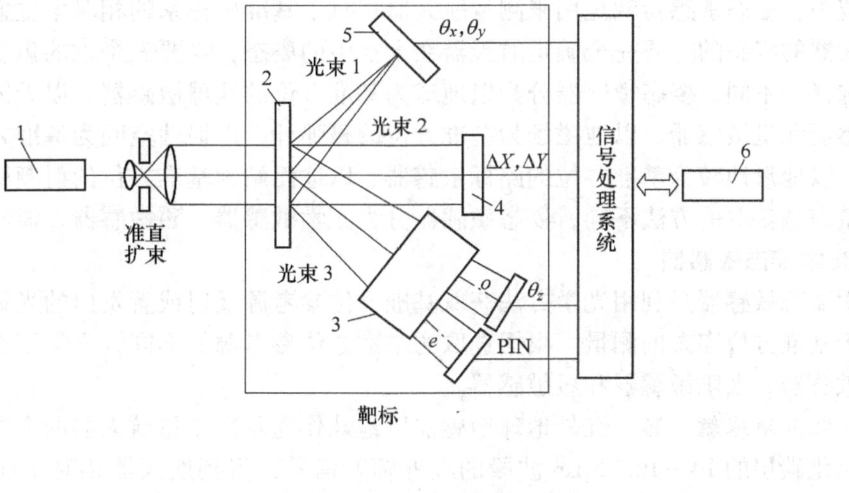

图8-30　全息光栅分光式五自由度测量系统

1—He-Ne激光器　2—全息光栅　3—沃拉斯顿棱镜

4、5—位置探测器　6—计算机

2. 视觉图像法

六自由度视觉位姿测量系统的原理如图 8-31 所示。在运动物体上放置若干个位姿测量特征点，通常为 4 ~ 6 个，在物体运动的不同位姿条件下摄像机拍摄测量特征点的图像。根据特征点在运动物体上布局的空间坐标 $\boldsymbol{P}^{w}$ 和摄像机图像中特征点的图像坐标 $\boldsymbol{P}^{I}$，通过迭代优化求解的方法可以获取当前位姿下特征点在摄像机坐标系 $x_c y_c z_c$ 下的坐标 $\boldsymbol{P}_1^c$

$$\boldsymbol{P}_1^c = \boldsymbol{R}_1 \boldsymbol{P}^w + \boldsymbol{T}_1 \tag{8-19}$$

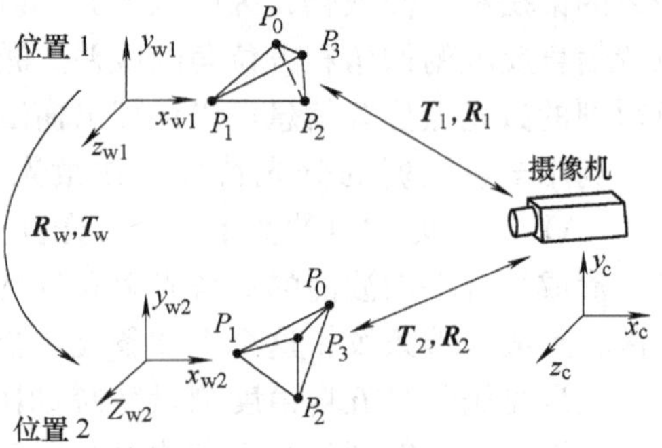

图 8-31　六自由度视觉位姿测量系统的原理

式中，$\boldsymbol{R}_1$ 和 $\boldsymbol{T}_1$ 分别为坐标变换过程中的旋转矩阵和平移矩阵。在旋转矩阵 $\boldsymbol{R}_1$ 中包含了分别绕三个坐标轴旋转的角度信息，平移矩阵 $\boldsymbol{T}_1$ 中包含了沿三个坐标移动的距离。同样，在另一个位姿下可以得到

$$\boldsymbol{P}_2^c = \boldsymbol{R}_2 \boldsymbol{P}^w + \boldsymbol{T}_2 \tag{8-20}$$

那么这两个位姿之间的坐标变换为

$$\boldsymbol{P}_2^c = \boldsymbol{R}_w \boldsymbol{P}_1^c + \boldsymbol{T}_w \tag{8-21}$$

从而实现了对运动物体位姿的测量。

视觉图像测量方法具有定位快速、抗电磁干扰、精度适中、成本低等优点，广泛应用于无人机自动加油和自动着舰、飞船对接、飞行员头盔瞄准定位、车轮定位等领域。

二、空间姿态的测量

航天器在空间运行的过程中需要对航天器的姿态进行控制，以保持或者按需改变航天器在太空中相对于某个参考坐标系的姿态，实现航天器的姿态稳定和姿态机动。在航天器姿态控制系统中，姿态敏感器就是用来测量航天器相对于基准坐标系的相对角位置和角速度，以确定航天器的姿态的。要完全确定航天器在太空中的姿态，需要三个轴的角度信息。按照基准方位选择的不同，姿态敏感器分为以地球为基准方位的地球敏感器、以天体为基准方位的太阳敏感器和星敏感器、以地磁场为基准方位的磁强计、以惯性空间为基准方位的陀螺和加速度计、以地形地貌为基准方位的路标敏感器、以地面站为基准方位的射频敏感器等。按照姿态测量信息获取的方法不同，姿态敏感器分为光学敏感器、磁敏感器、惯性敏感器等。

1. 光学姿态敏感器

光学姿态敏感器是利用光学方法获取基准方位参考源反射或者发出的光辐射，实现航天器相对于基准方位姿态的测量。根据选取的基准方位参考源的不同，光学姿态敏感器分为红外地球敏感器、太阳敏感器和星敏感器。

（1）红外地球敏感器　红外地球敏感器以地球作为基准测量航天器的姿态，获取地球大气中二氧化碳层的 14 ~ 16.25μm 波段的红外辐射信号，得到航天器相对于地球轮廓的观测角。红外地球敏感器分为圆锥扫描式、摆动扫描式和静态地球敏感器。

摆动扫描式地球敏感器通过一个摆动扫描镜改变光学敏感器件的信号获取角度，实现对地球轮廓观测角的测量。因为摆动扫描镜扫描角度控制较困难，而且测量过程中需要不断施

加外力克服扫描镜摆动过程中的惯性，消耗能源较多，已逐渐被淘汰。圆锥扫描式地球敏感器的扫描部件只需作圆周运动，因此测量过程中只需克服摩擦力的影响，应用广泛。

圆锥扫描式地球敏感器的工作原理如图 8-32 所示。$O\text{-}XYZ$ 是卫星坐标系，敏感器的旋转轴与卫星的 OY 轴重合，E 是卫星指向地心的天地矢量。红外敏感器在 YOZ 平面内的 G 点处有一基准信号，当敏感器视线在时刻 t_g 扫过 G 点，利用 G 点的基准信号可知视线的扫描周期 T，敏感器视线在 t_{in} 时刻 H_{in} 点从天空扫入地球，在 t_{out} 时刻 H_{out} 点从地球扫入天空。绕 OY 轴旋转的卫星姿态角为

$$\Delta\gamma = \frac{1}{2}\left[\frac{t_{out}-t_g}{T}\times 360+\frac{t_{in}-t_g}{T}\times 360\right] \quad (8\text{-}22)$$

在每个扫描周期内，圆锥扫描式地球敏感器获取三个时刻信号，即扫入地球点脉冲、扫出地球点脉冲和基准脉冲，实现姿态的测量。一个圆锥扫描式地球敏感器只能得到相对于扫描轴的卫星姿态。如果要获取天地矢量的姿态，需要两个旋转轴相互垂直的双圆锥扫描地球敏感器。

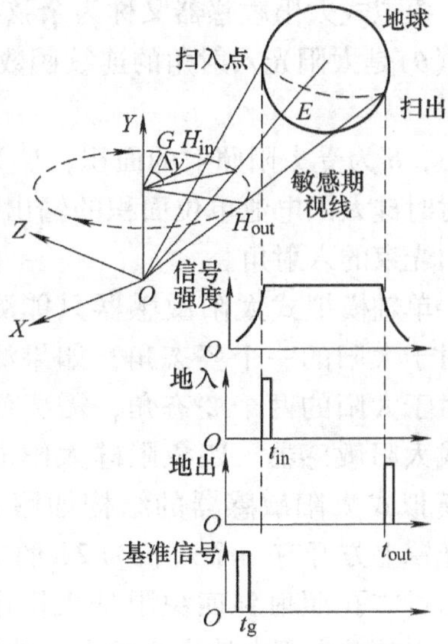

图 8-32　圆锥扫描式地球敏感器的工作原理

静态地球敏感器由等间隔对称分布的多个红外光学探测系统组成，分别接收地球不同部分的红外辐射能量，根据不同光学探测器中能量的分布确定卫星的姿态，其工作原理如图 8-33 所示。静态地球敏感器不需要扫描机构，质量轻、功耗低。测量过程中需要对大气模型的误差进行修正，提高姿态测量的精度和可靠性。

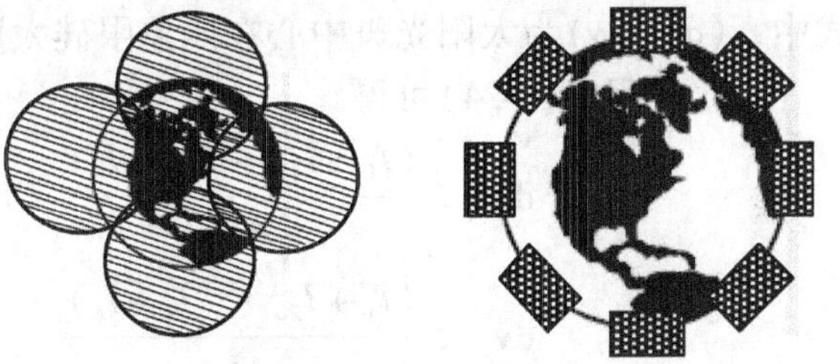

a)　b)

图 8-33　静态地球敏感器的工作原理

a) 4 视场　b)8 视场

(2) 太阳敏感器　太阳敏感器以太阳作为基准测量航天器的姿态，通过测量太阳辐射，确定太阳光线同航天器某一确定轴或者坐标面之间的夹角，获得航天器相对于太阳的方位，在航天器上广泛应用。太阳敏感器具有以下特点：

1）在大多数应用场合，可以把太阳光线近似看成平行光，太阳近似看做是点光源，因此就可简化敏感器设计和姿态测量算法。

2）太阳光源很强，从而使敏感器结构简单，其功率要求也很小。

3）太阳敏感器的视场范围很大，可以从几角分 × 几角分到 128° × 128°，而分辨力可以从几度到几角秒。

太阳敏感器分为0-1 式、模拟式和数字式三种类型。0-1 式太阳敏感器又称太阳发现探测器，当太阳出现在敏感器视场内，并且信号超过门限值时，表示见到了太阳，输出为 1；当信号低于门限值时，输出为 0，表示没见到太阳。太阳敏感器的结构也比较简单，在一个狭缝的后面贴上光电池，当卫星搜索太阳时，一旦太阳进入敏感器的视场内，则光电池就产

生一个阶跃响应，说明发现了太阳。持续的阶跃信号表示太阳位于敏感器视场内。这种敏感器一般用来作保护器，例如保护红外地球敏感器免受太阳光的影响。

模拟式太阳敏感器又称为余弦检测器。使用硅太阳电池作为敏感元件，其输出电流的强度 $I(\theta)$ 是太阳光入射角的连续函数，关系式为

$$I(\theta) = SI_0\cos\theta \tag{8-23}$$

式中，S 为受太阳照射的面积；I_0 为太阳垂直入射时硅太阳电池单位面积的输出电流；θ 为太阳光束的入射角。

单轴模拟式太阳敏感器只能测量航天器相对于太阳的一个姿态角，如果测量航天器相对于太阳的两个姿态角，需要使用两轴模拟式太阳敏感器。四象限硅太阳电池差动双轴模拟式太阳敏感器的结构如图 8-34 所示。遮光罩上方开有一个边长为 $2L$ 的方孔，太阳光通过方孔照射到四象限硅太阳电池上，四个象限的硅太阳电池产生的电流分别为

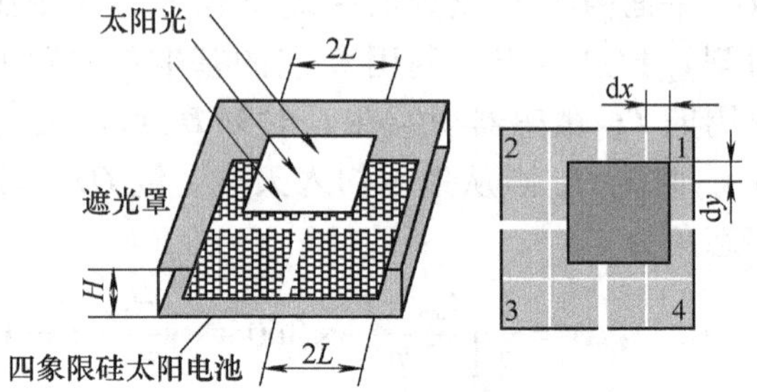

图 8-34　四象限硅太阳电池差动双轴模拟式太阳敏感器的结构

$$\begin{aligned} I_1 &= I_0\cos\theta(L+\mathrm{d}x)(L+\mathrm{d}y) \\ I_2 &= I_0\cos\theta(L-\mathrm{d}x)(L+\mathrm{d}y) \\ I_3 &= I_0\cos\theta(L-\mathrm{d}x)(L-\mathrm{d}y) \\ I_4 &= I_0\cos\theta(L+\mathrm{d}x)(L-\mathrm{d}y) \end{aligned} \tag{8-24}$$

式中，$(\mathrm{d}x, \mathrm{d}y)$ 为太阳光斑中心在四象限硅太阳电池上的坐标。

联立方程式(8-24)可得

$$\begin{aligned} \mathrm{d}x &= L\frac{(I_1+I_4)-(I_2+I_3)}{4I_0} \\ \mathrm{d}y &= L\frac{(I_1+I_2)-(I_3+I_4)}{4I_0} \end{aligned} \tag{8-25}$$

太阳相对于航天器的俯仰角 θ 和方位角 β 为

$$\begin{aligned} \theta &= \arctan\frac{\sqrt{\mathrm{d}x^2+\mathrm{d}y^2}}{H} \\ \beta &= \arctan\frac{\mathrm{d}x}{\mathrm{d}y} \end{aligned} \tag{8-26a}$$

式中，H 为遮光罩上方孔距硅太阳电池的距离。

模拟式太阳敏感器视场在几十度时，精度可达到 0.5°；当视场仅为 1°～2°时，精度可达到秒级。模拟式太阳敏感器主要用于通信卫星。

数字式太阳敏感器采用 CCD 或者 CMOS APS 数字图像传感器，通过计算太阳光线在探测器上相对中心位置的偏差来实现对太阳光入射角和方位角的测量，其测量原理如图 8-35

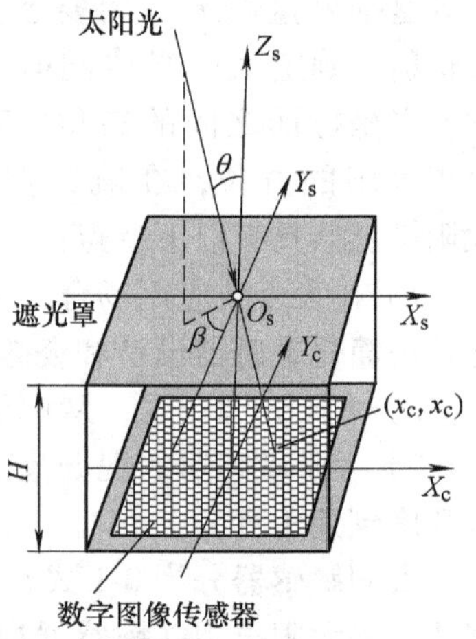

图 8-35　数字式太阳敏感器的测量原理

所示。O_s-$X_sY_sZ_s$ 为太阳敏感器的基准坐标系，太阳光经过位于 O_s 点的小孔后照射到数字图像传感器上形成光斑，光斑距图像中心的偏移为(x_c，y_c)，太阳相对于航天器的俯仰角 θ 和方位角 β 为

$$
\theta = \arctan\frac{\sqrt{{x_c}^2 + {y_c}^2}}{H}
$$
$$
\beta = \arctan\frac{x_c}{y_c} \tag{8-26b}
$$

式中，H 为遮光罩距数字图像传感器的距离。

数字式太阳敏感器具有重量轻、功耗低、模块化的特点，其视场角通常在 ±60°，测量精度优于 0.05°。

随着卫星对姿态控制精度的提高，以及卫星小型化的发展，太阳敏感器逐渐向着小型化、模块化、长寿命、大视场、高精度、高可靠性的方向发展，数字式太阳敏感器是能够满足这些要求的首选。

(3) *星敏感器* 星敏感器以恒星作为基准来测量航天器的姿态，其使用光学敏感器获取恒星星光，确定航天器的某一基准轴与该恒星之间的夹角，达到航天器的姿态测量的目的。星敏感器测量过程中观察多颗恒星，并与已知星历中的星体相比较确定航天器的姿态，恒星张角比较小，星敏感器的姿态测量精度较高。

星敏感器的测量原理如图 8-36 所示。首先，由 CCD 摄像机作为星敏感器获取空中恒星的图像，完成恒星图像坐标提取，然后将获取的恒星图像坐标与已知星历中的恒星进行对比，完成航天器姿态的计算。

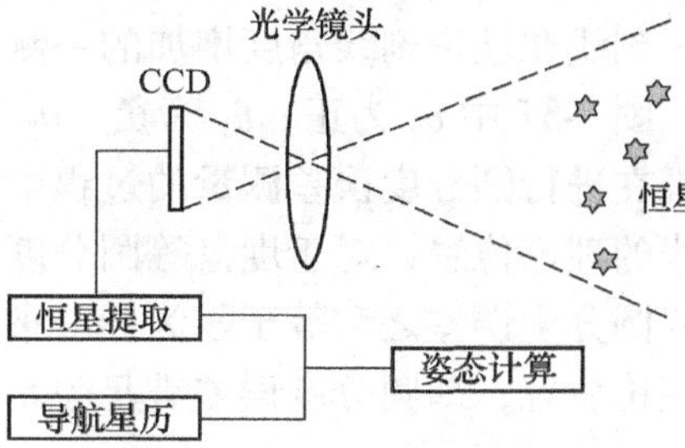

图 8-36 星敏感器的测量原理

随着航天器高精度及高稳定性姿态测量的要求，目前航天器的姿态控制系统多采用多种敏感器组合方式，来提高姿态控制的精度和稳定性。例如使用星敏感器作为姿态测量的主要装置，则采用太阳敏感器和地球敏感器作为备用测量装置；或者采用太阳敏感器和地球敏感器作为姿态测量的主要装置，使用星敏感器作为备用测量装置。

2. 磁敏感器

磁敏感器主要是磁强计，其以地磁场作为基准测量航天器的姿态。地球周围每一点的磁场强度都可以由地磁场模型确定，使用磁强计测量航天器所在空间环境中的磁场强度，使之与地磁场模型比对，可确定航天器相对于地磁场的姿态。使用三个相互正交的一维磁传感器组成三轴磁强计，三个磁传感器分别沿磁强计坐标系的三个轴安装，分别测量相应磁场产生的感应电动势，与航天器自身的姿态角结合，实现对航天器磁偏角的测量。

磁强计具有质量小、性能可靠、消耗功率低和工作温度范围宽等特点，得到了广泛应用。但是地磁场模型仅是对地磁场的近似描述，以此为磁强计的测量基准会带来很大的误差，制约了磁强计的姿态测量精度。此外，地球磁场的强度随其距地心距离的增加而减弱，轨道高度大于 1000km 时地磁场强度很弱。所以，磁强计的应用受到轨道高度的限制。

第四节　圆分度误差的测量

把圆周进行等分，从而得到所需的角度称圆分度。实现圆分度的器件称为圆分度器件，如度盘、圆光栅、感应同步器、多面棱体、多齿分度盘、齿轮等。各种圆分度器件在对圆周分度的过程中，由于分度的不均匀性使得实际圆分度位置与理论圆分度位置之间存在偏差，对这些偏差的测量就是圆分度误差的测量。

圆周分度器件具有圆周封闭特性，称为圆周封闭原则。将整圆周分为若干等分，每等分实际上都不会是理想的等分值而存在误差，但所有的误差之和等于零。

一、圆分度误差的评定指标

不同的圆分度器件具有相似的圆分度误差评定指标，下面以度盘为例对圆分度误差的评定指标进行说明。度盘上的“0”刻线标示度盘圆周角的零位，整个圆周上有 s 条刻线，刻线之间的夹角为度盘的角度间隔，理论上度盘的角度间隔为 φ_0。

1. 圆分度误差

根据圆周封闭原则，度盘上每条分度刻线都有一个理论位置，其与实际位置之间的偏差就称为圆分度误差，用 θ_i 表示，如图 8-37 所示。圆分度误差有正负之分，以刻线的理论位置为准，实际刻线在理论刻线角度增加的一侧为正；反之为负。图 8-37 中 θ_0 为正，θ_1 为负，θ_2 为零。

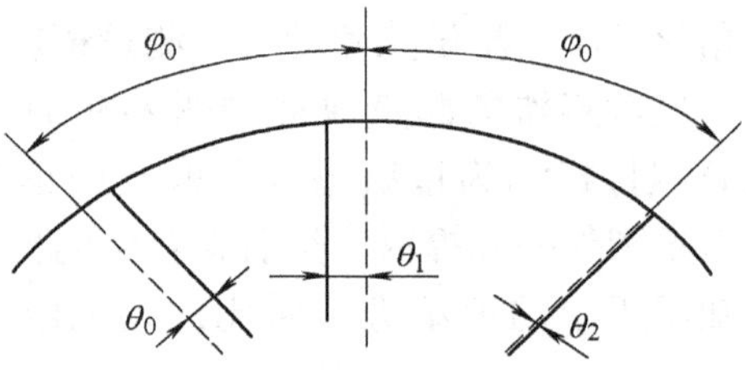

图 8-37　圆分度误差示意

在进行圆分度误差测量的过程中需要确定分度刻线的理论位置，对于度盘等圆分度器件，以全部刻线圆分度误差之和等于零为标准来确定全部刻线的理论位置，即圆分度误差满足关系式

$$\sum_{i=0}^{s-1} \theta_i = 0 \tag{8-27}$$

按此规定，评定度盘圆分度的理论刻线是唯一确定的，圆分度误差只有唯一的一组值。

2. 零起分度误差

在测量过程中确定圆分度的理论刻线位置很困难，在大多数测量中均先测出刻线的零起分度误差，再根据零起分度误差和圆分度误差的关系得到圆分度误差。零起分度误差是以零刻线的实际位置为基准，确定其他刻线的理论位置，并由此求出刻线的分度误差。第 i 条刻线的零起分度误差用 $\theta_{0,i}$ 表示，如图 8-38 所示。对于没有零位的圆分度器件，可以任取一分度的几何要素作为零位基准来确定零起分度误差。

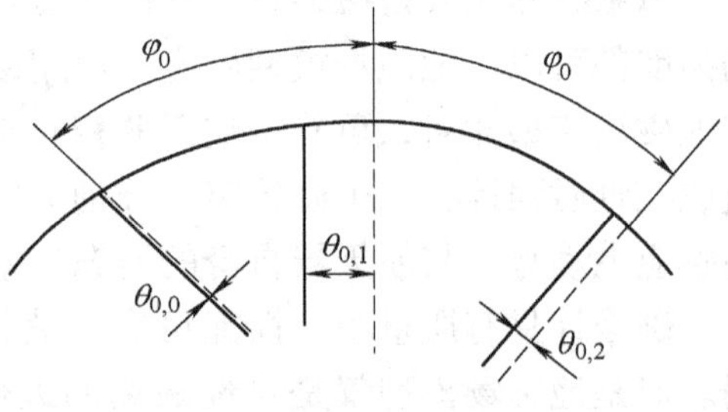

图 8-38　零起分度误差示意

零起分度误差的表达式为

$$\theta_{0,i} = \theta_i - \theta_0 \tag{8-28}$$

零起分度误差与圆分度误差之间的关系式为

$$\theta_i = \theta_{0,i} - \frac{\sum_{i=0}^{s-1}\theta_{0,i}}{s} \tag{8-29}$$

式中，s 为度盘刻线数。

3. 分度间隔误差

度盘上两条刻线之间的角间隔的理论值为 φ_0，第 i 条刻线和 $i+1$ 条刻线之间的实际间隔角度值为 $\varphi_{i,i+1}$，它们之间的差值即为分度间隔误差，如图 8-39 所示，用 f_i 表示。齿轮的分度间隔误差称为齿距误差。分度间隔误差的表达式为

$$f_i = \varphi_{i,i+1} - \varphi_0 = \theta_{i+1} - \theta_i \tag{8-30}$$

分度间隔误差与零起分度误差之间的关系为

$$f_i = \theta_{0,i+1} - \theta_{0,i} \tag{8-31}$$

当分度间隔的实际值大于理论值时，分度间隔误差为正；反之为负。分度间隔误差满足圆周封闭原则，即

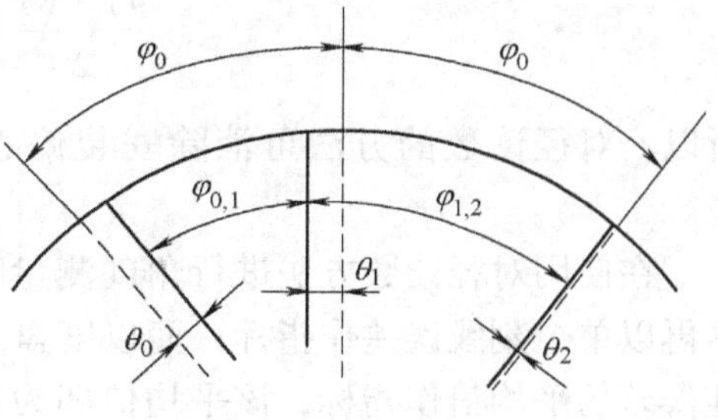

图 8-39　分度间隔误差示意

$$\sum_{i=0}^{s-1} f_i = 0 \tag{8-32}$$

任意两条刻线之间的间隔称为任意间隔，任意间隔的间隔误差等于它所包含的各相邻间隔的间隔误差之和，即

$$f_{i,j} = \sum_{k=i}^{j-1} f_k \tag{8-33}$$

圆分度器件的一项主要技术指标是最大分度间隔误差，用 F_{max} 表示，实为任意间隔的最大误差（相当于齿轮的齿距累积误差），即

$$F_{max} = [\theta_i]_{max} - [\theta_j]_{min} \tag{8-34}$$

或

$$F_{max} = [\theta_{0,i}]_{max} - [\theta_{0,j}]_{min} \tag{8-35}$$

4. 直径误差

使用度盘作为角度实物基准进行角度测量过程中，需要将度盘安装在测角仪器上。由于工艺和加工误差，度盘刻度圆中心与度盘旋转中心不可能完全重合，造成度盘的安装偏心。如图 8-40 所示，度盘刻度的中心为 O，而度盘的旋转中心为 O_1，度盘旋转的角度为 φ，使用一个读数装置 A 进行瞄准读数的过程中读取的度盘刻度值为 φ_1，则由于安装偏心造成的测量误差 $\Delta\varphi_1$ 为

$$\Delta\varphi_1 \approx \frac{e}{R}\sin\varphi \tag{8-36}$$

式中，e 为安装偏心；R 为度盘半径。

如果安装偏心较大时，那么它所带来的误差将超过度盘本身的刻线误差。为了消除这种周期性的系统误差，在实际中使用度盘对径读数的方法，即在度盘对径位置上放置两个读数装置，每次读取它们两个数的平均值作为角度的测量值。如图 8-40 所示，在读数装置 A 对径位置上增加一个读数装置 A_1，则两个读数装置的读数与实际转动角度之间的关系为

$$\varphi_1=\varphi+\Delta\varphi_1 \quad \varphi_2=\varphi-\Delta\varphi_2 \tag{8-37}$$

因为 $\Delta\varphi_1=\Delta\varphi_2$，有

$$\frac{\varphi_1+\varphi_2}{2}=\frac{2\varphi+\Delta\varphi_1-\Delta\varphi_2}{2}=\varphi \tag{8-38}$$

所以，对径读数的方法可消除安装偏心产生的角度测量误差。

在使用对径读数方法进行角度测量时，度盘的分度精度不再以单个刻线误差作指标，而以度盘对径位置上两刻线分度误差的平均值作指标，该平均值即为直径误差，用(φ_i)表示。直径误差的一般表达式为

$$(\varphi_i)=(\theta_i+\theta_{i\pm s/2})/2 \tag{8-39}$$

在 0°～180°和 180°～360°内，度盘的直径误差是重复相等的。与直径误差相关的零起直径误差、直径间隔误差的定义与零起分度误差和分度间隔误差相类似，零起直径误差与直径误差之间的关系为

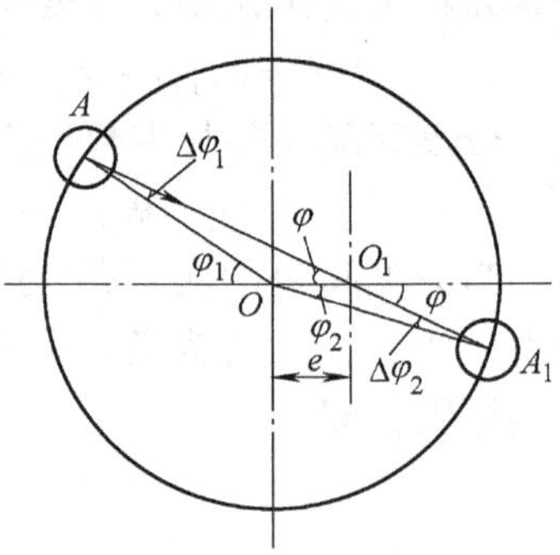

图 8-40　对径读数消除安装偏心

$$\begin{aligned}(\varphi_{0,i})&=(\varphi_i)-(\varphi_0)\\(\varphi_i)&=(\varphi_{0,i})-\frac{\sum_{i=0}^{s/2-1}(\varphi_{0,i})}{s/2}\end{aligned} \tag{8-40}$$

直径间隔误差与直径误差之间的关系为

$$f(\varphi)_i=(\varphi_{i+1})-(\varphi_i)=(\varphi_{0,i+1})-(\varphi_{0,i}) \tag{8-41}$$

$$F(\varphi)_{\max}=[(\varphi_i)]_{\max}-[(\varphi_j)]_{\min} \tag{8-42}$$

二、圆分度误差的测量方法

圆分度器件的种类很多，不同圆分度器件的圆分度误差的测量方法也不同，但在圆分度误差测量的过程中一般都会用到 360°圆周角的自然基准和圆周封闭原则。下面分别以分度盘、多面棱体和齿轮为例，介绍圆分度误差的典型测量方法。

1. 度盘圆分度误差测量

度盘的分度刻线大多数都是相对于刻线圆中心向外呈辐射形状排列的，最小刻线间隔是用两相邻刻线间的圆心角表示。刻线的分度误差主要来源于刻制工艺和刻制时的温度、振动等外界条件。

如图 8-41 所示是光电式度盘检测仪，使用直接测量的方法对度盘的圆分度误差进行测

量。标准度盘1和被测度盘2都装在轴套9上，轴套固定在主轴10上。使用六个光电显微镜对标准度盘的位置进行瞄准，其中一个光电显微镜3用于标准度盘的粗定位，另外相互间隔为72°的五个光电显微镜4用于标准度盘的精确定位。测量过程中粗定位电动机6通过传动机构8带动度盘快速旋转，直至被瞄准刻线被光电显微镜3瞄准，自动控制系统令粗定位电动机停止转动，精定位显微镜开始工作。按照五个光电显微镜合成信号电压的大小及符号，使精定位电动机7按指定方向转动，直至合成信号为零，即实现了标准度盘的精确定位。这时光电显微镜瞄准的是5根刻线的平均位置，由此可以消除标准度盘刻线误差中除了5和5的倍数以外的各次谐波分量对测量结果的影响，提高了标准度盘的分度精度。精确定位之后，被测度盘上两个对径安装的读数显微镜5输出信号并合成，即可得到被瞄准刻线的零起直径误差。

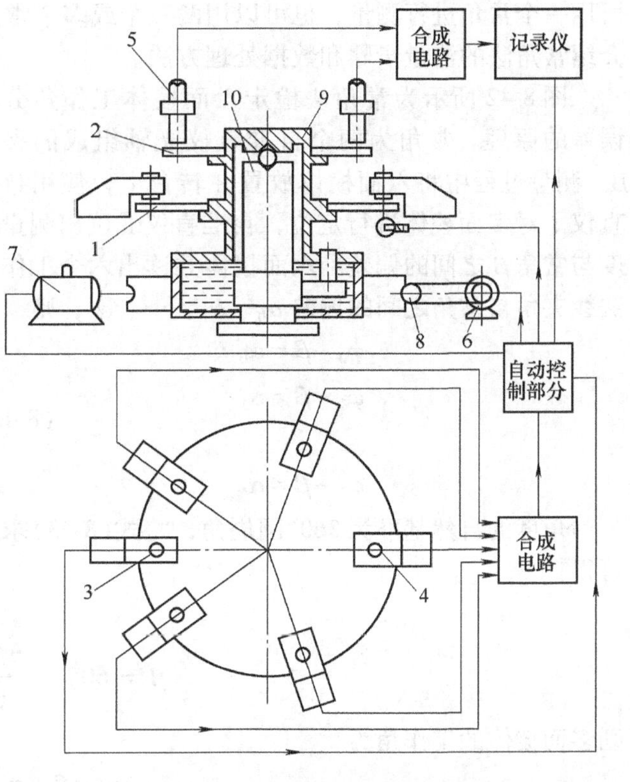

图8-41　光电式度盘检测仪

1—标准度盘　2—被测度盘　3、4—光电显微镜　5—读数显微镜　6—粗定位电动机　7—精定位电动机　8—传动机构　9—轴套　10—主轴

根据零起直径误差的测量值可以计算得到直径误差、直径间隔误差等，并确定各类误差的最大值。表8-1所列为直接测量得到的度盘分度误差。

表8-1　度盘分度误差

度盘刻度 /(°)	零起直径误差 $(\varphi_{0,i})$/(″)	直径误差 (φ_i)/(″)	直径间隔误差 $f(\varphi)_i$/(″)	度盘刻度 /(°)	零起直径误差 $(\varphi_{0,i})$/(″)	直径误差 (φ_i)/(″)	直径间隔误差 $f(\varphi)_i$/(″)
0	0	-0.2	-0.2	90	+0.2	0	+0.2
15	-0.2	-0.4	+0.3	105	+0.4	+0.2	+0.4
30	+0.1	-0.1	-0.35	120	+0.8	+0.6	+0.05
45	-0.25	-0.45	+0.3	135	+0.85	+0.65	-0.55
60	+0.05	-0.15	+0.1	150	+0.3	+0.1	-0.3
75	+0.15	-0.05	+0.05	165	0	-0.2	0

2. 多面棱体工作角误差检定

多面棱体是一种常用的圆分度标准器件，它以棱体表面(工作面)的法线间的夹角作为工作角。一般采用常角法检定多面棱体的工作角误差，即将多面棱体的每个工作角与相应的定值基准角度相比较，得到各工作角相对于基准角度的间隔偏差，利用角度的自然基准和圆周封闭特性求出定值基准角度和各工作角的误差。使用常角法测量多面棱体圆分度误差不需要高精度的标准圆分度器件，操作简单，精度高，被广泛应用。对于不同精度的圆分度误差可用一个常角进行测量，也可以用两三个或多个常角进行组合测量。下面以单常角法为例，介绍常角法的测量步骤和数据处理方法。

图 8-42 所示为常角法检定六面棱体工作角分度误差的原理。常角为两个自准直仪光轴组成的夹角 β。测量过程中将六面棱体放置在转台上，使用自准直仪Ⅰ对多面棱体进行定位，自准直仪Ⅱ读出测量角度与常角 β 之间的偏差。六面棱体共读出六个工作面法线夹角与常角之间的偏差 α_0、α_1、…、α_5，则

$$\begin{aligned}\varphi_0-\beta&=\alpha_0\\ \varphi_1-\beta&=\alpha_1\\ &\vdots\\ \varphi_5-\beta&=\alpha_5\end{aligned} \tag{8-43}$$

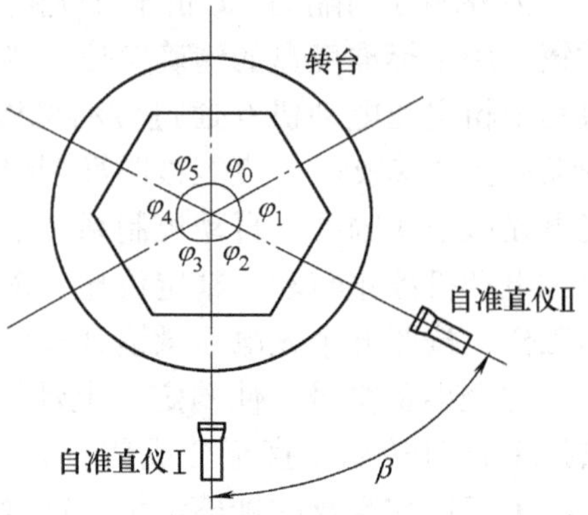

图 8-42　常角法检定六面棱体工作角分度误差的原理

角度的自然基准为 360°圆周角，将式(8-43)求和可得

$$\beta = 60° - \frac{\sum_{i=0}^{5}\alpha_i}{6} \tag{8-44}$$

则多面棱体的工作角为

$$\varphi_i = \beta + \alpha_i \tag{8-45}$$

3. 齿轮齿距误差测量

齿距误差 Δf_{pt} 和齿距累积误差 ΔF_p 是评定齿轮运动精度和工作稳定性的重要参数。其中，齿距误差 Δf_{pt} 是指在分度圆上实际齿距与公称齿距之差，齿距累积误差 ΔF_p 是指在分度圆上任意两个同侧齿面间的实际弧长与公称弧长的最大差值。齿距误差的测量方法主要有绝对测量法和相对测量法。

使用光学分度头、多齿分度盘等通用测角仪器，配合长度测微或定位装置可以实现齿轮齿距误差的绝对测量，原理如图 8-43 所示。

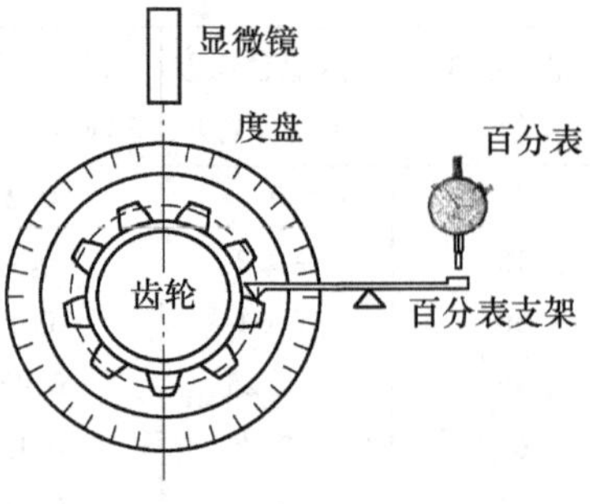

图 8-43　通用测角仪器测量齿轮齿距误差的原理

绝对测量的测量过程分为瞄准和读数两步。在方法上可以使用百分表作为瞄准装置，每个测量位置处使百分表的读数为零，使用显微镜和度盘读出齿距累积误差，也可以使用显微镜和度盘作为瞄准装置，瞄准后利用百分表的读数得到齿距偏差的累积值。两种方法实质相同，以百分表瞄准，显微镜和度盘读数得到齿轮齿距误差较为直接，在实际测量中也较为常用。下面说明这种方法的齿轮齿距误差的测量步骤和数据处理方法。

在测量的初始位置显微镜读取度盘的角度为 0°，百分表支架测量端在起始齿分度圆上与齿面接触，再将百分表调零。退出百分表支架测量端，转动度盘和被测齿轮，推入测量端

至固定径向位置处，待测量端被齿面压缩至零时，再利用显微镜读取度盘的角度值。这样依次测量一整周，得到各被测齿面与起始齿面间实际齿距角的累积值$\sum\alpha_i$，其与理论齿距角累积值之差即为各齿距角偏差累积值$\Delta\alpha_{\Sigma i}$，单位为(″)，有

$$\Delta\alpha_{\Sigma i}=\sum\alpha_i-i\times360°/z \tag{8-46}$$

式中，z为齿轮的齿数。

齿距角偏差累积值还需进一步换算成齿距偏差累积值

$$\Delta F_{pi}=\frac{r\Delta\alpha_{\Sigma i}}{206.265} \tag{8-47}$$

式中，r为被测齿轮分度圆半径(mm)，$r=mz/2$，m为齿轮的模数。

由齿距偏差累积值可以进一步确定齿距误差Δf_{pt}和齿距累积误差ΔF_p的大小。表8-2中给出了被测齿轮($z=10$，$m=1.8$)齿距累积误差ΔF_p和齿距误差Δf_{pt}的测量读数和数据处理结果。

表8-2　绝对法测量齿距误差数据

齿序 i	理论齿距角累积值 $i\times360°/z$	实测齿距角累积值 $\sum\alpha_i$	齿距角偏差累积值 $\Delta\alpha_{\Sigma i}$	齿距误差累积值 $\Delta F_{pi}/\mu m$	齿距误差 $\Delta f_{pti}/\mu m$
1	0°	0°	0′	0	2.62
2	36°	36°1′	1′	2.62	2.62
3	72°	72°2′	2′	5.24	2.62
4	108°	108°3′	3′	7.85	2.61
5	144°	144°4′	4′	10.47	2.62
6	180°	180°1′	1′	2.62	−7.85
7	216°	216°0′	0′	0	−2.62
8	252°	251°58′	−2′	−5.24	−5.24
9	288°	287°57′	−3′	−7.85	−2.61
10	324°	323°59′	−1′	−2.62	5.23
处理结果	$\Delta F_p=\max(\Delta F_{pi})-\min(\Delta F_{pi})=(10.47+7.85)\mu m=18.32\mu m$ $\Delta f_{pt}=\max\lvert\Delta f_{pti}\rvert=7.85\mu m$				

只要具备圆分度机构及定位装置即可实现齿轮齿距误差的绝对测量，测量精度主要决定于分度机构的分度精度。被测齿轮的直径越大测量误差也越大，故这种方法适用于小直径、低精度齿轮的测量。

相对测量，例如将齿距的角度偏差用长度偏差代替，用长度测量的方法实现齿距误差的测量，常见的是在万能测齿仪上进行测量，其测量原理如图8-44所示。

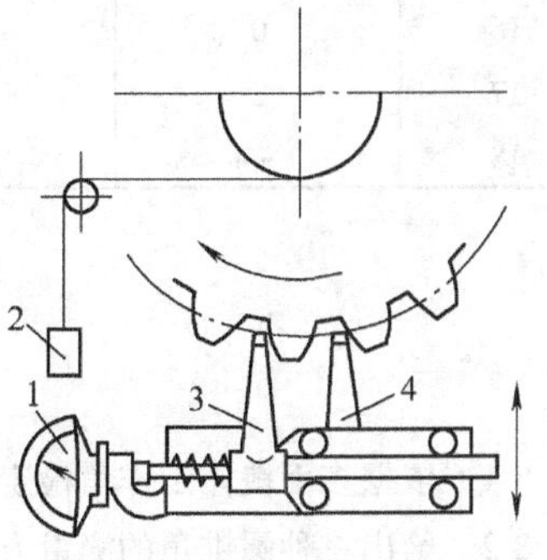

图8-44　万能测齿仪测量的原理
1—测微表　2—重锤　3—活动测头　4—固定测头

图8-44中，被测齿轮由仪器的上、下顶尖定位，借重锤2的作用力，使一个齿面靠在固定测头4上，而活动测头3在弹簧所产生的测量力的作用下，靠向另一齿的同侧齿面，其位置的变动量由测微表1显示。测量过程中以任意齿距作为测量基准，调整测微表的读数为0，然后依次测量其他齿距，得到各齿相对于测量基准的偏差值α_i，

即

$$\alpha_i = \Delta f_{pti} - \Delta f_{pt1} \tag{8-48}$$

根据齿距误差的圆周封闭原则可得

$$\sum_{i=1}^{z} \Delta f_{pti} = 0 \tag{8-49}$$

所以

$$\Delta f_{pti} = \alpha_i - \frac{\sum_{i=1}^{z} \alpha_i}{z} \tag{8-50}$$

表 8-3 中给出了使用万能测齿仪测量齿轮齿距累积误差 ΔF_p 和齿距误差 Δf_{pt} 的数据和处理结果。

表 8-3　相对法测量的齿距误差数据和处理结果

齿序 i	测量值 $\alpha_i/\mu m$	齿距误差 $\Delta f_{pti}/\mu m$	齿距误差累积值 $\Delta F_{pi}/\mu m$	处理结果
1	0	3	3	
2	-2	1	4	
3	1	4	8	
4	-1	2	10	
5	-6	-3	7	
6	-6	-3	4	
7	-3	0	4	$\Delta F_p = \max(\Delta F_{pi}) - \min(\Delta F_{pi}) = (10+9)\mu m = 19\mu m$
8	-6	-3	1	
9	-5	-2	-1	
10	-7	-4	-5	$\Delta f_{pt} = \max\|\Delta f_{pti}\| = 5\mu m$
11	-2	1	-4	
12	-4	-1	-5	
13	-6	-3	-8	
14	-4	-1	-9	
15	-1	2	-7	
16	0	3	-4	
17	2	5	1	
18	-4	-1	0	

思　考　题

8-1　依据多面棱体工作角检定原理，分析棱体各工作面到中心的距离不一致是否会产生测量误差？

8-2　给出三种圆锥角的测量方法，并加以分析。

8-3　为什么圆分度误差的测量可以达到很高精度？一般采用哪些方法可以减小圆分度误差对测量值的影响？

8-4　证明式(8-29)圆分度误差与零起分度误差之间的关系。

8-5　说明正弦规测量角度时应考虑的误差因素，写出测量误差计算公式，分析“大于45°的被测角不宜使用正弦规测量”的原因。

8-6　已知一度盘上8个等分刻线的零起分度误差为0″、0.6″、1.8″、2.1″、0.9″、-0.3″、-1.3″、-0.6″。列表计算该度盘的圆分度误差、分度间隔误差、直径误差，并求出最大分度间隔误差。

8-7　如图8-42所示，用自准直仪Ⅰ定位、自准直仪Ⅱ读数，测量六面棱体的各工作角(φ_0，φ_1，…，φ_5)及其误差。转动转台，对每一个角进行测量，自准直仪Ⅱ的读数如下：$\alpha_0=1.6''$，$\alpha_1=-1.3''$，$\alpha_2=1.8''$，$\alpha_3=-1.7''$，$\alpha_4=2.0''$，$\alpha_5=-1.2''$。求六面棱体各工作角的误差。

8-8　如图8-44所示，在万能测齿仪上用相对测量法测量一个齿轮的齿距误差。被测齿轮的齿数$z=12$，测量数据见表8-4。试列表计算被测齿轮的齿距误差和齿距累积误差。

表8-4　题8-8的齿距测量数据

齿序 i	1	2	3	4	5	6	7	8	9	10	11	12
测量值 α_i/μm	0	1	3	2	1	2	0	1	-1	0.5	-2	-1.5

8-9　简述激光陀螺角度测量原理。

8-10　设计一种飞机空中自动加油相对位姿测量系统，简述测量原理，分析测量精度。

第九章　速度和加速度的测量

第一节　概　　述

速度和加速度是物体机械运动的重要参数。速度分为线速度和角速度。物体直线运动时单位时间内的位移量称为线速度，单位是米每秒(m/s)。运动物体在单位时间内转过的角度称为角速度，单位是弧度每秒(rad/s)。物体运动时单位时间内的转动的圈数称为转速，单位是转数每分(r/min)。速度是描述物体运动快慢的物理量。物体运动时单位时间内的速度增量称为加速度，单位是米每二次方秒(m/s^2)。加速度是描述物体运动速度变化快慢的物理量。

速度和加速度的测量在工农业生产和国防建设中广泛应用，如汽车、火车、轮船及飞机等行驶速度和加速度的测量，发动机、柴油机、风力发电机等输出轴的转速测量，钢铁工业轧制板带材、棒管材等产品速度的测量，大型设备和工程建设中振动加速度的测量，惯性导航系统中对飞机、飞船、导弹等飞行物体的速度、位姿等信息的测量等。

第二节　速度的测量

速度的测量，根据物体运动的形式，可分为线速度测量和角速度测量；根据运动速度的参考基准，可分为绝对速度测量和相对速度测量；根据速度的数值特征，可分为平均速度测量和瞬时速度测量；根据速度的获取方式，可分为直接测量和间接测量。

一、线速度的测量

工程中常用的线速度测量方法主要有以下几种：

(1) *平均速度法*　根据速度的定义，通过测量距离 L 和走过该距离的时间 t，然后求得平均速度 v。L 取得越小，则求得速度越接近运动体的瞬时速度，如运动员百米速度的测量、运动物体冲击速度的测量等。利用相应器件和数学分析变换，平均速度法又可延伸出很多测速方法，如相关测速法、空间滤波器测速法等。

(2) *加速度积分和位移微分测速法*　通过测量运动物体的加速度信号并对时间 t 积分，就可得到运动体的速度。通过测量运动体的位移信号，并将其对时间微分，也可以得到速度。振动量测量是这种方法的典型实例，其应用加速度计测得振动体的加速度信号，经电路积分获得振动速度；应用振幅计测得振动体位移信号，再进行微分得到振动的速度。

(3) *基于物理定律和效应的间接测速法*　利用速度大小与某些物理量间的已知关系间接地测量物体运动速度。例如，根据电磁感应定律，在固定磁感应强度 B 的磁场中，有效长度为 L 的导线以速度 v 移动时，因切割磁力线而产生感生电动势 E，即 $E=BLv$，通过测量感应电动势来获得运动体的速度；基于流体力学伯努利方程，利用流体压差和流速之间的关系来测量流速；基于多普勒效应，利用运动体速度和多普勒频移之间的关系来测量速度等。

1. 平均速度法

（1）*短距离平均速度法*　在工程中常常遇到冲击速度的测量，如锻锤接触锻件前的瞬时速度、武器中火炮炮弹出膛的初速度、材料冲击实验时落锤速度等，一般采用短距离平均速度法来测量瞬时冲击速度。图 9-1 所示是一种测量冲击速度的原理。从激光器发出的光束经分光镜分光，其透射光过 A 点到达光电接收器件 2。光电信号经过放大整形使双稳触发器 3 的输出端为低电位，这个电位将控制与门关闭，使得 1MHz 的振荡脉冲不能通过与门。经过分光镜反射的另一路光经反射镜过 B 点到光电接收器件 1，并产生光电信号，经放大整形送到双稳触发器 4 的输入端，这个电位使双稳触发器 4 的输出端送出高电位到控制与门，这个电位不会阻止振荡器送出的脉冲通过控制与门。因此，在运动体下落前，计数器不计数。

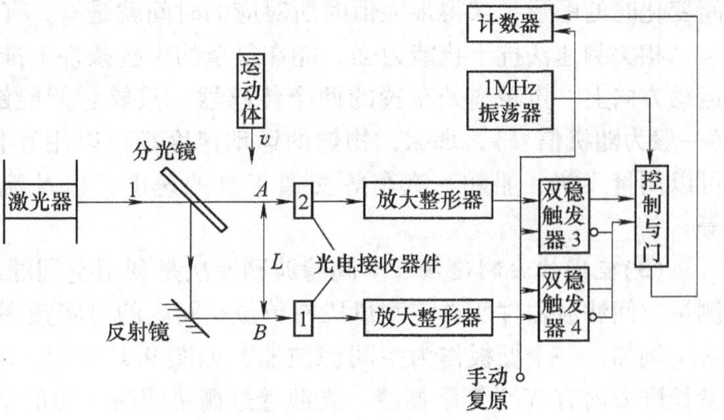

图 9-1　测量冲击速度的原理

当运动体向下运动，经 A 点时挡住了通往光电接收器件 2 的光线，使得后面放大整形器输出电位变化，双稳触发器 3 输出高电平，此时与门从两个触发器 3、4 来的电位全是高电位，则 1MHz 振荡器信号经过与门送到计数器。运动体再下落而两个双稳触发器输出全是高电位不变，计数器仍然计数。当运动体落到 B 点时又挡住了光电接收器件 1 的光线，此时双稳触发器 4 翻转，触发器输出电平变成了低电平，控制与门关闭，振荡器脉冲不能送到计数器，计数器停止计数。此时计数器计的脉冲就是运动体从 A 走到 B 的时间 t(μs)，有了时间 t 和 A、B 间的距离 L，就可得出平均速度 v。手动复原以后，计数器清零，双稳触发器 3 输出低电平控制与门关闭，双稳触发器 4 输出仍为高电平。这样可以进行下一次的测量。

（2）*相关测速法*　相关测速法是利用求随机过程互相关函数极值的方法来测量速度。设平稳随机过程观察的时间为 T，则它的互相关函数为

$$R_{xy}(\tau) = \frac{1}{T}\int_0^T y(t)x(t-\tau)\mathrm{d}t \tag{9-1}$$

当被测运动体以速度 v 移动时，运动体表面总会有可测得的痕迹变化或标记。在固定的距离 L 上装两个检测器 A 和 B，如图 9-2 所示。检测器输出信号反映物体表面变化的随机过程 $x(t)$、$y(t)$。在测量条件基本相同的情况下，$x(t)$、$y(t)$ 这两个随机信号只是在时间上滞后 t_0，即

$$y(t) = x(t-t_0) \tag{9-2}$$

t_0 就是物体上某点从 A 运动到 B 的时间，测得 t_0 后就可以求得物体运动速度。利用数学上求互相关函数极值的方

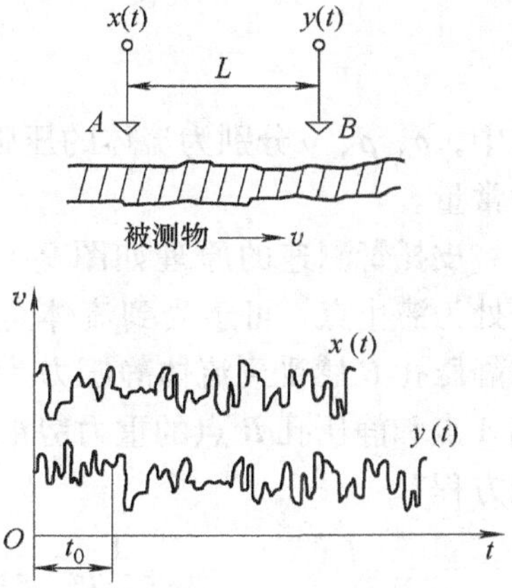

图 9-2　相关测速法的原理

法可以求取 t_0。在测量足够长的时间 T 内，$x(t)$ 和 $y(t)$ 的互相关函数为

$$R_{yx}(\tau) = \lim_{T\to\infty}\frac{1}{T}\int_0^T y(t)x(t-\tau)\mathrm{d}t = \lim_{T\to\infty}\frac{1}{T}\int_0^T x(t-t_0)x(t-\tau)\mathrm{d}t = R_x(\tau - t_0) \quad (9\text{-}3)$$

将 $x(t)$、$y(t)$ 送到模拟相关分析仪中，改变滞后时间，可以得到互相关函数随滞后时间变化时的图形，求得最大值时所对应的时间就是 t_0。有了 t_0 就可以计算出速度。

相关测速法抗干扰能力强，能在复杂的干扰条件下准确测量。从原理上讲，任何在物体运动方向上一定距离处布置的两个传感器，只要它们能够检测到标记运动物体的某种信号（一般为随机信号），那么，物体的运动速度都可以用互相关的原理加以测定。用这种方法可以测量飞机、船舶、汽车等交通工具的速度，以及流体流速和轧钢时板材的轧制速度等。

(3) *空间滤波测速法*　空间滤波测速法是利用空间滤波器件与被测物体同步运动，通过测量空间滤波器件所选定测量段在单位空间内的时间频率，来求得运动体的运动速度。

例如，一个栅板作为空间滤波器，如图 9-3 所示。在测量长度 L 内有 N 个等距栅缝，光源透过栅格明暗变化的空间频率 $\mu = N/L$。当栅板的移动速度为 v、移动长度 L 的时间为 t_0 时，相应的时间频率 $f = N/t_0$，由此可以求得

$$v = L/t_0 = (N/\mu)(f/N) = f/\mu \quad (9\text{-}4)$$

这样就可以用空间频率描述运动速度 v。测量出空间滤波器移动的时间频率就可以求得速度。

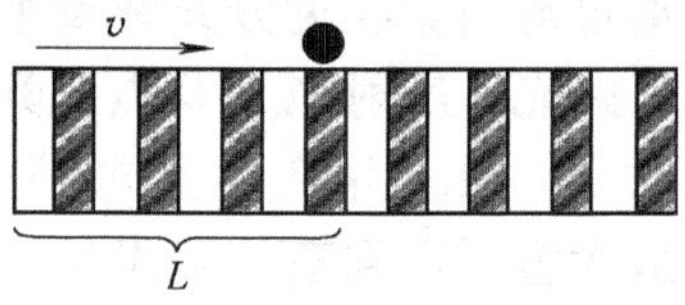

图 9-3　空间滤波器速度测量方法示意

2. 基于物理定律和效应的间接测速法

(1) *压差测速法*　差压测速法是基于流体伯努利方程，利用流体移动时产生的全压力和静压力之差（动压 p_v）与流速 v 的关系来测量流速的。

皮托管是一种通过测量流体总压和静压以确定其运动速度的装置。利用皮托管制成水压式计程仪可测量出船舶的航速，通过积分得出航程。飞机是利用皮托管（也称空速管）制成空速表来指示飞行速度的。根据流体伯努利方程，即理想不可压缩流体在重力场中作定常流动时，具有三种形式的能量：压力势能、重力势能和动能，在流线上任何一处三者能量之和保持恒定且可相互转化，即能量守恒定律在流体中的表示。经转换可表达为

$$p + \rho g z + \frac{1}{2}\rho v^2 = C \quad (9\text{-}5)$$

式中，p、ρ、v 分别为流体的压强、密度和速度；z 为流体所处的高度；g 为重力加速度；C 为常量。

皮托管测速的原理如图 9-4 所示，皮托管顶端 A 点处为滞止点，可感受到流体全压力 p_t，外侧管壁上的静压孔 B 感受到流体静压力为 p_s。流体在皮托管顶端 A 点和静压孔 B 点的重力势能近似相等，根据伯努利方程有

$$p_s + \frac{1}{2}\rho v^2 = p_t \quad (9\text{-}6)$$

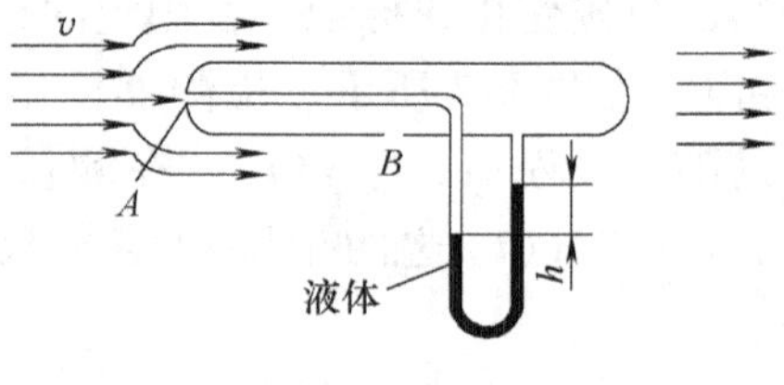

图 9-4　皮托管测速的原理

全压力和静压力之差则为流体动压力 p_v，$p_v=\frac{1}{2}\rho v^2$，表现为皮托管装置中液面的高度差 h，一般采用电气式压力仪表进行测量。

因此，如果流体流动方向一定，流体密度 ρ 已知，只要把皮托管对准流体流动方向，就可以测量出全压力 p_t 和静压力 p_s，从而计算出流体的运动速度

$$v=\sqrt{2(p_t-p_s)/\rho} \tag{9-7}$$

皮托管测量速度的误差主要来源是静压力和动压力的测量误差。尤其是静压力的测量误差影响因素较多。其误差源主要有以下三个方面：

1）由于皮托管的方向与流体方向对得不准。

2）由于皮托管直径不为零，因此沿管外壁的流体线比不受干扰的流体线长，从而使流体速度增大，静压力减小，静压孔实际感受的静压力降低。静压孔距皮托管顶端越近，影响就越大。

3）由于流体受皮托管的滞止，将使滞止点上游的静压力增大，静压孔距支撑管越近，则静压力测量数值就越高，这种影响与第 2）条的影响相反。所以，适当选择静压孔的位置，可以使两种影响互相抵消。

图 9-5 所示为一种飞机上使用的全静压管。超声速飞机全静压管的静压孔距离前端不小于 8 倍管径。这样可以减小全静压头部激波对静压的影响。静压孔上部有四个，下部有六个，两侧没有。这是因为飞机作大仰角飞行时，管子上部气流速度大，压力低，而下部气流速度小，压力大。静压孔不均匀分布可在大仰角飞行时减小静压误差。高空飞行时，由于气温低，全静压管将会结冰，因此需要加温装置。

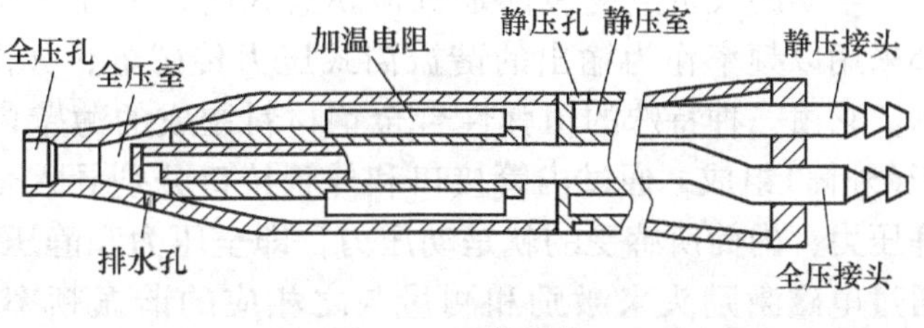

图 9-5 全静压管

飞机相对于空气的速度叫空速。在飞机空速表中有两个膜盒：开口膜盒和真空膜盒。开口膜盒用来感受动压，测量飞机的指示空速；真空膜盒用来感受气体密度和静压力，与开口膜盒相配合，测量飞机的真空速。

指示空速的测量原理如图 9-6a 所示。皮托管在飞机上与飞机飞行方向一致，感受空气相对流动的全压和静压。全压接头内的全压力通到开口膜盒，静压接头内的静压力通到密封的空速表壳体中，此时开口膜盒感受到的压力就是动压，并由此给出指示空速。指示空速不是飞机的真空速，只是由动压大小决定的指示值。由于动压大小不仅与空速 v 有关，而且还与气体密度及空气压缩修正量有关，因此指示空速是按海平面标准大气压条件下的空气密度计算出来的空速。但是由于不同高度，不同温度的大气中密度和空气压缩程度都将发生变化，同样大小的动压在不同高度、温度下会得到不同的空速，因此还必须补偿以获得真空速。测量真空速的原理如图 9-6b 所示。飞机在不同高度时，静压随高度而变化，真空膜盒的变形随静压的变化而变化，使支点移动而改变杠杆的放大比，并抵消了静压的改变，从而可以通过真空膜盒与开口膜盒相结合测量飞机的真空速。

应该指出，在不同高度下，指示空速与真空速的值差别相当大，还应该指出，真空速的指示值 $v_{真}$ 也不是飞机的飞行速度。因为 $v_{真}$ 是假设外界气温 $T_{实}$ 与该大气层标准温度 $T_{标}$ 相

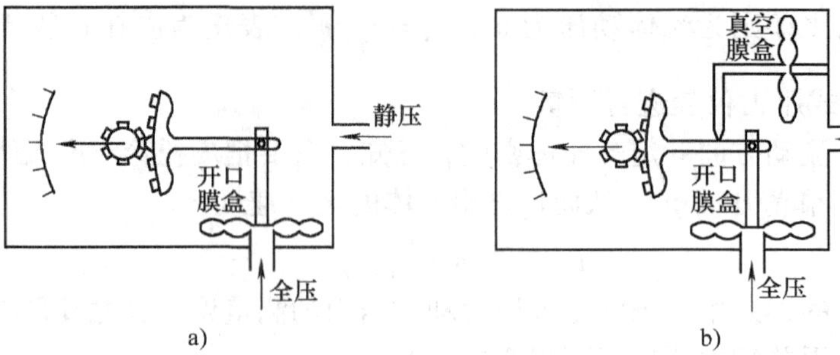

图 9-6　飞机空速表
a) 开口膜盒　b) 真空膜盒

等时的数值，所以当 $T_{实}$ 与 $T_{标}$ 不相等时，应测出飞机外界气温 $T_{实}$，通过温度修正得到 $v_{实}$

$$v_{实} = v_{真}\sqrt{T_{实}/T_{标}} \tag{9-8}$$

这样得到的 $v_{实}$ 是飞机相对空气的速度，如果知道风速风向，对 $v_{实}$ 再进行修正，就能得到此时飞机的真正飞行速度。

早期的飞机空速表都是机械膜盒式的，现在新型飞机大都采用以频率作为输出的谐振筒式压力传感器，如图 9-7 所示。它由一种特殊的恒弹性合金钢材料制成的薄壁内筒和外壳（外筒）组成，通过内管接口和外管接口分别导入全压力和静压力，内筒所感受的就是动压力，即全压力和静压力之差，通过电磁激励头来激励和测量与之相应的谐振频率。同理，只要谐振筒内管抽真空并封闭内筒接口，在外接口通入静压力，便可得到飞机的真空速。

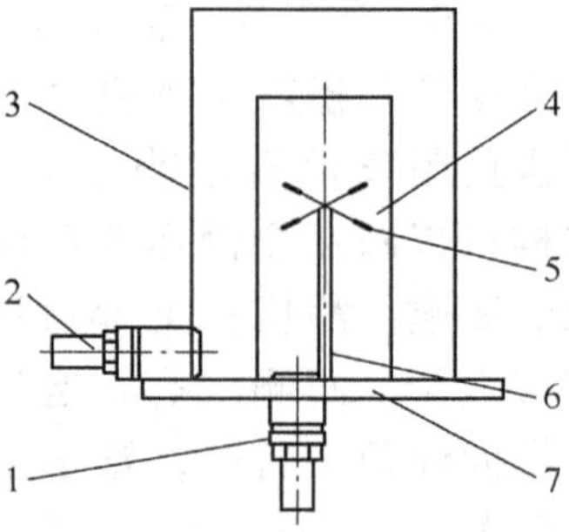

图 9-7　谐振筒式压力传感器
1—内管接口　2—外管接口
3—外筒　4—内筒　5—电磁
激励头　6—立柱　7—底板

（2）多普勒测速　当单色光束入射到运动体上某点时，光波在该点被运动体散射。散射光频率与入射光频率相比较产生了偏移，该频率偏移正比于物体的运动速度，称为多普勒频移。即当物体向着观察点接近时，光波波长就变短，频率就变高；而远离观察点时，光波波长就变长，频率就变低。这种现象称为光学多普勒效应。

激光器发出单色光束投射到以速度 v 运动的物体上的 P 点（散射中心），光电检测器接收运动的散射中心发射的散射光波，如图 9-8a 所示。图中，$\boldsymbol{k}_i$ 表示平行于入射光波矢量的单位矢量；$\boldsymbol{k}_s$ 表示平行于散射光波矢量的单位矢量。若物体静止，单位时间内照射到 P 点上的波面数目 f_0 为

$$f_0 = c/\lambda_i \tag{9-9}$$

式中，c 为光速；λ_i 为入射光波波长。

图 9-8a 中，θ_1 是 $\boldsymbol{k}_i$ 与物体速度 $\boldsymbol{v}$ 之间的夹角，θ_2 是 $\boldsymbol{k}_s$ 与物体速度 $\boldsymbol{v}$ 之间的夹角。可以看出，光源发出的光与物体 P 之间的相对速度为 $c' = c - v\cos\theta_1$。对 P 点来说，入射光的视在频率为

$$f_P = \frac{c - v\cos\theta_1}{\lambda_i} \tag{9-10}$$

散射中心 P 点以频率 f_P 向四周散射光波，P 点对光电检测器的相对速度为 $c + v\cos\theta_2$，光电检测器所接收到的散射光频率为

$$f_s = \frac{c + v\cos\theta_2}{\lambda_P} \tag{9-11}$$

将 λ_P 代入式(9-11)得

$$f_s = \frac{(c + v\cos\theta_2)(c - v\cos\theta_1)}{c\lambda_i} \approx \frac{c + v(\cos\theta_2 - \cos\theta_1)}{\lambda_i} \tag{9-12}$$

光电检测器所接收到的散射光和原始光源之间产生了频移 f_d

$$f_d = f_s - f_0 = \frac{v(\cos\theta_2 - \cos\theta_1)}{\lambda_i} \tag{9-13}$$

式(9-13)就是多普勒测速的一般公式。由式(9-13)可知，多普勒频移不仅与入射光频率有关，而且还带有运动体的速度信息。因此，如果能测出多普勒频移，就可以知道物体运动信息。多普勒测速的方法使用光的波长作为基准，测量精度高，光电探测器的输出结果是检测到的光频率信号，抗干扰能力强。

激光多普勒测速技术，按接收散射光的方向分为前向散射型和后向散射型，按光路的结构形式分为参考光束型、双散射光束型(差分和干涉)及单光束型。

在仪器设计时为使结构紧凑，常采用后向散射型结构型式，即将光源与光电探测器放置于运动物体的一侧，如图 9-8b 所示。光源发出光束垂直入射到运动物体上，并在 P 点散射，散射光由光电检测器接收。如果入射光与散射光的夹角为 θ，物体运动方向与光源投射方向的夹角为90°，光电探测器方向与物体运动方向的夹角为(90° $-\theta$)，则多普勒频移为

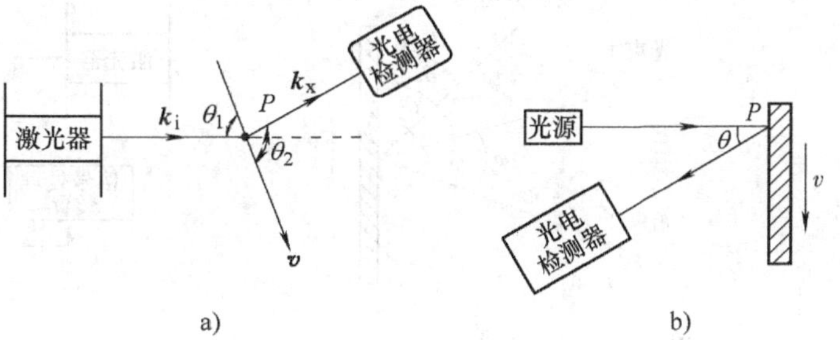

图 9-8　多普勒测速的原理
a) 前向散射型　b) 后向散射型

$$f_d = v\sin\theta/\lambda_0 = f_0 v\sin\theta/c \tag{9-14}$$

物体的运动速度为

$$v = cf_d/(f_0\sin\theta) \tag{9-15}$$

后向散射型多普勒测速技术中光电探测器的接收方向固定，有时会受到现场条件的限制。差分多普勒测速技术中光电探测器可在任意方向接收散射光，测量原理如图 9-9a 所示。采用两束相同频率的光照射运动物体，在观测方向上所接收的散射光频移分别为

$$\Delta f_1 = \frac{f_0 v}{c}(\cos\theta_3 - \cos\theta_1) \tag{9-16}$$

$$\Delta f_2 = \frac{f_0 v}{c}(\cos\theta_3 - \cos\theta_2) \tag{9-17}$$

这两个散射光的频差为

$$f_d = \Delta f_2 - \Delta f_1 = \frac{f_0 v}{c}(\cos\theta_1 - \cos\theta_2) = 2\frac{v\sin\dfrac{\varphi}{2}}{\lambda_0} \tag{9-18}$$

式中，φ 为光束 1 和光束 2 所形成的夹角。

运动物体的速度为

$$v = \lambda_0 f_d / [2\sin(\varphi/2)] \tag{9-19}$$

由于物体的运动速度与所检测到的两束散射光频率差 f_d 成正比，频差与光电探测器的方向 θ_3 无关，因此使用时不受现场条件的限制，可在任意方向测量，且可使用大口径的接收透镜，使粒子散射的光能量极大地被利用，提高信噪比。图 9-9b 所示为常用的差分多普勒测速光路图。激光器发出的激光束，经分光镜和反射镜分成两路平行光束，再经透镜会聚到运动体的 P 点上，两光束均被 P 点所散射，该两束散射光经过透镜以后，被光电管接收。

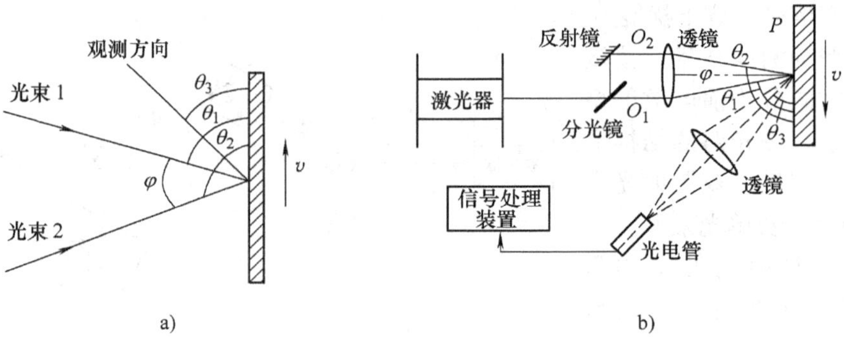

图 9-9　差分多普勒测速
a) 测速原理　b) 测速光路图

若光电管接收元件采用平方律检测器，则光电信号正比于光强的二次方。设 O_1 和 O_2 的光强分别为 I_1 和 I_2，则

$$\begin{aligned} I_1 &= I_{01}\cos 2\pi f_{01} t \\ I_2 &= I_{02}\cos 2\pi f_{02} t \end{aligned} \tag{9-20}$$

光电管输出的光电流正比于$(I_1 + I_2)^2$，则有

$$\begin{aligned}(I_1 + I_2)^2 = &(I_{01}\cos 2\pi f_{01} t)^2 + (I_{02}\cos 2\pi f_{02} t)^2 \\ &+ I_{01}I_{02}\cos 2\pi(f_{01} + f_{02})t + I_{01}I_{02}\cos 2\pi(f_{01} - f_{02})t \end{aligned} \tag{9-21}$$

分析式(9-21)中各项频率，最后一项频率$(f_{01} - f_{02})$是低频信号，而其余三项频率均高于该项，因此，可利用低通滤波器将低频分量送到信号处理设备中，获得与 f_d 相关的信号。

利用多普勒效应制成的仪器有激光多普勒测量仪、超声多普勒测量仪等，具有精度高、非接触、不扰乱流场、响应快、空间分辨率高、使用方便的特点，广泛用于流速测量、振动测量、血液循环监测、医学诊断等。图 9-10 所示是光纤多普勒血液测速仪的原理。其采用后向散射参考光束型光路，参考光路由光纤端面反射产生，为消除透镜反光的影响，利用安置与入射激光偏振方向正交的检偏器接收血液质点的散射光和参考光。光纤测量仪探头体积小，便于调整测量位置，可以深入到难以测量的角落，抗干扰能力强，而且密封型的光纤探头还可直接放入血液中。

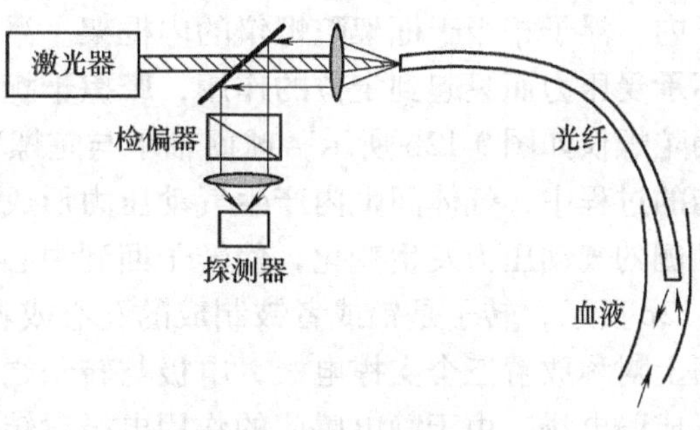

图 9-10　光纤多普勒测速仪的原理

上述是光波的多普勒效应，电磁波、声波等也都具有多普勒效应。如用电磁波监测卫星，通过频率的变化就能计算出卫星的高度、速度和方位。若用此法连续测量，就可得到精确的卫星实际轨道数据。

二、角速度的测量

1. 陀螺仪测量角度、角速度

陀螺仪是角度和角速度测量常用的仪器。陀螺是一个绕对称轴高速旋转的回转体。把陀螺安装在一个悬挂装置上，使回转体的对称轴，即陀螺主轴，在空间具有一个或者两个转动自由度，就构成了陀螺仪。陀螺仪具有两个最主要的特性，定轴性和进动性。利用这两个特性，陀螺仪可以实现方位、姿态、角速度和角位移的测量。陀螺仪在航空、航海、航天、兵器、地质勘探等领域中广泛应用。

（1）陀螺仪的结构　二自由度陀螺仪的结构如图 9-11 所示，它是由陀螺转子和悬挂装置构成，悬挂装置中包括底座、外框架和内框架。转子装在内框架的轴承中，内框架轴装在外框的轴承中，外框架轴装在固定底座的轴承中，这样的结构构成万向支架，也称为卡尔丹环。在陀螺仪上的陀螺坐标系为右手坐标系 $O\text{-}XYZ$，其中 OX 轴与转子的自转轴重合称为陀螺仪的主轴，从 X 轴逆向看去转子沿逆时针方向旋转，OY 轴与内框架的旋转轴重合，OZ 轴垂直于 XY 平面，OZ 轴是外框架的转轴。

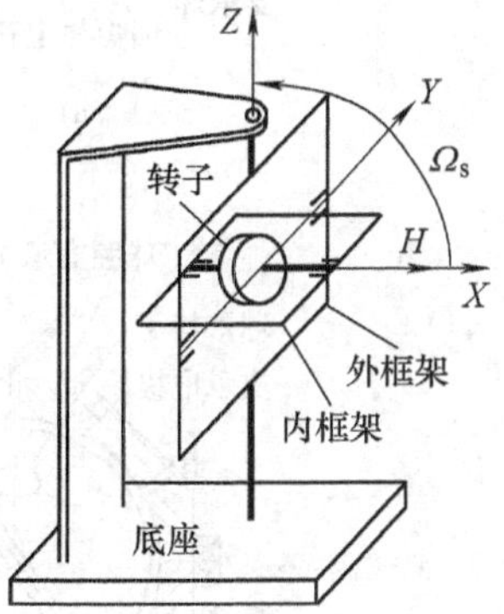

图 9-11　二自由度陀螺仪的结构

陀螺仪在工作的过程中，转子绕主轴高速旋转，转速一般为 12000 ~24000r/min，甚至更高，这个转速称为陀螺转速。转子和内框架一起能够绕 OY 轴旋转，转子、内框架和外框架一起能够绕外框架转轴旋转。这样的陀螺仪结构可以使陀螺仪的主轴指向空间的任意方向，通常使用方位角和俯仰角两个参数标示主轴的位置，称为二自由度陀螺仪。如果把二自由度陀螺仪的外框架固定，陀螺仪的主轴只有一个转动自由度，称为单自由度陀螺仪。

使用万向支架来悬挂陀螺转子的陀螺仪称为框架陀螺仪，这种陀螺仪的内外框架使用滚动轴承支撑，由于轴承运动过程中存在较大的摩擦，因此框架陀螺仪的精度较低。其他陀螺仪的支撑方法如图 9-12 所示。液浮陀螺仪如图 9-12a 所示，陀螺转子安装在密封的圆球形浮子内，浮子相当于框架陀螺仪的内框架。浮子置于密度相同的浮液中，在浮液中悬浮。轴承不承受压力而只起到定位的作用，摩擦干扰的力矩接近于零，有利于提高陀螺仪的精度。气动陀螺仪如图 9-12b 所示，球面轴承与陀螺转子之间只有几微米的气体间隙，当转子高速旋转的过程中，气体间隙内产生气动压力形成具有一定刚度的气膜。当转子与轴承发生偏移时两侧的气动压力发生变化，使转子回到中心位置，实现对转子的支撑作用。静电陀螺仪如图 9-12c 所示，转子是铝或者铍制成的孔心或者实心球体，放置在真空的陶瓷球腔内。在球腔面上对称放置三个支撑电极，电极与转子之间的间隙为几十微米，当电极通电时与转子之间形成静电场，由于静电感应的作用电极对转子产生吸引力使转子得到支撑。在转子的表面刻有图谱，当陀螺仪工作时使用光电传感器辨别转子主轴的方向。静电陀螺仪的精度很高，但是要保证陶瓷球腔内是超高真空，以防止高压静电击穿。挠性陀螺仪如图 9-12d 所示，采用弹性轴“挠性支撑”的方式将高速旋转的陀螺转子支撑起来。由于弹性轴在垂直于转子自转的方向上容易弯曲，转子可以获得垂直于自转轴方向上两个正交轴方向的自由度，实现小角度的转动。中间环运动的惯性力矩由弹性轴的弹性力矩抵消，减小干扰力矩的影响。挠性陀螺仪的转子在支撑的外面，因此它的体积小、重量轻、结构简单。

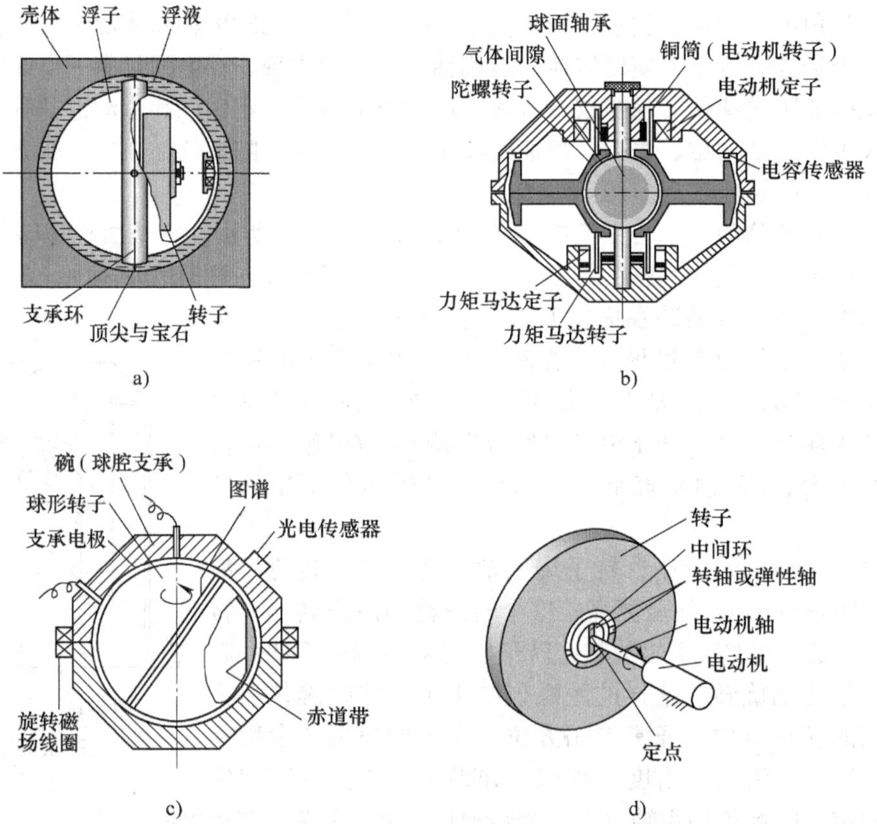

图 9-12　陀螺仪的支撑方法

a）液浮陀螺仪　b）气动陀螺仪　c）静电陀螺仪　d）挠性陀螺仪

(2) 陀螺仪的运动特性分析　达朗贝尔原理指出，作用于一个物体的外力与动力的反作用之和等于零，也就是说对于空间的运动物体，在运动的任意瞬间，施加于该运动物体的惯性力与作用于该物体上的主动力、约束力将组成一个平衡力系统。

陀螺仪转子高速旋转的过程中，沿主轴 OX 方向上的角动量为 H，在沿内框架轴和外框架轴上受到外力矩 M_y、M_z 的作用，陀螺仪的主轴将产生绕外框架轴和内框架轴的进动，进动的角度为 θ_z 和 θ_y，进动的角速度为 ω_z 和 ω_y，角加速度为 α_z 和 α_y。根据达朗贝尔原理可知，陀螺仪转子高速转动的过程中，外力矩、惯性力矩和陀螺力矩之和为零，即分别对外框架轴和内框架轴有

$$\begin{cases}M_y - J\alpha_y - H\omega_z = 0\\ M_z - J\alpha_z + H\omega_y = 0\end{cases} \tag{9-22}$$

式中，$-J\alpha_y$ 和 $-J\alpha_z$ 分别为内框架和外框架上的惯性力矩；$-H\omega_z$ 和 $H\omega_y$ 分别为内框架和外框架上的陀螺力矩。

将外力矩移到等式的右边，得到陀螺仪的运动方程

$$\begin{cases}J\alpha_y + H\omega_z = M_y\\ J\alpha_z - H\omega_y = M_z\end{cases} \tag{9-23}$$

当陀螺仪不受外力矩作用，即 $M_y = 0$、$M_z = 0$ 时，代入式(9-23)得

$$\begin{cases}J\alpha_y + H\omega_z = 0\\ J\alpha_z - H\omega_y = 0\end{cases} \tag{9-24}$$

对式(9-24)两边求微分得

$$\begin{cases}\alpha_z = \dfrac{\mathrm{d}\omega_z}{\mathrm{d}t} = -\dfrac{J}{H}\dfrac{\mathrm{d}\alpha_y}{\mathrm{d}t}\\ \alpha_y = \dfrac{\mathrm{d}\omega_y}{\mathrm{d}t} = \dfrac{J}{H}\dfrac{\mathrm{d}\alpha_z}{\mathrm{d}t}\end{cases} \tag{9-25}$$

将式(9-25)代入式(9-24)得

$$\begin{cases}\dfrac{\mathrm{d}^2\omega_z}{\mathrm{d}t^2} + \dfrac{H^2}{J^2}\omega_z = 0\\ \dfrac{\mathrm{d}^2\omega_y}{\mathrm{d}t^2} + \dfrac{H^2}{J^2}\omega_y = 0\end{cases} \tag{9-26}$$

令 $H/J = \omega_n$，ω_n 称为陀螺仪的章动频率。对二阶微分方程式(9-26)求解，得

$$\begin{cases}\omega_z = C_1\sin\omega_n t + C_2\cos\omega_n t\\ \omega_y = C_1\cos\omega_n t - C_2\sin\omega_n t\end{cases} \tag{9-27}$$

式中，C_1 和 C_2 是由初始条件决定的常数。

在初始条件下陀螺没有进动，即 $t = 0$ 时，$\omega_z(0) = \omega_y(0) = 0$，由此可得 $C_1 = C_2 = 0$。因此

$$\begin{cases}\omega_z = 0\\ \omega_y = 0\end{cases}$$

由此可见，如果在初始位置时陀螺主轴对准空间某一方向，不受外力矩作用时，主轴将稳定地保持在惯性空间给定方向上不变，即定轴性。

如果在 $t=0$ 时刻有外力矩 M_y 作用在陀螺仪的内框架轴上，陀螺仪的运动方程式(9-23)可以写为

$$\begin{cases} J\alpha_y + H\omega_z = M_y \\ J\alpha_z - H\omega_y = 0 \end{cases} \tag{9-28}$$

式(9-28)可以写成关于角速度的微分方程

$$\begin{cases} J\dfrac{\mathrm{d}\omega_y}{\mathrm{d}t} + H\omega_z = M_y \\ J\dfrac{\mathrm{d}\omega_z}{\mathrm{d}t} - H\omega_y = 0 \end{cases} \tag{9-29}$$

微分方程的解为

$$\begin{cases} \omega_z = C_1 \sin\omega_\mathrm{n} t + C_2 \cos\omega_\mathrm{n} t + \dfrac{M_y}{H} \\ \omega_y = C_1 \cos\omega_\mathrm{n} t - C_2 \sin\omega_\mathrm{n} t \end{cases} \tag{9-30}$$

对式(9-30)进行积分得

$$\begin{cases} \theta_z = -\dfrac{C_1}{\omega_\mathrm{n}}\cos\omega_\mathrm{n} t + \dfrac{C_2}{\omega_\mathrm{n}}\sin\omega_\mathrm{n} t + \dfrac{M_y}{H}t + C_3 \\ \theta_y = \dfrac{C_1}{\omega_\mathrm{n}}\sin\omega_\mathrm{n} t + \dfrac{C_2}{\omega_\mathrm{n}}\cos\omega_\mathrm{n} t + C_4 \end{cases} \tag{9-31}$$

式中，C_1、C_2、C_3、C_4 是由初始条件决定的常数。

在初始的条件下陀螺没有进动，即 $t=0$ 时，$\omega_z(0)=\omega_y(0)=0$、$\theta_z(0)=\theta_y(0)=0$，由此可得

$$C_1=0，C_2=-\frac{M_y}{H}，C_3=0，C_4=\frac{M_y}{H\omega_\mathrm{n}}$$

将 C_1、C_2、C_3、C_4 代入式(9-30)和式(9-31)得

$$\begin{aligned} \omega_z &= \frac{M_y}{H}(1-\cos\omega_\mathrm{n} t) \\ \omega_y &= \frac{M_y}{H}\sin\omega_\mathrm{n} t \\ \theta_z &= \frac{M_y}{H}\left(t - \frac{1}{\omega_\mathrm{n}}\sin\omega_\mathrm{n} t\right) \\ \theta_y &= \frac{M_y}{H\omega_\mathrm{n}}(1-\cos\omega_\mathrm{n} t) \end{aligned} \tag{9-32}$$

式(9-32)表示了陀螺仪在力矩作用下运动角度和角速度的规律。由此可见，在力矩的作用下陀螺仪内框架的偏转角以角度 $\dfrac{M_y}{H\omega_\mathrm{n}}$ 为中心做简谐运动，外框架出现进动角并伴随着简谐运动。陀螺进动的过程中出现的简谐运动与陀螺仪的章动频率 ω_n 有关，称为陀螺仪的章动分量，式(9-32)中的其余部分称为陀螺仪的进动分量。在力矩的作用下，陀螺仪的运动由章

动和进动两部分组成。陀螺仪在框架轴承的摩擦和周围介质的阻尼作用下，章动的幅值会逐渐减弱。

（3）陀螺仪的基本特性　当陀螺仪的转子没有高速旋转的时候，转子和内框架、外框架的运动性质与刚体相同。在底座缓慢转动的过程中，由于摩擦力的作用，转子、内框架和外框架也与之一起转动。当内框架和外框架都得到力矩的作用时，它们也沿着力矩的方向发生转动。但是，当转子绕主轴高速旋转的时候，陀螺仪就会表现出与刚体不同的特性，包括定轴性、进动性。

1）定轴性。当陀螺仪的转子高速旋转时，如果不受任何外加力矩作用，其主轴将稳定地保持在惯性空间初始方向上，这种特性称为陀螺仪定轴性或者稳定性。由于陀螺仪的定轴性，当底座缓慢转动时，转子、内框架和外框架不会随之转动，陀螺仪的主轴方向也不会变化。若 Ω 为陀螺转速，J 为陀螺转子的转动惯量，则陀螺转子绕主轴转动时产生转动的角动量 H 为

$$H = J\Omega$$

角动量 H 越大，摩擦力矩越小，则主轴方向越稳定。但是由于陀螺仪不能完全避免摩擦力矩，陀螺重心也很难与旋转中心重合，因此陀螺的主轴会逐渐偏离惯件空间原给定的方向，这种偏离通常称为陀螺漂移。当陀螺仪受到外力的冲击干扰时，瞬时的脉冲力矩会使陀螺仪的主轴在原来位置附近做高频微幅振荡，相对于初始位置有微小的偏离。这种高频微幅振荡称为陀螺章动，它说明陀螺仪转子高速旋转的过程中能够抵抗干扰力矩，力图保持转子主轴相对于惯性空间方位的稳定性。

2）进动性。当陀螺仪的转子高速旋转时，如果外加力矩 M 作用在陀螺仪的某一框架旋转轴上，迫使主轴绕另一框架的轴旋转，主轴以最短的途径向外力矩的方向靠拢。当作用在陀螺上的外加力矩 M 不与某一个框架旋转轴的方向重合时，则只有 M 在两个轴上的投影能分别引起进动。在外力矩的作用下，陀螺仪的主轴转动方向与外力矩矢量方向不一致，而是与外力矩矢量垂直，并力图使主轴以最短途径向外力矩矢量靠拢，这种特性称为陀螺仪的进动性。为了保持陀螺具有进动特征，在实际使用中不允许内框架和外框架重合。如果两个框架重合，陀螺仪将会失去了一个自由度，这种情况被称为“环架自锁”。

陀螺转子的角动量很大，陀螺的进动是没有惯性滞后的，即外加力矩，陀螺马上产生进动现象，且只要外加力矩撤消，进动也就马上停止。但完全的“无惯性”实际上是不存在的，只是用肉眼观察不出来而已。

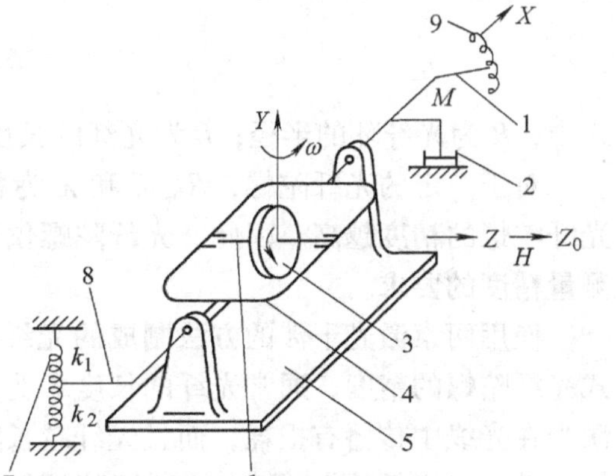

图 9-13　微分陀螺仪测量角速度的原理
1—指针　2—阻尼器　3—转子　4—框架
5—底座　6—陀螺主轴　7—定位弹簧
8—杠杆　9—电位计

（4）微分陀螺仪测量角速度　用于测量角速度的微分陀螺仪结构如图 9-13 所示。微分陀螺仪是单自由度陀螺仪，陀螺仪的主轴垂直于被测角速度的转轴。当载体绕陀螺仪的 Y 轴有角速度 ω_y 时，通过支撑系统在陀螺仪的 Y 轴上产生作用力矩 M_y，力矩 M_y 的方向与角速度 ω_y 的

方向一致。根据陀螺仪的进动特性，在力矩 M_y 作用下，陀螺仪的角动量 H 将向力矩 M_y 的方向进动，从而使陀螺仪的框架绕 X 轴旋转过 θ 角。当框架绕 X 轴旋转的过程中，定位弹簧会产生一个反作用力形成弹簧力矩阻止框架的转动。弹簧力矩的大小与框架转过的角度 θ 有关，θ 角越大产生的弹簧力矩越大。当达到稳态时框架与基座同时以角速度 ω_y 旋转，此时框架上受到的弹簧力矩与陀螺力矩相平衡，即

$$k\beta = H\omega_y \tag{9-33}$$

式中，k 为弹簧的力矩刚度系数。

框架转动带动电刷指针转动，通过一定的比例关系可以实现速度的显示，阻尼器在陀螺稳定的过程中起到衰减振荡的作用。微分陀螺仪测量角速度的量程一般为 30°～170°/s，精度优于 ±0.5°，非线性误差小于 1%。

(5) 光纤陀螺仪测量角速度　光纤陀螺仪是基于萨克纳克(Sagnac)效应进行角度或角速度测量的。光纤陀螺的工作原理与环形激光陀螺相同，也是使用激光作为光源，利用两束激光在环形光路中沿相反方向传输过程中产生的相位差实现角度和角速度的测量。不同点是，光纤陀螺加长了激光束的在环形光路中的运行距离，使检测灵敏度和分辨力比环形激光陀螺提高了几个数量级。

利用萨克纳克效应制成的光纤陀螺仪的工作原理如图 9-14 所示。激光器 1 发出的激光经过分束器 2 后分成两束。两束激光经过两个耦合器 3 从两个入射端面进入光纤环 4，在光纤环中分别沿顺时针方向(CW)和逆时针方向(CCW)传播。两束激光从光纤环出射后，经耦合器和分束器合成一束，照射在光电探测器 5 上。如果光纤陀螺静止不动，则顺时针传播和逆时针传播的两束光不受影响。当光纤陀螺以一定角速度 ω 旋转时，顺时针传播和逆时针传播的光束相对于光纤环的角速度不同而产生相位差 $\Delta\varphi$，其与 ω 之间的关系为

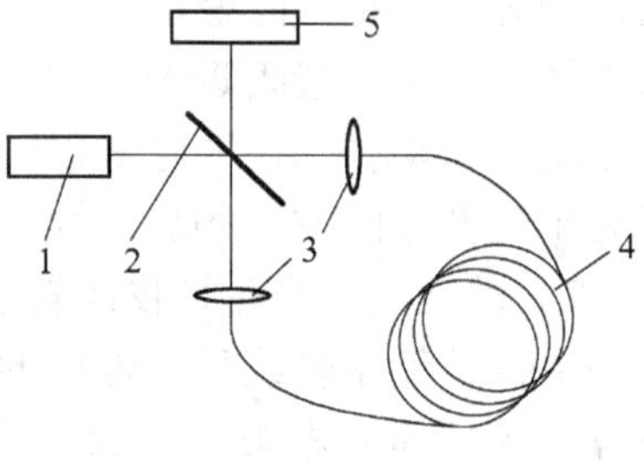

图 9-14　光纤陀螺仪的工作原理
1—激光器　2—分束器　3—耦合器
4—光纤环　5—光电探测器

$$\Delta\varphi = \frac{4\pi RL\omega}{\lambda c} \tag{9-34}$$

式中，R 为光纤环的半径；L 为光纤的长度；λ 为激光的波长；c 为光速。

对于一定的光纤陀螺，R、L 和 λ 为常数，故 $\Delta\varphi$ 与 ω 成正比，半径越大，光纤越长，光纤陀螺的精度越高。因此，光纤陀螺仪可根据应用领域的不同，设计不同结构参数以满足测量精度的要求。

使用两束激光干涉的方法制成的光纤陀螺称为干涉式光纤陀螺(IFOG)，为了保证干涉式光纤陀螺的精度，通常光纤的长度 L 为 500～2500m。光纤的长度不能无限制增加，因为激光在光线中传播有损耗，而且光纤越长其互易性越难保持。

谐振式光纤陀螺(RFOG)利用陀螺转动过程中相对传输的两束光产生的频率差进行测量，所需的光纤长度仅为几米到几十米。当光纤陀螺以一定角速度 ω 旋转时，顺时针传播和逆时针传播的光束相对于环形激光器谐振腔的角速度不同而产生频率差 Δf，其与 ω 之间的关系为

$$\Delta f = \frac{4S\omega}{\lambda L} \tag{9-35}$$

式中，S 为光纤陀螺所包围的面积。

对于一定的光纤陀螺，S、L 和 λ 为常数，故 Δf 与 ω 成正比。

2. 计时法测量角速度

根据角速度的定义，通过测量转过 θ 角所用的时间 t，可求得平均角速度 ω。当被测物体高速旋转，角速度变化缓慢且测量的时间 t 很短时，所得到的角速度是被测物体当前状态下的旋转角速度。

图 9-15 所示是使用多面棱体测量角速度的原理。激光器向多面棱体表面投射一束激光，经多面棱体表面反射后由光电探测器接收。在多面棱体旋转的过程中，激光器与多面棱体表面之间的投射角度不断变化，反射的激光在空间形成扫描光束。当光电探测器接收到该扫描光束时便产生一个信号脉冲。当多面棱体的两个面所反射的激光束被光电探测器接收到时，将产生两个信号脉冲，若其时间间隔为 t，且多面棱体两个相邻面的夹角为 θ，则多面棱体的旋转角速度 ω 为

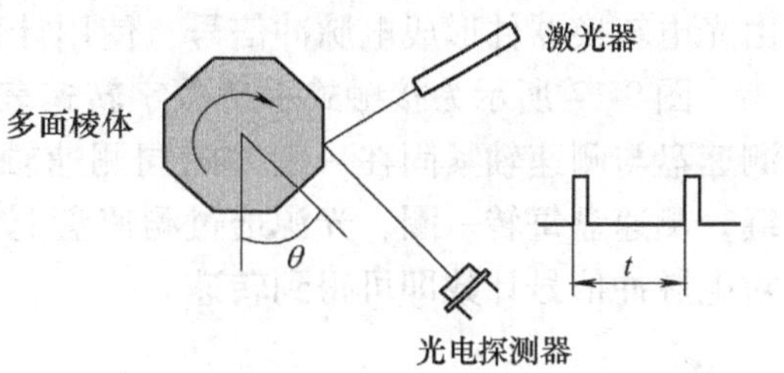

图 9-15　多面棱体角速度测量的原理

$$\omega = \theta / t \tag{9-36}$$

三、转速的测量

工程上经常遇到的角速度测量是旋转轴的转速测量，以每分钟的转数来表达，即 r/min。测量转速的仪表统称为转速表。转速表的种类繁多，按测量原理可分为模拟法、计数法和同步法；按变换方式又可分为机械式、电气式、光电式和频闪式等。

1. 离心式转速表

离心式转速表是传统的机械式转速测量仪表，现已很少使用。离心式转速表是通过测量重块在旋转过程中的离心力实现转速的测量的。离心式转速表主要由机心、变速器和指示器三部分组成，如图 9-16 所示。重锤利用连杆与活动套环及固定套环连接，固定套环装在离心器轴上。当离心器旋转时，重锤随着旋转产生离心力，离心力通过连杆和活动套环产生作用于弹簧上的力

$$F_r = k_r m r \omega^2 = k_c \omega^2 \tag{9-37}$$

式中，m 为重锤质量；r 为重锤旋转半径；ω 为重锤旋转角速度；k_r 为离心力转换系数；k_c 为比例系数。

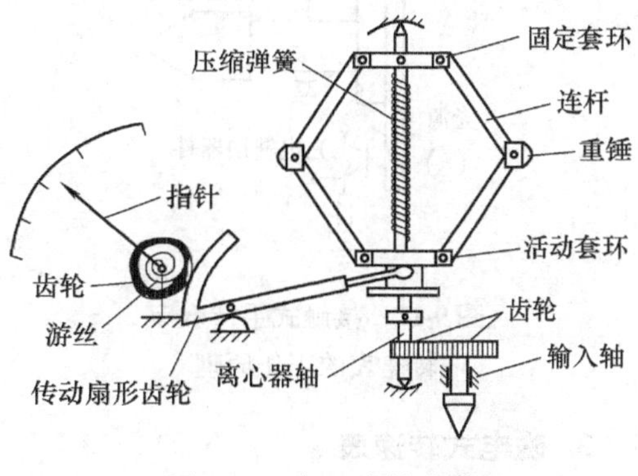

图 9-16　离心式转速表

在重锤的离心力通过连杆使活动套环向上移动并压缩弹簧，产生弹簧的反作用力

$$F_k = k_s x \tag{9-38}$$

式中，k_s 为弹簧系数；x 为活动套环上移距离。

当转速一定时，活动套环向上的作用力与弹簧的反作用力相平衡，即 $F_r = F_k$，活动套环将停在相应位置，$x = k_c/k_s\omega^2$。通过传动扇形齿轮、游丝、指针等装置，将活动套环的移动量传递给指针，在表盘上指示出被测转速的大小。

离心式转速表具有测量结果显示直观、成本低、运行可靠、坚固耐用等优点，但测量原理简单，测量精度相对较低。

2. 光电式转速表

光电式转速表是通过被测旋转体上的反射光或透射光，将被测物体的旋转变为光信号，由光电转换器件形成电脉冲信号，使用计数器计数的方式来实现转速测量的。

图 9-17 所示为接触式手持数字转速表的工作原理。测速轴与被测旋转轴相联结，光电测速盘与测速轴紧固在一起并随同测速轴转动。在光电测速盘的同心圆上均匀刻上多条窄缝，测速盘每转一圈，光源透过测速盘上窄缝都可使光电转换器件光产生电脉冲信号。通过对电脉冲信号计数即可得到转速 n

$$n = \frac{60N}{zt} \tag{9-39}$$

式中,N 是测速仪读出的电脉冲信号数;z 是光电测速盘上窄缝的数量;t 是采样的时间。

由式(9-39)，若 $t=1$，$z=60$，则有 $n=N$，即测速仪中电脉冲信号的数量就是被测转速。

图 9-18 所示为非接触式光电转速测头的工作原理。测量转速前需在被测轴上涂上反光面和非反光面，将光电测速头垂直对准被测轴并调整焦距，使落在轴上的聚光点呈现光源灯丝的像。在光电转速测头中由光源发射出来的光经凸透镜会聚成平行光，沿光路经半透半反膜反射到被测轴上，再由被测轴上涂有的反光面或反光轴反射出来，穿透半透半反射膜照射到光敏晶体管上并产生出明电流和暗电流，输出脉冲信号。该信号经过放大整形电路形成矩形脉冲信号，并输送给二次仪表即转速数字显示仪进行计数显示。

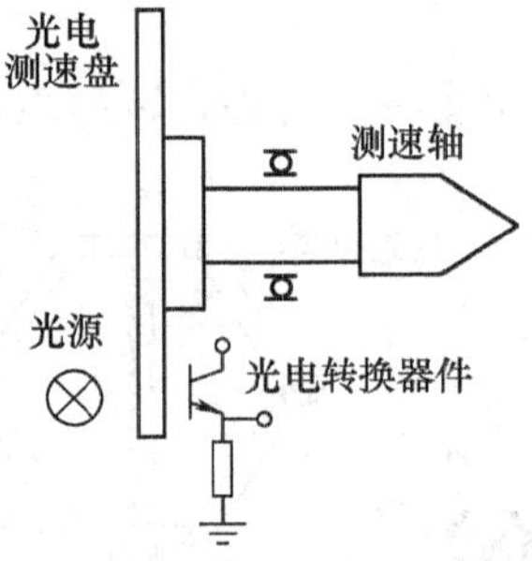

图 9-17　接触式手持数字转速表的工作原理

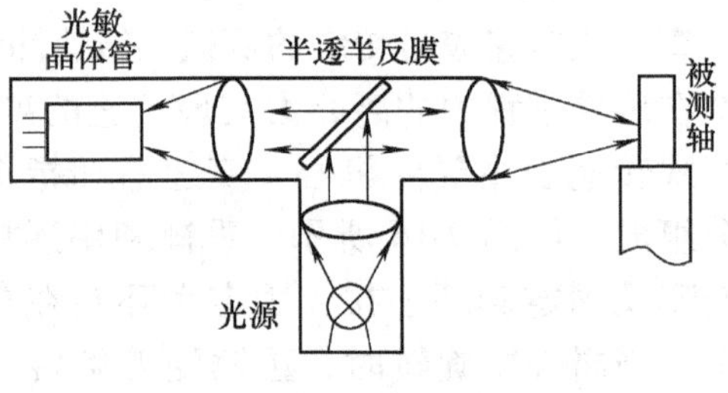

图 9-18　非接触式光电转速测头的工作原理

3. 磁电式转速表

磁电式转速传感器是使用最广泛的转速传感器，由磁头和线圈组成，另外必须配备齿轮或类似齿轮的装置才能工作。磁电式转速传感器的结构如图 9-19 所示，由永久磁铁、感应线圈、导磁齿轮等组成。导磁齿轮装在被测转轴上，与被测转轴一起旋转。当被测转轴旋转时，导磁齿轮的凸凹齿形将引起齿轮与永久磁铁间气隙大小的变化，从而使永久磁铁磁路中的磁通量随之发生变化。当轮齿靠近磁头，磁阻就减小，轮齿偏离磁头，磁阻就增大。这样，磁通量呈周期性的变化，便产生了感应电动势。感应电动势的频率 f 和幅值均随导磁齿轮轮齿的通过频率而变化，与轮齿的通过频率成正比，即与齿轮的转速 n 成正比。其关系式为

$$n=\frac{60f}{z}$$

式中，z 为齿轮的轮齿个数。

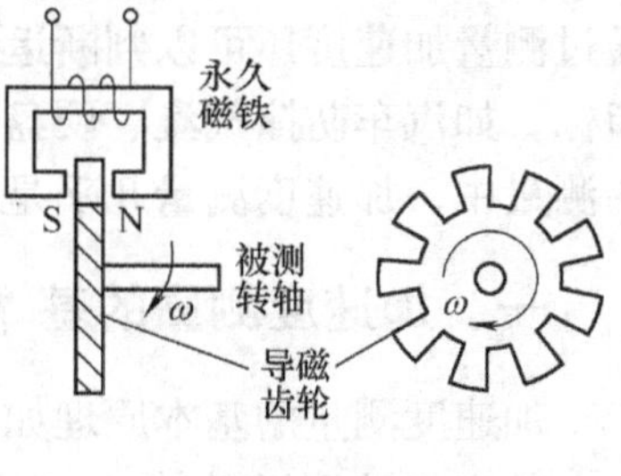

图 9-19　磁电式转速传感器的结构

随着转速下降，输出感应电动势的幅值也随之减小。当转速低到一定程度时，电压幅值将会无法检测出来。所以，这种传感器不适合低转速测量。

4. 频闪转速仪

(1) *频闪效应*　物体在人的视野中消失后，人眼视网膜上能在一段时间内(1/5～1/20s)保持视觉印象，即视后暂留现象。当光闪动频率大于10Hz时，人眼看上去就是连续发亮的。

(2) *频闪转速仪测量原理*　利用频闪效应可实现转速的测量。测量转速时所用的圆盘称为频闪盘，按频闪原理复现的图像称为频闪像。当用一个可调频率的闪光灯照射频闪盘时，在闪光频率与频闪盘转动频率相同或成为其整数倍时，能清晰地看到频闪像，因此，在用频闪转速仪测转速时要调整闪光灯的频率，记录使频闪像不动时的闪光频率。具体测量方法如下：

若已知被测转速的范围是 $n\sim n'$，则首先将闪光频率调到大于 n'，然后从高频逐渐下降，则第一次出现单定像的闪光频率等于被测转速；

若被测转速的频率范围无法估计，则调整闪光频率，记录下连续出现两次单定像的闪光频率 n_1 和 n_2，设 $n_1>n_2$，则

$$n=\frac{n_1n_2}{n_1-n_2} \tag{9-40}$$

若转速非常高，n_1 和 n_2 可能很接近，按式(9-40)测量精度会很低。要提高测量精度，必须不断下降闪光频率，连续记录下出现单定像的闪光频率 n_1，n_2，…，n_m。然后计算被测转速 n 为

$$n=\frac{n_1n_m(m-1)}{(n_1-n_m)} \tag{9-41}$$

测量时除了使用频闪盘外，还可利用转动体上的一些特征来锁定频闪频率，如圆盘的辐条、齿轮的齿等。如果转动体上没有这些特征，也可以在旋转轴上涂以黑白点或粘贴黑白纸条做标记。

频闪转速仪的优点是非接触测量，简单方便。测量范围一般为100～250000r/min，测量精度可达0.01%。

第三节　加速度的测量

现代科学技术日新月异，特别是电子测量和MEMS技术的发展使加速度测量得到迅速

发展。加速度计体积小、重量轻、精度高、频率响应宽，广泛应用于航空、航天、地震监测、爆破工程、地基测量、模态试验、石油地矿探测等工程中。通过测量加速度，可以测量物体的运动状态，如火箭、导弹、飞机、船舶惯性导航系统、可悬空使用的加速度鼠标等；通过测量加速度还可以判断运动机械系统所承受的加速度负荷的大小，防止损坏或提供设计指标，如汽车防撞气囊、硬盘和存储设备等；尤其在瞬态、冲击和随机振动等复杂运动参数的测量中，加速度测量几乎是唯一的手段。

一、加速度测量的基本原理

加速度测量的基本原理如图9-20所示。质量块 m 通过弹簧和阻尼器与传感器基座相连接，基座与被测运动体A相固连。当被测运动物体产生加速度运动时，基座随之运动，质量块受惯性力的作用也会运动，即可通过检测质量块位移或惯性力的方法来测量运动体的加速度。若被测物体运动位移为 $x(t)$，质量块运动位移量为 $y(t)$，则质量块相对于传感器基座的位移为 $z(t)=y(t)-x(t)$。

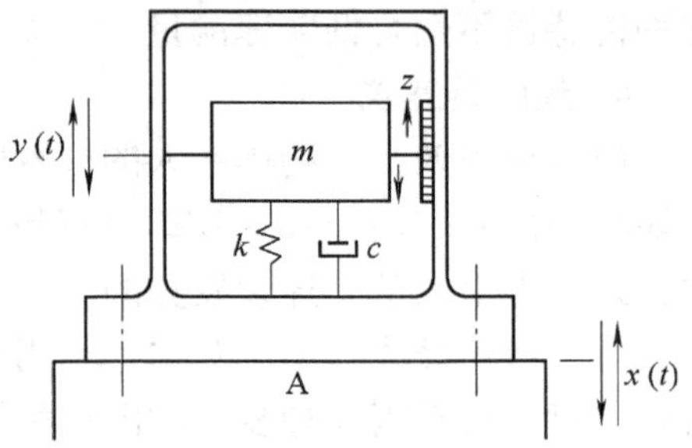

图9-20　加速度测量的基本原理

1）由于质量块的惯性，其速度的改变比基座慢，质量块与基座之间会产生位移，位移与加速度成比例，通过检测质量块与基座之间的位移可以实现加速度的测量。

2）质量块通过连接的阻尼器和弹簧感受到加速度的变化，质量块会受到与加速度成比例的惯性力的作用，通过检测惯性力也可以实现加速度的测量。

二、基于位移的加速度测量

通过检测质量块位移的加速度传感器种类很多，如压电式、磁电感应式、电容式、电感式、涡流式、霍尔式等。

1. 压电式加速度计

利用压电材料(压电陶瓷)的压电效应制成的压电式加速度计应用十分广泛。图9-21所示为一压电式加速度计的工作原理。当加速度计壳体4连同基座和被测对象一起运动时，其内部由高密度合金制成的惯性质量块2相对于壳体将产生一定的位移，此位移通过弹簧1产生的弹性力施加于压电元件3上，在其两个断面上就会产生极性相反的电荷。压电式加速度计通常不使用阻尼元件，且其内部的阻尼也很小（$\xi<0.02$），系统可视为无阻尼，则惯性质量块相对于壳体的位移 z 可表示为

$$z=\frac{\dfrac{d^2x}{dt^2}}{\omega_n^2\left[1-\left(\dfrac{\omega}{\omega_n}\right)^2\right]} \tag{9-42}$$

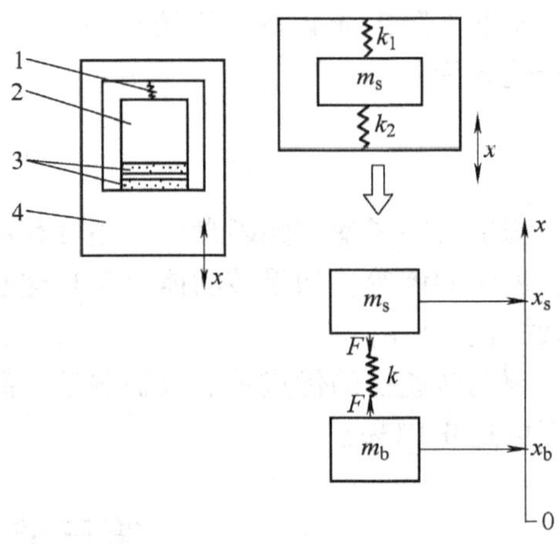

图9-21　压电式加速度计的工作原理

1—弹簧　2—惯性质量块　3—压电元件　4—壳体

式中，x 为被测振动的位移；$\omega_n^2 = K/M$，$K = k_1 + k_2$ 为等效刚度，其中 k_1 为弹簧刚度，k_2 为压电元件的刚度，M 为折算质量，$M = (m_s m_b)/(m_s + m_b)$，其中 m_s 为惯性质量，m_b 为壳体的质量。

该位移通过弹性产生力 $F = k_2 z$ 作用于压电元件上，根据压电效应可得出在压电元件表面产生的电荷为

$$Q = d_{33}F = \frac{d_{33}k_2 \dfrac{d^2x}{dt^2}}{\omega_n^2\left[1 - \left(\dfrac{\omega}{\omega_n}\right)^2\right]} \tag{9-43}$$

式中，d_{33}为压电材料的压电系数。

图 9-22 所示为压电式加速度计常用的结构形式。图中，B 为基座，P 为压电元件片，M 为惯性质量块，S 为具有较大刚度的压紧块。图 9-22a 是外缘固定型，其压紧块与壳体相连，这就使壳体成为“弹簧-质量”系统的一部分，外界的温度、噪声和试件变形等因素引起壳体的变形都将对输出信号形成干扰。图 9-22b 是中间固定型，压电片、质量块和压紧块一起固定在一个中心轴上，外壳起保护和屏蔽作用，这种结构可克服温度、噪声的影响。图 9-22c 是倒置式中间固定型，与图 9-22b 所示结构不同之处在于其中心轴不与基座相接，可避免基座变形的影响。上盖与之相接薄壁，形成“弹簧”一部分，共振频率会有所降低。图 9-22d 是剪切结构，压电元件为圆筒状，粘接在中心轴上，外圆则粘接于质量块，加速度传感器沿轴线振动时，压电元件将受到剪切力而变形，从而输出电荷。这种结构既可克服外界温度和噪声的干扰，又可避免基座变形的影响。

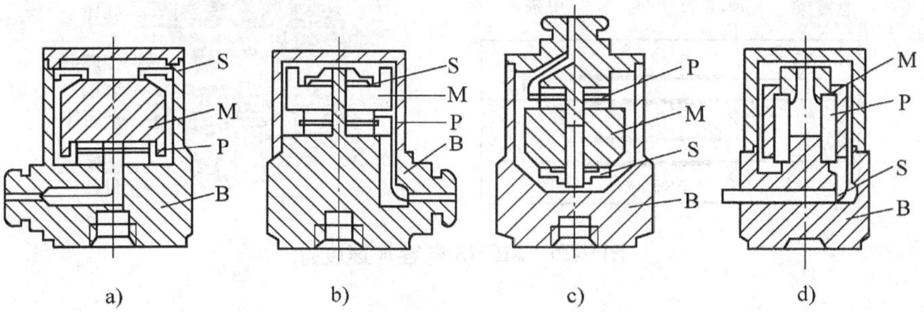

图 9-22　压电式加速度计常用的结构形式
a) 外缘固定型　b) 中间固定型　c) 倒置式中间固定型　d) 剪切式

2. 磁电感应式加速度计

磁电感应式加速度计的结构如图 9-23 所示，质量块通过弹簧片与传感器的壳体相连，质量块作为衔铁与两个感应线圈共同构成差动变压器。当质量块感受到加速度而与壳体之间产生相对位移时，差动变压器就输出与位移(即与加速度)成近似线性关系的电压，加速度方向改变时，输出电压的相位相应地改变 180°。

3. 电容式加速度计

电容式加速度计的结构如图 9-24 所示。质量块有两个弹簧片固定在传感器壳体内作为电容的活动极板，在壳体的上下两端有两个电容的固定极板，固定极板与壳体之间绝缘。两

个固定极板与质量块构成差动电容器。当质量块感受到加速度而与壳体之间产生相对位移时，质量块与固定极板之间的电容发生变化，一个增大一个减小，它们的差值与被测的加速度成比例。电容式加速度传感器精度较高，频率响应范围宽，量程大，可以测量很高的加速度。

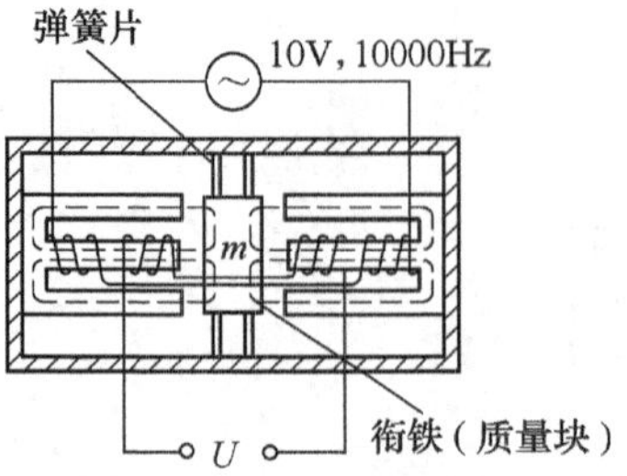

图 9-23　磁电感应式加速度计的结构

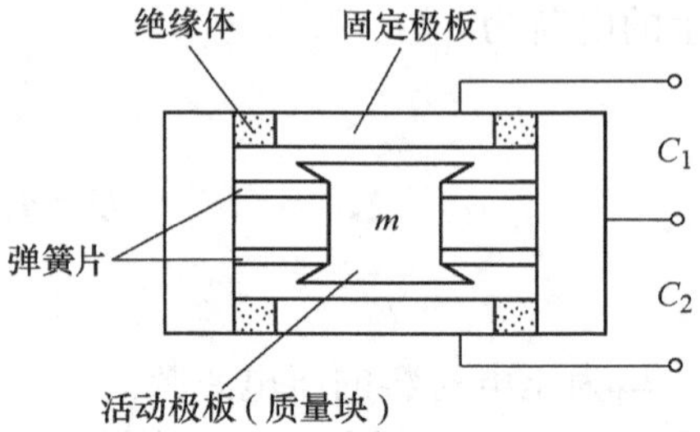

图 9-24　电容式加速度计的结构

使用悬臂梁的结构可构成 MEMS 电容加速度计，如图 9-25 所示。使用 Si 作为悬臂梁和质量块，在质量块上放置金属膜作为电容的活动极板，在 SiO_2 基体上放置金属膜作为电容的固定极板，通过检测电容的变化来测量加速度。由于 MEMS 电容加速度计极板之间的距离很小，需要反馈控制，防止极板间发生黏附。

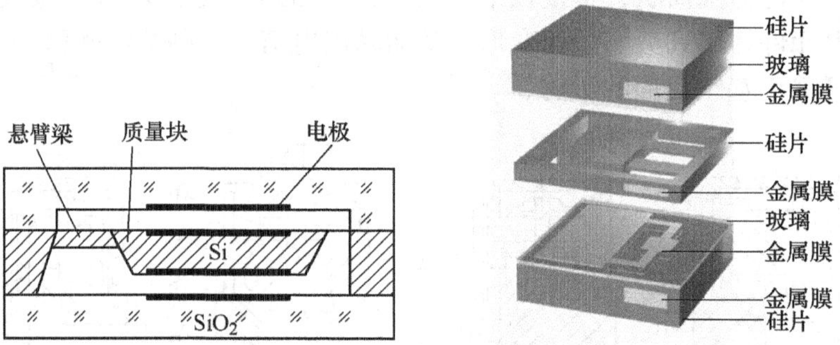

图 9-25　MEMS 电容加速度计

4. 霍尔式加速度计

霍尔式加速度计的结构如图 9-26 所示。质量块 m 和霍尔元件 H 通过悬臂梁与传感器的壳体相连接，质量块在悬臂梁的中部，霍尔元件在悬臂梁的自由端。当质量块感受到加速度时，由于惯性会使悬臂梁弯曲，使霍尔元件中的半导体相对于磁场产生与加速度成比例的位移。霍尔元件输出的霍尔电动势 U_H 与加速度成比例。

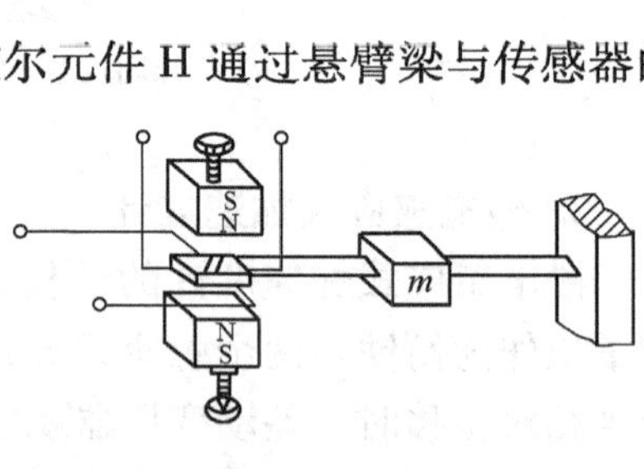

图 9-26　霍尔式加速度计的结构

三、基于惯性力的加速度测量

因为基于位移的加速度测量仪器一般工作频率范围有限，灵敏度较低，所以目前广泛采用基于惯性力的加速度测量方法，如伺服式、电阻式和光纤式等。质量块感受到加速度后，由于惯性力的作用产生与加速度成正比的惯性力 F，$F = ma$。通过力平衡反馈的方法或者通过检测应变、应力等方法，实现加速度测量。

1. 伺服式加速度计

伺服式加速度计是一种高性能仪器，最初是为满足军事中惯性导航系统等测量要求而开发的，现在已用于各种领域之中，如高精度低频振动测量仪、计量用基准仪器及由此构成的伺服式速度计、位移计等。

（1）*伺服式加速度计的工作原理*　伺服式加速度计是根据力平衡反馈的原理构成的闭环测量系统，如图 9-27 所示。它主要由质量块 m、弹簧 k、阻尼器 c 系统、位置传感器 S_d、伺服放大器 S_s、力发生器 S_F 和标准电阻 R_L 等部分组成。当壳体固定于被测运动物体上感受到加速度后，质量块相对壳体的位移为 z，位移量由位置传感器检测出并转换成电压，经伺服放大器放大形成电流 i 输出。该电流经标准电阻后供给磁电式力发生器，产生电恢复力，使质量块返回到初始平衡位置。根据惯性振动体力学模型分析，系统的运动方程式为

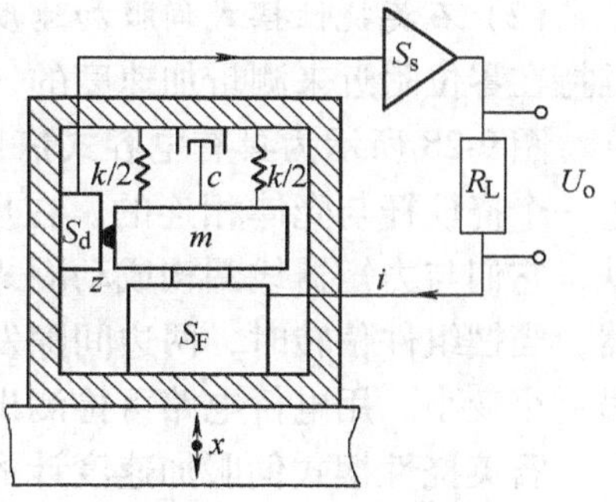

图 9-27　伺服式加速度计的工作原理

$$m\frac{\mathrm{d}^2z}{\mathrm{d}t^2}+c\frac{\mathrm{d}z}{\mathrm{d}t}+Kz=-S_Fi-m\frac{\mathrm{d}^2x}{\mathrm{d}t^2} \tag{9-44}$$

式中，S_F 为由永久磁铁和动圈组成的磁电式力发生器的灵敏度，$S_F = Bl$；B 为磁路气隙的磁感应强度；l 为动圈导线有效长度；i 为电流，$i = S_dS_sz$；S_d 为位置传感器的灵敏度；S_s 为伺服放大器的灵敏度。

对式(9-44)进行整理，采用二阶常系数线性非齐次微分方程式形式表达为

$$\frac{\mathrm{d}^2z}{\mathrm{d}t^2}+2\xi\omega_n\frac{\mathrm{d}z}{\mathrm{d}t}+\omega_n^2z=-\frac{\mathrm{d}^2x}{\mathrm{d}t^2} \tag{9-45}$$

式中，ω_n 为固有圆频率，$\omega_n^2=\dfrac{(k+S_FS_dS_s)}{m}$；$\xi$ 为阻尼比，$\xi=\dfrac{c}{2\sqrt{(k+S_FS_dS_s)m}}$。

伺服式加速度计的 ω_n 和 ξ 不仅与机械弹簧刚度和阻尼器阻尼系数有关，而且还与产生电恢复力电路的灵敏度 S_d、S_s、S_F 有关。因此可以通过适当地选择和调节电路结构参数来改变仪器的工作特性，使之达到最佳状态，而且调节过程方便并具有很大的灵活性。

伺服式加速度计在利用式(9-45)测量时，必须满足被测加速的频率 $\omega << \omega_n$，才能正确反映被测的加速度值。由其幅频特性曲线得到电压灵敏度 S_a 为

$$S_a=\frac{U_o}{a}=\frac{U_o}{-\omega_n^2z}=-\frac{mR_L}{S_F}\frac{1}{1+k/(S_dS_sS_F)} \tag{9-46}$$

式中，U_o 为仪器输出电压，$U_o = R_Li$。

由式(9-46)可知，如选用刚度小的弹簧，使得 $k << S_dS_sS_F$，则

$$S_a=-\frac{mR_L}{S_F}=-\frac{mR_L}{Bl} \tag{9-47}$$

因此，伺服式加速度计的电压灵敏度仅决定于仪器的 m、R_L、B 和 l 等结构参数，而与

仪器的 k、S_s、S_d 等特性无关。若能采取措施使这些结构参数稳定、不受温度等外界环境影响，则仪器可以达到很高的测量精度。此外，还可以在仪器伺服放大器中接入移相电路，利用与速度成正比的电磁力反馈来形成粘性阻尼，与原有阻尼器一起，使系统的阻尼比 ξ 达到最佳值。这种仪器的结构可以使 ω_n 做得极高，由于其具有零下限的频率特性，因此可实现极宽频带的测量，可用于冲击、随机及低频振动加速度的测量。

（2）*石英挠性摆式伺服加速度计*　石英挠性摆式伺服加速度计是靠反馈系统使摆锤质量维持在零位附近来测量加速度的，其结构上采用挠性杆来支承摆锤重量。

图 9-28 所示为具有电容式信号传感器的石英挠性摆式伺服加速度计的原理。质量块通过一个挠性杆与壳体相连的。在质量块上绕有力矩器线圈。在壳体两端固定有两个永久磁铁，它们与力矩器线圈构成动圈式力矩器。用磁钢表面和摆组件两端构成两个测量电容传感器，当摆组件偏转时，两边间隙发生变化，两个电容器的容量也相应变化，一个电容变大，另一个变小。用电桥电路可检测出它们的变化量，从而反映所测加速度的大小。

石英挠性摆式伺服加速度计的检测电路原理如图 9-29 所示。当载体沿输入轴向有加速度时，惯性力作用在质量块上，同时，输入轴向上的引力分量也作用在质量块上，它们的合力对挠性杆细颈处形成摆力矩。石英挠性摆两端面与磁钢面构成的两个电容器其间隙一边增大，一边减小，从而使左、右两电容量发生变化。电容的变化量由电桥电路检测。当电桥不平衡时，其输出电压反映了摆组件偏角的大小。不平衡信号经放大、解调、校正和直流功率放大，最后送至力矩器线圈，产生电磁力矩来平衡摆力矩。由于回路的放大系数可设计得很大，因而摆组件的偏角实际上很小。为了输出与摆力矩大小成比例的电信号，只要在力矩器线圈电路中串入一个采样电阻，取其两端电压就可获得加速度计的输出信号。

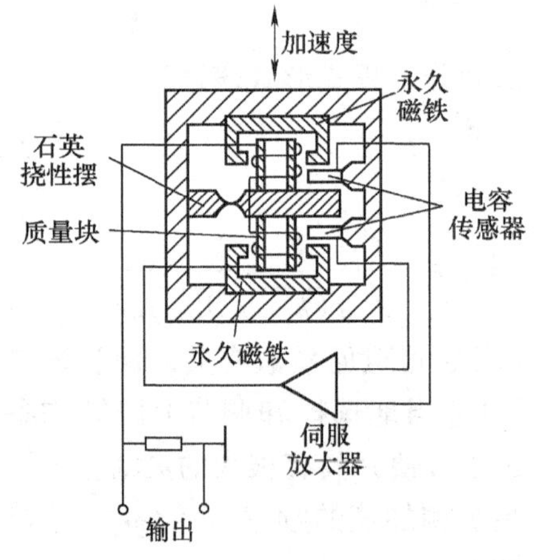

图 9-28　石英挠性摆式伺服加速度计的原理

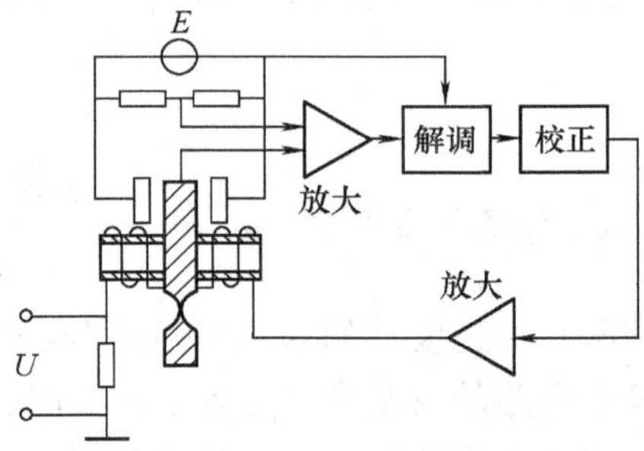

图 9-29　石英挠性摆式伺服加速度计的检测电路原理

石英挠性摆式加速度计是一种机械式加速度计，广泛应用于航空、航天、航海、交通、石油、建筑等各个领域。这种加速度计具有结构简单、体积小、精度和灵敏度高、稳定性好、功耗小、成本低等优点，在航天领域的导弹、运载火箭中的应用更加普遍。

2. 电阻应变式加速度计

利用某些材料的电阻应变效应作为传感元件测量质量块的惯性力，实现加速度的测量。

根据工作类型的不同电阻应变式加速度计可以分为粘贴应变计式、非粘贴应变张丝式。

粘贴应变计式加速度计是将金属丝、箔丝或半导体粘贴在弹性元件上形成力敏元件。如图9-30所示，在悬臂梁的一端固定质量块，悬臂梁另一端固定于壳体上。悬臂梁作为弹性元件，在其上下表面粘贴应变片组成全桥以提高灵敏度并补偿温度误差。由于梁式弹性体结构固有频率有限，常在壳体中充满阻尼油，使阻尼比达到0.6～0.7。采用柱体式弹性元件可测量大加速度，在垂直测量轴的方向粘贴应变片，不仅可以补偿温度误差，而且还可利用泊松比效应提高灵敏度。柱体常设计成圆环空心结构以增加灵敏度和抗压稳定性，这种结构固有频率可达数千赫，但性能易受粘贴工艺和胶剂引起蠕变和滞后的影响。粘贴应变计式加速度计通常使用半导体作为力敏元件，导体应变计的灵敏系数一般为50～200，比金属类要大50倍以上，仅用一般的运算放大器甚至不用放大就能工作，可以提高加速度计的性能。

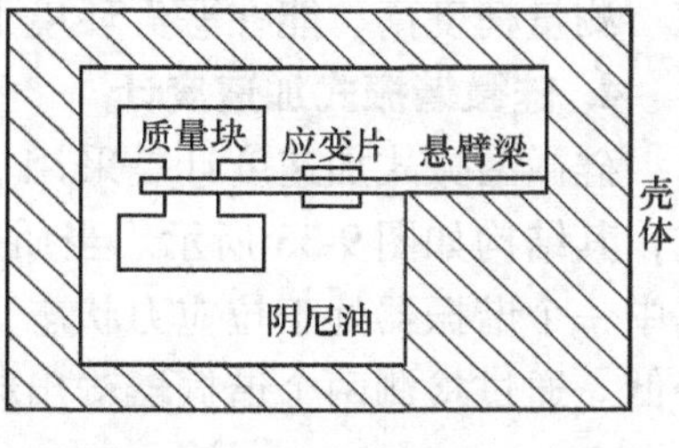

图9-30　粘贴应变计式加速度计

非粘贴应变张丝式加速度计如图9-31所示，用强度较高的电阻合金丝，一般为直径0.001～0.1mm的恒弹性合金丝、镍铬合金丝、卡玛合金丝等，一端缠绕在活动质量块的绝缘销钉上，另一端缠绕在固定壳体的绝缘材料制成的销钉上。电阻合金丝作为力敏元件感受产生加速度之后的惯性力，同时也是弹性元件的一部分。由于电阻丝不能感受压力，因此缠绕时需预先加上初始张力。这种结构不用胶粘剂，可基本消除蠕变和滞后。此外，它的阻值可以通过增加应变丝圈数来增大，其满量程时电阻丝的应变值可达到±1000$\mu\varepsilon$(μ为泊松比)或更高，增加了加速度的测量范围。但非粘贴应变张丝式加速度计的加工和装配难度大，成本高。

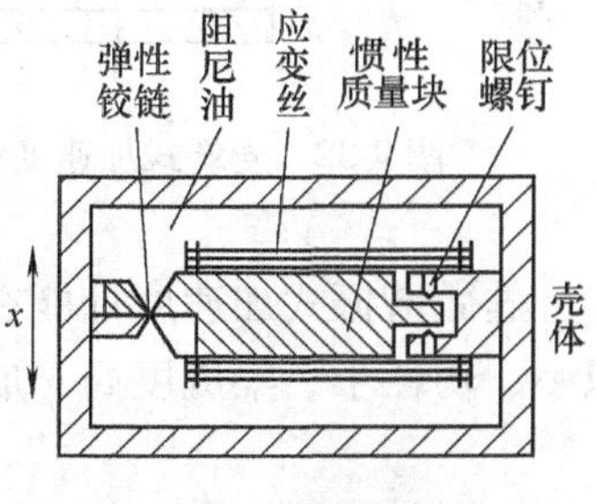

图9-31　非粘贴应变张丝式加速度计

粘贴应变计式和非粘贴应变张丝式加速度计的优点是，静、动态都能工作；测量频率可以很低，因此可以静态标定；传感器输出阻抗不高，对后续电路无特殊要求。其缺点是，频率范围有限，不适用于高频及冲击测量和宽带随机振动测量。

3. 光纤式加速度计

光纤式加速度计通过测量光纤受力后光纤中传播光束相位的变化来实现加速度的测量。光纤式加速度计的结构如图9-32所示。薄膜片将质量块m支撑在底座内，使用两根绷紧的光纤将质量块固定在底座和端盖上。当质量块通过薄膜片感受到底座的加速度作用时，两根光纤中一根轴向应变增强，另一根则减弱，从而使被传播的光束相位发生变化。光相位的变化$\Delta\varphi$与被测加速度a成正比，即

$$\Delta\varphi=\frac{4n_1lm}{E\lambda d^2}a \tag{9-48}$$

式中，n_1为光纤芯折射率；l为光纤臂长度；m为质量块的质量；E为光纤材料的弹性模量；λ为光波的波长；d为光纤的直径。

光相位的变化使干涉条纹发生变化，利用光波干涉测量技术就可以测量出加速度。

光纤式加速度计的最大特点是使用光纤传感技术测量惯性力，与传统的加速度计相比，光纤式加速度计不但能抗电磁干扰，而且具有体积小、重量轻、电绝缘、耐腐蚀、动态范围宽、测量精度高、能在恶劣环境下工作等优点。

4. 硅微谐振式加速度计

硅微谐振式加速度计是采用 MEMS 工艺制作的微惯性器件，主要由质量块和谐振器组成，其结构如图 9-33 所示。当质量块感受加速度作用时，其惯性力会施加在两个谐振器上，其中一个谐振器处于拉应力状态，谐振频率提高；另一个谐振器处于压应力状态，谐振频率降低。通过检测两个谐振器输出频率的差值来测量加速度。

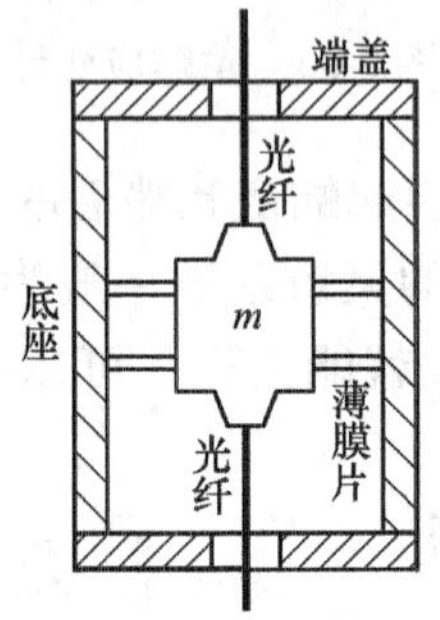

图 9-32　光纤式加速度计的结构

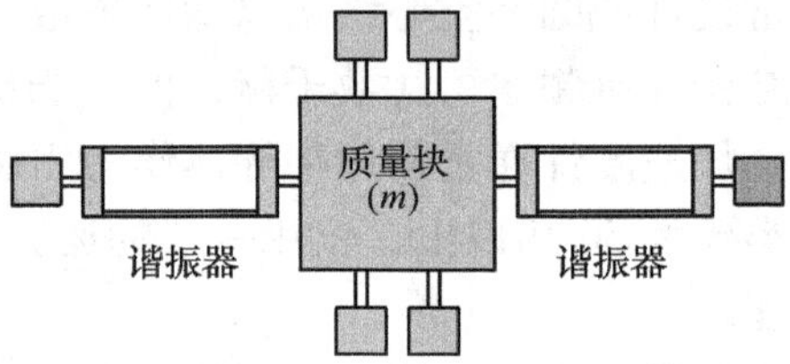

图 9-33　硅微谐振式加速度计的结构

硅微谐振式加速度计能在同一块硅片上同时集成机械敏感结构和外围接口电路，具有体积小、功耗小、集成度高、成本低、可批量生产等特点，在高精度导航领域广泛应用。

思　考　题

9-1　常用的速度测量方法有哪几种？各举一例说明。

9-2　简述皮托管测速原理，分析空速表的工作原理和特点。

9-3　试述激光多普勒测量速度原理和特点。

9-4　陀螺仪的主要特性是什么？试述微分陀螺仪测量角速度的工作原理。

9-5　使用频闪式转速表测量某一旋转体转速的过程中，连续出现两次单定像的闪光频率分别为 40Hz 和 30Hz。试计算被测旋转体的转速。

9-6　简述加速度传感器的工作原理。

9-7　试述伺服式加速度计的工作原理及其特点。

9-8　试述光纤式加速度计的工作原理及其特点。

9-9　总结分析各种电气式转速传感器。

9-10　采用超声波相关测速法测量轮船航速，设计测量系统，简述测量原理。

第十章　力和压力的测量

第一节　概　述

力是物质之间的相互作用，是国际单位制(SI)的导出物理量。力是由公式 $F=ma$ 来确定的，其单位为牛顿(N)，1N 等于使质量为 1kg 的物体获得 $1m/s^2$ 加速度的力。因此，力的标准取决于质量 m 和加速度 a 的标准。

质量是国际单位制(SI)的基本物理量之一，是惯性质量和引力质量的统称。在物体运动速度远小于光速时，物体的质量是一个不随时间、地点和条件变化的恒量。质量的国际标准是一根保存在法国赛佛尔的铂-铱合金圆棒，称国际千克原器。各国的国家质量标准器是砝码，采用天平与国际千克原器作比对实现量值传递，其复现精度可达 1kg 的十亿分之几。

加速度是长度和时间的导出量。重力加速度 g 是一个使用方便的标准，可通过测量一个摆的有效长度及其摆动周期或通过测定一个自由落体的速度随时间的变化值来确定重力加速度，其精度可达 10^{-6}。重力加速度的标准值是指在纬度 45° 的海平面处的值，它等于 $9.80665m/s^2$。不同纬度和海拔的重力加速度值不同，位于纬度 φ、海拔 h 处的重力加速度值为

$$g=\frac{9.80665(1-0.00265\cos 2\varphi)}{1+\frac{2h}{R}} \tag{10-1}$$

式中，R 为地球半径，$R=6.37\times 10^6$m。

当一个特定地点的重力加速度的数值被确定时，便可精确计算出作用在标准质量的重力(重量)，从而建立起一个力的标准。采用该标准的静重式、刀口式和杠杆式校准仪器可实现重量范围为 0~50kN 的示值校准，校准精度可达所加载荷的 ±0.005%。

在力值的计量中，力值基准由力基准机复现。力基准机有静重式标准测力机、杠杆式标准测力机、液压式标准测力机等。静重式标准测力机直接利用已知质量砝码的重力来复现基准力值；杠杆式标准测力机则类似于一台大型不等臂天平，通过杠杆系统把静重放大来复现基准力值；液压式标准测力机基于流体静力平衡原理，将已知质量砝码的重力经液压放大来复现基准力值。

力矩是作用力和力臂的乘积，单位为“牛顿米”(N·m)。力矩会使机械零部件转动，也称为转矩。在转矩作用下，机械零部件将会发生一定程度的扭曲变形，故又称为扭转矩，简称扭矩。工程中转矩 M(N·m)的测量常与功率 P(W)及转速 n(rad/s)的测量联系在一起，它们之间的关系为 $P=Mn$。

压力是静止的流体垂直作用于单位面积上的力，是力和面积的导出量，单位为“帕斯卡”(Pa)，简称“帕”，$1Pa=1N/m^2$。1 个标准大气压(atm)定义为在温度为0℃，纬度为45°

的海平面上，重力加速度为 9.80665m/s^{2}时的压力，1atm = 760mmHg = 101.325kPa。压力标准由准确度很高的标准仪器设备提供，如液压活塞式压力计。

第二节　力和力矩的测量

各种机械运动的实质都是力和力矩的传递过程，力和力矩测量是设计和改进机械运动的重要手段和依据。力和力矩测量也广泛应用于科学研究、国防和工农业生产中，如测量火箭的推力、汽车驱动扭矩、纺织纤维的张力、运动员的弹跳力、石油地质钻探中钻杆的扭矩，以及货物称重、公路桥梁受力分析等。

一、力的测量方法

力的测量方法可分为直接测量法和间接测量法。

直接测量法是基于静态重力力矩平衡原理，采用梁式天平，使被测力和标准质量（砝码）的重力平衡进行测量的方法。直接测量法简单易行，可获得很高的精度，如分析天平。但这种方法需逐级加载，测量的精度取决于砝码分级的密度和砝码等级，还会受到测量装置中杠杆、刀口支撑等零件间的摩擦和磨损的影响。这种测量方法只适用于静态测量。

间接测量法是采用测力传感器，将被测力转换成其他物理量进行测量的方法。间接测量法分为动力效应测力和静力效应测力两种：

（1）*动力效应测力*　力的动力效应使物体产生加速度，测定了物体的质量及所获得的加速度大小就测定了力值。在重力场中，地球的引力使物体产生重力加速度，因而可以用已知质量的物体在重力场某处的重力来体现力值。

（2）*静力效应测力*　力的静力效应使物体产生变形，在材料中产生应力，通过测定物体的变形量、应变量，或利用与力相关的物理效应（如压电效应、压磁效应）来确定力值。

二、测力仪

测力仪一般由机械传递系统、测力传感器、调理电路和显示仪表或显示器等部分组成，其中测力传感器是核心部件。测力仪的种类很多，根据测力仪所采用传感器的工作原理，测力仪分为电阻应变式、电感式、压电式、压磁式、电容式、振弦式、光电式等。

1. 电阻应变式测力仪

电阻应变式测力仪主要由弹性体、应变电桥、测量电路、补偿电路及显示器等构成，其组成框图如图 10-1 所示。粘贴于弹性体上的电阻应变片，在外力作用下产生应变，将其应变量经电桥电路转换成电量，再经电路处理显示出被测力值。

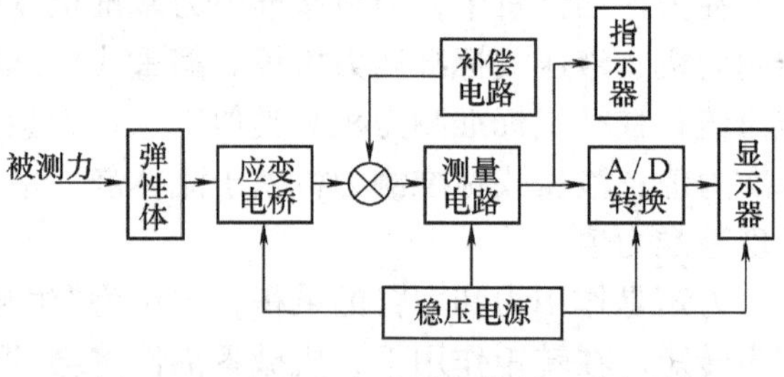

图 10-1　电阻应变式测力仪的组成框图

电阻应变式测力仪的主要敏感器件是电阻应变片和弹性体。典型的柱式弹性体直接承受拉伸力或压缩力，因此又称为直接应力式弹性体。它可做成不同的截面形状，如圆形、方形、工字形、多边形及圆桶形等。对弹性体的表面应尽可能有较大的曲率半径以保证良好地粘贴应变片，否则不仅影响粘贴质量，还会因温度引起曲率半径变化产生附加应变，造成误差。

图 10-2 所示是一个圆柱形弹性体。应变片 R_1、R_3 沿其轴向粘贴，R_2、R_4 沿其横向粘贴，并组成电桥电路。在负荷作用下应变片处弹性体的轴向相对变化量 ε（即应变）为

$$\varepsilon=\frac{\Delta l}{l}=\frac{F}{AE}=\frac{\sigma}{E} \tag{10-2}$$

式中，Δl 为应变片总变形量；l 为应变片的基长；F 为负荷力；A 为弹性体的工作面积；E 为弹性体材料的弹性模量：σ 为弹性体工作应力。

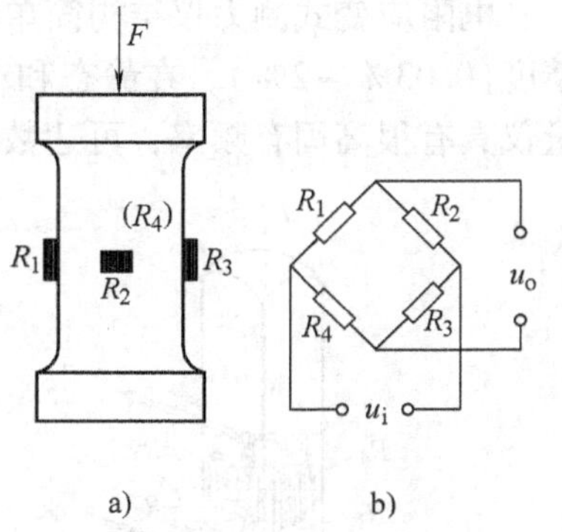

图 10-2　圆柱形弹性体

a）弹性体　b）电桥电路

定义电阻应变片灵敏系数 k 为

$$k=\frac{\Delta R/R}{\Delta l/l}=\frac{\Delta R/R}{\varepsilon}$$

式中，应变片阻值的相对变化率为 $\Delta R/R$。

则应变片 R_1、R_3 和 R_2、R_4 的电阻相对变化量分别为

$$\Delta R_1/R_1=\Delta R_3/R_3=k\varepsilon=kF/(AE)$$

$$\Delta R_2/R_2=\Delta R_4/R_4=-\mu k\varepsilon=-\mu kF/(AE)$$

式中，μ 为弹性材料的泊松比。

设弹性体总的应变量为 ε_0，则有

$$\varepsilon_0=\varepsilon_1-\varepsilon_2+\varepsilon_3-\varepsilon_4=\frac{1}{k}\left(\frac{\Delta R_1}{R_1}-\frac{\Delta R_2}{R_2}+\frac{\Delta R_3}{R_3}-\frac{\Delta R_4}{R_4}\right)=2(1+\mu)\frac{F}{AE} \tag{10-3}$$

在实际应用中一般采用等臂电桥，即 $R_1=R_3=R_2=R_4$，且 $R>>\Delta R$，电桥输出电压 U_o 可近似为

$$\frac{U_o}{U_i}=\frac{1}{4}\left(\frac{\Delta R_1}{R_1}-\frac{\Delta R_2}{R_2}+\frac{\Delta R_3}{R_3}-\frac{\Delta R_4}{R_4}\right) \tag{10-4}$$

式中，U_i 为电桥供桥电压。

定义 U_o/U_i 为传感器的电压灵敏度，通常取 0. 5 ~2. 5mV/V。

由式(10-3)和式(10-4)可得

$$\frac{U_o}{U_i}=\frac{(1+\mu)k}{2AE}F=\frac{k}{4}\varepsilon_0 \tag{10-5}$$

式(10-5)表明电桥输出电压与所施加弹性体上的作用力 F 成正比。

弹性体的结构形式多种多样，应根据力的测量范围、应用环境等因素进行设计选择。图 10-3 给出了几种典型弹性体的结构形式。图 10-3a 是应用最早的柱状弹性体，其测力范围为 10kN ~5MN；对大负载(1 ~20MN)，为获得更好的力分布状况，可采用图 10-3b 所示的管状弹性体；对较小的力(5N)，为获得较大的测量灵敏度，常采用图 10-3c 和图 10-3d 所示的弹性体；利用扁平杆的剪切效应，可制造出很扁的电阻应变式力传感器，如图 10-3e 所示，可应用于受限空间测力。

应变式测力仪一般采用电桥电路。电桥电路的输出信号小，精度要求高，因而测量电路要求具有高的增益、高的输入阻抗。为提高测力传感器的精度，必须在电桥电路中采取相应

的补偿措施，消除误差的影响，包括初始不平衡补偿、零点漂移补偿、灵敏度补偿、非线性补偿、传感器灵敏度调整等。

电阻应变式测力仪结构简单，制造方便，测量范围很大(5N ~ 20MN)，且具有较高测量精度(0.03% ~2%)，在静态和动态测量中得到广泛应用。由于弹性体刚度大，因而这种测量仪具有很高固有频率，可达数千赫兹，特别适合较高频率和持续交变载荷的测量。

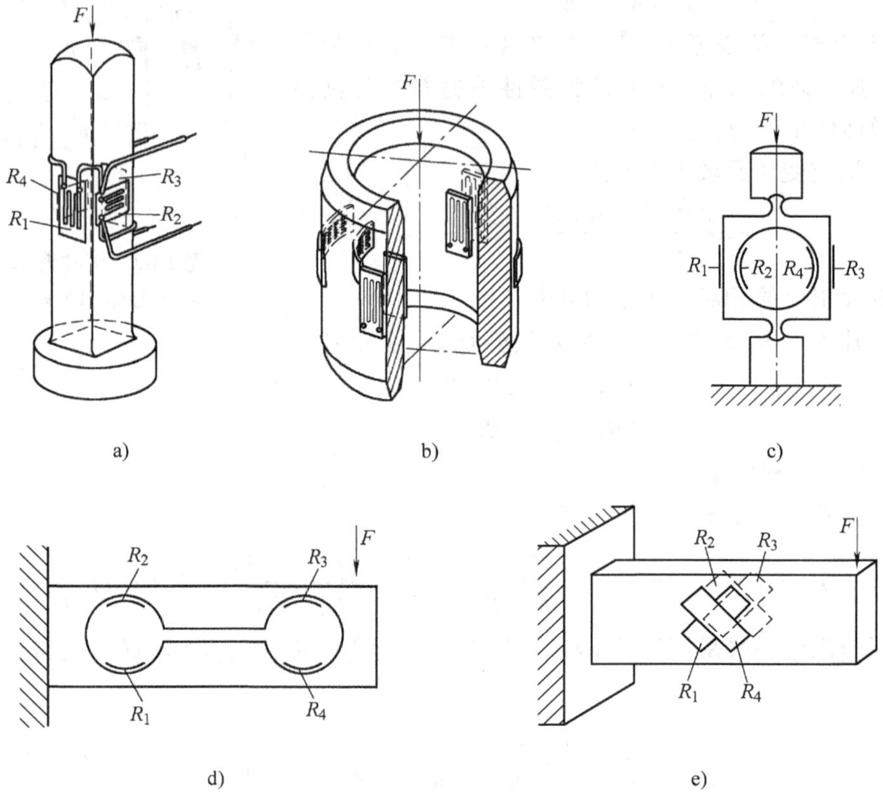

图 10-3　几种典型弹性体的结构形式

a)柱状弹性体　b）管状弹性体　c）径向受载弹性体

d）双铰链弯曲杆弹性体　e）剪切杆式弹性体

2. 压磁式测力仪

某些铁磁材料受机械力 F 作用后，其内部会产生机械应力 σ，从而引起磁导率 μ 的变化。这种由于机械力作用而引起铁磁材料磁性变化的物理现象叫做“压磁效应”，具有压磁效应的磁弹性体叫做压磁元件。受力作用后磁弹性体的磁阻(或磁导率)变化量与作用力成正比，测定了磁阻变化量即测定了力值。利用这种原理做成的测力仪器叫做压磁式测力仪或磁弹性式测力仪。

压磁元件所采用的铁磁材料，一般为硅钢片、铁镍合金等。把同样形状的硅钢片叠起来就形成一个压磁元件，如图 10-4 所示。在压磁元件的中间部分开四个对称的小圆孔 1、2 和 3、4，并分别绕有两个正交的绕组。孔 1、2 间的绕组 W_{12} 加有励磁电源，叫做励磁绕组；孔 3、4 间的绕组 W_{34} 用于产生感应电动势，叫做测量绕组。当 W_{12} 通过一定的交变电流时，铁心中就产生磁场。将孔间分成 A、B、C、D 四个区域，在压磁元件不受外力作用时由于铁心磁性的各向同性，此四个区域的磁导率μ相同，这时磁力线呈轴对称分布，磁力线不与绕组 W_{34} 交链，故 W_{34} 不会感应出电动势。当压磁元件受外力 F 作用时，A、B 区域将受较大的压应力 σ，而 C、D 区域基本上仍处在自由状态。这时，A、B 区域的磁导率下降，磁阻增大，而 C、D 区域的磁导率不变，部分磁力线不再通过 A、B 区域，而是绕过 C、D 区域闭合。于是，磁力线原来呈现的轴对称形状被破坏，与绕组 W_{34} 交链，测量绕组 W_{34} 中感应出和作用力成正比的电信号，其输出电压 U_o 为

$$U_o = kU_i FN_1/N_2 \tag{10-6}$$

式中，N_1、N_2 分别为励磁绕组和测量绕组的匝数；k 为与励磁电流和频率有关的系数；U_i 为励磁电压。

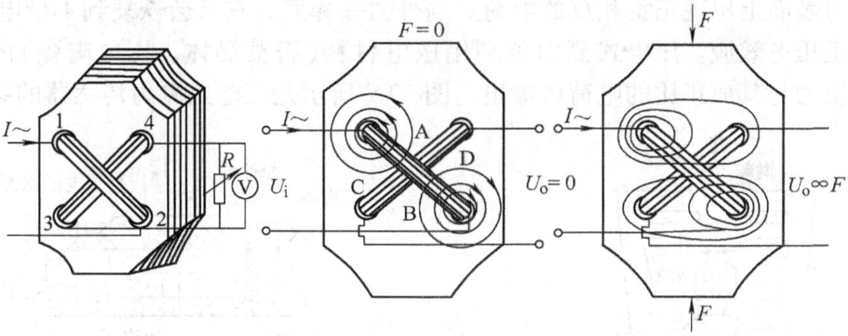

图 10-4　压磁式测力仪的工作原理

压磁元件一般由数十片至数百片冷轧硅钢片叠成，单片压磁元件的形状如图 10-5 所示。其中，图 10-5a 所示的形状是一个矩形削去四只角，目的是当受同样的外力时，铁心中间部分的应力大些，从而提高传感器的灵敏度。图 10-5b 所示的形状比图 10-5a 稍长些，在四个小孔的上下两边各开一个较大的分力孔，目的是将力分散一部分到四个小孔的两侧，以减小中间部分的应力，从而提高测量范围。图 10-5c 所示形状称为“中”字形，它的两个绕组分别绕在铁心两侧的柱体上。这种形状的传感器灵敏度较高。图 10-5d 所示的形状称为“田”字形，在四个臂中分别绕四个绕组，然后组成一个电感电桥，当无外力作用时，各绕组电感相等，电桥平衡；受外力作用后，电桥失去平衡，输出一个正比于外力的信号。这种形状的传感器灵敏度高，线性好。

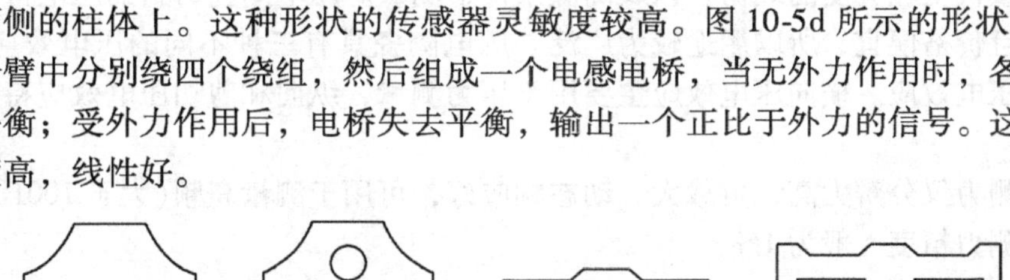

图 10-5　单片压磁元件的形状

图 10-6 所示为压磁式测力传感器的结构，它由压磁元件、基座、弹性梁及钢球等组成。

其中，弹性梁是用来对传感器产生预压力，它的纵向刚度很小，但横向刚度很大，所以它可以起到抗横向力和弯矩等干扰力的作用。放置钢球是为了使被测外力垂直均匀地作用在传感器上，且具有良好的复现性。

压磁式传感器的二次绕组输出的感应电压比较大，可达几十毫伏，一般不需要放大，因此测量电路只要将传感器输出的交流电压滤波、相敏检波后，即可输出给显示仪器。

压磁式测力仪可以测量很大的负荷，高达 50MN，过载能力强，一般在 300% 左右，在极限负荷下静态测量误差不超过示值的 1%。

3. 压电式测力仪

某些电介质在沿一定方向上受到外力的作用而变形时，其内部会产生极化现象，同时在它的两个相对表面上出现正负相反的电荷。当外力去掉后，它又会恢复到不带电的状态，这种现象称为正压电效应。压电式测力仪利用压电材料(石英晶体、压电陶瓷)的压电效应，将被测力转换为与其成正比的电荷量输出。图 10-7 所示是压电式测力传感器的结构。

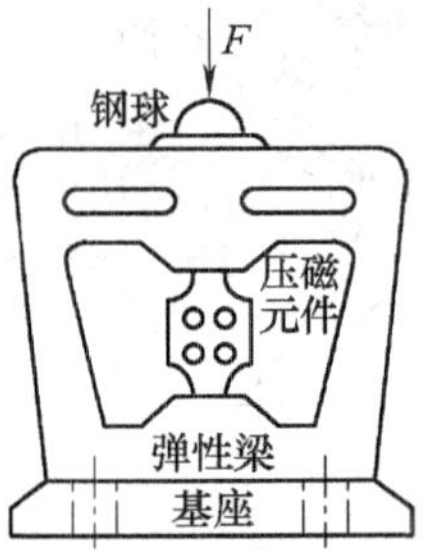

图 10-6　压磁式测力传感器的结构

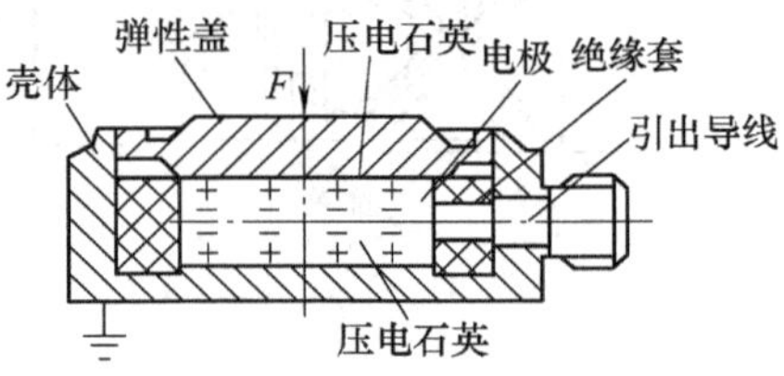

图 10-7　压电式测力传感器的结构

由石英晶体、压电陶瓷等压电材料制成的测力传感器主要用于动态和准静态力的测量。石英晶体机械强度大，电荷特性曲线线性好，电阻率高，温度特性好，在力作用的瞬间即产生电荷。因此，石英晶体测力传感器多用于高精度大量程的测量，其量程从 mN 到 MN，尤其适合于测量快变和突变的载荷，以及高温条件下测量。压电陶瓷材料的压电常数远高于石英晶体，而且价格便宜，所以用途较为广泛。压电陶瓷具有三种不同的压电效应，即横向、纵向和剪切压电效应。横向压电效应主要用于压力测量，纵向和剪切压电效应特别适用于测量力。

压电式测力仪分辨力高，负载大，动态响应好，可用于测量高频(大于 100Hz)和微小的动态载荷，测力精度一般为 1%。

4. 位移式测力仪

利用位移传感器可以构成位移式测力仪。由于大多数材料受力后能产生变形或位移，因此只要在结构上作些变化即可构成测力传感器，如光电式、电感式、电容式、振弦式等测力传感器等。

图 10-8 所示为排孔型电容式测力传感器，其弹性体为一块浇注的、弹性极限很高的镍铬钼钢块。在其同一高度上开一排圆孔，在孔的内壁用特殊的粘接剂固定两个截面为 T 形的绝缘体，保持其平行并留有一定间隙，在相对面上粘贴铜箔，从而形成一排平板电

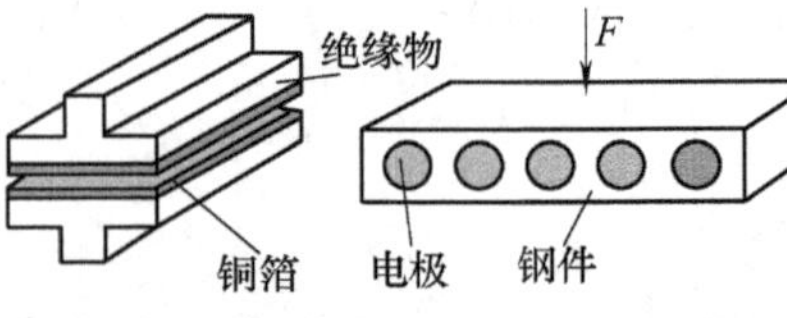

图 10-8　排孔型电容式测力传感器

容。当钢块上端受力或荷重而变形时，一排圆孔也将变形，孔中电容器两极板间隙变小，电容增大。这时，一排平板电容的输出并联起来，总的输出将与钢块上承受的平均作用力成正比。这种电容式测力传感器受接触面和分布电容影响小，测力精度高。

电感式测力仪基于差动变压器式位移传感器的工作原理，将力的大小转换成位移的变化进行测量。差动变压器式力传感器采用螺管形结构，以减小不对称力作用的影响，如图 10-9 所示。

电感式测力仪可用于静、动态测量，传感器灵敏度高，测量范围一般为 10mN ~ 10MN，测量精度为 0.2% ~1%，工作温度可达 200℃。

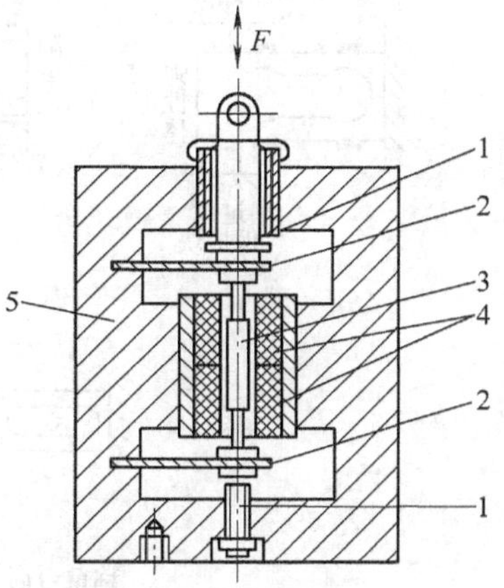

图 10-9　差动变压器式力传感器
1—过载挡块　2—测量弹簧　3—电感位移传感器铁心　4—电感位移传感器线圈　5—壳体

三、称重

重力的测量采用测力仪。质量的测定通常称为称重，一般采用衡器，也称做秤。两者的概念虽不同，但在工程测量中两者又是同属一个技术范畴。测力传感器和称重传感器在结构上并无多少差异，只是在使用中的技术要求和结果处理方式不同。称重仪器及装置已广泛地应用于工农业生产、商业、交通等各个部门。称重仪器的测量范围很大，从纳克到几十万吨，如用微型谐振器称量分子质量、用轨道衡称量储液罐的总重量等。习惯上把相对精度为万分之一以上的单杠杆秤称为天平，而将低于这一精度的其他各种设备简称为秤。

1. 秤的组成及分类

秤一般包括机械传递系统、称重传感器、测量电路和显示仪表或显示器等部分。机械传递系统将物体重力传递给称重传感器，包括称重台面、秤桥、吊挂连接单元、安全限位装置等。称重传感器的作用是将物体的重力按一定线性函数关系转换为电学量输出，如电压、电流、频率等。测量电路对传感器输出信号进行处理，显示装置以指针或数字的形式显示出被测物体的重量。

秤的形式多样，种类繁多。按用途可分为：商用计价秤；称量汽车、飞机、油罐的平台秤；称量列车的轨道衡以及称量散装物料的皮带秤等。按称重的工作条件可分为：静态称重和动态称重，习惯上把后者称为动态衡，如动态汽车衡、动态轨道衡等。

2. 称重传感器

称重传感器是称重装置的核心部件，按工作原理可分为电阻应变式、压磁式和电容式等，工作原理及结构和测力传感器相似。

(1) 电阻应变式称重传感器　电阻应变式称重传感器其弹性体选用的形式主要由负荷大小而定。例如，商用计价秤、小型台秤常使用双连孔梁式弹性体，如图 10-10a 所示；轨道衡可用切变梁式弹性体或直接将应变片粘贴在测量轨道上感受负荷所产生的切应力，如图 10-10b 所示；平台秤常采用切变梁式、剪辐式、柱式弹性体，如图 10-10c 所示。另外，可根据负荷大小和被测物体积选用传感器的数量，采用多传感器配合，以保证称重准确可靠。

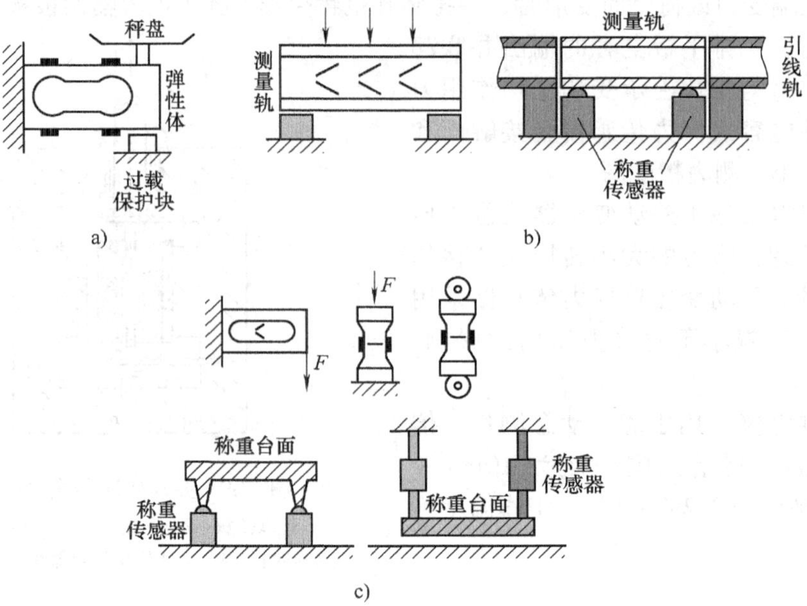

图 10-10　电阻应变式称重传感器

a）商用计价秤　b）轨道衡　c）平台秤

（2）压磁式称重传感器　压磁式称重传感器常用于轨道衡中或自然环境下的大量程称重装置中。图 10-11 是一种用于轨道衡的盘状压磁式称重传感器的受力示意。铁心由硅钢片组成，有四个互成 90°的凸台，铁心内有励磁线圈和测量线圈，外有钢套。在钢轨腹板中钻一孔，将铁心装入孔中。空载时，铁心只承受过盈配合的均布压力。当货车车轮从左向右行驶时，钢轨受压产生切应力，使铁心的 A、C 凸台受压，B、D 凸台受拉，因而磁通改变方向，测量线圈有信号输出；当货车从右向左行驶时，其作用原理相同，只是受力方向相反。压磁式称重传感器输出信号的大小可反映货车的重量，信号的相位可反映货车行驶方向。

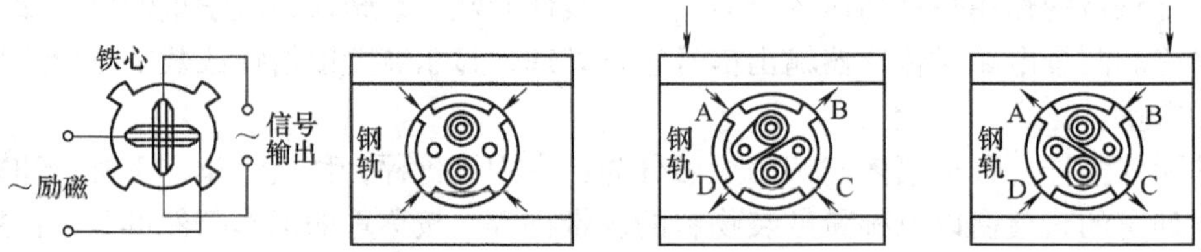

图 10-11　铁心安装在轨道中的受力示意

（3）电容式称重传感器　图 10-12 所示是变间隙式电容称重传感器的结构。负荷作用在吊环上时，弹性体变形，电容极板间隙改变，引起输出电量变化。电容式称重传感器受环境温度和分布电容的影响较大，可在电容极板旁安装一双金属片，当温度变化时，双金属片变形产生作用力使电容一极板向横向位移，从而改变电容的有效面积，实现温度补偿。也可采用温度传感器测量温度，对测量数据进行修正。为了防止空间干扰和环境的影响，金属罩内安装了隔热罩和承剪片，承剪片用来消除横向剪力对传感器的影响。由该传感器组成的电容式吊秤负载能力强，最大安全超载为测量上限的 300%；称重范围大约为 1～10t；测量精度可达 1/3000 ~ 1/5000 FS。

图 10-13 所示是差动电容式力天平称重系统。差动电容器的上下两个极板组成电桥电路的两个臂。当称重时，电容器的中间极板向上移动，使电桥失衡。该失衡信号经整流、放大、积分，通过电磁感应器中的线圈。线圈产生电磁感应反作用力，反作用力将电容器中间极板拉回至零位，使力天平恢复平衡。因为该力天平称重系统中的差动电容器仅用来检测零位变化，电磁感应器将变化恢复到零位，所以机械系统的非线性不影响测量精度。力天平技术还可用于测量力、压力和力矩。

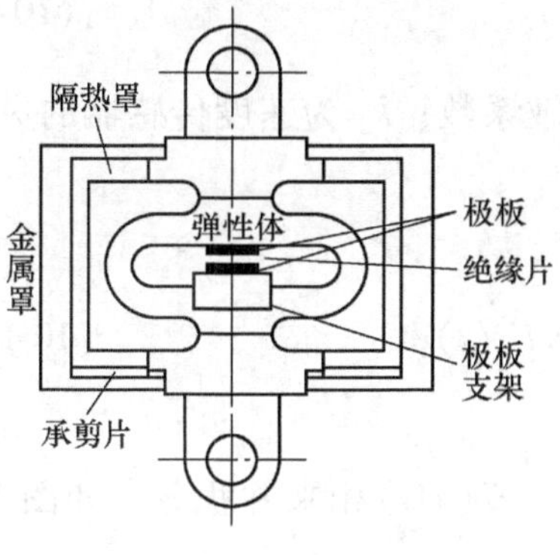

图 10-12　变间隙式电容称重传感器的结构

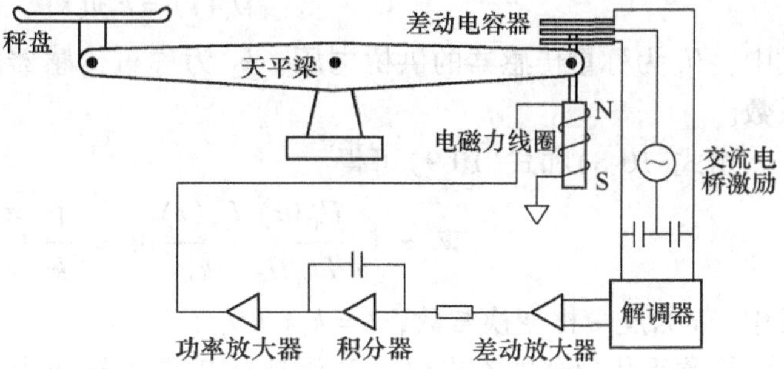

图 10-13　差动电容式力天平称重系统

3. 皮带秤

在工农业生产、运输及存储过程中，煤炭、矿石、粮食等大宗散装物料多采用皮带输送机连续输送。皮带秤是一种能将放置在皮带上并随皮带连续通过的散装物料进行连续自动称量和自动配料的衡器。它既能称量出瞬时输送量，又能称量出累计输送量，而且能自动控制配料量。皮带秤主要由称重传感器、称重框架、平衡体、测速传感器、称重托辊、测量电路和显示仪表等部件组成，如图 10-14 所示。

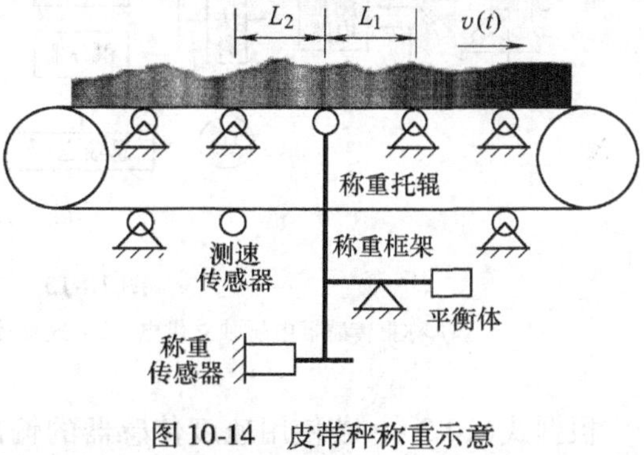

图 10-14　皮带秤称重示意

称重框架安装于输送机架上，当物料经过时，称重托辊将皮带上的物料重量通过杠杆作用于称重传感器，产生一个正比于皮带载荷的电压信号。速度传感器直接连接测速滚轮上，提供一系列脉冲信号，每个脉冲表示一个皮带运动单元，脉冲的频率正比于皮带速度。称重传感器和测速传感器的输出信号通过乘法和积分运算可得出一个瞬时输送量和累积输送量，并分别显示出来。

称重传感器在瞬间称出皮带某一微小段上的重量，同时用测速传感器测出同一瞬间皮带的线速度。如此连续测量、经过时间 T 后，皮带机输送物料的总重量 W 为

$$W = \int_0^T w(t)\,\mathrm{d}t = \int_0^T q(t)v(t)\,\mathrm{d}t \tag{10-7}$$

式中，$w(t)$ 为瞬时输送量(kg/s)；$q(t)$ 为皮带单位长度的瞬时物料重量(kg/m)；$v(t)$ 为皮

带瞬时线速度(m/s)。

设皮带上物料对称重传感器有效称量段的长度为 L，$L=(L_1+L_2)/2$，若有效称量段上的瞬时物料重量为 $G(t)$，则有

$$W=\int_0^T\left[\frac{G(t)}{L}v(t)\right]\mathrm{d}t \tag{10-8}$$

从称重传感器和测速传感器的输出特性可知，它们输出电压的瞬时值分别为

$$\begin{aligned}U_G(t)&=k_1G(t)U_i\\U_v(t)&=k_2v(t)\end{aligned} \tag{10-9}$$

式中，U_i 为称重传感器的供桥电压；k_1 为称重传感器的灵敏系数；k_2 为速度传感器的灵敏系数。

由式(10-8)和式(10-9)可得

$$W=\int_0^T\frac{U_G(t)}{Lk_1U_i}\frac{U_v(t)}{k_2}\mathrm{d}t=\frac{1}{k}\int_0^TU_G(t)U_v(t)\mathrm{d}t \tag{10-10}$$

式中，k 为皮带秤变换常数，$k=k_1k_2LU_i$。

将称重传感器的输出电压和测速传感器的输出电压瞬时值(TG)相乘并积分，如图 10-15a 所示，即可得到皮带机所输送的物料总重量。

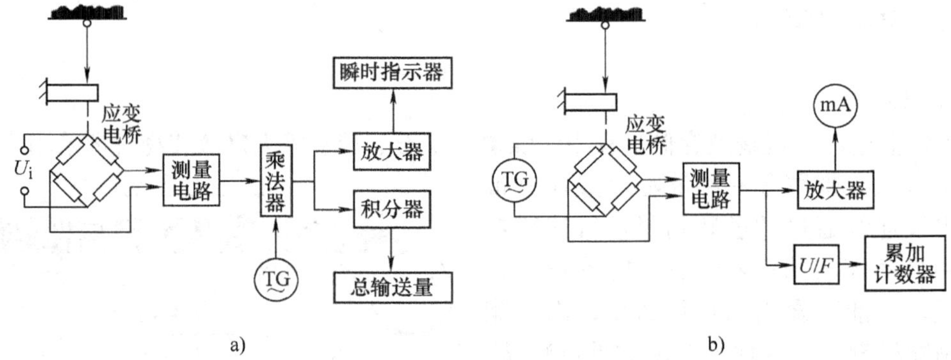

图 10-15　皮带秤信号处理

a) 称重传感器电桥独立供电　b) 速度传感器的输出电压代替称重传感器的供桥电压

根据式(10-9)，若使用速度传感器的输出电压(TG)代替称重传感器的供桥电压，如图 10-15b 所示，则称重传感器的输出电压为

$$U_G(t)=k_1k_2G(t)v(t) \tag{10-11}$$

乘法运算在称重传感器电桥电路中直接完成。由式(10-8)得

$$W=\int_0^T\left[\frac{G(t)}{L}v(t)\right]\mathrm{d}t=\int_0^T\left[\frac{U_G(t)}{k_1k_2L}\right]\mathrm{d}t=\frac{1}{k'}\int_0^TU_G(t)\mathrm{d}t \tag{10-12}$$

式中，$k'=k_1k_2L$。

皮带秤操作方便，反应速度快，是生产、贸易中的重要称重工具。一般皮带秤最高可称量 8000t/h 的货物，称重准确度高于 ±2%，皮带速度可达 4m/s。

四、力矩的测量

任何机械部件的运动都离不开力和力矩的传递。在动力机械，如电动机、内燃机、发电机，泵，在工程机械，如搅拌机、变速器、钻探机，在加工机械，如加工中心、自动机床等，在诸多机械运动中，转矩起着重要作用。汽车发动机的扭矩就是指发动机从曲轴端输出的力矩。在功率固定的条件下扭矩与发动机转速成反比关系，转速越快扭矩越小，反之越大，它反映了汽车在一定范围内的负载能力。正所谓："飙车看车速，越野比扭矩"。在不改变车轮距以及安装方式的情况下，实时测量汽车行驶过程中车轮上的扭矩和转速，能够为汽车整车传动系统、制动系统的性能和匹配分析提供实验手段和数据依据。所以，旋转轴的扭矩、转速和功率的测量，是进行旋转件功率控制的重要基础。

通常采用力矩传递法(扭轴法)、力矩平衡法(反力法)、磁化法和能量转换法来测量转矩。

1. 力矩传递法

转矩使弹性轴产生扭转变形，通过测量弹性元件在传递转矩时所产生物理参数的变化(变形、应力或应变)可以测量转矩。这种转矩测量方法称为力矩传递法，其测量原理如图 10-16 所示。

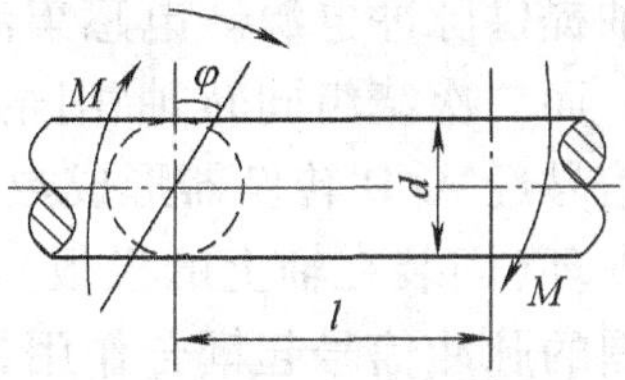

图 10-16 力矩传递法的测量原理

当转矩 M 作用在直径为 d、长度为 l 弹性轴上时，轴将在材料的弹性极限内产生与转矩成线性关系的扭转角 φ，即

$$\varphi = Ml/(GI_P) \tag{10-13}$$

式中，G 为切变模量；I_P 为极惯性矩，对直径为 d 的圆轴，$I_P = \pi d^4/32$。

转矩 M 和弹性轴扭转角 φ、应力 σ 和应变 ε 之间的关系分别为

$$\begin{aligned} M &= \pi G d^4 \varphi/32l \\ M &= \pi d^3 \sigma/16 \\ M &= \pi G d^3 \varepsilon_{45^\circ}/8 = \pi G d^3 \varepsilon_{135^\circ}/8 \end{aligned} \tag{10-14}$$

根据式(10-14)，通过测量轴的扭转角 φ、应力 σ 或应变 ε，即可获得转矩 M 的量值。按转矩信号的获取方式，转矩传感器可分为电阻应变式、磁电式、电容式、光电式、振弦式等。

(1) 电阻应变式转矩仪　在转矩传感器的转轴上或直接在被测轴上，沿轴线的 45°或 135°方向粘贴应变片上，当转轴受转矩 M 作用时，应变片产生应变，其应变量 ε 与转矩 M 成线性关系。

对空心圆柱形轴

$$\varepsilon_{45^\circ} = -\varepsilon_{135^\circ} = \frac{8M}{\pi D^3 G}\left[\frac{1}{1-(d^4/D^4)}\right] \tag{10-15}$$

式中，G 为转轴的弹性模量；d 和 D 分别为空心转轴的内径和外径。

对方形截面轴

$$\varepsilon_{45^\circ} = -\varepsilon_{135^\circ} = 2.4\frac{M}{a^3 G} \tag{10-16}$$

式中，a 为转轴的边长。

转矩传感器常用圆柱形转轴，但对于测量小转矩的轴，考虑到抗弯曲强度、临界转速、电阻应变片尺寸及粘贴工艺等因素，多采用空心结构转轴；大量程转矩测量一般多采用实心方形转轴，如图 10-17 所示。在轴表面粘贴应变片时，应使其中心线和轴线成 45°及 135°角度，否则转轴在正、反向力矩作用下的输出灵敏度将有差别，造成方向误差。一般粘贴应变片角度的允许误差范围为 ±0.5°。

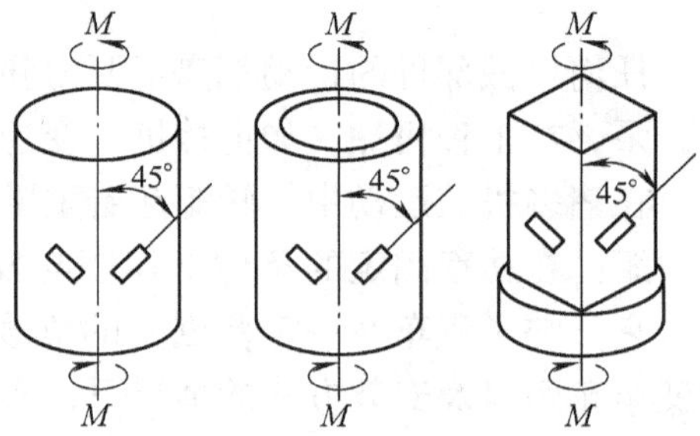

图 10-17　力矩传感器转轴的形状

电源电压和传感器输出的测量信号一般采用集电环或集流环的方式传递。图 10-18 所示是一种集电环结构的应变式转矩传感器的结构，通过集电环和电刷实现应变电路与静止壳体连接。图 10-19 是采用电感和电容集流环的应变式转矩测量仪的工作原理，通过电感集流环向旋转轴提供脉冲电源。电感集流环类似于电脉冲变压器，它的一次绕组安装在不动的壳体上，而二次绕组同转轴相固定连接，脉冲电源经整流、稳压后供测量电桥。电桥输出直流信号经 A/D 转换器形成数字脉冲信号，脉冲的频率变化正比于转矩，再经电容集流环的内环(固装在轴上的极板)至外环(固装在基座上的另一极板)。该电容器可对某一频率范围的脉冲信号起耦合作用，使信号输入到装在壳体的前置放大器上，最后由转矩测量仪输出显示被测转矩。

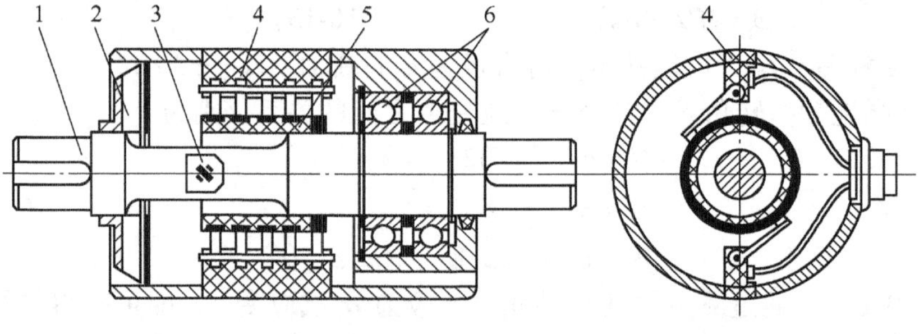

图 10-18　集流环环结构的应变式转矩传感器的结构

1—测量轴　2—风扇　3—应变片　4—电刷组　5—集流环环组　6—轴承

应变式转矩测量仪的测量范围为 5 ~ 50000 N · m，测量准确度为 ±(0.2 ~ 0.5)%，线性度可达 0.05%，最大工作转速一般在 3000 ~ 30000r/min 之间。但它的安装要求高，调试技术复杂，易受温度影响，高速测量误差大。

(2) *磁电式转矩测量仪*　一般磁电式转矩仪由信号发生器和测量电路两部分组成，如图 10-20 所示。转轴两端各固定安装一个由铁磁材料制成的渐开线齿形转轮，靠近转轮沿其径向各放置一个由铁心和线圈组成的信号接收器 A 和 B。齿轮的齿顶与磁心之间有一微小空气间隙，当齿轮在转矩作用下旋转时，其间隙发生改变，则线圈中产生感应电动势。当转轴空载旋转时，两信号接收器输出信号电压为 U_A、U_B，其初始相位差为 φ_0。当转轴在转矩作用下产生扭转变形时，两圆盘的相对转角为 θ，两信号接收器的输出信号电压在相位上相对地改变了 $\Delta\varphi$ 角。此时信号的相位差 $\Delta\varphi$ 与弹性轴的扭转角之间的关系为

$$\Delta\varphi = z\theta \tag{10-17}$$

式中，z为圆盘转一圈信号接收器中所产生的信号个数。

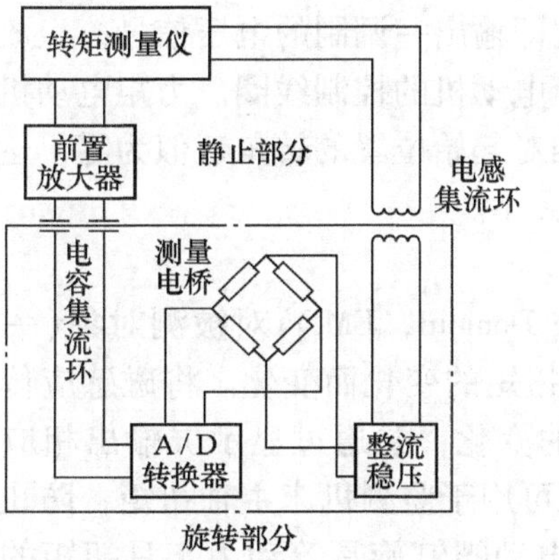

图 10-19　采用电感及电容集流环的应变式转矩测量仪的工作原理

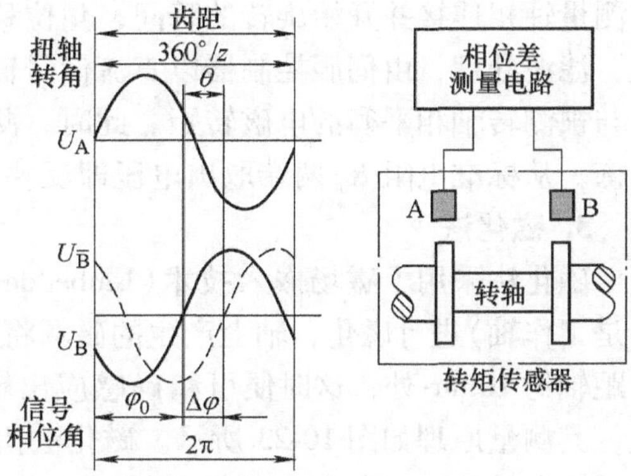

图 10-20　磁电式转矩测量仪的原理

如果$z=100$，则$\Delta\varphi=100\theta$。但z值不能太大，应使$\Delta\varphi=z\theta<2\pi$。若考虑到正、反方向转矩及超载转矩，则一般$\Delta\varphi$的取值常在$\pi/2$和$\pi$之间。对应的$z$值为10～100。对于高速测量，$z$取值应小一些；对于低速测量，$z$的取值应较大一些。

磁电式转矩仪的测量范围一般为0.2～100000N·m，测量准确度为±(0.1～0.2)%，工作转速分挡范围为0～1500～6000r/min。

也可采用光电传感器来组成信号发生器。在转轴上固定安装两片圆盘光栅，当转轴受扭矩作用时，两片光栅错动引起光电接收器A和B中信号变化。信号处理方法和磁电式转矩测量仪相同。

2. 力平衡法

力平衡法是根据驱动机械或制动机械机体上作用的平衡力矩大小来测量转矩的方法，测量原理如图 10-21 所示。利用平衡转矩M_0去平衡被测转矩M，将原动机装在天平机座上，在未受力矩作用状态下将天平力臂校平。当原动机的主轴受转矩M作用时，天平力臂倾斜。加载砝码，产生和转矩M方向相反的平衡转矩M_0(或称支座反力矩)，重新使天平平衡。设天平力臂长为L，力平衡时，有

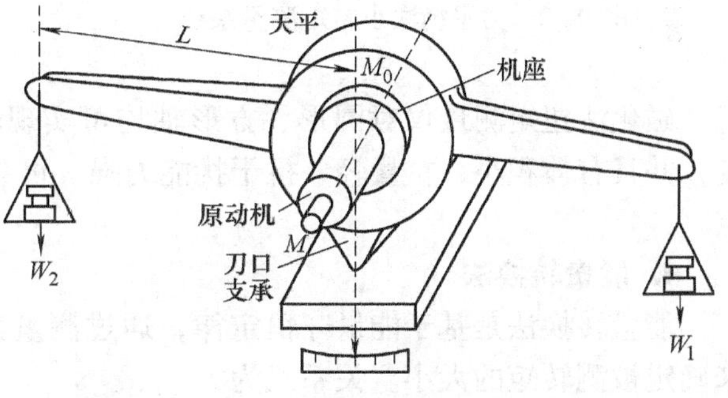

图 10-21　力平衡法转矩的测量原理

$$M = M_0 = W_2L - W_1L \tag{10-18}$$

式中，W_1和W_2是天平平衡时两边砝码的重力。

平衡式法只能用于测量匀速工作情况的转矩，而不能用于测量动态转矩。

在一些精密力矩器之中，常用力平衡法测量所产生的转矩。采用摩擦系数极小的支承和反馈控制系统，使外界的干扰减至最小，而且使测量轴的基座趋于零力平衡状态，从而可以

测得很小的转矩并获得较高的测量精度。图 10-22 所示为平衡力法小转矩测量系统，由测量轴、静压空气轴承、角位移传感器、力矩电动机和标准电阻 R_0 及电路组成。当加负荷装置与测量轴相连接并开始旋转的瞬间，角位移传感器立即输出一调制的电压信号，经放大、检波、滤波处理，由伺服控制器以直流信号输出给力矩电动机的控制线圈。力矩电动机产生一个与被测转轴相平衡的电磁转矩。此时，测量轴在相对起始位置的转角近似为零，达到零位平衡。从标准电阻 R_0 两端取出电压即反映了转矩的大小。

3. 磁化法

磁化法采用了磁场嵌入技术（Embedded Magnetic Domain，EMD）对被测对象（一般情况下是工作轴）进行磁化，轴上产生的磁场将随轴所受扭矩的变化而变化。将磁感应传感器置于距轴约 10mm 处，这时便可精确感应出轴上磁场的变化，并通过显示屏输出相应的扭矩值，其测量原理如图 10-23 所示。磁化法扭矩测量仪可用于监测机床主轴扭矩，防止在加工中机床主轴的疲劳断裂，以及对气动或电动扳手、电动螺钉旋具等动力工具扭矩的实时监测。

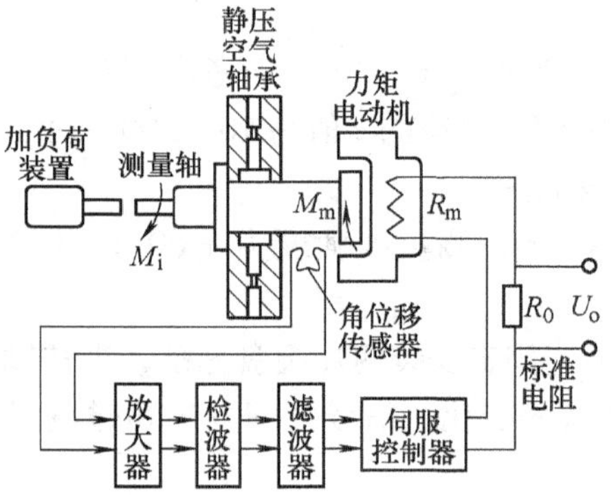

图 10-22　力平衡法小转矩测量系统

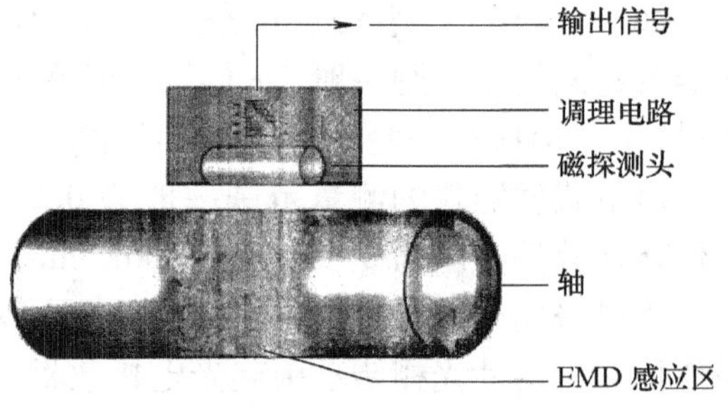

图 10-23　磁化法扭矩的测量原理

磁化法扭矩测量仪对圆形、方形轴均可实现非接触测量，通过高频采样保证其测量精度，并具有体积小、重量轻、抗干扰能力强、可靠性高、不易受脏物、流体等物质污染等优点。

4. 能量转换法

能量转换法是基于能量守恒定律，通过测量其他与转矩有关的能量系数（如电能系数）来确定被测转矩的大小。关系式为

$$E_1 = E_2 + \Delta E \tag{10-19}$$

式中，E_1 为输入转矩产生的能量；E_2 为机构输出能量；ΔE 为转换过程中的能量损耗。

E_1 转换为 E_2，可以是机械能量转换为电能、热能、势能等，相应的设备有发电机、水利制动器、液压泵等，测量这些能量并计入功率因数即可间接测得转矩大小。例如对电动机，其转矩 M 与输入能量或功率 P、转速 n、电动机效率 η 的关系为

$$M = \frac{P\eta}{kn}$$

式中，k 为单位系数。

对发电机有

$$M=\frac{P_2}{kn\eta}$$

式中，P_2 为输出功率。

根据能量转换法制作的力矩测量仪，因其影响因素较多，测量误差较大，故多用于测量各种电参数电机的转矩。

第三节　压力的测量

压力的测量一般指流体对各种承载面的压强测量，在现代工农业生产、科学研究及日常生活中有着广泛的应用。例如人们日常生活的供水、供热、供气系统，必须进行压力监测。压力作为一种重要的状态参数，在各种工业生产中也都需要进行实时监控。例如合成氨生产中，需要合适的压力来保证各个物质以一定的数量比例进行反应；非金属材料镀膜和多种金属提纯必须在超低压状态下进行；人造金刚石必须在 GPa 的超高压量级上进行生产；探测器深海探测的深度、飞机航行高度和速度一般都要通过测量压力来获取。

压力测量值的范围非常大，从超高压(10GPa)到超高真空(10^{-12}Pa)相差有十几个数量级。压力测量的对象有气体压力和液体压力，有静态压力和动态压力等。有的测压对象要求禁油，有的测压对象具有一定的毒性，或是高粘度的流体。所以，压力的测量要根据测量范围、测量对象和环境条件合理选择测量方法和相应的测量仪器。

为了使用上的方便，在工程技术上，采用了多种压力表示方法，主要有大气压力、绝对压力、表压力、疏空和真空度等，它们之间的关系如图 10-24 所示。

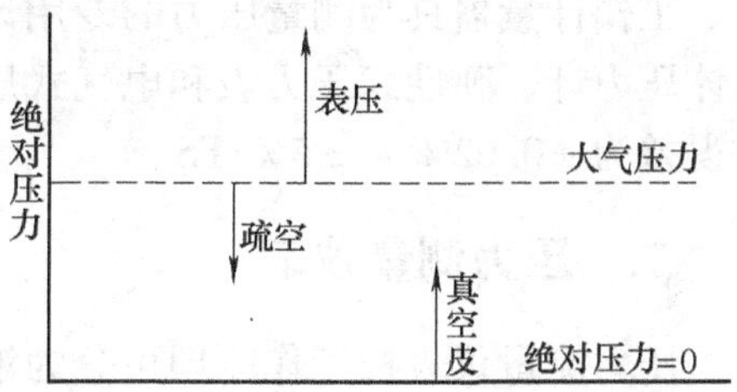

图 10-24　各压力表示方法之间的相互关系

(1) 大气压力　大气压力就是指地球表面上的空气因自重所产生的压力。它随测定点的海拔、纬度和气象情况的不同而不同，也随时间、地点的变化而变化。大气压力一般用 p_b 表示。在温度为 0℃，纬度为 45°的海平面上，重力加速度为 9.80665m/s^2时的压力定义为 1 个标准大气压(atm)，1atm = 760mmHg = 101.325kPa。

(2) 绝对压力　绝对压力是相对绝对真空所测得的压力。是指液体、气体或蒸气所处空间的全部压力，它又称为总压力或全压力，它表征某一测定点真正所受到的压力。绝对压力一般用 p_a 表示。

(3) 表压力　表压力是指测压仪器仪表所显示的压力，即超过环境大气压力以上的压力数值，也称为差压，一般用 p 来表示，$p=p_a-p_b$。

(4) 疏空　当绝对压力小于大气压力时，大气压力与绝对压力之差称为疏空。疏空有时也称为疏空压力或负压，一般用 p_h 来表示，$p_h=p_b-p_a$。

(5) 真空度　小于大气压力的绝对压力称为真空度。真空度常用托(Torr)作单位，1Torr = 1mmHg = 133.322Pa。

在工业生产和科学研究中，通常所谓的压力测量就是表压力或疏空的测量。对于绝大多数压力测量仪器，如果没有用特殊的方法将它与大气压力隔绝，它只能指示被测对象的表压力或疏空。

一、压力量值的溯源和传递

压力仪器仪表的准确度等级是根据仪器仪表的作用原理、结构和特性、测量极限和使用条件等来确定的。根据准确度等级，压力仪器仪表分为计量基准器具、计量标准器具和工作计量器具。

压力量值的准确性是从我国准确度最高的国家压力计量基准器具向计量标准器具传递，然后由计量标准器具向工作计量器具逐级传递。反之，使用中的工作计量器具、计量标准器具的检定与校准则需要由更高一级准确度的计量标准器具、计量基准器具来进行逐级校准。从国家计量基准器具传递到工作计量器具的过程，称为压力量值传递体系，而从工作计量器具到国家计量基准器具的检定过程，称为压力量值的溯源体系。

常用的国家压力计量基准器具是油介质活塞式压力计。测量范围为 0.1 ~ 10MPa 的基准压力计，其相对扩展不确定度为 0.0021%；测量范围为 1 ~ 100MPa 的基准压力计，其相对扩展不确定度为 0.0025%。

计量标准器具主要有测量范围为 -0.1 ~ 250MPa 的油介质活塞式压力计，其相对扩展不确定度为 0.005% ~ 0.05%；测量范围为 0 ~ 7MPa 的浮球式压力计，其相对扩展不确定度为 0.02% ~ 0.05%；测量范围为 0 ~ 30kPa 的液体压力计，其相对扩展不确定度为 0.02% ~ 0.05%。

工作计量器具为测量压力的专用计量器具，其测量对象广泛，种类繁多，主要包括各种液体压力计、弹性式压力表和电气式压力表等。其压力测量范围为 -0.1 ~ 250MPa，最大允许误差为 ±0.02% ~ ±5% FS。

二、压力测量仪表

压力测量仪表按工作原理可分为液柱式压力计、弹性式压力表、负荷式压力计以及电气式压力表等，各种压力仪表的性能指标及特点列于表 10-1。

表 10-1 各种压力仪表的性能指标及特点

<table>
<tr><th>类 别</th><th>压力表形式</th><th>测压范围/kPa</th><th>准确度(%)</th><th>输出信号</th><th>性能特点</th></tr>
<tr><td rowspan="3">液柱式压力计</td><td>U 形管</td><td>-10 ~ 10</td><td>0.2，0.5</td><td>水柱高度</td><td>实验室中低、微压测量</td></tr>
<tr><td>补偿式</td><td>-2.5 ~ 2.5</td><td>0.02，0.1</td><td>旋转刻度</td><td>微压基准仪器</td></tr>
<tr><td>自动液柱式</td><td>$-10^2 \sim 10^2$</td><td>0.005，0.01</td><td>自动计数</td><td>光电信号自动跟踪液面。压力基准仪器</td></tr>
<tr><td rowspan="4">弹性式压力表</td><td>弹簧管</td><td>$-10^2 \sim 10^6$</td><td>0.1 ~ 4.0</td><td rowspan="4">位移，转角或力</td><td>直接安装测量</td></tr>
<tr><td>膜片</td><td>$-10^2 \sim 10^3$</td><td>1.5，2.5</td><td>腐蚀性、高粘度介质测量</td></tr>
<tr><td>膜盒</td><td>$-10^2 \sim 10^2$</td><td>1.0 ~ 2.5</td><td>微压的测量与控制</td></tr>
<tr><td>波纹管</td><td>$0 \sim 10^2$</td><td>1.5，2.5</td><td>生产过程中的低压测控</td></tr>
<tr><td rowspan="2">负荷式压力计</td><td>活塞式</td><td>$0 \sim 10^6$</td><td>0.01 ~ 0.1</td><td rowspan="2">砝码负荷</td><td rowspan="2">结构简单，坚实，准确度高。常用于压力基准器</td></tr>
<tr><td>浮球式</td><td>$0 \sim 10^4$</td><td>0.02，0.05</td></tr>
</table>

（续）

类　别	压力表型式	测压范围/kPa	准确度/%	输出信号	性能特点
电气式压力表	电阻式	$-10^2\sim10^4$	1.0，1.5	电压，电流	结构简单，耐振动性差
	电感式	$0\sim10^5$	0.2～1.5	电压，电流	环境要求低，信号处理灵活
	电容式	$0\sim10^4$	0.05～0.5	电压，电流	动态响应快，灵敏度高，易受干扰
	压阻式	$0\sim10^5$	0.02～0.2	电压，电流	性能稳定可靠，结构简单
	压电式	$0\sim10^4$	0.1～1.0	电压	响应速度极快，限于动态测量
	应变式	$-10^2\sim10^4$	0.1～0.5	电压	冲击、温湿度影响小，电路复杂
	谐振式	$0\sim10^4$	0.05～0.5	频率	性能稳定，精度高
	霍尔式	$0\sim10^4$	0.5～1.5	电压	灵敏度高，易受外界干扰

1. 液柱式压力计

液柱式压力计是最早使用的测压仪器。它是利用液体静力平衡原理进行工作的，由液柱高度所产生的压力和被测压力相平衡，通常以液柱的高度来表示压力的大小。其形式主要有U形管式压力计、槽式压力计、斜管微压计、补偿微压计、自动液柱式等。要求所使用的液体不能和被测介质起化学反应，且分界面具有清晰的分界线，便于判别读数，一般为汞、乙醇和蒸馏水等。

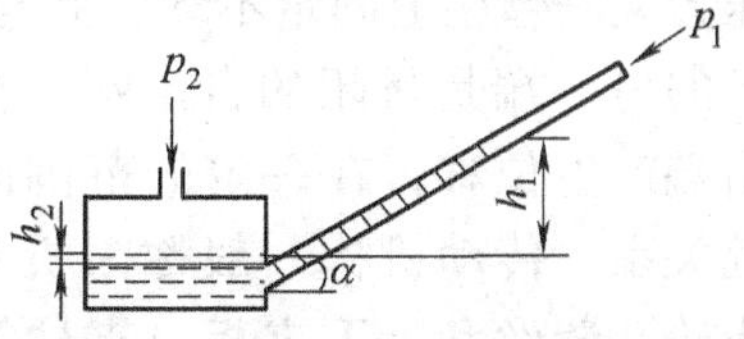

图10-25　斜管微压计的工作原理

斜管微压计基于U形管测压原理，主要由测量容器和固定斜管组成，如图10-25所示。测量时将被测压力p_2和容器接通，标准压力p_1和斜管接通。这时容器中液体相对初始零位高度下降h_2，斜管中液体高度上升h_1，则压差为

$$p_2-p_1=(h_1+h_2)\rho g=\left(1+\frac{A_1}{A_2}\right)\rho gx\sin\alpha \tag{10-20}$$

式中，A_1和A_2分别为斜管和容器的截面积；ρ是液体密度；x为沿斜管方向液面变化量，可由斜管上的刻度读出；α为斜管的倾斜角度。

因为$A_1<<A_2$，所以有

$$p_2-p_1=\rho gx\sin\alpha \tag{10-21}$$

斜管微压计的灵敏度高，容器液面的微小变化就会引起斜管液柱高度的显著变化。所以，可以用来测量微小压力。

液体式压力计的特点是构造简单、制造容易、使用方便、售价低廉、测量直观、准确度较高。其缺点是比较容易破损，当用汞作工作介质时，存在污染和有毒等问题。液体式压力计不能用于测量很高的压力，其测量范围一般不超过0.3MPa。

2. 弹性式压力表

用弹性敏感元件来测量压力的仪表称为弹性式压力表，它是工农业生产、科研和国防建设中广泛使用的一种压力测量仪表。弹性元件受到被测压力的作用而产生弹性变形，通过传动放大机构把该变形量转变成刻度盘上的指针位移，或通过数字电路处理直接显示被测压力。常用的弹性感压元件有弹簧管（又称波登管或C形弹簧管）、膜片、膜盒和波纹管等，如图10-26所示。

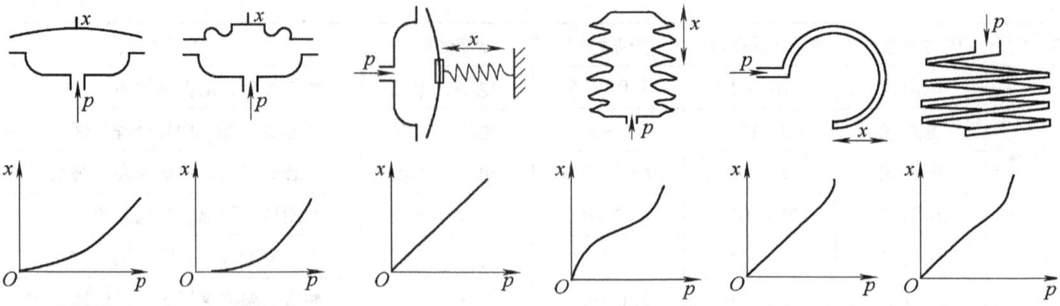

图 10-26　各种弹性感压元件

弹簧管压力表(又称波登管压力表)主要由弹簧管、传动机构、指示机构和表壳等四大部件组成，其结构如图 10-27 所示。弹簧管是一根弯曲成圆弧形状、横截面常常为椭圆形的空心管子。它的一端焊接在压力表的管座上固定不动，并与被测压力的介质相连通，管子的另一端是封闭的自由端，在压力的作用下，管子的自由端产生位移，在一定的范围内，位移量与所测压力呈线性关系。传动机构一般称为机芯，它包括扇形齿轮、中心齿轮、游丝和上下夹板、支柱等零件。传动机构的主要作用是将弹簧管的微小弹性变形加以放大，并把弹簧管自由端的位移转换成仪表指针的圆弧形旋转位移。

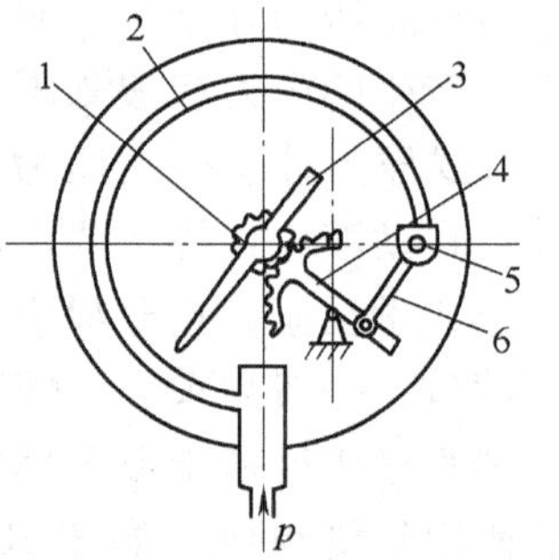

图 10-27　弹簧管压力表的结构

1—中心齿轮　2—弹簧管　3—指针　4—扇形齿轮　5—自由端　6—连杆

通常使用的压力表、压力真空表和氧气压力表等均为弹簧管压力表。它的特点是体积小、结构简单、牢固可靠、维护方便、价格低、测量范围宽、稳定性好等，可应用于一些恶劣环境，如高低温、振动、腐蚀、黏稠和易爆等场合。但弹性式压力表频率响应低，不宜动态测量；由于弹性元件存在固有迟滞，所以测量精度较低。

3. 负荷式压力计

负荷式压力计是一种基于流体静力平衡原理进行压力测量的仪器，包括活塞式、浮球式和钟罩式三种。其中，活塞式压力计是最常使用的一种，广泛应用于科研单位及计量部门，作为基准器或标准器。

活塞式压力计的测压原理如图 10-28 所示。作用在活塞底面上的压力使承载砝码的活塞浮于工作介质中，此时砝码、承重盘和活塞的总重力与被测压力作用在活塞面积上的力相平衡，故有

$$p = \frac{Mg}{S} \tag{10-22}$$

式中，p 为被测压力值；M 为承重盘、活塞、砝码的质量和；S 为活塞有效面积；g 为重力加速度。

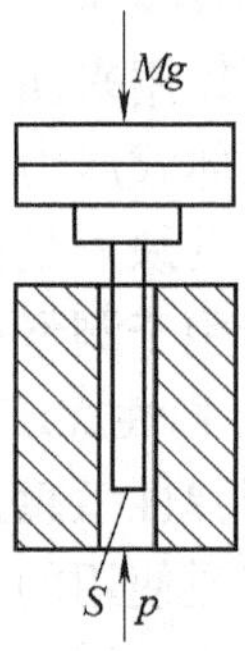

图 10-28　活塞式压力计的测压原理

由式(10-22)可知，在高压测量时需要采用小面积的活塞。这样，所需的砝码质量可相应地减少，减轻操作时的工作强度。但活塞太

细，活塞受压后可能出现压杆失稳现象，活塞杆弯曲，由此会产生很大的机械摩擦阻力，从而降低仪器的测量准确度。所以，为了达到尽可能大的测量范围，又考虑到机械加工工艺的限制，所采用的活塞面积一般为0.05～1cm^2。

活塞式压力计测量范围大（10^{-3}～2.5×10^3MPa），准确度高（最高可达±0.002%），重复性好，稳定可靠。所以，活塞式压力计常用于检定或校准压力表。检定系统是根据流体静力平衡原理和帕斯卡定律进行工作的，如图10-29所示。由测量活塞和标准砝码产生标准压力值，并和被检压力表相比对。

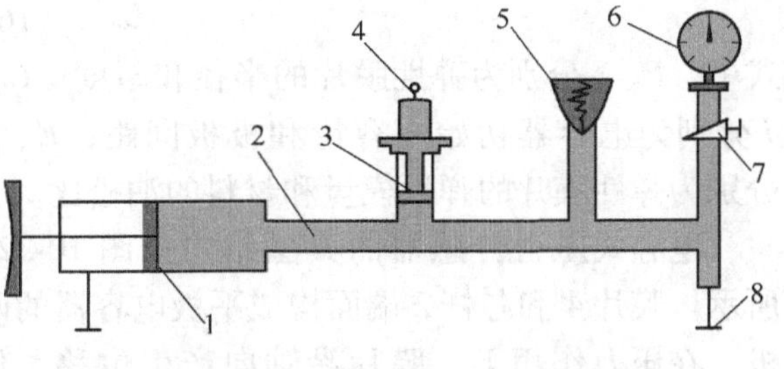

图10-29　液压活塞式压力计检定压力表
1—工作活塞　2—工作液　3—测量活塞　4—标准砝码　5—安全阀　6—被检压力表　7—阀门　8—支脚

4. 电气式压力表

随着科学技术的发展和工农业生产、国防建设的需求，压力测量必须能迅速反映测试过程的变化情况，并将变化的信息送给计算机，以便控制测试过程或生产工艺流程，实现自动化控制，或者能直接输入给显示、记录、数据处理系统。这样就发展产生了电气式压力表，以代替过去只能测量静态压力的指针式弹簧压力仪表。

把压力转换成电量，然后通过测量电量来反映被测压力大小的压力表，统称为电气式压力表。电气式压力表测量范围宽，准确度高，便于在自动控制中进行控制和报警，可以远距离测量，携带方便等，有些电气式压力表还适用于高频变化的动态压力测量。因此，电气式压力表应用日益广泛。

电气式压力表一般都是由压力传感器、测量电路（或压力变送器）和显示仪表（或显示器、记录仪等）三个部分组成。其中，压力传感器是核心部件，其作用是感受压力，并把压力参数转换成与它有确定对应关系的电量。压力传感器种类繁多，根据其作用原理可分为压阻式、应变式、电感式、电容式、压电式、霍尔式、谐振式等多种压力传感器。

（1）*压阻式压力传感器*　压阻式压力传感器按结构和制造工艺的不同可分为粘贴型和扩散型两种，具有体积小、重量轻、频带宽、测压范围大（微压至高压）、重复性好等优点。其缺点是温度漂移较大，但可采用恒流源供电，减小温度漂移。

图10-30所示是MEMS压阻式压力传感器的结构，通过硅膜形成的空腔内外的压力差产生变形改变扩散电阻阻值来测量压力。其外径小于$\phi1.6$mm，可用于人体生理上的压力测量。

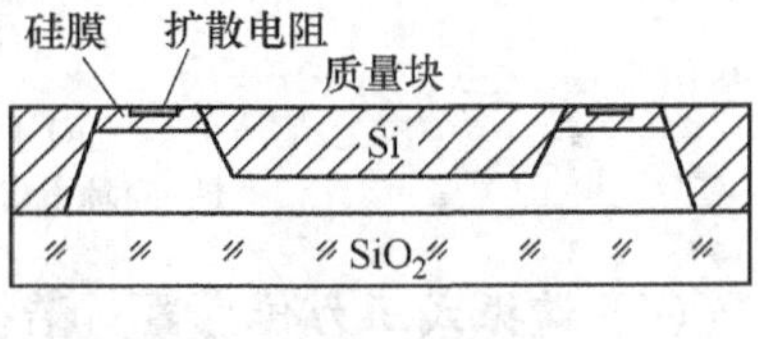

图10-30　MEMS压阻式压力传感器的结构

（2）*应变式压力传感器*　应变式压力传感器发展早，应用较普遍，常用的有圆桶式和平膜片式两种结构。前者应变片沿圆桶环向粘贴，后者应变片沿平膜片的径向和切向粘贴，如图10-31所示。在应变式压力传感器的测量桥路中，一般采用热敏电阻元件来补偿材料弹性模量受温度影响产生的变化。应变式压力传感器工艺成熟，成本低，线性度和重复性较好。

（3）*电容式压力传感器*　电容式压力传感器的工作原理如图10-32a所示。由圆形固定极板和弹性膜片组成平行平板电容器，弹性膜片在均匀的压力 p 作用下，膜片产生位移，电容器的电容量改变。电容相对变化量为

$$\frac{\Delta C}{C_0}=\frac{(1-\mu)R^4}{16Edt^3}p^6 \tag{10-23}$$

式中，R、t 分别为弹性膜片的半径和厚度；C_0、d 分别为电容器初始电容量和极板间距；E、μ 分别为弹性膜片的弹性模量和材料的泊松比。

电容式压力传感器的典型结构如图 10-32b 所示。膜片 4 和芯杆 2 端面构成平板电容器的两极，在压力作用下，膜片沿轴向产生位移，从而改变了电容器的间隙，电容量发生变化。两极板的电信号通过同轴电缆 1 传给测量电路。图 10-32c 是差动式的电容压力传感器的结构。这种传感器不仅可以测量差压，还可测量微压和真空，此时只需将 p_1 抽高真空。

电容式压力传感器具有灵敏度高、测量范围大、精度高、抗振性能好、可靠耐用等特点，在压力测量中广泛应用。

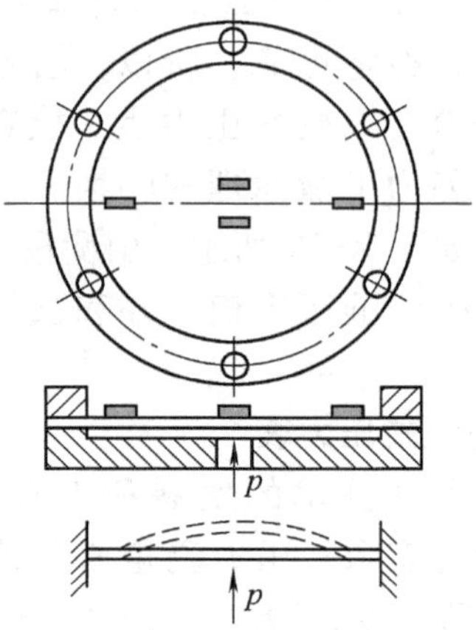

图 10-31　平膜片式应变压力传感器

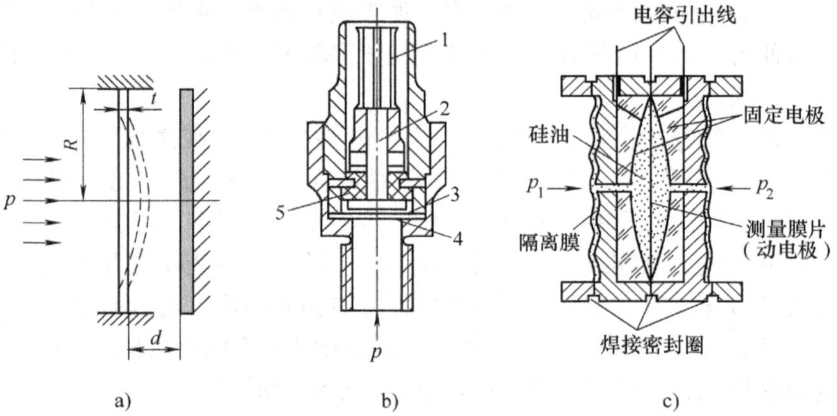

图 10-32　电容式压力传感器

a）工作原理　b）典型结构　c）差动式结构

1—同轴电缆　2—芯杆　3—云母片　4—膜片　5—绝缘体

（4）谐振式压力传感器　谐振式压力传感器是利用谐振子（或谐振梁）的机械谐振的振动频率和所受压力之间的关系来测量压力的，其组成如图 10-33a 所示。谐振子一般采用石英弹性膜片、金属弹性元件等制作。激励和拾振主要有电磁和压电两种方法。电磁式方法一般采用高磁导率合金材料，激励强、拾振信号大，但其体积大；压电式方法压电换能元件体积小、成本低，但其迟滞性高。

图 10-33b 所示是谐振筒式压力传感器的工作原理。根据材料力学知识，传感器谐振子的振动频率 f 和压力差 p 之间的关系表示为

$$f=f_0\sqrt{1+Bp} \tag{10-24}$$

式中，f_0 为谐振子的中心谐振频率；B 为压差灵敏度系数，与振筒的材料性质及尺寸有关，近似表达为

$$B\approx\frac{3(1-\mu^2)}{4E}\left(\frac{r}{h}\right)^3 \tag{10-25}$$

式中，r、h、E、μ 分别为振筒的内半径、厚度、弹性模量和泊松比。

由式(10-24)可知，谐振筒式压力传感器的输入压力差和输出频率之间近似成抛物线关系，如图 10-33c 所示。

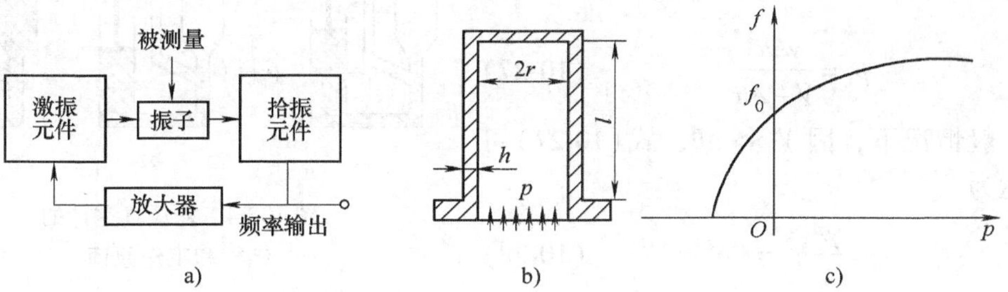

图 10-33　谐振式压力传感器

a）传感器组成　b）谐振筒式压力传感器的工作原理　c）压力和频率关系曲线

谐振式压力传感器的测量准确度高（高于 0.2%），长期稳定性好，适合在恶劣环境下工作；采用 MEMS 工艺，可制成微结构谐振式压力传感器。

三、真空的测量

在气体压力测量中，凡是低于标准大气压的称为低压或真空。真空一般以绝对压力来表示，在工程应用中常以托（Torr）为单位。通常将整个真空区域按压强的高低划分为：粗真空，$10^3\sim10^5$Pa；低真空，$10^{-1}\sim10^3$Pa；高真空，$10^{-6}\sim10^{-1}$Pa；超高真空，$10^{-12}\sim10^{-6}$Pa；极高真空，$<10^{-12}$Pa。

真空技术在生产、科研中的用途越来越广，所采用的真空测量方法也是多种多样。真空测量装置按其工作原理可分为：基于力作用原理的液柱式真空计和弹性变形式真空计，主要包括压缩式、U 形管式、波登管式、波纹管式和膜片式真空计；基于导热作用原理的电阻真空计和热电偶真空计；基于电离作用原理的热阴极式、冷阴极式、放射性真空计。此外，还有利用气体粘滞性与压强物理关系和气体分子动量迁移原理的真空测量仪器。

1. 液柱式真空计

液柱式真空计是测量粗、低真空和高真空的绝对真空计。其结构简单、精度较高，一般用来检定或测量低压或真空度。常用的液柱式真空计有 U 形管式和压缩式两种。

压缩式真空计又称麦克劳（Maclaod）真空计，简称麦氏真空计。麦氏真空计的工作原理基于玻意尔-马略特定理，即对于一定质量的气体，若温度保持不变，则压力 p 与体积 V 的乘积不变。图 10-34 所示为麦氏真空计的结构和工作原理。当活塞向上抽动时，可使 A 管下的汞液面下降到虚线以下，如图 10-34a 所示。这时被测气体可充满 A 管和 B 管，A 管中虚线以上的体积为 V。当活塞逐渐下压时，液面将上升至虚线处使 A 管封闭，如图 10-34b 所

示。这时 A 管和 B 管中的压力都为 p_i。活塞再往下压，则液面继续上升，这时 A 管中的压力将逐渐增大，而 B 管中的压力则仍为 p_i。活塞继续下压，当 B 管中的液面上升到与 A 管顶端相齐时，由于 A 管中的压力 p 大于 p_i，故其液面低于 B 管液面，如图 10-34c 所示。根据玻意尔-马略特定理有

$$p_i V = pAh \tag{10-26}$$

而

$$p = p_i + h\gamma$$

式中，γ 为汞的重度。

故

$$p_i = \frac{\gamma A h^2}{V - Ah} \tag{10-27}$$

在一般情况下，因 $V >> Ah$，式(10-27)可近似表达为

$$p_i = \frac{\gamma A}{V} h^2 = Ch^2 \tag{10-28}$$

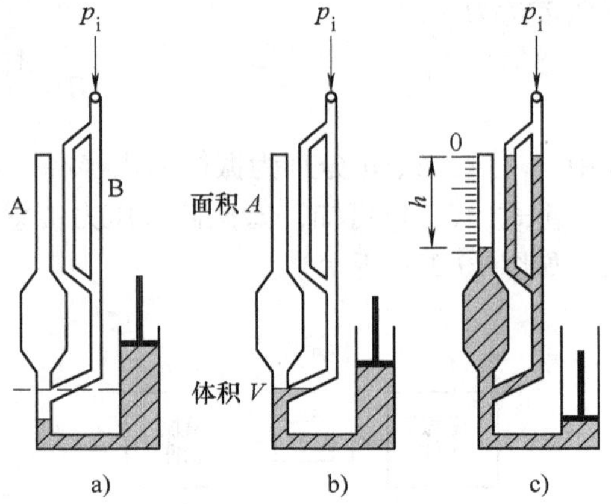

图 10-34　麦氏真空计的结构和工作原理

式中，C 为麦氏真空计常数，$C = \frac{\gamma A}{V}$。

p_i 与 h 的二次方值成正比，可采用二次方刻度直接读出被测压力。

麦氏真空计测量结果与气体种类无关，是国际上公认的基准真空量具。其采用玻璃结构，制造容易，成本低。

2. 弹性变形式真空计

弹性变形式真空计是利用弹性元件在压差作用下产生弹性变形的原理制成的。它主要有弹性式真空表和电容式薄膜真空计两类。弹性变形式真空计用于测量真空时称作弹性式真空表，只适用于粗真空的测量。

电容式薄膜真空计属于静态变形式真空计，它是利用弹性薄膜在压力差作用下产生变形，从而引起电容变化，通过测量电路检测电容的变化来测量压差。电容式薄膜真空计由电容式薄膜规管(又称电容式压力传感器)和测量电路两部分组成。根据测量电容方法的不同，仪器结构有偏位法和零位法两种。零位法利用补偿原理，具有较高的测量准确度。

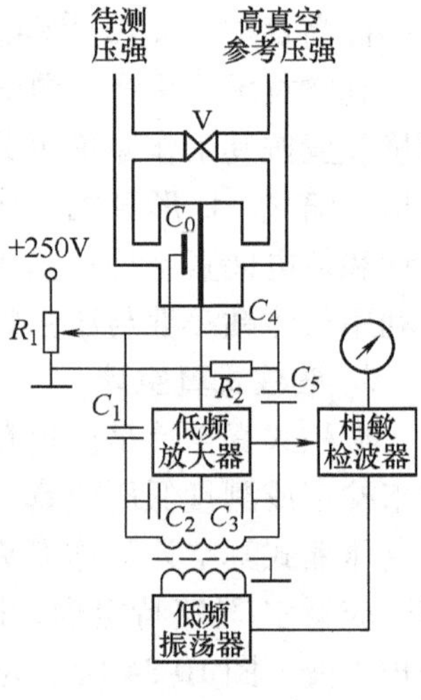

图 10-35　电容式薄膜真空计的工作原理

图 10-35 所示为零位法电容式薄膜真空计的工作原理。它是由规管以及测量电桥电路、低频振荡器、直流补偿电源、低频放大器、相敏检波器和指示仪表等部分组成。电容式薄膜规管中间，装置一张金属弹性膜片，在膜片的一边装有一个固定电极。当膜片两边压强差为零时，固定电极与膜片形成一个静态电容 C_0，它与电容 C_1 串联后，作为测量电桥的一个桥臂。电容 C_2、C_3 以及电容 C_4 和 C_5 的串联组成其他三个桥臂。薄膜规管的膜片两边空间在密封之后，又各有一条管道引出。图中，膜片左边为测量室，接被测真空系统，右边为参考压强室，接

高真空，在这两条管道之间用一个高真空阀门 V 连接。

测量时，先将阀门 V 打开，将规管膜片抽至高真空，作为参考压强 p_0。同时，将测量电桥调平衡，使指示仪表指零。然后关闭阀门，并将被测真空系统与规管的测量室接通。当被测压强 $p_1 > p_0$ 时，膜片在压强差的作用下产生变形，引起电容的改变，使测量电桥的平衡遭到破坏。调节直流补偿电源对规管的电容进行充电，使它的静电力与压强差引起的应变力相等，使测量电桥电路重新达到平衡。根据补偿电压大小，就能得出被测压强值。

薄膜真空计测量结果为全压强，具有反应时间快、线性好、便于远距离测量、耐大气冲击、耐腐蚀、耐烘烤等优点，但也有受环境温度影响严重、零点漂移大等缺点。

电容薄膜真空计测量范围为 $10^{-1} \sim 10^5$Pa。

3. 热导式真空计

热导式真空计是根据气体热导率与其压力(低压)之间关系制成的一种测量低真空的相对真空计。假设灯丝由导热损失的热量与加热电流 I 所产生的热量平衡时，灯丝温度不变。其平衡方程为

$$I^2R = E_1 + E_2 + E_3 \tag{10-29}$$

式中，R 为灯丝电阻；E_1 为气体分子迁移热量；E_2 为辐射迁移热量；E_3 为引出导线的迁移热量。

由于压力减小而使 E_1 减小，则当 I 不变时，平衡方程将失去平衡，使灯丝温度变化，由此可根据灯丝温度来衡量压力的变化。所以，热导真空计是通过测量灯丝温度来反映压力大小的。上述工作原理要求 E_2、E_3 必须很小。在一般情况下 E_3 是可忽略的，而 E_2 则按灯丝温度 T 的四次方急剧上升，这是引起误差的主要因素。要使 E_2 小必须使 T 不太高，故一般热导真空计的灯丝温度都不超过 150℃。

目前常用的热导式真空计有电阻真空计和热电偶真空计两种类型。这两种真空计的测量范围一般由 10Torr 起低至 10^{-3}Torr 以下，其准确度都不高。但由于仪表构造简单，价格便宜，测量方便，且可远距离传输信号，故被广泛应用。

图 10-36 所示是电阻真空计的工作原理。图中，R_1 为电阻真空计规管中的灯丝电阻，灯丝材料采用温度系数较大的金属，如钨、镍、铂等。电阻 R_2、R_3、R_4 均采用温度系数小的金属，如锰铜或康铜等。其中，R_2 为可变电阻，$R_3 = R_4$。当规管尚未连接到被测真空系统时，先用电位计 5 调节加热电流使与仪表制造厂规定的电流相符，然后用可变电阻 R_2 调节使电桥平衡，即使毫安表 2 中的电流为零。当规管接到被测系统后，规管中压力开始下降，但对普通尺寸的规管来说，当压力大于 10Torr 时，毫安表 2 的指针一般不动，这表示泡中灯丝的温度尚未改变。当压力小于 0.1 ~ 0.2Torr 时，热导率随着压力而减小，这时灯丝温度开始升高，电阻增大，使电桥不平衡，毫安表 2 的指针开始转动。因此这种规管的测量上限只能到 0.1 ~ 0.2Torr，下限则可达 10^{-3}Torr 以下。

图 10-37 所示是热电偶真空计的工作原理。图中，a 点为热电偶焊接到灯丝上的热接点；b 点为与引出导线连接的冷接点。加热灯丝一般采用铂丝、钨丝或镍丝，热电偶常用铂铑-铂，康铜-镍铬合金。只要接点 a 点和 b 点之间有温度差，就会产生热电动势。这个热电动势的大小与温度差的大小有一定函数关系，因此只要测出热电动势就可得到温度差。热电偶真空计的工作原理与电阻真空计基本相同，不过这里不是靠灯丝的电阻值来测定灯丝温度，而是用热电偶来测定灯丝温度。

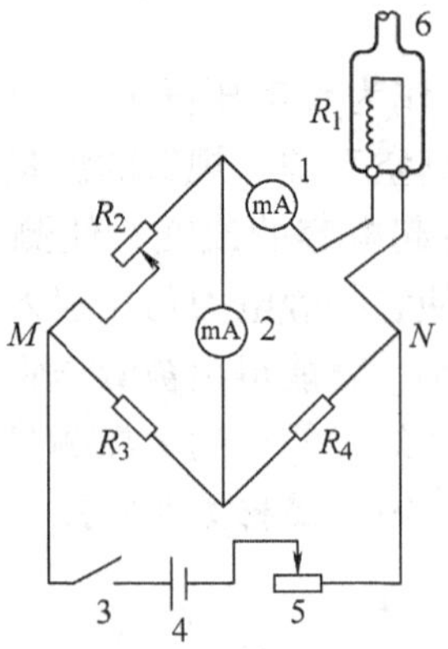

图 10-36　电阻真空计的工作原理
1—测量加热电流的毫安表　2—测量不平衡电流的毫安表　3—开关　4—电源　5—电位计　6—接口

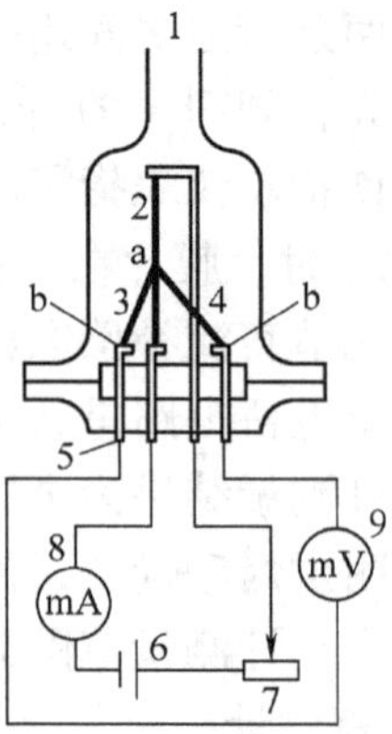

图 10-37　热电偶真空计的工作原理
1—开口规管　2—加热灯丝　3、4—组成热电偶的两根不同金属导线　5—绝缘的引出导线　6—电源　7—调节电阻　8—指示加热电流的毫安表　9—测量热电动势的毫伏表

4. 电离真空计

在气体中如果有动能足够大的电子与气体分子相碰撞，它可以从气体分子中击出一个或几个电子使气体分子成为正离子。把这种正离子收集到一个电极上可使其产生离子电流。在稀薄气体中，离子电流与气体压力有关。电离真空计正是利用在低压气体中离子电流来测量压力的。电离真空计有热阴极电离真空计、冷阴极电离真空计和放射性电离真空计三种形式。

(1) *热阴极电离真空计*　热阴极电离真空计主要由圆筒式热阴极电离规管和测量电路组成，电离规管由阴极(灯丝)、螺旋形栅极(加速极)和圆筒形收集极构成，如图 10-38 所示。测量时规管与被测真空系统相连。通电后阴极加热所发射的电子在带正电的加速极作用下，以加速度运动，当电子的动能足够大时，在飞向加速极的路途中与管内低压气体分子碰撞，使气体分子电离。电离产生的电子和正离子分别在加速极和收集极(带负电位)上形成电流 I_e 和离子流 I_i。当压力足够低(低于 10^{-1}Pa)时，离子电流 I_i 与电子电流 I_e 之比正比于气体的压力 p，即

$$kp = I_i / I_e \tag{10-30}$$

式中，k 为规管的灵敏度。

由于用电离真空计测量压力时，电子电流保持不变，故

$$I_i = kI_e p = Cp \tag{10-31}$$

式中，C 称为仪表常数。

仪表常数不仅与规管构造和测量部分各元件的参数有关，而且与加速极和收集极的电压有关。此外，由于不同气体的电离能量不同，故 C 与气体的种类也有关。

由式(10-31)可知，要测量尽可能小的压力，必须使 C 尽可能大。在图 10-38 的结构形式中，由阴极发射的电

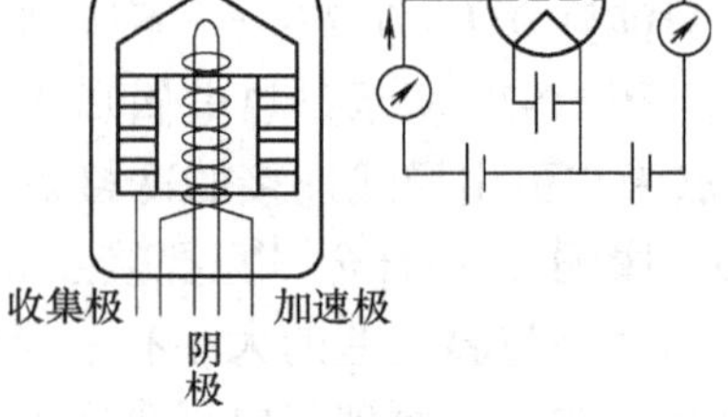

图 10-38　热阴极电离真空计

子在趋向加速极时，将有一部穿过加速极而进入加速极与收集极之间的区域。但由于收集极有负电位，将阻止电子的前进，使电子反向围绕加速极飞行、电子的飞行路程增长，使碰撞气体分子的机会增多，从而可多产生离子，因此，可把收集极与加速极之间的距离做得适当大些。为了提高电离概率，还可适当提高加速极的电位。但也不能太高，因为随着加速极与阴极之间电位差的增大，可使电离概率在开始阶段迅速增大，但达到一个极大值后，反又减小。故在实际工作中加速极正电位一般不超过200~250V，收集极负电位不超过20~30V，取这样的电参数值可以获得较大的仪表常数。这种热阴极电离真空计的测量上限一般为1×10^{-3}Torr，下限可达$(0.5\sim1)\times10^{-7}$Torr。由于电离真空计的上限可与热导真空计的下限衔接，故常被用来补充热导真空计。

上述热阴极电离真空计的测量下限在实际应用中会受到限制，其主要的困难不是由于电子电流太弱，而是由于真空计规管中有些附属的物理现象会引起与压力无关的电流。例如，有些阴极发射的电子撞击加速极时能使加速极放出X射线，而X射线是一种光子，当它照射到收集极上并和收集极的原子碰撞时，可能将所有的能量交给一个电子，使这个电子脱离原子而成为光电子，因而产生光电子电流。这种光电子电流与压力无关，它与离子电流混合在一起成为干扰信号，被测压力越小，其干扰越大。当压力非常小时，热阴极电离真空计实际上指示的只是光电子电流，这就限制了电离真空计的实际测量下限。

图10-39所示为用来测量超高真空的AB式电离真空计。与热阴极电离真空计相比，AB式电离真空计的阴极与收集极对调了一个位置。两根阴极线分别在加速极的两侧，一根由细导线制成的收集极安置在加速极的轴心线上。由于收集极的表面积很小，从加速极放出的X射线只有很小一部分落在收集极上，因此在收集极回路中光电子电流减小了几个数量级。此外，这种电极位置的安排可使规管中电场的分布更为合理，提高了电子电流的功效。并且，由于收集极放在加速极的内部而不是在外面，因此使被管壁吸引失去的离子数减小，从而能使更多的离子趋向了收集极。这些优点使AB式电离真空计测量下限可到$10^{-11}\sim10^{-10}$Torr，延伸到了超高真空测量范围。

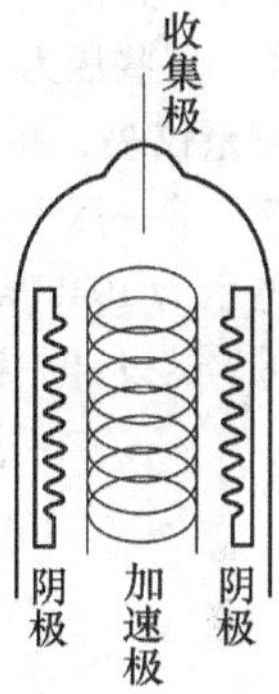

图10-39　AB式电离真空计

（2）*冷阴极电离真空计*　冷阴极电离真空计的冷阴极在电场和磁场作用下放电，使被测低压气体电离，通过测量低压气体电离产生的电流大小来获得低压气体压力，其测量范围为$10^{-7}\sim1$Pa。

（3）*放射性电离真空计*　放射性同位素核衰变时会放射高能粒子α射线，使被测低压气体电离，电离所产生的离子电流与气体压强成线性关系。放射性电离真空计通过测量离子电流大小来获得被测气体压力，其测量下限为10^{-1}Pa，上限可测量到大气压力以上。

四、超高压的测量

利用金属电阻丝的阻值随所受压力的变化而变化的特性可测量高达上万个标准大气压的静态液压，测量准确度可达0.1%~0.5%。测量原理如图10-40所示。金属丝的材料一般采用锰镍铜合金或金铬合金，金铬合金的压力灵敏度较低，但它的温度误差小。

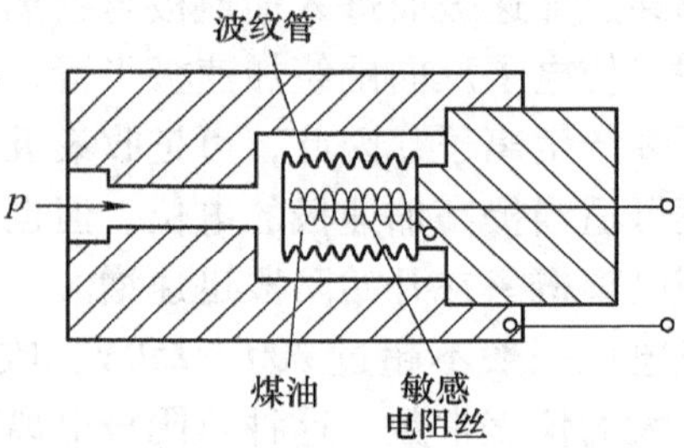

图 10-40　超高压传感器的测量原理

思　考　题

10-1　测力和称重有何异同？举例说明。

10-2　电阻应变式转矩仪电信号如何传递？

10-3　画图说明皮带秤称重原理，并分析称重误差。

10-4　简述电容式压力传感器的工作原理和结构特点。

10-5　压力测量中常使用压力变送器，查阅资料，说明压力变送器的组成、分类及特点。

10-6　哪些压力仪表可测量真空？若测量压力为 10Pa 的真空，并要求其测量误差小于 1%，请选择一种真空测量仪表，并比较说明为什么选择这种真空计。

10-7　某一压力表量程范围为 -100 ~ 500kPa，校准时最大误差发生在 200kPa，上行程和下行程时校准表分别指示为 194kPa 和 205kPa，该表是否满足其 1.0 级的精度要求？

10-8　试设计一种航天员在失重状态下的体重测量系统，并简述测量原理，分析测量不确定度。

第十一章　机械振动的测试

第一节　概　　述

振动是自然界、工程技术领域和日常生活中普遍存在的现象，诸如声、光、热、电等物理现象，天体运动、地震、波浪、道路起伏，以及生物的一些生理活动等。机械振动是指某些物理量或运动参数(如位移、速度、加速度等)的强度，相对于给定的参考坐标系随时间变化时，与其平均值或平衡位置相比，时大时小交替变化的现象。振动一般指周期性运动，最简单和最基本的例子是简谐运动。但是对于非周期性的运动，即使是瞬态的单个冲击脉冲、冲击脉冲串和随机运动，由于它们在一定程度上是简谐运动的复合或它们激励起运动的振荡性，因此也属振动范畴。

在工程技术领域，经常遇到大量的机械振动问题。这是因为在各种机器、仪器和设备中存在着作旋转和往复等各种运动的机构和零件，它们都是具有质量的弹性体。在运动时，由于不可避免的原因，如旋转体的不平衡、负载的不均匀、结构的各向不等刚性、表面质量和润滑不良、间隙、缺陷等，而引起受力的变动、碰撞和冲击；在使用、运输和外界环境条件下，能量的传递、存储和释放都会诱发或激励产生机械振动。因此，几乎所有的机器、仪器和设备都不可避免地有振动现象。

一、机械振动的危害

一般情况下，机器、仪器和设备中的机械振动达到一定量级时便是有害的。

1）使构件的内应力增加，承受动力载荷或重复载荷，导致磨损、疲劳，缩短寿命。当振动频率与构件的固有频率重合时会发生共振，产生十分剧烈的振动和严重过载，使机器和设备不能工作，甚至破坏。例如，在工程史上曾发生过大量的由于振动而造成的严重的破坏事故；现代运动机械的故障中，由于振动引起的故障仍高达60～70%；航空工程中的断裂有60～80%是由疲劳引起的。

2）机械振动消耗能量，降低效率。

3）影响机器和设备，特别是精密仪器、设备的工作性能，造成误差以致不能工作。例如，环境振动激发仪表指针颤动造成的读数误差等。

4）机械振动会通过连接的构件和机座使地面振动，从而扰动周围和邻接的其他设备。

5）机械振动直接或通过介质伴生噪声，恶化环境和劳动条件，危害人们的情绪和健康，成为现代严重的污染公害之一。

因此，随着现代化设备向高速、精密、高效、可靠、轻型、低噪声和自动化等方向发展，各个领域，特别是军工、动力、能源、交通、运输等重要部门都对机械振动问题给予了十分重要的关注，在设计、制造、试验、监控和研究过程中对整机和重要零部件都要进行振动计算、分析和试验。

二、机械振动的益处

机械振动也有有利的一面，人们有目的地造成可控制的机械振动来为科学技术服务。例如，利用振动减轻摩擦的精密轴承，振动磨削、抛光、清洗和焊接，振动传输、筛选、上料以至治疗等。通过振动可对机器设备进行故障诊断和监测。对于测量和仪器领域，振动还具有下列特殊的重要作用：

1）振动技术已被用作许多测量仪器的工作原理，如调制信号的振子，钟表的擒纵机构，振动陀螺，振弦、振膜、振筒、振梁式各种传感器，动平衡仪。此外，利用振动还可测定材料的弹性模量、阻尼和转动模量，进行探伤和地质矿产勘查等。

2）机械振动理论是动态测试仪器设计和性能研究的重要基础之一。仪器的性能指标，如频率响应、动态误差、稳定性等都是根据振动理论分析得出的。

三、机械振动测试的内容

机械振动测试的内容可以归纳为下列两类：

1）被测对象观测点上的振动参量测试和特征量分析，目的是了解被测对象的振动状态，评定振动量级和寻找振源，以及进一步进行监测、识别、诊断和预估。

2）被测对象的振动动力学参量或动态性能测试，如固有频率、阻尼、阻抗、响应等。往往采用某种特定形式的振动信号激励被测对象产生受迫振动，同时测定输入激励和输出响应。

第二节　振动的类型及动态特性

一、振动的类型

振动是自然界广泛存在的一种运动形式，其分类方法很多，主要类型及其特征见表 11-1。

表 11-1　机械振动的主要类型及其特征

分类依据	名　称	特　征
产生振动的原因	自由振动	振动系统偏离其平衡位置时，仅依靠其弹性力维持的振动。其振动的频率即为系统的固有频率。当存在阻尼时，其振动将逐渐减弱
	受迫振动	在外部的激振力的持续作用下，系统被迫产生的振动。振动的特性与外部激振力的大小、方向、频率有关
	自激振动	在无外部激振力作用的情况下，由于系统本身原因而产生的振动，如轴承油膜自激振动
振动的规律	简谐振动	能用一正弦或余弦函数来描述其运动规律的振动。简谐振动是一种最简单、最基本的周期振动，其幅值相位随时间而变化并可预测
	周期振动	每隔相同时间间隔，运动自身确定地重复着的振动。通过傅里叶级数的展开式可将其分解为若干个简谐振动

（续）

分类依据	名　称	特　征
振动的规律	瞬态振动	在极短时间内仅持续几个周期的振动，单个脉冲的振动称为冲击
	随机振动	不能用确定的数学式来描述其运动规律的振动。它的幅值、相位、频率无法精确地判断，只能用统计方法来估计
振动系统结构参数的特性	线性振动	系统的惯性力、阻尼力、恢复力分别与加速度、速度、位移成线性关系，常用线性微分方程式来描述其运动规律的振动
	非线性振动	系统的惯性力、阻尼力、恢复力分别具有非线性性质，只能用非线性微分方程式来描述其运动规律的振动
振动系统的自由度	单自由度振动	只需一个独立坐标就能确定其运动位置的振动
	多自由度振动	需多个独立坐标才能确定其运动位置的振动

在振动测试技术领域常按振动量随时间的变化规律来分类，即将振动分为简谐振动、周期振动、瞬态振动和随机振动等四大类。各类振动具有不同的特点和表征参数，分别描述如下。

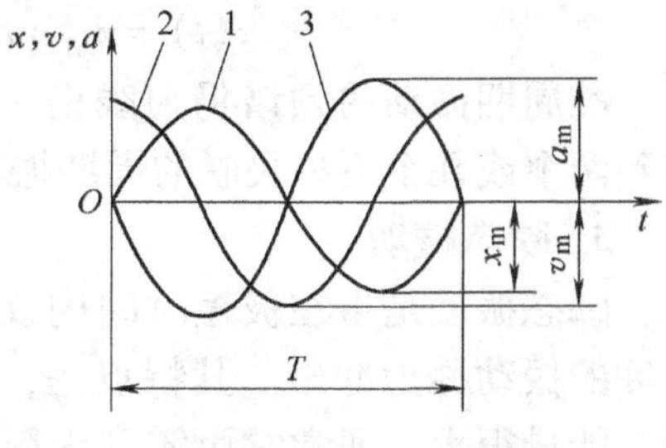

图 11-1　简谐振动波形

1—$x(t)$　2—$v(t)$　3—$a(t)$

1. 简谐振动

简谐振动的振动量随时间按正弦或余弦规律变化，如图 11-1 所示。其位移表达式为

$$x(t)=x_m\sin(\omega t+\phi) \tag{11-1}$$

式中，x_m 为振动幅值；ω 为角频率或圆频率，频率 $f=\omega/(2\pi)$；ϕ 为初始相角。

将式(11-1)求导可得振动速度和振动加速度的表达式

$$v(t)=\frac{dx}{dt}=\omega x_m\cos(\omega t+\phi)=v_m\sin\left(\omega t+\varphi+\frac{\pi}{2}\right) \tag{11-2}$$

$$a(t)=\frac{dv}{dt}=-\omega^2x_m\sin(\omega t+\phi)=a_m\sin(\omega t+\varphi+\pi) \tag{11-3}$$

式中，v_m 为振动速度的幅值，$v_m=\omega x_m$；a_m 为振动加速度的幅值，$a_m=\omega^2x_m$。

由此可知，简谐振动的位移、速度和加速度的波形和频率都一致，其速度和加速度的幅值与频率有关，在相位上，速度超前位移 $\pi/2$，加速度又超前速度 $\pi/2$。对于简谐振动，只要测定出位移、速度、加速度和频率这四个参数中的任意两个，便可推算出其余两个参数。

在振动测量时，上述振动参数应根据实际情况予以选择。其中，位移是研究强度和变形的重要依据；加速度与作用力或载荷成正比，是研究疲劳和动力强度的重要依据；速度决定了噪声的高低，人对机械振动的敏感程度在很大频率范围内是由速度决定的，速度又与能量和功率有关，并决定了力的动量；频率是寻找振源和分析振动的主要依据。

2. 周期振动

（1）复合周期振动　复合周期振动是由两个或两个以上简谐振动复合而成，在各个成分中，每一对频率比都是有理数。图 11-2a 所示是内燃机活塞运动时加速度的波形，它由基波和二次谐波这两个不同频率的简谐振动复合而成。图 11-2b 所示为该加速度的频谱。

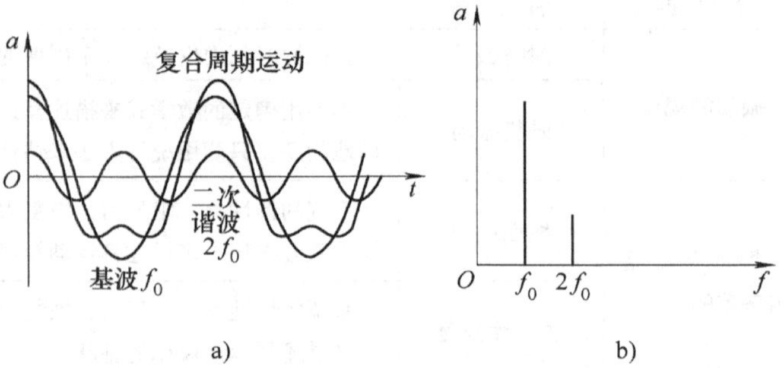

图 11-2 复合周期振动

a）波形 b）频谱

振幅相同、频率相近的两简谐振动复合形成“拍”现象，双机双浆的船舶在两机转速相差很小时就易出现这种“拍”现象。

（2）*准周期振动* 准周期振动至少为两个谐波的合成波。在多振源的场合下各振源间并无关联（不相关），各谐波间的频率比至少有一组是无理数，但仍能用一函数表达式来表示其在各时刻的参数，例如

$$x(t)=x_{m1}\sin(\omega_1 t+\phi_1)+x_{m2}\sin(\pi\omega_1 t+\phi_2)+\cdots \tag{11-4}$$

准周期振动的频谱仍为线谱，如图 11-3 所示。而随机振动的频谱为连续谱。实际中，遇到两个或几个不相关联的周期振动混合作用时，便会产生这种振动状态。

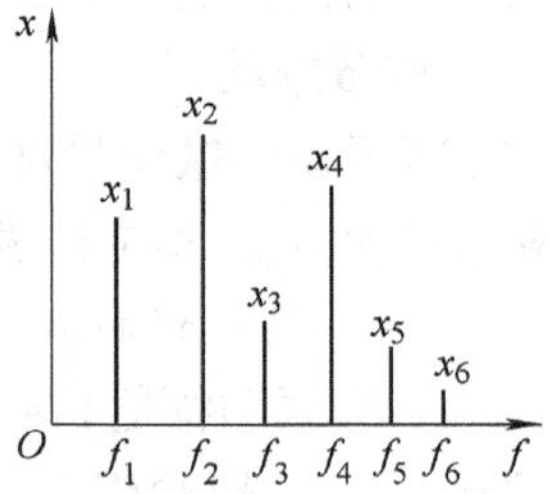

图 11-3 准周期振动的频谱

3. 瞬态振动

瞬态振动是指在极短时间内仅持续几个周期的振动，单个脉冲的振动称为冲击。其特点是，过程突然发生，持续时间极短，能量很大。通常它由零到无限大的所有频率的谐波分量构成。

4. 随机振动

随机振动也称非确定性振动，即不能事先确定系统中观测点在某一时刻的位置及振动参数的瞬时值。随机振动不仅没有确定的周期，而且其振动量与时间也无一定的联系，如路面的不平对车辆的激励、加工工件表面层几何物理状况的不均匀对机床刀具的激励、波浪对船舶的激励、大气湍流对飞行器的激励等，都将会产生随机振动。

随机振动不能用确定函数来描述，但却服从统计规律，其统计参数通常有均值、方均值、方差、相关函数和功率谱密度函数等，与一般随机信号的处理类似。

随机振动分为平稳随机振动和非平稳随机振动。平稳随机振动过程的统计特性不随时间变化，至少其均值和自相关函数是如此；而非平稳随机振动过程的统计特性随时间变化。

二、振动的动态特性

下面以单自由度振动系统在两种不同激励下的响应为例，介绍机械振动的动态特性。

1. 作用在质量块上的力所引起的受迫振动

质量-弹簧-阻尼单自由度振动系统如图 11-4 所示。质量为 m 的质量块在外力 $f(t)$ 作用下的运动方程为

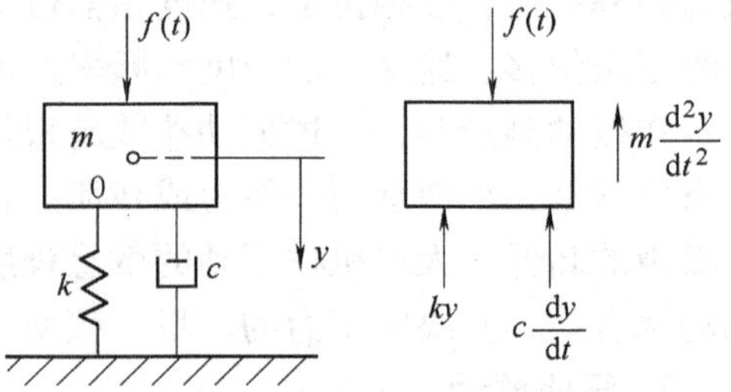

图 11-4 力作用下的质量-弹簧-阻尼单自由度振动系统

$$m\frac{d^2y}{dt^2}+c\frac{dy}{dt}+ky=f(t) \tag{11-5}$$

式中，c、k 分别为阻尼系数和弹簧刚度；$y(t)$ 为质量块的振动位移。

当外力 $f(t)$ 为正弦激励即 $f(t)=F_0\sin\omega t$ 时，运动方程可改写为

$$\frac{d^2y}{dt^2}+2\xi\omega_n\frac{dy}{dt}+\omega_n^2y=\omega_n^2Y_0\sin\omega t \tag{11-6}$$

式中，ω_n 为系统的固有频率，$\omega_n=\sqrt{k/m}$；ξ 为系统的阻尼比，$\xi=c/(2\sqrt{km})$；Y_0 为质量块上作用静力 F_0 时的静位移，$Y_0=F_0/k$。

系统稳态时方程式(11-6)的特解为

$$y(t)=Y\sin(\omega t-\varphi) \tag{11-7}$$

式中，Y 为振幅，$Y=\dfrac{Y_0}{\sqrt{\left[1-\left(\dfrac{\omega}{\omega_n}\right)^2\right]^2+4\xi^2\left(\dfrac{\omega}{\omega_n}\right)^2}}$；$\varphi$ 为相位差，$\varphi=\arctan\dfrac{2\xi\left(\dfrac{\omega}{\omega_n}\right)}{1-\left(\dfrac{\omega}{\omega_n}\right)^2}$。

稳态振动的频率与激励相同，相位不同。

系统稳态时的频率响应函数 $H(j\omega)$ 为

$$H(j\omega)=\frac{\dfrac{1}{k}}{\left[1-\left(\dfrac{\omega}{\omega_n}\right)^2\right]+2j\xi\left(\dfrac{\omega}{\omega_n}\right)} \tag{11-8}$$

单自由度振动系统的幅频特性和相频特性曲线如图 11-5 所示，图中 $M=Y/Y_0$，为振幅放大因子。通常把幅频特性曲线上振幅放大因子最大处的频率称为谐振频率 ω_r，$\omega_r=\omega_n\sqrt{1-2\xi^2}$；谐振振幅为 $A(\omega)_{max}=1/(2k\xi\sqrt{1-\xi^2})$。由相频特性曲线可知，不管系统的阻尼比是多少，在 $(\omega/\omega_n)=1$ 时位移始终落后于激振力 90°，称为相位共振。当激振频率远小于固有频率时，输出位移随激振频率的变化非常小；当激振频率远高于固有频率时，输出位移为零，质量块近于静止；当激振频率接近固有频率时，系统的响应特性取决于系统阻尼，并随频率的变化而剧烈变化。

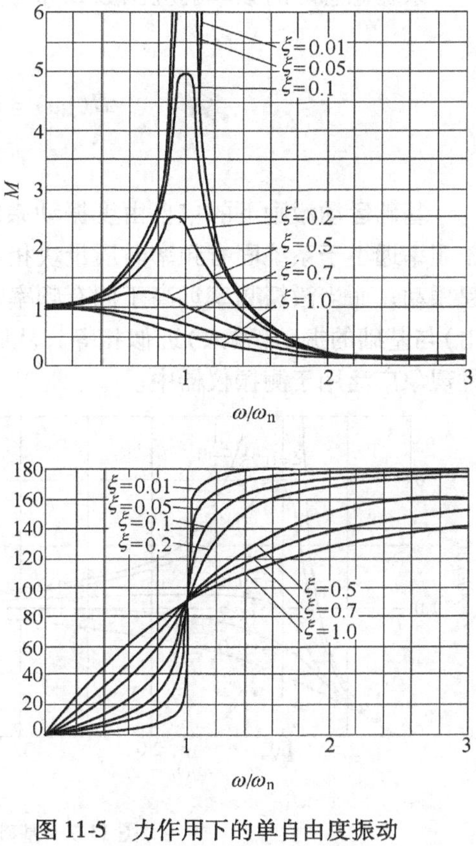

图 11-5　力作用下的单自由度振动系统的幅频特性和相频特性曲线

2. 基础运动引起的受迫振动

系统的受迫振动也可由基础的运动所引起，称为位移激励，如图 11-6 所示。设基础的绝对位移为 $x(t)=X_0\sin\omega t$，质量块 m 的绝对位移为

$y(t)$，$z(t)$为质量块相对于基础的运动位移，$z(t)=y(t)-x(t)$。系统的运动方程为

$$m\frac{\mathrm{d}^2y}{\mathrm{d}t^2}+c\frac{\mathrm{d}z}{\mathrm{d}t}+kz=0 \tag{11-9}$$

将运动方程式(11-9)改写为

$$\frac{\mathrm{d}^2z}{\mathrm{d}t^2}+2\xi\omega_n\frac{\mathrm{d}z}{\mathrm{d}t}+\omega_n^2z=\omega^2x \tag{11-10}$$

方程式(11-10)稳态振动的解为

$$z(t)=Z\sin(\omega t-\varphi) \tag{11-11}$$

式中，Z 为振幅，$Z=\dfrac{\left(\dfrac{\omega}{\omega_n}\right)^2X_0}{\sqrt{\left[1-\left(\dfrac{\omega}{\omega_n}\right)^2\right]^2+4\xi^2\left(\dfrac{\omega}{\omega_n}\right)^2}}$；$\varphi$ 为相位差，$\varphi=\arctan\dfrac{2\xi\left(\dfrac{\omega}{\omega_n}\right)}{1-\left(\dfrac{\omega}{\omega_n}\right)^2}$。

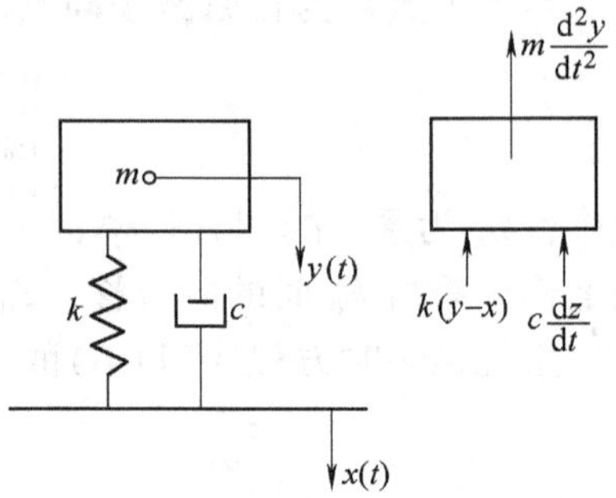

图 11-6 基础运动激励下的质量-弹簧-阻尼单自由度振动系统

系统稳态时的频率响应函数 $H(\mathrm{j}\omega)$ 为

$$H(\mathrm{j}\omega)=\frac{\left(\dfrac{\omega}{\omega_n}\right)^2}{\left[1-\left(\dfrac{\omega}{\omega_n}\right)^2\right]+2\mathrm{j}\xi\left(\dfrac{\omega}{\omega_n}\right)} \tag{11-12}$$

基础运动激励下的单自由度振动系统的幅频特性和相频特性曲线如图 11-7 所示。当激振频率远小于系统固有频率时质量块相对于基础的振动为 0，也就是质量块几乎随着基础一起振动；而当激振频率远高于固有频率时，$A(\omega)$接近 1，说明质量块和基础的相对运动(输出)与基础的振动(输入)近似相等，从而表明质量块在惯性坐标系中几乎处于静止状态。这种现象广泛用于测振仪器中。

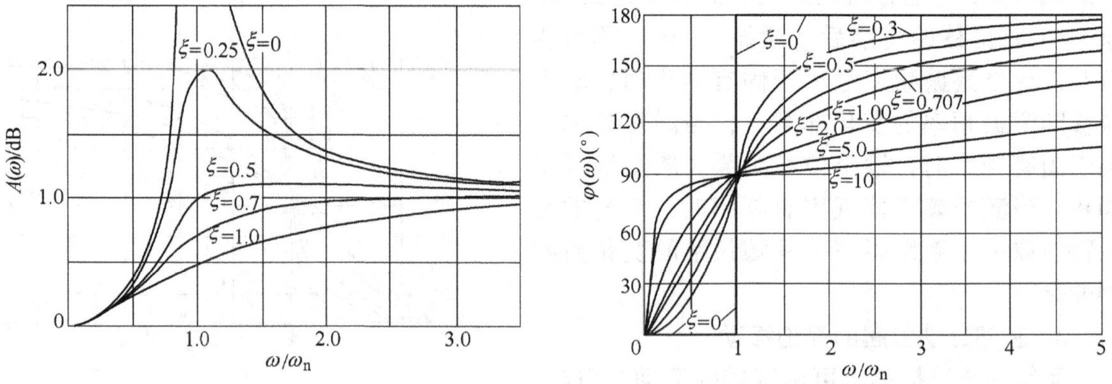

图 11-7 基础运动激励下的单自由度振动系统的幅频特性和相频特性曲线

第三节　机械振动测试系统

一、振动测试系统的组成

机械振动测试系统主要由被测对象、激振器、测振传感器、测量电路以及振动分析仪器和显示记录仪器等部分组成，框图如图 11-8 所示。被测对象也称试验模型，它是承受动载荷或动力的结构或机器；激振装置由信号源、功率放大器和激励器组成，用于对被测结构或机器施加某种形式的激励，以获取结构或机器对相应激励的响应，对于运行中的机械设备的振动测量不需要激励；传感器及测量电路用于将被测振动信号转换为电信号；振动分析仪器用于对振动信号的进一步分析与处理，以获取所需测量结果；显示记录仪器将振动测试结果以数据或图表的形式进行记录或显示。

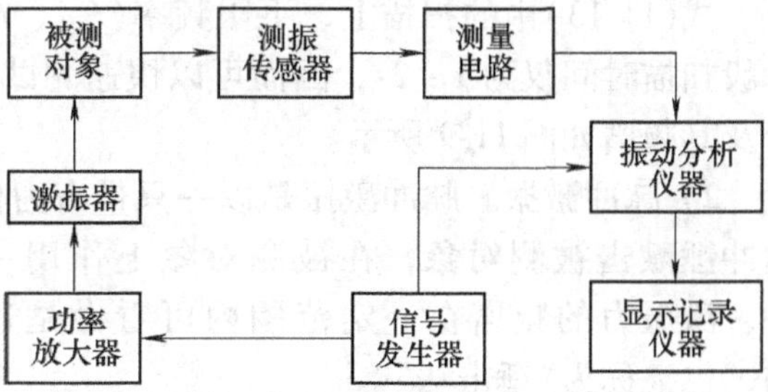

图 11-8　振动测试系统组成框图

首先，组成测试系统的各测量装置的幅频特性和相频特性在整个系统的测试频率范围内应满足不失真测试条件的要求。同时，还应充分注意各仪器之间的匹配，如对电压量传输的测量装置，要求后续测量装置的输入阻抗远超过前面测量装置的输出阻抗，以便使负载效应缩减到最小。此外，应视环境条件合理地通过屏蔽、接地等措施排除各种电磁干扰，或在系统的适当部位安装滤波器，以排除或削弱信号中的干扰，保证整个系统的测试稳定可靠地进行。

二、振动激励装置

振动激励的作用，是对被测对象施加一定的外力，使其作受迫振动或自由振动，以便获得被测对象的动态特性，实现振动的测试。

1. 振动激励方式

振动的激励方式通常有稳态正弦激振、瞬态激振和随机激振三种。

(1) 稳态正弦激振　稳态正弦激振又称为简谐激振，是借助于激振设备对被测对象施加一个频率可控的简谐激振力。它的优点是激振功率大，信噪比高，能保证响应测试的准确度，因而是应用最为普遍的一种激振方法。

简谐激振的目的是要在稳态下测定响应和激振力的幅值比和相位差，为了测得整个频率范围内的频率响应，必须无级或有级地改变正弦激振力的频率，这一过程称为频率扫描。在扫描过程中，必须采用足够缓慢的扫描速度，以保证测试、分析设备有足够的响应时间，并使被激对象能够处于稳态振动状态。这种频率随时间而变化的正弦激振，又称为扫描激振。

稳态正弦激振力幅值应进行恒力控制。其方法是，采用高阻抗输出的功率放大器，通过恒定的输出电流来实现恒力，或通过力的反馈对激振信号进行控制，实现恒力。

(2) 瞬态激振　瞬态激振即对被激对象施加一个瞬态变化的力，它属于宽带激励方法。

常用的瞬态激励方式有以下几种：

1）快速正弦扫描激振。激振信号由信号发生器供给，其频率可调，激振力为正弦力。激振信号频率在扫描周期 T 内成线性增加，而幅值保持恒定。快速扫描激振力信号的函数表达式为

$$f(t)=F\sin 2\pi(at+f_{\min})t \qquad 0<t<T \tag{11-13}$$

式中，$a=(f_{\max}-f_{\min})/T$。

式(11-13)中的扫描上、下限频率($f_{\max}$、$f_{\min}$)和扫描周期 T 都可以根据试验要求而选定。一般扫描时间仅为 1～2s，因而可以快速测试出研究对象的频率特性。这种快速正弦扫描信号及其频谱如图 11-9 所示。

2）脉冲激振。脉冲激振是以一只带有力传感器的脉冲锤敲击被测对象，在被测对象上作用一个力脉冲，激振力的频谱在一定范围内可看做是连续恒定的，也被称为“锤击法”。

3）阶跃(张弛)激振。在拟定的激振点处，用一根刚度大、质量轻的张力弦(丝)经过力传感器对待测结构施加张力，使之产生初始变形。然后，突然切断张力弦，这就相当于对该结构施加一个负的阶跃激振力。阶跃激振也属于宽频带激振，在建筑结构的振动测试中此方法应用较为普遍。

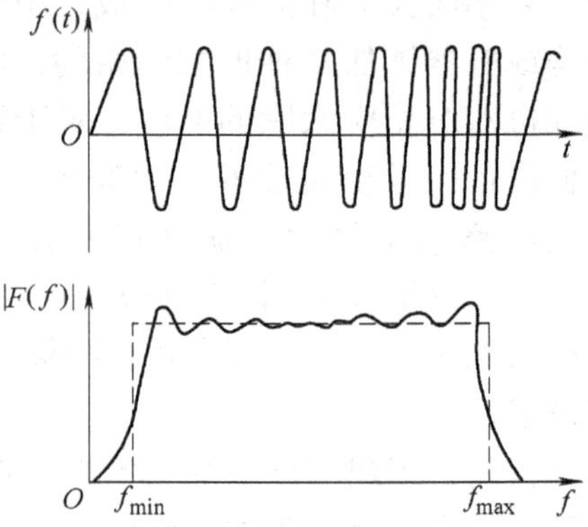

图 11-9　快速正弦扫描信号及其频谱

(3) 随机激振　随机激振是一种宽带激振方法，一般用白噪声或伪随机信号发生器作为信号源，以实现快速甚至“实时”测试。

许多机械或结构在运行状态下所受到的干扰力或者动载荷往往都具有随机的性质，使用白噪声或者伪随机信号作为激励信号可以模拟被测物的工作状态，进行“实时”分析。

2. 激振器

激振器是对被测对象施加某种预定要求的激振力，激起试件振动的装置。激振器应能在要求的频率范围内提供波形良好、强度足够和稳定的交变力。某些情况下还需提供一恒力，以便使被激对象受到一个一定的预加载荷，以消除间隙或模拟某种恒定力。另外，为减小激振器质量对被测对象的影响，激振器的体积和重量应小而轻。激振器按工作原理可分为机械式、电动式、电磁式和液压式等，下面介绍几种常用的激振器。

(1) 脉冲锤　图 11-10 所示为脉冲锤的结构，它是由锤头(含锤头盖)、力传感器、锤体、配重块和锤柄等部件组成，并用一中心螺栓预紧。锤头和锤头盖直接冲击试件，它相当于力传感器的顶部质量。在试验中，可采取不同材料(如钢、塑料和橡胶等)制成的锤头盖，以获得具有不同作用时间 τ 的冲击波形，如图 11-11a 所示。如将冲击力波形近似看做半正弦波，则其线性谱如图 11-11b

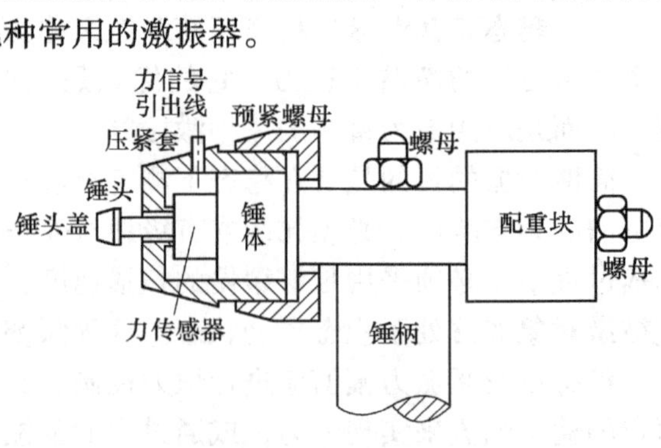

图 11-10　脉冲锤的结构

所示，频谱主瓣频率值约为 $3/(2\tau)$。在模态试验中，总是希望在所关心的频带内具有足够的能量，而在频带外的能量尽可能小一些。更换不同硬软材料制成的锤头盖就能得到合适的持续时间 τ 及主瓣频率 f。锤体质量主要是为了获得所需大小的冲击力峰值，但它对持续时间也略有影响。在锤头盖材料不变的前提下，增加锤体质量，不仅可得到较大的冲击力，而且持续时间也稍有延长。

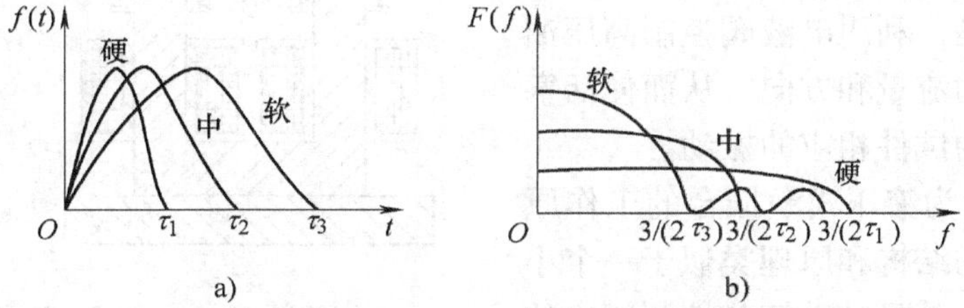

图 11-11　脉冲锤激振力波形及其频谱

a）激振力波形　b）激振力频谱

常用脉冲锤的锤体质量小至几克，大到几十千克，锤头盖可用钢、铜、铝、塑料、橡胶等材料制造，可用在激励小至印制电路板，大到桥梁等物体，在现场试验中使用尤为方便。

（2）电动式激振器　电动式激励器又称磁电式激振器，主要是利用带电导体在磁场中受电磁力作用这一物理原理而工作的。电动式激励器按其磁场形成方式分为永磁式和励磁式两种，前者一般用于小型的激振器，后者多用于较大型的激振台。

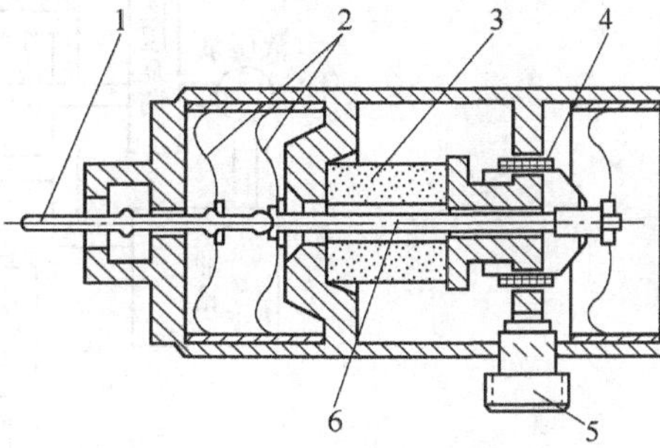

图 11-12　电动式激振器的结构

1—顶杆　2—弹簧片组　3—永久磁铁　4—驱动线圈　5—接线头　6—芯杆

电动式激振器的结构如图 11-12 所示。当驱动线圈 4 通过经功率放大后的交变电流 i 时，根据磁场中载流体受力的原理，线圈将受到与电流 i 成正比的电动力的作用，此力通过顶杆 1 传到被激振对象上，产生激振力。采用拱形的弹簧片组 2 来支撑激振器中的运动部分，并能在试件和顶杆之间保持一定的预压力，防止它们在振动时脱离。

由顶杆施加到试件上的激振力不等于线圈受到的电动力，最好使顶杆通过一只力传感器去激励试件，以便精确测出激振力的大小和相位。由于传力比（电动力与激振力之比）与激振器运动部分和被测对象本身的质量、刚度、阻尼等因素有关，而且是频率的函数，因此只有在激振器可动部分质量与被激对象的质量相比可略去不计、激振器与被激对象的连接刚度好且顶杆系统刚性也很好的情况下，才可认为电动力等于激振力。

（3）电磁式激振器　电磁式激振器直接利用电磁力作为激振力，常用于非接触激振场合，特别适用对回转件的激振。电磁式激振器的结构如图 11-13 所示。当电流通过励磁线圈 3 便产生相应的磁通，从而在铁心 2 和衔铁 5 之间产生电磁力，实现两者之间无接触的相对激振。用力检测线圈 4 检测激振力，位移传感器 6 测量激振器与衔铁之间的相对位移。

电磁激振器不与被激振对象接触，因此没有附加质量和刚度的影响，其频率上限约为 500～800Hz。

（4）液压式激振台　液压式激振台也称电液式激振台，一般都做成大型的。激振力在千牛以上，承载质量以吨计，主要用于建筑物的抗震试验、飞行器的动力学试验以及汽车的行驶模拟试验等。整套设备结构复杂，价格昂贵。液压式激振台的工作介质主要是油，其工作原理是，利用电液阀控制高压油流入工作液压缸的流量和方向，从而使活塞带动台面和其上的试件相应的振动。

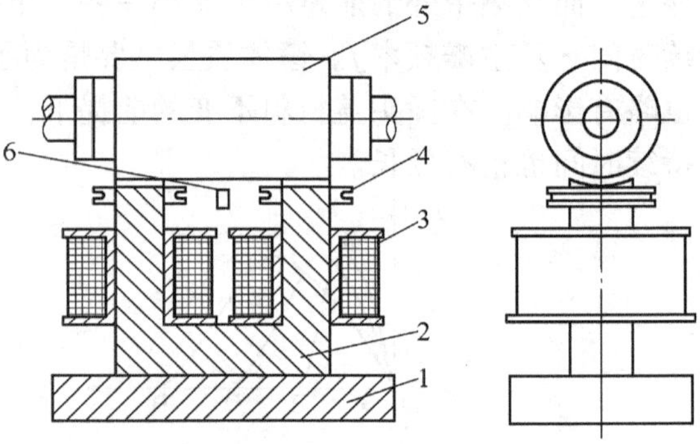

图 11-13　电磁式激励器的结构
1—底座　2—铁心　3—励磁线圈　4—力检测线圈　5—衔铁　6—位移传感器

图 11-14 所示为液压式激振台的工作原理。电液控制阀的结构和原理类似于一个小型电动式振动台，其可动系统与控制阀内的一个滑阀相连，控制阀有多个出入油孔，分别与振动台的液压缸、来自液压泵的高压油管和去油箱的回油管相连。

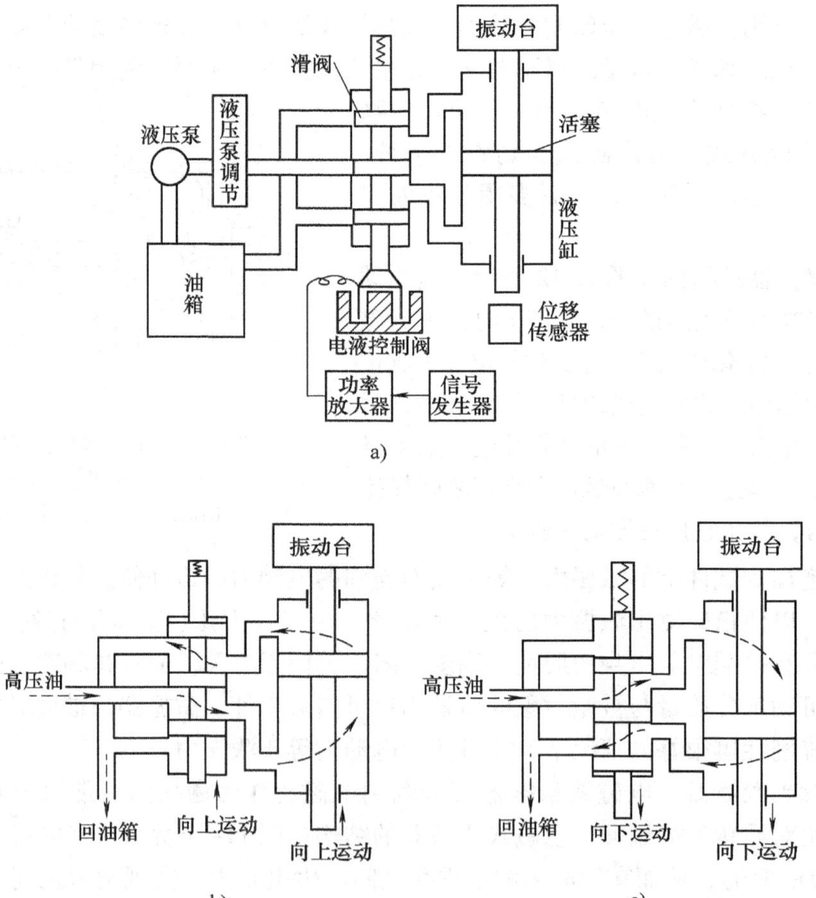

图 11-14　液压式振动台的工作原理
a）滑阀静止　b）滑阀向上运动　c）滑阀向下运动

当没有信号输给电液阀的动圈时，动圈和滑阀都处在平衡位置(见图 11-14a)，滑阀正好关闭了控制阀的出入油孔，来自液压泵的高压油不能经控制阀进入液压缸，于是活塞和台面也都处于静止平衡位置。

当有信号进入动圈时，情况就不同了。如图 11-14b 所示瞬间，动圈带着滑阀一起向上移动，打开了控制阀的有关出入油孔，高压油按图中箭头方向经控制阀流入液压缸下方，推动活塞和振动台向上移动，活塞上方的低压油按虚线箭头方向经控制阀的另一个室流回油箱。当另一瞬间，动圈和滑阀在信号控制下向下移动时，情况与此相仿，如图 11-14c 所示。高压油改变流向进入液压缸上方，使活塞带动台面向下移动，活塞下方的低压油流回油箱。振动台上还带有一个位移传感器，提供一个反馈信号给控制电路，以提高振动台的运动精度。这样，控制阀使得活塞完全跟随动圈上下运动的规律而运动，不过由于高压油的作用，推动活塞的液压力比推动动圈的电磁力大得多。即控制阀起到了从电磁力到液压力的放大作用，故有人称它为电液放大器。

液压式振动台就输出功率和承受试件的重量而言，在各类振动台中是最大的，最大位移可达数百毫米，工作频率可低到零。由于液压体的惯性、阀门截面积有限和管道阻力等影响，频率上限仅为数百赫兹至 1kHz 左右，不如电动式振动台高。它的波形失真也会大些，这是由于液压系统的摩擦和非线性因素所致。此外，它的结构复杂，制造精度要求高，并需一套液压系统，成本较高。

除了上述的几类常用激振器外，还有用于小型薄壁结构的压电晶体激振器，以及适用于高频激振的磁致伸缩激振器和高声强激振器等。

三、测振传感器

测振传感器是感知振动量并将其转换为电量的器件或装置，是振动测试系统中的第一个环节，也是最重要的一环。因此，正确合理地选择或设计测振传感器至关重要。

测振传感器既具有一般传感器的共性，又必须具有或满足振动测试的个性要求。有关国家标准中规定了测振传感器的主要特性指标分为有效响应和乱真响应两大类。有效响应是指被测振动量变化引起的传感器响应，主要指标有灵敏度、线性工作范围、线性度、频率响应特性等；乱真响应是指干扰正确测量而不希望有的特性，主要指标有温度响应、瞬态温度灵敏度、横向灵敏度、磁灵敏度以及对特殊环境的响应等。

测振传感器的种类繁多。按所感知的被测量可分为测力和测振动量两种测振传感器；按传感器与被测对象的联系方式可分为接触式和非接触式两大类。电容、电涡流、电感、光电等位移传感器都可用于振动位移的非接触测量。在接触式传感器中，按其壳体的固定方式又分为相对式和绝对式两种。相对式测振传感器的壳体固定在基座上，仅将其活动件通过测杆与被测对象相连，它敏感于被测对象相对于基座的振动。绝对式测振传感器的壳体固定在被测对象上，利用弹簧支撑一个惯性体(质量块)来感受振动，故又称之为惯性式测振传感器。压电式加速度传感器和磁电式速度传感器都属于接触式惯性测振传感器。

第四节　振动特性参量的测量

表征振动系统特性的参量分为振动参量和动力学参量。

振动系统的振动参量通常指振幅、速度、加速度、频率和相位。其中，振幅、频率和相位是振动三要素，速度和加速度和振幅有关，是反映振动强弱的量，它们之间有确定的微分或积分关系。

振动系统的动力学参量通常指质量、刚度、阻尼、固有频率等。实际机械系统大都是一个多自由度振动系统，具有多个固有频率，在其频率响应曲线上会出现多个峰值。对于多自由度线性振动系统，其振动响应可以认为是多个单自由度系统响应的叠加。

一、振动参量的测量

理论上测出振动位移、速度和加速度三者其中之一，便可通过计算或使用具有微分或积分电路环节的仪器加以处理，求得另外两个振动量。在实际测量中，具体选用哪个量进行测量，目前尚无统一规定，要视具体情况而定，如现有仪器类型、测量的要求、频率范围及习惯等。位移、速度和加速度的幅值相互间的关系与频率大小有关，在低频，考虑强度和变形时，常采用位移测量，如房屋、建筑、桥梁的振动、地震等；速度和振动物体的动能直接相关，在测量物体的振动强度，研究物体的减振效果时，常采用速度测量；加速度和干扰力直接有关，在研究疲劳和高频条件下结构承受的振动能力时，常采用加速度测量。近年来，加速度传感器发展迅速，并因其体积小、频率特性好、动态范围大、使用方便，得到了广泛应用。

频率是描述物体振动特性的一个极其重要的参数，选择隔振装置、进行振动实验、确定系统特性、观察振动对周围结构的影响、确定回转机械的工作范围等，都要使用这一参数。简谐振动频率可以用频率计进行直接测量，也可以用比较法进行间接测量(如闪光测频法)；对于复杂波形的振动，需要通过频谱分析的方法来分析频率成分。

在振型分析、相关分析、动平衡试验及在振动控制等的研究中，相位是都要涉及的重要振动参数。在简谐振动中可以直接用相位计进行测量，而对于复杂波形则要通过信号分析处理来获取信号间的相位关系。

现代的振动参量测量分析系统通常采用电气式的位移、速度和加速度传感器来获取振动参量模拟信号，经测量电路处理后，通过 A/D 转换进行采样，转换成数字信号。位移、速度和加速度等量值可由模拟信号或数字信号计算得到。数字信号通过快速傅里叶变换(FFT)等运算，可获得被测振动的频谱，对频谱进行分析可得出不同振源的振动情况。例如，选用磁电式速度传感器组成测振仪对某外圆磨床的工作台进行振动测量，如图 11-15 所示。图 11-15a 所示为磨床空转时记录下来的工作台的横向振动时域曲线，该曲线只能反映出综合振动的强弱。图 11-15b 所示为该振动信号的频谱，通过频谱分析可估计出其振动源和干扰。结合实际磨床结构，可以判明 27.5Hz 频率成分是砂轮不平衡所引起的振动；329Hz 的频率成分是由液压泵脉动引起的振动；50Hz、100Hz 和 150Hz 的频率成分是工频干扰及电动机振动引起的振动；500Hz 以上的高频振动源比较复杂，有轴承噪声和其他振源。

二、动力学参量的测试

下面介绍单自由度振动系统的固有频率和阻尼比的常用测试方法，对于多自由度振动系统的这两个参数，可参考单自由度振动系统的测试方法近似估计。

单自由度振动系统的固有频率 ω_n 和阻尼比 ξ 常用自由振动法或共振法进行测试。

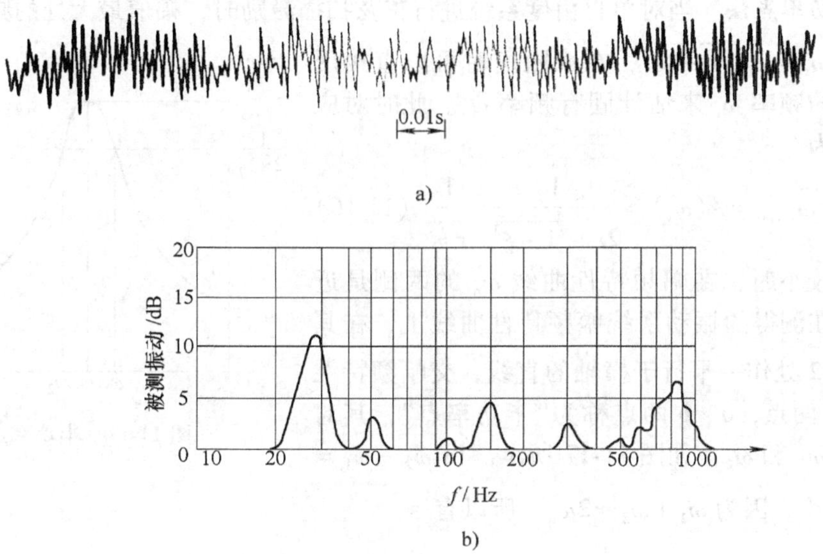

图 11-15　外圆磨床工作台的振动分析
a）时域振动曲线　b）频谱

1. 自由振动法

自由振动法也称脉冲响应法。一个单自由度振动系统，若给予初始冲击或初始位移 z_0，则系统将在阻尼作用下作衰减自由振动，如图 11-16 所示。其振动表达式为

$$z(t)=z_0\mathrm{e}^{-\xi\omega_n t}\cos\omega_d t+\frac{\mathrm{d}z(0)}{\mathrm{d}t}\frac{\mathrm{e}^{-\xi\omega_n t}}{\omega_d}\sin\omega_d t \tag{11-14}$$

式中，ω_d 为阻尼自由振动的谐振频率，$\omega_d=\omega_n\sqrt{1-2\xi^2}$，当阻尼较小时可以认为系统的固有频率 ω_n 和谐振频率 ω_d 近似相等。

根据阻尼自由振动的记录曲线，通过时标可确定周期 T，计算得到 $\omega_d=2\pi/T$。

阻尼比 ξ 可根据阻尼自由振动的记录曲线的相邻峰值的衰减比值来确定。具体计算公式为

$$\xi=\sqrt{\frac{\delta^2}{\delta^2+4\pi^2}} \tag{11-15}$$

式中，δ 为超调量，$\delta=\ln\dfrac{M_i}{M_{i+1}}$，$M_i$ 和 M_{i+1} 分别为阻尼自由振动记录曲线的相邻振幅峰值。

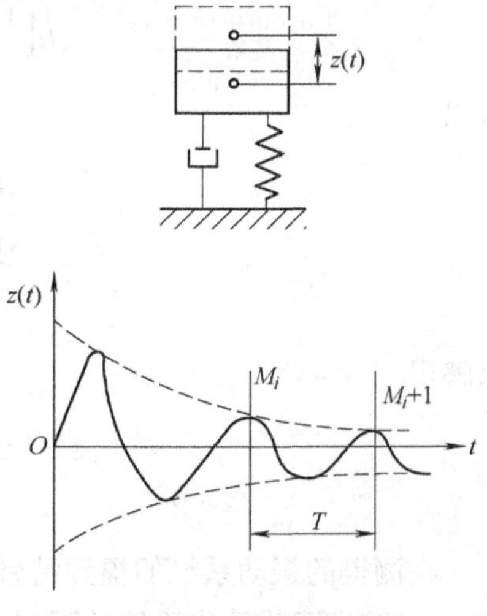

图 11-16　阻尼作用下的衰减自由振动

2. 共振法

共振法也称频率响应法。由单自由度振动系统的幅频特性可知，当激振频率接近于系统的固有频率时，振动响应就急剧增大。根据所用的测试手段和所得到的记录，一般采用半功率点法和分量法来求出系统的固有频率和阻尼比。

（1）半功率点法　当对单自由度系统进行正弦扫描激励时，幅值最大处的频率为位移共振频率 ω_r，$\omega_r=\omega_n\sqrt{1-2\xi^2}$，在小阻尼时可以直接用共振峰对应的频率 ω_r 来估计固有频率 ω_n。此时对应的共振幅值为

$$A(\omega)_{max}=A(\omega_r)=\frac{1}{2\xi\sqrt{1-\xi^2}}\approx\frac{1}{2\xi} \quad (11\text{-}16)$$

当阻尼较小时，在幅频特性曲线 ω_n 的两侧是近似对称的。在测得的振动系统幅频特性曲线上，在其共振峰值$\sqrt{2}/2$处作一平行于横轴的直线，交幅频特性曲线于 a、b 两点，a、b 两点称为"半功率点"，其对应的频率为 ω_1 和 ω_2，如图 11-17 所示。设 $\omega_2-\omega_1=\Delta\omega$，且足够小，因为 $\omega_1+\omega_2\approx 2\omega_n$，所以有

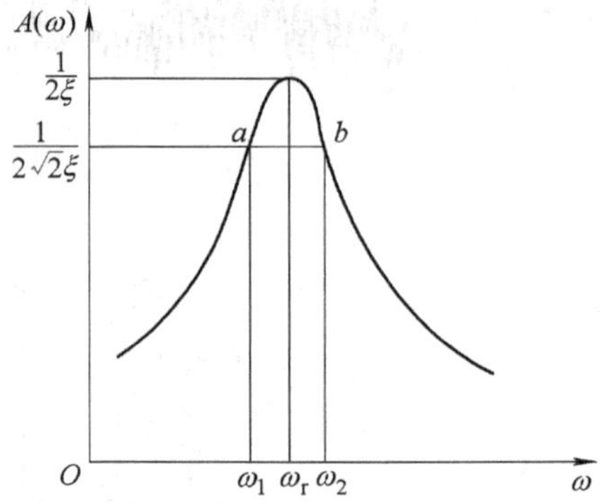

图 11-17　半功率点法

$$1-\left(\frac{\omega_1}{\omega_n}\right)^2=\frac{(\omega_n+\omega_1)(\omega_n-\omega_1)}{\omega_n^2}=\frac{\left(2\omega_n-\frac{\Delta\omega}{2}\right)\frac{\Delta\omega}{2}}{\omega_n^2}\approx\frac{\Delta\omega}{\omega_n}$$

由于 $\omega_1/\omega_n\to 1$，由第二章得到的式(2-39)可得

$$A(\omega_1)=\frac{1}{\sqrt{\left[1-\left(\frac{\omega_1}{\omega_n}\right)^2\right]^2+\left(2\xi\frac{\omega_1}{\omega_n}\right)^2}}\approx\frac{1}{\sqrt{\left(\frac{\Delta\omega}{\omega_n}\right)^2+4\xi^2}} \quad (11\text{-}17)$$

所以

$$\frac{A(\omega_1)}{A(\omega_r)}=\frac{2\xi}{\sqrt{\left(\frac{\Delta\omega}{\omega_n}\right)^2+4\xi^2}}=\frac{\sqrt{2}}{2} \quad (11\text{-}18)$$

求解得

$$\xi=\frac{\Delta\omega}{2\omega_n}=\frac{\omega_2-\omega_1}{2\omega_n} \quad (11\text{-}19)$$

在测得的振动系统的幅频特性曲线上，找出半功率点对应的频率 ω_1、ω_2，将它们代入式(11-19)即可推算出系统的阻尼比。需要说明的是，此方法只适用于小阻尼系统。

（2）分量法　将单自由度受迫振动系统的频率响应函数改写为

$$H(j\omega)=\frac{1}{(1-\eta^2)+2j\xi\eta} \quad (11\text{-}20)$$

式中，$\eta=\omega/\omega_n$。

将它分解为实部、虚部两个分量，即

$$\mathrm{Re}H(\mathrm{j}\omega)=\frac{1-\eta^2}{(1-\eta^2)^2+4\xi^2\eta^2}$$
$$\mathrm{Im}H(\mathrm{j}\omega)=\frac{-2\xi\eta}{(1-\eta^2)^2+4\xi^2\eta^2} \tag{11-21}$$

由实部、虚部的表达式和曲线(见图 11-18)可知：

1）在 $\eta=1$ 处，即 $\omega=\omega_n$ 处，实部为零，虚部为 $-1/(2\xi)$，接近极小值。据此可以确定系统的固有频率 ω_n。

2）实频曲线在 $\eta_1=\sqrt{1-2\xi}\approx1-\xi$ 处有最大值，而在 $\eta_2=\sqrt{1+2\xi}\approx1+\xi$ 处有最小值

$$\mathrm{Re}H(\mathrm{j}\omega)\big|_{\max}=\frac{1}{4\xi(1-\xi)}$$
$$\mathrm{Re}H(\mathrm{j}\omega)\big|_{\min}=\frac{-1}{4\xi(1+\xi)} \tag{11-22}$$

因而可通过实频曲线的两个峰值间隔距离来确定系统的阻尼比，即

$$\xi=\frac{1}{2}(\eta_2-\eta_1) \tag{11-23}$$

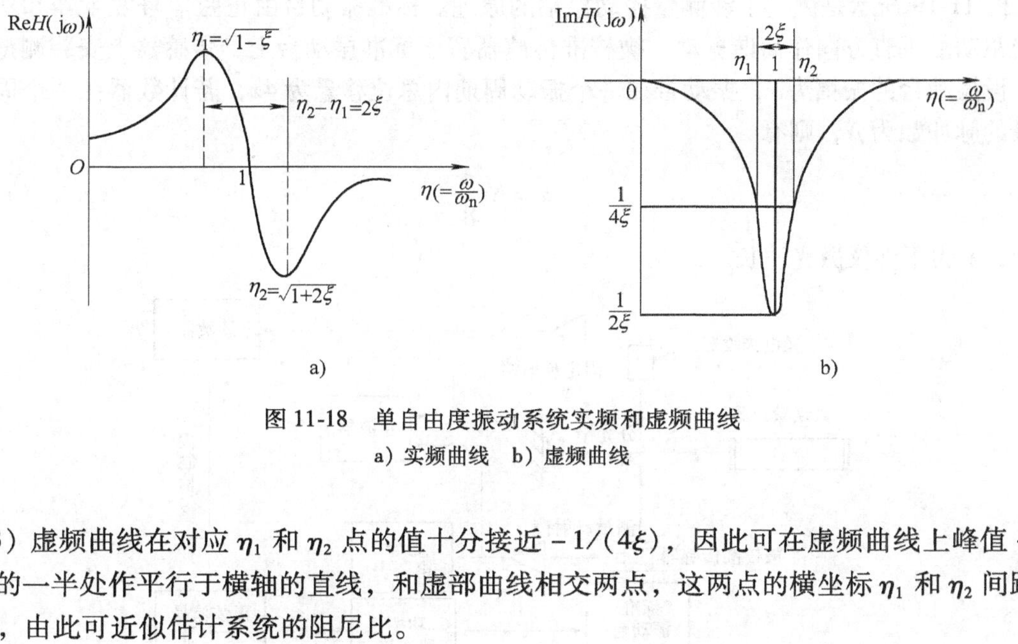

图 11-18　单自由度振动系统实频和虚频曲线
a）实频曲线　b）虚频曲线

3）虚频曲线在对应 η_1 和 η_2 点的值十分接近 $-1/(4\xi)$，因此可在虚频曲线上峰值 $-1/(2\xi)$ 的一半处作平行于横轴的直线，和虚部曲线相交两点，这两点的横坐标 η_1 和 η_2 间距约为 2ξ，由此可近似估计系统的阻尼比。

第五节　振动测量仪器的检定与校准

为保证振动仪器测量的结果达到所要求的精度及可靠性，实现机械振动量值的统一和传递，制造单位必须对所生产的振动测量仪器送国家或地方计量部门对各项性能指标进行严格检定，并根据检定结果作相应调整，使其达到规定的技术指标要求。制造单位在仪器出厂之

前必须进行校准，使用者也应定期进行校准，在仪器修理之后也应对仪器进行重新校准，以保证测量数据的可靠性和精度。

对振动测量仪器和传感器的检定或校准的项目主要有：仪器和传感器的灵敏度、线性工作范围、线性度、横向灵敏度及频率响应特性等；工作环境影响因素有：温度特性、湿度、辐射、抗电磁干扰等。不同的仪器检定或校准的项目并不相同，要根据仪器的使用目的、使用环境及性能要求等因素确定具体的检定或校准内容。

一、校准方法

按照计量标准和传递方法，振动测量仪器或传感器的检定或校准方法可分成两类：第一类是绝对校准法或直接定度法；第二类是比较法或相对定度法。

1. 绝对校准法

绝对校准法一般是国家计量部门采用的方法，其校准精度可达0.5%～2%。绝对校准法是将标准的机械振动按运动量的基本单位，即时间(频率)和长度(振幅)进行测量，再通过波形计算出振动参数，如位移、速度、加速度等。常用激光干涉法和互易法进行校准。

(1) *激光干涉法*　目前振动计量的最高基准是激光干涉法，可直接测量振幅。频率则可以通过高精度电子计数器测量。

图 11-19 所示是激光干涉测量振动振幅的原理。标准振动台由正弦信号发生器和功率放大器驱动沿垂直方向作简谐振动，被校准传感器置于标准振动台上，传感器上安装测量反射镜。设振动台的振幅为 x，振动台在一个振动周期内总位移量为 $4x$，若计数器在一个周期内记录的脉冲数为 N，则有

$$x = N\frac{\lambda}{8} \tag{11-24}$$

式中，λ 为干涉仪激光波长。

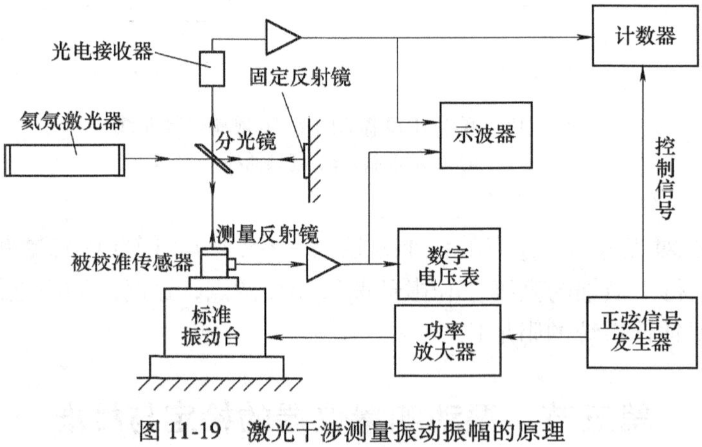

图 11-19　激光干涉测量振动振幅的原理

振动加速度幅值为

$$a = (2\pi f)^2 x$$

式中，f 为振动频率。

（2）*互易法*　互易法适用于磁电式、压电式等机电转换量可逆的线性和无源传感器的校准。

用两只传感器进行二次测量的互易法校准原理如图 11-20 所示，将两只压电加速度计进行两项测量。第一项测量如图 11-20a 所示，将两只加速度计用刚性支架以“背靠背”方式安装在振动台上，测量两只加速度计在激振频率为 ω 时的输出电压 U_{11} 和 U_{21} 的比值；第二项测量如图 11-20b 所示，将两只加速度计直接“背靠背”地固紧成一个整体，放在软的物体上，以其中之一作为激振器，即输入频率为 ω 的电流 I_{12}（或电压 U_{12}），测量第二只受激时产生的输出电压 U_{22}，用所测出的 U_{11}、U_{12}、U_{21}、U_{22} 和两只加速度计的质量 m_1 和 m_2，按式(7-25)可求出两只加速度计的灵敏度 S_{a1} 和 S_{a2}，即

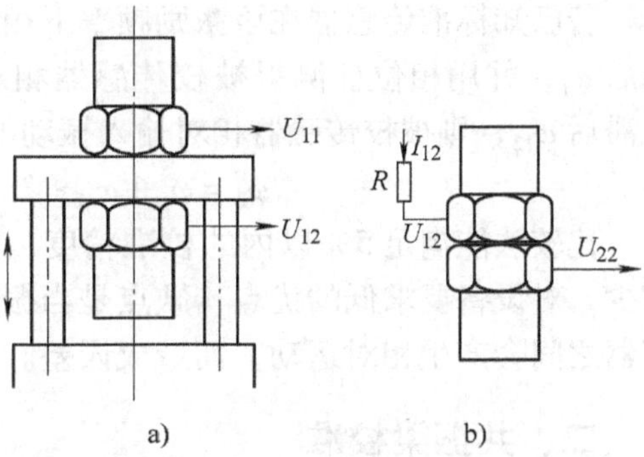

图 11-20　两只传感器的互易法校准原理

$$\frac{S_{a1}}{S_{a2}}=\frac{U_{11}}{U_{21}}$$
$$S_{a1}=\frac{1}{\omega}\sqrt{\frac{U_{11}U_{22}(m_1+m_2)}{U_{21}U_{12}C_1}} \tag{11-25}$$

式中，C_1 为第一只加速度计的电容。

用三只加速度传感器进行六次测量的互易法校准原理如图 11-21 所示。根据测量结果可按式(11-26)求出其中两个（第一个和第二个）加速度计的灵敏度，即

$$S_{a1}=\sqrt{\frac{U_2\left(1-\dfrac{U_4}{U_3}\right)mR}{U_4\left(1-\dfrac{U_2}{U_1}\right)\left(\dfrac{U_{R2}}{U_6}-\dfrac{U_{R1}}{U_5}\right)}}\qquad S_{a2}=\sqrt{\frac{U_4\left(1-\dfrac{U_2}{U_1}\right)mR}{U_2\left(1-\dfrac{U_4}{U_3}\right)\left(\dfrac{U_{R2}}{U_6}-\dfrac{U_{R1}}{U_5}\right)}} \tag{11-26}$$

式中，m 为附加质量块的质量。

采用第一种互易方式需要振动台，采用第二种互易方式则不需要振动台。这种方法的精度主要取决于电量的测量精度和质量的称量精度，一般可达 0.5%；缺点是繁琐和费时。

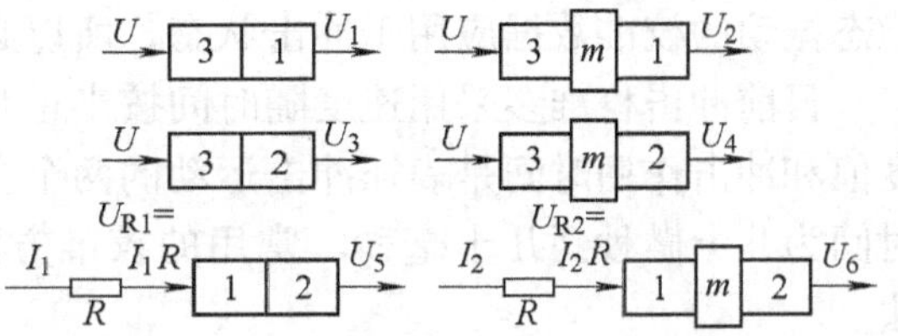

图 11-21　三只加速度计的互易法校准原理

2. 比较法

比较法或称相对校准法，一般是地方计量部门、制造和应用单位广泛采用的校准方法。比较法是将被校传感器与标准传感器用刚性支架以同轴背靠背方式安装在振动台上，保证两传感器装成一体感受同样的振动激励，如图 11-22 所示。可用一般的正弦振动激励，也可用随机振动激励，将它们的输出进行比较，就可以由已知的标准传感器的灵敏度 S_{a1} 求出被校传感器的灵敏度 S_{a2}，即

$$S_{a2}=\frac{U_2}{U_1}S_{a1} \tag{11-27}$$

若已知标准传感器在该激励频率下相对于输入振动的相位滞后 φ_1，并用相位计测得被校传感器相对于标准传感器的相位滞后 φ_{12}，则被校传感器相对输入振动的相位滞后 φ_2 为

$$\varphi_2=\varphi_1+\varphi_{12}$$

比较法能满足5%以内的校准精度，并具有方法简单、用时少、对设备要求低的优点；缺点是当振动频率高时，两个传感器之间会产生相对运动，而造成误差。

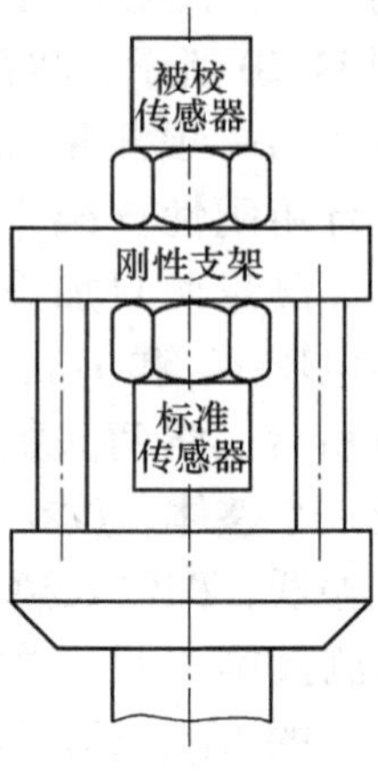

图 11-22　比较法校准原理

二、共振梁校准

一般标准振动台所能产生的加速度值有限，对于如压电加速度计等动态范围大的传感器校准不能满足要求。可在振动台上安装共振梁来放大加速度，如图 11-23 所示。梁的安装方式一般采用中间装夹，梁的一阶固有频率一般设计在 200Hz 以下（最高不超过 500Hz），其谐振频率为

$$\omega_n=\frac{22.4}{l^2}\sqrt{\frac{EI}{\rho}} \tag{11-28}$$

式中，E 为弹性模量；I 为梁横截面惯性矩；l 为梁长；ρ 为梁单位长度质量。

校准时，加速度计安装在梁上振幅最大点处，调节振动台的激励频率使梁产生共振，从而可以获得数百 g 以内的各种振动加强度。

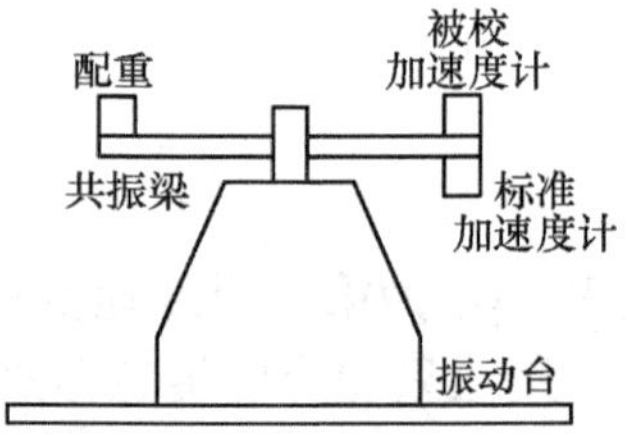

图 11-23　共振梁校准原理

三、冲击校准

冲击校准主要用于加速度计。其目的，一是为了对加速度计进行大加速度值的线性校准；二是因为加速度计在测量冲击时，灵敏元件所承受的负荷和压力与校准时不同，不能将稳态振动的校准数据应用于冲击状态，所以必须进行冲击校准。

目前冲击校准多采用速度随时间按半正弦规律变化的冲击作为标准冲击运动。峰值加速度值和冲击作用时间是表征冲击运动的两个主要参数，加速度在几 g 到几十万 g 之内，作用时间为几十微秒到几十毫秒。常用的校准方法有速度改变法、冲击力法和冲击弹性波校准法。

1. 速度改变法

借助于突然改变运动速度以产生大的加速度进行冲击校准。最简单的方式是通过碰撞使被校加速度计突然加速、减速或改变运动方向，以取得很大的加速度。图 7-24 所示为常用的冲击锤校准装置，校准时将被校加速度计固定在砧子的特定点上，由冲击锤对砧子碰撞产生冲击加速度。

在冲击过程中，设任一瞬时的冲击加速度为 a，加速度计的输出电压为 U，则其灵敏度

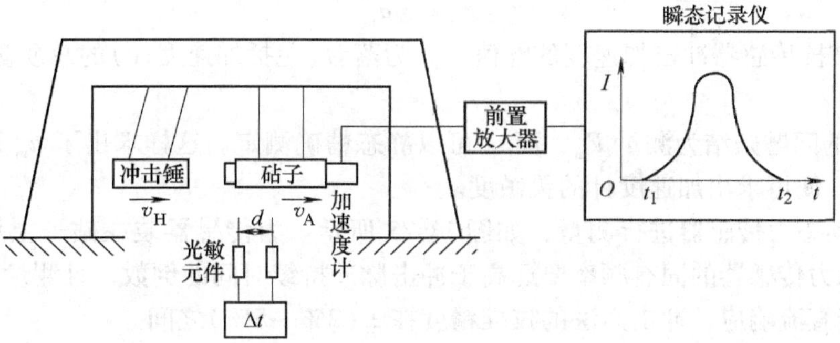

图 11-24　速度改变法校准原理

S_a 可表示为

$$S_a = Ug/a \tag{11-29}$$

式中，g 为重力加速度。

设 t_1、t_2 分别为冲击过程开始与终了的时刻，则在冲击瞬态过程中对式(11-29)积分得

$$\int_{t_1}^{t_2} S_a a\mathrm{d}t = \int_{t_1}^{t_2} Ug\mathrm{d}t \tag{11-30}$$

式(11-30)左边又可变换成

$$\int_{t_1}^{t_2} S_a a\mathrm{d}t = \int_{v_1}^{v_2} S_a \mathrm{d}v = (v_2 - v_1)\overline{S_a} \tag{11-31}$$

式中，$(v_2 - v_1)$为冲击前后的速度增量；$\overline{S}_a$ 为被校加速度计的平均灵敏度。

由式(11-30)和式(11-31)可得

$$\overline{S_a} = \frac{\int_{t_2}^{t_1} Ug\mathrm{d}t}{v_2 - v_1} \tag{11-32}$$

由式(11-32)可以看出，当加速度计的平均灵敏度不随速度而改变时，它就等于加速度计的灵敏度，即 $\overline{S}_a = S_a$。

速度改变量$(v_1 - v_2)$一般采用光电传感装置来测量，如图 11-24 所示。在加速度计运动的方向上安装两个光电元件，间距为 d。当运动的加速度计通过时，光电元件产生脉冲信号，通过计数器便可将这两脉冲信号的间隔时间 Δt 测量出来，从而确定速度增量$(v_2 - v_1)$。

加速度计输出波形面积可根据记录的波形曲线利用积分仪计算，也可利用电子积分器求取。如冲击波形为半正弦波，则它所包围的面积 A 可由下式简单地求得：

$$A = \frac{2}{\pi} U_m \tau \tag{11-33}$$

式中，U_m 为半正弦波峰值；τ 为波形持续时间，在 10% 波形幅值处量取。

如果在砧子上背靠背地安装标准加速度计和被校加速度计，便成为比较冲击校准。

2. 冲击力法

根据牛顿第二定律，有

$$F_m = ma_m$$

式中，a_m 为被校传感器冲击加速度的峰值；m 为落台（包括加速度计）的总质量；F_m 为对应的最大冲击力。

确定 a_m 的问题归结为测量 F_m，而 m 可以静态精确测定。这样求出了 a_m 及对应的峰值输出电压 U_m，便可求出加速度计的灵敏度。

F_m 可用动态力传感器进行测量，如图 11-25 所示。力传感器装在砧子上承受落台的冲击，一般要求力传感器的固有频率要远高于冲击脉冲持续时间的倒数，且测量系统的低频响应尽量接近于直流响应。冲击力法的校准精度在 ±(2% ~5%)之间。

3. 冲击弹性波校准法

冲击弹性波校准法是基于霍普金森(Hopkinson)杆产生冲击弹性波原理，可进行 2×10^5g 以内的大加速度校准，其校准装置如图 11-26 所示。

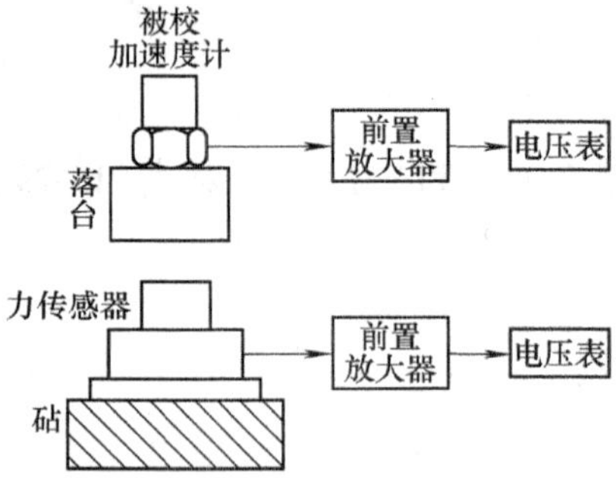

图 11-25　冲击力法校准原理

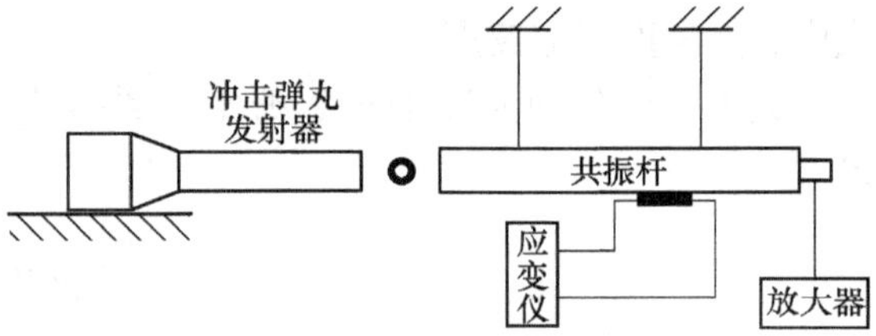

图 11-26　冲击弹性波校准法原理

校准时，通过冲击弹丸冲击自由悬挂的金属杆，使杆产生振动。冲击所产生的弹性波沿杆纵向传播，通过贴在杆上的电阻应变片经动态应变仪测量，并送入记忆示波器记录。该压缩弹性波传递到末端由被校加速度计接收。加速度计的输出信号经电荷放大器送入记忆示波器的另一通道。这样，根据记录下来的杆的弹性波应变大小和加速度计的输出电压值，即可计算出加速度计的电压灵敏度。

根据弹性理论，金属杆中弹性波的传播速度 v 为

$$v = 2c\varepsilon \tag{11-34}$$

式中，c 为金属杆中声音传播速度；ε 为弹性波在杆中产生的应变。

所产生的加速度为

$$a = \frac{dv}{dt} = 2c\frac{d\varepsilon}{dt} \tag{11-35}$$

该方法的校准精度约为 ±6%。

思　考　题

11-1　根据单自由度振动系统的频率响应特性说明其振动的特点。

11-2　振动的激励方式及相应的激振器通常有哪几种？在实际振动测试试验中如何选择脉冲锤的锤头盖？

11-3 振动量振幅、速度和加速度反映振动的强弱，它们之间互为微分或积分关系。在工程应用中如何选择相应的传感器进行测量?

11-4 机械振动的固有频率和阻尼比常用自由振动法和共振法进行估测，简述这两种方法测试原理并比较它们的适用范围和优缺点。

11-5 振动测量仪器通常采用哪几种校准方法？高频振动测量仪如何校准?

11-6 根据所学知识，总结分析机械振动振幅、速度和加速度常用测量方法和传感器。

11-7 设计一种高速列车通过桥梁时桥梁振动测量系统，简述测量原理。

第十二章　温度的测量

第一节　概　　述

一、温度的基本概念

温度是描述物体的冷热程度的物理量，是国际单位制中七个基本物理量之一。温度的测量与生产、生活中的物理和化学过程有着密切的关系。

从热力学观点来看，温度是决定一个系统是否与其他系统处于热平衡状态的宏观性质。假设将两个温度不相等的物体放在一起互相接触，它们之间就会发生热量交换，直至两个物体的温度一致，即两个物体达到热平衡的状态。进一步，取一个含 A、B、C 三个物体的热力学系统，若 A 与 B 处于热平衡，B 与 C 也处于热平衡，那么 A 与 C 必定处于热平衡。这一实验结论称作热平衡的传递性，或热平衡定律。这个定律表明，一切互为热平衡的系统具有一个数值上相等的共同的宏观参数，这个参数被称为温度。

统计热力学认为，温度是物体内部分子无规则运动剧烈程度的标志。温度升高，分子运动内能增大。

二、温标

温度的数值表示方法叫做温标。建立温标需要三个要素：首先，选择测温介质，确定它随温度变化的属性，即测温属性；其次，选定合适的温度固定点；最后规定测温介质的测温属性随温度变化的关系。

1. 经验温标

（1）华氏温标　1724 年由德国科学家 Daniel Fahrenheit 提出，将冰水融体定为 32 度，水的沸点定为 212 度，中间等分为 180 份，每份为 1 度，以℉表示。

（2）摄氏温标　1742 年由瑞典科学家 Anders Celsius 提出，将水的冰点定为 0 度，水的沸点定为 100 度，其间等分为 100 份，每份为 1 度，用 1℃ 表示。

经验温标与测温介质的测温属性有很大关系，不同物质或同一物质的不同属性随温度的变化关系是不同的，由此采用不同的测温介质测量的温度就不能唯一确定。卡诺定理为解决这一问题提供了可能。根据卡诺定理，可逆理想热机的效率只与组成热机的热源和冷源温度有关，与工作介质无关。也就是说，如果选定某一参考温度（如水的三相点）作为热源或冷源的温度，对一特定可逆热机来讲，另一个温度就唯一确定了，而与工作介质无关。

2. 热力学温标

1848 年，开尔文以卡诺定理为基础提出了热力学温标，它是国际单位制中七个基本物理单位之一。该温标为了在分度上和摄氏温标相一致，把理想气体压力为零时对应的温度——热力学温度零度与水的三相点温度分为 273.16 份，每份为 1K（Kelvin）。“K”为热力学温度的单位。热力学温标与测温介质的性质无关。它是一种理论温标，很难实现，需要使用气体温度计、声学温度计、噪声温度计或辐射温度计等来精密测量，不过这些测量装置非常复杂和昂贵，操作方法也相当繁琐。

3. 国际温标

国际温标是为了方便使用而建立起来的一种协议性温标，它是经国际协商而采用的一种通用温标，它满足三个条件：①尽可能与热力学温标相一致；②复现准确度高，使各国都能够准确地复现国际温标；③使用方便，能够满足实际需要。用国际温标来复现热力学温标，既易于复现，又非常接近于热力学温标，具有一致性、准确性和唯一性的特点。

国际温标三大要素包括：①基准定义固定点；②内插仪器；③内插公式。作为一种协议性温标，国际温标随着技术的发展围绕这三大要素不断进行改进。1927 年建立了国际温标(ITS-27)、1948 年更新了国际温标(ITS-48)并建立了国际实用温标(IPTS-48)，1968 年又以 IPTS-68 代替 IPTS-48；为了弥补 IPTS-68 的不足，1976 年又通过了 0.5 ~30 K 临时温标(EPT-76)；现在执行的温标是 1990 年国际温标(ITS-90)。

在 ITS-90 中，热力学温度仍记作 T，为了区别以前的温标，使用 T_{90}代表新温标的热力学温度，其单位仍为开尔文(符号为 K)，仍将水的三相点的热力学温度定义为 273.16K。与此并用的摄氏温度记为 t_{90}，单位为℃，T_{90}与 t_{90}的关系是

$$t_{90}/℃ = T_{90}/\mathrm{K} - 273.15 \tag{12-1}$$

ITS-90 的温度基准定义固定点共有 17 个，它将整个温标分为四大范围，其相应的内插仪器分别如下：

第一温区：0.65 ~5.0K 之间，T_{90}由^{3}He 和^{4}He 的蒸气压与温度的关系式来定义。

第二温区：由 3.0K 到氖的三相点(24.5561K)之间，T_{90}是使用氦气体温度计来定义。

第三温区：由氢三相点(13.8033K)到银凝固点(961.78℃)之间，T_{90}用铂电阻温度计定义，并使用一组规定的定义固定点及利用规定的内插法来分度。

第四温区：银凝固点(961.78℃)以上的温区，T_{90}是按普朗克定律来定义的，复现仪器为光学高温计。

在以上各个温区，ITS-90 还定义了详细的内插公式，这些内插公式可以跨范围或交迭使用。

三、温度的测量方法

温度的测量一般是利用物体的某些特性随受热程度的不同而变化的性质，如物理状态的变化、体积的变化、电性能的变化、辐射能力的变化等。

温度测量方法可分为接触测量和非接触式测量两种。接触式测量的温度计的敏感元件与被测对象直接接触，如膨胀式温度计、热电偶式温度计、电阻式温度计等，具有直观、可靠、成本低的优点；缺点是会破坏原温度场分布，不能与被测对象充分接触，难以达到完全热平衡。非接触式测量的温度计的敏感元件不与被测物体直接接触，而是通过热辐射进行热交换，如辐射式温度计、亮度温度计、比色式温度计等，它们的优点是具有较高的测温上限，不破坏温度场，便于测量运动物体的温度和快速变化的温度。

第二节　膨胀式温度计

膨胀式温度计利用了物质的热膨胀性质与温度的固有关系，直接测量测温介质在受热后尺寸或体积的变化。膨胀式温度计按选用的测温介质不同，可分为液体膨胀式温度计、固体膨胀式温度计和压力式温度计三大类。总的来说，膨胀式温度计具有结构简单、制造和使用方便、价格便宜等优点，应用非常广泛。

一、液体膨胀式温度计

液体膨胀式温度计是根据液体热胀冷缩的性质制作的，常用的测温介质有汞、有机液体（乙醇、煤油等）等。一般地，将液体的温度变化1℃所引起的体积的改变与它在0℃时的体积的比称为平均体膨胀系数，用来β表示。当温度由t_1变化到t_2时，有

$$\beta = \frac{V_{t_2} - V_{t_1}}{(t_2 - t_1)V_0} \tag{12-2}$$

式中，V_{t_1}与V_{t_2}分别是t_1和t_2时液体的体积；V_0表示液体在0℃时的体积。

当感温液体的温度变化相同时，体膨胀系数越大的液体介质，其体积的增加也越大。但是，温度计的示值不仅取决于感温液体的体积变化，还与感温泡的容积变化有关，其示值是由视膨胀系数决定的。以玻璃液体温度计为例，若液体工作介质和玻璃的平均体膨胀系数分别为β_1和β_g，所谓视膨胀系数即为二者之差

$$\beta_e = \beta_1 - \beta_g \tag{12-3}$$

式中，β_e称为视膨胀系数。

液体膨胀式温度计就是通过液体的视膨胀与温度之间的函数关系来进行测量的。由于感温液体的体膨胀系数比玻璃的体膨胀系数大许多倍，因此当感温泡受热或冷却后，可明显看出感温液在毛细管内的高度变化，并以此显示出温度的变化值。

玻璃液体温度计是应用最广泛的膨胀式温度计。根据用途不同，玻璃液体温度计有多种结构形式，但都包括感温泡、感温液、毛细管和标尺四个基本单元，如图12-1所示。

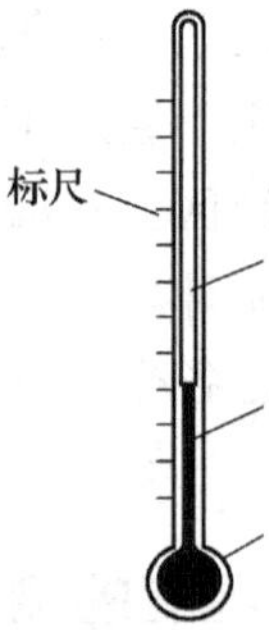

图12-1　玻璃液体温度计的基本结构

感温泡位于温度计的下端，内装全部或大部分感温液，是玻璃液体温度计的感温部分。感温液是封装在感温泡中的感温介质。毛细管是位于感温泡上方，与感温泡相通的玻璃细管，感温液可以在毛细管中上下移动。标尺包括分度线、数字和温标符号。一些温度计有安全泡，安全泡是指位于毛细管顶端的扩大泡。其作用是避免一旦被测温度过高，感温液过度膨胀将温度计胀破，并便于接上中断的液柱。有的温度计还在标尺的零点和感温泡之间有中间泡，这可以缩短温度计的长度和提高指示值的精确度。

一般地，按照结构类型，玻璃液体温度计可分为棒式、内标式、电接点玻璃温度计以及带有金属保护管等多种。按照使用时浸没方式不同，有全浸式和局浸式两种。

玻璃液体温度计感温泡的玻璃壁很薄，容易破损，使用时应避免机械冲击。温度计应安装在无振动的场合，并使液柱直立后再固定。温度计与被测介质充分达到热平衡后才能读取

示值。由于标尺位置与毛细管有一定距离，因此读数时视线应与标尺相垂直，并于液柱端面处于同一平面上。

贝克曼温度计是一种特殊构造的玻璃液体温度计，它又称为示差温度计，是精密测量温度差值的温度计。如图 12-2 所示，它有两个储液泡，一个是位于下端的感温泡，一个是位于上端的回纹状备用泡，感温泡与备用泡之间有毛细管相通。在某起始温度下，当感温泡中有多余汞时，可以通过毛细管将多余汞移至备用泡中；相反，当感温泡中汞不足时，可以通过毛细管将备用泡中的汞移至感温泡。贝克曼温度计有两个标尺，位于毛细管背面的是主标尺，位于备用泡之后的是副标尺。主标尺的标尺范围一般为 0 ~ 5℃，用来指示测量起始、终了温度的位置，而不是指示测量的实际温度。副标尺的最小分度为 2℃，标尺范围为 -20 ~ +120℃，它是用来指示起始温度的备用标尺，供调节感温泡中汞量时作参考。借助备用泡的调节，贝克曼温度计可用于测量介质温度在 -20 ~ +155℃范围内变化不超过 5℃或 6℃的温度差。

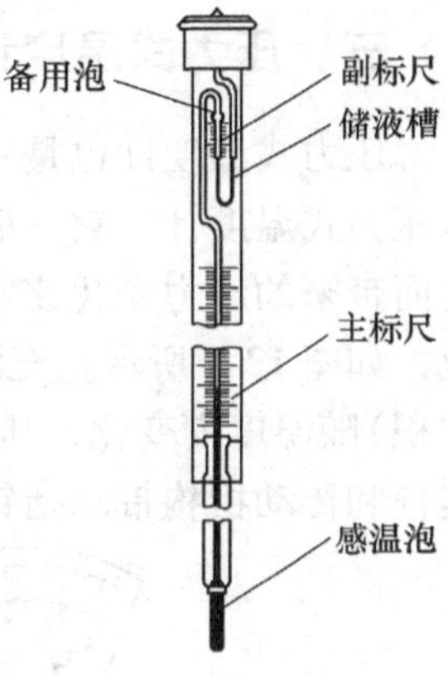

图 12-2　贝克曼温度计

二、固体膨胀式温度计

利用膨胀系数不同的双金属元件来测量温度的仪器称为双金属温度计。它是一种固体膨胀式温度计，其结构简单、牢固，可将温度变化直接转换成机械量的变化，广泛应用于简单的温控装置。

双金属温度计是由两种线膨胀系数不同的金属薄片叠焊在一起制成的。这两种原始长度相同的金属片在经受同样的温度变化时，长度的变化量不同。其差值与温度的关系是

$$\Delta L = L(\alpha_1 - \alpha_2)\Delta t \tag{12-4}$$

式中，L 是金属材料的原始长度；α_1 和 α_2 分别是两种金属材料的线膨胀系数；Δt 是温度差。

将双金属片的一端固定，如果温度升高，因为两种金属因膨胀而导致的伸长量不同，会使双金属片的非固定端弯曲，温度越高，产生的线膨胀差值越大，引起弯曲的角度也越大。双金属温度计是根据当温度变化时，由于两种材料的膨胀系数不同而使双金属片的曲率发生变化，自由端产生位移，经传动放大机构带动指针来指示温度值的，如图 12-3a 所示。为了满足不同用途的要求，双金属元件可制成各种不同的形状，如图 12-3b 所示。

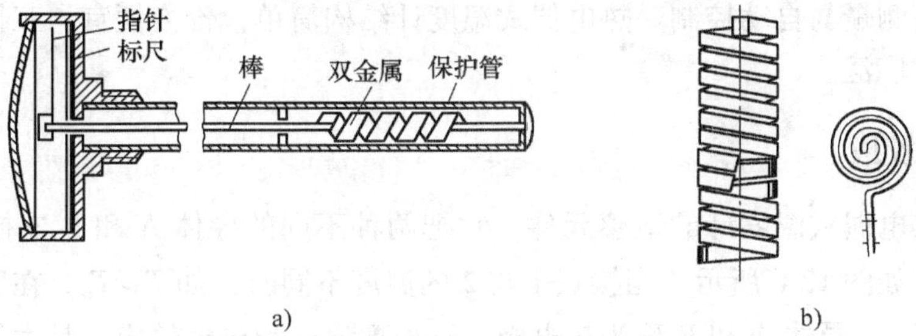

图 12-3　双金属温度计

a）双金属温度计　b）螺旋式和螺线式双金属片

膨胀杆式温度计也是一种固体膨胀式温度计，它利用芯杆与外套膨胀系数不同，当温度变化时二者产生相对运动，经过机械放大后指示温度值，如图 12-4 所示。

三、压力式温度计

压力式温度计也是一种膨胀式温度计，按所用介质不同，可分为液体压力式温度计和气体压力式温度计。它一般在密封系统中填充液体或气体介质，利用液体或气体体积随温度变化而带来的压力变化来测量温度。它一般由感温包、毛细管、弹簧管、连动机构和指针构成，如图 12-5 所示。充灌于密闭的感温包、毛细管和弹簧管内的工作液体或气体的压力（或体积）随温度而变化，压力的变化使弹簧管的曲率发生变化，并使其自由端产生位移，通过连杆和传动机构带动指针直接在刻度盘上指示温度的变化值。

图 12-4　膨胀杆式温度计

图 12-5　压力式温度计

压力式温度计适于测量对感温包无腐蚀作用的液体、蒸气和气体的温度。小型压力式温度计可用作汽车、拖拉机及内燃机冷却水系统、润滑油系统的温度测量仪表。

第三节　热电偶式温度计

热电偶式温度计利用了金属导体的热电效应，用所产生的热电动势来测量温度。热电偶把温度转换成电信号后，易于实现对温度的测量、调节、控制以及对温度信号的放大、变换等，可以远距离测量与自动控制。热电偶式温度计结构简单，价格便宜，互换性好，测温范围大，应用非常广泛。

一、热电效应

热电偶是热电偶式温度计的敏感元件，它把两种不同的导体 A 和 B 连接在一起，构成一个闭合回路，如图 12-6 所示。当接点 1 与 2 的温度不同时，如 $T > T_0$，在回路中会产生热电动势，记为 E_{AB}，导体 A 和 B 称为热电极。这种现象称为热电效应，是由德国物理学家塞贝克在 1821 年最初发现的。后经法国物理学家珀耳帖及英国物理学家汤姆逊的继续研究，证明电动势是由接触电动势和温差电动势两种电动势构成。

1. 接触电动势

当两种电子密度不同的导体 A 与 B 相互接触时，自由电子从电子密度高的导体流向电子密度低的导体，电子扩散的速率与自由电子的密度及所处的温度成正比，失去电子的导体将带正电，获得电子的导体将带负电。在导体 A 与 B 之间形成的电位差，它阻止自由电子继续扩散，在某一温度下，经过一定时间，电子扩散能力与电场阻力达到平衡，即在 A 与 B 接触处的自由电子扩散达到了动平衡，在其接触处形成的电动势。该电动势称为珀尔帖电动势或接触电动势，如图 12-7 所示。

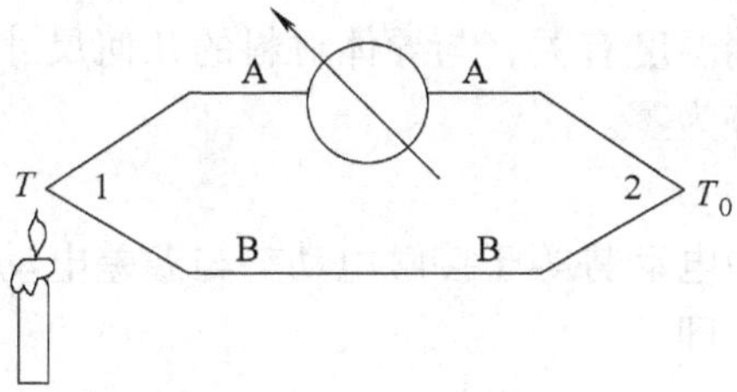

图 12-6 热电偶工作原理示意图

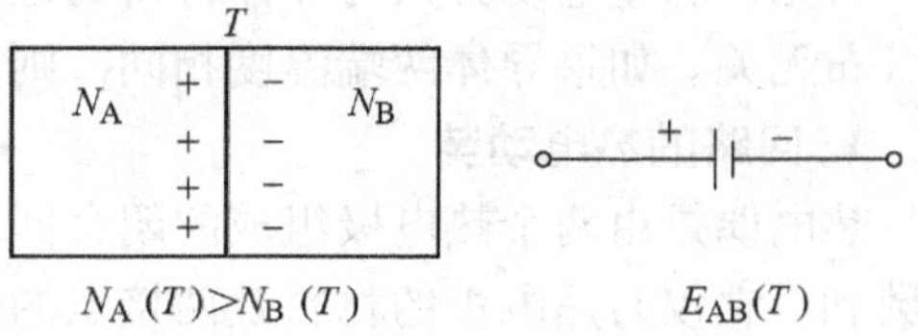

图 12-7 热电回路中的接触电动势

自由电子扩散达到动平衡时，在如图 12-6 所示的温度为 T 的一端形成的接触电动势 $E_{AB}(T)$ 为

$$E_{AB}(T)=\frac{kT}{e}\ln\frac{N_A}{N_B} \tag{12-5}$$

式中，k 为玻耳兹曼常数；e 为电子电荷量；N_A、N_B 分别为材料 A 和 B 的自由电子密度。

同样，在图 12-6 中温度为 T_0 的一端也会形成接触电动势 $E_{AB}(T_0)$，即

$$E_{AB}(T_0)=\frac{kT_0}{e}\ln\frac{N_A}{N_B} \tag{12-6}$$

于是，整个回路中的接触电动势 $E_{AB}(T, T_0)$ 为

$$E_{AB}(T,T_0)=E_{AB}(T)-E_{AB}(T_0)=\frac{k}{e}(T-T_0)\ln\frac{N_A}{N_B} \tag{12-7}$$

可见，热电偶回路的珀尔帖电动势只与导体的性质和接点温度有关。温差越大，接触电动势越大；两种导体电子密度比值越大，接触电动势也越大。

2. 温差电动势

对于同一导体 A 而言，如果其两端温度不同，那么由于温度梯度的存在，电子的能量分布不同，高温端的电子将向低温端扩散，致使高温端带正电而低温端带负电。从而，在导体两端也产生电位差，阻止电子扩散，最终使电子的扩散达到一个动平衡，此时所建立的电位差称为温差电动势或汤姆逊电动势，如图 12-8 所示。

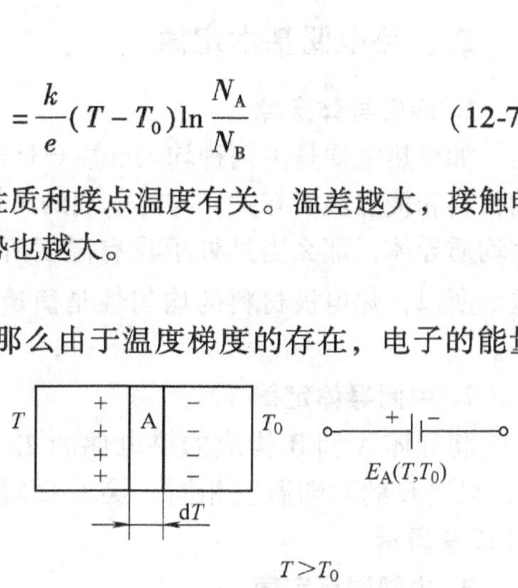

图 12-8 热电偶回路中的温差电动势

两导体 A、B 的温差电动势分别为

$$E_A(T,T_0)=\int_{T_0}^{T}\sigma_A \mathrm{d}T \tag{12-8}$$

$$E_B(T,T_0)=\int_{T_0}^{T}\sigma_B \mathrm{d}T \tag{12-9}$$

进而，整个回路中的温差电动势为

$$E_{AB}(T,T_0)=\int_{T_0}^{T}\sigma_A \mathrm{d}T-\int_{T_0}^{T}\sigma_B \mathrm{d}T=\int_{T_0}^{T}(\sigma_A-\sigma_B)\mathrm{d}T \tag{12-10}$$

式中，σ_A、σ_B 分别为导体 A 和导体 B 的汤姆逊系数。

可见，温差电动势只与导体材料的性质及其两端温度有关，与导体材料的几何尺寸和温度分布无关。如果导体两端温度相同，则温差电动势为零。

3. 回路的热电动势

热电偶是由两个热电极组成的闭合回路，其总的电动势等于接触电动势与温差电动势的代数和，它仅与热电极的材料及两接点的温度有关，即

$$E_{AB}(T,T_0)=\frac{k}{e}(T-T_0)\ln\frac{N_A}{N_B}+\int_{T_0}^{T}(\sigma_A-\sigma_B)\mathrm{d}T \tag{12-11}$$

当温度 T_0 为 0 或常数时，$E_{AB}(T,\ T_0)$是 T 的函数，可表示为

$$E_{AB}(T,T_0)=E(T) \tag{12-12}$$

或

$$E_{AB}(T,T_0)=f(T)+C=\varphi(T) \tag{12-13}$$

由上述分析可见，当参考端的温度恒定不变时，热电偶所产生的热电动势只随测量端温度的变化而变化。同时需要注意，保持热电偶参考端为 0℃ 或某一常数值是使用热电偶的前提条件。如图 12-6 所示，接点 1 在测量时置于被测温度场中感受温度，称为测量端；接点 2 要求温度恒定，称为参考端。

二、热电偶基本定律

1. 均质导体定律

如果热电偶是由两种均匀介质导体组成，那么热电偶回路中产生的热电动势仅与两导体的材料和接点温度有关，与热电偶的尺寸、形状和沿热电偶的温度分布无关。如果热电极是非均质导体，那么当其处于具有温度阶梯的被测场中，将会产生附加电动势，引起测量误差。所以，热电极材料的均匀性是衡量热电偶质量的主要指标之一。

2. 中间导体定律

将导体 A 和 B 构成的热电偶的 T_0 端断开，接入第三种导体 C，只要 C 的两端温度相同，接入 C 对回路总电动势无影响，如图 12-9 所示。

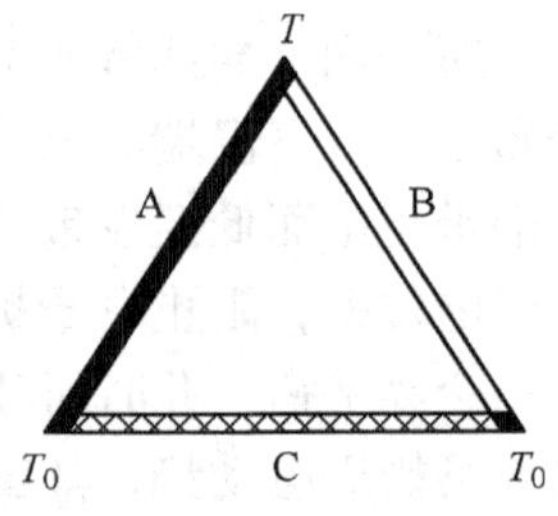

图 12-9　中间导体定律

3. 中间温度定律

热电偶两接点温度为 T_0、T 时的热电动势等于接点温度为 T、

T_a 和 T_a、T_0 时热电动势的代数和，即

$$E_{AB}(T,T_0)=E_{AB}(T,T_a)+E_{AB}(T_a,T_0) \tag{12-14}$$

根据这一定律，可以选择中间温度 T_0 为0℃这样的标准温度，并测量得到相对0℃的任意的温度 T_a 热电动势 $E_{AB}(T_a, 0)$，制成表格，称为热电偶分度表。那么实际测量时，参考端温度为 T_a 时的待测温度 T 可以通过计算和查分度表求得。

此外，根据中间导体定律和中间温度定律，在热电偶实际测温应用中，常采用测量端焊接、参考端开路的形式。在参考端连接导线，使之延伸至显示仪表，给热电偶的使用带来极大的方便。

4. 标准电极定律

如果两种导体分别与第三种导体组成的热电偶所产生的热电动势已知，则由这两种导体组成的热电偶所产生的热电动势也就已知。如图12-10所示，导体A、B分别与标准电极C组成热电偶，若它们所产生的热电动势 $E_{AC}(T, T_0)$ 和 $E_{BC}(T, T_0)$ 已知，则导体A与B组成的热电偶的热电动势 $E_{AB}(T, T_0)$ 为

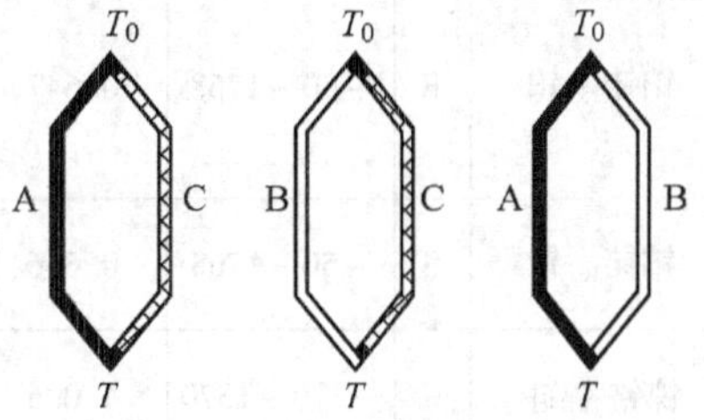

图12-10　三种导体构成的热电偶

$$E_{AB}(T,T_0)=E_{AC}(T,T_0)-E_{BC}(T,T_0) \tag{12-15}$$

标准电极定律是一个极为实用的定律。纯金属的种类很多，而合金类型更多。因此，要得出这些金属之间组合而成热电偶的热电动势，其工作量是极大的。由于铂的物理、化学性质稳定，熔点高，易提纯，所以，通常选用高纯铂丝作为标准电极，只要测得各种金属与纯铂组成的热电偶的热电动势，则各种金属之间相互组合而成的热电偶的热电动势可根据式(12-15)直接计算出来。

三、热电偶材料与标准化热电偶

构成热电偶的两种材料称为热电极。对热电极材料的要求是，化学稳定性高、物理性能稳定、热电动势大且灵敏度高、线性度好、材料复制性能优良、价格便宜、电阻温度系数低、机械性能好、便于拉丝与焊接等。常用的热电偶材料有铂铑合金、镍硅、钨、化学纯铁、康铜、钼、镍铬合金等。

常用热电偶可分为标准热电偶和非标准热电偶两大类。标准热电偶是指生产工艺成熟、成批生产、性能优良，并已列入国家标准的热电偶。这类热电偶发展早、性能稳定、应用广泛，具有统一的分度表，可以互换，并有与其配套的显示仪表可供使用，十分方便。非标准热电偶往往没有列入国家标准，它们的应用范围及生产规模也不如标准热电偶。但在某些场合，如超高温、低温或核辐射条件下，要求热电偶具有特殊性能，在这方面往往需要使用非标准热电偶。

我国从1988年1月1日起，热电偶和热电阻全部按IEC国际标准生产，并指定S、B、E、K、R、J、T七种标准化热电偶为我国统一设计型热电偶；从1991年开始采用国际计量委员会规定的“1990年国际温标”(简称ITS-90)的新标准。按此标准，共有八种标准化了的通用热电偶，见表12-1。表中所列热电偶中，写在前面的热电极为正极，写在后面的为负极。对于每一种热电偶，还制定了相应的分度表，并且有相应的线性化集成电路与之对应。

表 12-1　八种国际通用热电偶特性

名称	分度号	测温范围 /℃	100℃时热电动势 /mV	1000℃时热电动势 /mV	特　点
铂铑$_{30}$-铂铑$_{6}$	B	50 ~ 1820	0.033	4.834	熔点高，测温上限高，性能稳定，精度高，100°C 以下热电动势极小，所以可不必考虑参考端温度补偿；价格昂贵，热电动势小，线性差；只适用于高温域的测量
铂铑$_{13}$-铂	R	-50 ~ 1768	0.647	10.506	使用上限较高，精度高，性能稳定，复现性好；但热电动势较小，不能在金属蒸气和还原性气氛中使用，在高温下连续使用时特性会逐渐变坏，价格昂贵；多用于精密测量
铂铑$_{10}$-铂	S	-50 ~ 1768	0.646	9.587	优点同上；但性能不如 R 热电偶；长期以来曾经作为国际温标的法定标准热电偶
镍铬-镍硅	K	-270 ~ 1370	4.096	41.276	热电动势大，线性好，稳定性好，价廉；但材质较硬，在 1000°C 以上长期使用会引起热电动势漂移；多用于工业测量
镍铬硅-镍硅	N	-270 ~ 1300	2.744	36.256	是一种新型热电偶，各项性能均比 K 热电偶好，适宜于工业测量
镍铬-铜镍	E	-270 ~ 800	6.319	—	热电动势比 K 热电偶大 50% 左右，线性好，耐高湿度，价廉；但不能用于还原性气氛；多用于工业测量
铁-铜镍	J	-210 ~ 760	5.269	—	价格低廉，在还原性气体中较稳定；但纯铁易被腐蚀和氧化；多用于工业测量
铜-铜镍	T	-270 ~ 400	4.279	—	价廉，加工性能好，离散性小，性能稳定，线性好，精度高；铜在高温时易被氧化，测温上限低；多用于低温域测量。可作 -200 ~ 0℃ 温域的计量标准

注：表中，铂铑$_{30}$表示该合金中，铂的质量分数为 70%，铑的质量分数为 30%，其他类推。

四、热电偶式温度计的结构

取两种不同类型的热电极，将它的一端焊接或扭结妥善，分别套上单芯或双芯的绝缘体，装在外保护管内，并配一个接线端子盒即成一支普通结构的热电偶。铠装热电偶是由热电极、绝缘体及外保护管组合成一体的细长套管式热电偶。热电极作为保护管的芯体，周围填以绝缘材料，并经滚压制成，其外径为 1 ~ 3mm，壁厚为 0.1 ~ 0.6mm，长度可达百米。图 12-11 所示为一支无固定装置式铠装热电偶的基本结构。

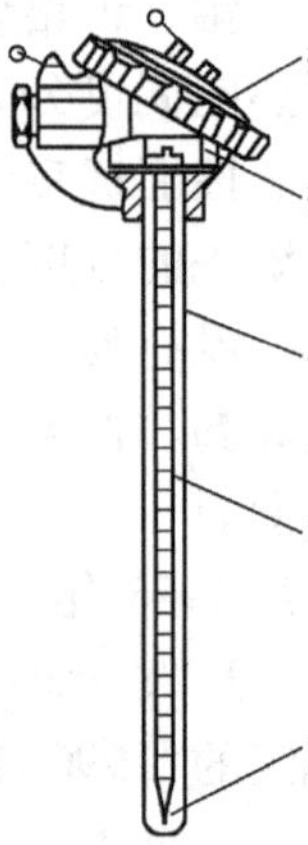

图 12-11　铠装热电偶的基本结构

五、热电偶的测温回路

热电偶的测温回路由热电偶、连接导线和温度显示仪表组成。基本的热电偶测温回路如图 12-12 所示。图 12-12a 所测量的温度为 T_1，中间参考端温度为 T_2。图 12-12b 所测量的温度为 T_1 与 T_2 之差，参考端温度为 T_3，都由铜导线将热电偶连接到显示仪表上。当参考端温度保持在 0℃时，两个测温回路都可应用于精密测量，如不能保证参考温度为 0℃，则不能简单使用。

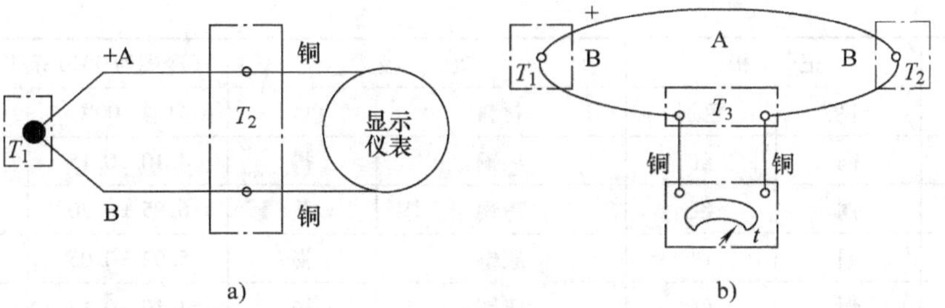

图 12-12　基本的热电偶测温回路

采用串联多支热电偶的测温回路如图 12-13 所示。多支特性相同的热电偶，安装在不同的部位，产生的热电动势为各支热电偶的热电动势的总和，平均温度则为总热电动势除以热电偶的支数。串联多支热电偶的测温回路的灵敏度高，适于检测微小的温度变化。在串联测温回路中，要求几支热电偶的阻值相等，并且，如果某支热电偶短路，不易被发现，容易造成极大的误差。

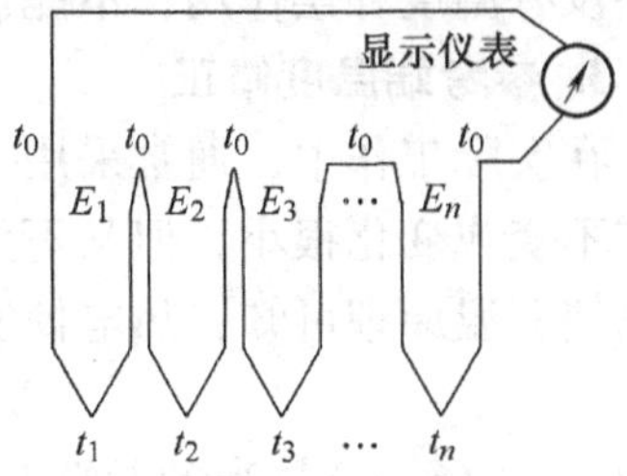

图 12-13　串联多支热电偶的测温回路

此外，还有并联测温回路、反接回路、共用回路、双表测量回路等多种对应不同热电偶连接方法的测温回路。

六、参考端的处理

保持参考端为0℃或某一常数值，是使用热电偶的前提条件。经常使用的热电偶的分度表和显示仪表都是以热电偶的冷端温度为0℃为标准的。但是，在实际测量中，参考端的温度往往是波动的，从而引起测量误差。为了减小这种误差，就需要设法使参考端温度保持0℃，或先保持恒定，然后再进行补偿。

1. 冰点槽法

将热电偶的参考端至于冰水混合物(0℃)或0℃恒温器中，可完全避免参考端温度变化。这种方法一般只在实验室条件下才可行。

2. 延伸导线法

为了使参考端温度恒定，可以将热电偶加长，使参考端延伸至温度变化小的地方。对于普通金属热电偶来说，这种方法不成问题，但是对于贵金属热电偶，则成本太高。由于热电偶参考端的温度一般低于150℃，因此只要采用一种导线，其在0℃ ~150℃的热电特性与所用热电偶相同，就可以使用这种导线将热电偶的参考端延伸至温度恒定的地方(如仪表控制室内)。这种导线被称为延伸导线或补偿导线。各种延伸导线见表 12-2。

表 12-2　热电偶的延伸导线(补偿导线)

适用热电偶	正极		负极		(冷端为0℃)标准热电动势 E/mV	
	材料	色别	材料	色别	热端 100℃	热端 150℃
铂铑 10-铂	铜	红	镍铜	绿	0.643 ±0.023	$1.025^{+0.24}_{-0.055}$

（续）

适用热电偶	正极		负极		（冷端为0℃）标准热电动势 E/mV	
	材料	色别	材料	色别	热端100℃	热端150℃
镍铬-镍硅	铜	红	康铜	褐	4.10±0.15	6.13±0.20
镍铬-考铜	铜	红	考铜	黄	6.95±0.30	10.69±0.20
铁-康铜	铜	白	康铜	褐	5.02±0.05	
铜-康铜	铜	红	康铜	褐	4.10±0.15	6.13±0.20
钨铼5-钨铼10	铜	红	铜(1.7%~1.8%)镍	蓝	1.337±0.045	

延伸导线只是将热电偶的参考端由温度变化比较大的地方延伸到温度基本稳定的地方，它并没有温度补偿作用，不能消除因参考端温度不是0℃而带来的误差。

3. 参考端温度修正

在实际工作中，通常采用一些修正方法解决参考端温度不是0℃的问题。当参考端温度恒定不变或变化很小，但又不为0℃时，可采用计算法（又称热电动势修正法）进行修正。由热电偶测温原理可知，热电偶实际的热电动势为测量值与修正值之和，即

$$E_{AB}(t,t_0)=E_{AB}(t,t_1)+E_{AB}(t_1,t_0) \tag{12-16}$$

式中，$E_{AB}(t,t_1)$是当参考端温度为t_1时，显示仪表的数值；$E_{AB}(t_1,t_0)$是参考端温度为t_1时热电动势的修正值。

因为t_1恒定，可由相应的分度表查得$E_{AB}(t_1,t_0)$的值，用式(12-16)求得修正后的读数，即可由相应的分度表查得热电偶所测的真实温度。

电桥补偿法是另一种常用的参考端温度修正法。它通常在参考端串联一个由热电阻构成的电桥，电桥的三个桥臂为标准电阻，另外有一个桥臂由热电阻构成，如图12-14所示。自动补偿电桥设计如下：20℃时，$R_1=R_2=R_3=R_4$，电桥处于平衡状态，没有附加电动势输出；当温度偏离20℃时，热电阻R_4的阻值发生变化，使电桥的平衡被破坏，输出附加电动势E_0，其值基本上与因温度变化所引起的热电动势相等，因此通过补偿电桥输出的电动势E并不因参考端温度变化而变化，这样就自动补偿了热电偶参考端温度变化所造成的误差。

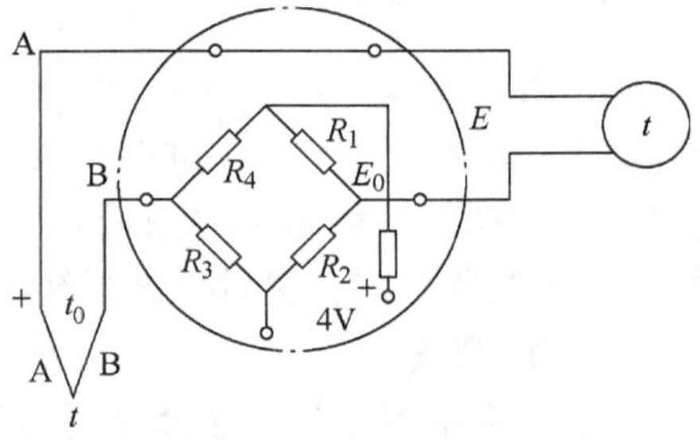

图12-14 采用补偿电桥的测温回路

总体来说，热电偶温度计的结构简单，准确度高，能适应各种测量对象的要求（特定部位或狭小场所，点温和面温的测量），适于远距离测量与自动控制。其主要缺点是必须有参考端，同时参考端温度要保持恒定（或需要修正），而且，在高温或长期使用时，会因受被测介质影响或环境腐蚀作用（如氧化、还原等）而发生劣化。

第四节 电阻式温度计

随着温度的升高，导体或半导体的电阻会发生变化，而且温度和电阻值之间具有单一的函数关系，利用这一函数关系来测量温度的方法，即为热电阻测温法。测温用的热电阻主要有金

属和半导体两大类，应用最广泛的是铂丝电阻、铜丝电阻、镍丝电阻、铟电阻、锗电阻、铂钴电阻等金属热电阻，以及锗电阻、热敏电阻、碳电阻、碳玻璃电阻等半导体热电阻。

一、金属热电阻

1. 金属热电阻的温度系数

金属的电阻大小与温度有关。随着温度升高，金属内部原子的无规则振动加剧，对定向运动的电子的阻碍加强，导致金属的电阻增加。当温度变化1℃时，金属每1Ω原始电阻增加(或减少)的电阻值称为电阻温度系数，用α表示

$$\alpha=\frac{1}{R_{t_0}}\frac{R_t-R_0}{t-t_0}=\frac{1}{R_{t_0}}\frac{\Delta R}{\Delta t} \tag{12-17}$$

式中，R_{t_0}是温度为t_0时的电阻值；R_t是温度为t时的电阻值；R_0是温度为0℃时的电阻值。

由于一般金属的电阻与温度的关系为非线性函数，那么在某一温度t下的温度系数应为

$$\alpha=\lim_{\Delta t\to 0}\left(\frac{1}{R_{t_0}}\frac{\Delta R}{\Delta t}\right)=\frac{1}{R_{t_0}}\frac{\mathrm{d}R}{\mathrm{d}t} \tag{12-18}$$

金属电阻的温度系数与金属的纯度有关，一般纯度越高，电阻温度系数越大。

2. 金属热电阻的电阻比

金属在不同温度下的电阻的比值称为金属的电阻比，记为W_t，有

$$W_t=\frac{R_t}{R_{t_0}} \tag{12-19}$$

对于测温用的热电阻，一般将温度t定义为温度100℃，将温度t_0定为0℃，W_t记为W_{100}

$$W_{100}=\frac{R_{100}}{R_0}=\frac{R_0(1+100\alpha)}{R_0}=1+100\alpha \tag{12-20}$$

可见，电阻比W_{100}也可以表示电阻的相对温度效应，而且同电阻温度系数一样，材料的纯度越高，电阻比W_{100}越高。

3. 金属热电阻的一般结构

工业热电阻的基本结构如图12-15所示，它主要由金属热电阻丝、绝缘骨架、内引线和保护管组成，通常还具有与外部测量和控制装置、机械装置相连的部件。

热电阻感温元件是用来感受温度的电阻器，它是热电阻的核心部分，由电阻丝及绝缘骨架构成。内引线是指热电阻出厂时自身具备的引线，通常位于保护管内，连接方式有两线制、三线制和四线制等。保护管是用来保护感温元件、内引线免受环境有害影响的管状物，有可拆卸式和不可拆卸式，有金属、非金属等多种材料。

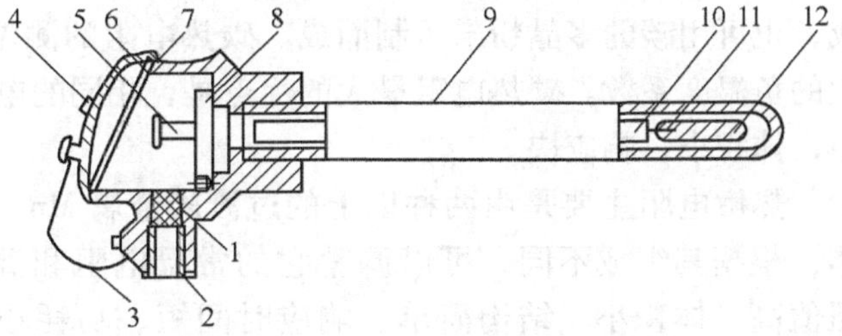

图12-15　工业热电阻的基本结构

1—出线孔密封圈　2—出线孔螺母　3—链条　4—盖　5—接线柱　6—密封圈　7—接线盒　8—接线座　9—保护管　10—绝缘管　11—内引线　12—感温元件

4. 铂热电阻

铂丝纯度高，化学与物理性能温度，电阻与温度线性关系良好，电阻率高，互换性好，测温范围广，是最好的热电阻材料。铂热电阻应用广泛，是最重要的热电阻温度计。

铂热电阻的使用温度范围是 -200 ~ 850℃，通常是分成两个温度范围分别描述其电阻与温度的关系。对于 -200 ~ 0℃ 的温度范围

$$R_t = R_0[1 + At + Bt^2 + Ct^3(t - 100)] \tag{12-21}$$

对于 0 ~ 850℃ 温度范围

$$R_t = (1 + At + Bt^2) \tag{12-22}$$

式中，R_0 为温度为 0℃ 时铂热电阻的电阻值；R_t 为温度为 t℃ 时铂热电阻的电阻值。

当 $W_{100} = 1.3850$ 时，$A = 3.90802 \times 10^{-3}℃^{-1}$，$B = -5.80195 \times 10^{-7}℃^{-2}$，$C = -4.27350 \times 10^{-12}℃^{-4}$。

5. 铜热电阻

铜热电阻的使用范围是 -50 ~ 150℃，在此温度范围内通常用下式描述铜热电阻与温度的关系：

$$R_t = R_0(1 + At + Bt^2 + Ct^3) \tag{12-23}$$

当 $W_{100} = 1.428$ 时，$A = 4.28899 \times 10^{-3}℃^{-1}$，$B = -2.13310 \times 10^{-7}℃^{-2}$，$C = 1.233 \times 10^{-9}℃^{-3}$。

铜热电阻的优点是制造工艺简单、性能稳定、价格便宜等；缺点是铜的电阻率比较低，所需铜丝的长度比较长，进而体积比较大，而且高温下容易氧化。

二、半导体热电阻

半导体的电阻率介于导体和绝缘体之间，用作热电阻的半导体主要有锗、硅、碳、热敏电阻等。

掺杂型锗、硅半导体具有很高的负温度系数，可以制成体积很小的热电阻。锗（硅）半导体热电阻的测温范围一般为 0.01 ~ 300K，响应时间一般小于 10^{-2}s，在 20K 处的复现性可达 1mK。

碳系热电阻主要有碳热电阻和碳玻璃热电阻。碳热电阻一般由石墨或胶体石墨液的膜制成，也可用碳的多晶粉末压制而成。碳热电阻的测温范围从几十毫开尔文到 300K，具有较大的负温度系数。碳热电阻最大的优点是，相同的电阻之间的差值很小，互换性好，结构简单，体积小，响应快。

热敏电阻主要是由两种以上的过渡族金属 Mn、Co、Ni、Fe 等复合氧化物构成的烧结体，根据其组成不同，可以调整它的常温电阻和温度特性。热敏电阻具有灵敏度高、电阻值高、体积小、结构简单、响应时间短、功耗小等优点，缺点是其阻值与温度的关系呈非线性，元件的稳定性和互换性较差，而且，除高温热敏电阻外，不能用于 350℃ 以上的高温。

综上所述，电阻温度计具有测量精度高，性能稳定，灵敏度高，应用范围广，可远距离测温，便于微机实时处理，并能实现温度自动控制和记录等许多优点。

第五节　热辐射测温

一、热辐射的物理基础

热辐射是指物体表面向外发射热能。热辐射的本质是电磁辐射，是物体与外界能量交换的方式之一。热辐射是由于物体内部的带电粒子在原子和分子内振动产生的，所以只要原子和分子有内能，它就要发生辐射，即物体在任何温度下(只要不是热力学温度零度)都会有热辐射。

1. 热辐射的基本物理参量

表征热辐射的物理量有辐射能、辐射通量(辐射功率)、辐射强度、辐射出射度等。

以辐射形式发射、传播或吸收的能量称为辐射能，常用符号 Q 表示，单位为焦耳(J)。辐射能不受时间、空间、辐射源表面积及波长间隔的限制。辐射通量是指物体单位时间内的辐射能，用 Φ 表示，单位是焦耳每秒(J/s)或瓦特(W)，即

$$\Phi = \frac{\mathrm{d}Q}{\mathrm{d}t} \tag{12-24}$$

辐射强度是指辐射源在给定方向上单位立体角元内的辐射通量，用 I 表示，单位是瓦特每球面度(W/sr)，即

$$I = \frac{\mathrm{d}\Phi}{\mathrm{d}\omega} \tag{12-25}$$

式中，$\mathrm{d}\omega$ 是立体角的微分。

辐射源在单位面积上的辐射通量，称为辐射出射度，通常用 M 表示，单位是瓦特每平方米(W/m^2)，即

$$M = \frac{\mathrm{d}\Phi}{\mathrm{d}S} \tag{12-26}$$

辐射出射度 M 只是温度的函数。

如果从物体单位表面积上发射的，波长在 λ 到 $\lambda+\mathrm{d}\lambda$ 范围内的辐射出射度为 $\mathrm{d}M$，那么 $\mathrm{d}M$ 与波长间隔 $\mathrm{d}\lambda$ 的比值称为光谱(单色)辐出度，用 M_λ 表示，单位为瓦特每三次方米(W/m^3)，即

$$M_\lambda = \frac{\mathrm{d}M}{\mathrm{d}\lambda} \tag{12-27}$$

实验证明，单色辐出度是物体温度和波长的函数，它反映出在不同温度下，辐射能按波长分布的情况。

辐射源在垂直与给定方向的平面上的单位正投影面积内的辐射通量称为辐射亮度，一般用 L 表示。若在辐射光谱中的某一波长附近的单位波长内存在辐射亮度，则此辐射亮度称为在此波长下的单色辐射亮度，一般用 L_λ 表示。

2. 热辐射基本定律

(1) *基尔霍夫定律*　德国物理学家基尔霍夫于 1860 年证明了物体的单色辐射出射度 $M(\lambda, T)$ 和它的光谱吸收系数 $\alpha(\lambda, T)$ 之比是一个普适函数。它与物体的性质无关，仅与波

长 λ 和温度 T 有关，用数学表达为

$$\frac{M(\lambda,T)}{\alpha(\lambda,T)}=f(\lambda,T) \tag{12-28}$$

如果有一物体，在任何波长下，它的光谱吸收系数都等于 1，也就是说，辐射到该物体的热辐射全部被该物体吸收了，那么这一物体称为绝对黑体(简称黑体)。这是一种理想情况。把 $\alpha(\lambda,T)=1$ 代入式(12-28)，得到

$$M^0(\lambda,T)=f(\lambda,T) \tag{12-29}$$

式中，$M^0(\lambda,T)$是指光谱吸收系数为 1 的物体(黑体)在波长为 λ、温度 T 时的单色辐射出射度。

显然

$$\frac{M(\lambda,T)}{\alpha(\lambda,T)}=M^0(\lambda,T) \tag{12-30}$$

这就是著名的基尔霍夫定律，普适函数 $f(\lambda,T)$ 就是黑体的光谱辐出度 $M^0(\lambda,T)$。对于任何实际物体，总有 $\alpha(\lambda,T)<1$，所以 $M(\lambda,T)<M^0(\lambda,T)$一直成立。因此，在温度、波长相同的条件下，实际物体的光谱辐出度永远小于黑体的光谱辐出度。

(2) *光谱发射率*　物体的光谱发射率 $\varepsilon(\lambda,T)$定义为在相同的温度和波长下，物体与黑体的光谱辐出度的比值，即

$$\varepsilon(\lambda,T)=\frac{M(\lambda,T)}{M^0(\lambda,T)} \tag{12-31}$$

比较式(12-30)与式(12-31)可知

$$\varepsilon(\lambda,T)=\alpha(\lambda,T) \tag{12-32}$$

即物体的光谱发射率等于该物体的光谱吸收比。黑体的光谱发射率等于 1，其他任何辐射体的光谱发射率恒小于 1。有时，把光谱发射率称为黑度系数。

(3) *黑体模型*　理想黑体是不存在的，但是可以构想一种极为近似理想黑体的近似黑体模型，如图 12-16 所示。在密封容器上，开一个小孔，经过若干次腔内反射后，从小孔逸出的射线只有极小一部分。对所有的波长来说，这一空腔的吸收系数都接近与 1，而反射系数接近于 0。根据基尔霍夫定律，这种空腔的辐射与黑体的辐射非常接近。

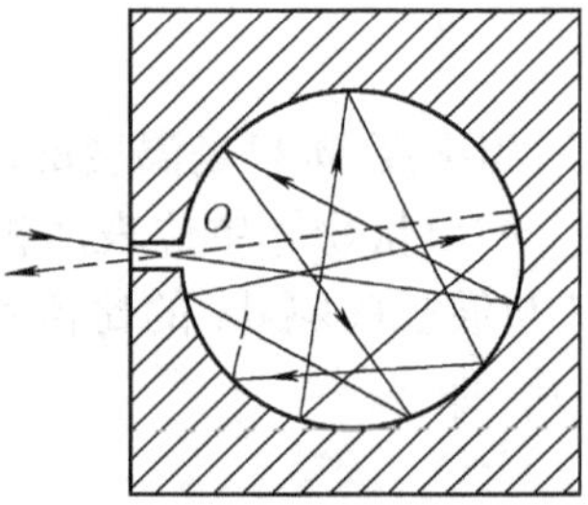

图 12-16　黑体模型

(4) *维恩位移定律*　图 12-17 所示是黑体的辐射特性，可以看出，在任意给定的温度下，曲线均有最大值，它所对应的波长称为峰值波长，用 λ_m 表示，单位为微米(μm)。当黑体温度升高时，峰值波长向短波方向移动；反之，则向长波方向移动。黑体光谱辐射亮度曲线的峰值波长与热力学温度 T 的关系可以用维恩位移定律描述

$$\lambda_m T=2898\mu\mathrm{m}\cdot\mathrm{K} \tag{12-33}$$

这一理论与人们的经验是一致的：当炉温较低时，发射出的是波长较长的红光；而高温炼钢炉发出的则是耀眼的白光。如果能测出黑体光谱辐射亮度的最大值对应的波长，就可以根据维恩位移定律算出这一黑体的温度。太阳表面的温度就可以用这种方法测得。亮度温度计也是依据这一原理。

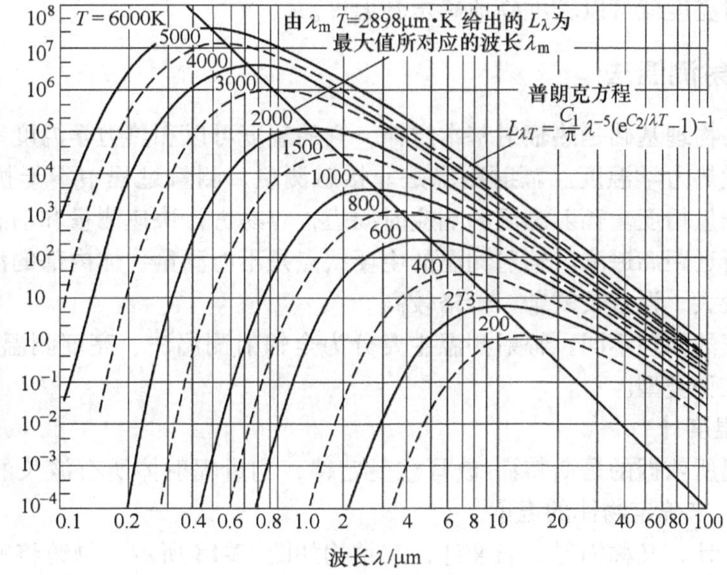

图 12-17　黑体的辐射特性

(5) 普朗克定律　对于黑体的单色辐出度与温度和波长的关系，1900 年，德国物理学家普朗克提出了著名的普朗克方程，即

$$M^0(\lambda,T)=C_1\lambda^{-5}(e^{C_2/\lambda T}-1)^{-1} \tag{12-34}$$

式中，C_1 为第一普朗克系数，$C_1=3.7418\times10^{-16}\,\mathrm{W\cdot m}$；$C_2$ 为第二普朗克系数，$C_2=1.4388\times10^{-2}\,\mathrm{m\cdot K}$；$M^0(\lambda, T)$是黑体在温度为 T 时，波长 λ 的单色辐射出射度。

式(12-34)写成亮度的形式则为

$$L^0(\lambda,T)=\frac{C_1}{\pi}\lambda^{-5}(e^{C_2/\lambda T}-1)^{-1} \tag{12-35}$$

式中，$L^0(\lambda, T)$是黑体的单色辐射亮度。

(6) 斯忒藩-玻耳兹曼定律　图 12-17 中，每一条曲线均反映出在一定温度下，黑体的光谱辐射亮度按波长分布的情况。每条曲线下的面积等于黑体在一定温度下的辐射出射度，即

$$M^0(T)=\int M^0(\lambda,T)\,d\lambda \tag{12-36}$$

由热力学理论可导出黑体的 $M^0(T)$与温度 T 的以下关系：

$$M^0(T)=\sigma T^4 \tag{12-37}$$

式中，σ 称为斯忒藩-玻耳兹曼常数，$\sigma=5.67032\times10^{-8}\,\mathrm{W\cdot m^{-2}\cdot K^{-4}}$。

该定律为斯忒藩-玻耳兹曼定律，它建立了黑体总的辐射出射度与其热力学温度之间的定量关系，写成辐射亮度的形式则为

$$L^0(T)=\frac{\sigma}{\pi}T^4 \tag{12-38}$$

上式说明，任何辐射物体的总的辐射亮度与温度的四次方成正比。根据这一特性，通过

测量物体的辐射亮度就可以较准确地确定其温度。

二、热辐射测温法

辐射测温的物理基础是热辐射基本定律，它的温度可以和热力学温度直接联系起来，因此可以直接测量热力学温度。辐射测温是非接触测量，测量过程中不干扰被测物体的温度场，有较高的测量精度。辐射测温的响应时间短，容易进行快速测量和动态测量，测温范围广，还可以进行远距离遥测。辐射测温的主要缺点是不能测量物体内部的温度，受中间环境介质的影响比较大，设备较复杂，价格较高。

根据所依据的原理不同，辐射测温主要分为全辐射测温法、亮度测温法、红外测温法、光纤测温法等几种类型。

1. 全辐射温度计

全辐射测温所依据的是斯特潘-玻耳兹曼定律，测量辐射体所有波长的辐射总能量，通过公式 $M^0=\sigma T^4$ 来确定物体的温度。

全辐射温度计，又称辐射式温度计，其结构如图 12-18 所示。物镜将物体发出的辐射能经过光阑聚集在热电堆上，热电堆是由多支热电偶串联而成。热电偶的测量端汇集到中心一点，参考端位于四周，热电堆输出的电动势为所有热电偶输出电动势之和。设测量时参考端的温度为 T_0，热电堆的中心温度为 T_1，在 T_0 恒定时，热电堆所产生的热电动势 E 与 T_1 有确定的函数关系 $E=f(T_1)$；而热电堆中心的温度高低与物镜所接收的辐射通量成正比，即和辐射体的温度 T 的四次方成正比

$$E=f(T_1)=k_0T^4 \tag{12-39}$$

这里，函数关系 $E=f(T_1)$ 可以通过标定的方法确定，所以 T_1 和 T 或 E 和 T 的关系也是可以确定的。这样，就可以通过 T_1 或 E 来测定辐射体的温度 T 了。

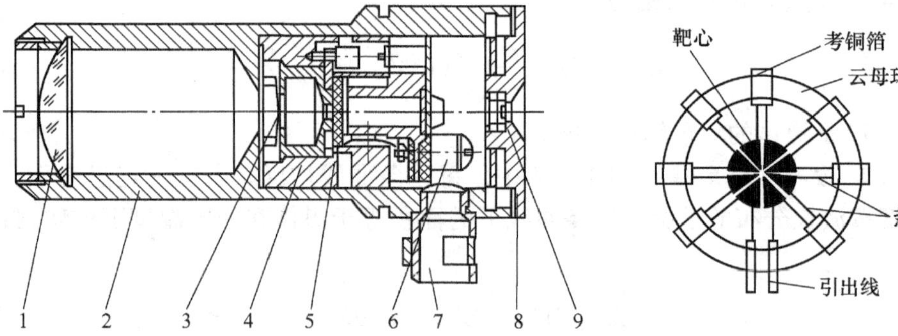

图 12-18　全辐射温度计结构

1—物镜　2—镜筒　3—补偿光阑　4—压盖　5—热电堆
6—接线柱　7—穿线套　8—后盖　9—目镜

全辐射温度计的特点是能自动测量温度，其输出为电量，适于远距离传输和自动控制，是在线温度检测常用的一种仪表，在热加工设备中经常使用。例如，箱式炉是一个密闭空间，当炉门关闭时，炉膛近似于黑体状态，因此从窥视孔或专门测温孔瞄准炉内工件，用全辐射温度计测量温度是比较准确的。

2. 亮度测温法

亮度测温法所依据的原理是普朗克定律，先通过测量辐射体的辐射亮度求出辐射出射度，再利用公式(12-35)求出辐射体的温度。按测量时所测量的波长间隔的不同，亮度测温法可分为单色亮度测温法、比色测温法等。

(1) 光学高温计和光电高温计　根据物体的单色亮度来测量温度的方法称为单色亮度辐射测温法，采用单色亮度法测温的温度计主要有光学高温计和光电高温计。

图 12-19 所示是隐丝式光学高温计。测量时，先调整物镜系统，使被测物成像在高温计小灯泡的灯丝平面，再调整目镜系统，使人眼清晰地看到被测物和灯丝的成像，然后调整电测系统的可变电阻，改变灯丝电流，使被测物或辐射源的亮度在红色滤光片的光谱范围内处于平衡，即相互间处于相同的亮度温度计。由于高温计小灯泡在检定时其亮度温度与通入电流之间的对应关系已知，因而可确定被测物体在红色滤光片波长范围内的亮度温度。在使用光学高温计的过程中，最经常的工作是用人眼进行亮度平衡。即通过调节电流，用人眼观察的高温计小灯泡灯丝瞄准区域均匀地消失在辐射源或被测物体的背景上，即“隐丝”或“隐灭”。

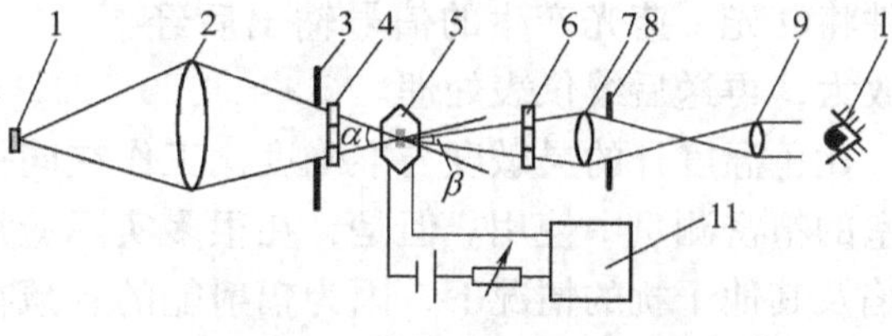

图 12-19　隐丝式光学高温计

1—被测物体或辐射源　2—物镜　3—物镜光阑　4—吸收玻璃　5—高温计小灯泡　6—红色滤光片　7—显微镜物镜　8—目镜光阑　9—显微镜目镜　10—人眼　11—电测仪器

在“隐丝”时，灯丝与瞄准目标相交的边界无法分辨出来，即它们在光学高温计的视野上具有相同的亮度和亮度温度。高温计电流过高或过低都不能出现“隐丝”，也就是不能产生亮度平衡，如图 12-20 所示。由于使用这种高温计测温时，必须使被测物背景与小灯泡灯丝间的亮度达到“隐丝”程度，所以这种光学高温计又称为隐丝式光学高温计。

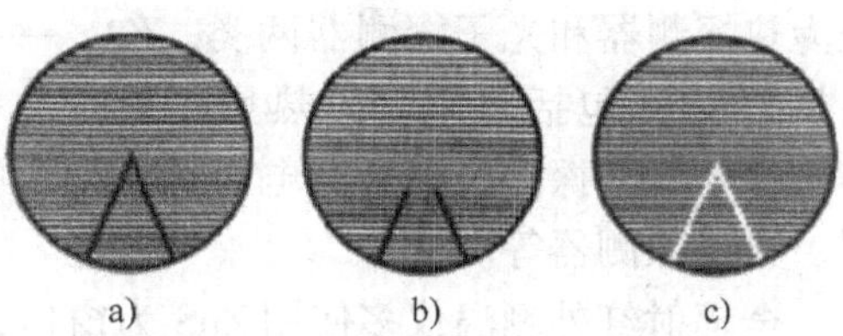

图 12-20　亮度比较情况示意

a) 电流过低　b) 正确　c) 电流过高

光学高温计测温靠手动的办法改变光学高温计小灯泡电流，并用人眼进行观察，实现亮度平衡，该方法受到人为因素影响大，容易导致较大测量误差。

光电高温计采用硅光电池作为光敏元件，代替人眼感受被测物体辐射亮度的变化，并将此亮度信号转换成电信号，经滤波放大后送检测系统进行后续转换处理，最后显示出被测物体的亮度温度。

与光学高温计相比，光电高温计具有灵敏度高，准确度高，使用波长范围宽，测温范围宽，响应时间短等特点。

(2) 比色温度计　比色温度计利用同一被测物体在两个波长下的单色辐射亮度之比随温度变化的特性来测量温度。

用比色温度计测量时，不需要精确地知道被测物体的光谱发射率，而只需知道两个波长下光谱发射率的比值即可。一般地，测量光谱发射率的比值要比测量光谱发射率的绝对值简便和精确。

图 12-21 所示是一种单光路调制比色温度计。由被测对象辐射出的光经透镜聚焦在探测元件上，在光敏元件之前放置开孔的旋转调制盘，这个调制盘由电动机带动。在圆盘的开孔上附有两种颜色的滤光片，一般多为红色和蓝色。这样使红光、蓝光交替地照在探测元件上，探测元件将红光、蓝光产生的信号输出后经过放大，再送后续仪表处理。

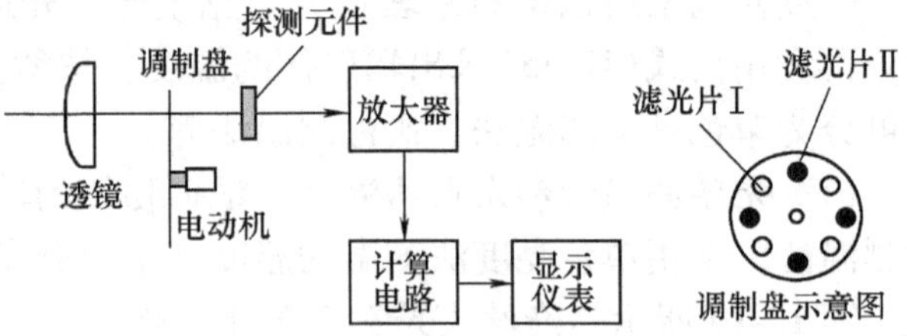

图 12-21 单光路调制比色温度计

比色温度计的灵敏度与准确度比工作在同一光谱区域的单波段温度计低，所以较少在实验室的精密测量中使用。但是，在很多实际应用中，特别是中间介质有粉尘、水汽、烟雾、火焰及其他干扰的情况下，因为辐射能的衰减在两个波长下几乎相同，从而对两波长的发射率的比值影响较小，因此在这情况下，使用比色温度计能较好地排除环境干扰。

3. 红外测温法

红外温度计的测温原理与全辐射温度计的原理相同，不同的是全辐射温度计所选用的波段一般是可见光，而红外测温所选的波段为红外线。红外线是指波长 0.75 ~ 1000μm 的电磁波。红外线的热效应比可见光要强得多，而且一般情况下，红外线更容易被吸收。

图 12-22 所示是红外测温仪的工作原理，其最重要的部件是红外探测器。按工作机理不同，红外探测器可分为热探测器和光子探测器两类。红外热探测器包括热电堆、热敏电阻等，红外光子探测器包括光电子探测器、光伏探测器等。

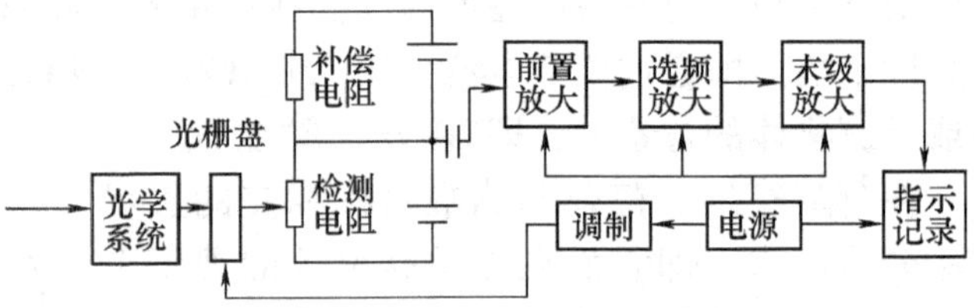

图 12-22 红外测温仪的工作原理

全辐射红外测温仪多使用 ZnS 为窗口，以热敏电阻、热电堆作为接收元件，工作波段为 2 ~ 15μm，主要测量低温物体的温度。单色红外测温仪一般用蒸镀 ZnS 的 Ge 片为窗口，以 PbS 为探测器，工作波段为 1.8 ~ 2.7μm，主要用于测量中高温。

红外测温仪的用途十分广泛：在钢铁工业中，主要用于炼钢、轧钢浇铸、淬火等工序温度的测量和控制；在机械工业中，主要用于测量各类电动机的传动机构、齿轮和轴承的表面温度；在动力和电力工业中，主要用于检测动力设备、电缆和电气接头、高压线路等的温度；在军事上，主要用于测量各种武器弹药的发射和燃爆温度等。

三、光纤测温法

光纤可以作为数据传输的介质，也可以作为各种传感器，对于电磁噪声大，不宜采用电信号的场合，光纤传感器显得格外有效。

光纤温度传感器的主要特征是有一个带光纤的测温探头，光纤长度从几米到几百米不等。根据光纤在传感器中的作用，可分为功能型、非功能型和拾光型三类：

(1) 功能型(全光纤型)或传感型光纤传感器　光纤不仅作为导光物质，而且还是敏感元件，光在光纤内受被测量的调制。这类传感器的特点是，光纤既作为感温元件，又通过光纤自身将温度信号(以光的形式)传输到仪表，再转化为电信号，实现温度测量。

(2) 非功能型(传光型)传感器　在这类传感器中，感温功能由非光纤型敏感元件完成，光纤仅起到导光的作用，将光信号传输到仪表。目前实用化的光纤传感器大都属于这一类型，采用的光纤多为多模石英光纤。

(3) 拾光型传感器　用光纤作探头，接收由被测对象辐射的光或被其反射、散射的光。根据光受被测对象调制的方法，又分为强度调制、偏振调制、波长调制、相位调制等类型。

1. 荧光光纤温度传感器

稀土荧光物质在受到辐射时会产生荧光，荧光的余辉强度与温度的关系为

$$I(t) = I_0 e^{-t/\tau} \tag{12-40}$$

式中，τ 为时间常数；I_0 为起始余辉强度；t 为荧光材料温度。

由式(12-40)可知，只要测出时间常数 τ，就可以确定温度 t。

测量时，将荧光物质粘结在光纤端部，并直接与被测物体相接触。由于荧光光纤温度传感器体积小，结构简单，因此特别适合于狭小空间的温度测量。

2. 半导体光纤温度传感器

若以装在光纤中部的半导体(CdTe、GaAs)为温度敏感元件，以发光二极管为向光纤传送光能的光源，则由于半导体能量带随温度升高而减少，半导体透视光强度降低，使在光纤另一端的光接收器所接收的光能量减弱，即可反映温度的变化。图 11-23 所示为光纤半导体结构型温度传感器的原理示意。半导体薄片装在不锈钢管内，被夹在两根光纤之间。光源向光纤输入恒定强度的光，经半导体薄片，被另一端光纤上的光敏探测器(如雪崩二极管)所接收。

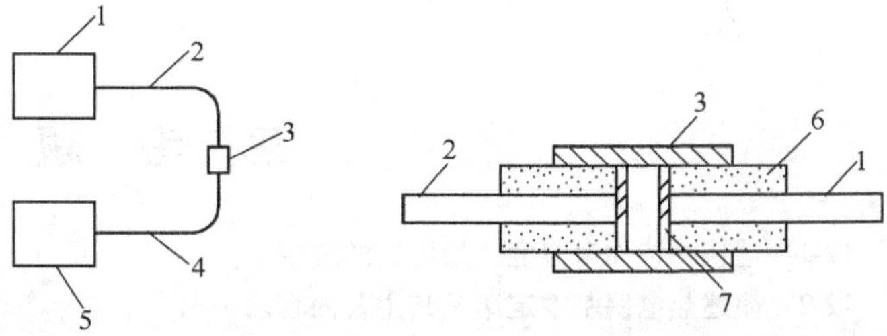

图 12-23　光纤半导体结构型温度传感器的原理示意
1—光发射器　2—输入光纤　3—光传感器　4—输出光纤　5—光接收器　6—不锈钢管　7—半导体片

3. 辐射光纤温度计

辐射光纤温度计主要用于高温场合，其工作原理如图 12-24 所示。探头探测被测物体辐射出的能量，由光纤传输给仪表，经转换、处理后显示出被测温度。它与一般辐射温度计的区别是用探头与光纤代替一般的透镜光路，用直径小并可以弯曲的光纤靠近被测工件，解决特殊场合的温度测量问题。辐射光纤温度计主要用于高温场合。

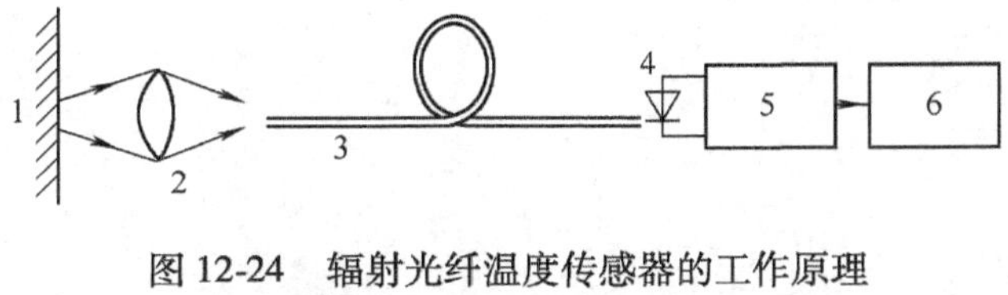

图 12-24　辐射光纤温度传感器的工作原理
1—被测物体　2—探头及光学系统　3—光纤　4—感温元件　5—处理电路　6—显示仪表

4. 分布式光纤测温网络

分布式光纤测温网络是近年发展起来的一种用于实时测量空间温度场的新技术，在系统中，光纤既是传感器又是传光媒质。其原理是基于光纤内部产生拉曼(Raman)散射现象。拉曼效应是一种利用光纤材料内分子相互作用调制光线的非线性散射效应。这种散射光的波长会在两个方向上变化，即长波方向(称为斯托克(Stockes)谱线)和短波方向(称为反斯托克(anti-Stockes)谱线)。理论证明，Stockes 辐射强度与反 Stockes 辐射强度之比是热力学温度

的函数。再测出光波传输的时间，就能确定其位置。这种测量方法已开始应用于大型工程的安全检测中。例如，在三峡工程中，对坝体混凝土就采用了这种分布式光纤测温网络进行现场监测，实现了大体积混凝土浇筑过程温度场的实时监测。混凝土大坝的分布式光纤温度监测结果如图 12-25 所示。

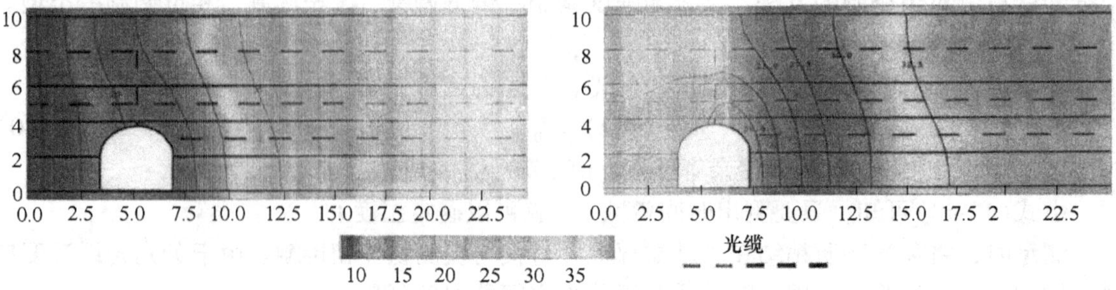

a)　　　　b)

图 12-25　混凝土大坝的分布式光纤温度监测结果
a) 浇筑 5 个月后　b) 浇筑 17 个月后

思　考　题

12-1　请谈一谈你对温度计量体系的理解。
12-2　简述热电偶基本定律及其主要内容。
12-3　试述热电偶的标准电极定律，以及该定律在热电偶实际测温中有什么作用。
12-4　简述热电偶参考段处理方法。
12-5　气体膨胀式温度计与弹性式压力计有哪些相同和不同之处？
12-6　接触式测温方法有哪些？非接触式测温方法有哪些？它们各有什么优缺点？

第十三章　流量的测量

第一节　概　　述

一、流量的基本概念

在工业生产过程中，流量是重要的参数之一。在具有流动介质的工艺流程中，物料(气体、液体或固体)通过管道在设备间来往输送和配比，生产过程中的物料平衡和能量平衡也与流量有着密切的关系。为了有效地进行生产操作和控制，需要对生产过程中各种介质的流量进行测量。此外，为了进行经济核算，也需要知道一段时间内流过的介质总量。

流体在单位时间内流过管道或设备某处横截面的数量称为流量。流过的数量按体积计算的称为体积流量，按质量计算的称为质量流量。

设流体通过管道或设备某处横截面的某一微小面积为 dA，并且流体通过该微小面积时的流速为 u，则流体通过该微小面积的体积流量为

$$\mathrm{d}q_\mathrm{v} = u\cos(\boldsymbol{u},\boldsymbol{n})\,\mathrm{d}A \tag{13-1}$$

式中，$\cos(\boldsymbol{u},\boldsymbol{n})$是速度矢量 $\boldsymbol{u}$ 与微小面积 dA 的法线方向 $\boldsymbol{n}$ 的夹角余弦。

于是，流体通过整个截面的流量为

$$q_\mathrm{v} = \int_A \mathrm{d}q_\mathrm{v} = \int_A u\cos(\boldsymbol{u},\boldsymbol{n})\,\mathrm{d}A \tag{13-2}$$

如果所取横截面上各点流速相同，且速度矢量方向与截面垂直，则

$$q_\mathrm{v} = uA \tag{13-3}$$

如果流体的密度为ρ，那么质量流量为

$$q_\mathrm{m} = \rho q_\mathrm{v} \tag{13-4}$$

体积流量的单位为 $\mathrm{m^3/s}$，质量流量的单位为 kg/s。

在计算流体的消耗、储存核算、管理等许多情况下，往往还需要知道在某一时间内流过管道的流体总量。在时间段 t 内流过管道的流体体积 V 和流体质量 M 分别为

$$V = \int_t q_\mathrm{v}\mathrm{d}t \tag{13-5}$$

$$M = \int_t q_\mathrm{m}\mathrm{d}t \tag{13-6}$$

式(13-5)和式(13-6)分别表示体积流量和质量流量在某一时间段 t 内的累积值，因此常常把 V 和 M 称为累积流量，与之对应把 q_v 和 q_m 称为瞬时流量。

二、流体力学的基本参数和定律

在流量测量中，常常会遇到一些反映流体属性和流动状态的物理参数，如密度、粘度

等，这些物理参数都与压力、温度密切相关。流量测量仪表的选用、设计和校验都是在一定的温度和压力下进行的。若实际工况超过设计规定的范围，则需作相应的修正。

1. 密度

单位体积的流体所具有的质量称为流体密度，记为ρ。在一般工业生产中，流体通常可视为均匀流体，则流体的密度可表示为

$$\rho = \frac{M}{V} \tag{13-7}$$

式中，M代表流体的质量(kg)；V是质量为M的流体所占的体积(m^3)；ρ表示流体密度(kg/m^3)。

流体的密度随温度、压力的改变而变化。在低压及常温情况下，压力变化对液体密度的影响很小，所以工程上往往可以将液体视为不可压缩流体。而对于气体，温度、压力的变化对其密度影响很大，所以表示气体密度时，必须严格说明其所处的压力、温度状况。

2. 黏度

液体在流动时，在其分子间产生内摩擦的性质，称为液体的黏性。黏性的大小用黏度表示。黏度是表示流体内摩擦力的物理量，各种流体的黏度不同，表示其流动时的阻力各异。黏度也是温度、压力的函数。一般说来，温度上升，液体的黏度下降，气体的黏度上升。在工程上，计算液体的黏度，只需考虑温度对它的影响，仅在压力很高的情况下才需考虑压力的影响，而水蒸气及气体的黏度与压力、温度的关系十分密切，计算时均应考虑。表征流体的黏度，通常采用动力黏度和运动黏度。

将流动着的流体看做许多相互平行移动的流体层，各层速度不同，形成速度梯度。流体动力黏度的意义是，当流体的速度梯度等于1时，接触流体层间单位面积上的内摩擦力。流体的动力黏度也可以理解为，两个相距1m，面积各为$1m^2$的流体层以相对速度1m/s移动时相互间的作用力，即

$$\eta = \frac{\tau}{\mathrm{d}u/\mathrm{d}h} \tag{13-8}$$

式中，η是流体的动力黏度(Pa · s)；τ是单位面积上的内摩擦力(Pa)；u是流体的流动速度(m/s)；h是两流体层之间的距离(m)；$\frac{\mathrm{d}u}{\mathrm{d}h}$是速度梯度($s^{-1}$)。

由于流体的黏度和密度有关，将动力黏度与流体密度之比作为黏度的另一个参数，称为运动黏度，用ν(m^2/s)表示为

$$\nu = \frac{\eta}{\rho} \tag{13-9}$$

3. 雷诺数

与黏性力相比，惯性力起主要作用的流动称为紊流，也称湍流。紊流是时间和空间上随机的速度波动叠加在平均流速上的流动。与惯性力相比，黏性力起主要作用的流动称为层流。层流是流体的质点作分层运动，在流层之间不发生混杂的流动。

雷诺数Re是表示惯性力与黏性力之比的无量纲参数，即

$$Re = \frac{ul}{\nu} \tag{13-10}$$

式中，u 是流体的平均流速；l 是特征尺寸，对管道常取直径 d 作为特征尺寸；ν 是流体运动黏度。

一般地，管道的雷诺数 $Re<2320$ 为层流状态，$Re>2320$ 为紊流状态。在不同的流动状态下，流体的运动规律、流速的分布等都是不同的。雷诺数的大小决定了黏性流体的流动特性。外部条件几何相似时(几何相似的管子，流体流过几何相似的物体等)，若它们的雷诺数相等，则流体流动状态也是几何相似的(流体动力学相似)。这一相似规律正是流量测量节流装置标准化的基础。

4. 流体静力学基本方程

流体静力学基本方程为

$$p = p_0 + \rho gh \tag{13-11}$$

式中，p 表示静止液体中，任意点的静压力(Pa)；p_0 是自由表面的压力(Pa)；h 表示自由表面的深度(m)；ρ 是液体的密度(kg/m^3)；g 是重力加速度(m/s^2)。

式(13-11)只适用于不可压缩流体，用它可以求出静止液体中任一点的静压力。对于一般气体，式(13-11)也完全适用，由于气体密度很小，只要高度 h 变化不大，ρgh 就可以忽略不计，这时可以认为在整个平衡的气体中，压力处处相等。

5. 流体的连续性方程

欧拉于 1753 年提出可以把流体看成是无限多流体质点所组成的无间隙的连续介质，这就叫做流体的连续性。虽然这是一种假设，但一般情况下，可以把流体看成连续介质。

流体在管道中流动，如果其流动参数(速度、密度等)只随着位置改变而与时间无关，即在管道中某一确定截面上流体的流动参数不随时间而显著变化，则称为定常流。由于实际流体有黏性，因此任一截面上各点流速大小不等，管道轴心处最大，管壁处为零，呈曲线分布。体积流量与截面面积的比值称为平均流速。

根据质量守恒定律，连续性的流体在管道中作定常流动时，流过截面 1 和截面 2 的质量流量相等，即

$$q_{m1} = q_{m2}$$

于是有

$$\rho_1 u_1 A_1 = \rho_2 u_2 A_2 \tag{13-12}$$

式中，q_m 是流体的质量流量；ρ 是液体的密度；u 是流体的平均流速；A 是有效截面面积。

这一方程称为不可压缩流体稳定流动的连续性方程。

6. 伯努利方程

对于流过截面 1 和截面 2 的不可压缩流体，伯努利给出了以下能量守恒方程

$$\frac{p_1}{\rho} + \frac{u_1^2}{2} + gz_1 = \frac{p_2}{\rho} + \frac{u_2^2}{2} + gz_2 + gh_w \tag{13-13}$$

式中，p 是截面上流体静压力；ρ 是流体的密度；u 是截面上流体的平均流速；z_1、z_2 分别是截面 1 和截面 2 所在位置高度；h_w 是流体流动过程中克服摩擦阻力的损失。

对于水平管道，式(13-13)可以写成

$$p_1 + \frac{\rho {u_1}^2}{2} = p_2 + \frac{\rho {u_2}^2}{2} + \rho g h_w \tag{13-14}$$

式中，p 称为静压力；$\rho u^2/2$ 称为动压力；$p + \rho u^2/2$ 称为全压力；$\rho g h_w$ 表示压力损失。

式(13-14)称为实际气体的伯努利方程，常用作气体流路的压力计算。

第二节　差压式流量计

差压式流量计是测量流体流经动压测定装置或节流装置所产生的静压差，来显示流量大小的一种流量计。差压式流量计发展较早，经长期的实践，积累了可靠的实验数据和运行经验，成为工业上广泛应用的管流流量计。

一、测量原理

在充满单相流体的水平管道内放置节流装置，如图 13-1 所示，当流体流过节流装置时，由于流通截面积缩小而使流速增大，动能增大并在节流装置后形成流束收缩，在流束收缩处流速最大，静压力最小。在截面Ⅰ和截面Ⅱ处用测压装置测量，可以得到节流装置前后的压力差。对一定结构的节流件，此压差与流量大小呈一定的函数关系，进而获得流量值。

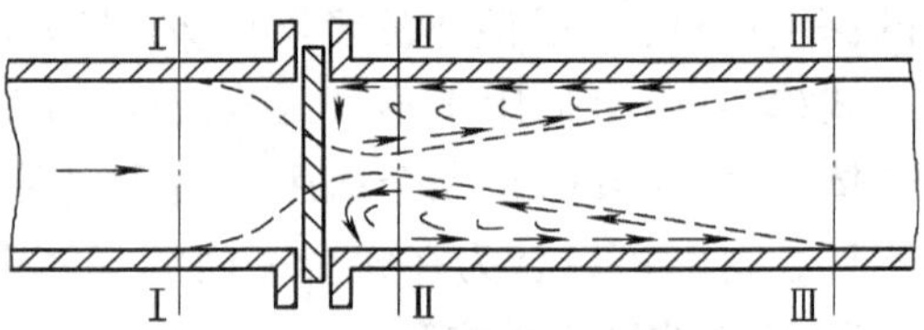

图 13-1　流体流经节流件时压力和流速的变化情况

设管内流动为定常流动，根据伯努利方程有

$$p_1 + C_1 \frac{\rho_1 u_1^2}{2} + z_1 \rho_1 g = p_2 + C_2 \frac{\rho_2 u_2^2}{2} + z_2 \rho_2 g + \xi \frac{\rho_2 u_2^2}{2} \tag{13-15}$$

式中，z_1、z_2 分别是截面Ⅰ和截面Ⅱ处流体相对参考水平面的距离；p_1、p_2 分别是截面Ⅰ和截面Ⅱ处流体的绝对静压力；ρ_1、ρ_2 分别是截面Ⅰ和截面Ⅱ处流体的密度；g 是重力加速度；ξ 是能量损失系数；C_1、C_2 分别是由于截面Ⅰ和截面Ⅱ处流速不均匀，以平均流速计算动能时采用的修正系数。

根据流体流动的连续性方程有

$$\rho_1 A_1 u_1 = \rho_2 A_2 u_2 \tag{13-16}$$

式中，A_1 是截面Ⅰ的有效面积，此处流束尚未收缩，所以 A_1 由管道内径决定；A_2 是截面Ⅱ的有效面积，此时流束已经收缩到最小。

对于水平管道，$z_1 = z_2$；对于非水平管道，因为截面Ⅰ和截面Ⅱ的距离很近，也可视为 $z_1 = z_2$。

对于不可压缩流体，密度 ρ 是常数，于是 $\rho_1 = \rho_2$，联立式(13-15)和式(13-16)，可得

$$u_2 = \frac{1}{\sqrt{C_2 - C_1 \frac{{A_2}^2}{{A_1}^2} + \xi}} \sqrt{\frac{2}{\rho}(p_1 - p_2)} \tag{13-17}$$

从而质量流量

$$q_m = \rho A_2 u_2 = \frac{A_2}{\sqrt{C_2 - C_1 \frac{{A_2}^2}{{A_1}^2} + \xi}} \sqrt{2\rho(p_1 - p_2)} \tag{13-18}$$

以上仅为简单的理论推导，用以说明流量与节流件前后压力差的关系。实际应用中，流量计算可使用以下两式求取：

$$q_m = \frac{C}{\sqrt{1-\beta^4}} \varepsilon \frac{\pi}{4} d^2 \sqrt{2\Delta p \rho_1} \tag{13-19}$$

$$q_v = \frac{q_m}{\rho} \tag{13-20}$$

式中，C 表示流出系数；ε 是可膨胀系数，是对流体通过节流件时密度发生变化(至可压缩流体)而引起的流出系数变化的修正；β 是直径比，$\beta = \frac{d}{D}$；d 是工作条件下节流件的孔径；D 是工作条件下上流管道内径；Δp 是节流件前后压力差；ρ_1 是上游流体密度。

这六个参数中，d、ρ_1、Δp、β(或 D)是实测量；C 和 ε 是统计量，需参照相关标准，并根据工作条件确定。

二、差压式流量计的组成与分类

差压式流量计的分类见表 13-1。

表 13-1　差压式流量计的分类

序号	分类法	差压式流量计类别
1	按结构形式分	标准孔板、标准喷嘴、经典文丘里管、文丘里喷嘴、1/4 圆孔板、偏心孔板、圆缺孔板、锥形入口孔板、楔形孔板、环形孔板、端头孔板、内藏孔板、线性孔板、端头喷嘴、道尔管、罗洛斯管、弯管、环形管、均速管、皮托文丘利管、射流式差压件、可换孔板节流装置
2	按用途分	标准节流装置、低雷诺数节流装置、低压损节流装置、脏污流用节流装置、小管径节流装置、宽范围度节流装置、监界流节流装置
3	按作用原理分	节流式、水力阻力式、离心式、动压头式、动压增益式、射流式

差压式流量计主要由两大部分组成：一部分是节流装置，如孔板、喷嘴、文丘利管等；另一部分是用来测量节流件前后静压差的差压变送器和流量计数器，它们根据压差和流量的函数关系，测量静压差，指示流量。

三、节流装置

节流装置包括节流件、取压装置和前后测量管。节流装置按标准化程度分为标准型和非标准型。所谓标准型是按照国际标准或国家标准文件设计、制造、安装和使用，不需要校准就可以确定输出差压信号与流量的关系的节流装置。非标准型是成熟程度较低，尚未列入国家标准或国际标准的节流装置。

1. 节流件

节流件是节流装置中使流动横截面收缩以在上、下游两侧产生差压的元件。典型的节流件有孔板、喷嘴、文丘利管等，如图 13-2 所示。

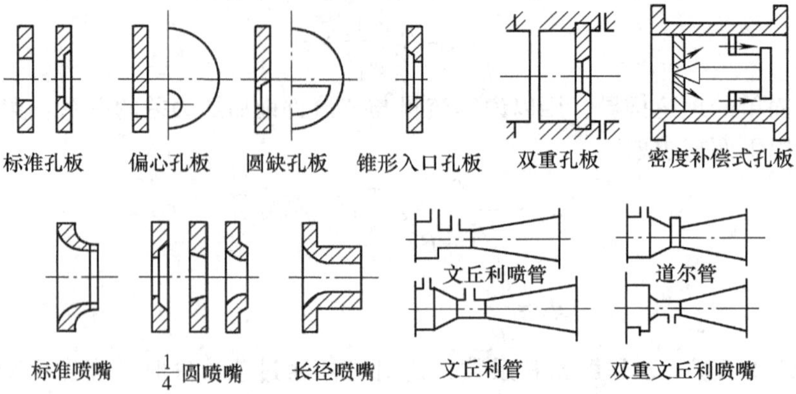

图 13-2　各种形式的节流件

2. 取压方式

各种节流装置的取压方式均不相同，也就是取压孔在节流装置前后的位置各不相同。即使在同一位置上，为了达到压力均衡，也需采用不同的方法。对于标准的节流装置，每种节流元件的取压方式都有明确规定，目前，角接取压法、法兰取压法、理论取压法、径距取压法、管接取压法是国际上通常采用的取压方式。这些取压点位置的选择如图 13-3 所示。

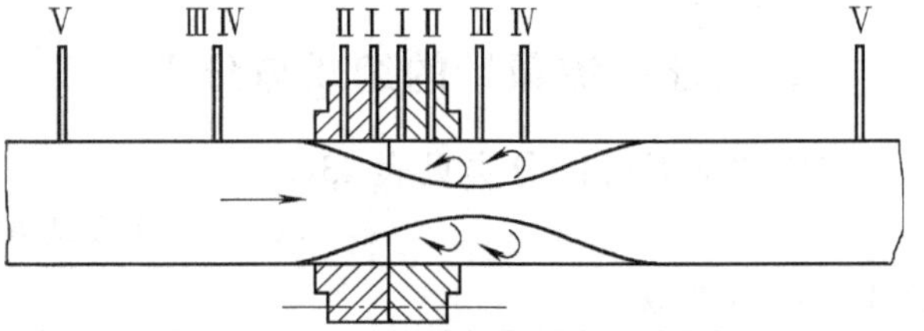

图 13-3　各种取压点位置的选择

Ⅰ—Ⅰ：角接取压　Ⅱ—Ⅱ：法兰取压　Ⅲ—Ⅲ：理论取压　Ⅳ—Ⅳ：径距取压　Ⅴ—Ⅴ：管接取压

(1) *理论取压法*　上游取压管的中心位于距离孔板前端面 1 倍管道直径 D 处，下游取压管的中心位于流速最大的最小收缩断面处。

(2) *径距取压法*　上游取压管的中心位于距离孔板(或喷嘴)前端 1 倍管道直径 D 处，下游取压管的中心距离孔板(或喷嘴)后端面 $D/2$ 处。

(3) *法兰取压法*　不论管道直径大小，上、下游的取压管中心均位于距离孔板两侧相应断面的 25. 4mm(1in)处。

(4) *管接取压法*　上游取压管中心位于孔板前端面 2. 5D 处，下游取压管中心位于距离孔板后端面 8D 处。这种取压方法测得的差压值即为介质流经孔板的压力损失值，因此，也称为损失压降法。

(5) *角接取压法*　上下游取压管位于孔板(或喷嘴)的前后端面处。

角接取压和法兰取压取压装置的结构如图 13-4 所示。

3. 标准节流装置

标准节流装置由符合国际标准 ISO5167：2003(E)或国家标准 GB/T 2624—2006《用安装在圆形截面管道中的压差装置测量满管流体流量》规定的节流件、取压装置及前后测量管等组成。

标准节流装置包括以下三部分：

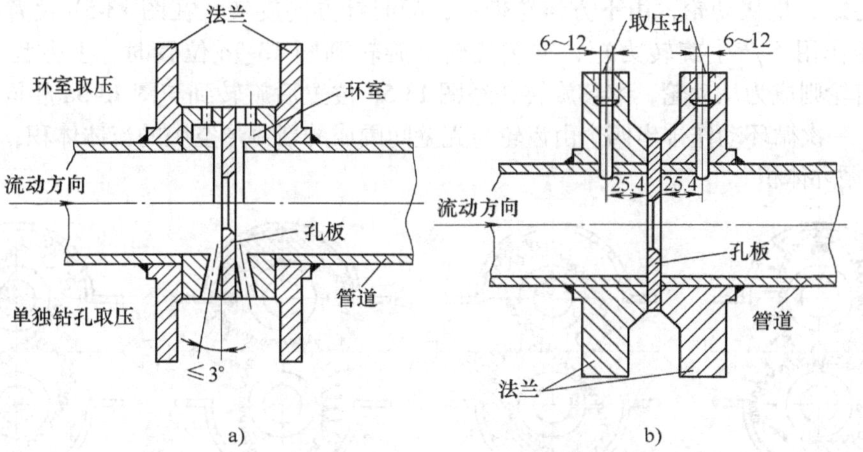

图 13-4　角接取压和法兰取压装置的结构（单位：mm）
a）角接取压的取压装置　b）法兰取压的取压装置

（1）*节流元件*　孔板、喷嘴、文丘利管和文丘利喷嘴等。

（2）*取压装置*　角接取压环室、单独钻孔取压的夹紧环、法兰取压孔等。

（3）*节流装置的前后直管段*　节流件前有 10 倍管径长，节流件后有 5 倍管径长的直管段。

4. 标准节流装置的管道条件

差压流量计的测量准确度，除了与节流件本身的加工精度和取压装置有关外，还与流体的流动状态有关。标准中给出的流出系数，是在流体达到节流件上游 1D 处管道截面上的流动状态已接近紊流流动状态且无漩涡的条件下取得的。为了在实际测量时能满足或接近这样的条件，对管道条件，如管道长度、管道圆度及内表面粗糙度等也有严格的要求。

在节流件上游至少 2D 长度范围内，管道应是圆的。上游测量管内径应是上游取压口前 0.5D 范围内的平均直径，该平均直径应是至少在垂直轴线的三个截面内测得的平均值，其中两个截面距上游取压口分别为 0D 和 0.5D，每个截面上至少等角距测取四个内径单测值，任意单测值与平均值的偏差不得大于 ±0.3%。离节流件上游端面至少 2D 范围内的下游直管段上，管道内径与节流件上游的管道平均直径 D 比较，其偏差应在 ±0.3% 之内。

管道内表面至少在节流件上游 10D 和下游 4D 的范围内应清洁，并满足有关表面粗糙度的规定。

第三节　容积式流量计

容积式流量计又称定排量流量计，它利用机械测量元件把流体连续不断地分割成单个已知的体积部分，根据计量空腔逐次、重复地充满和排放该体积部分流体的次数来测量流体体积总量。

以椭圆齿轮流量计为例，如图 13-5 所示，两个椭圆齿轮具有相互滚动进行接触旋转的特殊形状。p_1 和 p_2 分别表示入口压力和出口压力，显然 $p_1>p_2$。在图 13-5a 位置时，下方齿轮在两侧压力差的作用下，产生逆时针方向旋转，为主动轮；上方齿轮因两侧压力相等，不产生旋转力矩，是从动轮，由下方齿轮带动，顺时针方向旋转。在图 13-5b 位置时，两个齿轮均在差压作用下产生旋转力矩，继续旋转。旋转到图 13-5c 位置时，上方齿轮变为主动轮，下方齿轮则成为从动轮，继续旋转，经图 13-5d 位置后旋转到与图 13-5a 相同位置，完成一个循环。一次循环动作排出四个由齿轮与壳壁间围成的新月形空腔的流体体积，该体积称作流量计的“循环体积”。

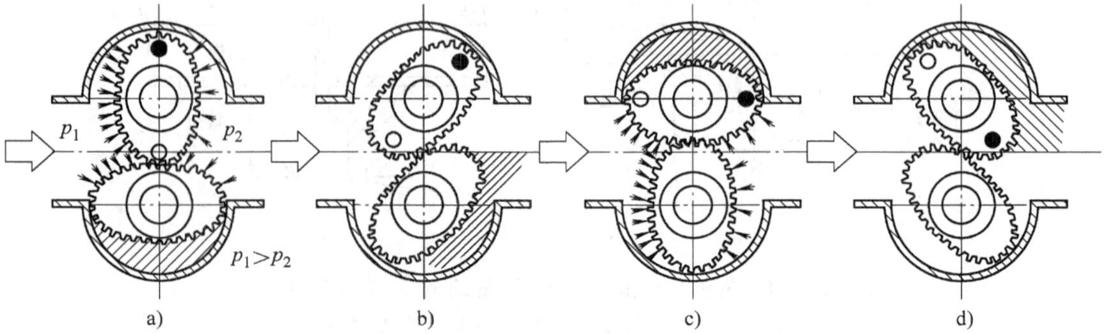

图 13-5　椭圆齿轮流量计的工作原理

设流量计“循环体积”为 v，一定时间内齿轮转动次数为 N，在该时间内流过流量计的流体体积为 V，则

$$V = Nv \tag{13-21}$$

椭圆齿轮的转动通过磁性密封联轴器及传动减速机构传递给计数器直接指示出流经流量计的总量。若附加发信装置后，再配以电显示仪表，则可实现远传指示瞬时流量或累积总量。

容积式流量计种类繁多，可按不同原则分类。按计量室的密封方式分类，可分为弹性材料密封式，机械密封式，流体薄膜或毛细作用密封式，封液密封式。按测量元件结构分类，可分为转子式和刮板式；其中，转子式又可细分为椭圆齿轮式、腰轮式、卵轮式，刮板式又可细分为刚性刮板式和弹性刮板式、旋转活塞式、往复活塞式、转筒式、膜式。按测量流体分类，可分为液体用和气体用。按用途分类可分为普通型和特殊型。

容积式流量计的误差主要是由间隙流量而产生的，即流体通过运动件和外壳之间或通过阀的间隙直接从输入口流至出口。这种仅经过而不流入流量计内的流体为泄漏。对除了转筒式气体流量计以外的各种容积式流量计进行实验，求出它们的流量和误差的关系，就可绘制如图 13-6 所示的误差曲线。从图 13-6 可知，在流量较小时，误差向负的方内倾斜。这是由于在小流量时流体的泄漏量相对比较大，误差就很大。因此，只有在一定流量以上(如 15% ~ 20%满量程)使用时才能保证有足够的准确度。当流量过大时，由于仪表进出口的差压增大，误差也要增大。

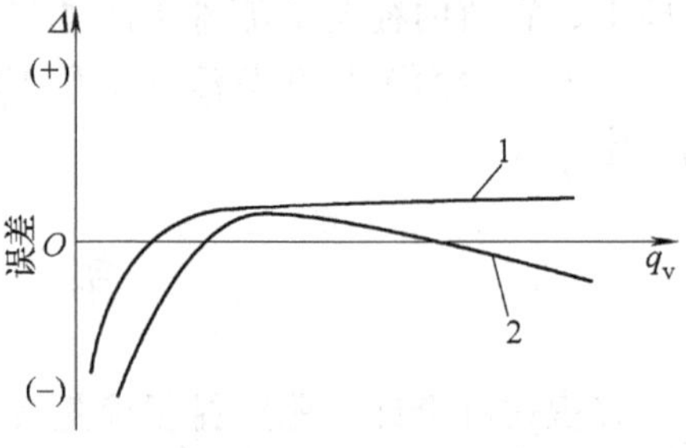

图 13-6　容积式流量计的误差曲线

1—流量较小时　2—流量较大时

容积式流量计的优点如下：

1）计量精度高。基本误差一般为 ±0.5%，特殊的可达 ±0.2%或更高。

2）旋转流和管道阻流件流速场畸变时对计量精确度没有影响，没有前置直管段要求。这一点在现场使用中有重要的意义。

3）可用于高粘度流体的测量。量程比范围度宽，一般为10∶1～5∶1，特殊的可达30∶1或更大。

4）是直读式仪表，无需外部能源，可直接获得累积总量，清晰明了，操作简便。

容积式流量计的缺点如下：

1）结构复杂，体积大，笨重，尤其较大口径容积式流量计体积庞大，故一般只适用于中小口径。

2）与其他几类通用流量计（如差压式、浮子式、电磁式）相比，容积式流量计被测介质种类、介质工况（温度、压力）、口径局限性较大，适应范围窄。

3）由于高温下零件热膨胀、变形，低温下材质变脆等问题，容积式流量计一般不适用于高、低温场合。目前可使用温度范围大致在 -30～160℃，压力最高为10MPa。

4）大部分容积式流量计只适用洁净单相流体，含有颗粒、脏污物时上游需装过滤器，既增加压损，又增加维护工作；如测量含有气体的液体必须装设气体分离器。

5）容积式流量计安全性差，如检测活动件卡死，流体就无法通过，断流管系就不能应用。但有些结构设计在壳体内置一旁路，当检测活动元件卡死时，流体可从旁路通过。

6）部分形式仪表（如椭圆齿轮式、腰轮式、卵轮式、旋转活塞式、往复活塞式）在测量过程中会给流动带来脉动，较大口径仪表还会产生噪声，甚至使管道产生振动。

第四节　速度式流量计

一、涡轮流量计

涡轮流量计属于速度式叶轮仪表，是利用置于流体中的叶轮的旋转速度与流体流速成比例的关系，通过测量叶轮的转速来反映体积流量大小的。在工业检测中，涡轮流量计应用广泛，发展迅速。

图13-7所示为涡轮流量计的结构简图。由图13-7可见，当被测流体流过流量计时，在流体作用下，叶轮受力旋转，其转速与管道平均流速成正比。叶轮的转动周期性地改变磁电转换器的磁阻值，检测线圈中的磁通随之发生周期性变化，产生周期性的感应电动势，即电脉冲信号。电脉冲信号经放大器放大后，送至显示仪表显示。

涡轮流量计的典型安装管路如图13-8所示。其中，部分的配置可视被测对象情况而定，并不一定全部都需要。涡轮流量计对管道内流速分布畸变及旋转流是敏感的，进入传感器应为充分发展管流，因此要根据传感器上游侧阻流件类型配备必要的直管段或流动调整器。若上游侧阻流件情况不明确，一般推荐上游直管段长度不小于$20D$，下游直管段长度不小于$5D$，如安装空间不能满足上述要求，可在阻流件与传感器之间安装流动调整器。传感器安装在室外时，应有避直射阳光和防雨淋的措施。

涡轮流量计的特点是：精度高；重复性好；输出脉冲频率信号，适于总量计量及与计算机连接，无零点漂移，抗干扰能力强；结构紧凑轻巧，安装维护方便，流通能力大；适用高压测量；需要定期校验；一般不适用于较高黏度介质，随着黏度的增大，流量计测量下限值

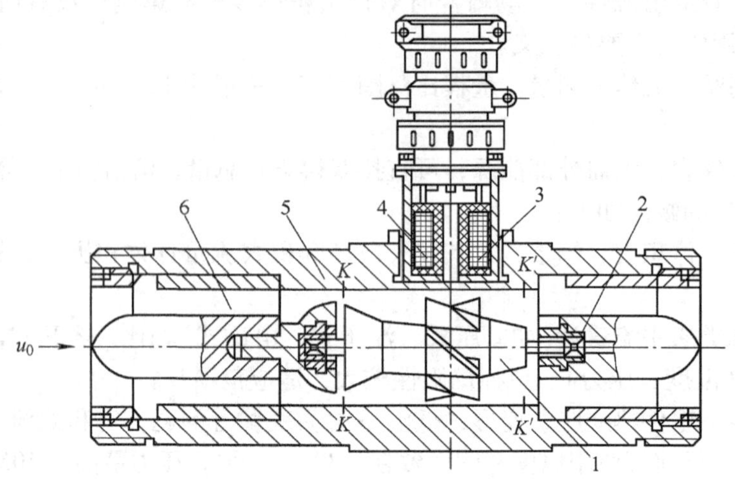

图 13-7　涡轮流量计变送器的结构简图
1—叶轮　2—支承　3—永久磁钢　4—感应线圈　5—壳体　6—导流器

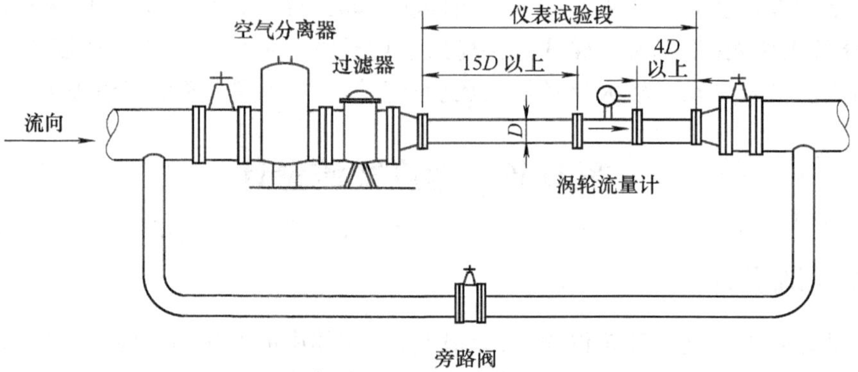

图 13-8　涡轮流量计的典型安装管路

提高，线性度变差；流体物性(密度、黏度)对仪表特性有较大影响；不适于脉动流和混相流的测量。

二、电磁流量计

电磁流量计的基本原理是法拉第电磁感应定律，即导体在磁场中切割磁力运动时，将在其两端产生感应电动势。导电性液体在垂直于磁场的非磁性测量管内流动，在与流动方向垂直的方向上会产生与流量成比例的感应电动势，感应电动势的方向按“右手定则”，其值为

$$E = kBD\bar{u} \tag{13-22}$$

式中，E 是感应电动势；k 是系数；B 是磁感应强度；D 是测量管内径；$\bar{u}$ 是平均流速。

流体的体积流量 $q_v = \pi D^2\bar{u}/4$，则

$$E = (4kB/\pi D)q_v \tag{13-23}$$

实际的电磁流量计由流量传感器和转换器两大部分组成。传感器的典型结构如图 13-9 所示，测量管上下装有励磁线圈，通以励磁电流后产生磁场穿过测量管，一对电极装在测量管内壁与液体相接触，引出感应电动势，送到转换器。

电磁流量计的测量通道是一段无阻流检测件的光滑直管，因不易阻塞，适用于测量含有固体颗粒或纤维的液固二相流体，如纸浆、煤水浆、矿浆、泥浆和污水等。电磁流量计所测得的体积流量，实际上受流体密度、粘度、温度、压力和电导率(只要在某阈值以上)变化的影响不明显。与其他大部分流量仪表相比，电磁流量计前置直管段安装要求较低，可应用于腐蚀性流体。电磁流量计不能测量电导率很低的液体，如石油制品和有机溶剂等，也不能测量气体、水蒸气和含有较多较大气泡的液体。通用型电磁流量计由于衬里材料和电气绝缘材料限制，不能用于测量较高温度的液体。

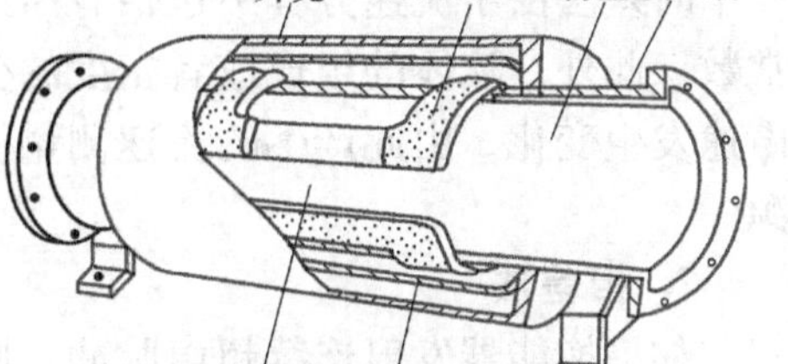

图 13-9　电磁流量计传感器的典型结构

三、超声流量计

当超声波在流体中传播时，其传播速度会受流体流速的影响。设静止流体中的声速为 c，流体流动的速度为 u，当声波的传播方向与流体流动的方向一致时，声波的传播速度为 $(c+u)$；当声波传播方向与流体流动方向相反时，声波的传播速度为 $(c-u)$。可以通过测量超声脉冲在超声换能器直接传播的时间差(或频率差)来得到流体的流速，进而得到流体的流量。

1. 时差法

时差法的工作原理如图 13-10 所示。两个超声波换能器 A 和 B 以一定的重复频率交替地发射和接收超声脉冲，设超声发射换能器 A 与超声接收换能器 B 之间的轴向距离为 L，并且，当超声传播方向与流速方向一致时，从 A 传播到 B 所需的时间为 t_1，当超声传播方向与流速方向相反时，从 B 传播到 A 所需的时间为 t_2，则

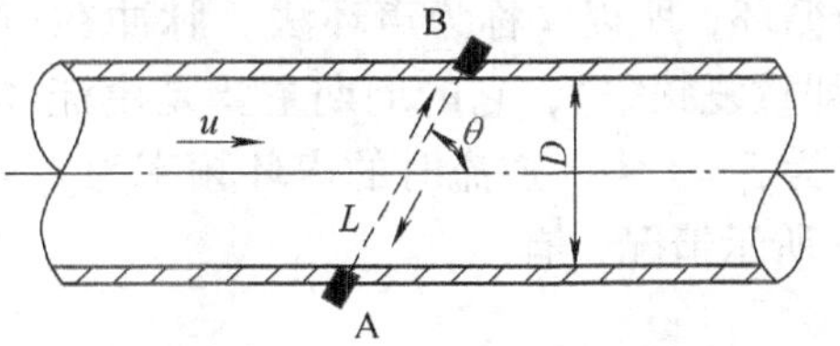

图 13-10　时差法的工作原理

$$t_1 = \frac{D/\sin\theta}{c + u\cos\theta} \tag{13-24a}$$

$$t_2 = \frac{D/\sin\theta}{c - u\cos\theta} \tag{13-24b}$$

假设顺流和逆流时电路延迟时间相同，并考虑到工业管道的流体的流速一般为每秒数米，而静止流体中的声速一般为每秒数千米，即 $c^2 >> u^2$，于是时间差可写为

$$\Delta t = t_2 - t_1 = \frac{2D\cot\theta}{c^2}u \tag{13-25}$$

进而得到

$$u = \frac{c^2 \tan\theta}{2D} \Delta t \tag{13-26}$$

因此，体积流量 $q_v = uA$，正比于时间差 Δt。

时差法由于流速方程中包括有声速 c，因此受温度影响较大，并且声速的温度系数不是常数。此外，流体的组成或者密度的变化也将引起声速的变化。根据式(13-26)可知，如果声速发生变化，由此产生的流速测量误差较大，所以声速变化的影响是时差法的主要误差来源。

2. 相差法

如果换能器发射连续超声脉冲，则在顺流和逆流发射时所接收到的信号之间将要产生相位差 $\Delta\varphi = \omega\Delta t$。$\Delta t$ 为式(13-25)中的时差。因此根据时差法的流速方程，可以写出相差法的流速方程式为

$$\Delta\varphi = \omega \frac{2D\cot\theta}{c^2} u \tag{13-27}$$

$$u = \frac{c^2 \tan\theta}{2\omega D} \Delta\varphi \tag{13-28}$$

式中，ω 是超声脉冲的角频率。

3. 频差法

频差法是通过测量顺流和逆流时超声脉冲的重复频率差来测量流速。当发射器向被测流体发射声脉冲时，经一段时间后，接收器收到声脉冲并转换成电信号。经放大后再用此电信号去触发发射电路发射下一个声脉冲，即其中任一个发射声脉冲都是由前一个接收信号脉冲所触发，形成“回鸣”。由于脉冲信号是在发射器—流体—接收器—放大电路—发射器系统内循环，所以又称为声环法。脉冲在声环系统中的一个来回所需时间的倒数称为声环频率(即重复频率)，它的周期主要是由流体中传播声脉冲的时间决定的。假设顺流时的声环频率为 $f_1 = 1/t_1$，逆流时的声环频率为 $f_2 = 1/t_2$，测出两个频率差便可以求出流速。对于图 13-10 所示情况，有

$$f_1 = \frac{c + u\cos\theta}{D/\sin\theta} \tag{13-29a}$$

$$f_2 = \frac{c - u\cos\theta}{D/\sin\theta} \tag{13-29b}$$

当 $c > u$ 时，由式(13-29a)和式(13-29b)可得

$$\Delta f = f_1 - f_2 = \frac{2u\cos\theta}{D/\sin\theta} \tag{13-30}$$

从而得到流速方程为

$$u = \frac{D/\sin\theta}{2\cos\theta} \Delta f \tag{13-31}$$

这一方程消除了声速 c，也就消除了流体成分和温度的影响，该方法测量的灵敏度和测量范围均优于时差法和相差法，是目前超声流量计中较多采用的方法。

应用时差法、相差法和频差法测流量的超声流量计，主要用于测量水的流量，在非导电性液体、腐蚀性液体中也得到部分应用。超声波流量计适用于大型圆形管道和矩形管道，且

原理上不受管径限制，其造价基本上与管径无关，对于大型管道言，这不仅带来方便，还是在无法实现实流校验的情况下优先考虑的选择方案。

第五节　流体阻力式流量计

一、浮子流量计

浮子流量计的结构如图 13-11 所示，它主要由一根自下向上扩大的垂直锥形管和一个沿着锥形管轴上下移动的浮子（最大直径为 D）所组成。被测流体自下而上经过锥形管和浮子形成的环隙时，浮子上下端的压力差（p_1-p_2）产生使浮子上升的力。当浮子所受上升力大于浮子重力时，浮子便上升，环隙面积随之增大，环隙处流体流速 u 下降，浮子上下端的压力差降低，作用于浮子的上升力也随之减小。直到上升力等于浮子重力时，浮子会稳定在某一高度 h。浮子在锥形管中高度位置与通过环隙的流量有对应关系。

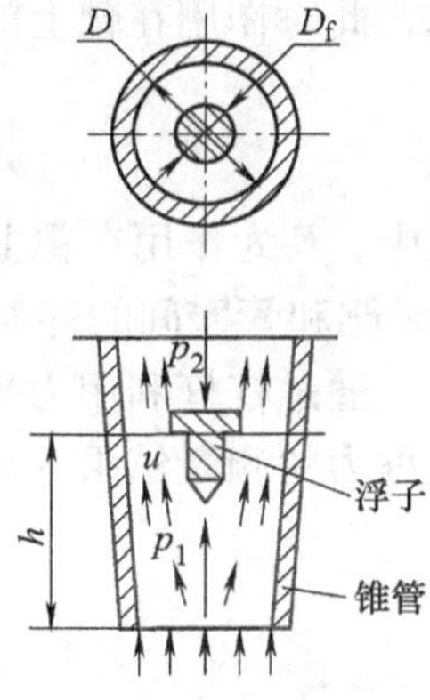

图 13-11　浮子流量计的结构

浮子流量计测量体积流量的基本方程式为

$$q_v=\alpha\pi D_f h\tan\varphi\sqrt{\frac{2gV_f(\rho_f-\rho)}{\rho A_f}} \tag{13-32}$$

式中，α 是流量系数，因浮子形状而异；D_f 是浮子的最大直径；g 是重力加速度；h 是浮子的高度；φ 是锥管的锥角；V_f 是浮子体积；ρ_f 是浮子材料密度；ρ 是流体密度；A_f 是浮子迎流面积。

可见，对于不同流体，由于流体密度 ρ 不同，因此 q_v 和 h 之间的关系也不同，所以原则上浮子流量计应该用实际流体进行标定。但是，对于浮子流量计的制造厂商而言，不可能对所有浮子流量计都进行实液标定，通常只能用标准液体或气体对浮子流量计进行标定，因此，如果用浮子流量计测量非标定介质时，一定要对其读数进行修正。以液体浮子流量计为例，制造厂商都是用清洁水对流量计进行定标及检测刻度的，该状态称为刻度状态，设用 ρ_0、q_{v0} 分别表示浮子流量计在刻度状态下的流体密度、体积流量，而用 ρ、q_v 分别表示实际工作状态下被测流体的密度、体积流量，可以得到

$$q_v=q_{v0}\sqrt{\frac{(\rho_f-\rho)\rho_0}{(\rho_f-\rho_0)\rho}} \tag{13-33}$$

在实际使用时，可以根据此式进行刻度换算。

浮子流量计适用于小管径和低流速（或低雷诺数）的测量。常用流量计口径在 15～50mm 以下，最小口径能做到 1.5～4mm。大部分浮子流量计对上游直管段没有要求，或者说对上游直管段要求不高。浮子流量计有玻璃管和金属管结构。玻璃管浮子流量计的优点是结构简单、直观、价格低廉、使用方便，缺点是有玻璃管易碎的风险，而金属管浮子流量计使用温度和压力范围较宽。浮子流量计的压力损失小，有较宽的测量范围，但大部分浮子流量计只能用于自下向上垂直流的管道安装。

二、靶式流量计

靶式流量计也是一种流体阻力式流量测量仪表。如图 13-12 所示，在测量管道中心迎着流速方向放置一个靶，靶面形状有矩形、三角形、椭圆形、半圆形等，当流体流过时，靶受到流体的冲击力。该冲击力包括流体与靶表面的摩擦力，以及流束在靶后分离产生的压差阻力。其中，后者占主要地位，因此靶式流量计也可以看做是差压流量计的一种。

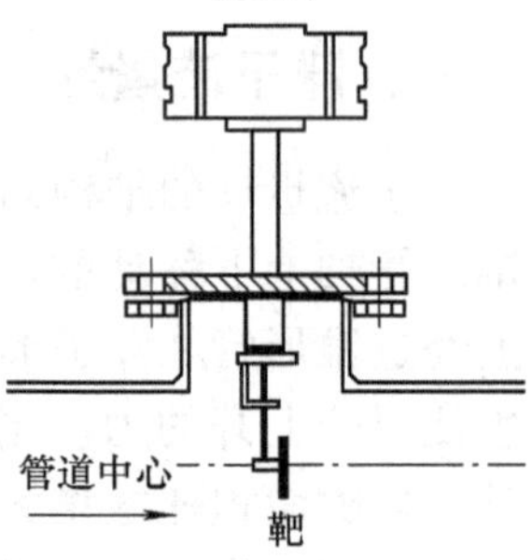

图 13-12　靶式流量计的结构

当流体的雷诺数达到一定数值时，阻力系数不随雷诺数变化，此时作用在靶上的流体的冲击力为

$$F=\xi\frac{\rho u^2}{2}A_0 \tag{13-34}$$

式中，F 为作用在靶上的冲击力；ξ 是阻力系数；ρ 为流体密度；u 是靶和管壁间的环面上的流体平均速度；A_0 是靶的迎流面积。

通过杠杆利用力平衡转换机构将此力转换成电流信号，可以根据力的测量结果计算出流体的速度

$$u=\sqrt{\frac{2}{\xi\rho A_0}F}=\sqrt{\frac{1}{\xi}}\sqrt{\frac{8}{\pi d^2}}\sqrt{\frac{F}{\rho}} \tag{13-35}$$

令 $\sqrt{1/\xi}=\alpha$，则体积流量公式可表示为

$$q_v=u\frac{\pi(D^2-d^2)}{4}=\frac{\pi}{4}\alpha(D^2-d^2)\sqrt{\frac{8}{\pi d^2}}\sqrt{\frac{F}{\rho}}=K\alpha D\left(\frac{1}{\beta}-\beta\right)\sqrt{\frac{F}{\rho}} \tag{13-36a}$$

式中，D 为管道内径；α 是流量系数；$\beta=d/D$；K 是随计算单位而变的常系数，在国际单位制中，$K=\sqrt{\pi/2}=1.2533$。

在实际应用中，习惯将 D 和 d 的单位用 mm，流量的单位用 m^3/h，于是 $K=\sqrt{\pi/2}\times 3600/1000=4.5119$，所以靶式流量计的体积流量的计算公式又可以写成

$$q_v=4.5119\alpha D\left(\beta-\frac{1}{\beta}\right)\sqrt{\frac{F}{\rho}} \tag{13-36b}$$

由式(13-36b)可以看出，对于一个具体的靶式流量计，β 为一定值。如果密度 ρ 和流量系数 α 也为常数，那么，流量与流体对靶的作用力 F 的二次方根成正比。测量靶所受到的力 F 的大小，就可以测定被测流体的流量。

靶式流量计具有结构简单、安装维护方便、不易堵塞的特点。它除了可以测量气体、液体和蒸汽流量外，尤其可以测量低雷诺数(即大粘度、小流量的情况)、含有固体颗粒的浆液(泥浆、纸浆、砂浆等)，以及耐腐蚀介质的流量。上述情况下，一般流量计是不能使用的。

第六节　涡街流量计

在特定的流动条件下，一部分流体的动能转化为流体振动，其振动频率与流速(流量)

有确定的比例关系，依据这种原理工作的流量计称为流体振动流量计。目前流体振动流量计有三类：涡街流量计、漩涡进动流量计和射流流量计。

当流体以一定的速度 v 前进时，如果在前进的管路上垂直地放置非流线型物体，如圆柱、三角形棱柱等，则在该非流线型物体的后侧就会产生漩涡，形成卡门涡街，如图 13-13 所示。卡门涡街是交替排列的非对称涡街。漩涡的旋转方向是由列决定的，如果上侧一列漩涡的旋转方向是顺时针的话，下侧就是逆时针方向。设卡门涡街的列间隔为 h，同列中漩涡的间隔为 l，稳定的卡门涡街必满足

$$\frac{h}{l}=0.281 \tag{13-37}$$

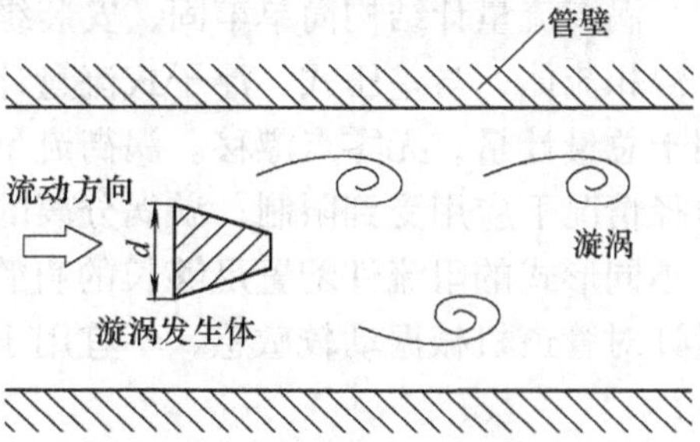

图 13-13　卡门涡街

这一结论由冯·卡门首先从理论上得到了证明，而后卡门与鲁巴赫又从实验进行了验证。

如果漩涡发生体是一直径为 d 的圆柱，则经研究表明，圆柱体后漩涡发出的频率为

$$f=St\frac{u}{d} \tag{13-38}$$

式中，St 是与雷诺数 Re 有关的无量纲数，称为斯特罗哈数。在 $Re=3\times10^2\sim2\times10^5$ 范围内，St 数几乎不变，为一恒定值，约等于0.21。于是

$$f=0.21\frac{u}{d} \tag{13-39}$$

可见，漩涡的发生频率仅与流速、圆柱体直径有关，而与流体的种类、温度、压力、密度都没有关系。

涡街流量计的基本构造包括漩涡发生体和流体振动检测器两大部分。为了能产生漩涡，所选的漩涡发生体形状必须具有非流线型的截面。当流体流过非流线型截面时，就有可能产生边界层的脱离现象，从而在一定的条件下，形成卡门涡街。为了使截面两侧产生相同的交替漩涡，还要求截面形状对称。常用的漩涡发生体截面形状为圆柱形或三角柱形。

通过漩涡发生体本身，由一定方式，可以检测由于漩涡产生的流体的周期性交替振动或是作用在发生体上的力的交替变化频率，也可以在漩涡发生体的尾流中设置检测器进行检测。

采用圆柱形漩涡发生体时，主要采用的信号检测原理如图 13-14 所示。圆柱体表面开有导压孔与圆柱体内部的空腔相通，空腔由隔墙分成两个部分，在隔墙的中央部分有小孔，在小孔中装置有检测流体位移的铂电阻丝等。当漩涡在圆柱体下侧产生时，作用在圆柱体的下方压力比上方压力高，于是圆柱体下方的流体在上、下压力差的作用下，从圆柱体下方的导压孔进入空腔通过隔墙中央部分的小孔，并从圆柱体上方的导压孔流出。如果把铂电阻丝用电流加热到比流体温度高出某一温度，则流体通过铂电阻丝时会带走它的热量，从而改变它的电阻值。每当在圆柱

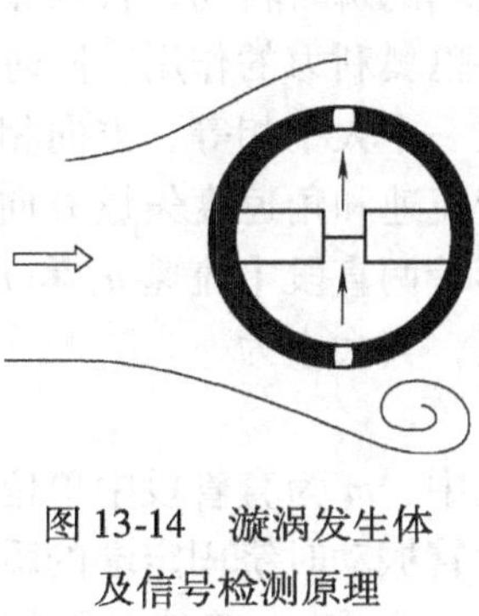
图 13-14　漩涡发生体及信号检测原理

体的上侧产生一个漩涡时，就有上侧流体进入导压孔从下侧流出，铂电阻丝的电阻值就将产生了一次变化，电阻值的变化与发生漩涡的频率相对应，由此便可检测出与流速成正比的频率。另外，也可以在空腔间采用贴有应变片的膜片或检测位移的元件来检测漩涡发生的频率。在测量得到流速之后，可以间接计算出流量。

涡街流量计结构简单牢固，安装维护方便；适用流体种类多，如液体、气体、蒸汽和部分混相流体；与差压式，浮子式流量计比较精确度较高；输出与流量成正比的脉冲信号，适用于总量计量；无零点漂移。涡街流量计不适用于低雷诺数测量，故在高粘度、低流速、小口径情况下应用受到限制；漩涡分离的稳定性受流速分布畸变及旋转流的影响，应根据上游侧不同形式的阻流件配置足够长的直管段或装设流动调整器(整流器)；力敏检测法涡街流量计对管道机械振动较敏感，不宜用于强振动场所。

第七节　科里奥利质量流量计

在本节以前所介绍的流量测量仪表，都是直接测量体积流量的。在实际应用中，如果能够直接测出质量流量，那么对于以介质质量流量控制的生产过程、产品核算等工作，会带来很多方便。

目前，质量流量测量仪表主要可分为直接式质量流量计和推导式质量流量计。后者是通过体积流量计和密度计同时测量，计算出质量流量。本节将介绍一种直接式质量流量计——科里奥利质量流量计。

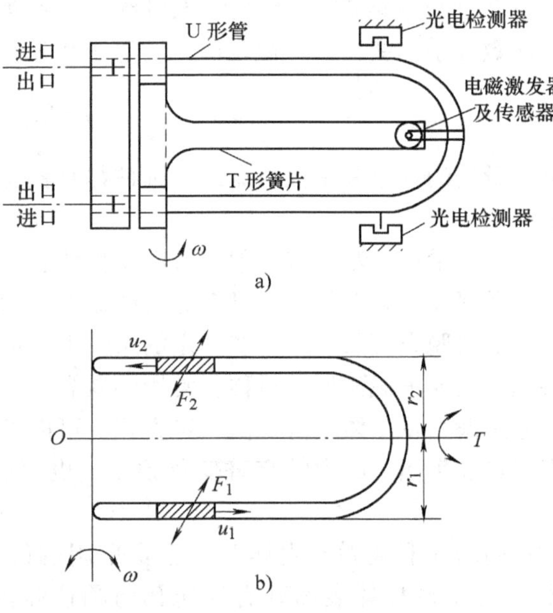

图 13-15　科里奥利质量流量计的工作原理

科里奥利质量流量计的工作原理如图 13-15 所示。U 形管的任一端均可作为流体的进口或出口，设流体从下面管口进入，从上面管口流出。电磁激发器使 U 形管以 T 形簧片宽端为固定端，产生垂直于图面方向的振动。U 形管振动相当于绕固定端的瞬时转动，管内流动的流体将受到科里奥利力的作用，同时流体对 U 形管产生一个大小相等、方向相反的作用力。由于流速和角速度矢量方向相互垂直，在 U 形管两直段中流速 u_1 和 u_2 方向相反，因此两直管段受到的科里奥利力 F_1 和 F_2 方向也相反，其大小为

$$F = 2mL\omega u \tag{13-40}$$

式中，m 为直管段中单位长度的流体质量；L 为直管段长度；u 为管内流体的速度；ω 为 U 形管振动时绕固定端的瞬时转动角速度。

F_1 和 F_2 将使 U 形管受到一个绕 O-O 轴的力矩 T

$$T = 2Fr = 4mL\omega ur = 4q_m\omega rL \tag{13-41}$$

式中，r 为 U 形管两直管段到 $O\text{-}O$ 轴线的垂直距离；q_m 为质量流量。这一力矩将使 U 形管扭转一个角度 θ 为

$$T = K\theta \tag{13-42}$$

式中，K 是 U 形管的扭转弹性系数。

因此，如果振动频率一定，则 ω 为恒定值，质量流量 q_m 即与扭转角 θ 成正比，用光电检测器测出扭转角 θ 即可确定质量流量 q_m 的值。

科里奥利质量流量计的优点是，直接测量质量流量，有很高的测量精确度；可测量流体范围广泛，包括高粘度的各种液体、含有固形物的浆液、有足够密度的中高压气体等；测量管的振动幅小，可视作非活动件，测量管路内无阻碍件和活动件；对迎流流速分布不敏感，因而无上下游直管段要求；测量值对流体粘度不敏感，流体密度变化对测量值的影响微小；可作多参数测量，如同期测量密度，并由此派生出测量溶液中溶质所含的浓度。

科里奥利质量流量计的缺点是，零点不稳定，形成零点漂移，影响其精确度的进一步提高；不能用于测量低密度介质如低压气体；液体中含气量超过某一限值会显著影响测量值；对外界振动干扰较为敏感，为防止管道振动影响，大部分型号的传感器安装固定要求较高；不能用于较大管径；测量管内壁磨损腐蚀或沉积结垢会影响测量精确度，尤其对薄壁管测量管的科里奥利质量流量计更为显著；压力损失较大，价格昂贵。

思　考　题

13-1. 请简述差压式流量计的工作原理。

13-2. 涡街流量计是根据什么原理做成的？产生漩涡的频率是如何测量的？

13-3. 超声流量计是如何测量流体流速的？

13-4. 容积式流量计测量误差的产生原因主要有哪些？

13-5. 科里奥利质量流量计与其他流量计相比有什么特点？

参 考 文 献

［1］ 施文康，余晓芬．检测技术［M］．3 版．北京：机械工业出版社，2010.
［2］ 林玉池．测控控制与仪器仪表前沿技术及发展趋势［M］．2 版．天津：天津大学出版社，2008.
［3］ 王伯雄，王雪，陈非凡．工程测试技术［M］．北京：清华大学出版社，2006.
［4］ 林玉池．现代传感技术与系统［M］．北京：机械工业出版社，2009.
［5］ 潘仲明．仪器科学与技术概论［M］．北京：高等教育出版社，2010.
［6］ 浦昭邦．王宝光，测控仪器设计［M］．2 版．北京：机械工业出版社，2007.
［7］ 吴镇扬．数字信号处理［M］．北京：高等教育出版社，2004.
［8］ 朱明武，李永新，卜雄洙．测试信号处理与分析［M］．北京：北京航空航天大学出版社，2006.
［9］ 宋爱国，刘文波，王爱民．测试信号处理与分析［M］．北京：机械工业出版社，2013.
［10］ 姚天任，孙宏．现代数字信号处理［M］．武汉：华中理工大学出版社，1999.
［11］ 程佩青．数字信号处理教程［M］．4 版．北京：清华大学出版社，2013.
［12］ 沙定国．误差分析与测量不确定度评定［M］．北京：中国计量出版社，2003.
［13］ 丁振良．误差理论与数据处理［M］．哈尔滨：哈尔滨工业大学出版社，1992.
［14］ 钱政，王中宇，刘桂礼．测试误差分析与数据处理［M］．北京：北京航空航天大学出版社，2008.
［15］ 潘鸿，张小宇，吴勇民．应用统计学［M］．北京：人民邮电出版社，2011.
［16］ 国家质量技术监督局计量司．通用计量术语及定义解释［M］．北京：中国计量出版社，2001.
［17］ 李东升，郭天太．量值传递与溯源［M］．北京：机械工业出版社，2009.
［18］ 李东升．计量学基础［M］．北京：机械工业出版社，2006.
［19］ 顾龙芳．计量学基础［M］．北京：中国计量出版社，2006.
［20］ 倪育才．实用测量不确定度评定［M］．3 版．北京：中国计量出版社，2009.
［21］ 费业泰．误差理论与数据处理［M］．6 版．北京：机械工业出版社，2010.
［22］ 薛增泉．纳米科技基础［M］．北京：化学工业出版社，2012.
［23］ 赵健．面向复合式测量的自感应 AFM 测头开发与系统研究［D］．天津：天津大学，2011.
［24］ 裘祖荣．精密机械设计基础［M］．北京：机械工业出版社，2007.
［25］ 孙长库，何明霞，王鹏．激光测量技术［M］．天津：天津大学出版社，2008.
［26］ 李岩，花国梁，廖念钊．精密测量技术［M］．北京：中国计量出版社，2009.
［27］ 童竞．几何量测量［M］．北京：机械工业出版社，1988.
［28］ 罗南星．几何量测量技术简明教程［M］．北京：机械工业出版社，1993.
［29］ 黄银国．激光自准直微小角度测量基础技术研究［D］．天津：天津大学，2009.
［30］ 郗继贵，于之靖．视觉测量原理与方法［M］．北京：机械工业出版社，2012.
［31］ Filatov Yu V，Loukianov D P，et al. Dynamic angle measurement by means of a ring laser［J］. Metrologia，1997，34：343-351.
［32］ 浦昭邦，陶卫，张琢．角度测量的光学方法［J］．光学技术，2002，28(2)：168-171.
［33］ 海克斯康测量技术公司．实用坐标测量技术［M］．北京：化学工业出版社，2008.
［34］ 张国雄．三坐标测量机［M］．天津：天津大学出版社，1999.
［35］ 蔡其恕．机械量测量［M］．北京：机械工业出版社，1982.
［36］ 林明邦，赵鸿林．机械量测量［M］．北京：机械工业出版社，1992.
［37］ 梁德沛．机械参量动态测试技术［M］．重庆：重庆大学出版社，1987.
［38］ 杜水友．压力测量技术及仪表［M］．北京：机械工业出版社，2005.

[39] 狄长安. 工程测试技术[M]. 北京：清华大学出版社，2008.
[40] 唐政清. 真空测量[M]. 北京：宇航出版社，1992
[41] 杨学山. 工程振动测量仪器和测试技术[M]. 北京：中国计量出版社，2001.
[42] 孙渝生. 激光多普勒测量技术及其应用[M]. 上海：上海科学技术文献出版社，1995.
[43] 郭秀中. 陀螺仪理论及应用[M]. 北京：航空工业出版社，1987.
[44] 陈永冰，钟斌. 惯性导航原理[M]. 北京：国防工业出版社，2007.
[45] 赵朝前. 力学计量[M]. 北京：中国计量出版社，2004.
[46] 李树人. 转速测量技术[M]. 北京：中国计量出版社，1986.
[47] 张有颐. 转矩测量技术[M]. 北京：中国计量出版社，1986.
[48] 高维绿. 现代扭矩测量技术[M]. 上海：上海交通大学出版社，1999.
[49] 戴莲瑾. 力学计量技术[M]. 北京：中国计量出版社，1992.
[50] 张建波. 浅谈温度测量的发展现状[J]. 计量与测试技术，2001(2)：14-15.
[51] 姜忠良，陈秀云. 温度的测量与控制[M]. 北京：清华大学出版社，2005.
[52] 王魁汉. 温度测量技术[M]. 沈阳：东北工学院出版社，1991.
[53] 应启戛，赵学端. 流量检测及仪表[M]. 上海：上海交通大学出版社，1987.
[54] 蔡武昌，孙淮清，纪纲. 流量测量方法和仪表的选用[M]. 北京：化学工业出版社，2001.
[55] 刘欣荣. 流量计[M]. 北京：水利电力出版社，1990.
[56] 马贵阳. 工程流体力学[M]. 北京：石油工业出版社，2009.
[57] 金毅. 力值的测量史[J]. 教学仪器与实验，2011，27(11)：6-7.
[58] 魏桂爽. 光学自由曲面原位测量系统的研究[D]. 天津：天津大学，2010.
[59] 苏彦勋，杨有涛. 流量检测技术[M]. 北京：中国计量出版社，2012.
[60] 苏彦勋，等. 流量计量与测试[M]. 2 版. 北京：中国计量出版社，2007.
[61] 吴九辅. 流量检测[M]. 北京：石油工业出版社，2006.